Heimann, Albert, Ortmaier, Rissing
Mechatronik

W0066022

Bodo Heimann, Amos Albert, Tobias Ortmaier, Lutz Rissing

Mechatronik

Komponenten – Methoden – Beispiele

4., überarbeitete und ergänzte Auflage

Mit 292 Bildern, 44 Tabellen
und 80 ausführlich durchgerechneten Beispielen

Fachbuchverlag Leipzig
im Carl Hanser Verlag

Die Autoren:
Prof. Dr.-Ing. habil. Dr. h.c. Prof. E.h. Bodo Heimann: Leibniz Universität Hannover, Institut für Mechatronische Systeme
Prof. Dr.-Ing. Amos Albert: Bosch Start-up GmbH, Deepfield Robotics
Prof. Dr.-Ing. Tobias Ortmaier: Leibniz Universität Hannover, Institut für Mechatronische Systeme
Prof. Dr.-Ing. Lutz Rissing: Leibniz Universität Hannover, Institut für Mikroproduktionstechnik
unter Mitarbeit von

Prof. Dr. sc. techn. Ulrich Schmucker
Dr.-Ing. Houssem Abdellatif
M. Sc. Steffen Bosselmann
Dipl. Math. Jesús Díaz Díaz

Prof. Dr.-Ing. Martin Grotjahn
Dipl.-Ing. Christian Hansen
Dr.-Ing. Jens Kotlarski
Dr.-Ing. Torsten Lilge

MIX
Papier aus verantwor-
tungsvollen Quellen
FSC
www.fsc.org FSC® C014889

Bibliografische Information der Deutschen Nationalbibliothek

Die Deutsche Nationalbibliothek verzeichnet diese Publikation in der Deutschen Nationalbibliografie; detaillierte bibliografische Daten sind im Internet über http://dnb.d-nb.de abrufbar.

ISBN: 978-3-446-44451-5
E-Book-ISBN: 978-3-446-44533-8

© 2016 Carl Hanser Verlag München
Internet: http://www.hanser-fachbuch.de

Lektorat: Franziska Jacob, M.A.
Herstellung: Dipl.-Ing. (FH) Franziska Kaufmann
Coverconcept: Marc Müller-Bremer, www.rebranding.de, München
Coverrealisierung: Stephan Rönigk
Druck und Bindung: Pustet, Regensburg
Printed in Germany

Vorwort zur 1. Auflage

Der Begriff „Mechatronik" (engl. Mechatronics) ist vor ungefähr 30 Jahren im Zusammenhang mit der Weiterentwicklung der Robotertechnik in Japan entstanden und setzt sich aus den beiden Bestandteilen **Mecha**nik und Elek**tronik** zusammen. Er beinhaltete damals den Einsatz von Mikroprozessoren für die Steuerung von Maschinen. Heute ist mit diesem Wort eine Ingenieurwissenschaft verbunden, deren Ziel die Verbesserung der Funktionalität eines technischen Systems durch eine enge Verknüpfung von mechanischen, elektronischen und datenverarbeitenden Komponenten ist.

Mechatronische Produkte zeichnen sich vor allem dadurch aus, daß ihre Funktionen nur durch das Zusammenwirken dieser Komponenten erreicht werden können und daß eine Funktionsverlagerung stattfindet, etwa aus der Mechanik bzw. aus dem Maschinenbau in die Elektronik und die Informationsverarbeitung. Mit diesem Vorgehen lassen sich neue Lösungen mit erheblichen Leistungs- und Kostenvorteilen finden. Beispiele für mechatronische Produkte sind in der Fahrzeugtechnik, der gesamten Automatisierungstechnik, der Medizintechnik oder der Unterhaltungsindustrie anzutreffen. Schon diese kurze Aufzählung läßt die Komplexität mechatronischer Erzeugnisse erahnen. Sie wird vor allem durch den hohen Integrationsgrad von Komponenten ganz unterschiedlicher Fachgebiete bestimmt.

Diesem Trend der Produktentwicklung muss auch die Ausbildung und Lehre Rechnung tragen, deswegen sind in den letzten Jahren nicht nur in Deutschland an verschiedenen Universitäten, Hochschulen und Fachhochschulen Studiengänge, Fachrichtungen bzw. Studienrichtungen oder spezielle Vertiefungsfächer zur Mechatronik eingerichtet worden. Benötigt wird ein Maschinenbauer mit vertieften Kenntnissen in der Elektronik und Informationsverarbeitung. Umgekehrt wird vom Elektroniker, vom Informatiker oder vom Regelungstechniker zunehmend Systemwissen verlangt, das auch den Maschinenbau einschließt.

Die Mechatronik ist ein sehr umfangreiches Wissensgebiet, und grundsätzlich sind viele Methoden und Kenntnisse, die in der Mechatronik eingesetzt werden, in Teildisziplinen bereits bekannt. Was fehlt, ist eine einheitliche Darstellung der Mechatronik. Diese sollte nach Ansicht der Autoren die wichtigsten Grundlagen und Methoden zur funktionsorientierten Analyse mechatronischer Systeme sowie eine Beschreibung der wesentlichen Wirkprinzipien für die Komponenten zur Synthese solcher Systeme beinhalten. Diesem Konzept folgend, wurde großer Wert auf die modellgestützte Beschreibung mechatronischer Systeme gelegt. Darunter wird die Gesamtheit der Teilsysteme

- Grundsystem (meist mechanisch)
- Aktoren
- Sensoren
- Prozessoren und Prozessdatenverarbeitung

verstanden. Dagegen wurden viele technologierelevante Aussagen, Methoden und Ergebnisse nicht in die Darstellung aufgenommen, z. B. Kenntnisse über spezielle Sensor- bzw. Aktordaten oder zu technischen Details moderner Mikrocontroller und Programmiersprachen. Dies würde einerseits den Rahmen des Buches sprengen, andererseits wegen der immer kürzer werdenden Produktzyklen sehr schnell an Aktualität verlieren. Ganz ausgeklammert wurde das wichtige Gebiet der „Mikromechatronik", d. h. der Mikrosystemtechnik und vor allem der Mikromechanik. Allerdings können viele der im Buch beschriebenen Methoden zur Analyse geregelter dynamischer Systeme auf dieses Gebiet übertragen werden.

Das Lehrbuch ist im Niveau und Stoffumfang auf das Studium technischer Fachrichtungen an Universitäten und Fachhochschulen abgestimmt. Der Inhalt wird in neun Kapitel aufgeteilt und enthält Beiträge zu

- Fragen der Modellbildung von Systemen und Prozessen (B. Heimann),
- Aufbau und Wirkungsweise von Aktoren auf elektromagnetischer und fluidischer Basis (K. Popp),
- Wirkprinzipien und Integrationsgrade von Sensoren für die Messung kinematischer und dynamischer Größen (U. Schmucker),
- Grundstrukturen der Prozessdatenverarbeitung unter Echtzeitbedingungen (W. Gerth) sowie zur
- Kinematik, Dynamik und Regelung von Mehrkörpersystemen, die sich als allgemeine Modellklasse für die funktionsorientierte Untersuchung mechatronischer Systeme bewährt haben (B. Heimann).

Großer Wert wird auf Anschaulichkeit gelegt. Deshalb ziehen sich textbegleitende Beispiele durch das gesamte Buch. Außerdem ist ein Kapitel mit ausführlich dargestellten Anwendungen aufgenommen worden.

Natürlich wäre ein solches Buch nicht ohne die Unterstützung zahlreicher Kollegen, Mitarbeiter und Studenten entstanden. Besonderen Dank möchten wir Herrn Dr.sc.techn. Ulrich Schmucker vom Fraunhofer-Institut für Fabrikbetrieb und -automatisierung, Magdeburg, aussprechen, der das Kapitel 3 über Sensoren verfasst hat. Unsere Mitarbeiter, die Herren Dipl.-Ing. M. Daemi, M. Grotjahn, T. Lilge, H. Reckmann, M. Ruskowski, O. Schütte und Dr.-Ing. T. Frischgesell, K.-D. Tieste, haben Teile Ihrer Forschungsprojekte zu ausgewählten Beispielen „vereinfacht" und viele Beispiele nachgerechnet. Die Manuskriptgestaltung wurde im wesentlichen von Herrn Dipl.-Ing. Zh. Wang von der TU Dresden besorgt. Ihnen allen gilt unserer besonderer Dank. Nicht zuletzt sei dem Verlag, insbesondere Frau Dipl.-Ing. E. Hotho, für das Verständnis und die gute Zusammenarbeit gedankt.

Hannover, Oktober 1997

B. Heimann
W. Gerth
K. Popp

Vorwort zur 4. Auflage

Knapp zehn Jahre nach Erscheinen der 3. Auflage ist es sinnvoll, eine vollständig überarbeitete und erweiterte Version des Buches vorzulegen. Das liegt vor allem auch daran, dass in dieser Zeit ein Generationenwechsel in der Leitung der an der Manuskriptgestaltung beteiligten Institutionen stattgefunden hat, der sich auch im Autorenteam widerspiegelt:
Hinzu gekommen sind die Herren T. Ortmaier (Institut für Mechatronische Systeme), L. Rissing (Institut für Mikroproduktionstechnik) und A. Albert (Vertretungsprofessur am Institut für Regelungstechnik 2011-13, aktuell Geschäftsführer der Bosch Start-up GmbH).
Als Co-Autoren haben sie neue Ideen und Inhalte eingebracht, die in der 4. Auflage ihren Niederschlag finden. Unbedingt in diesem Zusammenhang zu erwähnen ist das Mechatronik-Zentrum Hannover (MZH) – ein Zusammenschluss von Instituten aus der Elektrotechnik/Elektronik, der Informationstechnik/Informatik und dem Maschinenbau. Seine koordinierende Rolle in Lehre und Forschung hat wesentlich zur Neugestaltung des Buches beigetragen.

Das Grundkonzept des Buches wurde beibehalten, nämlich die Darstellung der Grundlagen und die damit verbundene modellgestützte Beschreibung mechatronischer Systeme. Dagegen beinhaltet die vorliegende Neuauflage deutliche inhaltliche Erweiterungen bis hin zur Ergänzung und völligen Neugestaltung ausgewählter Kapitel.

Kapitel	Veränderungen	verantwortlich
Einleitung (Kapitel 1)	Die Einführung fand bis auf kleinere Anpassungen unverändert Eingang in die vierte Auflage.	B. Heimann
Aktoren (Kapitel 2)	Dieses Kapitel konnte aufgrund seines langfristig gültigen Grundlagencharakters bis auf einige Ergänzungen weitestgehend erhalten werden. Es stammte ursprünglich von Prof. KARL POPP, der wertvolle Beiträge zur Mechatronik beisteuerte, aber bedauerlicherweise 2005 verstarb.	T. Ortmaier
Sensoren (Kapitel 3)	Die Erweiterungen des ursprünglich von Prof. ULRICH SCHMUCKER verfassten Kapitels tragen insbesondere dem rasanten Fortschritt in der Sensortechnologie Rechnung. Einer der neuen Schwerpunkte ist die Weg- und Winkelmessung mit photoelektrischen Messgeräten.	L. Rissing
Signalverarbeitung (Kapitel 4)	Neben vielen inhaltlichen Vertiefungen, z. B. bei den stochastischen Signaleigenschaften, finden nun insbesondere auch Filtertechnologien und optimale Filterung Berücksichtigung und erfahren eine ausführliche Behandlung.	A. Albert
Prozessdatenverarbeitung (Kapitel 5)	Die Ausführungen folgen in weiten Teilen den früheren Auflagen und tragen im Kern die „Denke" der Echtzeit-Schule des geschätzten Prof. i.R. WILFRIED GERTH. Erweiterungen wurden z. B. für die Taskeinplanung vorgenommen.	A. Albert
Mehrkörpersysteme (Kapitel 6)	Dieses Kapitel wurde redaktionell überarbeitet und inhaltlich gestrafft.	B. Heimann

Kapitel	Veränderungen	verantwortlich
System-beschreibung (Kapitel 7)	Dieses Kapitel wurde neu aufgenommen, um eine zusammenhängende Darstellung der Modellbeschreibung mechatronischer Systeme zu ermöglichen. Zusätzlich enthält es Ausführungen zur System- und Parameteridentifikation und zu deren Aspekten in der praktischen Umsetzung.	A. Albert, T. Ortmaier
Regelung (Kapitel 8)	Es ist völlig neu gestaltet und enthält fortgeschrittene methodische Ansätze und Erweiterungen. In diesem Zusammenhang sind die Beiträge zur optimalen und robusten Regelung und vor allem zum Entwurf und der Implementierung digitaler Regelungen zu nennen.	A. Albert

Vollständig erneuert wurde auch das Kapitel 9 „Beispiele mechatronischer Systeme". Es verdeutlicht die Praxisrelevanz der vorgestellten Verfahren. Sechs Beiträge aus der Industrie wurden zu den nachfolgenden Themen erstellt und sind online auf der Homepage zum Buch verfügbar unter *http://www.imes.uni-hannover.de/Mechatronik-Buch.html*.

Beiträge und Autoren

Automatische Reglerparametrierung eines Hubwerks
M. Sc. D. Beckmann, Dr. J. Immel

Schwingungsdämpfung im Kfz-Antriebsstrang
Dr.-Ing. L. Quernheim, Dr.-Ing. S. Zemke

Zustandsregelung zeitvarianter Systeme am Beispiel einer Drosselklappe
Prof. Dr.-Ing. M. Grotjahn, M. Eng. B. Luck

Modellbasierte Regelung eines Deltaroboters
Dr.-Ing. J. Kühn, Dipl.-Ing. J. Öltjen

Bildbasierte Regelung bei einer mobilen Manipulationsaufgabe
M. Eng. (FH) A. Michaels, Prof. Dr.-Ing. A. Albert

Inertiale Stabilisierung einer Lastkarre mit Momentenkreiseln
Prof. Dr.-Ing. A. Albert, B. Eng. O. Breuning, Dipl.-Ing. (FH) S. Petereit, Dr.-Ing. T. Lilge

Unser herzlicher Dank gilt den Autoren für ihr Engagement und die anschauliche Beschreibung dieser interessanten Aspekte mechatronischer Systeme.

Herrn Prof. **Bodo Heimann** sowie seinen Co-Autoren der ersten Auflage, Prof. **Wilfried Gerth** und Prof. **Karl Popp** sei auf diesem Wege ganz besonders gedankt, einerseits für Ihren unerschöpflichen Einsatz für die Mechatronik und andererseits für die Ehre, das „Erbe" dieses Buches fortführen zu dürfen.

In diesem Zusammenhang möchten wir uns auch bei unseren Mitarbeitern bedanken, die einzelne Abschnitte technisch umgesetzt haben. Das betrifft vor allem die Herren Dipl.-Ing. Daniel Ramirez und Dipl.-Ing. Johannes Gaa. Des Weiteren dürfen wir auch unsere Studenten nicht unerwähnt lassen – sie gaben uns in den Vorlesungen, auf denen Teile des Buches basieren, zahlreiche Hinweise und Vorschläge zur didaktischen Aufbereitung der Inhalte.
Insbesondere die Veranstaltungen „Mechatronische Systeme" (T. Ortmaier & L. Rissing), „Robotik I+II" (T. Ortmaier), sowie Vorlesungen zur Regelungstheorie, nämlich „Identifikation & Filterung", „Mathematische Optimierungsmethoden" und „Erweiterte Regelungsverfahren" (alle A. Albert), fanden Eingang in die inhaltliche Ausgestaltung des Buches.

Frau Franziska Jacob vom Fachbuchverlag Leipzig hat so manche Terminverschiebung „schlucken" müssen. Ihr sei ebenfalls für das Verständnis und die gute Zusammenarbeit gedankt.

Hannover, Oktober 2015   B. Heimann, A. Albert, T. Ortmaier, L. Rissing

Inhalt

1 Einleitung und Grundbegriffe

In vielen Bereichen des Maschinenbaus, der Fahrzeugtechnik, der Produktionstechnik oder der Mikrosystemtechnik entstehen Produkte, bei denen die Lösung nur durch Integration von mechanischen, elektrotechnischen bzw. elektronischen und informationsverarbeitenden Komponenten erreicht werden kann. Beispiele dafür sind Fahrdynamikregelungs- und Fahrerassistenzsysteme, Handhabungssysteme und Roboter in der industriellen Automation, mobile Roboter zu Land, Wasser und in der Luft, moderne Werkzeugmaschinen mit magnetisch gelagerten Fräs- und Drehspindeln, Einrichtungen des aktiven Schwingungsschutzes, interaktive Spielekonsolen im Bereich der Unterhaltungselektronik, mikromechanische Produkte der Medizintechnik und vieles mehr.

Diese Geräte und Einrichtungen werden **mechatronische Produkte** oder allgemein **mechatronische Systeme** genannt. Zu ihrer Realisierung sind neben den mechanischen Komponenten eine geeignete Sensorik und Aktorik nötig, ferner eine dazu passende Mikrorechentechnik und mathematische Modelle zur Informationsgewinnung aus gemessenen Signalen.

■ 1.1 Grundbegriffe der Mechatronik

Der Begriff „Mechatronik" (engl. Mechatronics) setzt sich aus den beiden Bestandteilen **Mecha**nik und Elek**tronik** zusammen. Er wurde 1969 durch die japanische Firma Yaskawa Electric Cooperation geprägt und ab 1971 von dieser Firma als Handelsname geschützt. Ursprünglich war damit die Ergänzung mechanischer Komponenten durch Elektronik in der Gerätetechnik gemeint. Ein typisches Beispiel hierfür war die Entwicklung von Spiegelreflexkameras. Seit 1982 ist dieser Begriff frei verfügbar. Heute ist mit diesem Wort eine Ingenieurwissenschaft verbunden, die auf den klassischen Disziplinen Maschinenbau, Elektrotechnik und Informationstechnik aufbaut und deren Ziel die Verbesserung der Funktionalität eines technischen Systems durch ihre **integrale** und **synergetische** Verknüpfung ist (Bild 1.1).

Zur Charakterisierung von **mechatronischen Systemen** wird aus der Vielzahl von Beschreibungen exemplarisch die folgende ausgewählt, die von der „International Federation of Automatic Control (IFAC) – Technical Committee on Mechatronic Systems" stammt.

Mechatronics is the synergistic combination of precision mechanical engineering, electronic control and systems thinking in the design of products and manufacturing processes. It covers the integrated design of mechanical parts with an embedded control system and information processing.

Aus diesen Darlegungen wird klar, dass die Mechatronik interdisziplinären Charakter besitzt und die folgenden Gebiete umfasst:

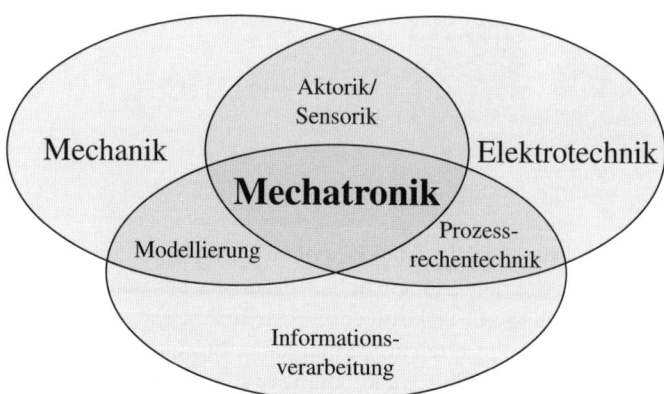

Bild 1.1
Bestandteile der Mechatronik

Disziplin	Beispiele für Teildisziplinen
Mechanik	Maschinen, Maschinenbau, Feinwerktechnik, Dynamik, Kinetik
Elektrotechnik	Mikroelektronik, Leistungselektronik, Messtechnik, Signalverarbeitung
Informationsverarbeitung	Regelungstechnik, Prozessdatenverarbeitung, künstliche Intelligenz

Ferner ist die Mechatronik einem ständigen Wandel unterzogen. Sie ist eine **synergetische** Disziplin, die ihrerseits durch die Entwicklung in den Einzeldisziplinen vorangetrieben wird [Bis07].
Weitere Ausführungen hierzu sind in [Ise08, Jan10, WI11, Bis07, Onw05] enthalten.

Die technische Umsetzung mechatronischer Systeme setzt im Allgemeinen Mess-, Regelungs- und Stellglieder voraus, d. h., neben der Mechanik müssen weitere Disziplinen herangezogen werden, z. B. Sensorentwicklung und Sensorintegration, Regelungstechnik, Aktorik und Informationsverarbeitung. Zur weiteren Erläuterung sei Bild 1.2 betrachtet.
Wichtige Messgrößen in mechatronischen Systemen sind

Messgrößen	Beispiele
elektrische Größen	Strom, Spannung, Feldstärke, magnetische Flussdichte usw.
mechanische Größen	Weg, Geschwindigkeit, Beschleunigung, Kraft, Drehmoment, Temperatur, Druck usw.

Von großer Bedeutung für die Anwendung der dazu notwendigen Messsysteme (**Sensoren**) ist ihre Integrationsfähigkeit in den Prozess. Diese wird wesentlich bestimmt durch ihre Dynamik, Auflösung, Robustheit, Eignung zur Miniaturisierung sowie ihre Fähigkeit zur digitalen Signalverarbeitung.
Die **Aktoren** setzen die mithilfe der Informationsverarbeitung erzeugten Stellsignale in Stellgrößen um. Dazu ist wegen der energieverstärkenden Wirkung dieser Stellglieder eine Hilfsenergie notwendig, die elektrischer oder fluidischer (hydraulischer, pneumatischer) Natur sein kann. Moderne Stellglieder verfügen über Lageregelkreise, die häufig modellgestützt und digital arbeiten und damit hohe Positioniergenauigkeiten bei gleichzeitig guter Stelldynamik ermöglichen.
Ein wesentliches Merkmal mechatronischer Systeme besteht darin, dass ihre Eigenschaften in hohem Maße durch nichtmaterielle Elemente, d. h. durch Software, bestimmt werden. Die Verarbeitung der Daten erfolgt häufig durch speziell für die Echtzeitdatenverarbeitung geeignete **Prozessoren**. Sie enthalten die dazu notwendigen Funktionen, wie Datenspeicher, Programm-

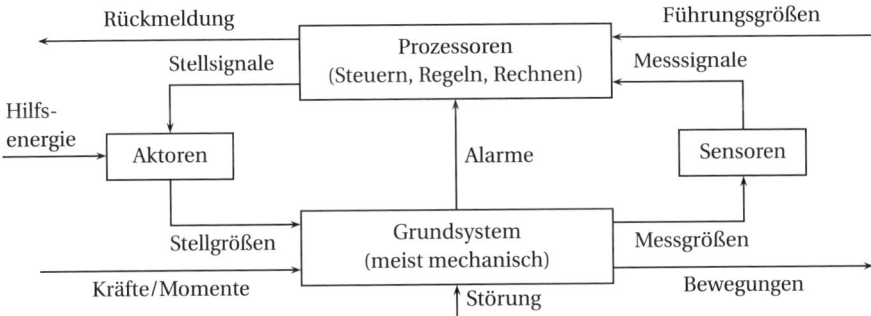

Bild 1.2 Schema zur Erläuterung eines mechatronischen Systems

speicher, AD-Wandler, I/O-Ports, Interruptverwaltungen usw. Die Prozessdatenverarbeitung geschieht in mehreren Stufen und übernimmt – je nach Ausbaustufe – verschiedene Aufgaben der Regelung, Überwachung und Optimierung, man vergleiche hierzu die in Bild 1.3 exemplarisch dargestellten vier Ebenen:

Ebene	Kurzbeschreibung
Ebene 1	Prozessebene
Ebene 2	Steuerung, Regelung, Rückführung auf Prozessniveau
Ebene 3	Alarmmeldung (Grenzwertkontrolle), Überwachung und Fehlerdiagnose, Ableitung von einfachen Maßnahmen für den Weiterbetrieb bzw. Stopp
Ebene 4	Koordinierung von Teilsystemen, Optimierung, allgemeines Prozessmanagement

Im Allgemeinen gilt, dass die unteren Ebenen schnell reagieren und lokal wirken, während die oberen Ebenen langsam reagieren und globale Aufgaben übernehmen.

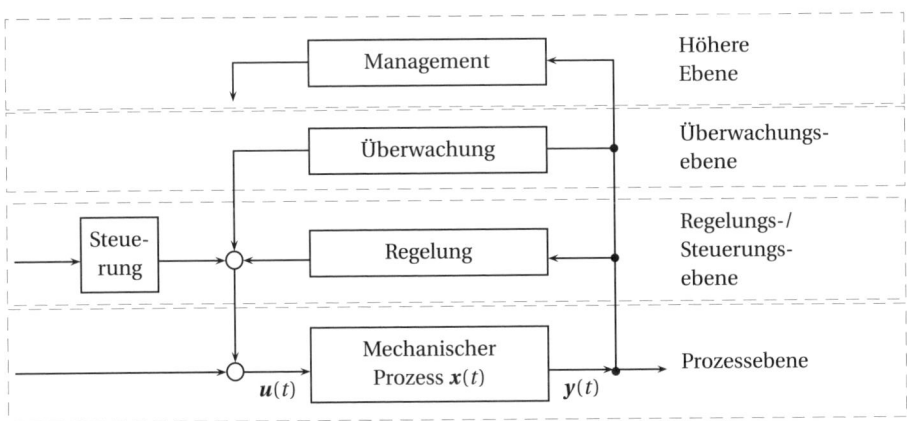

Bild 1.3 Ebenen der Prozessdatenverarbeitung (nach [Ise08])

Die meisten bekannt gewordenen Ansätze für mechatronische Systeme verfügen über eine Signal- und Prozessdatenverarbeitung der unteren Ebenen, d. h., sie übernehmen die Steuerung und Regelung sowie einfache Überwachungsfunktionen. Ein typisches Beispiel ist die

Einzelachsregelung eines Industrieroboters. Die digitale Informationsverarbeitung erlaubt aber wesentlich mehr, z. B. die bereits erwähnte Koordinierung und Optimierung der Teilsysteme und damit die Realisierung von Komponenten der künstlichen Intelligenz. Als Beispiel hierfür kann der autonom agierende mobile Roboter angeführt werden, der über ein „Multi-Sensor-System" verfügt und selbstständig Handlungsentscheidungen treffen und ausführen kann.

Die grundsätzlichen Strukturen der Informationsverarbeitung unter Echtzeitbedingungen werden in Kapitel 5 beschrieben.

■ 1.2 Prozessanalyse mechatronischer Systeme

Die Begriffe **System** und **Prozess** spielen in den weiteren Untersuchungen eine wichtige Rolle und werden deshalb genauer erklärt.

Allgemein gilt, dass **Systeme** als Teil der Wirklichkeit definiert sind. Sie stellen eine abgegrenzte Anordnung von aufeinander einwirkenden Gebilden dar und haben wegen dieser Eigenschaft relativen Charakter. Die Abgrenzung eines Systems zu seiner Umwelt kann durch eine Hüllfläche, die Systemgrenze, beschrieben werden. Genauer betrachtet ist ein System stets eine Gesamtheit von Teilsystemen, die untereinander und mit der Umwelt informatorisch verbunden sind. Sie können über ihre Kopplungen, das sind in der Regel Signale und Energieflüsse / Materieflüsse, beeinflusst und beobachtet werden.

Aus dem Gesagten folgt, dass der Begriff System zunächst an kein Fachgebiet gebunden ist, also auch auf nichttechnische Bereiche angewendet werden kann. Von besonderer Bedeutung für die in diesem Buch behandelte Problematik sind **mechatronische Systeme**. Darunter wird die Gesamtheit der Teilsysteme

– Grundsystem (meist mechanisch),	(Kapitel 6, 7, 8)
– Aktoren,	(Kapitel 2)
– Sensoren,	(Kapitel 3)
– Prozessoren und Prozessdatenverarbeitung	(Kapitel 4, 5)

verstanden. Ausführungen zu diesen sind in den aufgeführten Buchkapiteln zu finden.

Für eine genauere Betrachtung der Verknüpfungen zwischen Grundsystem, Sensoren, Aktoren und Informationsverarbeitung ist die Benutzung von **Flüssen** hilfreich. Grundsätzlich werden drei Arten von Flüssen unterschieden, nämlich Materieflüsse, Energieflüsse und Informationsflüsse, siehe auch [Ise08].

Bild 1.4 zeigt eine Übersicht der verschiedenen Flüsse einschließlich einiger typischer Beispiele. Dabei kann zur genaueren Unterteilung noch in Haupt- und Nebenflüsse unterschieden werden, d. h. in solche, die wesentlich oder in solche, die von untergeordneter Bedeutung für die Funktion des betrachteten mechatronischen Systems sind.

Mit den bisherigen Begriffen und Definitionen kann die allgemeine Struktur eines mechatronischen Systems in Anlehnung an [Ise08] als Blockschaltbild dargestellt werden, vgl. Bild 1.5. Der Bediener gibt über eine Mensch-Maschine-Schnittstelle die Führungsgrößen (z. B. gewünschte Geschwindigkeit, Kraft etc.) und somit das Sollverhalten vor. Die Informationsverarbeitung

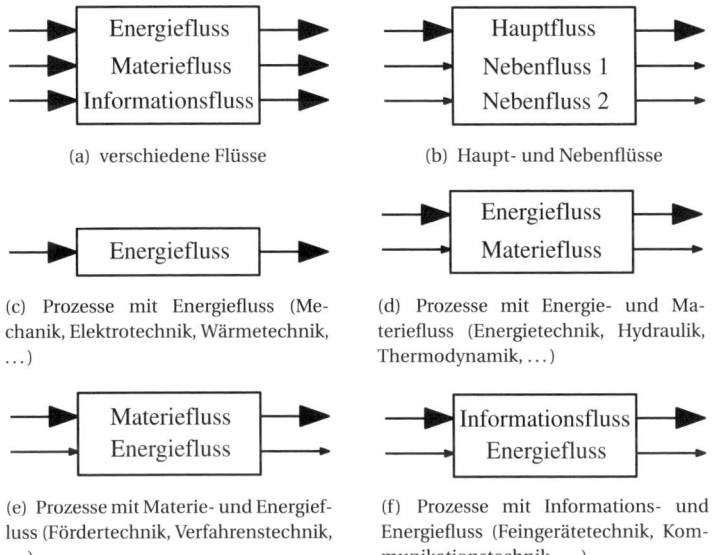

(a) verschiedene Flüsse

(b) Haupt- und Nebenflüsse

(c) Prozesse mit Energiefluss (Mechanik, Elektrotechnik, Wärmetechnik, …)

(d) Prozesse mit Energie- und Materiefluss (Energietechnik, Hydraulik, Thermodynamik, …)

(e) Prozesse mit Materie- und Energiefluss (Fördertechnik, Verfahrenstechnik, …)

(f) Prozesse mit Informations- und Energiefluss (Feingerätetechnik, Kommunikationstechnik, …)

Bild 1.4 Materie-, Energie- und Informationsfluss

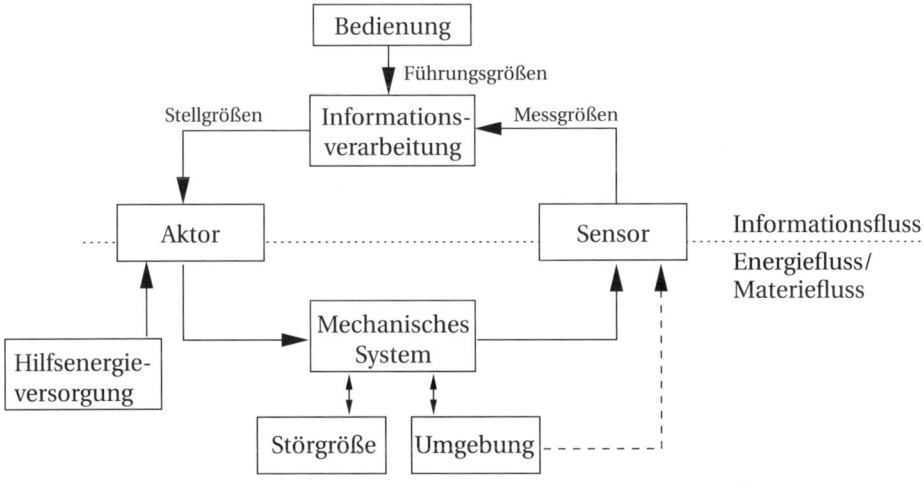

Bild 1.5 Allgemeine Struktur eines mechatronischen Systems (nach [Ise08])

(z. B. Prozessrechner) erfasst die Führungsgrößen und vergleicht diese mit den Messgrößen. Letztere werden mittels Sensoren gemessen und stellen vereinfacht den Ist-Zustand des Systems dar. Das Ergebnis sind Stellgrößen, die von den Aktoren unter Zuhilfenahme von Hilfsenergie umgesetzt werden und auf das mechanische System wirken. Dieses steht in Wechselwirkung mit seiner Umwelt und ist ggf. Störgrößen ausgesetzt. Deutlich zu erkennen sind der Materie-, Energie- und Informationsfluss – ebenso ist die Ähnlichkeit zu einem geschlossenen Regelkreis offensichtlich.

Beispiel 1.1 Riementrieb als Servo-Einzelachse

Ein Riementrieb (z. B. Förderband) soll ein Objekt mit einer vom Benutzer vorgegebenen Geschwindigkeit bewegen, vgl. Bild 1.6. Aus der Führungsgröße und dem gemessenen Achswinkel (durch numerische Differentiation lässt sich daraus die aktuelle Geschwindigkeit bestimmen) berechnet der Regler einen Motorsollstrom.

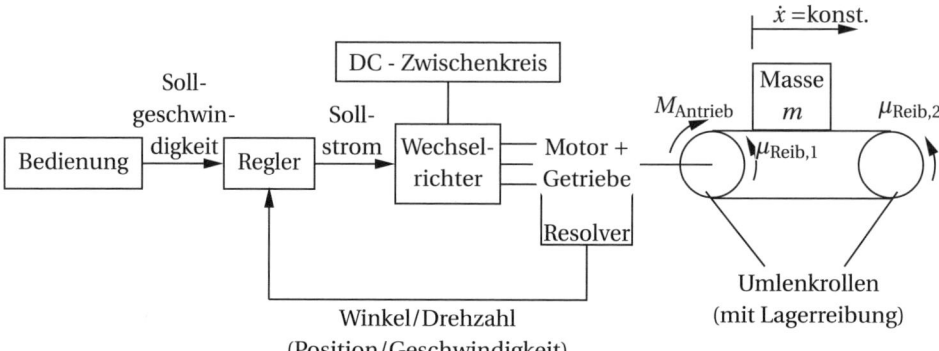

Bild 1.6 Skizze eines Riementriebs

Dieser wird, unter Zuhilfenahme eines Wechselrichters, der seine Energie aus einem DC-Zwischenkreis bezieht, in die Motorstränge eingeprägt (Die Messung der Strangströme und deren Rückführung in den Stromregler, d. h. die innere Kaskade ist hier nicht dargestellt.). Im Ergebnis bewegt der Motor den Riemen und somit das sich darauf befindliche Objekt mit der Masse m. Bei Beschleunigungen wirken entsprechende Trägheiten auf den Antrieb. Als Störung treten beispielsweise viskose und COULOMB'sche Reibung auf.

Die Struktur des Riementriebs als mechatronisches System gemäß Bild 1.5 ist in Bild 1.7 dargestellt. ∎

Ein **Prozess** ist die zeitliche Aufeinanderfolge von Erscheinungen bzw. Zuständen in einem System. Durch ihn wird die Umformung und/oder der Transport von Materie, Energie und Information beschrieben. Seine Darstellung führt auf Zeitverläufe von Signalen, Zuständen usw.

Zur Beschreibung von Prozessen sind weitere Größen notwendig. Es sind dies die **Systemzustände**, die zu einem Zustandsvektor $x(t)$ zusammengefasst werden. Durch das Phasenporträt, also dem Verlauf des Zustandsvektors im zugehörigen Zustandsraum, wird die Zeitgeschichte der Systemzustände beschrieben. Typisch für mechatronische Systeme ist, dass eine Änderung der Systemzustände aktiv gewollt ist. Dazu wird über die Eingangsgrößen Einfluss auf das System genommen.

Der Prozessbegriff ist folglich untrennbar mit einer zeitlichen Änderung, d. h. mit der **Systemdynamik**, verbunden. Auch er ist allgemein und kann unterschiedlicher Natur sein. Für den Lehrer ist das Führen einer Schulklasse der Prozess, für den Roboter das Positionieren eines Bauteils, für den Sensor die Aufnahme und die Verarbeitung der Messinformation, für die NC-Steuerung einer Werkzeugmaschine der Zerspanvorgang usw. Zur Erklärung der eingeführten Begriffe dient das folgende Beispiel.

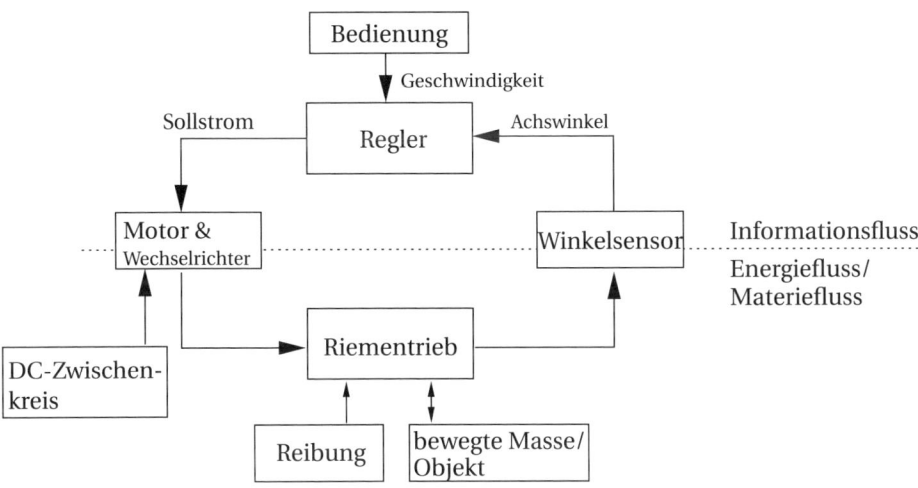

Bild 1.7 Riementrieb als Beispiel eines mechatronischen Systems (vereinfachte Darstellung)

Beispiel 1.2 Prinzip einer aktiven Federung bei Fahrzeugen

In der Fahrzeugdynamik können passive Radaufhängungen durch aktive Federungen ersetzt werden. Dadurch lassen sich die unterschiedlichen Forderungen nach Fahrkomfort und Fahrverhalten besser als mit passiven Elementen erfüllen. Bild 1.8 zeigt das Schema einer aktiven Federung für ein „Viertelfahrzeug".

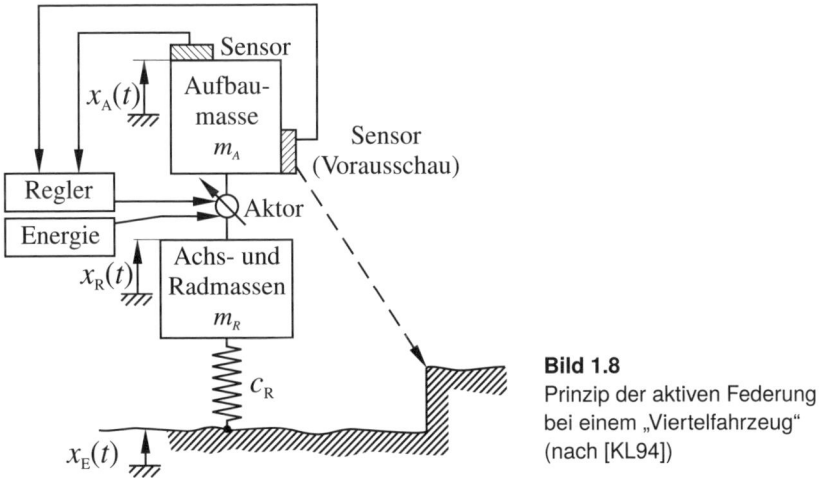

Bild 1.8
Prinzip der aktiven Federung
bei einem „Viertelfahrzeug"
(nach [KL94])

Das mechanische Grundsystem besteht aus einem Feder-Masse-System für die Beschreibung der Vertikalbewegung. Installiert sind Sensoren zur Messung der Aufbaubeschleunigung (als Maß für den Fahrkomfort) und zur (optischen) Detektion von Einzelhindernissen durch Vorausschau. Die dadurch mögliche Information über die Bodenkontur erlaubt es dem aktiven System schon bei Annäherung an ein Hindernis, sich auf die zu erwartenden Radbewegungen einzustellen. Als Aktoren kommen pneumatische und hydraulische Stellglieder in Betracht.

Die Systemzustände werden durch den Zustandsvektor

$$\boldsymbol{x}(t) = [x_A(t), \ x_R(t), \ \dot{x}_A(t), \ \dot{x}_R(t)]^T$$

beschrieben und enthalten Schwingweg und Schwinggeschwindigkeit von Fahrzeugaufbau sowie zusammengefassten Achs- und Radmassen.   ■

Jedes System steht mehr oder weniger mit seiner Umwelt in Wechselwirkung. Die Wechselwirkungen werden im Unterschied zu den inneren Kopplungen, die die Verkopplung der einzelnen Teilsysteme beschreiben, durch die äußeren Kopplungen erfasst. Bild 1.9 zeigt das Prinzip eines Systemaufbaus mit seinen Wechselwirkungen. Dabei werden durch ausgezogene Pfeile wesentliche und durch die gestrichelte Pfeile unwesentliche Verbindungen dargestellt.

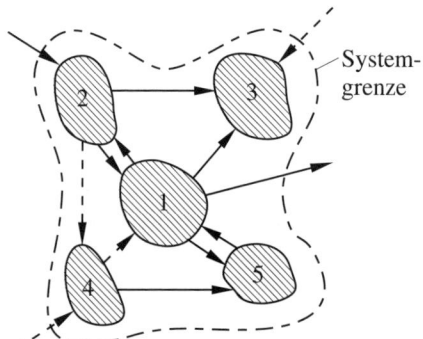

Bild 1.9
Prinzipieller Systemaufbau (5 Teilsysteme)

Welche Größen wesentlich sind, hängt von der Zielstellung ab und ist deshalb ebenfalls relativ. Wesentliche Kopplungen müssen
- aussagekräftig für das betrachtete Problem sein oder als aussagekräftig gelten und
- mit vorhandenen Mess- und Bestimmungsmethoden bei vertretbarem Aufwand erfasst werden können.

Wie schon erwähnt, werden als Systemkopplungen **Signale** benutzt. Praktisch sind es physikalische Größen, wie Strom, Spannung, Druck, Weg, Temperatur, die Informationen über das System enthalten. Zugänglich sind diese Größen über spezielle Signalkenngrößen, wie Amplitude, Frequenz, Phase, oder Signalkennfunktionen, wie Amplitudenfrequenzgang, Phasenfrequenzgang, Impulsantwortfunktion usw. (vgl. Kapitel 4, 7)

In der Regel werden an einem System mehrere Eingangssignale $u_i(t), i = 1, 2, \ldots, m$ und Ausgangssignale $y_i(t), i = 1, 2, \ldots, r$ vorhanden sein (Bild 1.10).

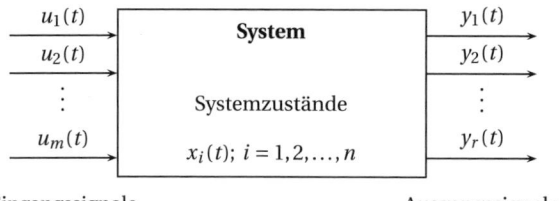

Bild 1.10
Allgemeines Blockschaltbild
eines Systems

Aufgrund der gesamten Mess-, Aufnahme- und Verarbeitungstechnik sowie anderer nicht berücksichtigter Einflussgrößen sind die Signale mit Unsicherheiten behaftet. Die Signale sind verrauscht. Zu ihrer Beschreibung müssen die Methoden der **Wahrscheinlichkeitsrechnung**, insbesondere zur Untersuchung von **Zufallsprozessen**, oder der **unscharfen Prozessanalyse** eingesetzt werden (vgl. z. B. [BP00, DR87] und Kapitel 4).

▩ 1.3 Modellbildung und Funktionsbegriff in der Mechatronik

Die Untersuchung von Systemen und Prozessen erfolgt mithilfe von Modellen. Modelle sind immer eine ziel- bzw. funktionsorientierte Beschreibung bzw. Nachbildung der wesentlichen Zusammenhänge des betrachteten Problems. Von besonderer Bedeutung ist das mathematische Modell, das durch mathematische Gleichungen, Tabellen oder Signalflusspläne dargestellt werden kann und das zeitliche Verhalten der Signale beschreibt. Der Standpunkt einer Systembeschreibung und der damit zu erlangenden Erkenntnis kann sehr unterschiedlich sein. Ein Ingenieur sieht z. B. ein Kraftfahrzeug mit anderen Augen als ein Betriebswirtschaftler, ein Designer oder ein Verkäufer. Der Ingenieur selbst wiederum benutzt unterschiedliche Modelle, je nachdem, ob er sich für die Festigkeit der Karosserie, für den Fahrkomfort oder für das elektronische Motormanagement interessiert.

Die Ableitung von Modellen stützt sich auf zwei grundsätzliche Methoden, nämlich auf die

- theoretische Modellbildung und die
- experimentelle Modellbildung (Identifikation).

Bei der **theoretischen Modellbildung** wird Systemkenntnis vorausgesetzt, mindestens aber die Kenntnis von Hypothesen. Sie wird bevorzugt eingesetzt, wenn der Ansatz von physikalischen, ökonomischen oder anderen Bilanzen möglich ist. Beispiele dafür sind in der

- Mechanik: Impuls-, Drehimpuls-, Arbeitssatz oder die verschiedenen Variationsprinzipe,
- Elektrotechnik: Grundgleichungen für elektromagnetische Felder (Durchflutungsgesetz, Induktionsgesetz usw.) und für elektrische Stromkreise (OHM'sches Gesetz, KIRCHHOFF'sche Sätze usw.).

Die **experimentelle Modellbildung** beruht auf Beobachtungen, d. h. auf Messungen. Sie wird häufig auch als **Identifikation** bezeichnet. Auf der Grundlage von Experimenten erfolgt eine Ermittlung von systembeschreibenden Kennwerten (z. B. von Parametern) oder von Kennfunktionen (z. B. von Übertragungsfunktionen). Das Problem vereinfacht sich, wenn ein Ansatz für die Eingangs–Ausgangs-Beziehung bekannt ist, dann kann das Problem häufig auf eine Parameteridentifikation zurückgeführt werden (vgl. Abschnitt 7.3). In vielen Fällen liegt in der Kombination von theoretischer und experimenteller Modellbildung der Schlüssel zum Erfolg. Das prinzipielle Vorgehen zeigt Bild 1.11.

Sowohl die theoretische als auch die experimentelle Modellbildung sind ohne leistungsfähige Rechentechnik undenkbar. Sie führen über eine Signal- und Prozessanalyse zu dem Systemmodell. Dieses bildet die Grundlage für die Prozesssteuerung. Darunter wird der Entwurf eines Prozesseingriffes verstanden, d. h. die Ermittlung von Stellgrößen mit dem Ziel, eine gewünschte Funktionalität möglichst gut zu erreichen. Weitere Einzelheiten zur Modellbildung sind z. B. in [Nat92, Jan10, Bre88, Ise08] zu finden.

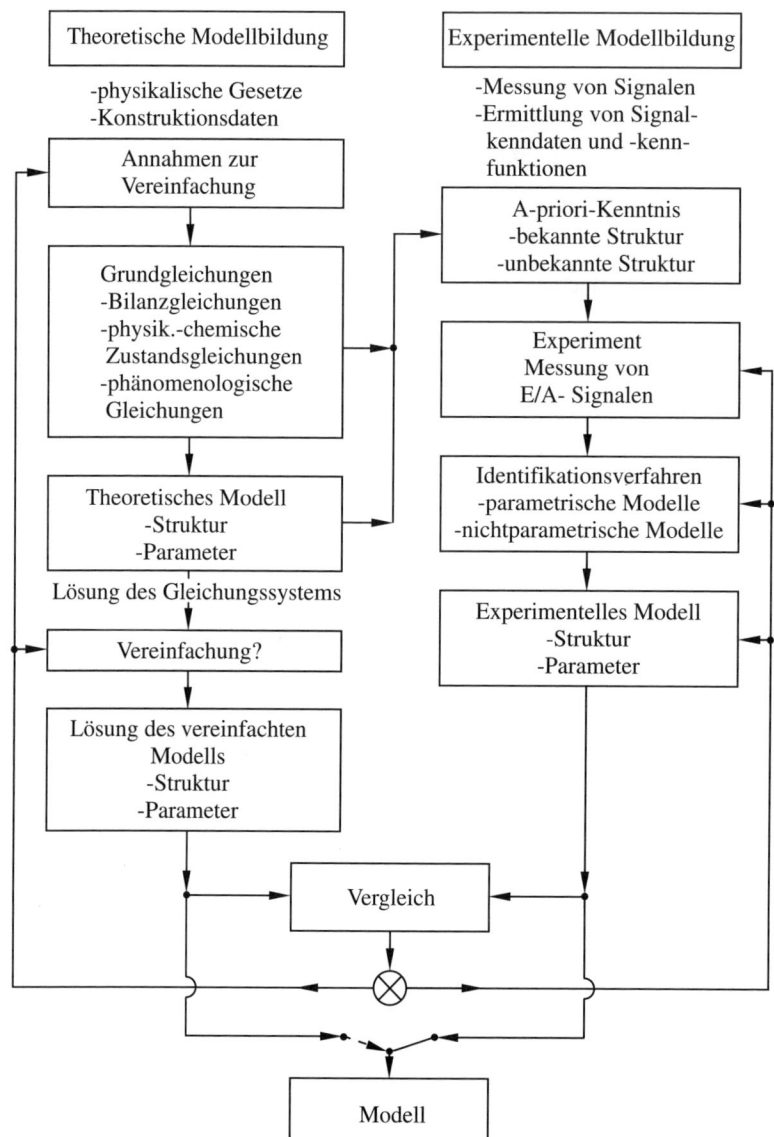

Bild 1.11 Zusammenhang von theoretischer Modellbildung und Identifikation (nach [Nat92]), vgl. auch Abschnitte 7.2 und 7.3

Mechatronische Systeme zeichnen sich u. a. dadurch aus, dass Komponenten ganz unterschiedlicher Bereiche miteinander verknüpft sind. Die in den Bildern 1.2 und 1.3 dargestellte Grundstruktur zeigt diese Vielfalt. Es fällt außerdem auf, dass die dort aufgeführte Struktur sowohl für ein einfaches mechatronisches System (z. B. für die Einzelachsregelung eines Roboters) als auch für komplexe Gesamtsysteme (z. B. für einen mobilen Roboter) Anwendung finden kann.

In Bild 1.12 ist das Prinzip einer modellgestützten Prozesssteuerung schematisch dargestellt.

Die Grundfunktionen, die in mechatronischen Systemen auftreten, lassen sich mit steigender Komplexität wie folgt einteilen:

Funktionen	Beschreibung
Kinematische Funktionen	Darunter wird die Bereitstellung eines geeigneten Bewegungsapparates verstanden, der die geforderte Funktion erfüllt. Diese Aufgabe fällt in das Gebiet der Kinematik (Mechanik, Maschinendynamik, Getriebelehre) und enthält die Geometriebeschreibung des gestellten Problems.
Kinetische Funktionen	Es erfolgt eine Einbeziehung von Kräften und Momenten, die für die Ausführung der gestellten Aufgabe notwendig sind. Dieses Problem kann mithilfe von Bewegungsgleichungen behandelt werden.
Mechatronische Funktionen	Durch Einbindung von Sensorik, Regelungsalgorithmen und Aktorik sowie weiterer Komponenten wird die Funktionsbeschreibung vervollständigt. Häufig führt diese Erweiterung auf die Untersuchung geregelter dynamischer Systeme.

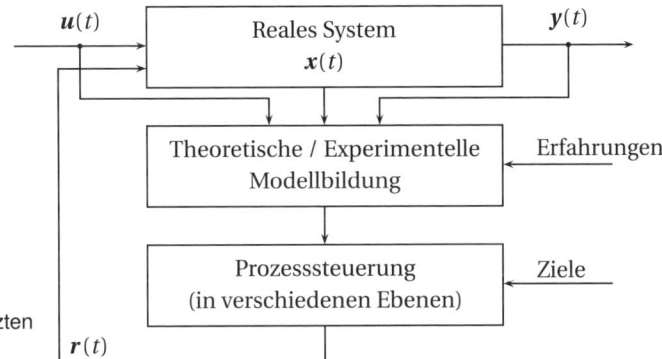

Bild 1.12
Prinzip einer modellgestützten
Prozesssteuerung

Gelingt die mathematische Beschreibung der Teilsysteme, die auch **mechatronische Funktionsmodule** genannt werden, beginnt die Untersuchung des Gesamtsystems. Diese besteht z. B. in der Beurteilung der Stabilität in der Umgebung stationärer Betriebspunkte oder in der Untersuchung struktureller Eigenschaften wie die **Steuerbarkeit** und **Beobachtbarkeit** (vgl. Abschnitt 7.1.2). Insbesondere geben Zeitschrittsimulationen Auskunft über die Systemdynamik, z. B. über das Folgeverhalten von Führungsgrößen oder über den Einfluss von Störgrößen.

Neben der klassischen Beschreibung von Eingangs-/Ausgangs-Beziehungen im **Zeitbereich** oder bei linearen Systemen durch Anwendung der LAPLACE-Transformation im **Bildbereich** (vgl. Kapitel 7), d. h. mithilfe der **Übertragungsfunktion**, hat sich in der modernen Systemtheorie die Darstellung der Systemgleichungen in **Zustandsform (Zustandsgleichungen)** durchgesetzt. Darunter wird die Beschreibung dynamischer Systeme durch explizite Differentialgleichungen 1. Ordnung der Form

$$\dot{x}(t) = f(x(t), u(t), n(t), t), \quad x(0) = x_0 \tag{1.1}$$

$$y(t) = g(x(t), u(t)) \tag{1.2}$$

verstanden, mit dem Zustandsvektor $x(t) \in \mathbb{R}^n$, dem Eingangsvektor $u(t) \in \mathbb{R}^m$, dem Störvektor $n(t) \in \mathbb{R}^n$ und dem Ausgangsvektor $y(t) \in \mathbb{R}^r$.

Gleichung (1.1) selbst wird als **Zustandsgleichung** oder **Zustandsraumdarstellung** bezeichnet. Sie wird ergänzt um die **Ausgangsgleichung** (1.2). Der Grund für diese Unterscheidung besteht darin, dass die Zustandsgrößen nicht immer unmittelbar zugänglich sind oder man nicht an den Zustandsgrößen selbst, sondern am Verhalten bestimmter Beobachterpunkte (Effektorpunkte) interessiert ist. Die Beschreibung dynamischer Systeme in Zustandsraumdarstellung hat die folgenden Vorteile:

- Besonders gute Eignung für numerische Untersuchungen (es existiert eine Fülle von numerischen Integrationsverfahren).
- Neuere Ergebnisse der Systemtheorie, wie Fragen der Steuerbarkeit, der Beobachtbarkeit, der Reglersynthese, des Zustandsbeobachters usw., sind in dieser Systemdarstellung entwickelt worden.
- Der Zustandsvektor $x(t)$ lässt sich leicht geometrisch deuten. Werden seine Koordinaten als Achsen eines m-dimensionalen Raumes aufgefasst, spannen diese den **Zustandsraum** auf. Der Verlauf von $x(t)$ in Abhängigkeit von t bildet eine **Trajektorie** im Zustandsraum und wird als Phasenporträt bezeichnet.

Eine vereinfachte Beschreibung ergibt sich für lineare bzw. linearisierte Systeme. Dabei erfolgt die **Linearisierung** häufig um eine Nominallösung (Solllösung). Die linearen Systemgleichungen beschreiben dann das zeitliche Verhalten der als klein angenommenen Abweichungen von der Nominallösung (**Kleinsignalverhalten**). Die Standardform der Zustandsraumdarstellung für lineare Systeme lautet

$$\dot{x}(t) = A(t)x(t) + B(t)u(t) + R(t)n(t), \quad x(0) = x_0$$

$$y(t) = C(t)x(t) + D(t)u(t). \tag{1.3}$$

Neben den schon erklärten Größen bedeuten

$A(t)$ (n, n) –Systemmatrix,

$B(t)$ (n, m)–Steuermatrix,

$R(t)$ (n, n) –Störeingriffsmatrix,

$C(t)$ (r, n) –Ausgangsmatrix (Messmatrix),

$D(t)$ (r, m) –Durchgangsmatrix (Durchgriffsmatrix).

Die linearisierte Zustandsgleichung besitzt eine große praktische Bedeutung, insbesondere für die Untersuchung von Systemen mit zeitinvarianten Matrizen (**zeitinvariante Systeme**). Häufig kommt der Begriff (LTI = **L**inear **T**ime **I**nvariant)-Systeme zum Einsatz.

Ausführungen dazu sind in den Kapiteln 6, 7 und 8 enthalten. Man vergleiche dazu auch [Bre88, Lun14, Unb07, Föl13].

◾ 1.4 Entwurf mechatronischer Systeme

Bei mechatronischen Systemen besteht eine wesentliche Besonderheit darin, dass Teilsysteme (Komponenten) ganz unterschiedlicher Bereiche miteinander verknüpft werden müssen. Von großer Bedeutung für die Funktionalität des Gesamtsystems ist die Wechselwirkung von mechanischen und digital-elektronischen Komponenten. Während früher sowohl der Entwurf als auch die Realisierung der mechanischen und elektronischen Komponenten weitestgehend unabhängig voneinander vorgenommen wurden, zeichnet sich ein mechatronisches System dadurch aus, dass, mit der Konzeptionsphase beginnend, ein funktionell **integriertes Gesamtsystem** angestrebt wird (Bild 1.13).

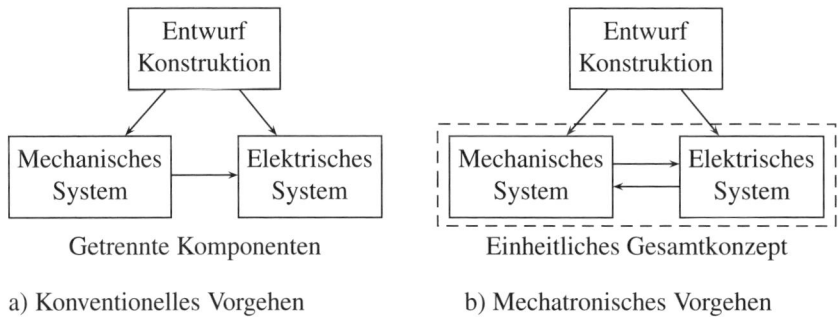

Bild 1.13 Entwurf und Realisierung mechatronischer Systeme (nach [Ise08])

Eine Gegenüberstellung einiger wichtiger Unterschiede beim konventionellen und mechatronischen Vorgehen enthält die Tabelle 1.1.

Tabelle 1.1 Prinzipielle Unterschiede zwischen konventionellem und mechatronischem Entwurf

Konventioneller Entwurf	Mechatronischer Entwurf
Zusammengesetzte Komponenten und damit häufig komplexe Mechanik	Autarke Einheiten, Verlagerung von mechanischen Funktionen in die Software
Präzision durch enge Toleranzen	Präzision durch Messung und Rückführung
Steifer Aufbau	Elastischer Aufbau und damit Leichtbau
Kabelprobleme	Bussysteme
Gesteuerte Bewegung	Programmierbare, geregelte Bewegung
Nicht messbare Größen unbeeinflussbar	Berechnung, Regelung nicht messbarer Größen
Einfache Grenzwertüberwachung	Überwachung mit Fehlerdiagnose

Der Entwurf mechatronischer Systeme erfolgt häufig in der Form, dass zu Beginn Systemstudien angefertigt werden. Das ist notwendig, da es oft eine ganze Reihe von möglichen Alternativlösungen gibt, die bewertet und miteinander verglichen werden müssen. Bei der Auswahl und Realisierung des Konzeptes spielen sowohl **funktionsorientierte** als auch **gestaltorientierte** Überlegungen und Modelle eine wichtige Rolle.

Funktionsorientierte Modelle
Sie müssen die bereits genannten Grundfunktionen (kinematische, kinetische und mechatronische Funktionen) enthalten und dienen zur Beschreibung der Funktion eines mechatronischen Systems. Geometrische und gestaltorientierte Gesichtspunkte spielen dabei in der Regel nur eine eingeschränkte Rolle. Als geeignete Modellklasse für die Behandlung vielfältiger mechatronischer Probleme haben sich **geregelte Mehrkörpersysteme** (MKS) erwiesen. Im einfachsten Fall wird darunter eine offene, kinematische Kette starrer Körper verstanden, die durch Gelenke miteinander verbunden sind und deren Bewegung durch Stellkräfte bzw. -momente aktiv beeinflusst werden kann. Einzelheiten zur Kinematik und Kinetik von MKS werden in Kapitel 6 behandelt. Durch MKS lässt sich im Allgemeinen eine wirklichkeitsnahe Modellierung des Systems erreichen. Diese Modelle werden mit Erfolg für Offline-Berechnungen eingesetzt und dienen zum Nachweis der Funktionalität, ferner für Parameterstudien, zur Bahnplanung, zum Reglerentwurf usw.

Gestaltorientierte Modelle

Sie bilden die Grundlage für den Festigkeitsnachweis und den konstruktiven Entwurf der Teilsysteme eines mechatronischen Gesamtsystems. Benutzt werden dazu CAD- und FEM-Programme (**F**inite **E**lemente **M**ethode) bzw. Kopplungen beider Programme, um eine möglichst realistische Beschreibung der Geometrie und der Festigkeitseigenschaften zu erreichen. Die Funktionalität spielt bei diesen Untersuchungen eine untergeordnete Rolle.

Der Entwurfsvorgang wird durch eine zyklische und sukzessive Verwendung von funktions- und gestaltorientierten Modellen mit entsprechenden Tools (MKS-, FEM-, CAD-Programmen) zu ihrer Untersuchung vorgenommen. Da bei allen Entwicklungen sowohl Funktion als auch Gestalt von Bedeutung sind, kann bei einer Trennung der Methoden und Verfahren nur ein suboptimales Ergebnis erreicht werden.

Ziel ist es deshalb, für den Entwurf einheitliche und integrierte Entwurfswerkzeuge bereitzustellen, die gleichermaßen Funktion und Gestalt berücksichtigen [Wal95].

In diesem Zusammenhang sei die VDI-Richtlinie 2206 „Entwicklungsmethodik für mechatronische Systeme" erwähnt [VDI04]. Zentraler Punkt dieser Richtlinie ist das V-Modell (Bild 1.14). Aus der Softwareentwicklung entnommen, beschreibt es ein grundsätzliches Vorgehen für die Abfolge wesentlicher Teilschritte beim Entwurf mechatronischer Systeme.

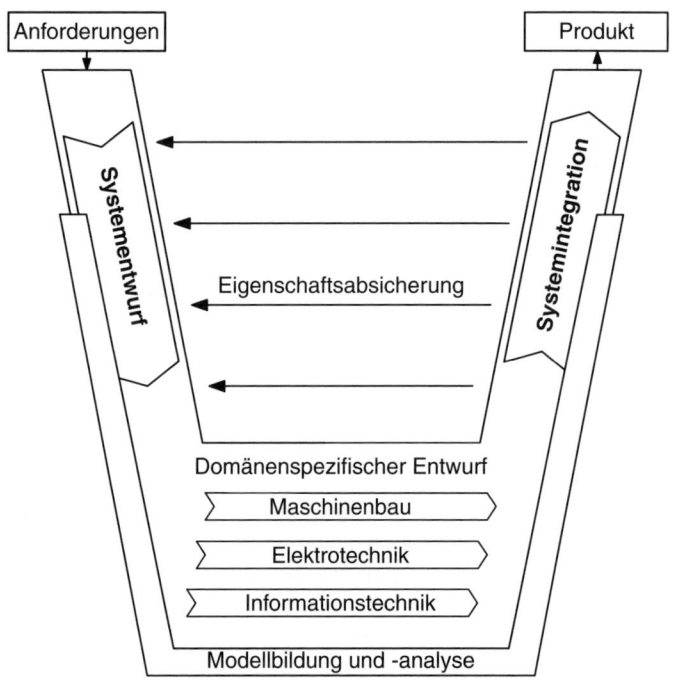

Bild 1.14
V-Modell als Makrozyklus
(nach [VDI04])

Es besteht aus den folgenden Schritten:
- Definition der Anforderungen aus einem konkreten Entwicklungsauftrag,
- Systementwurf, d. h. Entwicklung eines domänenübergreifenden Lösungskonzeptes, verbunden mit der Definition von entsprechenden Teilfunktionen,
- domänenspezifischer Entwurf, d. h. detaillierte Auslegungen und Berechnungen der Teilfunktionen, insbesondere für kritische Systemkomponenten,

- Systemintegration, d. h. Integration der einzelnen Domänen zu einem Gesamtsystem.

Am Ende dieses Prozesses steht schließlich das Produkt. Dabei wird unter Produkt nicht nur das fertige, real existierende Erzeugnis als Ergebnis mit dem höchsten Reifegrad verstanden, sondern auch Labormuster, Funktionsmuster oder Vorserienprodukte.

Abschließend sei noch vermerkt, dass ein komplexes mechatronisches Produkt in der Regel nicht innerhalb eines Makrozyklus entsteht, sondern dass häufig mehrere Durchläufe erforderlich sind.

◼ 1.5 Gliederung des Buches

Anhand der zuvor eingeführten allgemeinen Struktur eines mechatronischen Systems (vgl. Bild 1.5), motiviert dieser Abschnitt die Gliederung des Buches und soll eine schnelle Orientierung ermöglichen. Die Inhalte der einzelnen Kapitel können den Blöcken und Signalflüssen gemäß Bild 1.15 zugeordnet werden.

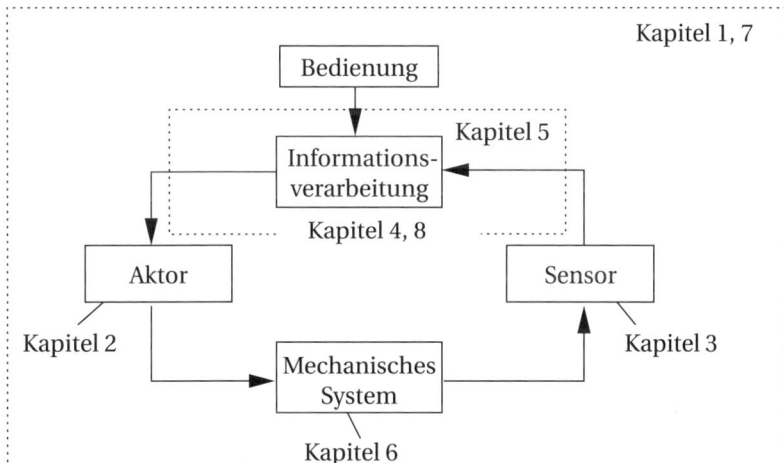

Bild 1.15 Inhalte des Buches – gespiegelt an der Struktur eines mechatronischen Systems

Das vorliegende Kapitel führte die für das weitere Verständnis erforderlichen Begriffe und Grundlagen ein. Zu nennen sind insbesondere System, Prozess und die allgemeine Struktur eines mechatronischen Systems mit den verbindenden Signalflüssen.

Kapitel 2 widmet sich unterschiedlichen Aktoren – wobei aufgrund der Vielzahl von Wirkprinzipien nur eine Auswahl getroffen werden kann. Neben klassischen, konventionellen elektromechanischen sowie fluidischen Antrieben, die einen wesentlichen Anteil der zum Einsatz kommenden Stellglieder abdecken, werden auch neuartige Antriebe wie bspw. Piezoaktoren und deren Funktionsweise vorgestellt. Zusätzlich zu den physikalischen Wirkprinzipien behandeln die jeweilige Abschnitte auch die mathematische Modellierung der Antriebe sowie wesentliche Kenngrößen.

Wie aus Bild 1.15 ersichtlich, erfassen Sensoren den Zustand eines Systems und stellen diese Information zur Weiterverarbeitung zu Verfügung. Kapitel 3 geht nach einer kurzen Einführung auf verschiedenste Sensoren und deren Messprinzipien ein. Wie schon in Kapitel 2 erfolgt neben einer Darstellung der physikalischen Grundlagen ebenso deren mathematische Beschreibung. Auch hier kann aufgrund der Fülle nur eine kleiner Ausschnitt behandelt werden.

Wesentlicher Bestandteil eines mechatronischen Systems sind Signale und deren Verarbeitung. Kapitel 4 behandelt daher Methoden zur Darstellung und Verarbeitung zeitdiskreter und zeitkontinuierlicher Signale, sowohl im Zeit- als auch im Frequenzbereich. Ebenso werden Vorschriften zur Auslegung von Filtern für unterschiedlichste Einsatzzwecke vorgestellt.

Gegenstand von Kapitel 5 ist die Bearbeitung der Prozessdaten. Losgelöst von der konkreten Rechnerarchitektur werden Grundlagen einer die Rechnerleistung voll ausschöpfenden zeit- bzw. ereignisgebundene Programmierung (Multitasking) behandelt. Das Kapitel schließt mit Ausführungen über (verteilte) Sensor-/Aktornetzwerke und einem Schema zur Bewertung von Echtzeitbetriebssystemen. Letzteres gibt konkrete Hinweise zu deren Auswahl zu Beginn eines Entwicklungsprozesses.

Die Aktoren des mechatronischen Systems wirken auf die Mechanik, die die gewünschte Bewegung ausführt und ggf. mit der Umgebung interagiert. Daher nimmt die mechanische Modellierung von Mehrkörpersystemen eine herausragende Stellung ein. Kapitel 6 stellt die erforderlichen Grundlagen vor, behandelt die Kinematik offener und geschlossener Ketten und schließt mit einer Betrachtung der für eine Bewegung erforderlichen Kräfte und Momente (Kinetik).

Die nun folgenden Teile betrachten das mechatronische System in seiner Gesamtheit (Kapitel 7) und widmen sich dessen Regelung (Kapitel 8).

Kapitel 7 führt zunächst mit dem Klemmenmodell und dem Zustandsraummodell geeignete Methoden zur Beschreibung dynamischer Systeme ein und behandelt wichtige Struktureigenschaften. Hiermit lassen sich die einzelnen Teilmodelle (z. B. Sensor, Aktor, Mechanik) zu einem großen, ggf. stark nichtlinearen System mit verteilten Parametern zusammenfassen. Daher folgen Methoden zur Modellvereinfachung. Da bei der Modellierung mechatronischer Systeme sowohl die zugrunde liegenden Gleichungen als auch deren Parameter zum Teil unbekannt sind, schließen sich die Parameter- und Systemidentifikation an. Neben der Theorie findet insbesondere auch die Darstellung von Aspekten aus der Praxis Berücksichtigung. Als Ergebnis resultiert ein vollständig identifiziertes mathematisches Modell mit reduzierter Komplexität, das das wesentliche Verhalten des mechatronischen Systems wiedergibt.

Dieses ist die Grundlage für die in Kapitel 8 behandelten Regelungsverfahren. Ausgehend von Entwurfszielen für die Reglerauslegung werden die gängigen Vorzugslösungen zur Regelung linearer Systeme behandelt. Da die Implementierung und Ausführung im Allgemeinen digital auf einem (Prozess)-Rechner erfolgt, geht Kapitel 8 insbesondere auch auf die Besonderheiten der digitalen Regelung ein und endet mit ausgewählten Aspekten zur Implementierung.

Wie der knappen Darstellung wesentlicher Inhalte des vorliegende Buches zu entnehmen ist, handelt es sich bei der Mechatronik um eine stark interdisziplinäre Fachrichtung innerhalb der Ingenieurwissenschaften. Sie erfordert tiefgreifendes Verständnis ausgewählter Aspekte des Maschinenbaus, der Elektrotechnik und der Informationsverarbeitung sowie deren Wechselwirkungen und stellt daher hohe fachliche Anforderungen an die Ingenieure. Dies macht aber auch gerade den Reiz der Mechatronik aus!

2 Aktoren

Aktoren oder Stelleinrichtungen (engl.: actuator) sind wichtige Komponenten mechatronischer Systeme. Vergleicht man sie mit einem Menschen, so stellen sie die Muskeln dar, die zur Ausführung von Bewegungen oder zum Aufbringen von Kräften erforderlich sind. Ihre Ansteuerung erfolgt durch das Gehirn (Prozessrechner) und ihre Funktionsfähigkeit erfordert eine entsprechende Durchblutung (Hilfsenergie). Gemäß der aus der Einleitung bekannten Struktur eines allgemeinen mechatronischen Systems, befindet sich der Aktor an der Grenze zwischen Informations- und Energie-/Materiefluss, vgl. Bild 2.1. Er wandelt die Stellgrößen unter Einsatz der Hilfsenergieversorgung in eine Bewegung des mechatronischen Systems.

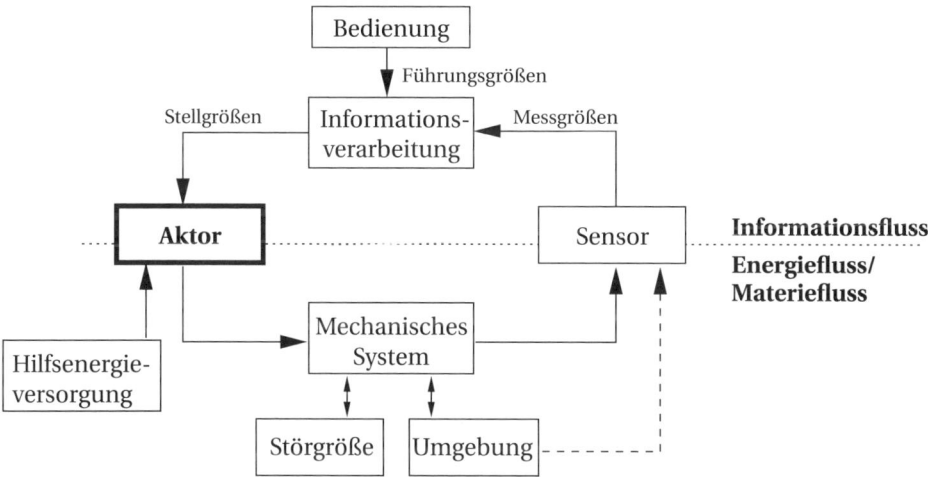

Bild 2.1 Der Aktor an der Grenze zwischen Informations- und Energie-/Materiefluss (nach [Ise08])

Im Folgenden werden zunächst allgemein der Aufbau und die Wirkungsweise der Aktoren beschrieben und Wege zur Modellbildung aufgezeigt. Anschließend erfolgt im Einzelnen die Darstellung der wichtigsten Aktoren getrennt nach ihren Wirkprinzipien. Andere Darstellungsformen sind durchaus denkbar. Beispielsweise ist eine Einteilung der Aktoren nach ihrer Hauptaufgabe als Weg- bzw. Kraftaktoren ähnlich wie bei Sensoren möglich. Die hier gewählte Darstellung soll einerseits die physikalischen Grundlagen betonen und andererseits die Modellbildung erleichtern. Dabei wird weder Vollständigkeit noch erschöpfende Tiefe angestrebt, beides würde den hier gesteckten Rahmen sprengen. Als weiterführende Literatur seien [Jan04], [JJ97], [Kal03], [SBT94], [Sta95], [SB87] genannt sowie die Berichtsbände der Kongressreihe „Actuator".

Das Aktoren-Kapitel gliedert sich wie folgt: Allgemeingültige Betrachtungen, unabhängig vom jeweiligen Wandlerprinzip, sowie Begriffsdefinitionen sind Gegenstand von Abschnitt 2.1. Aufbau und Wirkprinzipien elektromechanischer Aktoren werden in Abschnitt 2.2 behandelt, wobei für die beiden Klassen elektromagnetischer und elektrodynamischer Wandler sowohl die physikalischen Grundlagen als auch verschiedene Bauformen beschrieben sind. Die sich anschließenden Ausführungen zu fluidischen Aktoren fokussieren die in der Mechatronik häufig zur Anwendung kommenden hydraulischen Antriebe. Aus der großen Klasse der neuartigen Antriebstechnologien widmet sich Abschnitt 2.4 den inzwischen weit verbreiteten Piezoaktoren. Das Kapitel schließt mit einem zusammenfassenden Vergleich verschiedener Wirkprinzipien anhand ausgewählter Kenngrößen.

■ 2.1 Aufbau und Wirkungsweise der Aktoren

Die Aktoren befinden sich in der Wirkungskette eines mechatronischen Systems zwischen der Steuer- oder Regelungseinrichtung und dem zu beeinflussenden System oder Prozess, vgl. hierzu Bild 2.2.

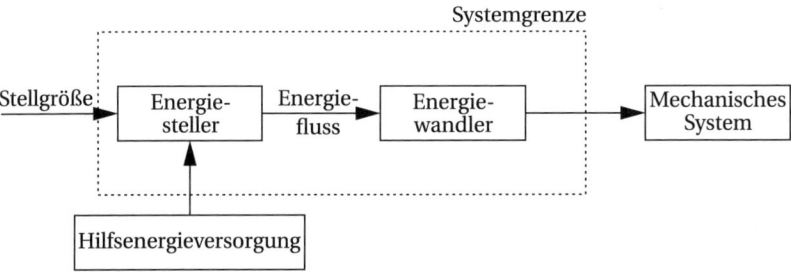

Bild 2.2 Wirkungskette mit Aktor

Die auftretenden Schnittstellen sind sehr unterschiedlicher Art. Die Ansteuerung der Aktoren geschieht in der Regel leistungsarm durch Stellsignale über standardisierte Schnittstellen von einem Mikrorechner, der die Steuer- oder Regelungsbefehle umsetzt, vgl. Kap. 5. Die Ausgangsgröße des Aktors ist eine Energie bzw. Leistung, die sehr häufig als mechanisches Arbeitsvermögen an einer Welle (Rotationsenergie) oder Schubstange (Translationsenergie) zur Verfügung steht. Diese Energie wird durch Hilfsenergie in einem **Energiesteller** bereitgestellt, dem sich der eigentliche **Energiewandler** anschließt, vgl. Bild 2.2. An die mechanische Ausgangsenergie werden bestimmte Anforderungen gerichtet. Beispielsweise kann die bereitgestellte mechanische Energie als Translationsarbeit „Kraft mal Weg" verwendet werden. Extremfälle sind „große Kraft bei kleinem Weg" (Kraftstellglied) oder „kleine Kraft bei großem Weg" (Wegstellglied). Dies erfordert zwischengeschaltete **mechanische Wandler** in der Form von Getrieben, Spindeln, usw., die hier nicht näher betrachtet, sondern dem nachgeschalteten mechanischen System zugeschlagen und dort behandelt werden. Auch der „Energiesteller" – im Regelfall ist dies ein elektrischer Leistungsverstärker – soll hier nicht gesondert betrachtet werden, sondern er wird als Komponente mit idealen Eigenschaften angenommen. Häufig sorgen unterlagerte Regelkreise für ein nur gering von der idealen Charakteristik abweichendes Verstärkungsverhalten. Damit bleibt als wesentliche Komponente der eigentliche „Energiewandler", der im Folgenden betrachtet wird.
Bild 2.3a zeigt den Energiewandler als System im Sinne der Thermodynamik. Um die Energie E zu berechnen, die der Wandler als Arbeit W an den Systemgrenzen überträgt, gehen wir aus

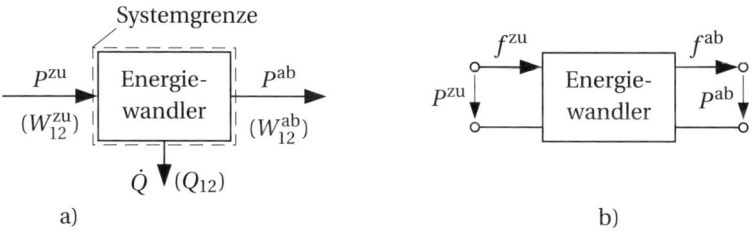

Bild 2.3 Darstellung von Energiewandlern:
a) thermodynamisches System, b) elektrischer Vierpol

von der Leistung P,

$$P = \frac{\mathrm{d}W}{\mathrm{d}t} \,.$$ (2.1)

Die Arbeit, die im Zeitintervall $t_1 \le t \le t_2$ geleistet wird, ergibt sich zu

$$W_{12} = \int_{t_1}^{t_2} P(t)\,\mathrm{d}t \,,$$ (2.2)

wobei wir zur Bilanzierung die dem System zugeführten Größen positiv und die abgeführten Größen negativ zählen. Neben der Arbeit W_{12} kann an den Systemgrenzen auch Wärme Q_{12} übertragen und somit die Energie geändert werden. Gemäß dem Energiesatz (1. Hauptsatz der Thermodynamik) gilt für die Änderung der Energie des Systems im Zeitintervall $t_1 \le t \le t_2$

$$E_2 - E_1 = W_{12} + Q_{12}$$ (2.3)

oder

$$\frac{\mathrm{d}E}{\mathrm{d}t} = P + \dot{Q} \,,$$ (2.4)

wobei $\dot{Q}$ den **Wärmestrom** über die Systemgrenzen bezeichnet. Geht man von einem stationären Zustand mit $E = $ konst. aus, so folgt mit den Bezeichnungen von Bild 2.3a für den Energiewandler

$$W_{12}^{\mathrm{zu}} = W_{12}^{\mathrm{ab}} + Q_{12}$$ (2.5)

oder

$$P^{\mathrm{zu}} = P^{\mathrm{ab}} + \dot{Q} \,.$$ (2.6)

Darin entspricht der abgeführte Wärmestrom der Verlustleistung des Wandlers. Als Wirkungsgrad η bezeichnet man das Verhältnis von abgegebener zu zugeführter Leistung. Mit Gl. (2.6) folgt

$$\eta = \frac{P^{\mathrm{ab}}}{P^{\mathrm{zu}}} = \frac{P^{\mathrm{zu}} - \dot{Q}}{P^{\mathrm{zu}}} = 1 - \frac{\dot{Q}}{P^{\mathrm{zu}}} \,.$$ (2.7)

Die wichtigsten **Formen der Leistung** sind die

Tabelle 2.1 Leistungsformen und zugehörige verallgemeinerte Potenzial- und Flussgrößen

Leistungsform	Verallgemeinerte Potenzialgröße p	Verallgemeinerte Flussgröße f	Leistung $P = pf$
mechanisch translatorisch	Kraft F	Geschwindigkeit v	$P_{tr} = Fv$
mechanisch rotatorisch	Moment M	Winkelgeschwindigkeit ω	$P_{rot} = M\omega$
elektrisch	Spannung u	Strom i	$P_{el} = u \cdot i$
fluidisch	Druck p	Volumenstrom $\dot{V}$	$P_{fl} = p\dot{V}$
thermisch	Temperaturdifferenz ΔT	Wärmedurchgang kA	$P_{th} = \Delta T k A$

- mechanische,
- elektrische,
- fluidische und
- thermische Leistung.

Tabelle 2.1 zeigt die zugehörigen Formelausdrücke. Diese Leistungsformen können im Wandler jeweils für sich oder wechselweise gewandelt werden.

Ausgehend von der elektrischen Leistung, die als Klemmenleistung angegeben und üblicherweise durch die Spannung u zwischen zwei Klemmenpunkten und dem Strom i in einem Leiter dargestellt wird, lässt sich ein rein elektrischer Wandler durch die Eingangs- und Ausgangsklemmen kennzeichnen und als Vierpol beschreiben. Für solche Vierpole steht eine ausgebaute Theorie zur Verfügung, vgl. [KÖ5]. Dieses Konzept wurde auf allgemeine Wandler übertragen, wobei zwischen den Klemmen eine verallgemeinerte Potenzialgröße p und in den Leitern eine verallgemeinerte Flussgröße f wirkt, vgl.Bild 2.3b. Das Produkt beider Größen ergibt die übertragene Leistung $P = pf$. Diese Vorgehensweise wurde systematisiert und in so genannten **Bond-Graphen** umgesetzt, vgl. [KR68]. Im Folgenden soll dieses Konzept zum Aufzeigen von **Analogien** zwischen den einzelnen Leistungsformen genutzt werden.

Tabelle 2.2 zeigt eine Übersicht gängiger Wandler. Dabei sind die Übertragungsglieder auf der mechanischen Seite entweder Schubstangen oder Wellen, auf der elektrischen Seite elektrische Leitungen und auf der fluidischen Seite entsprechende Rohrleitungen für Fluide. Auf der Eingangsseite der Wandler sind die Potenzial- und Flussgrößen gleichgerichtet, auf der Ausgangsseite hingegen entgegengesetzt gerichtet. Dem entsprechend ist die zugeführte Leistung positiv und die abgeführte Leistung negativ. Neben den aufgezeigten allgemeinen Ähnlichkeiten gibt es noch weitergehende Analogien, die im Verhalten einzelner Bauteile begründet sind.

Tabelle 2.3 zeigt eine Gegenüberstellung elementarer **Bauteile** in mechanischen, elektrischen und fluidischen Systemen mit den zugehörigen mathematischen Beziehungen. Damit soll das Verständnis der einzelnen Disziplinen und die Bildung von Querverbindungen erleichtert werden.

Es zeigt sich, dass in den unterschiedlichen Systemen Elemente mit Trägheits-, Speicher- oder Widerstandseigenschaften vorkommen. Letztere führen zu Verlusten, die in Form von Wärmeströmen die Systemgrenzen überqueren. Die mathematische Struktur ist linear und besteht einheitlich in einem proportionalen (P), integralen (I) oder differenziellen (D) Zusammenhang

Tabelle 2.2 Übersicht gängiger Wandler

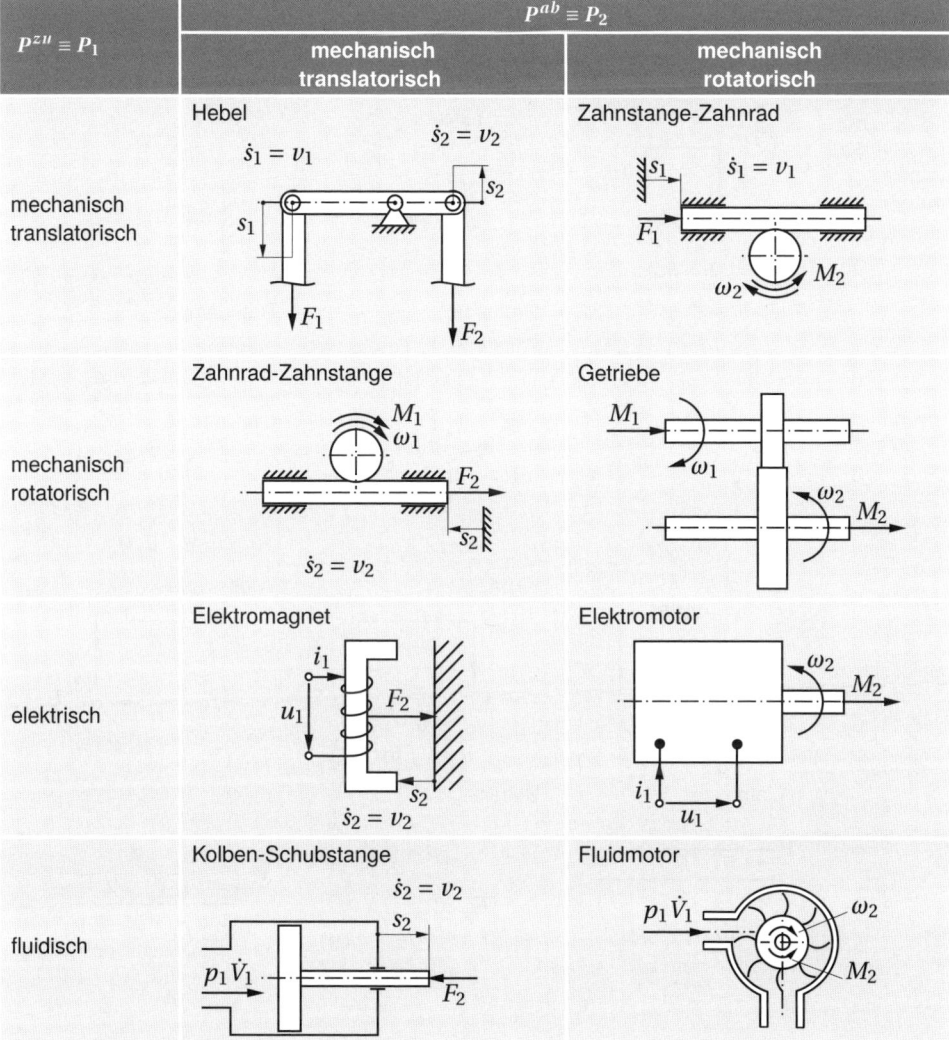

$P^{zu} \equiv P_1$	$P^{ab} \equiv P_2$	
	mechanisch translatorisch	mechanisch rotatorisch
mechanisch translatorisch	Hebel	Zahnstange-Zahnrad
mechanisch rotatorisch	Zahnrad-Zahnstange	Getriebe
elektrisch	Elektromagnet	Elektromotor
fluidisch	Kolben-Schubstange	Fluidmotor

zwischen den verallgemeinerten **Potenzialgrößen** p und den verallgemeinerten **Flussgrößen** f. Die in den Elementen umgesetzte Leistung P folgt wieder als Produkt $P = pf$.

Im Folgenden werden die einzelnen Wandler abhängig von der Form ihrer zugeführten Leistung behandelt, vgl. auch Tabelle 2.2. Dabei stehen die physikalischen Wirkprinzipien und ihre mathematische Beschreibung am Anfang. Es folgen wichtige Konstruktionsmerkmale und Kenndaten sowie Ausführungsformen und Anwendungsbeispiele.

Tabelle 2.3 Analogien zwischen den Bauteileigenschaften in mechatronischen Systemen

System	Elementeigenschaft		
	Trägheit	**Speicher**	**Widerstand**
mechanisch translatorisch	Masse $\dot{s} = v$ $F = m\dot{v}$	Feder $s = \int v\,\mathrm{d}t$ $F = cs$	Dämpfer $\dot{s} = v$ $F = dv$
mechanisch rotatorisch	Drehmasse $\dot{\varphi} = \omega$ $M = J\dot{\omega}$	Drehfeder $\varphi = \int \omega\,\mathrm{d}t$ $M = c_\varphi \varphi$	Drehdämpfer $\dot{\varphi} = \omega$ $M = d_\varphi \omega$
elektrisch	Induktivität L $u = L\frac{\mathrm{d}i}{\mathrm{d}t}$	Kapazität C $u = C\int i\,\mathrm{d}t$	Widerstand R $u = Ri$
fluidisch	Fluidmasse $\Delta p = p_1 - p_2$ $= \frac{\rho \Delta x}{A}\ddot{V}$	Behälter $\Delta p = p_1 - p_2 = \rho g h$ $h = \frac{1}{A}\int \dot{V}\,\mathrm{d}t$	$\Delta p = p_1 - p_2 = \alpha \dot{V}$

■ 2.2 Aufbau und Wirkprinzipien elektromagnetischer Aktoren

In der klassischen Antriebstechnik werden überwiegend rotierende elektrische Maschinen eingesetzt. Auch bei mechatronischen Anwendungen, beispielsweise in der Robotik, findet man häufig permanenterregte Synchronmaschinen wegen ihrer guten Regelungsmöglichkeiten. Die Umsetzung elektrischer in mechanische Leistung erfolgt unter Ausnutzung elektromagnetischer Felder. Bei den **elektrodynamischen Wandlern** (siehe Abschnitte 2.2.1 und 2.2.2) wirken Kräfte auf stromdurchflossene Leiter (LORENTZ-Kraft) und bei den **elektromagnetischen Wandlern** (siehe Abschnitte 2.2.3 und 2.2.4) treten Kräfte auf Trennflächen von

Gebieten unterschiedlicher Permeabilität auf (Reluktanzkraft). In den nun folgenden Seiten werden zunächst jeweils die zugrunde liegenden Wirkprinzipien und anschließend ausgewählte Bauformen behandelt. Die Ausführungen schließen mit einer tabellarischen Übersicht weiterer, aus Gründen des hier zur Verfügung stehenden Platzes nicht im Detail erläuterten, elektromagnetischer Aktoren und deren Kenndaten in Abschnitt 2.2.5.

2.2.1 Grundlagen elektrodynamischer Wandler

Linearwandler

Alle elektrodynamischen Wandler (Motoren, Linearantriebe, Lautsprecher) basieren einheitlich auf der Wirkung der **LORENTZ-Kraft**. Sie tritt auf, wenn sich ein stromdurchflossenes Leitersystem in einem Magnetfeld befindet, wobei Strom und Magnetfeld Relativbewegungen gegeneinander ausführen können. In der **Elementarmaschine** (Bild 2.4) wird ein zeitlich konstantes homogenes Magnetfeld mit der magnetischen Flussdichte B [Tesla = V·s/m^2] angenommen, in dem senkrecht zur Flussrichtung ein Leiter der Länge l den Strom i führen kann. Unabhängig von der Bewegung des Leiters (Geschwindigkeit v) entsteht in ihm infolge der bewegten Ladungen Q (Geschwindigkeit v_Q) die LORENTZ-Kraft

$$F_L = Q v_Q \times B. \tag{2.8}$$

Definitionsgemäß gilt für den Strom i

$$i = \frac{\mathrm{d}Q}{\mathrm{d}t} = \frac{\mathrm{d}Q}{\mathrm{d}l}\frac{\mathrm{d}l}{\mathrm{d}t} = \frac{\mathrm{d}Q}{\mathrm{d}l} v_Q \quad \text{oder} \quad \mathrm{d}Q\, v_Q = i\,\mathrm{d}l. \tag{2.9}$$

Damit folgt aus Gl. (2.8)

$$\mathrm{d}F_L = \mathrm{d}Q(v_Q \times B) = i(\mathrm{d}l \times B). \tag{2.10}$$

Für den Betrag der Kraft ergibt sich hier

$$F_L = \|i\,l \times B\|_2 = |i|\,\|l\|_2\,\|B\|_2\,|\sin\alpha| \tag{2.11}$$

mit α als eingeschlossenenn Winkel zwischen Leiter und Magnetfeld.

Die maximale LORENTZ-Kraft F_L wirkt also für

$$\sin\alpha = \pm 1 \quad \Leftrightarrow \quad \alpha = \pm 90°.$$

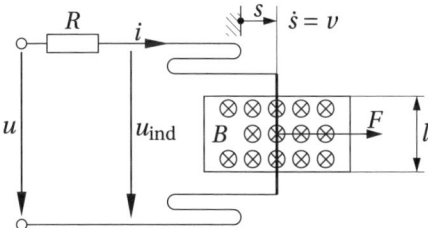

Bild 2.4
Elektrodynamischer Wandler als
Elementarmaschine

Der magnetische Fluss Φ [V·s] ist das Integral der Flussdichte über die Fläche, $\Phi = \int \boldsymbol{B} \mathrm{d}\boldsymbol{A}$. Im vorliegenden Fall gilt $\Phi = B A = B l s$.

Infolge der Bewegung des Leiters mit der Geschwindigkeit $\dot{s} = v$ ergibt sich eine Flussänderung und somit nach dem Induktionsgesetz eine induzierte Spannung u_{ind} in der Leiterschleife,

$$u_{\mathrm{ind}} = \frac{\mathrm{d}\Phi}{\mathrm{d}t} = \frac{\mathrm{d}(B l s)}{\mathrm{d}t} = B l v. \tag{2.12}$$

Die Spannungsbilanz für die Leiterschleife liefert

$$u = R i + u_{\mathrm{ind}}. \tag{2.13}$$

Daraus folgt die Leistungsbilanz mit der Klemmenleistung $P^{\mathrm{zu}} = u i$, der Verlustleistung $P_{\mathrm{v}} = R i^2$ und der „inneren" wirksamen elektrischen Leistung $P_{\mathrm{el}} = u_{\mathrm{ind}} i$, die gleich der mechanischen Leistung $P^{\mathrm{ab}} = F v$ sein muss,

$$P_{\mathrm{el}} = P^{\mathrm{zu}} - P_{\mathrm{v}} = P^{\mathrm{ab}}, \tag{2.14}$$

$$u_{\mathrm{ind}} i = u i - R i^2 = B l v i = F v. \tag{2.15}$$

Bewegt sich der Leiter stromlos, d. h., ist die induzierte Spannung gleich der äußeren Spannung, so stellt sich die Leerlaufgeschwindigkeit v_0 ein,

$$v_0 = \frac{u}{B l}. \tag{2.16}$$

Wird dagegen der Leiter abgebremst, wie im Motorbetrieb üblich, so gilt $v < v_0$ und $u_{\mathrm{ind}} < u$. Dann gibt der Leiter mechanische Leistung P^{ab} ab, die er zuzüglich der Verlustleistung P_{v} auf der Eingangsseite des Wandlers mit P^{zu} aufnimmt. Das Konzept der Elementarmaschine findet direkte Anwendung als dynamischer Lautsprecher oder als Linearantrieb. Anstelle einer Leiterschleife wird jedoch eine Spule mit n Windungen im Magnetfeld bewegt, so dass sich anstelle von Gl. (2.12) die induzierte Spannung zu

$$u_{\mathrm{ind}} = \frac{\mathrm{d}\Phi}{\mathrm{d}t} = n B l v \tag{2.17}$$

ergibt und die Spannungsbilanz (2.13) um den Spannungsabfall an der Spule infolge der Spuleninduktivität L erweitert werden muss,

$$u = R i + L \frac{\mathrm{d}i}{\mathrm{d}t} + u_{\mathrm{ind}}. \tag{2.18}$$

Das Ersatzschaltbild eines elektrodynamischen Wandlers zeigt Bild 2.5.

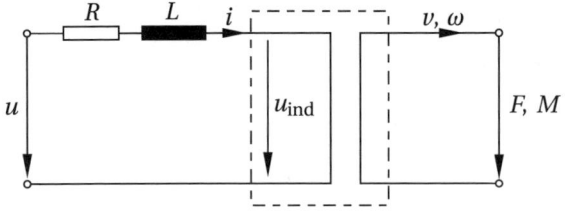

Bild 2.5
Ersatzschaltbild eines
elektrodynamischen Wandlers

Das zugehörige mathematische Modell lässt sich in einfacher Weise finden. Dazu wählt man nach der Vierpoltheorie den Ansatz

$$F = ki \qquad (2.19)$$

mit der **Aktorkonstante** k.
Wegen $P_{el} = P^{ab}$ oder $u_{ind} i = F v$ folgt sofort

$$v = \frac{1}{k} u_{ind}. \qquad (2.20)$$

Der Vergleich mit Gl. (2.17) ergibt die Aktorkonstante $k = nBl$. Mit der bewegten Masse m des Aktors gilt (vgl. Tabelle 2.3)

$$F = m\dot{v}. \qquad (2.21)$$

Aus Gln. (2.18) und (2.21) folgt nach Elimination von u_{ind} und F mittels Gl. (2.20) bzw. Gl. (2.19) das mathematische Modell

$$\frac{dv}{dt} = \frac{k}{m} i, \qquad (2.22)$$

$$\frac{di}{dt} = -\frac{R}{L} i - \frac{k}{L} v + \frac{1}{L} u. \qquad (2.23)$$

Mit dem Zustandsvektor $x = [v, i]^T$ ergibt sich die Zustandsraumdarstellung (vgl. hierzu Abschnitt 7.1.2)

$$\frac{d}{dt} \begin{bmatrix} v \\ i \end{bmatrix} = \begin{bmatrix} 0 & \frac{k}{m} \\ -\frac{k}{L} & -\frac{R}{L} \end{bmatrix} \begin{bmatrix} v \\ i \end{bmatrix} + \begin{bmatrix} 0 \\ \frac{1}{L} \end{bmatrix} u, \qquad (2.24)$$

oder

$$\dot{x} = Ax + bu, \qquad (2.25)$$

wobei A die Systemmatrix und b den Steuervektor des Aktors bezeichnen. Anstelle der Zustandsgrößen v und i kann man auch andere, eindeutig verknüpfte Größen wählen: für die Zustandsgrößen v und F folgt beispielsweise das mathematische Modell

$$\frac{dv}{dt} = \frac{1}{m} F, \qquad (2.26)$$

$$\frac{dF}{dt} = -\frac{R}{L} F - \frac{k^2}{L} v + \frac{k}{L} u, \qquad (2.27)$$

das sich wieder in die Zustandsraumdarstellung (2.25) überführen lässt.

Drehwandler

Rotierende elektrodynamische Wandler bestehen grundsätzlich aus einem zylindrischen Stator (Ständer), in dessen „Bohrung" sich getrennt durch den Luftspalt der Rotor (Läufer) befindet. Um die Ergebnisse der Elementarmaschine zu übertragen, gehen wir von einem Stator als

Permanentmagnet mit einem radial gerichteten Magnetfeld (Flussdichte B) aus, in dem sich eine rechteckige Leiterschleife (Länge l, Stromstärke i) dreht, siehe Bild 2.6.

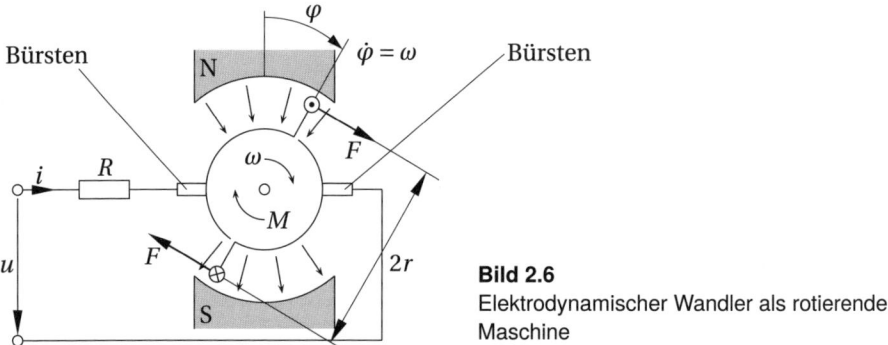

Bild 2.6
Elektrodynamischer Wandler als rotierende Maschine

In der skizzierten Stellung wirkt an jedem Leiter die Kraft $F = ilB$. Beide Kräfte bilden ein Kräftepaar mit dem Abstand $2r$. Damit folgt das Moment M

$$M = 2rF = 2rlBi = ABi, \tag{2.28}$$

wobei $A = 2rl$ die von der Leiterschleife umschlossene Fläche darstellt. Die durch beide Leiter induzierte Spannung beträgt, vgl. Gl. (2.12),

$$u_{ind} = 2Blv = 2rlB\omega = AB\omega. \tag{2.29}$$

Darin bezeichnet ω [rad/s] die Winkelgeschwindigkeit, aus der die Drehzahl $n = 60\omega/(2\pi)$ [min^{-1}] folgt. Für die Spannungsbilanz gilt Gl. (2.13) unverändert. Aus der Leistungsbilanz folgt analog zu Gl. (2.15)

$$u_{ind}i = ui - Ri^2 = ABi\omega = M\omega. \tag{2.30}$$

Damit sich bei Vergrößerung des Drehwinkels φ der Leiterschleife beim Durchgang durch die horizontale Lage ($\varphi = \pi/2$) nicht die Kraftrichtung umkehrt, muss entweder die Richtung des magnetischen Feldes oder die Stromrichtung geändert werden. Im vorliegendem Fall wird die Stromrichtung durch einen so genannten Kommutator bestehend aus Kohlebürsten, die auf dem kreisförmigen Teil der Leiterbahn gleiten, geändert. Die Drehträgheit des Rotors begünstigt bei diesem Umschaltvorgang eine gleichförmige Bewegung. Damit gelten die angegebenen Gleichungen während einer gesamten Umdrehung des Rotors und darüber hinaus. Reale Gleichstrommotoren mit Permanentmagnetstator arbeiten genau nach diesem Prinzip. Lediglich die Anzahl der Leiterschleifen, die Zahl der Magnetpolpaare und die Zahl der Kommutierungen pro Umdrehung ist geändert. Mit der Aktorkonstante k_φ lautet der Zusammenhang zwischen Moment M und Stromstärke i, vgl. Gl. (2.19),

$$M = k_\varphi i. \tag{2.31}$$

Wegen $M\omega = u_{ind}i$ folgt

$$\omega = \frac{1}{k_\varphi} u_{ind}. \tag{2.32}$$

Für die Rotordrehung gilt mit dem Massenträgheitsmoment J des Rotors (vgl. Tabelle 2.3),

$$M = J\dot{\omega}. \tag{2.33}$$

Die Spannungsbilanz im elektrischen Stromkreis wird durch Gl. (2.18) beschrieben. Somit folgt aus den Gln. (2.18), (2.31), (2.32) und (2.33) nach Elimination von u_ind und M das mathematische Modell

$$\frac{\mathrm{d}\omega}{\mathrm{d}t} = \frac{k_\varphi}{J}i, \tag{2.34}$$

$$\frac{\mathrm{d}i}{\mathrm{d}t} = -\frac{R}{L}i - \frac{k_\varphi}{L}\omega + \frac{1}{L}u \tag{2.35}$$

in der **Zustandsraumdarstellung**

$$\frac{\mathrm{d}}{\mathrm{d}t}\begin{bmatrix} \omega \\ i \end{bmatrix} = \begin{bmatrix} 0 & \frac{k_\varphi}{J} \\ -\frac{k_\varphi}{L} & -\frac{R}{L} \end{bmatrix}\begin{bmatrix} \omega \\ i \end{bmatrix} + \begin{bmatrix} 0 \\ \frac{1}{L} \end{bmatrix}u. \tag{2.36}$$

Die zugehörige Zustandsraumdarstellung entspricht Gl. (2.24), wenn man dort die Größen $\{v, k, m\}$ durch $\{\omega, k_\varphi, J\}$ ersetzt. Eine alternative Darstellung erhält man aus Gln. (2.26) und (2.27), wenn man dort die Größen $\{F, v, k, m\}$ gegen $\{M, \omega, k_\varphi, J\}$ austauscht.

2.2.2 Bauformen elektrodynamischer Wandler

Gleichstrommotoren

Neben dem bereits beschriebenen Gleichstrommotor mit permanentmagnetisch erregtem Feld sind Motoren mit elektrisch erregtem Feld gebräuchlich, wie in Bild 2.7 skizziert.

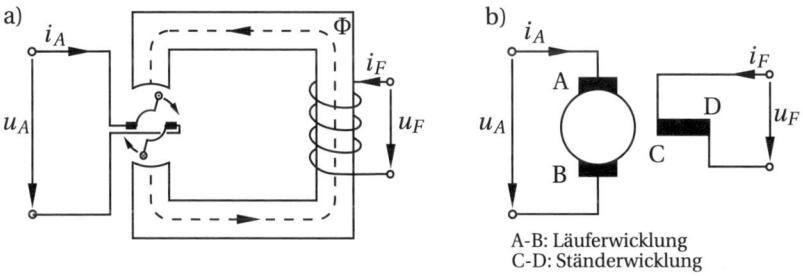

A-B: Läuferwicklung
C-D: Ständerwicklung

Bild 2.7 Fremderregter Gleichstrommotor: a) Aufbau, b) Schaltbild

Durch die Wicklung im Ständer (Stator) fließt der Strom i_F, der ein magnetisches Feld mit dem magnetischen Fluss Φ erzeugt, das über den Luftspalt den Läufer durchdringt. Gleichzeitig wird die Wicklung im Läufer (Anker) vom Strom i_A durchflossen und bewirkt über die LORENTZ-Kraft das Drehmoment des Motors. Dieser Aufbau entspricht einer Fremderregung, bei der die Ständerspannung u_F unabhängig von der Ankerspannung u_A ist. Häufig steht nur die Betriebsspannung u zur Verfügung, die sowohl den Ankerstrom i_A als auch den Erregerstrom i_F bewirkt. Je nach Schaltung der Ständerwicklung unterscheidet man Reihenschluss- und Nebenschlussmotoren, vgl. Tabelle 2.4.

Tabelle 2.4 Gleichstrommotoren, oben: Schaltbilder, unten: M, ω-Kennlinien

Reihenschlussmotor	Nebenschlussmotor
$\Phi \sim i_A, \quad M \sim i_A^2, \quad \omega \sim \frac{1}{\sqrt{M}}$	$\Phi \sim i_F, \quad M \sim i_A, \quad \omega \sim \omega_0 - kM$

Die jeweiligen Winkelgeschwindigkeit-Drehmoment-Kennlinien unterscheiden sich grundsätzlich. Für beide Maschinen gilt mit den Bezeichnungen von Tabelle 2.4

$$\omega = \frac{2\pi}{60} n = \frac{u - i_A R}{c\Phi}. \tag{2.37}$$

Daraus lassen sich drei Möglichkeiten zur Drehzahlregelung ableiten:

a) Feldregelung:
   Durch Veränderung des Ständerstroms i_F lässt sich der magnetische Fluss Φ und damit die Drehzahl beeinflussen.

b) Widerstandsregelung:
   Durch Veränderung des Widerstandes R mittels Vorwiderstand lässt sich die Drehzahl ändern. Dies ist allerdings mit Verlusten verbunden.

c) Spannungsregelung:
   Durch Veränderung der Klemmenspannung u lässt sich die Drehzahl verlustlos verändern.

Der letztgenannte Fall wird am häufigsten angewendet. Er spielt auch bei mechatronischen Anwendungen eine große Rolle. Der Wandler lässt sich gemäß Gl. (2.25) in der Normalform eines linearen Regelungssystems mit der Klemmspannung u als Steuergröße darstellen. Dies bildet den Ausgangspunkt für den Regelungsentwurf.

Drehfeldmotoren

Zu den Drehfeldmaschinen zählen die **Synchronmotoren** und die **Asynchronmotoren**. Bei beiden trägt der Ständer (Stator) eine oder mehrere Wechsel- oder Drehstromwicklungen mit der Polpaarzahl p, die ein umlaufendes Feld erzeugen. Da durch die Einspeisung bereits ein Drehfeld vorhanden ist, kann im Gegensatz zum Gleichstrommotor der Läufer ein Magnet mit konstanter Feldrichtung sein. Bild 2.8a zeigt das Prinzipbild eines Synchronmotors mit einem Permanentmagneten als Läufer, der sehr einfach und robust aufgebaut ist. Daneben gibt es Bauformen, bei denen der Läufer als gewickelte Spule ausgeführt ist, die von einer Gleichspannung gespeist wird. Ändert der magnetische Fluss im Ständer seine Richtung im Takt der Wechselspannung, so führt der Läufer durch abwechselnde Anziehung und Abstoßung bei jeder Netzperiode eine Umdrehung aus. Bei Netzbetrieb ist die Synchrondrehzahl n_0 durch

$$n_0 = 60 \frac{f}{p} \left[\frac{1}{\min} \right] \tag{2.38}$$

mit der Netzfrequenz f [s^{-1}] und der Polpaarzahl p. Für $p = 1$ und $f = 50\,\text{s}^{-1}$ folgt beispielsweise $n_0 = 3000\,\text{min}^{-1}$. Aus Gl. (2.38) erkennt man, dass die Drehzahl in großen Sprüngen durch Anpassen der Polpaarzahl verändert werden kann. Eine stufenlose Änderung der Drehzahl ist hingegen durch eine kontinuierliche Frequenzänderung der Ständerspannung möglich.

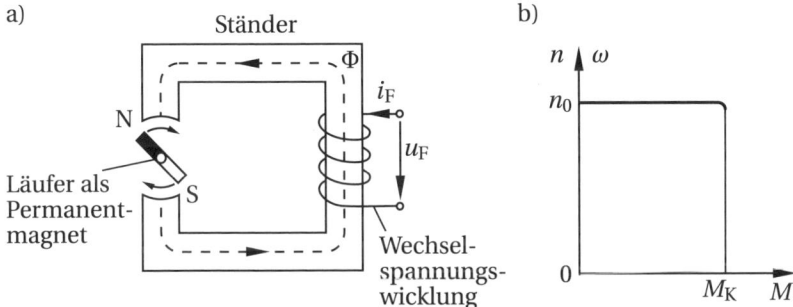

Bild 2.8 Synchronmotor mit Permanentmagnet als Läufer: a) Aufbau, b) Kennlinie

Ein Synchronmotor entwickelt nur bei der durch Gl. (2.38) gegebenen Drehzahl ein Drehmoment gleich bleibender Richtung, er kann deshalb nicht selbstständig anlaufen. Er muss durch einen Anwurfmotor oder eine Asynchronwicklung angelassen werden und läuft dann mit konstanter Synchrondrehzahl n_0. Überschreitet das Lastmoment das so genannte Kippmoment M_K, so fällt der Motor außer Tritt und kommt zum Stillstand. Die zugehörige M, ω-Kennlinie ist in Bild 2.8b dargestellt.

Wie Bild 2.9a zu entnehmen, ist der sehr häufig eingesetzte Asynchronmotor ähnlich dem Synchronmotor aufgebaut. Der Ständer entwickelt infolge des eingespeisten Wechsel- oder Drehstroms ein magnetisches Drehfeld. Befindet sich im Drehfeld ein Läufer, der an seinen Mantellinien einzelne miteinander verbundene Leiterstäbe trägt, so wird in diesen eine Spannung u_{ind} induziert. Die Größe von u_{ind} hängt von der Differenz der Drehzahl n_0 des Ständerdrehfeldes und der Drehzahl n des Läufers ab. Der Schlupf s,

$$s = \frac{n_0 - n}{n_0} \quad \text{mit} \quad n_0 = 60 \frac{f}{p}, \tag{2.39}$$

kennzeichnet diese Differenz. Beim Käfigläufer sind die Leiterstäbe kurzgeschlossen, dies hat einen Drehstrom zur Folge, der im Zusammenwirken mit dem Ständermagnetfeld ein Moment des Läufers erzeugt. Da dem Käfigläufer keine Spannung zugeführt werden muss, ist dieser besonders einfach und robust aufgebaut. Beim Schleifringläufer hingegen erfolgt eine Einspeisung. Hier sind die Leiter des Läufers mit Wicklungen zusammengeschaltet und über

Schleifringe mit Widerständen verbunden, die zum Anlassen unter Last und zur Drehzahlregelung dienen.

Die Motordrehzahl n folgt aus Gl. (2.39) zu

$$n = n_0(1 - s) = \frac{60f}{p}(1 - s).$$

(2.40)

Daraus folgen drei Möglichkeiten zur Drehzahlregelung:

a) Polzahlumschaltung:
   Durch Ändern der Polpaarzahl p des Ständers lässt sich die Drehzahl in großen Stufen verändern.

b) Frequenzregelung:
   Aus einer kontinuierlichen Frequenzveränderung der Ständerspannung resultiert eine entsprechende Drehzahländerung.

c) Schlupfregelung:
   Bei Schleifringläufermotoren lässt sich über Vorschaltwiderstände der Schlupf beeinflussen, dies ist allerdings mit Verlusten verbunden.

Die beiden ersten Möglichkeiten beeinflussen die Synchrondrehzahl n_0, sie wurden bereits bei den Synchronmotoren erwähnt.

a)   b)

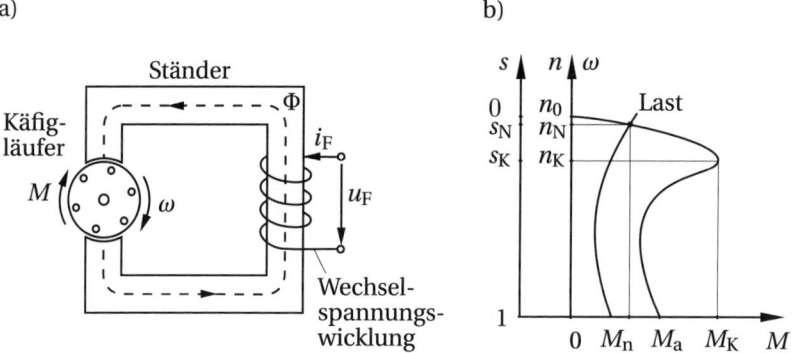

Bild 2.9 Asynchronmotor mit Käfigläufer: a) Aufbau, b) Kennlinie

Bild 2.9b zeigt die M, ω-Kennlinie eines Wechselstrom-Asynchronmotors, wobei eine Drehzahl- und Schlupfskala sowie die M, ω-Kennlinie einer Last eingetragen sind. Im Schnittpunkt von Motor- und Lastkennlinie liegt der Nennbetriebspunkt mit der Nenndrehzahl n_N und dem Nenndrehmoment M_N. Der zugehörige Nennschlupf beträgt $s_N = 3 \sim 5$ %. Beim Anlegen der Netzspannung an die Ständerwicklung fließt ein Anlaufstrom i_a, der das 5- bis 8fache des Nennstroms i_N beträgt. Um bei größeren Drehstrom-Motoren die Stromaufnahme aus dem Netz zu begrenzen, wird für den Anlaufvorgang häufig eine **Stern-Dreieck-Umschaltung** vorgenommen, bei der für den Anlauf $u_a = 220$ V und erst im Nennbetrieb $u_N = 380$ V an den Ständerwicklungen liegen.

Der Anlaufvorgang von Asynchronmotoren kann problematisch sein, wie Bild 2.9b verdeutlicht: Es muss sichergestellt werden, dass die Lastkennlinie im Anlaufbereich stets unterhalb der Motorkennlinie verläuft und nur ein einziger Schnittpunkt, der Nennbetriebspunkt, auftritt.

2.2.3   Grundlagen elektromagnetischer Wandler

Linearwandler

Alle elektromagnetischen Wandler (Zugmagnete, Tragmagnete, Schrittmotoren) basieren einheitlich auf der Wirkung der Reluktanzkraft. Sie wirkt auf einen Körper, der durch seine stofflichen Eigenschaften das Magnetfeld verändert. Die stofflichen Eigenschaften werden durch die Permeabilität $\mu = \mu_r \mu_0$ des Materials beschrieben, die sich aus der absoluten Permeabilität $\mu_0 = 4\pi 10^{-7}\,\text{V}\cdot\text{s}/(\text{A}\cdot\text{m})$ und der Permeabilitätszahl μ_r zusammensetzt. Die Permeabilitätszahl (relative Permeabilität) μ_r gibt als dimensionslose Materialkenngröße an, um welchen Faktor sich die magnetische Flussdichte B [$\text{V}\cdot\text{s}/\text{m}^2$] gegenüber der mit μ_0 multiplizierten magnetischen Feldstärke H [A/m] im Vakuum ändert,

$$B = \mu_r \mu_0 H. \tag{2.41}$$

Folgende wichtige Fälle sind zu unterscheiden:

relative Permeabilitätszahl	Stoffeigenschaft
$\mu_r > 1$	paramagnetisch
$\mu_r \gg 1$	ferromagnetisch
$\mu_r < 1$	diamagnetisch

Bei ferromagnetischen Stoffen gilt zusätzlich

$$\mu_r = \mu_r(B),$$

d.h. die relative Permeabilität hängt darüber hinaus von der magnetischen Flussdichte ab. Ein typischer Verlauf eines B-H-Diagramms ist in Bild 2.10 gezeigt.

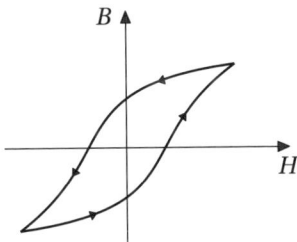

Bild 2.10
Hysteresekurve eines typischen B-H-Verlaufs

Die magnetische Erregung (Feldstärke) wirkt auf die im Eisen vorhandenen WEISS'schen Bezirke (Elementarmagnete) und richtet diese zunehmend aus – dadurch entsteht eine Verstärkung des Magnetfelds und eine hohe magnetische Flussdichte B. Ab einer gewissen Stärke der magnetischen Erregung sind alle Weissschen Bezirke in Sättigung und $\mu_r = \mu_r(B) \to 1$. Da für die Umorientierung (Ummagnetisierung) der Elementarmagnete Energie benötigt wird, entsteht die in Bild 2.10 gezeigte Hysteresekurve bei magnetischen Wechselfeldern. Die eingeschlossene Fläche repräsentiert die hierfür erforderliche Energie und ist der für einen Zyklus entstehende Ummagnetisierungsverlust.

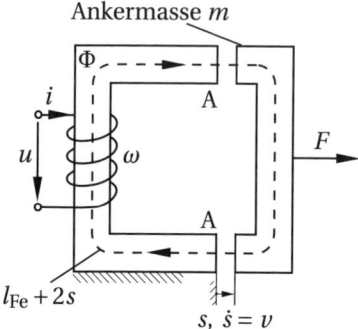

Ankermasse m

$l_{\text{Fe}} + 2s$

$s, \dot{s} = v$

Bild 2.11
Elektromagnetischer Wandler als idealisierter
elektromagnetischer Kreis

Eisen wird aufgrund seiner hohen Permabilitätszahl $\mu_{\text{r,Fe}} \gg 1$ als bevorzugtes Material verwendet. Die exakte Berechnung der Magnetkraft realer Elektromagnete erfordert eine genaue Kenntnis der Geometrie und der nichtlinearen Beziehungen des magnetischen Kreises. Für das Verständnis des Funktionsprinzips und zur Herleitung der Modellgleichungen elektromagnetischer Aktoren genügt jedoch die Betrachtung eines idealisierten **elektromagnetischen Kreis**, vgl. Bild 2.11.

Im Luftspalt der Länge s wird ein homogenes Magnetfeld mit der magnetischen Flussdichte $\boldsymbol{B}$ angenommen, die Spulenwindungszahl beträgt w, die Fläche eines Pols A und die Länge der magnetischen Feldlinien im Eisen l_{Fe}.

Bevor wir die Reluktanzkraft berechnen, soll der Begriff Reluktanz näher betrachtet werden. Die **Reluktanz** oder der magnetische Widerstand R_{m} [A/(V·s)] in einem magnetischen Kreis ist das Analogon zum Widerstand R [V/A] in einem elektrischen Stromkreis. Weitere analoge Beziehungen finden sich in Tabelle 2.5. Die beiden Ersatzschaltbilder für den elektromagnetischen Kreis können Bild 2.12 entnommen werden.

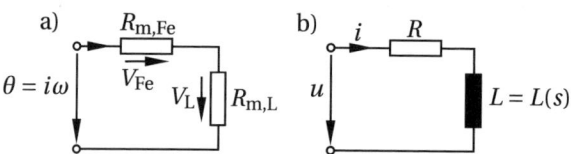

Bild 2.12
Ersatzschaltbilder für den
elektromagnetischen Kreis: a)
magnetischer, b) elektrischer Kreis

Berechnet man den gesamten magnetischen Widerstand R_{mges} des Elementarmagneten, so folgt mit den Bezeichnungen von Tabelle 2.5

$$R_{\text{m,ges}} = R_{\text{m,Fe}} + R_{\text{m,L}} = \frac{l_{\text{Fe}}}{\mu_{\text{Fe}} A} + \frac{2s}{\mu_{\text{L}} A}, \tag{2.42}$$

wobei für die Permeabilität μ_{L} der Luft $\mu_{\text{L}} \approx \mu_0$ gesetzt werden kann. Wegen $\mu_{\text{Fe}} \gg \mu_0$ ist der erste Term in Gl. (2.42) vernachlässigbar klein. Die Durchflutung θ beträgt $\theta = i w = V_{\text{ges}}$. Aus dem OHM'schen Gesetz für den magnetischen Kreis folgt, vgl. Tabelle 2.5,

$$\theta = i w = V_{\text{ges}} = R_{\text{m,ges}} \Phi = R_{\text{m,ges}} B A. \tag{2.43}$$

Mit der Näherung $R_{\text{m,ges}} \approx \dfrac{2s}{\mu_0 A}$ folgt daraus die magnetische Flussdichte B im Luftspalt,

$$B = \frac{i w}{R_{\text{m,ges}} A} = \frac{\mu_0 w i}{2s}. \tag{2.44}$$

Im Folgenden werden zeitabhängige Größen $s(t)$ und $i(t)$ angenommen. Gemäß Gl. (2.44) folgt dann auch $B = B(t)$. Wenn keine Missverständnisse auftreten können, werden die Zeitargumente jedoch weggelassen.

Die im Luftspalt gespeicherte magnetische Energie W_M lautet

$$W_M = \frac{1}{2} \int_V \boldsymbol{B}\boldsymbol{H}\, dV = \frac{1}{2\mu_0} \int_V B^2\, dV = \frac{\mu_0 A w^2}{4} \frac{i^2}{s}. \tag{2.45}$$

Tabelle 2.5 Analogien zwischen magnetischem Kreis und elektrischem Stromkreis

Magnetischer Kreis		Elektrischer Kreis	
OHMsches Gesetz			
$V = R_m \Phi$		$u = Ri$	
V [A]	magnetische Spannung	u [V]	Spannung
Φ [V·s]	magnetischer Fluss	i [A]	Stromstärke
R_m [A/(V·s)]	magnet. Widerstand	R [V/A]	Widerstand
$R_{m,i} = \dfrac{l_i}{\mu_i A_i}$	Teilwiderstand	$R_i = \dfrac{l_i}{\kappa_i A_i}$	Teilwiderstand
für Material der Permeabilität $\mu_i = \mu_r \mu_0$		für Leiter der elektrischen Leitfähigkeit κ_i	
Länge l_i, Querschnittfläche A_i		Länge l_i, Querschnittfläche A_i	
Reihenschaltung von Teilwiderständen			
$R_m = \sum\limits_i R_{m,i}$		$R = \sum\limits_i R_i$	
Parallelschaltung von Teilwiderständen			
$\dfrac{1}{R_m} = \sum\limits_i \dfrac{1}{R_{m,i}}$		$\dfrac{1}{R} = \sum\limits_i \dfrac{1}{R_i}$	
Maschenregel			
$V_{ges} = \sum\limits_i V_i = \theta$		$\sum\limits_i u_i = 0$	
$\theta = \oint \boldsymbol{H} d\boldsymbol{s}$ [A] Durchflutung			
Knotenregel			
$\Phi_{ges} = \sum\limits_i \Phi_i = \oint_A \boldsymbol{B} d\boldsymbol{A} = 0$		$\sum\limits_i i_i = 0$	

Die Induktivität L der Spule im elektrischen Kreis nach Bild 2.12b lässt sich durch Gleichsetzen der Spulenenergie $W_S = \frac{1}{2} L i^2$ mit der magnetischen Energie W_M finden:

$$L = \frac{2k}{s} \quad \text{mit} \quad k = \frac{\mu_0 A w^2}{4}. \tag{2.46}$$

Aus $W_M = W_S = W$ folgt durch Gradientenbildung die Zugkraft des Magneten,

$$F = -\frac{\partial W(s)}{\partial s} = k \frac{i^2}{s^2} = \frac{A}{\mu_0} B^2. \tag{2.47}$$

Sie wirkt stets anziehend zwischen Anker und Magnet. Die Leistungsbilanz mit der Klemmenleistung $P^{zu} = ui$, der Verlustleistung $P_V = Ri^2$ und der „inneren" wirksamen magnetischen

Leistung $P_M = \dot{W}$, die gleich der mechanischen Leistung $P^{ab} = Fv$ sein muss, lautet

$$P_M = \dot{W} = P^{zu} - P_V = P^{ab},$$

(2.48)

$$\dot{W} = ui - Ri^2 = Fv = k\frac{i^2}{s^2}v.$$

(2.49)

Für die bewegte Ankermasse m gilt außerdem

$$F = m\dot{v}.$$

(2.50)

Nutzt man den Zusammenhang $\dot{W}_M = Fv$ und berücksichtigt W_M und F gemäß Gl. (2.45) bzw. Gl. (2.47), so erhält man für die zeitabhängigen Größen den Zusammenhang

$$\frac{d}{dt}\left(\frac{i^2}{s}\right) \equiv \frac{2i\frac{di}{dt}s - \dot{s}i^2}{s^2} = \frac{i^2}{s^2}\dot{s} \quad \text{oder}$$

(2.51)

$$\frac{di}{dt} = \frac{i}{s}\dot{s}.$$

(2.52)

Mit den Zustandsgrößen s, v und i, wobei $\dot{s} = v$ gilt, erhält man aus Gl. (2.49) unter Verwendung von Gl. (2.52) und aus Gl. (2.50) nach Elimination der Kraft das nichtlineare mathematische Modell für einen elektromagnetischen Wandler:

$$\frac{ds}{dt} = v,$$
$$\frac{dv}{dt} = \frac{k}{m}\frac{i^2}{s^2},$$
$$\frac{1}{s}\frac{di}{dt} = -\frac{R}{k}i + \frac{1}{k}u.$$

(2.53)

Mit der Definition des Zustandsvektors $\mathbf{x} = [x_1, x_2, x_3]^T = [s, \dot{s}, i]^T$ – Details zur Wahl der Zustände x_i sind in Abschnitt 7.1.2 zu finden - resultiert das nichtlineare Zustandsraummodell:

$$\dot{\mathbf{x}} = \begin{bmatrix} \dot{x}_1 \\ \dot{x}_2 \\ \dot{x}_3 \end{bmatrix} = \begin{bmatrix} x_2 \\ \dfrac{k}{m}\dfrac{x_3^2}{x_1^2} \\ -\dfrac{R}{k}x_1 x_3 + \dfrac{x_1}{k}u \end{bmatrix}.$$

(2.54)

2.2.4 Bauformen elektromagentischer Wandler

Rotierende elektromagnetische Wandler, auch Drehwandler genannt, lassen sich grundsätzlich ähnlich wie die elektrodynamischen Wandler aus den entsprechenden translatorischen Wandlern gewinnen. Deshalb kann die folgende Darstellung kurz gefasst werden.
Bild 2.13 zeigt das Prinzip von Reluktanzmotoren bzw. Schrittmotoren. Bei diesen Drehwandlern ändert sich der magnetische Widerstand, die Reluktanz, des Läufers entsprechend der Anzahl der Pole am Umfang des Ständers, deren Wicklungen elektromagnetische Felder erzeugen. Der Läufer versucht sich so einzustellen, dass dem magnetischen Fluss stets der Weg des geringsten Widerstandes zur Verfügung steht. Bei Schrittmotoren bezeichnet man die Pole als Ständerzähne, denen die Läuferzähne gegenüberstehen. Die Anordnung von Bild 2.13 hat 6 Pole bzw. 6 Läuferzähne und 4 Ständerzähne. Je nach Ansteuerung der Wicklungen lassen sich unterschiedliche Anwendungsfälle unterscheiden, die nachfolgend beschrieben werden.

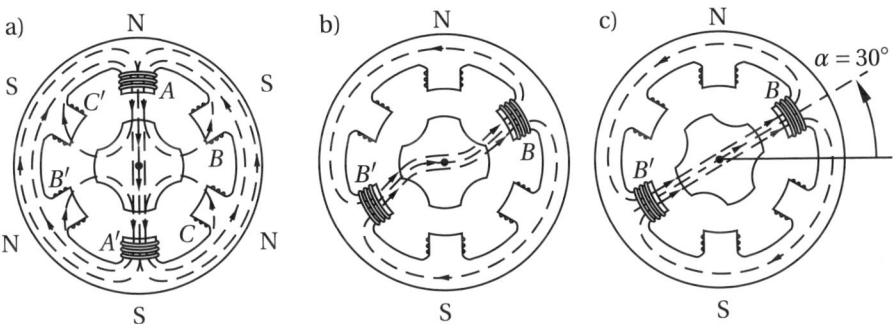

Bild 2.13 Prinzip des elektromagnetischen Drehwandlers:
a) Ausgangskonfiguration, b) Beginn eines Drehschrittes, c) Ende eines Drehschrittes

Drehmagnete

Der Ständer mit den drei Polpaaren trägt drei getrennt ansteuerbare Wicklungen (Phasen), die von Gleichstrom durchflossen werden. In Bild 2.13a sind in der Anfangskonfiguration die Pole AA' (Phase A) durchflutet und der Läufer stellt sich so ein, dass sich Ständer- und Läuferzähne unmittelbar gegenüberstehen. Schaltet man diese Phase aus und die Phase B ein (Bild 2.13b), so dreht sich der Läufer um den Winkel $\alpha = 30°$ im Gegenuhrzeigersinn, vgl. Bild 2.13c. Hätte man anstelle von B die Phase C eingeschaltet, so würde sich ein Winkel von $\alpha = -30°$, also eine Drehung im Uhrzeigersinn ergeben. Der Schaltwinkel (Schrittwinkel) beträgt

$$|\alpha| = \frac{360°}{p\, z_{\mathrm{L}}} \tag{2.55}$$

mit der Zahl p der Phasen und der Zähnezahl z_{L} des Läufers.

Schrittmotoren

Schrittmotoren mit variabler Reluktanz (VR-Schrittmotoren) sind wie die vorher beschriebenen Drehmagnete aufgebaut. Die Ansteuerung erfolgt jedoch elektronisch durch impulsförmige Stromsignale. Diese können als Einzelimpulse oder als Impulsfolgen auftreten. Typisch für die Betriebsweise eines Schrittmotors ist, dass bei jedem Stromimpuls ein genau definierter Winkelschritt α ($\alpha = 15°$ bis etwa $\alpha = 0,36°$) ausgeführt wird. Damit lassen sich bei Einhaltung bestimmter Betriebsbedingungen auf einfache Weise Positionsaufgaben durchführen, ohne dass ein Lage- oder Geschwindigkeitsmesssystem verwendet werden muss.

Reluktanzmotoren

Die Wicklung von Reluktanzmotoren ist als Drehfeldwicklung aufgebaut. Der Läufer versucht, dem Drehfeld zu folgen. Dies ist bei der Synchrondrehzahl der Fall, somit liegt ein Synchronmotor vor. Um das Anfahren größerer Motoren zu ermöglichen, werden wie beim Käfigläufer-Asynchronmotor kurzgeschlossene Leiterstäbe eingebaut.

Diese Aufzählung von elektromagnetischen Drehwandlern ist längst nicht erschöpfend. Sie soll lediglich das Wirkprinzip verdeutlichen. Für weitergehende Einzelheiten muss auf die Spezialliteratur verwiesen werden, vgl. [Jan04], [Kal03], [SB87].

2.2.5 Ausführungen und Kenndaten elektromagnetischer Aktoren

Es existiert eine Vielzahl elektromagnetischer Aktoren. Dies ist einerseits durch die zahlreichen Bauformen elektrodynamischer und elektromagnetischer Wandler bedingt und basiert anderseits auf der Bildung von Kombinationen und Mischformen. Neben einer Einteilung nach dem Wandlerprinzip, die bisher verfolgt wurde, lassen sie sich in die beiden Gruppen **selbstgeführte** und **fremdgeführte** Motoren einteilen. Selbstgeführte Motoren sind nach [Jan04] dadurch gekennzeichnet, dass ihre Wicklungen in Abhängigkeit von der Lage des Läufers, z. B. durch Kommutatoren, an Spannung gelegt werden, während die Wicklungen fremdgeführter Motoren zwangsweise von außen, z. B. durch die Phasenfolge des Netzes oder durch elektronische Ansteuerung, mit Spannung versorgt werden. Aus diesem Unterschied ergeben sich typische Eigenschaften mit bestimmten Vor- und Nachteilen. Beispielsweise erlauben selbstgeführte Motoren unabhängig von der Frequenz der Stromversorgung sehr hohe Drehzahlen, wobei die Drehzahlverstellung einfach, kostengünstig und häufig verlustlos möglich ist. Demgegenüber hängt die Drehzahl fremdgeführter Motoren von der Frequenz der Stromversorgung ab, die nur mit vergleichsweise großem Aufwand zu steuern ist. Dafür sind diese Motoren kostengünstig, robust und geräuscharm.

Bezüglich der Baugröße der Motoren lässt sich zeigen, dass bei Maschinen gleicher Bauart das abgegebene Moment M proportional zum Volumen V und damit zum Gewicht G der Maschine ist. Günstige Verhältnisse von Gewicht G zu Leistung $P^{ab} = M\omega$ erzielt man deshalb für große Winkelgeschwindigkeiten ω bzw. große Drehzahlen n.

Die beschriebenen Elektromotoren eignen sich direkt oder nach Zwischenschaltung von Getrieben (Zahnradgetriebe, Riementriebe, Harmonic-Drive-Getriebe) zum Antrieb von rotatorischen Bewegungen. Die Realisierung von translatorischen Bewegungen erfolgt in der Regel ebenfalls durch Zwischenschaltung von Getrieben (Ritzel-Zahnstange, Spindel-Mutter). Eine Linearbewegung lässt sich jedoch auch direkt mit einem elektromagnetischen Linearmotor erreichen, wie bei den Linearwandlern gezeigt wurde. Als Bauformen werden abgewickelte Synchron- oder Asynchronmotoren angewendet. Anwendungsbeispiele sind Magnetschwebefahrzeuge und Direktantriebe bei Werkzeugmaschinen.

Eine Übersicht über elektronisch gesteuerte bzw. direkt am Netz betriebene Motoren mit zugehörigen Kennlinien und Kenndaten geben die Tabellen 2.7 bis 2.11, die aus [Jan04] entnommen sind. Die in diesen Bildern enthaltenen Symbole sind in Tabelle 2.6 zusammengefasst.

Tabelle 2.6 Legende der im Folgenden verwendeten Symbole

Symbol	Bedeutung	Symbol	Bedeutung
▬▭	Permanentmagnetständer	⧛	Triac
⬕	Permanentmagnetläufer	n	Drehzahl
Ⓜ	Läufer mit Käfig- oder Kommutatorwicklung	P_{ab}	Abgegebene Leistung
		η	Maximaler Wirkungsgrad
⟲	Reluktanzläufer	M	Drehmoment
○	Hystereseläufer	M_A	Anlaufmoment
⧗	Diode	M_N	Nennmoment
⧨	Steuerbarer Halbleiter	M_{max}	Maximales Drehmoment
⧩	Transistor	p	Polpaarzahl

Tabelle 2.7 Elektronisch betriebene Motoren – selbstgeführt

	Motortyp				
	Universalmotoren		Permanentmagnetmotoren		Elektronisch kommutierter Motor (ECMotor)
	Phasen-anschnitt	Pulsweiten-modulation	Mischspan-nungsmotor	Gleich-strommotor	
Grund-schaltun-gen					
Drehzahl-Dreh-moment-kennlinie					

Tabelle 2.8 Elektronisch betriebene Motoren – fremdgeführt

	Motortyp				
	Asynchronmotoren		Synchronmotoren		
	Phasen-anschnitt	Pulsweiten-modulation	Permanent-erregter Mot.	Geschalteter Reluktanzmot.	Schritt-motor
Grund-schaltun-gen		Gleich-richter / Wechsel-richter			
Drehzahl-Dreh-moment-kennlinie					

Tabelle 2.9 Direkt am Netz betriebene Motoren – selbstgeführt

	Motortyp				
	Permanent-magnetmotor	Neben-schlussmotor	Doppel-schlussmotor	Reihen-schlussmotor	Universal-motor
Grund-schaltun-gen					
Drehzahl-Dreh-moment-kennlinie					
n [min^{-1}]	$2000 - 30000$	< 6000	< 6000	< 6000	$3000 - 30000$
P_{ab}	$0,2 - 1000\ \mathrm{W}$	$0,2\ \mathrm{W} - 1\ \mathrm{MW}$	$20\ \mathrm{W} - 10\ \mathrm{kW}$	$20\ \mathrm{W} - 500\ \mathrm{kW}$	$20\ \mathrm{W} - 2\ \mathrm{kW}$
η	$0,4 - 0,8$	$0,3 - 0,9$	$0,3 - 0,7$	$0,3 - 0,8$	$0,3 - 0,7$
M_A / M_N	$4 - 10$	$4 - 6$	$4 - 6$	$4 - 6$	$2 - 5$
M_{max} / M_N	< 10	< 6	< 6	< 10	< 5

Tabelle 2.10 Direkt am Netz betriebene Motoren – fremdgeführt (Synchronmaschinen)

	Motortyp				
	Permanent-erregter Motor	Reluktanz-motor	Permanent-erregter Motor	Reluktanz-motor	Hysterese-motor
Grund-schaltun-gen					
Drehzahl-Dreh-moment-kennlinie					
n [min^{-1}]	$3000/p$	$3000/p$	$3000/p$	$3000/p$	$3000/p$
P_{ab}	$200\ \mathrm{W} - 1\ \mathrm{GW}$	$< 500\ \mathrm{W}$	$0,02 - 500\ \mathrm{W}$	$0,02 - 500\ \mathrm{W}$	$0,02 - 100\ \mathrm{W}$
η	$> 0,5$	$0,3 - 0,6$	$< 0,05 - 0,6$	$< 0,05 - 0,6$	$0,04 - 0,4$
M_A / M_N	< 3	< 4	< 1	$0,5 - 4$	$0,2 - 2$
M_{max} / M_N	$< 1,5$	$< 1,3$	$< 1,5$	$< 1,3$	$< 1,5$

Tabelle 2.11 Direkt am Netz betriebene Motoren – fremdgeführt (Asynchronmaschinen)

	Motortyp				
	Drehstrom-asynchron-motor	Kondensatormotoren		Spaltpol-motor	Ferraris-motor
Grund-schaltun-gen					
Drehzahl-Dreh-moment-kennlinie					
$n\,[\text{min}^{-1}]$	$3000/p$	$3000/p$	$3000/p$	$3000/p$	$3000/p$
P_{ab}	$>20\,\text{W}$	$<500\,\text{W}$	$<500\,\text{W}$	$<200\,\text{W}$	$<200\,\text{W}$
η	$0{,}5-0{,}8$	$0{,}3-0{,}7$	$<0{,}4-0{,}7$	$<0{,}1-0{,}4$	$0{,}2-0{,}5$
M_A/M_N	$1-3$	$1-2$	$1-2$	$0{,}2-1$	<2
M_{max}/M_N	$1{,}5-7$	$<1{,}5$	$<1{,}5$	$<1{,}2$	<2

■ 2.3 Fluidische Aktoren

Unter fluidischen Aktoren versteht man hydraulische und pneumatische Stelleinrichtungen, die zur Erzeugung von Kräften oder Bewegungen flüssige bzw. gasförmige Energieträger nutzen. Fluidische Aktoren sind vor allem als Linearwandler wegen ihres einfachen Aufbaus und geringen Leistungsgewichts den elektromagnetischen Aktoren bei vielen Anwendungen überlegen. Allerdings ist die Ausführung exakter Positionieraufgaben wegen der Fluidelastizität problematisch. Die fluidische Leistung $P_{fl} = p\dot{V}$ ergibt sich aus dem Produkt von Druck p und Volumenstrom $\dot{V}$, vgl. auch Tabelle 2.1. Dies bedeutet, dass man Einrichtungen zur Erzeugung und Speicherung des Druckmediums benötigt. Ein typischer **Fluidkreislauf** ist deshalb aus den in Bild 2.14 dargestellten Komponenten aufgebaut, wobei die in Tabelle 2.12 zusammengestellten Symbole verwendet werden. Im Gegensatz zum dargestellten geschlossenen Hydraulikkreislauf sind Pneumatiksysteme offen, d. h. das Druckmedium wird nach der Entspannung wieder der Umgebungsluft zugeführt. Ein Vergleich wesentlicher Merkmale hydraulischer und pneumatischer Antriebe anhand ausgewählter Kenngrößen ist Gegenstand von Abschnitt 2.3.1. In Anlehnung an die Beschreibung elektromagnetischer Aktoren erfolgt auch hier zunächst eine ausführliche Darlegung der Grundlagen hydraulischer Wandler (Abschnitt 2.3.2) und darauf aufbauend die Beschreibung einiger Ausführungsformen (Abschnitt 2.3.3). Letztere ist bewusst knapp gehalten, zum vertieften Studium sei auf die zahlreiche Sekundärliteratur verwiesen.

Tabelle 2.12 Symbole für Ölhydraulik und Pneumatik nach DIN ISO 1219 (Auswahl)

Sinnbild	Benennung und Erklärung
Hydropumpen	
a) b) a) b)	Pumpe - mit konst. Vedrängungsvolumen - mit verstellbarem Vedrängungsvolumen a) mit einer, b) mit zwei Förderrichtungen
Hydromotoren	
a) b)	Drehmotor mit konst. Vedrängungsvolumen a) mit einer, b) mit zwei Förderrichtungen
	Schubmotor - einfach wirkend (Zylinder)
	- doppelt wirkend mit einseitiger Kolbenstange
	- doppelt wirkend mit zweiseitiger Kolbenstange
Hydroleitungen und Zubehör	
	Arbeitsleitung, zur Energieübertragung Steuerleitung, zur Signalübertragung Leckölleitung
	Schlauchleitung
a) b)	a) Leitungskreuzung, b) Leitungverbindung
	Hydrospeicher
	Reservoir, Tank
Sperrventile	
	Rückschlagventil mit Feder
Stromventile	
	Drosselventil, einstellbar

Fortsetzung der Tabelle 2.12

Sinnbild	Benennung und Erklärung
Hydroventile, allgemein	
	Ventile werden durch ein Rechteck dargestellt. Zahl der Felder = Schaltstellungen, Leitungen werden an das Feld der Ruhestellung herangezogen.
	Innerhalb der Felder geben Pfeile die geschalteten Wege an; gesperrte Anschlüsse erhalten Querstriche.
	Bleibt bei Stellungsänderung geschalteter Weg mit dem Anschluss verbunden, erhält der Pfeil an dieser Stelle einen Querstrich.
	Sinnbilder der Betätigung werden senkrecht zu den Anschlüssen außerhalb des Rechteckes angeordnet.
Wegeventile	
	2/2-Wegeventil, Ruhestellung gesperrt, handbetätigt mit Hebel.
	3/3-Wegventil, Ruhestellung gesperrt, federzentriert, betätigt durch Druckbeaufschlagung.
	4-3-Wegeventil, druckloser Pumpenstromumlauf in Mittelstellung, federzentriert, magnet-vorgesteuerte Betätigung.
	Schaltungsmöglichkeiten von 4/3-Wegeventilen
	- geöffnete Anschlüsse sind verbunden
	- gesperrte Anschlüsse erhalten Querstriche
Druckventile	
	Druckventil (allgemein) - a) mit offener Ruhestellung - b) mit geschlossener Ruhestellung Druckbegrenzungsventil

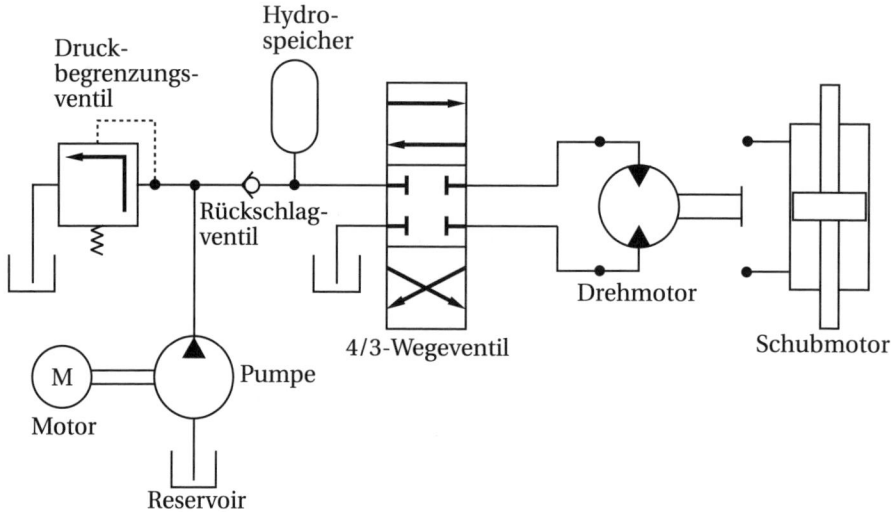

Bild 2.14 Hydraulikkreislauf

Im Folgenden steht – wie bisher – der eigentliche Energiewandler im Mittelpunkt der Betrachtung. Ausnahmen bilden die Fälle, in denen Energiesteller und Energiewandler eine kompakte Einheit bilden, die auch gemeinsam modelliert werden muss. Dies ist beispielsweise bei **Servomotoren** der Fall, vgl. Abschnitt 2.3.2. Der Anwendungsfall hydrostatischer und hydrodynamischer Getriebe und Kupplungen, bei denen mechanische Leistung in fluidische Leistung und anschließend in derselben Baueinheit wieder in mechanische Leistung gewandelt wird, soll hier nicht betrachtet werden. Bei mechatronischen Anwendungen werden fluidische Aktoren vorwiegend als Stellglieder und Servomotoren eingesetzt. Vor ihrer Behandlung erfolgt ein Vergleich von hydraulischen und pneumatischen Aktoren.

2.3.1 Gegenüberstellung von hydraulischen und pneumatischen Aktoren

Die wichtigsten Unterschiede zwischen hydraulischen und pneumatischen Aktoren sind aus der Gegenüberstellung in Tabelle 2.13 ersichtlich.

Die pneumatischen Drehwandler weisen wegen der hohen Kompressibilität der Luft nur eine geringe Drehsteifigkeit auf, sie kommen deshalb bei mechatronischen Anwendungen nur selten vor. Die Linearwandler (Pneumatikzylinder) lassen sich aus demselben Grund nur schwer exakt positionieren. Sie kommen deshalb nicht als Positionierantriebe, sondern als Zweipunkt-Stellantriebe zum Einsatz. Dabei arbeitet der Pneumatikzylinder zwischen zwei Schaltstellungen gegen feste Anschläge. Anwendungsbeispiele sind Handhabungsgeräte wie Greif- und Spannvorrichtungen. Das Haupteinsatzgebiet pneumatischer Aktoren ist nicht die Mechatronik, sondern vielmehr die „Low-Cost-Automatisierung". Zahlreiche Problemlösungen für die Praxis finden sich in [DS90]. Im Folgenden sollen ausschließlich hydraulische Aktoren betrachtet werden, die einen großen Einsatzbereich in der Mechatronik haben.

Tabelle 2.13 Vergleich hydraulischer und pneumatischer Aktoren

Merkmal		Hydraulik-Aktor	Pneumatik-Aktor
Druckbereich mit Anwendung	Niederdruck	30 – 50 bar Werkzeugmaschinen	bis 1 bar Steuerungen
	Mitteldruck	bis 170 bar Transportanlagen, Baumaschinen, Fahrantriebe	
	Hochdruck	bis 420 bar Pressen, Spannvorrich- tungen, Flugzeughydraulik	6 – 10 bar Pressen, Spannvorrich- tungen, Arbeitsgeräte
Geschwindigkeit		klein	groß
Strömung		bis 5 m/s	bis 40 m/s
Arbeitskolben		bis 0,15 m/s	0,01 – 1,5 m/s
Kräfte/Momente		groß	klein
Regelbarkeit Geschwindigkeit		sehr gut	schlecht
Regelbarkeit Kraft/Moment		sehr gut	gut
Leistungsdichte		sehr groß	klein
Kompressibilität des Fluids		klein	groß
Leckverlust		gering	groß
Fluidrückführung in		Behälter	Umgebung

2.3.2 Grundlagen hydraulischer Wandler

In Tabelle 2.2 hatten wir bereits fluidisch-mechanische Wandler kennengelernt. Die dort gezeigten Wirkprinzipien Kolben-Schubstange und Fluidmotor lassen sich unmittelbar auf hydraulische Wandler übertragen. Bevor sie genauer betrachtet werden, soll auf mechanisch-hydraulische Wandler am Beispiel von Linearwandlern eingegangen werden. Sie kommen bei den Steuer- und Servoventilen, einer wichtigen Komponente in einem Hydraulikkreislauf, vor. Bild 2.15 zeigt einen Hydraulikzylinder mit einseitiger Kolbenstange, der von einem 4/3-Wegeventil angesteuert wird. Die Bezeichnung der Ventile erfolgt nach der Anzahl der geschalteten Anschlüsse und der Anzahl der Schaltstellungen. So verfügt beispielsweise ein 4/3-Wegeventil über vier Anschlüsse und drei Schaltpositionen. Für die Nomenklatur der Ventilanschlüsse gilt:

Symbol	Bedeutung
A, B	Arbeitsanschlüsse,
P	Druckanschluss (Pumpe),
L	Leckanschluss (Leckage),
R, S, T	Ablaufanschlüsse (Reservoir, Tank),
X, Y, Z	Steueranschlüsse.

Üblicherweise erfolgt die Darstellung im Schaltkreis für die Ruhestellung der Geräte. In der Ruhestellung können die Anschlüsse A, B und P, R offen (verbunden) oder geschlossen (blockiert) sein. Damit ergeben sich die vier in Tabelle 2.12 dargestellten Schaltmöglichkeiten. Sind in der

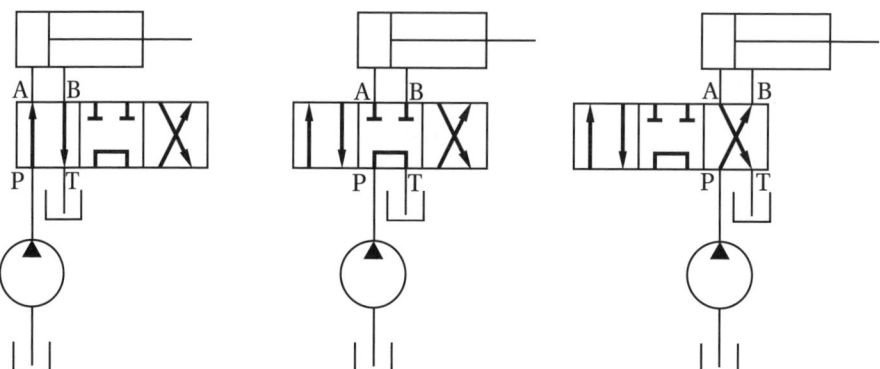

Bild 2.15 Hydraulikzylinder mit 4/3-Wegeventil und Hydraulik-Schaltplan

Ruhestellung die Arbeitsanschlüsse A, B blockiert, so erfolgt eine Arretierung der Kolbenstange. Sind andererseits die Leitungen P, R blockiert, so sind Zu- und Abfluss der Hydraulikflüssigkeit durch das Steuerventil unterbrochen. Außerhalb der Ruhestellung gilt die rechts bzw. links eingezeichnete Richtung des Volumenstroms und damit eine Umsteuerung des Kolbens im Arbeitszylinder.

Die Ansteuerung der Wegeventile kann auf unterschiedliche Weise erfolgen. Zum einen rein mechanisch, z. B. handbetätigt mit Hebel oder fußbetätigt mit Pedal, aber auch elektromechanisch mittels Magneten. Darüber hinaus gibt es bei Servoventilen die Möglichkeit der Betätigung durch einen **Proportionalmagnet**, ein **Düse-Prallplatte-System** oder durch ein **Strahlrohr**. Diese drei Möglichkeiten sind in Bild 2.16 mit typischen Daten zu finden.

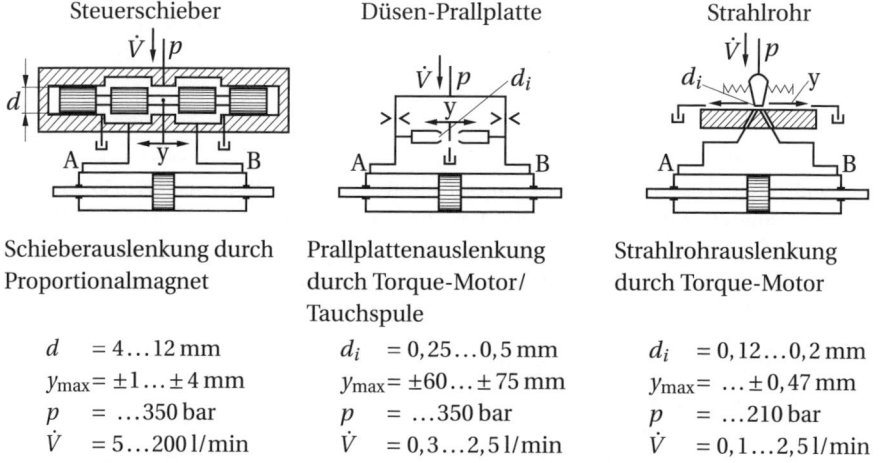

Steuerschieber	Düsen-Prallplatte	Strahlrohr
Schieberauslenkung durch Proportionalmagnet	Prallplattenauslenkung durch Torque-Motor/ Tauchspule	Strahlrohrauslenkung durch Torque-Motor
$d = 4 \ldots 12\,\text{mm}$	$d_i = 0,25 \ldots 0,5\,\text{mm}$	$d_i = 0,12 \ldots 0,2\,\text{mm}$
$y_{max} = \pm 1 \ldots \pm 4\,\text{mm}$	$y_{max} = \pm 60 \ldots \pm 75\,\text{mm}$	$y_{max} = \ldots \pm 0,47\,\text{mm}$
$p = \ldots 350\,\text{bar}$	$p = \ldots 350\,\text{bar}$	$p = \ldots 210\,\text{bar}$
$\dot{V} = 5 \ldots 200\,\text{l/min}$	$\dot{V} = 0,3 \ldots 2,5\,\text{l/min}$	$\dot{V} = 0,1 \ldots 2,5\,\text{l/min}$

Bild 2.16 Mechanisch-hydraulische Wandler als Steuerelemente in einem Servoventil

Damit lassen sich aus niedrigen Eingangsleistungen mit entsprechend geringen Wegen y große hydraulische Ausgangsleistungen $P_{fl} = p\dot{V}$ gewinnen. Falls erforderlich, kann die Ventilsteuerung auch mehrstufig aufgebaut werden. Die Gesamtverstärkung folgt dann durch Multiplikation der Einzelverstärkungen für jede Stufe. Für **mehrstufige Servoventile** sind Gesamtverstärkungen $> 10^8$ (!) erreichbar. Bild 2.17 zeigt ein zweistufiges Servoventil mit einer elektromagnetischen Eingangssteuerung, einem hydraulischen Vorverstärker, basierend auf dem Düse-Prallplatte-Prinzip, sowie einem hydraulischen Kraftschalter mit Folgekolben als Hauptsteuerschieber.

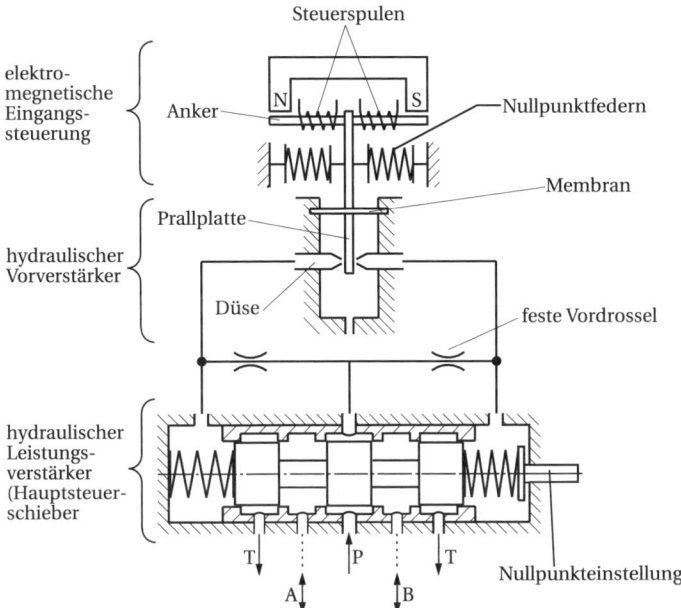

Bild 2.17 Elektrohydraulisches Zweistufen-Servoventil

Ein elektrischer Strom in den Steuerspulen bewirkt eine proportionale Magnetkraft im beweglichen Anker, so dass sich die Prallplatte aus der Mittelstellung heraus bewegt. Dadurch verändert sich der Durchfluss durch die Düsen. Die beiden Düsen stellen für die Hydraulikflüssigkeit veränderliche Drosseln dar, die zusammen mit den beiden festen Vordrosseln eine hydraulische Brückenschaltung bilden.

Wenn die Brücke verstimmt ist, bewegt sich der Hauptsteuerschieber nach links oder rechts und steuert Zu- bzw. Abfluss der Hydraulikflüssigkeit zum Hydraulikmotor. An die Stelle des Düse-Prallplatte-Systems mit hydraulischer Brückenschaltung kann auch eine elektrische Lageerfassung des Hauptsteuerschiebers mit elektrischem Lageregler treten. Diese Kombination wird vor allem bei drei- und mehrstufigen Servoventilen eingesetzt.

Im Folgenden soll ein hydraulischer Aktor mit Servoventil V, Messzylinder M, Kraftzylinder K und Wegeingang u sowie Kraftausgang F (Kraftstellglied) betrachtet werden, vgl. Bild 2.18. Ein **ideales Kraftstellglied** liefert eine dem Stellsignal u proportionale Kraft F,

$$F = ku, \tag{2.56}$$

wobei k ein Proportionalitätsfaktor ist. Ein **reales Kraftstellglied** weist eine Eigendynamik auf, die am Beispiel von Bild 2.18 mit den dort angegebenen Bezeichnungen mathematisch beschrieben werden soll. Zunächst folgt als geometrische Beziehung für die Verschiebungen u, z_M und z_V am Betätigungshebel

$$\frac{u - z_V}{a + b} = \frac{z_M - z_V}{b} \tag{2.57}$$

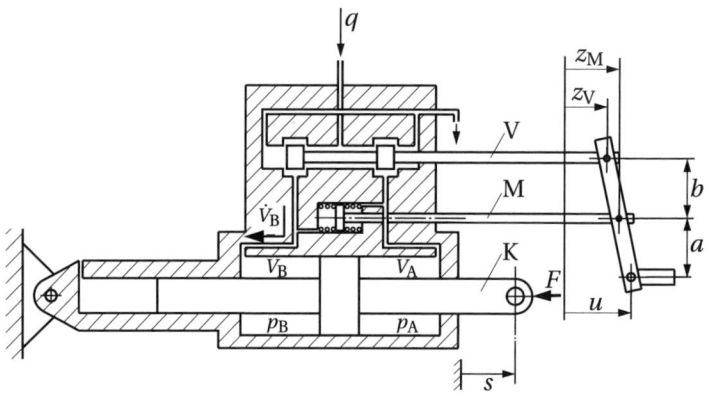

A_K Fläche des Arbeitskolbens;	a, b Hebelarme
A_M Fläche des Messkolbens;	q Zuflusskonstante

Bild 2.18 Hydraulisches Kraftstellglied, Kolben K, Messzylinder M, Ventil V

oder mit dem Übersetzungsverhältnis $\mu = \dfrac{a+b}{b}$

$$u = \mu\, z_M - (\mu - 1)\, z_V. \tag{2.58}$$

Die Differenz $\Delta \dot{V}$ von zu- und abfließendem Volumenstrom lautet

$$\Delta \dot{V} = \dot{V}_B - A_K \dot{s}, \tag{2.59}$$

wobei $\dot{V}_B = -q z_V$ mit der Zuflusskonstante q ist. Aus der Definition des Kompressionsmoduls $E_{öl}$ des Drucköls,

$$E_{öl} = -V \frac{dp}{dV}, \tag{2.60}$$

folgt der Zusammenhang zwischen **Druck- und Volumenänderung**

$$\Delta p = p_B - p_A = E_{öl} \left(\frac{\Delta V_A}{V_A} - \frac{\Delta V_B}{V_B} \right), \tag{2.61}$$

wobei für $E_{öl} \approx (1{,}4 - 2) \cdot 10^3$ N/mm^2 gilt. Unter der Voraussetzung $\Delta V_B = -\Delta V_A = \Delta V$, $V_B \approx V_A = V$ erhält man

$$\Delta p = p_B - p_A = -\frac{2E_{öl}}{V} \Delta V. \tag{2.62}$$

Das **Kräftegleichgewicht** für den Arbeits- und den Messkolben ergibt bei Vernachlässigung von Trägheits- und Reibungskräften sowie der Kompressibilität des Drucköls im Messzylinder

$$F = (p_B - p_A) A_K = \Delta p\, A_K, \tag{2.63}$$

$$c_M z_M = (p_B - p_A) A_M = \Delta p\, A_M. \tag{2.64}$$

Nach Elimination der Größen z_M, z_V, $\dot{V}_B$, ΔV und Δp resultiert die gesuchte Kraftbeziehung.

Zunächst folgt aus den Gln. (2.58), (2.64) und (2.63)

$$z_V = \frac{\mu}{\mu - 1} z_M - \frac{1}{\mu - 1} u$$

oder

$$z_V = \frac{\mu}{\mu - 1} \frac{A_M}{A_K} \frac{1}{c_M} F - \frac{1}{\mu - 1} u.$$ (2.65)

Aus den Gln. (2.59) bis (2.63) erhält man

$$\Delta \dot{V} = -q z_V - A_K \dot{s} = \frac{V}{2 E_{\text{öl}}} \frac{d(\Delta p)}{dt}$$

oder

$$\frac{V}{2 E_{\text{öl}} A_K} \frac{dF}{dt} = -q z_V - A_K \dot{s}.$$ (2.66)

Setzt man Gl. (2.65) in Gl. (2.66) ein, so folgt die gesuchte Kraftgleichung

$$\frac{dF}{dt} = -k_F F - k_{\dot{s}} \dot{s} + k_u u$$ (2.67)

mit den Abkürzungen

$$k_F = \frac{2 E_{\text{öl}} q}{V} \frac{\mu}{\mu - 1} \frac{A_M}{c_M},$$

$$k_{\dot{s}} = \frac{2 E_{\text{öl}} A_K^2}{V},$$

$$k_u = \frac{2 E_{\text{öl}} A_K q}{V (\mu - 1)}.$$ (2.68)

Das reale Kraftstellglied weist infolge der Kompressibilität des Drucköls ein PT_1-Verhalten auf. Weitere Einflussgrößen, wie die Lecköolvolumenströme, wurden hier vernachlässigt. Vergleicht man Gl. (2.67) mit Gl. (2.56), so erkennt man, dass die Verstärkung $k = F / u$ im eingeschwungenen Zustand

$$k = \frac{k_u}{k_F} = \frac{A_K c_M}{A_M \mu}$$ (2.69)

beträgt. Die konstruktive Gestaltung lässt es zu, dass beide Verhältnisse $\frac{A_K}{A_M}$ und $\frac{c_M}{\mu}$ große Werte annehmen und daraus eine große Gesamtverstärkung resultiert.

2.3.3 Ausführungsformen und Kenndaten hydraulischer Aktoren

Hydraulische Aktoren bestehen aus einem Stellelement und einem Hydromotor. Als Hydromotoren können Translations- oder Rotationsmotoren eingesetzt werden, wie bereits in Tabelle 2.2 aufgeführt. Stellelemente sind einerseits Servoventile, wie sie im Hydraulikkreislauf

Bild 2.14 dargestellt und im Abschnitt 2.3.2 beschrieben werden. Sie arbeiten meist mit einem aufgeprägten Druck, der mittels eines Hydrospeichers konstant gehalten wird. Das Zeitverhalten ist gut, da nur kleine Massen über kurze Wege verstellt werden. Der Nachteil der Steuerung mittels Servoventilen liegt in den hohen Drosselverlusten an den Steuerkanten. Eine bessere Energieausnutzung bieten Verdrängersteuerungen mit aufgeprägten Volumenstrom, vgl. Bild 2.19.

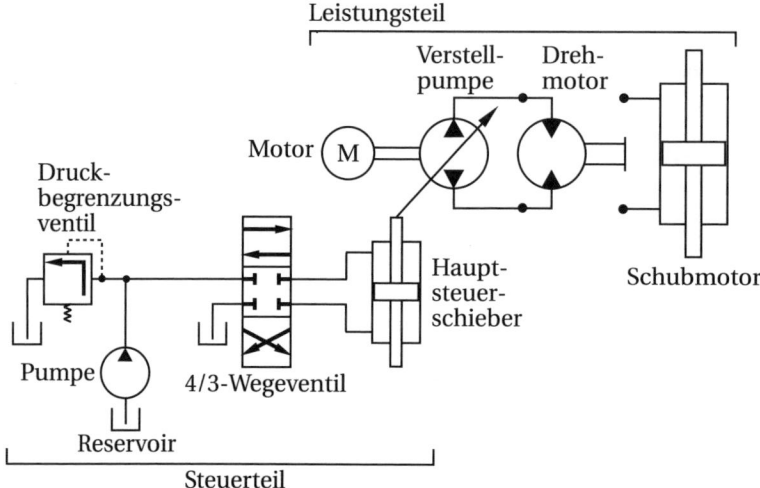

Bild 2.19 Verdrängersteuerung

Zur Steuerung des Verdrängervolumens der Pumpe wird ebenfalls eine Ventilsteuerung eingesetzt, sie liegt jedoch nicht im Leistungsteil und weist deshalb nur geringe Verluste auf. Der aufgeprägte Volumenstrom bestimmt den Drehzahlverlauf des Rotationsmotors oder den Geschwindigkeitsverlauf des Translationsmotors. Der Druck stellt sich abhängig von der am Motor wirkenden Last ein. Das Zeitverhalten der Verdrängereinheiten ist nicht so gut wie bei Servoventilen, da größere Massen über längere Wege zu bewegen sind. Bei der Auswahl des Aktors muss man einen Kompromiss zwischen kurzen Stellzeiten (Servoventil) und hohem Wirkungsgrad (Verdrängersteuerung) finden.

Bauformen von hydraulischen Rotationsmotoren finden sich in Tabelle 2.14 zusammen mit typischen Merkmalen und Kenndaten. Hydraulische Translationsmotoren werden einfach- oder doppeltwirkend aufgebaut. Einige Bauformen sind in Tabelle 2.12 zusammengestellt.

Tabelle 2.14 Bauformen hydraulischer Rotationsmotoren

Schematische Darstellung	Merkmale	Ausführung	Schluck-volumen [cm^3]	Drehzahl-bereich [min^{-1}]	Arbeits-druck [bar]
Schrägscheiben-motor	universell einsetzbar, sehr guter Wirkungsgrad, Wirkungsgrad in weiten Bereichen, von Druck, Drehzahl und Drehmoment wenig abhängig, für hohe Anforderungen geeignet, typischer Schnellläufer	Konstant-motor / Verstell-motor	25 – 800	750 – 8.000	400
Schrägachsenmotor	wie Schrägscheibenmotor, für niedrige Drehzahlen geeignet, hohes Anfahrmoment	Konstant-motor / Verstell-motor	25 – 800	–8.000	400
Taumelscheiben-motor	universell einsetzbar, sehr guter Wirkungsgrad, nicht so hohe Drehzahlen wegen der Unwucht der Taumelscheibe möglich	Konstant-motor	–100	–3.000	100
Radialkolbenmotor (innenbeaufschlagt)	universell einsetzbar, sehr guter Wirkungsgrad, für hohe Anforderungen geeignet	Konstant-motor / Verstell-motor	5 – 7.000	500 – 3.000	350
Radialkolbenmotor (außenbeaufschlagt)	universell einsetzbar, sehr guter Wirkungsgrad, besonders für kleine Drehzahlen und hohe Drehmomente geeignet, typischer Langsamläufer	Konstant-motor / Verstell-motor	5 – 7.000	–2.000	200
Flügelzellenmotor	mittlerer Leistungsbereich, geräuscharm	Konstant-motor / Verstell-motor	5 – 2.000	–3.000	200
Zahnradmotor	mittlerer Leistungsbereich, einfache Bauweise, Wirkungsgrad in weiten Bereichen von Druck, Drehzahl und Drehmoment unabhängig	Konstant-motor	5 – 300	200 – 3.000	280
Zahnringmotor	geräuscharm, mittlerer Leistungsbereich, für kleine Drehzahlen und hohe Drehmomente geeignet	Konstant-motor	5 – 900	10 – 1.000	250

■ 2.4   Neuartige Aktoren

Als neuartige oder unkonventionelle Aktoren werden diejenigen Stelleinrichtungen bezeichnet, die anderen als den bisher betrachteten physikalischen Prinzipien genügen. Solche Aktoren wurden in den vergangenen Jahren schwerpunktmäßig für kleine Leistungen und für lineare Bewegungen entwickelt. Diese Entwicklung ist noch im Fluss. Fortschritte sind vor allem auf zwei Gebieten zu erwarten: Zum einen eröffnen neue Erkenntnisse in der Werkstoffforschung neue oder verbesserte Lösungen bei den Aktorprinzipien. Zum anderen ist der Trend zur Miniaturisierung bei den Aktoren ungebrochen. Hier besteht ein gewisser Nachholbedarf, um mit den Mikrosensoren und Mikrorechnern gleichzuziehen und das Gebiet der Mikrosystemtechnik und Mikromechatronik weiter zu entwickeln.

Tabelle 2.15 zeigt eine Zusammenstellung unkonventioneller Aktoren, die bereits praktisch eingesetzt werden. Angegeben sind der zugrunde liegende physikalische Effekt, einige technische Daten sowie Anwendungsbeispiele. Die Daten stellen grobe Anhaltswerte dar, die abhängig von der künftigen Entwicklung Veränderungen unterworfen sind. Die sich nun anschließenden Abschnitte untersuchen exemplarisch piezoelektrische Aktoren.

2.4.1   Grundlagen piezoelektrischer Wandler

Beim piezoelektrischen Effekt werden zwei Arten unterschieden [BPW09]:

- **Direkter Piezoeffekt**: Eine auf ein piezoelektrisches Material ausgeübte mechanische Kraft erzeugt eine Ladungverschiebung und somit ein elektrisches Feld. Eine ausführliche Erläuterung dieses Effekts ist in Abschnitt 3.2.3 im Sensoren-Kapitel zu finden.
- **Indirekter Piezoeffekt**: Eine am piezoelektrischen Material anliegende elektrische Spannung erzeugt eine mechanische Deformation. Dieser Effekt findet als Aktor (Wandler) Anwendung.

Zunächst sollen die statischen Materialbeziehungen zur Beschreibung des Piezoeffektes angegeben werden. Sie verknüpfen die mechanischen Verzerrungen S [1] und die elektrische Verschiebungsdichte D [$C \cdot m^{-2}$] mit den mechanischen Spannungen T [$N \cdot m^{-2}$] und der elektrischen Feldstärke E_{el} [$V \cdot m^{-1}$],

$$S = s_E T + dE, \tag{2.70}$$

$$D = d^T T + \varepsilon_T E_{el}. \tag{2.71}$$

In dieser allgemeinen Tensorbeziehung enthalten die Größen ε_T die Permittivität bei $T = $ konst., s_E die Elastizitätskonstanten bei $E_{el} = $ konst. und d die piezoelektrischen Konstanten. Die Bezeichnungen in Gln. (2.70) und (2.71) entsprechen den Konventionen in der Festkörperphysik bzw. Kristallographie (vgl. z. B. [Nye85]); sie widersprechen jedoch der Nomenklatur in der technischen Mechanik. Um die Beziehungen transparenter werden zu lassen, erfolgt zunächst eine Reduktion auf den skalaren Fall

$$S = s_E T + dE_{el}, \tag{2.72}$$

$$D = dT + \varepsilon_T E_{el}. \tag{2.73}$$

Für den Sonderfall $d = 0$ liegt kein piezoelektrisches Verhalten vor. Dann sind die beiden Gleichungen voneinander entkoppelt und beschreiben getrennt das mechanische und das elektrische Materialverhalten. Aus Gl. (2.72) folgt mit $s \equiv s_E$ das mechanische Materialverhalten

Tabelle 2.15 Übersicht über neuartige Aktoren

Physikalischer Effekt	Technische Daten (Anhaltswerte)	Anwendungen
Piezoelektrische Aktoren		
Bei Anlegen einer elektrischen Spannung an einen scheibenförmigen Piezokristall tritt aufgrund des indirekten piezoelektrischen Effektes eine Dickenänderung auf.	Nennspannung 800 – 1.500 V Nennstellweg 70 – 200 µm Steifigkeit bis 2.000 N/µm Eigenfrequenz 2 – 50 kHz	Stapel- und Streifentranslatoren, Biegeelemente, Inchworm-Motor, Ultraschall-Motor, Tintentropfenerzeugung
Magnetostriktive Aktoren		
Bei Anlegen eines magnetischen Feldes an ferromagnetische Kristalle tritt aufgrund des magnetostriktiven Effektes eine volumeninvariante Längenänderung auf.	Stromstärke 2 A Erregung 50 kA/m Nennstellweg 50 µm Last 500 N Eigenfrequenz > 1 kHz	Translatoren (keine Stapelbauweise erforderlich), Wurmmotor, Einspritzventil für Dieselkraftstoff, aktive Schwingungsdämpfer
Elektrorheologe Aktoren (ERA)		
Bei Anlegen eines elektrischen Feldes zeigen bestimmte Flüssigkeiten eine Erhöhung der Viskosität.	Scherspannung pro Feldstärke 600 – 800 Pa/(kV/mm)	schaltbare Kupplungen, Ventile, Motorlager, Stoßdämpfer
Magnetorheologe Aktoren (MRA)		
Bei Anlegen eines magnetischen Feldes zeigen bestimmte Flüssigkeiten eine Erhöhung der Viskosität.		ähnlich ERA
Thermobimetall-Aktoren		
Bei einer Erwärmung krümmen sich zwei fest miteinander verbundene Metalle unterschiedlicher Wärmedehnung.	spezifische Krümmung $28{,}5 \cdot 10^{-6}\,1/\text{K}$ Elastizitätsmodul $170 \cdot 10^3\,\text{N/mm}^2$ zulässige Biegespannung $200\,\text{N/mm}^2$	Thermoschalter aller Art für kleine Stellkräfte
Aktoren mit Formgedächtnislegierungen (FGL)		
Die bei Raumtemperatur aufgebrachte Verformung eines Bauteils aus einer FGL verschwindet bei Erwärmung.	Einwegeffekt und Zweiwegeffekt möglich. Umwandlungstemperatur ca. −100 °C bis 100 °C Überhitzung ca. 160 °C bis 400 °C	Thermoschalter aller Art, Stellglieder mit geringer Dynamik

Fortsetzung der Tabelle 2.15

Physikalischer Effekt	Technische Daten (Anhalts-werte)	Anwendungen
	Dehnstoff-Aktoren	
Bei Erwärmung treten bei Dehnstoffen starke Volumen-vergrößerungen auf.	Arbeitstemperaturen ca. $-20\,°C$ bis $120\,°C$ Hub $\quad\quad\quad 5-25\,mm$ Stellkraft $\quad 250-1.500\,N$ Reaktionszeit $\quad\quad 8-50\,s$	einfache Stellantriebe für Heizkörper, Starteinrichtung für Vergasermotoren
	Elektrochemische Aktoren	
Bei Anlegen einer kleinen Gleichspannung treten bei bestimmten Stoffen Gas-entwicklungen auf, die zu Drucksteigerungen führen.	Spannung $\quad\ 1,6-2,2\,V$ Stromstärke $\ \ 1,0-4,0\,A$ Hub $\quad\quad\quad\quad\quad 4\,mm$ Druck $\quad\quad\quad\quad 4\,bar$	einfache Stellantriebe, Heizkörperventile, Positionier-einrichtungen, Regelung der Brennstoffzufuhr für Brenner-systeme

$$S = sT, \tag{2.74}$$

oder mit der Bezeichnungsweise der technischen Mechanik

$$\varepsilon = \frac{1}{E_{mech}}\sigma \quad \text{bzw.} \quad \gamma = \frac{1}{G_{mech}}\tau, \tag{2.75}$$

mit folgenden Größen:

Symbol	Bedeutung	Symbol	Bedeutung
ε	Dehnung	γ	Scherung
σ	Normalspannung	τ	Schubspannung
E_{mech}	Elastizitätsmodul	G_{mech}	Schubmodul

Man erkennt, dass die Größe s, je nachdem, ob eine Längs- oder eine Schubverformung vorliegt, dem Kehrwert des Elastizitäts- bzw. Schubmoduls entspricht.
Aus Gl. (2.73) folgt mit $d = 0$ und ε_T als Permittivität das elektrische Materialverhalten

$$D = \varepsilon_T E_{el} = \varepsilon_0 \varepsilon_r E_{el}, \tag{2.76}$$

mit nachstehenden Variablen:

Symbol	Bedeutung
D	elektrische Verschiebungsdichte
E_{el}	elektrische Feldstärke
ε_0	elektrische Feldkonstante
ε_r	relative Permittivität

Setzt man in Gl. (2.73) $E_{el} = 0$, d. h., ist das piezoelektrische Element kurzgeschlossen, so erhält man mit Gl. (2.75)

$$D = d\,T = \begin{cases} d\,\sigma & \text{für Normalspannungen} \\ d\,\tau & \text{für Schubspannungen} \end{cases}. \tag{2.77}$$

In diesem Fall ist die dielektrische Verschiebung D gleich der dielektrischen Polarisation P, $D = P$. Die Piezokonstante d entspricht damit der Ladungsdichte pro Einheit der mechanischen Spannung. Andererseits folgt aus Gl. (2.72) für $T = 0$, d. h., wenn das piezoelektrische Element mechanisch unbelastet ist,

$$S = dE_{el}. \tag{2.78}$$

Die Piezokonstante d entspricht somit der mechanischen Dehnung pro Feldstärkeeinheit bei verschwindenden mechanischen Spannungen.

Üblicherweise wird den piezoelektrischen Materialien ein kartesisches Koordinatensystem zugeordnet, dessen 3te-Achse mit der Polarisationsrichtung übereinstimmt, vgl. Bild 2.20a. Da sich die Materialien anisotrop verhalten, hängt der Piezoeffekt von der Richtung des steuernden elektrischen Feldes und von der betrachteten Wirkrichtung relativ zur Polarisationsachse ab. In den meisten Anwendungsfällen wird die Steuerspannung in Polarisationsrichtung angelegt. Bei Piezoaktoren unterscheidet man zwei Effekte, den dominanten **Längs- oder Longitudinaleffekt**, bei dem die Wirkrichtung ebenfalls die Polarisationsrichtung ist, und den **Quer- oder Transversaleffekt** mit einer Wirkrichtung senkrecht zur Polarisationsachse, vgl. Bild 2.20.

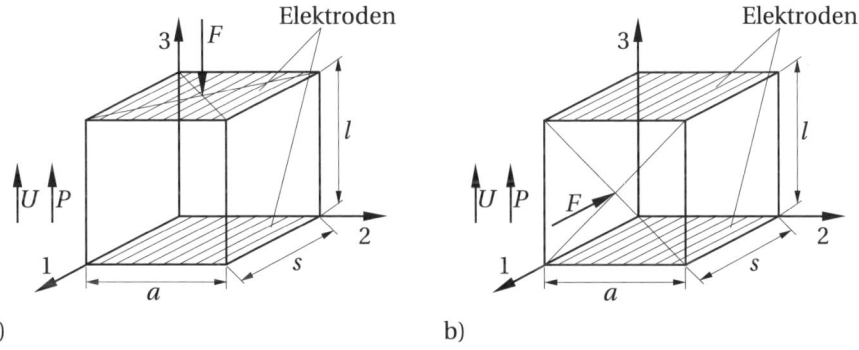

a)   b)

Bild 2.20 Reziproker Piezoeffekt: a) Längseffekt, b) Quereffekt

Mit den Bezeichnungen von Bild 2.20 folgt bei verschwindender äußerer Last mit der Spannung $U = E_{el}l$ aus Gl. (2.78) für den Längseffekt a)

$$\frac{\Delta l}{l} = d_{33}E_{el} \quad \text{bzw.} \quad \Delta l = d_{33}U \tag{2.79}$$

und für den Quereffekt b)

$$\frac{\Delta s}{s} = d_{31}E_{el} \quad \text{bzw.} \quad \Delta s = \frac{s}{l}d_{31}U. \tag{2.80}$$

Wirkt die Druckkraft F in den angegebenen Richtungen, so folgt aus Gl. (2.72)

$$\text{a)} \ \Delta l = -\frac{l}{E_{33}as}F + d_{33}U, \tag{2.81}$$

$$\text{b)} \ \Delta s = -\frac{s}{E_{11}al}F + \frac{s}{l}d_{31}U, \tag{2.82}$$

wobei die Elastizitätsmoduln E_{11}, E_{33} aus Gl. (2.74) bestimmt werden können. Die Vorfaktoren bei F in Gln. (2.81), (2.82) lassen sich als Kehrwerte der Steifigkeiten c_{11}, c_{33} des Piezomaterials bei verschwindender elektrischer Feldstärke ($E_{el} = 0$) interpretieren,

$$c_{11} = \frac{E_{11}\,a\,l}{s}, \qquad c_{33} = \frac{E_{33}\,a\,s}{l}. \tag{2.83}$$

Damit folgt beispielsweise aus Gl. (2.81) das Kraftgesetz

$$F = -c_{33}\Delta l + c_{33}d_{33}U. \tag{2.84}$$

Typische Zahlenwerte für das Piezomaterial PXE 52 sind, vgl. [Val91]:

$$d_{33} = 580\,\mathrm{As/N} \;, \qquad d_{13} = -270\,\mathrm{As/N} \;,$$

$$E_{33} = 50\cdot 10^3\,\mathrm{N/mm^2} \;, \quad E_{11} = 62,5\cdot 10^3\,\mathrm{N/mm^2} \;.$$

Mithilfe der Gln. (2.72), (2.73) lässt sich zeigen, dass ein idealer piezoelektrischer Wandler aus einem elektrischen Kondensator mit der Kapazität C als Eingang und einer mechanischen Feder mit der Steifigkeit c als Ausgang aufgefasst werden kann.

Bild 2.21 zeigt die Zusammenhänge am Beispiel eines Piezowandlers bei Ausnutzung des Längseffektes.

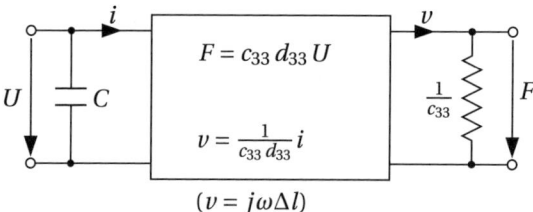

$$(v = j\omega\Delta l)$$

Bild 2.21
Ersatzschaltbild eines piezoelektrischen Wandlers

Reale piezoelektrische Wandler weisen immer Verluste auf (verlusbehaftete Wandler, vgl. Seite 31). Außerdem ist die mechanische Feder mit einer Masse m_{eff} behaftet. Beispielsweise gilt für einen einseitig befestigten Wandler der Masse m für die effektive Masse $m_{eff} \approx m/2$; je nach Ankopplung addiert sich hierzu die Masse der Last. Ein im höheren Frequenzbereich betriebener Piezowandler verhält sich wie ein schwach gedämpfter Schwinger mit der Eigenkreisfrequenz ω_0,

$$\omega_0 = \sqrt{\frac{c}{m_{eff}}} \qquad \text{mit } c \text{ aus Gl. (2.83)}. \tag{2.85}$$

Handelsübliche Piezowandler können etwa bis $\omega = \omega_{max} \approx 0,8\omega_0$ betrieben werden.

Piezowandler lassen sich auf unterschiedliche Weise ansteuern. Im Folgenden soll eine sinusförmige Ansteuerung $u = \hat{u}\sin(\omega t)$ mit der Kreisfrequenz ω betrachtet werden. Für den Strom gilt $i = C\,du/dt$. Damit folgt die Stromamplitude $\hat{i} = \omega C\hat{u}$ und die Amplitude $\hat{P}_{el} = \omega C\hat{u}^2$ der elektrischen Eingangsleistung. Der Zusammenhang mit der Amplitude $\hat{P}_{mech}$ der mechanischen Ausgangsleistung ist über den elektromechanischen Kopplungsfaktor k gegeben,

$$\hat{P}_{mech} = k^2\hat{P}_{el}, \tag{2.86}$$

wobei heutige Piezomaterialien Werte bis etwa $k = 0,7$ aufweisen. Trotzdem ist die umgesetzte Leistung sehr klein. Die Kraft- und Geschwindigkeitsamplitude folgen aus $\hat{P}_{mech} = \hat{F}\hat{v} = \omega\hat{F}\hat{s} = \omega c\hat{s}^2$, wobei $\hat{s} = (\Delta l)_{max}$ die Verschiebungsamplitude ist. Die Beschleunigungsamplitude $\hat{a} = \omega^2\hat{s}$ kann außerordentlich hohe Werte annehmen, woraus entsprechend hohe dynamische Kräfte $\hat{F}_{dyn} = m_{eff}\hat{a}$ folgen, die zu Festigkeitsproblemen führen können.

2.4.2 Ausführungsformen und Kenndaten piezoelektrischer Aktoren

Piezoaktoren können mit den handelsüblichen Piezomaterialien vom Anwender selbst aufgebaut werden. Zur aktiven Schwingungsdämpfung lassen sich die Piezokeramiken direkt auf die zu dämpfende Struktur mittels Lötverbindung aufbringen, vgl. [PF95]. Die Schmelztemperatur des Lotes muss allerdings unter der CURIE-Temperatur des Piezomaterials liegen. Andererseits gibt es ein vielfältiges Angebot einsatzbereiter Piezoaktoren in unterschiedllichen Typenreihen, vgl. [PI 91], [Val91]. Tabelle 2.16 gibt einen Überblick über unterschiedliche Bauformen und Tabelle 2.17 enthält typische Kennwerte.

Tabelle 2.16 Bauformen von Piezoaktoren

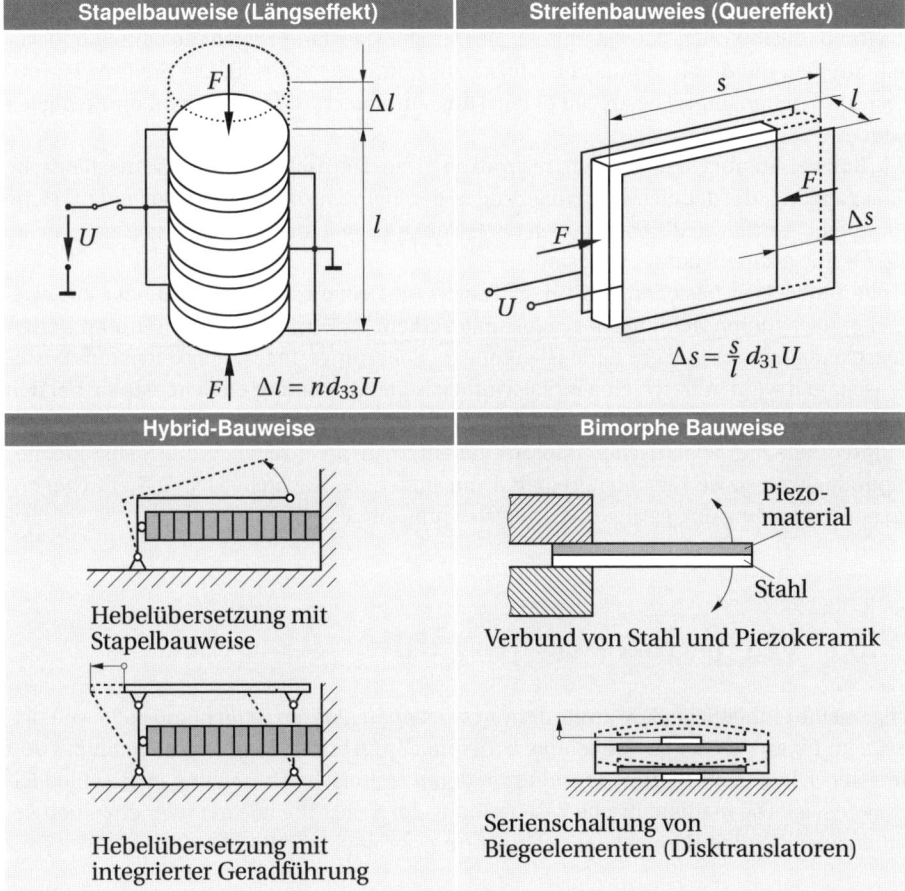

Eine Reihe von Anwendungsbeispielen finden sich in [Jan04], [Rus95]. Die am häufigsten verwendete **Stapelbauweise** nutzt den Längseffekt. Der Stapelaktor besteht aus n dünnen Piezokeramik-Scheiben, zwischen denen sich flache metallische Elektroden zur Spannungszuführung befinden. Die Elektroden sind so geschaltet, dass die Scheibenseiten einmal mit der Steuerspannung und einmal mit Masse verbunden sind. Je dünner die Scheiben ausgeführt wer-

Tabelle 2.17 Typische Kennwerte von Piezoaktoren

Kennwerte	Stapelbauweise Normal	Spezial	Streifen-bauweise	Disk-translator	Hybrid-bauweise	
Nennstellweg	6 ...70	...90	...45	50 ...200	...100	μm
Steifigkeit	18 ...260	...2.000	...15	0,15...0,3	...1,4	N/μm
Eigenfrequenz	6 ...50	...50	...13	1,1 ...2,5	...2,2	kHz
Druckbelastbarkeit	...1.000	...30.000	...450	20 ...50	...50	N
Zugbelastbarkeit	...100	...3.500	...100	...20	...50	N
Nennspannung	150 ...1.500	...1.500	...1.000	...1.000	...1.000	V
Elektr. Kapazität	...90	...130	...145	16 ...70	...70	nF

den, desto höher ist bei gegebener Spannung die Feldstärke und damit die relative Längenänderung. Der gesamte Stellweg ist proportional zur Zahl n der Scheiben.

Die **Streifenbauweise** nutzt den Quereffekt. Der Streifentranslator besteht aus dünnen Piezokeramik-Streifen, die durch Montageendstücke zusammengefasst sind. Der Stellweg ist proportional zur Streifenlänge. Die Anzahl parallel angeordneter Streifen bestimmt die Steifigkeit des Aktors.

Hybride Bauweisen nutzen neben dem reziproken piezoelektrischen Effekt eine mechanische Hebelübersetzung, die deutliche Vergrößerungen der Stellwege oder Stellwinkel ergibt. Hohe Anforderungen werden an die Spielfreiheit der Gelenke gestellt, die deshalb häufig als Festkörpergelenke (Biegezonen) ausgebildet sind.

Bimorphe Bauweisen bestehen aus einem Träger- und einem Piezomaterial oder aus zwei Piezomaterialien, deren Dehnungen gegensinnig wirken. Im Vergleich zu Translatoren weisen die Biegeelemente zwar größere Endauslenkungen, aber nur geringe Steifigkeiten auf. Bessere Eigenschaften werden durch eine radialsymmetrische Anordnung erreicht, wie sie bei den Disktranslatoren angewendet wird.

Die Hauptvorteile piezoelektrischer Aktoren sind kurze Ansprechzeiten, große Stellkräfte, hohe Empfindlichkeit sowie Verschleißfreiheit. Dem stehen die Nachteile kleiner Stellwege, hoher Eingangsspannung und geringer Ausgangsleistung entgegen.

■ 2.5   Vergleich ausgewählter Aktoren

Eine allgemeine einheitliche Bewertung der verschiedenen Aktoren ist nicht möglich, weil sich einerseits ihr Einsatz an der zu erfüllenden konkreten Aufgabenstellung orientieren muss und andererseits vielfältige Wirkprinzipe vorliegen, deren technische Umsetzung unterschiedlich weit gediehen ist. Die mathematische Beschreibung der Stellkräfte linearer oder um einen Arbeitspunkt linearisierter Aktoren lässt sich näherungsweise auf die Form

$$\dot{F}(t) = -k_F F(t) - k_{\dot{s}}\dot{s}(t) - k_s s(t) + k_u u(t) \qquad (2.87)$$

bringen. Darin bezeichnen F die Stellkraft, s den Stellweg, u die Steuergröße und $k_{F,\dot{s},s,u}$ entsprechende Konstanten. Im eingeschwungenen Zustand gilt

$$k_F F(t) = -k_s s(t) + k_u u(t). \qquad (2.88)$$

In den Tabellen 2.18 und 2.19 sollen in Anlehnung an [UWB94]

- elektromagnetische,
- hydraulische und
- piezoelektrische Aktoren

miteinander verglichen werden. Tabelle 2.18 gibt einen Überblick über Vor- und Nachteile dieser Aktoren, während Tabelle 2.19 einzelne Eigenschaften wertend vergleicht.

Die Auswahl des passenden Aktortyps für eine bestimmte Aufgabe soll anhand der Diagramme in Bild 2.22 erleichtert werden, vgl. [Fri97]. Als wichtige Kenngrößen sind die Stellkräfte und die zugehörigen Bereiche der Stellwege und Stellzeiten für einige gängige Aktortypen aufgeführt.

Tabelle 2.18 Vor- und Nachteile ausgewählter Aktoren (nach [UWB94])

Eigenschaften	Elektromagnetische Linearaktoren	Hydraulische Linearaktoren	Piezoelektrische Linearaktoren
Vorteile	einfaches Übertragungsverhalten, großer Frequenzbereich	günstiges Leistungsgewicht, große Kräfte	einfaches Übertragungsverhalten, mittlerer Frequenzbereich
Nachteile	große Massen, relativ kleine Kräfte	Übertragungsverhalten abhängig von Fluiddynamik	relativ große Baulängen, Hochspannungsverstärker teuer
Regelfrequenzbereich	< 1000 Hz	< 250 Hz	< 250 Hz

Tabelle 2.19 Eigenschaften ausgewählter Aktoren (nach [UWB94])
(++ sehr gut, + gut, ○ befriedigend, – mangelhaft)

Eigenschaften	Elektromagnetische Linearaktoren	Hydraulische Linearaktoren	Piezoelektrische Linearaktoren
Frequenzbereich	++	○	++
Stellwege	+	++	–
Steifigkeit	○	+	++
Erreichbare Kraft bezogen auf die Baugröße	○	++	–
Erreichbare Kraft begzogen auf das Aktorgewicht (ohne Zusatzeinrichtungen)	○	++	○
Erreichbare Kraft bezogen auf das Gesamtgewicht (mit Zusatzeinrichtungen)	++	–	+
Mögliche Anregung von Schwingungen durch Nichtlinearitäten	+	–	○

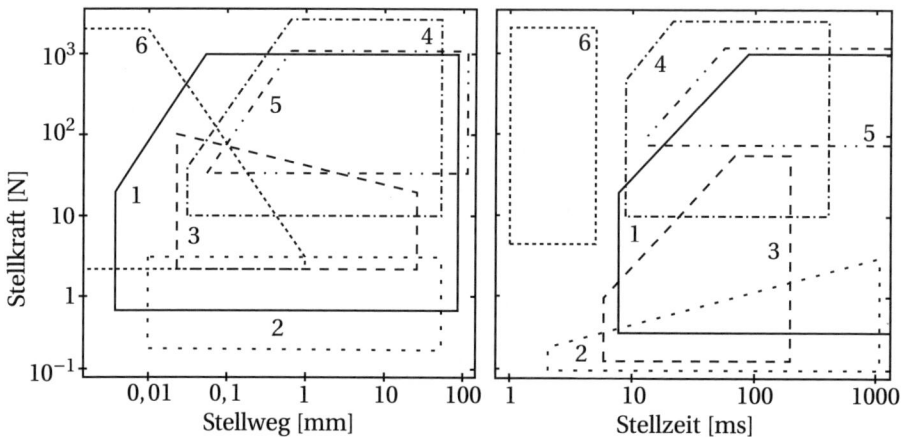

1 Gleichstrommotor/Spindel; 2 Schrittmotor/Spindel; 3 Elektromagnet;
4 Hydraulischer Aktor; 5 Pneumatischer Aktor; 6 Piezo-Aktor

Bild 2.22 Kenngrößen ausgewählter Aktoren [Fri97]

3 Sensoren

Um eine zustandsabhängige Beeinflussung des mechatronischen Systems zu ermöglichen, ist die Messung von wesentlichen, das System beschreibenden Größen notwendig. Für die Verarbeitung der erhaltenen Messinformationen wird ein elektrisches Signal benötigt. Elemente, die ein im Allgemeinen nichtelektrisches Eingangssignal in ein elektrisches Ausgangssignal umwandeln, heißen **Sensoren**[1]. Die Terminologie ist in der Literatur nicht ganz einheitlich. Je nach Grad der Aufarbeitung des elektrischen Signals kommen auch folgende Begriffe zum Einsatz: „Wandler", „Umformer", „Messwertaufnehmer", „Transducer".

Bezugnehmend auf die in der Einleitung eingeführte Struktur eines mechatronischen Systems befindet sich der Sensor an der Grenze zwischen Energie- und Informationsfluss, vgl. Bild 3.1. Er wandelt physikalische Größen wie Kraft, Weg, Druck oder Lichtintensität in eine für die

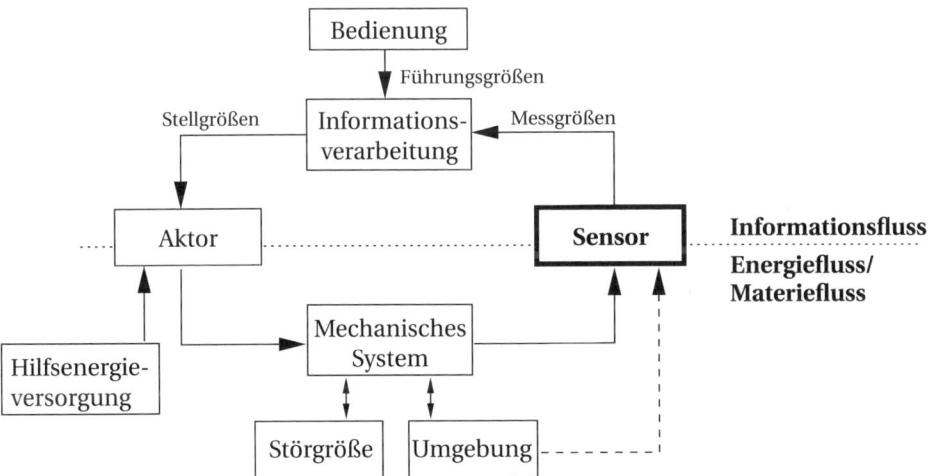

Bild 3.1 Der Sensor an der Grenze zwischen Energie- und Informationsfluss (nach [Ise08])

Informationsverarbeitung geeignete Darstellung. In einem weiteren Schritt gilt es dann, Informationen aus den meist verrauschten Sensordaten zu gewinnen. Diese entstehen insbesondere durch die Kombination und Analyse der Sensordaten über der Zeit (Sensordatenfusion). Diese Aspekte sind dann Bestandteil des Kapitels 4.

Im Allgemeinen werden eine Vielzahl an Sensoren am mechatronischen System angeschlossen sein – die Messdaten stammen dabei direkt aus dem System oder aus der Umgebung. In Abschnitt 3.1 soll deshalb zunächst eine Einteilung nach Integrationsgrad und Art des Aus-

---

[1] Nachfolgend sollen – falls nicht ausdrücklich anders erwähnt – unter Sensoren nur solche Messeinrichtungen verstanden werden, deren Ausgangssignal nicht nur zwei Werte – z. B. 0 und 1 – annehmen kann, sondern einen gewissen Wertebereich überstreicht. Messglieder mit 0/1-Verhalten sind **Schalter**, auch wenn ihr Innenaufbau sehr komplex sein kann. In der Literatur findet man auch den Begriff **„binäre Sensoren"**.

gangssignals erfolgen. Ferner werden wichtige Kenngrößen, wie Auflösung, Messgenauigkeit und Messfehler eingeführt.

Die nachfolgenden Abschnitte geben dann einen Einblick in die wichtigsten Sensortypen. Abschnitt 3.2 beschäftigt sich mit Sensoren zur Messung von Dehnung, Kraft, Drehmoment und Druck. Weg- und Winkelsensoren sind Gegenstand von Abschnitt 3.3. Es schließen sich Ausführungen zur Messung von translatorischen und rotatorischen Geschwindigkeiten an (Abschnitt 3.4). Mittlerweile haben Sensoren zur Messung von Beschleunigungen und Winkelbeschleunigungen eine enorme Verbreitung gefunden, z. B. durch die Verwendung in Automobilen und Mobiltelefonen. Entsprechende Erläuterung bietet Abschnitt 3.5. Sensoren zur Temperaturmessung finden sich in Abschnitt 3.6 und Abschnitt 3.7 schließt mit einem kurzen Ausblick auf weitere wichtige Sensorprinzipien, die aufgrund von Platzmangel nicht detailliert dargelegt werden können.

■ 3.1 Einführung und Begriffe

Integrationsgrade und Anforderungen an Sensoren

Bild 3.2 zeigt den prinzipiellen Signalverlauf in einem Sensor mit „maximaler Ausbaustufe". Der Signalverlauf und die darin enthaltenen Begriffe werden im Weiteren erläutert. *Die exemplarische Ausführung in einem Kraftsensor ist in kursiver Schrift gekennzeichnet.*

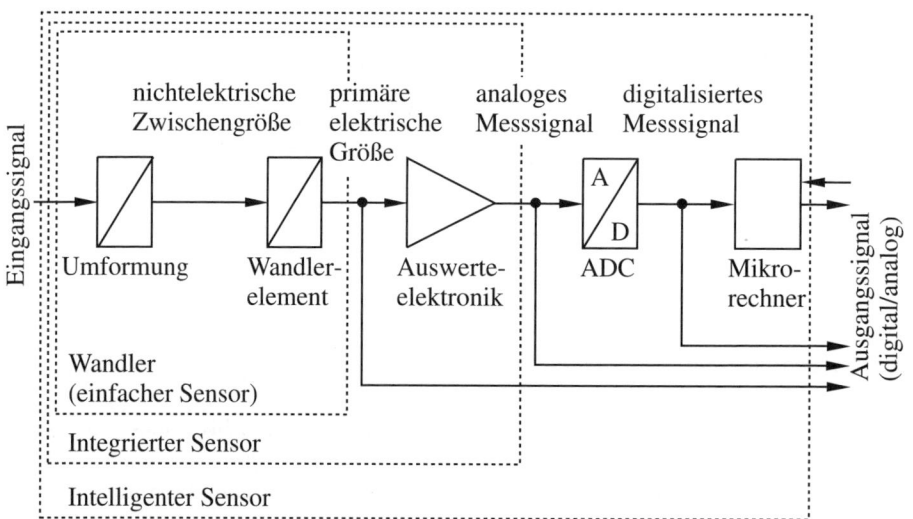

Bild 3.2 Integrationsgrad von Sensoren

1. Umformung der zu messenden Größe in eine oder mehrere (nichtelektrische) **Zwischengrößen**. *Bei einem Kraftsensor wird die zu messende Kraft oft mittels eines Biegebalkens in eine Verformung umgewandelt.* Messverfahren, die ohne nichtelektrische Zwischengrößen auskommen, heißen **direkte Messverfahren**. Im Gegensatz dazu benutzen die **indirekten Messverfahren** eine oder mehrere nichtelektrische Zwischengrößen.

2. Umformung der Ausgangs- oder Zwischengröße in eine primäre elektrische Größe durch ein **Wandlerelement**. Hier findet unter Ausnutzung verschiedenster physikalischer Effekte die eigentliche mechanisch-elektrische Wandlung statt. *Für einen Kraftsensor kann das durch einen auf dem Biegebalken aufgeklebten Dehnungsmessstreifen (DMS) erfolgen, der die Eigenschaft hat, seinen Widerstand bei einer Dehnung zu ändern. Die primäre elektrische Größe ist hier also der Widerstand.* Weitere primäre elektrische Größen sind u. a. Spannung und Strom. Die bauliche Einheit von mechanischem Umformer und Wandlerelement bildet die einfachste Art eines Sensors, gelegentlich auch als **Wandler** bezeichnet.

3. Zur Weiterverarbeitung des elektrischen Primärsignals dient eine **Auswerteelektronik**, die neben der Verstärkung des Primärsignals noch folgende Aufgaben erfüllen kann:

   - Kompensation von Nullpunktschwankungen,
   - Ausfilterung von Störsignalen,
   - Linearisierung des Messsignals,
   - Messbereichsanpassungen und -umschaltungen,
   - Normierung des Ausgangssignals (z. B. 0...5 V für den Messbereich) u.v.m.

   Für einen Kraftsensor wird ein Verstärker verwendet, der den messgrößenabhängigen Spannungsabfall über dem DMS auswertet. Ist die Auswerteelektronik teilweise oder vollständig im Sensor untergebracht, so ist dafür die Bezeichnung **integrierter Sensor** geläufig.

4. Da der Messwert im Weiteren durch einen Rechner verarbeitet werden soll, muss zuvor eine Wandlung des analogen Ausgangssignals in ein digitales Signal, also in einen Zahlenwert, vorgenommen werden. Dazu dienen *Analog/Digital-Wandler* (ADC – Analog-Digital-Converter, auch ADU – Analog-Digital-Umsetzer genannt, siehe Abschnitt 8.5). Gelegentlich ist der ADC zusammen mit der Auswerteelektronik im Sensor vorhanden, so dass der Sensor eine digitale Schnittstelle zur Außenwelt besitzt. Man kann diese Sensoren als Sonderform der integrierten Sensoren betrachten. Ein wesentlicher Vorteil der Übertragung digitaler Messwerte ist, dass eine Verfälschung des analogen Messsignals, bspw. durch lange Übertragungsleitungen, vermieden wird. Dies ist unter anderem bei geringen Spannungen, wie sie bei der Erfassung von Kräften/Momenten mittels Dehnungsmessstreifen auftreten (vgl. hierzu Abschnitt 3.2.1) von Interesse. Des Weiteren existieren sensornahe Buskonzepte (z. B. I2C und SPI, vgl. Abschnitt 5.4 für eine Übersicht) mit hohen Datenübertragungsraten, die eine Einsparung von Messleitungen erlauben. Insgesamt wird die Messwerterfassung dadurch also robuster.

5. Mit der Entwicklung mikroelektronischer Bauelemente wurde es möglich, auch die digitale Auswerteeinheit – zum Beispiel einen Mikrocontroller – mit in das Sensorgehäuse zu integrieren. Damit lassen sich einerseits verschiedene der unter Punkt 3 genannten Zusatzfunktionen wesentlich einfacher realisieren. Andererseits ergeben sich völlig neue Möglichkeiten zur Weiterverarbeitung des Messsignals wie:

   - Überwachung und Protokollierung von Messdaten im Sensor,
   - selbstständige Auslösung von Alarmen bei Erreichen von Grenzzuständen,
   - Kommunikation mit einem übergeordneten Rechner oder in einem Bussystem, Berechnung abgeleiteter Größen (Ein Wegsensor kann zum Beispiel durch Differentiation seiner ursprünglichen Messwerte zusätzlich eine Geschwindigkeit ausgeben.),
   - Zusammenfassung von mehreren Wandlern in einem Sensor und gemeinsame Auswertung der Messsignale (z. B. bei mehrachsigem Kraftsensoren),
   - Möglichkeit der (Re-)Konfigurierung von Außen, z. B. lassen sich bei Bedarf Übertragungskennlinien des Sensors nachträglich ändern.

Sensoren mit integrierter digitaler Auswerteeinheit werden als **intelligente Sensoren** bezeichnet. Diese Bezeichnung ist sicher nicht sehr glücklich gewählt, da die beschriebenen Eigenschaften natürlich nichts mit Intelligenz zu tun haben. Man verwendet daher auch häufig den englischen Begriff **smart sensors** (smart: pfiffig, schlau), was den Kern schon eher trifft.

 Wie an jedes Messsystem, so wird auch an Sensoren eine Reihe von Grundanforderungen gestellt, die eine Messung überhaupt erst möglich machen. Diese sind:

- Innerhalb des Messbereichs muss eine **eineindeutige und reproduzierbare Abbildung** der Eingangsgröße auf die Ausgangsgröße erfolgen.
  ⇒ Einen Ausdehnungsthermometer für den Messbereich 0 bis 80 °C kann man z. B. nicht mit Wasser betreiben, da Wasser bekanntlich bei etwa 4 °C die größte Dichte besitzt.
- Die Ausgangsgröße sollte **nur von der Eingangsgröße** abhängen, nicht aber von anderen Größen. Diese Forderung ist meist am schwierigsten zu verwirklichen.
  ⇒ Zum Beispiel besitzt ein Ultraschall-Entfernungsmessgerät eine erhebliche Temperaturabhängigkeit, die durch eine geeignete Kompensation – analog oder digital – unterdrückt werden muss. Dazu muss die Temperatur ebenfalls gemessen werden.
- Das Messsystem muss eine **vernachlässigbar kleine Rückwirkung** auf die zu messende Größe haben.
  ⇒ Ein Messgerät zur Messung des Spannungsabfalls über einem Widerstand muss deswegen einen sehr großen Innenwiderstand besitzen (idealerweise unendlich), damit der Stromfluss durch das Messgerät nicht die Messung verfälscht.

Weitere für die Praxis wünschenswerte Eigenschaften eines Sensors sind:
- **Lineare Abbildung der Eingangs- auf die Ausgangsgröße.** Die Linearisierung kann auch durch analoge oder digitale Signalaufbereitung erfolgen.
- **Unempfindlichkeit gegenüber elektromagnetischen Störungen.** Gerade in rauen Industrieumgebungen gehören elektromagnetische Störungen zu den Hauptursachen für Systemfehler.
- **Normierung des Ausgangssignals.** Gebräuchliche Standards sind:
  - für analoge Ausgangssignale: 0...+5 (+10) V oder auch −5 (−10)...+5 (+10) V
    0...20 mA (*dead zero*-Stromschleife)
    4...20 mA (*life zero*-Stromschleife)[2]
  - für digitale Ausgangssignale: parallel (z. B. 8 Bit, Centronics-Interface)
    seriell (RS232, RS485, USB, ...)
  - für busfähige Messsysteme: Profibus, EtherCAT, CAN-Bus, SPI, I2C usw.,
    vgl. Abschnitt 5.4
  - für aktive/passive Funksysteme: RFID, GSM, ZigBee, usw.
- **Einfache Stromversorgung.** In der Industrieautomatisierung hat sich eine Sensorversorgung mit unstabilisierten 24 V weitestgehend durchgesetzt.
- **Möglichkeiten der Funktionskontrolle**, entweder direkt am Sensor (z. B. Leuchtdiode) oder durch Fernabfrage. Bei intelligenten Sensoren ist eine Eigenüberwachung möglich.

---

[2] Die Verwendung einer „life zero"-Stromschleife hat den Vorteil, dass auch am unteren Messbereichsende ein Strom fließt, so dass z. B. der Messwert null von einem Sensorfehler (Drahtbruch) unterschieden werden kann.

Kenngrößen von Sensoren

Im Folgenden erfolgt die Beschreibung wesentlicher Kenngrößen von Sensoren, ihr Einfluss auf das Messergebnis und die Diskussion praktischer Fragen des Sensoreinsatzes. Für weitergehende Aspekte wie die Darlegung der Messmethodik, der statistischen Fehlerfortpflanzung usw. sei auf die Spezialliteratur verwiesen, z. B. [Hof11, Trä96, TR15].

Bei der Auswahl eines Sensors für ein konkretes Messproblem stellt sich zuerst die Frage: Welche physikalische Größe soll in welchem **Messbereich** mit welcher **Messgenauigkeit** erfasst werden?

Messbereich: Der Messbereich ist der Bereich der Eingangswerte, der auf den zulässigen Bereich der Ausgangswerte (z. B. normierte Spannung) abgebildet werden kann. Es ist zu unterscheiden zwischen dem zu erfassenden Messbereich und dem tatsächlichen Messbereich des Sensors (Bild 3.3). In der Praxis ist der Messbereich des Sensors nach oben (und ggf. auch nach

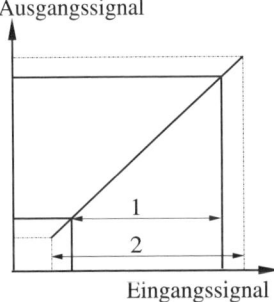

Bild 3.3
Zu erfassender Messbereich (1)
und Messbereich des Sensors (2)

unten) immer ein paar Prozent größer zu wählen als der zu erfassende Bereich, damit Messbereichsüberschreitungen detektiert und der Sensor vor Beschädigung geschützt werden kann. Im unteren Teil des Messbereichs können sich bei manchen Sensoren Probleme mit der Auflösung und der Linearität ergeben.

Auflösung: Die Auflösung eines Messsystems gibt Auskunft darüber, wie nahe zwei Eingangswerte beieinander liegen können, um im Ausgangssignal noch als zwei getrennte Messwerte wahrgenommen zu werden. Die Auflösung wird meist in % vom Messbereich (analog) oder in Bit (digital) angegeben. Bei Sensoren mit analogem Signalausgang wird die Auflösung im Wesentlichen durch die Größe des unvermeidlichen Rauschanteils bestimmt, der seinerseits von den konkreten elektrischen Anschlussbedingungen abhängen kann [GLM84]. Eine Rauschmessung an einem Sensor sollte daher möglichst im eingebauten Zustand erfolgen.

Beispiel 3.1 Auflösung eines Drucksensors

An einem Drucksensor mit einem analogen Ausgangssignal von 0...10 V wird oszillographisch eine Rauschspannung von 20 mV (Spitze-Spitze) ermittelt. Die (elektrische) Auflösung beträgt

$$\frac{20 \cdot 10^{-3}}{10} = 0,002 \text{ bzw. } 0,2\,\%.$$

Bei Sensoren mit digitalem Ausgang bestimmt der Analog/Digital-Wandler (ADC) die obere Grenze der Auflösung. Eine Auflösung des ADC von n Bit bedeutet eine Umsetzung des Messbereichs in 2^n Werte. Bei der Beurteilung des Ergebnisses der Wandlung ist die Auflösung des Analogsignals am Eingang des ADC zu berücksichtigen.

Beispiel 3.2 Analog/Digital-Wandlung des Drucksensors

Der im vorigen Beispiel genannte Drucksensor löst den Messbereich (rechnerisch) in 500 Werte auf. Ein nachgeschalteter ADC ist daher allenfalls mit einer Umsetzung von 9 Bit sinnvoll ($2^9 = 512$); weitere Bits digitalisieren nur das Rauschen und liefern keine Information über das Eingangssignal des Sensors. (Eine höhere Auflösung des ADC kann sinnvoll sein, wenn aus der Kenntnis statistischer Rauschparameter das Eingangssignal rekonstruiert werden kann. Näheres zu diesen Verfahren ist in [GLM84] zu finden.) ■

Präzision, Richtigkeit und Messgenauigkeit: Im Folgenden werden, angelehnt an *DIN 1319*, die wichtigen Sensorkenngrößen Präzision, Richtigkeit und Messgenauigkeit definiert. Sie bilden eine Grundlage für die Bewertung von bzw. den Vergleich zwischen Sensoren.

Kenngröße	Erläuterung
Präzision (zufällige Abweichung)	Die Präzision ist ein Maß für die Übereinstimmung zwischen unabhängigen Messergebnissen unter konstanten Bedingungen. Liegen die Messwerte nah beieinander, ist eine hohe Präzision vorhanden (vgl. Bild 3.4).
Richtigkeit (systematische Abweichung)	Die Richtigkeit ist ein Maß für die Übereinstimmung zwischen dem Mittelwert mehrerer Messungen unter konstanten Bedingungen und dem anerkannten Referenzwert. Wenn der Mittelwert gut mit dem wahren Wert übereinstimmt, liegt eine hohe Richtigkeit vor (vgl. Bild 3.4).
Messabweichung	Die Messabweichung ist die Differenz zwischen Messwert und dem anerkannten Referenzwert.
(Mess-)Genauigkeit	Die Messgenauigkeit ist die maximal mögliche Abweichung eines aus Messungen gewonnenen Wertes von der wahren (exakten) Größe in einem Konfidenzintervall (meist 95 %). Sie charakterisiert demnach die Summe aller möglichen Fehler eines Sensors. Der wahre Wert ist hier lediglich eine „theoretische" Größe, da er im Allgemeinen unbekannt ist. Daher wird hierfür seit einiger Zeit der Ausdruck „anerkannter Referenzwert" verwendet. Eine hohe Genauigkeit kann nur erreicht werden, wenn die Präzision und die Richtigkeit gut sind (vgl. Bild 3.4).

 Die geforderte Messgenauigkeit richtet sich allein nach dem Zweck der Messung. Als Faustregel für mechatronische Systeme sei genannt, dass die Messgenauigkeit etwa eine Größenordnung besser als die geforderte Stellgenauigkeit des Aktors sein sollte.

Statisches Verhalten von Messsystemen

Die statische Kennlinie eines Messsystems lässt sich als Funktion der Messgröße in Abhängigkeit von der Eingangsgröße darstellen. Diese Funktion kann linear oder nichtlinear sein.

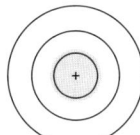

hohe Präzision,
gute Richtigkeit
($\rightarrow$ hohe Genauigkeit)

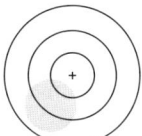

hohe Präzision,
schlechte Richtigkeit

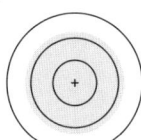

geringe Präzision,
gute Richtigkeit

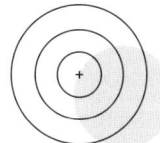

geringe Präzision,
schlechte Richtigkeit

Bild 3.4 Anschauliche Verdeutlichung von Präzision, Richtigkeit und Genauigkeit (die grau hinterlegten Bereiche entsprechen den gemessenen Werten)

In der Umgebung eines Punktes x_0 kann die Funktion in Form einer TAYLOR-Reihe dargestellt werden (vgl. Bild 3.5a und die Ausführung in Abschnitt 7.2.2).

$$y(x) = y_0 + \frac{\partial y}{\partial x}(x - x_0) + \frac{1}{2}\frac{\partial^2 y}{\partial x^2}(x - x_0)^2 + \dots \qquad (3.1)$$

Durch Linearisierung folgt daraus

$$y(x) = y_0 + C(x - x_0) \qquad \text{mit} \qquad C = \left.\frac{\partial y}{\partial x}\right|_{x=x_0} = \text{konst.} \qquad (3.2)$$

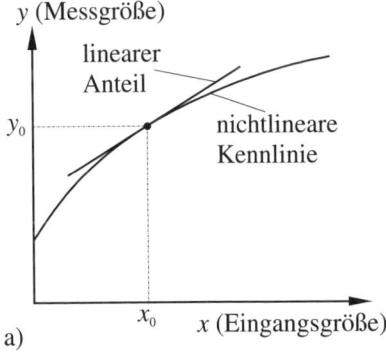

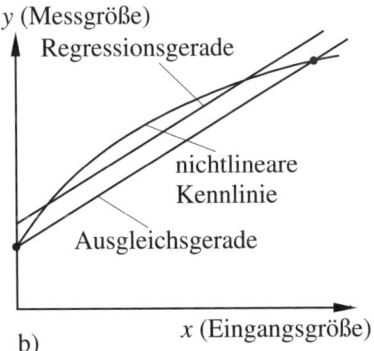

Bild 3.5 Linearisierung der Kennlinie: a) in einem Punkt, b) in einem Bereich

Für Messsysteme mit einem geringen, aber nicht vernachlässigbaren nichtlinearen Anteil lässt sich eine näherungsweise Linearisierung im Messbereich durchführen. Dazu wird die nichtlineare Kennlinie durch eine **Regressionsgerade** angenähert, die den mittleren Fehler minimiert (dazu kommen methodisch die Verfahren aus Abschnitt 7.3.3 zum Einsatz). Eine andere Möglichkeit besteht darin, eine **Ausgleichsgerade** durch den Anfangs- und Endpunkt des Messbereichs zu legen (Bild 3.5b).

Beispiel 3.3 Temperaturmessung mit Pt100

Zur Temperaturmessung werden sog. Pt100-Widerstandsthermometer verwendet (vgl. Abschnitt 3.6). Dies sind genormte Platin-Temperatur-Widerstandssensoren mit einem Widerstand von 100 Ohm bei 0°C (Nennwiderstand R_0). Ihre Temperatur-Widerstands-Kennlinie $R = R(\vartheta)$ wird durch die Funktion

$$R = R_0 \left[1 + A(\vartheta - \vartheta_0) + B(\vartheta - \vartheta_0)^2 \right]$$

mit $A = 3{,}90802 \cdot 10^{-3}\,°C^{-1}$, $B = -0{,}580195 \cdot 10^{-6}\,°C^{-2}$ beschrieben. Durch Verwendung einer Ausgleichsgeraden ergibt sich ein genormtes Widerstandsverhältnis von $R(100\,°C)/R(0\,°C) = 1{,}385$. ∎

Statische Fehler von Messsystemen: Statische Messfehler stellen Abweichungen eines aktuellen Messwerts von einem aufgrund der Eingangsgröße zu erwartenden „anerkannten Referenzwerts" dar, wobei letzterer entweder durch Herstellerangaben (Datenblätter) oder durch Referenzmessungen (Kalibrierung) festgelegt wird. Man unterscheidet meist vier Fehlerarten (Bild 3.6):

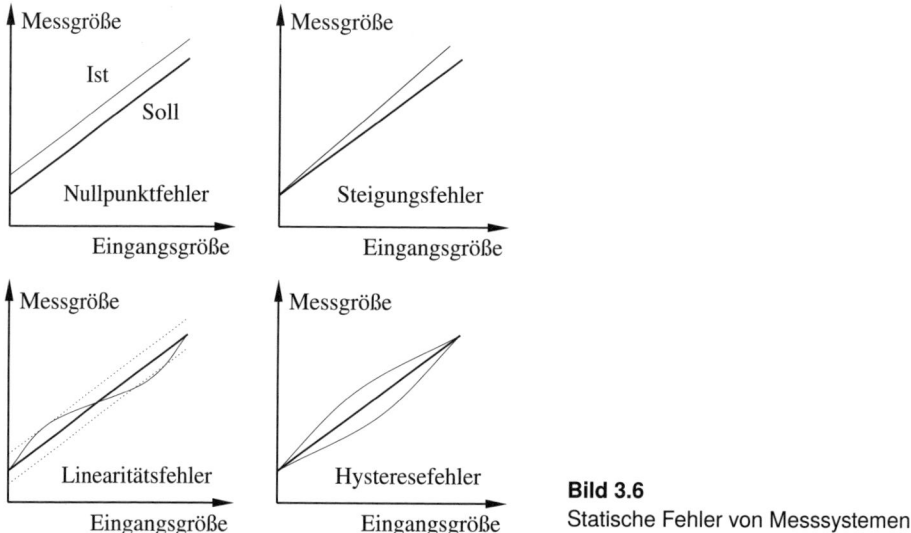

Bild 3.6
Statische Fehler von Messsystemen

1. **Nullpunktfehler**: Es erfolgt eine Parallelverschiebung der Kennlinie durch äußere oder innere Ursachen. Äußere Ursachen liegen im physikalischen Messprinzip begründet: Es existiert eine Abhängigkeit der Messgröße nicht nur von dem „eigentlich" zu messenden Eingangswert, sondern auch von anderen physikalischen Größen. Am häufigsten treten Nullpunktfehler durch eine Temperaturabhängigkeit des Messsignals auf. Diese Größe wird in Datenblättern als „Temperaturdrift" angegeben (z. B. in mV/K). Sie sind deterministischer Natur und können prinzipiell durch geeignete Kompensationsmaßnahmen eliminiert werden. Problematischer sind die zumeist mit der *Aufnehmertechnologie* verbundenen inneren Fehler. Zu unterscheiden sind **stochastische Fehler**, bei denen dem Messwert eine mittelwertfreie Zufallsgröße überlagert ist (z. B. ein aus der Auswerteelektronik herrührendes Rauschen, vgl. auch Beispiel 4.14) und **Langzeitfehler**, bei denen der Messwert in eine Richtung oder auch hin und her „wandert". Ursache dieser **Langzeitdrift** (z. B. angegeben mit 0,2 % vom Endwert/Jahr bei 25 °C) sind zumeist Alterungserscheinungen im Sensormaterial.

2. **Steigungsfehler**: Die Steigung der Kennlinie ändert sich. Ursache können Temperatur- oder Alterungsprobleme sein. Bei modernen analogen Schaltungskomponenten spielt der Steigungsfehler zumindest für den elektronischen Teil eine untergeordnete Rolle.

3. **Linearitätsfehler**: Die Kennlinie hat keinen streng linearen Verlauf, sondern bewegt sich innerhalb eines Toleranzschlauchs um eine idealisierte Kennlinie. Der Linearitätsfehler wird als Verhältnis der Breite des Toleranzschlauchs zum Messbereichsendwert angegeben. Typisch ist dieser Fehler für potentiometrische Messsysteme: Bei der Bewegung des Schleifers über die Kontaktbahn (Kohle, Leitplastik, Draht) führen Materialinhomogenitäten zu lokalen Störungen der Kennlinie. Eine Kalibrierung des Messsystems bringt meist auch keine Abhilfe, da sich der lokale Kennlinienverlauf durch Abnutzung stark ändern kann.

4. **Hysteresefehler**: Die Größe des Ausgangssignals hängt nicht nur vom Wert der Eingangsgröße, sondern auch von dessen Änderungsrichtung ab. Damit ist das Ausgangssignal streng genommen eine Funktion der gesamten „Vorgeschichte" des Eingangssignals und lässt sich daher rechnerisch nicht oder nur in grober Näherung kompensieren.
   Hystereseerscheinungen sind physikalisch immer mit Speicherung und/oder Umwandlung (zumeist Dissipation) von Energie verbunden. Besondere Aufmerksamkeit muss daher dem Hystereseproblem bei der Verwendung von Sensoren mit magnetischen Messprinzipien gewidmet werden, da es hier zu Energieumwandlungen zwischen elektrischen und magnetischen Feldern sowie zur zeitweisen Energiespeicherung durch Ummagnetisierungen in Metallen kommt. Hystereseeffekte können auch auftreten, wenn in der Messkette mechanisch bewegte Teile vorhanden sind (Energiedissipation durch Reibung).

Die **statische Messgenauigkeit** eines Messsystems ergibt sich aus der Summe aller Einzelfehler und wird für den „schlechtesten Fall" zumeist in Prozent vom Messbereichsendwert angegeben. Insbesondere für elektrische Messgeräte ist darüber hinaus die so genannte **Güteklasse** definiert, die den maximalen Fehler des Anzeigewerts angibt. Güteklasse 0,1 bedeutet, dass ein beliebiger Anzeigewert mit maximal 0,1 % Fehler des Messbereichsendwertes behaftet ist.

Nach dieser allgemeinen Klassifikation von Sensoren und Messfehlern sollen im Weiteren die Möglichkeiten zur Messung kinematischer und dynamischer Größen dargelegt werden. Prinzipiell lässt sich eine Vielzahl von physikalischen Wirkprinzipien zu deren Erfassung nutzen. Ihre umfassende Darstellung würde den Rahmen des Buches sprengen. Es erfolgt daher eine Beschränkung auf die für die Praxis wesentlichsten Formen. Für ein vertiefendes Studium wird auf die Literatur verwiesen, z. B. [TR15, Juc90].

Wirkprinzipien zur Messung kinematischer und dynamischer Größen

In der Kinematik wird die Bewegung von Körpern untersucht. Messtechnisch müssen also Translationen und Rotationen sowie deren zeitliche Ableitungen erfasst werden.

Kinematische Grundgrößen sind daher:

- Weg s, Winkel φ,
- Geschwindigkeit $v = \dot{s}$, Winkelgeschwindigkeit (auch Drehrate) $\omega = \dot{\varphi}$ (oder Drehzahl n),
- Beschleunigung $a = \ddot{s}$, Winkelbeschleunigung $\dot{\omega} = \ddot{\varphi}$.

Höhere Ableitungen werden nur in Spezialfällen benötigt, z. B. um ruckfreie Bewegungen zu messen und zu bewerten. Dazu wird die 3. Ableitung des Weges nach der Zeit benötigt.

Dynamische Grundgrößen sind:

- Kraft F und
- Drehmoment M.

Als Sammelbegriff für Kraft und Moment ist die Bezeichnung „Last" gebräuchlich und wird im Weiteren in diesem Sinne verwendet. Daraus können abgeleitete Größen angegeben werden, z. B. der Druck $p = \dfrac{F}{A}$ (A ist die Krafteinwirkungsfläche).

Tabelle 3.1 gibt einen Überblick über die wesentlichen physikalischen Wirkprinzipien zur Messung der genannten kinematischen und dynamischen Größen. Sie werden in den folgenden Abschnitten an konkreten Messverfahren erläutert. Die Möglichkeit der numerischen oder elektronischen Durchführung der Differentiation zur Bestimmung der abgeleiteten Größen ist in der Tabelle dabei nicht berücksichtigt.

Tabelle 3.1 Messgrößen und physikalische Wirkprinzipien

Wirkprinzip/Messgröße	s, φ	v, ω	$a, \dot{\omega}$	F, M, p
potentiometrisch / ohmscher Widerstand R	×			×
induktiv / Induktivität L	×			×
kapazitiv / Kapazität C	×		×	×
Ultraschall-Laufzeit / Zeit t	×			
magnetisch / magnetische Flussdichte B	×	×		×
magnetostriktiv / B, μ	×			×
optisch / Intensität I	×	×		
piezoelektrisch / Ladung Q		×	×	×
piezoresistiv / Widerstand R	×		×	×

■ 3.2 Sensoren zur Messung von Dehnung, Kraft, Drehmoment und Druck

Zunächst werden in diesem Abschnitt Sensorprinzipien zur Dehnungsmessung dargelegt. Große Bedeutung haben die weit verbreiteten Dehnungsmessstreifen (DMS) und die piezoresistiven Sensoren gewonnen, aber es werden auch piezoelektrische und magnetoelastische Messprinzipien vorgestellt. Die Bestimmung von Dehnungen spielt auch eine Rolle, wenn Kräfte und Momente zu messen sind – dies ist Gegenstand der Abschnitte 3.2.2 und 3.2.3. Da Druckmessungen heute vor allem mittels mikrotechnisch gefertigter Sensoren durchgeführt werden, erläutert Abschnitt 3.2.3 die grundsätzlichen Realisierungen.

3.2.1 Sensoren zur Messung von Dehnungen

Dehnungen können durch den Einsatz von **Dehnungsmessstreifen** (DMS) in eine elektrische Größe, eine Widerstandsänderung gewandelt werden [Hof87]. Diese Sensoren beruhen auf der Nutzung vor allem geometrieabhängiger Widerstandsänderungen oder der Anwendung des piezoresistiven Effekts. Beim piezoresistiven Effekt tritt aufgrund der Dehnung eine Änderung des spezifischen Widerstands auf. Der piezoresistive Effekt tritt zwar auch in Metallen auf, es sind hier jedoch vor allem Geometrieänderungen, die die Widerstandsänderung im Falle einer

Dehnung oder Stauchung bewirken.
Betrachtet man den elektrischen Widerstand eines elektrischen Leiters, so ergibt sich

$$R = \rho \, \frac{l}{A}. \tag{3.3}$$

Es stehen ρ für den spezifischen Widerstand, l für die Leiterlänge und A für die Querschnittsfläche des Leiters. In die Berechnung des Widerstandes gehen somit einerseits geometrische Daten ein, aber auch die materialspezifischen Werte als spezifischer Widerstand. Belastet man den Leiter mechanisch, ergibt sich die Änderung des Widerstandes bezogen auf den Widerstand des Leiters durch Bildung des totalen Differentials der Funktion $R(l, A, \rho)$ als

$$\Delta R = \frac{\rho}{A} \Delta l - \frac{\rho l}{A^2} \Delta A + \frac{l}{A} \Delta \rho \quad \Rightarrow \quad \frac{\Delta R}{R} = \frac{\Delta l}{l} - \frac{\Delta A}{A} + \frac{\Delta \rho}{\rho}. \tag{3.4}$$

Nimmt man in einem Gedankenexperiment einen runden Leiter mit dem Radius r an, so ist die Querschnittsfläche gegeben als $A = \pi r^2$ und es gilt

$$\Delta A = 2\pi r \Delta r \quad \Rightarrow \quad \frac{\Delta A}{A} = \frac{2\pi r}{\pi r^2} \Delta r = 2 \frac{\Delta r}{r}. \tag{3.5}$$

Weiterhin ist die Änderung des Radius mit der Längenänderung über die Querkontraktionszahl v verknüpft, d. h.

$$\frac{\Delta r}{r} = -v \frac{\Delta l}{l}. \tag{3.6}$$

Eingesetzt in Gl. (3.4) führt das nun auf

$$\frac{\Delta R}{R} = \frac{\Delta l}{l} - 2 \frac{\Delta r}{r} + \frac{\Delta \rho}{\rho} = (1 + 2v) \frac{\Delta l}{l} + \frac{\Delta \rho}{\rho}. \tag{3.7}$$

Für die Dehnung ϵ gilt außerdem der Zusammenhang $\epsilon = \Delta l / l$.
Stellt man die Abhängigkeit des Verhältnisses von Widerstandsänderung zu Grundwiderstand von der Dehnung ϵ dar, so ergibt sich schließlich [Hof87]

$$\frac{\Delta R}{R} = \epsilon \left((1 + 2v) + \frac{\frac{\Delta \rho}{\rho}}{\epsilon} \right) = \epsilon \, k. \tag{3.8}$$

Der k-Faktor ergibt ein Maß für die Empfindlichkeit und beträgt für Konstantan (54 % Cu, 45 % Ni 1 % Mn) 2, für Nickelchrom (80 %/20 %) 2,2 und für Platin 6,0. **Metallbasierte DMS** zeigen im Messbereich einen linearen Zusammenhang zwischen Dehnung und Widerstandsänderung. Bei Metallen ist zu beachten, dass der zweite Bestandteil des k-Faktors, also die Änderung des spezifischen Widerstandes als Resultat der Dehnung, von untergeordneter Bedeutung ist, d. h. $\Delta \rho \approx 0$ und es kommt daher nur eine Änderung der Leitergeometrie zum Tragen.

Bei Halbleiter-DMS wirkt sich hingegen gerade die Änderung des spezifischen Widerstandes auf den k-Faktor aus (**piezoresistive DMS**). Durch Verformung des Kristallgitters kommt es zur Veränderung der Bandstruktur, was die besonders großen k-Faktoren erklärt. Für p-dotiertes Silizium sind positive k-Faktoren von über 150 erreichbar und für n-dotiertes Silizium sind k-Faktoren <-100 bekannt (Bild 3.7b)). Tabelle 3.2 vergleicht kurz die beiden Ansätze.

Tabelle 3.2 Vergleich zwischen metallischen Folien-DMS und Halbleiter-DMS

Typ	Vorteile / Nachteile
Folien-DMS	+ höhere Linearität
	− empfindlich auch gegen Querbelastung
Halbleiter-DMS	+ höhere Empfindlichkeit durch höhere k-Werte
	− größere (und nichtlineare) Temperaturabhängigkeit

Um den Gesamtwiderstand zu erhöhen und die Messung der Widerstandsänderung zu erleichtern, führt man metallische DMS nicht als gestreckte Leiter aus, sondern als Mäander. Mit diesem Aufbau ergibt sich der Nachteil, dass auch die Verbindungsbereiche zwischen den einzelnen Mäanderlinien auf Querbelastungen reagieren. Um diesen Einfluss zu minimieren, führt man die Verbindungsbereiche niederohmig aus, was durch eine Erhöhung des Querschnitts erreicht wird. Bild 3.7a) zeigt den typischen Aufbau eines metallischen DMS.

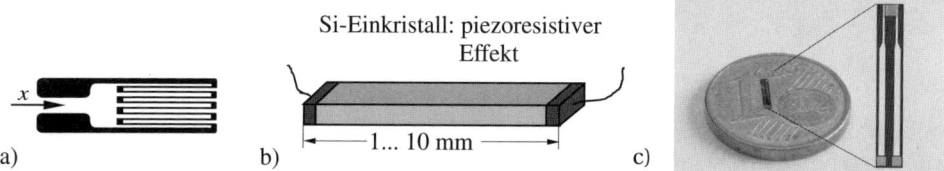

a)   b)   Si-Einkristall: piezoresistiver Effekt   1... 10 mm   c)

Bild 3.7 Aufbau eines Dehnungsmessstreifens: a) Folien-DMS, b) Halbleiter-DMS, c) Mikro-DMS [Quelle: IMPT Foto: Lisa Jogschies]

Metallische DMS sind in vielen Fällen so aufgebaut, dass die strukturierte Metallschicht auf einen Polymerträger, häufig auf der Basis von Polyimid oder Phenolharz aufgebracht ist [Hbm15a, Hbm15b]. Der DMS wird dann auf dem Messobjekt durch Kleben appliziert. Bei der Messung ist zu beachten, dass sowohl der Polymerträger als auch die Kleberschicht Einfluss auf die Messung haben. Bei maximaler Belastung erreicht die Dehnung des DMS Werte zwischen 1-5 Prozent. Mit Veränderung der Temperatur erhält man für Einzelstreifen-DMS ein Ausgangssignal, obwohl keine mechanische Belastung des Messobjektes vorliegt, auf das der DMS aufgebracht ist. Dieser Effekt wird als „scheinbare Dehnung" bezeichnet. Dem kann dadurch begegnet werden, dass das Temperaturverhalten des DMS an das des Trägermaterials angepasst wird. Bild 3.7c) zeigt einen Mikro-DMS, der mit mikrotechnischen Verfahren hergestellt wurde. Die sensitive Schicht ist hier in eine Polyimidschicht von circa 15μm Dicke integriert.

Neben der Montage von Dehnungsmessstreifen besteht auch die Möglichkeit, Metallfilm-DMS direkt auf dem zu vermessenden Bauteil aufzubringen. Dazu wird das Bauteil zunächst mit einer Isolationsschicht versehen und entweder nachfolgend mit einer Metallschicht, zum Beispiel basierend auf NiCr, beschichtet, die anschließend durch einen Laserabtragsprozess strukturiert werden kann. Eine andere Möglichkeit besteht darin, die NiCr-Struktur durch Anwendung photolithographischer Schritte zu generieren.

Piezoelektrische Dehnungssensoren: Für die Messung sehr kleiner Dehnungen und höchsten Anforderungen an Empfindlichkeit lässt sich der **direkte piezoelektrische Effekt** nutzen. Das grundsätzliche Prinzip eines piezoelektrischen Wandlers wird in Abschnitt 3.2.3 näher erläutert. Da beim piezoelektrischen Effekt eine Umwandlung eines Kraftsignals in eine elektri-

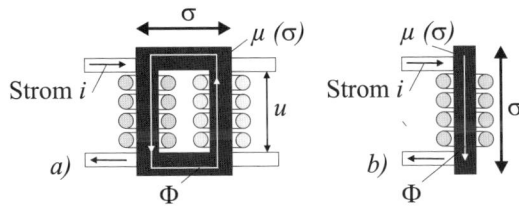

Bild 3.8
Magnetoelastische
Dehnungsmessung
a) Transformator
b) Einzelspule

sche Größe vorliegt, wird für die Dehnungsmessung durch die Systemgestaltung ein Zusammenhang zwischen Dehnung und Kraft geschaffen. Diese Dehnungssensoren zeigen eine hohe Empfindlichkeit von 55 - 900 pC/N und können kleinste Dehnungen von 10 μm/m oder Nenndehnungen von 300 μm/m sensieren [Vol13].

Magnetoelastische Dehnungssensoren: Bei magnetoelastischen, ferromagnetischen Legierungen führen mechanische Dehnungen als Folge des wirkenden VILLARI-Effektes dazu, dass sich die Permeabilität bei auf das Material einwirkenden mechanischen Spannungen ändert. Bildet das magnetoelastische Material den Kern eines Transformators (vgl. Bild 3.8a), hat das direkte Auswirkungen auf die Kopplung der Spulen.

$$u = -n \frac{\mathrm{d}\Phi}{\mathrm{d}t} = -\mu n^2 \frac{A}{l} \frac{\mathrm{d}i}{\mathrm{d}t}.$$ (3.9)

Eine erste messtechnische Erfassung nutzt einen sinusförmigen Wechselstrom, der nach dem Induktionsgesetz zu der Sekundärspannung

$$u = -L(\sigma) \frac{\mathrm{d}i}{\mathrm{d}t}$$ (3.10)

führt. Bei Verwendung einer Einzelspule mit Kern (vgl. Bild 3.8b) gilt für die Induktivität L

$$L = \mu n^2 \frac{A}{l},$$ (3.11)

wobei μ für die Permeabilität, n für die Windungszahl, A für die Fläche und l für die Länge des Kerns stehen. Bei einem magnetoelastischen Material ist die Permeabilität nicht konstant, sondern ändert sich in Abhängigkeit von der mechanischen Spannung σ im Material. Somit ist die Induktivität L über die Permeabilität μ dann direkt von der Spannung abhängig:

$$L(\sigma) = \mu(\sigma) n^2 \frac{A}{l}.$$ (3.12)

Die Induktivitätsänderung kann auch über die Auswertung der Resonanzfrequenz eines Schwingkreises bestehend aus einer Kapazität und der Induktivität erfolgen. In beiden Varianten sind die magnetoelastischen Eigenschaften des Kernmaterials von entscheidender Bedeutung. Je nach Materialwahl lassen sich sehr empfindliche Sensoren realisieren. Magnetoelastische Materialien sind z.B. Ni, NiFe in der Zusammensetzung (45 %/55 %) oder metallische Gläser auf der Basis von Legierungen wie FeSiB. Die Empfindlichkeit hängt davon ab, wie groß die Änderung der Permeabilität in Abhängigkeit von der mechanischen Spannung ausfällt. Zudem ist es von Bedeutung, dass nicht nur die Magnetoelastizität, sondern auch die Permeabilität groß ist, um eine gute Kopplung der Spulen zu erreichen oder eine ausreichend große Induktivität zu erzielen. Nach [Kab94] lässt sich für eine Trafoanordnung eine Dehnungsempfindlichkeit S von 3000 erreichen. Dabei ist die Dehnungsempfindlichkeit S analog zum k-Faktor wie folgt definiert: $S = (\Delta u)/u/\Delta\epsilon$. Änderungen der Sekundärspannung $\Delta u/u$ von 100 mV/V werden bei Längenänderungen von $\Delta l/l$ von 30 μm/m erreicht. Bei anderen Autoren [DLR$^+$04] werden Werte zur Dehnungsempfindlichkeit von magnetoelastischen TMR-Sensoren (Tunnel-Magneto-Resistive-Sensoren) von 70 - 600 angegeben.

3.2.2 Auswertung von DMS und Kraftmessung

Die Auswertung der Widerstandsänderung von DMS erfolgt zumeist mittels der WHEATSTONE'schen Brückenschaltung, Bild 3.9a). Je nachdem, ob ein, zwei oder vier der Widerstände DMS sind (die anderen sind im Allgemeinen messtechnisch inaktive Festwiderstände), spricht man von einer Viertel-, Halb- oder Vollbrücke. Für die Brückenspannung u_B gilt

$$u_B = u_V N k\varepsilon, \tag{3.13}$$

mit N Brückenfaktor = Anzahl der DMS und u_V Versorgungsspannung.

Um Verfälschungen von u_B durch die angeschlossene Auswerteelektronik gering zu halten, muss deren Eingangswiderstand sehr groß im Vergleich zum Nennwiderstand der DMS sein. Häufig wird hierzu ein **Instrumentationsverstärker** eingesetzt, dessen Grundschaltung in Bild 3.9b) dargestellt ist, vgl. [GLM84]. Die Spannung u_B wird an die nichtinvertierenden Eingänge der Operationsverstärker (OPV) geführt, wodurch bei Verwendung von OPVs mit FET-Eingangsstufen Eingangswiderstände von ca. $10^{12}\,\Omega$ realisiert werden können.

Die Gesamtverstärkung v der dargestellten Schaltung ergibt sich aus

$$v = -\frac{u_A}{u_B} = -\left(2\frac{R_2}{R_1} + 1\right). \tag{3.14}$$

Vorteilhaft ist die Möglichkeit der Abstimmung der Verstärkung über einen einzigen Widerstand R_1. Obwohl die Brückenspannung u_B nicht vom Nennwiderstand R der DMS abhängt, kann es u. U. sinnvoll sein, DMS mit hohem Nennwiderstand zu benutzen. Der Grund liegt in der begrenzten Strombelastbarkeit der DMS. Ein größeres Spannungssignal u_B erfordert außerdem eine geringere Gesamtverstärkung, was die Stabilität und das Signal-Rausch-Verhältnis verbessert.

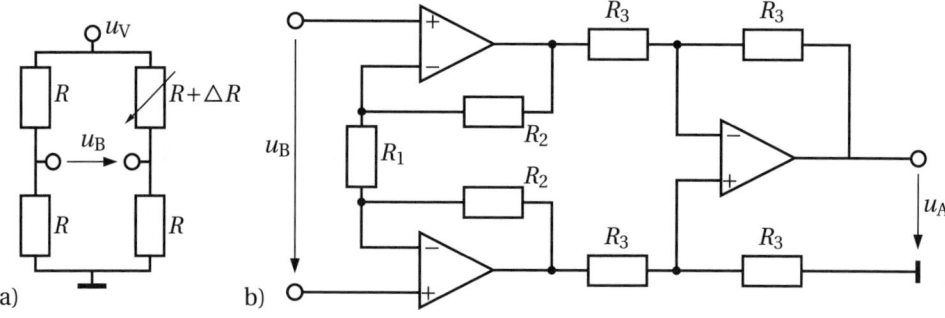

Bild 3.9 Auswerteschaltung für Dehnungsmessstreifen: a) Brückenschaltung von DMS, b) Instrumentationsverstärker

Aus Gl. (3.13) ist ersichtlich, dass die Versorgungsspannung u_V der Brücke voll in das Messergebnis eingeht. Sie muss daher sehr gut stabilisiert sein, andere Verbraucher (z. B. Verstärker) dürfen auf keinen Fall aus dieser Spannung versorgt werden. Wenn die Brücke über längere Kabel mit dem Verstärker verbunden wird, führt der Spannungsabfall über die Zuleitungen ebenfalls zu einem Messfehler. Dieser kann kompensiert werden, wenn die tatsächlich an der Brücke anliegende Versorgungsspannung u_V mittels eines hochohmigen Abgriffs zurückgeführt und gemessen wird. Näheres dazu ist in [Sch92] enthalten.

Halb- und Vollbrückenschaltungen bieten den Vorteil einer zumindest theoretisch vollständig erzielbaren Temperaturkompensation. Bei Verwendung von mehreren veränderlichen Widerständen ist zu beachten, dass sich je nach Position entweder beide Widerstände bei Belastung vergrößern oder ein gegensätzliches Verhalten zeigen. Mögliche Anordnungen zeigt Bild 3.10. Die jeweilige Veränderung der Widerstände ist mit $R+$ oder $R-$ bezeichnet. Zu beachten ist, dass sich Temperaturveränderungen nur bei den gekennzeichneten Varianten der Halbbrücken und bei der Vollbrücke nicht auf das Ergebnis auswirken.

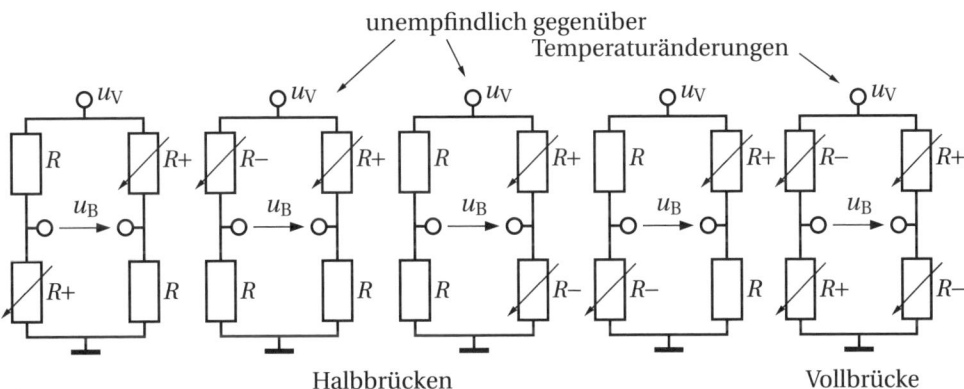

Bild 3.10 Varianten von Halbbrücken und Vollbrücke

Die Verwendung von Halb- und Vollbrückenschaltungen in **Kraftsensoren** setzt voraus, dass auf dem Verformkörper Dehnungsbereiche mit entgegengesetztem Vorzeichen zur Verfügung stehen (Bereiche mit Zug- und Druckspannungen). Am einfachsten ist diese Forderung mit Biegebalken zu erfüllen, weshalb die meisten DMS-Kraftaufnehmer auf diesem Prinzip beruhen. Die Dehnung eines einseitig eingespannten Biegebalkens im Abstand l vom Punkt der Krafteinleitung (Bild 3.11) ergibt sich aus

$$\varepsilon = \frac{6Fl}{Ebh^2} \quad \text{mit: } E \text{ Elastizitätsmodul.} \tag{3.15}$$

Zur Messung von Momenten werden Torsionsaufnehmer verwendet, die aus einem Stab oder Rohr bestehen, auf dem zwei oder vier DMS im Winkel von 45° zur Aufnehmerachse aufgeklebt sind, so dass diese bei Verdrehung des Stabes unter Einwirkung des Torsionsmoments M_t Dehnungen unterschiedlichen Vorzeichens erfahren (Bild 3.12). Zur Erleichterung der DMS-Applikation verwendet man Rosetten, das sind zwei oder mehrere DMS, die in unterschiedlichem Winkel auf einem gemeinsamen Träger aufgebracht sind.
Die Dehnung beträgt in diesem Fall (G Schubmodul)

$$\text{für den Vollstab: } \varepsilon = \frac{M_t}{\pi G r^3}, \quad \text{für das Rohr: } \varepsilon = \frac{M_t 8 D}{\pi G (D^4 - d^4)}.$$

Der in Bild 3.11 gezeigte Biegebalkenaufnehmer besitzt zwei Nachteile: Erstens müssen die DMS an unterschiedlichen Seiten des Balkens geklebt werden, d. h. es sind zwei Klebe- und Härteprozesse erforderlich. Zweitens besitzen diese eine meist nicht vernachlässigbare Empfindlichkeit gegenüber Querkräften, da diese zu merklichen Querschnittsverwölbungen führen. Diese Nachteile können vermieden werden, wenn der Verformkörper eine Parallelogrammstruktur besitzt (vgl. Bild 3.13).

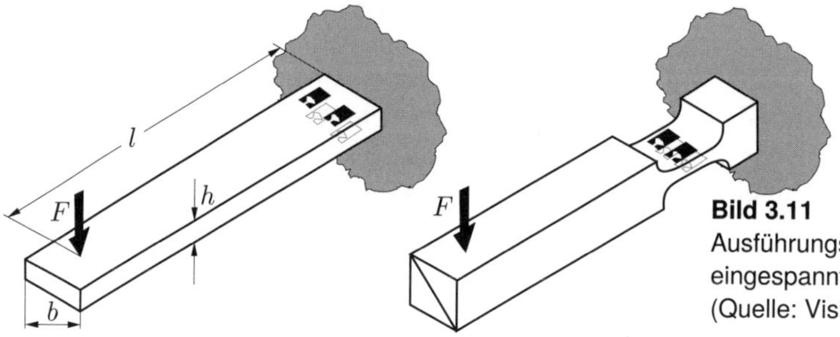

Bild 3.11
Ausführungsformen von einseitig
eingespannten Biegebalken
(Quelle: Vishay Measurements)

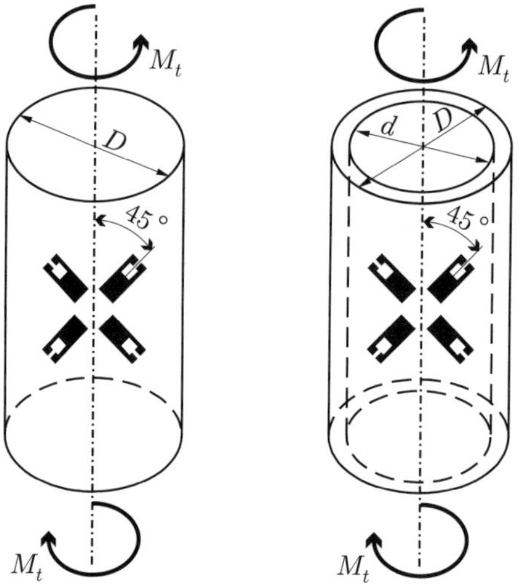

Bild 3.12
Torsionsaufnehmer
(Quelle: Vishay Measurements)

Mit DMS lassen sich statische Dehnungen messen, d. h. die untere Grenzfrequenz ist gleich null, die obere muss kleiner sein als die erste ungedämpfte Eigenkreisfrequenz ω_0 des Aufnehmers.

3.2.3   Weitere Sensoren zur Kraft- und Druckmessung

Kraftmessung durch Nutzung des direkten piezoelektrischen Effektes: Der direkte piezoelektrische Effekt kann am Beispiel der Verformung von aus SiO_2 bestehenden Quarzkristallen erläutert werden. Zum indirekten pietoelektrischen Effekt kann auf Abschnitt 2.4 verwie-

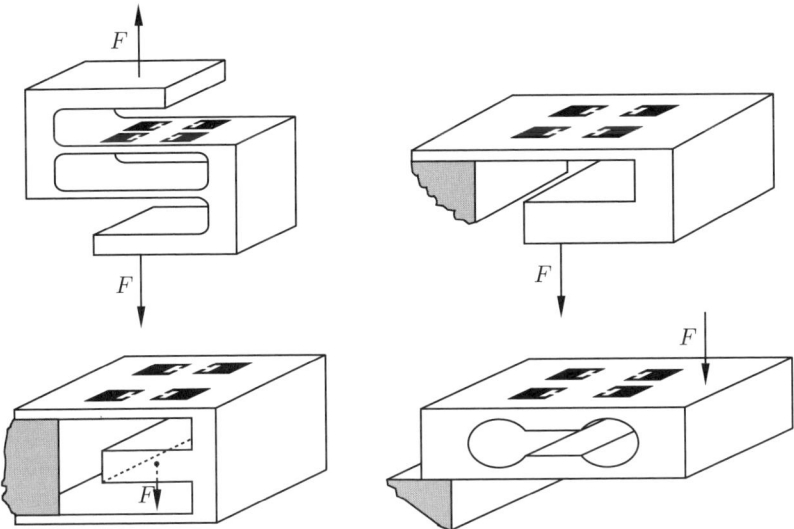

Bild 3.13 Mehrfachbiegebalkenaufnehmer (Quelle: Vishay Measurements)

sen werden. Beim Quarz bildet das Kristallgitter ein nicht-zentrosymmetrisches Gitter wie in Bild 3.14 links zu sehen ist. Im Gitter sind die Silizium- und Sauerstoffatomrümpfe regelmäßig

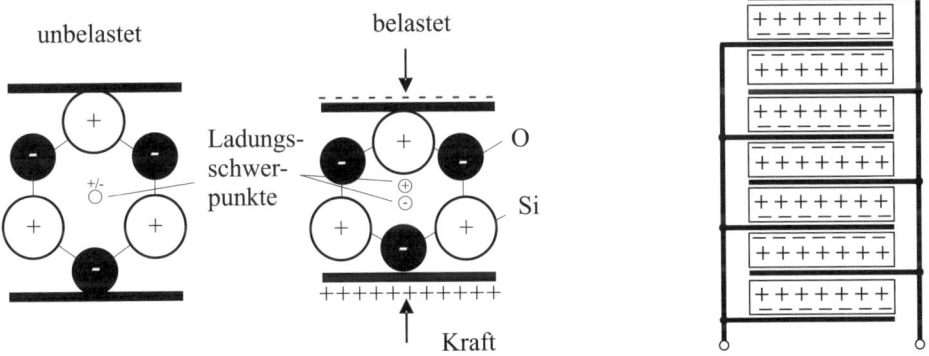

Bild 3.14 Links: Verformung eines Quarzkristalls unter Last; rechts: Reihenschaltung der Piezoelemente zur Erhöhung der Sensitivität

angeordnet. Aufgrund der Elektronegativität des Sauerstoffs sind die Bindungselektronen im SiO_2 im zeitlichen Mittel zum Sauerstoff verschoben, wodurch dem Sauerstoff lokal eine negative Ladung zugeordnet werden kann, dem Silizium hingegen eine positive. Wird der Kristall belastet und verformt, verschieben sich die Silizium- und Sauerstoffatome zueinander und damit auch die verbundenen Ladungen. In Bild 3.14 links wird deutlich, dass sich die Ladungsschwerpunkte der positiven und der negativen Ladungen nicht in gleicher Weise verlagern. Als Folge kommt es zur Veränderung der Polarisation des Kristalls und durch Ladungsverschiebung sammeln sich Ladungen an den Kontaktelektroden. Würde man neben der einzelnen Quarzzelle im Bild gedanklich eine weitere anordnen und beide mit der gleichen Kraft beaufschlagen, halbiert sich die Deformation der Einzelzelle, die Gesamtladungsmenge die sich auf den Elektroden sammelt, bleibt jedoch identisch. Da nur Ladungen von der Oberfläche abgenommen werden und die Verformung im Kristallinneren aufgrund der isolierenden Eigenschaften des Quarzmaterials nicht zur Erhöhung der Ladung auf den Elektroden führt, kann eine Erhöhung der Ladungsmenge nicht durch Vergrößerung des Kristallvolumens erreicht werden, sondern gelingt nur durch Parallelschaltung mechanisch in Reihe angeordneter Einzelkristalllagen, was Bild 3.14 rechts verdeutlicht.

Die Ladungsmenge ändert sich somit proportional zur Kraft. Um die zu den Elektroden verschobenen Ladungen auszuwerten, werden **Ladungsverstärker** eingesetzt, die die zumeist geringen Ladungsmengen in ein Spannungssignal überführen. Grundsätzlich sind piezoelektrische Sensoren wenig geeignet, statische Belastungen zu erfassen. Die durch die Belastung generierten Ladungsträger fließen nämlich über Leckströme von Sensor und Ladungsverstärker ab und werden bei gleichbleibender Belastung nicht nachgeliefert.

Da nach erfolgter Deformation des Kristalls keine weiteren freien Elektronen entstehen, stellt das Piezoelement eine sehr hochohmige Spannungsquelle dar, die auch entsprechend hochohmig abgegriffen werden muss. Zur Auswertung benutzt man daher eine so genannte Ladungsverstärkerschaltung. Bild 3.15 zeigt eine Prinzipschaltung, die durch den verwendeten Operationsverstärker (OPV) einen sehr hohen Eingangswiderstand hat. Es handelt sich um die bekannte Grundschaltung eines Stromintegrators. Seine Ausgangsspannung ergibt sich aus

$$u_a = \frac{1}{C} \int i(t)\mathrm{d}t = \frac{Q}{C}, \qquad \frac{\mathrm{d}Q}{\mathrm{d}t} = i(t). \tag{3.16}$$

Da das Piezoelement eine gewisse Eigenkapazität besitzt (bei Quarz ca. 200 pF), kommt es über den zwar hohen, aber endlichen Eingangswiderstand des OPV zu einem Stromfluss und daher zu einer Entladung. Bei einem typischen Eingangswiderstand von $10^{12}\,\Omega$ ergibt sich eine Zeitkonstante von 200 s. Somit können piezoelektrische Aufnehmer daher prinzipbedingt nicht zur Messung statischer Belastungen verwendet werden. Ihre untere Grenzfrequenz ist immer größer null.

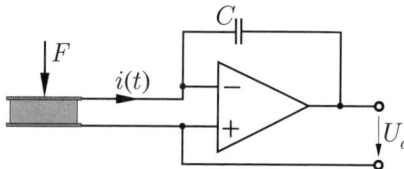

Bild 3.15
Prinzipschaltung eines Ladungsverstärkers

Kraftmessung durch Pressduktoren: Bei den Ausführungen zum magnetoelastischen Dehnungssensor wurde bereits erläutert, dass sich die magnetische Permeabilität μ eines ferromagnetischen Verformungskörpers mit einer Magnetostriktionskonstante ungleich null unter dem Einfluss von Kraft verändert. Sensoren, die dieses Prinzip nutzen, sind die Pressduktoren. Dazu werden zwei Spulen im Winkel von 90° zueinander und im Winkel von 45° zur Kraftrichtung angeordnet (vgl. Bild 3.16). Ohne Belastung bilden sich um die beiden Windungen konzentrisch die Feldlinien der magnetischen Induktion B aus, wenn die Erregerspule mit einem Strom beaufschlagt wird. Bei Belastung wird die Permeabilität in Abhängigkeit von der mechanischen Spannung beeinträchtigt und damit werden auch die B-Feldlinien verzerrt. Die Folge dieser Verzerrung ist, dass nun bei Verwendung eines alternierenden Stromes i in der Messspule elektrische Spannungen als Änderung des Flusses induziert werden können, da die Messspule nun von B-Feldlinien durchsetzt wird, die sich nicht mehr kompensieren.

Kraftmessung durch Kompensation: Eine weitere Möglichkeit, ein der Kraft entsprechendes elektrisches Signal zu generieren, besteht darin, die zu messende Kraft zu kompensieren. In Bild 3.17 ist der prinzipielle Aufbau einer Kompensationswaage zu sehen.

Die zu messende Kraft F wirkt auf einen Hebelarm und führt zu dessen Auslenkung. Die Größe der Auslenkung wird von einem Wegmesssystem erfasst. Über einen Regelkreis wird eine Gegenkraft eingestellt, die die Auslenkung des Systems wieder auf null stellt (kompensiert). Die dazu erforderliche elektrische Stellgröße ist proportional zur wirkenden Kraft. Im Bild ist x_1 der Weg, der vom Sensor erfasst wird, x_2 ist die vom Aktor zu realisierende Verschiebung.

Zur Erzeugung der Gegenkraft werden im Allgemeinen elektromagnetische Systeme verwendet. Für die Messung sehr kleiner Kräfte im Bereich einiger μN oder mN kommen auch elektrostatische Systeme zum Einsatz.

Der Abgriff des Messsignals aus dem Rückkopplungszweig führt zu einer (theoretisch) idealen Linearisierung des Messsystems. Wegen des kompensatorischen Prinzips muss der verwendete Wegaufnehmer nur einen sehr kleinen Messbereich haben, was wiederum eine hohe Auflösung ermöglicht. Zumeist werden als Wegmesssystem Differenzialdrosseln eingesetzt. Kompensationswaagen finden vor allem bei Präzisionsmessungen Anwendung.

Das Beispiel der Kompensationswaage hat gezeigt, dass man die Kraftmessung auf eine Wegmessung zurückführen kann. Mit dieser grundsätzlichen Idee eröffnet man sich ein weiteres großes Feld für die Kraftmessung – man misst den Weg eines durch eine Kraft belasteten Federelements, das man im linearen (elastischen) Bereich betreibt. Für die Wegmessung sind sehr viele Techniken bekannt, einige davon erläutert später Abschnitt 3.3.

Druckmessung: Die meisten realisierten Drucksensoren beruhen auf dem Prinzip der Verformung einer Membran aufgrund einer Druckdifferenz auf beiden Seiten der Membran. Wie Bild 3.18 zeigt, können je nach Ausführung und Aufbau der Sensoren, Messungen gegen den Umgebungsdruck (A), Messungen einer Druckdifferenz (B) oder Absolutdruckmessungen (C) erfolgen. Soll gegen Umgebungsdruck gemessen werden, ist eine der beiden Seiten der Mem-

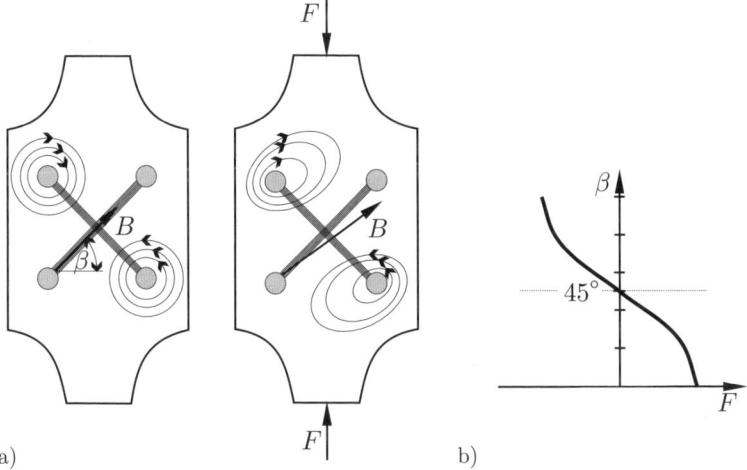

a)   b)

Bild 3.16 Magnetoelastischer Pressduktor:
a) Verlauf der Feldlinien im unbelasteten und belasteten Zustand, b) Kennlinie

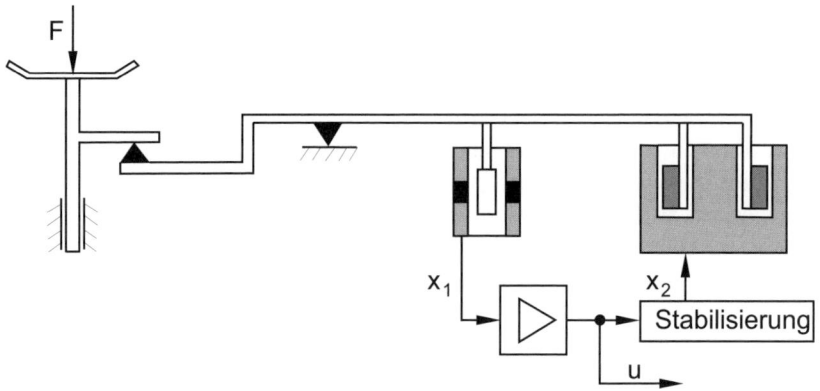

Bild 3.17 Aufbau einer Kompensationswaage (nach [Trä96])

bran mit dem Druckniveau der Umgebung verbunden. Bei der Absolutdruckmessung wird eine Kavität über die Membran gesetzt. Bei der Fertigung wird die Kavität mit Gas bei einem Referenzdruck befüllt und verschlossen. Bei Differenzdruckmessungen werden die zu vergleichenden Druckbereiche durch die Membran voneinander separiert. Die gewählten Membranen können aus organischem wie auch aus anorganischem Material gefertigt werden. Als organisches Material wird beispielsweise Polyimid verwendet, anorganische Materialien sind Silizium, Siliziumnitrid, Siliziumoxid, Aluminiumoxid, Edelstahl und andere. Die Verformung der

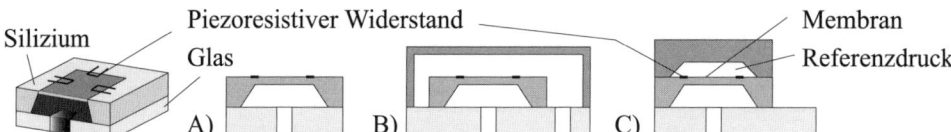

Bild 3.18 Mikrotechnisch gefertigte Drucksensoren: Messung A) des Drucks gegen Umgebungsdruck, B) des Differenzdrucks und C) des Absolutdrucks

Membran ist nicht nur von der Druckdifferenz Δp abhängig, sondern auch von dem Radius der Membran R, der Membrandicke t, der Poissonzahl v und dem E-Modul E. Die maximale Membranauslenkung δ in der Membranmitte beträgt [Kov98]:

$$\delta = \frac{3}{16}(1 - v^2)\frac{\Delta p R^4}{E t^3}. \tag{3.17}$$

Um Druckmessungen durchzuführen, ist die Wandlung der Verformung in ein elektrisches Signal notwendig. Dazu bedient man sich der bereits vorgestellten Dehnungsmessstreifen, um die Dehnung der mit Druck beaufschlagten Membran zu messen. Beispielsweise werden piezoresistive Elemente in dünnfilmtechnischen Fertigungsprozessen auf die Membran aufgebracht. Sie können, wie zuvor in diesem Abschnitt beschrieben, die Dehnung der Membran als Widerstandsänderung messbar machen. Häufig werden piezoresistive DMS aus Polysilizium oder dotiertem Silizium eingesetzt, da sie sehr empfindlich und die Herstellungsprozesse kompatibel zu den Prozessen der Mikroelektronik sind. Dadurch lassen sich monolithische Sensoren mit integrierter Auswerteelektronik fertigen.

Eine weitere Möglichkeit, die Verformung einer Membran zu ermitteln, besteht darin, eine optische Abtastung der Oberfläche mittels Laser durchzuführen. Zu diesem Zweck wird der Laserstrahl auf die Membran gerichtet und reflektiert. Bei Interferenz des einfallenden und des reflektierten Strahls können die Auslenkungen der Membran bestimmt werden.

■ 3.3 Sensoren zur Messung von Weg- und Winkelgrößen

Weg- und Winkelsensoren haben besondere Bedeutung in der Automatisierungstechnik und werden in der Antriebstechnik, z. B. zur Positionierung und für die phasenrichtige Ansteuerung von Elektromotoren benötigt. In Werkzeugmaschinen haben sie maßgeblichen Einfluss auf die Fertigungsqualität und in der Elektronikindustrie wird die erreichbare Positioniergenauigkeit im sog. Front- und Backendbereich auch durch die Messsysteme bestimmt. Gerade im Frontend-Bereich, der die Fertigungsschritte der Chipherstellung umfasst, ist höchste Positioniergenauigkeit gefordert. Aber auch der Backend-Bereich, dem die Aufbau- und Verbindungstechnik zuzuordnen ist, verlangt nach hochgenauen Messgeräten.

In diesem Abschnitt werden die Weg- und Winkelmessung gemeinsam behandelt. Die Plausibilität dieses Gedankens ergibt sich schon daraus, dass die Winkelmessung auf eine Wegmessung zurückgeführt wird, wobei der zu messende Weg lediglich gekrümmt ist.
Zunächst erfolgt in Abschnitt 3.3.1 die Darstellung von Verfahren, die auf einer Widerstandsänderung basieren. Abschnitt 3.3.2 behandelt photoelektrische Messgeräte und Abschnitt 3.3.3 Messgeräte, die auf magnetischen Prinzipien beruhen. Aufgrund ihrer Bedeutung wird den beiden letztgenannten Klassen eine entsprechende Detailtiefe eingeräumt. Abschließend führt Abschnitt 3.3.4 in die optische Triangulation ein.

3.3.1 Potentiometrische Verfahren

Potentiometrische Messungen überführen die Längen- oder die Winkeländerungen in Widerstandssignale. Auch heute noch sind Sensoren, die auf diesem einfachen Prinzip beruhen, von großer Bedeutung, da die technische Umsetzung ebenfalls mit geringem Aufwand verbunden ist. Beispielsweise kann die Stellung des Gaspedals im Kraftfahrzeug durch Verwendung eines potentiometrischen Messprinzips in ein elektrisches Signal gewandelt werden. Der grundsätzliche Aufbau besteht aus einem Widerstand, über den ein Kontakt, der Schleifer verschoben wird. Die Widerstandsbahn besteht aus einem Widerstandsdraht oder einer Kohleschicht. Der Widerstand wird mit einer Spannungsquelle verbunden. Ein dritter Kontakt, der beweglich ausgeführt ist, setzt als Schleifer auf die Widerstandsbahn auf und kontaktiert diese je nach Position an unterschiedlichen Orten. Durch die Kontaktierung greift der Schleifer die ortsabhängige Spannung ab. Den prinzipiellen Aufbau zeigt Bild 3.19.
Ist der Querschnitt konstant und der spezifische Widerstand homogen, dann teilt sich die Gesamtspannung u_0 in die zwei Teilspannungen u_1 und u_2 im gleichen Verhältnis auf, wie die Länge l des Widerstands in die Teillängen l_1 und l_2 und der Widerstand R in R_1 und R_2. Damit

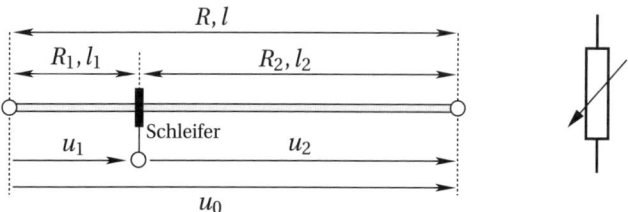

Bild 3.19 Widerstandsbahn mit Schleifer und Schaltsymbol des Potentiometers

ergibt sich für das Verhältnis Gesamtlänge l zu Teillänge l_1:

$$\frac{l}{l_1} = \frac{R}{R_1} = \frac{u_0}{u_1}.$$
(3.18)

Der ideale Zusammenhang in Gl. (3.18) wird jedoch dann verfälscht, wenn über den Kontakt des Schleifers in die Auswerteschaltung, die mit dem Schleifer verbunden ist, ein Messstrom i_m fließt. Man verwendet daher Verstärkerschaltungen mit sehr hohem Eingangswiderstand, vgl. Bild 3.20b). Um den Fehler aufgrund des Messstroms zu berechnen, kann man die

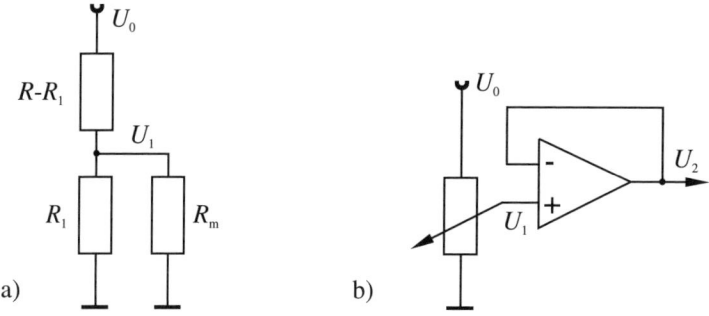

Bild 3.20 a) Elektrisches Ersatzschaltbild des belasteten Spannungsteilers; b) Beschaltung zur Auswertung („Spannungsfolger" zur Impedanzwandlung)

in Bild 3.20a) skizzierte Überlegung anstellen, bei der die Messschaltung durch einen parallel angelegten Messwiderstand R_m symbolisiert ist. Die Spannung u_1 kann bestimmt werden aus

$$\frac{u_1}{u_0} = \frac{R_\parallel}{R - R_1 + R_\parallel} = \frac{\frac{R_1 R_m}{R_1 + R_m}}{R - R_1 + \frac{R_1 R_m}{R_1 + R_m}}.$$
(3.19)

Für große Widerstände R_m im Vergleich zu R_1 ist der fließende Messstrom i_m vernachlässigbar. Folgende Grenzwertbildung bestätigt dieses.

$$\lim_{R_m \to \infty} R_\parallel = \lim_{R_m \to \infty} \frac{R_1 R_m}{R_1 + R_m} = \lim_{R_m \to \infty} \frac{R_1}{\frac{R_1}{R_m} + 1} = R_1.$$
(3.20)

Es sind unterschiedliche Ausführungsformen von potentiometrischen Sensoren bekannt. Zum einen gibt es Potentiometer, die auf der Verwendung von Widerstandsdraht zur Realisierung der Widerstandsbahn beruhen. Diese Potentiometer sind in ihrem Widerstandverhalten sehr linear, wenn sich der Schleifer am Draht entlang bewegt. Darüber hinaus zeigen sie eine gute Langzeitstabilität. Ist der Draht gewendet, bewegt sich der Schleifer nicht direkt am Draht entlang, sondern springt von Windung zu Windung. Diese Ausführung wird oft bei Potentiometern zur Winkelmessung gewählt. Die Folge ist, dass sich der Widerstand nicht kontinuierlich, sondern in Sprüngen ändert. Als Konsequenz ergibt sich ein Quantisierungsrauschen. Neben den drahtbasierten Potentiometern werden auch durch Beschichtung hergestellte Widerstandsbahnen eingesetzt. Nachteilig ist deren verringerte Robustheit, reduzierte Lebensdauer und weniger lineares Verhalten. Für diese Art der Realisierung sprechen die Herstellungskosten. Zur Reduzierung der Nachteile beider Realisierungsformen haben sich daher auch kombinierte Lösungen aus Widerstanddraht und -schichten verbreitet.

3.3.2 Photoelektrische Messgeräte

Photoelektrische Verfahren zur Messung von Position und Winkel sind in vielen Anwendungen anzutreffen. Sie werden zum einen untergliedert in **abbildende**, **interferenzielle** und **interferometrische** Verfahren, zum anderen erfolgt eine weitere Unterscheidung durch Einteilung in **inkrementelle** und **absolute** Messverfahren. Bild 3.21 zeigt die photoelektrischen Verfahren im Überblick.

Bild 3.21
Einteilung der
photoelektrischen
Messprinzipien

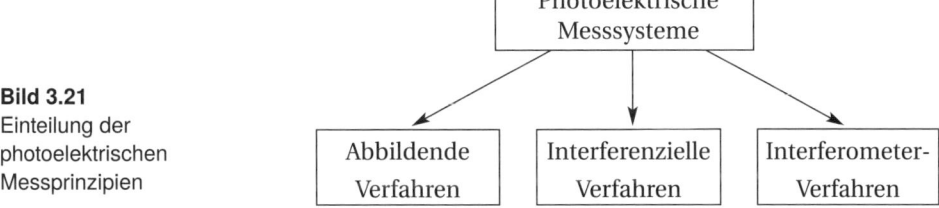

Der eigentlichen Darstellung der jeweiligen Messprinzipien ist eine kurze Erläuterung der der im weiteren Verlauf wichtigen Begriffe **inkrementelle und absolute Messverfahren** vorangestellt. Zentrale Komponente der Messsysteme sind die **Maßverkörperungen**, die sich für inkrementelle und absolute Messgeräte grundsätzlich unterscheiden. Maßverkörperungen bestehen aus einer definierten Anordnung von Strukturen. Eine als **Maßstab** ausgeführte Maßverkörperung besteht aus einer Vielzahl dieser Strukturen, die auch als **Teilung** bezeichnet wird. Die Teilungen können auf unterschiedliche Art und Weise auf dem Maßstabsträger erzeugt werden. Mögliche Verfahren sind das Ätzen, Aufdrucken oder auch Prägen, sowie weitere Verfahren.

Bei einem **inkrementellen** Messgerät besteht die Teilung aus einer regelmäßigen Anordnung von Teilungsstrichen, siehe Bild 3.22 links. Die aktuelle Position wird dadurch bestimmt, dass von einer Startposition ausgehend die Anzahl der überfahrenen Teilungsstriche gezählt wird, d. h. mit jedem weiteren Teilungsstrich wird die Summe um eins erhöht bzw. inkrementiert. Von großer Bedeutung ist daher, die Startposition zunächst eindeutig festzulegen. Aus diesem Grund wird der Messkopf in einer ersten Referenzfahrt über den Maßstab verschoben, bis eine spezielle Zusatzmarkierung detektiert wird, die Referenzmarke. Nach einem Stromausfall, wenn die Information über die aktuelle Position nicht mehr bekannt ist, oder bei Verlust des Zählwertes ist diese Referenzfahrt als Konsequenz wieder durchzuführen. Die Vorteile der inkrementellen Messgeräte sind der relativ einfache Aufbau und die theoretisch beliebige Länge des Maßstabs.

Im Gegensatz zu den inkrementellen Verfahren wird bei **absoluten** Messsystemen die Position nicht durch eine einzelne Folge von Teilungsstrichen erzeugt, sondern durch die gleichzeitige Auswertung mehrerer Teilungsspuren. Die Position des Abtastkopfes wird nun durch das Muster von Strich- und Strichzwischenräumen aller Spuren am Ort der Abtastung eindeutig bestimmt. Jede Position ist durch ein eindeutiges Muster gekennzeichnet bzw. codiert, aus dem die Elektronik immer die aktuelle Position bestimmen kann, ohne dass zunächst eine Referenzfahrt durchgeführt werden muss. Im rechten Teil von Bild 3.22 ist exemplarisch der GRAY-Code dargestellt.

Es sei angemerkt, dass inkrementelle und absolute Messverfahren nicht nur bei photoelektrischen Messsystemen zu finden sind. Diese Einteilung findet sich beispielsweise auch bei magnetischen Messsystemen, die in Abschnitt 3.3.3 dargestellt werden.

Photoelektrische Messsysteme: Abbildende Verfahren

Die abbildenden photoelektrischen Verfahren lassen sich untergliedern in Systeme, die auf dem **Durchlichtprinzip** oder dem **Auflichtprinzip** beruhen. Zudem kann eine weitere Unterteilung in inkrementelle und absolute Messsysteme erfolgen [Ern98].

Im Folgenden werden zunächst inkrementelle Durch- und Auflichtlichtsysteme behandelt. Es folgt dann ein Beispiel für ein absolutes Durchlichtsystem. Die Bezeichnung Durchlichtsystem legt nahe, dass das Licht durch den Maßstab strahlt und nicht wie bei den Auflichtverfahren vom Maßstab reflektiert wird.

Zusätzlich zum eigentlichen Maßstab ist eine zusätzliche Gitterstruktur – die Strichplatte – notwendig, um die Relativbewegung zwischen Maßstabsgitter und Strichplatte bestimmen zu können. Betrachtet man zunächst das Durchlichtverfahren, so durchstrahlt hier das Licht zunächst eine Strichplatte und dann den Maßstab und wird anschließend von einem optischen Empfänger in ein elektrisches Signal gewandelt. Der Maßstab weist wie auch die Strichplatte zum einen transparente Bereiche auf, andere hingegen sind z. B. durch eine lokale Metallbeschichtung lichtundurchlässig.

Durchlichtverfahren mit inkrementeller Abtastung: Der Aufbau eines inkrementellen Messgerätes ist in Bild 3.23 dargestellt. Ausgehend von einer Lichtquelle wird das Licht zunächst parallelisiert, durchstrahlt dann eine Strich- oder Abtastplatte sowie den Maßstab und fällt dann auf den Photodetektor. Der Maßstab bewegt sich relativ zu Strichplatte, Lichtquelle und Photodetektor. Verschieben sich Maßstab und Strichplatte/Abtastplatte zueinander, so variiert die Intensität des durch beide Gitter hindurchtretenden Lichtes. Die Lichtintensität wechselt beim Verfahren der Abtasteinheit über den Maßstab zwischen Maximal- und Minimalwerten. Die Lichtintensitätsänderung wird schließlich im Photodetektor in ein elektrisches Signal gewandelt. Die aktuelle Position ergibt sich durch Zählen der periodischen Veränderungen der Lichtintensität.

Bild 3.22 Abbildung der Teilung eines inkrementellen und eines absoluten Messsystems (GRAY-Code)

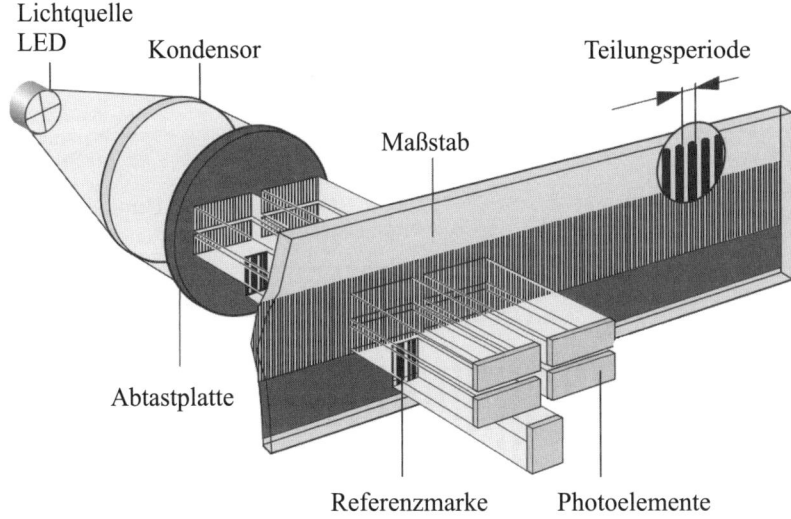

Bild 3.23 Grundprinzip einer inkrementellen Abtastung (Quelle: Heidenhain)

Geht man nun von einer Abtastplatte aus, deren transparente Bereiche die gleichen Abmessungen aufweisen wie die lichtdurchlässigen Fenster auf dem Maßstab, und bewegt die Abtastplatte relativ zum Maßstab, so steigt die Intensität des hindurchtretenden Lichtes mit zunehmender Überlappung der Fensterflächen von Maßstab und Abtastplatte zunächst linear an. Das Maximum wird erreicht, wenn die Fenster fluchten. Bei weiterer Verschiebung nimmt die Lichtintensität wieder linear bis auf den Wert null ab. Das resultierende Signal ist ein Dreiecksignal, wie in Bild 3.24 dargestellt.

Dem Dreieckssignal ist ein Gleichanteil überlagert, was darauf zurückzuführen ist, dass das Licht in seiner Intensität zwischen einem Minimalwert und einem Maximalwert schwankt, jedoch keine negativen Werte annehmen kann. Da in den Photodioden die Ladungsträger nicht nur als Folge des einfallenden Lichtes getrennt werden, sondern zudem ein thermisch bedingter Dunkelstrom entstehen kann, überlagert sich dem Signal außerdem ein zusätzlicher Signalanteil. Auch als Folge von unzureichend abgeschirmtem Umgebungslicht kann ein nicht durch die Verschiebung modulierter Anteil generiert werden. Als Konsequenz wird das Dreieckssignal um diese Gleichanteilsignale und zusätzlichen Signalanteile zu positiven Photostromwerten verschoben.

 Wertet man das Dreieckssignal aus, so lässt sich aus der Veränderung des Signals bei Verschiebung von Abtastplatte zu Maßstabsteilung die Richtung der Verschiebung nicht ermitteln. Somit ist eine Richtungserkennung **nicht** möglich. Zwei Verbesserungen sind daher wünschenswert:
Einerseits benötigt man eine Möglichkeit, die Bewegungsrichtung zu detektieren. Andererseits würde es die Signalauswertung erleichtern, wenn man den Gleichanteil des Signals eliminiert und das Dreieckssignal in ein reines Sinussignal transferiert.

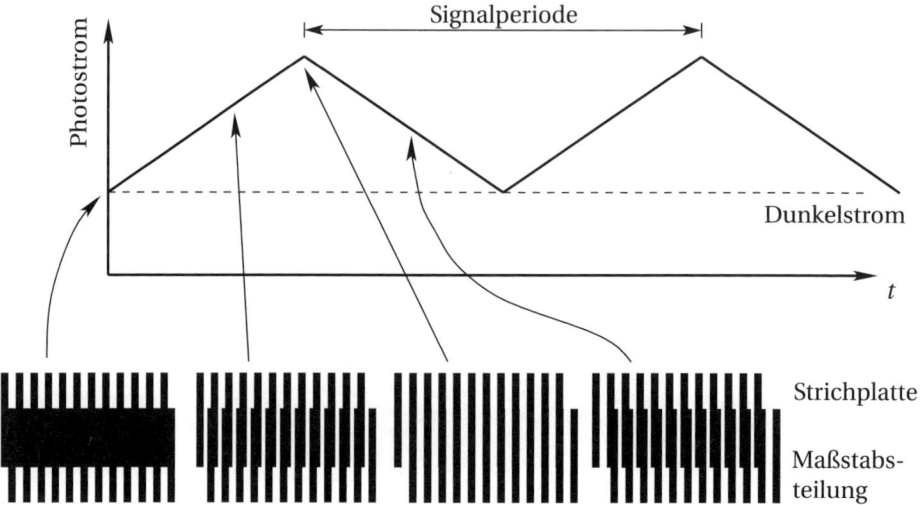

Bild 3.24 Photostrom als Resultat der Verschiebung von Strichplatte zu Maßstabsteilung

Zunächst sollen die Dreieckssignale in Sinussignale gewandelt werden. Um aus den Dreieck-signalen Sinussignale zu erhalten, wird die Anordnung der Striche der Abtastplatte so modifi-ziert, dass annähernd ein sinusförmiges Signal entsteht.

Im nächsten Schritt ist der Gleichanteil zu beseitigen. Der Gleichanteil kann durch Verwen-dung eines zusätzlichen Photoelementes eliminiert werden. Positioniert man das zusätzliche Photoelement so, dass dieses gerade dann die maximale Lichtintensität detektiert, wenn das andere Photoelement abgedunkelt ist, erhält man zwei um 180° phasenverschobene Signale. Bei Subtraktion dieser Signale entsteht zum einen

- ein **Nutzsignal doppelter Amplitude** und andererseits
- wird durch die Subtraktion der **Gleichanteil entfernt**, da dieser beiden Signalen in nahezu gleicher Weise überlagert ist.

Bild 3.25 visualisiert die Signale. Oben links ist die Anordnung der Photoelemente zu sehen. Nachdem der Gleichanteil beseitigt ist, ist nun noch die Richtungsinformation zu erzeugen. Um die Richtungsinformation für die Bewegung zu erhalten, werden zwei zusätzliche Pho-toelemente ausgewertet, die zu den bereits vorhandenen ein um 90° phasenverschobenes Signal generieren (dies ist in Bild 3.25 oben rechts angedeutet). Damit erhält man bei Ver-schiebung des Abtastkopfes vier jeweils um 90° zueinander phasenverschobene Sinussigna-le. Jeweils zwei werden wie schon beschrieben voneinander subtrahiert und man erhält ein Sinus- und ein Cosinussignal. Da vier Photoelemente zur Bildung der Ausgangssignale ge-nutzt werden, spricht man von einer **4-Feld-Abtastung**. Bild 3.26 zeigt die Signale einer 4-Feld-Abtastung.

Aus den resultierenden zwei Signalen lassen sich die Bewegungsrichtung und durch Zählen der durchlaufenen Perioden die Positionsveränderung ermitteln.

Die Sinus-/Cosinussignale können in digitale Ausgangssignale gewandelt und dann mit einer nachgeschalteten Steuerung verarbeitet werden. Dabei wechseln die Pegel des Digitalsignals mit jedem Nulldurchgang der Sinus- und Cosinusfunktion zwischen den digitalen Werten „0"

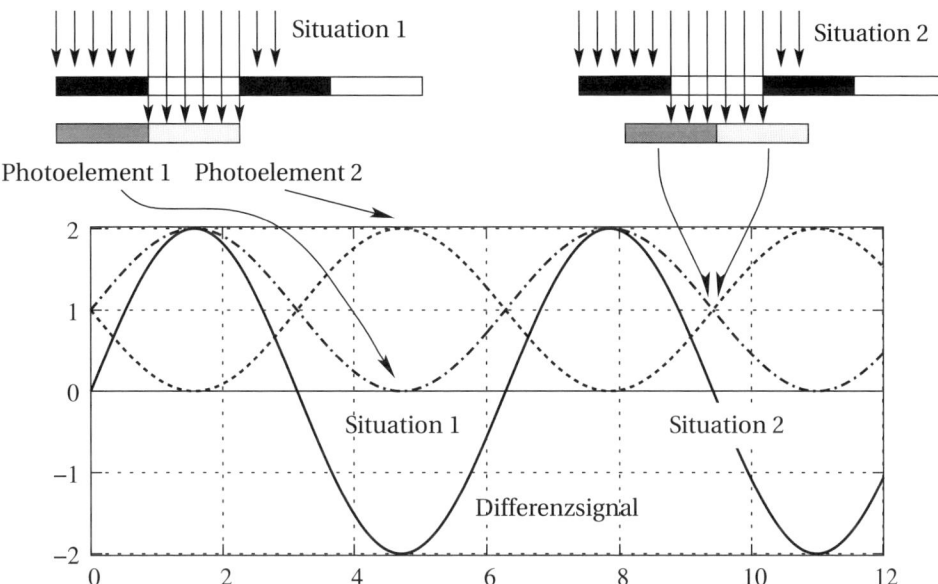

Bild 3.25 Differenzsignal zweier Sinussignale mit überlagertem, identischem Gleichanteil

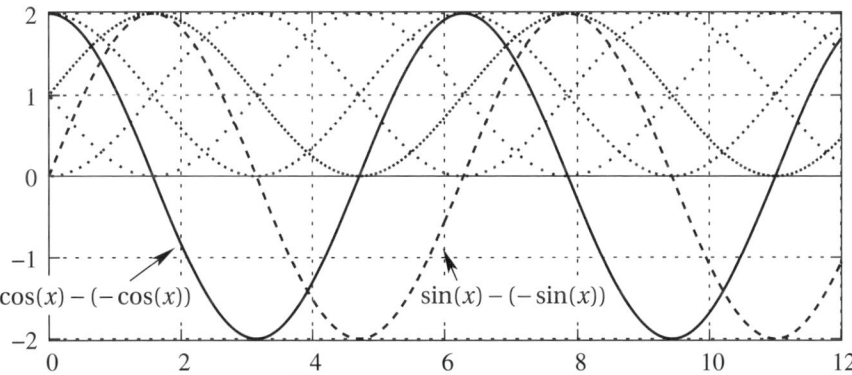

Bild 3.26 4-Feld-Abtastung: Vier um 90° verschobene Sinussignale werden zur Bildung eines Sinus-
und eines Cosinussignals verwendet

und „1". Wie Bild 3.27 zu entnehmen ist, können nach dieser Wandlung vier Bereiche pro Signalperiode unterschieden werden, die maximale Auflösung ist somit auf 1/4 Signalperiode begrenzt.

Um eine höhere Auflösung zu erzielen, werden nicht nur die Nulldurchgänge der Sinusfunktionen ausgewertet, sondern die Signale werden für eine Interpolation verwendet, um eine weitere Unterteilung der Signalperiode zu erreichen. Bei einer 5-fach Interpolation wird die 1/4 Signalperiode in fünf Teile weiter unterteilt. Diese Unterteilung erfolgt in Grad Schritten, da mit den Sinus- und Cosinussignalen der Kreisbezug gegeben ist. In diesem Fall würde eine Unterteilung in $360°/(4 \cdot 5) = 18°$ Schritte erfolgen. Um die aktuelle Winkellage im Kreis – also den Phasenwinkel – beim Durchlaufen der Sinus- bzw. Cosinusfunktion zu bestimmen, ermittelt man diesen zum Beispiel über eine arctan-Bildung aus den Sinus- und Cosinusfunktionen.

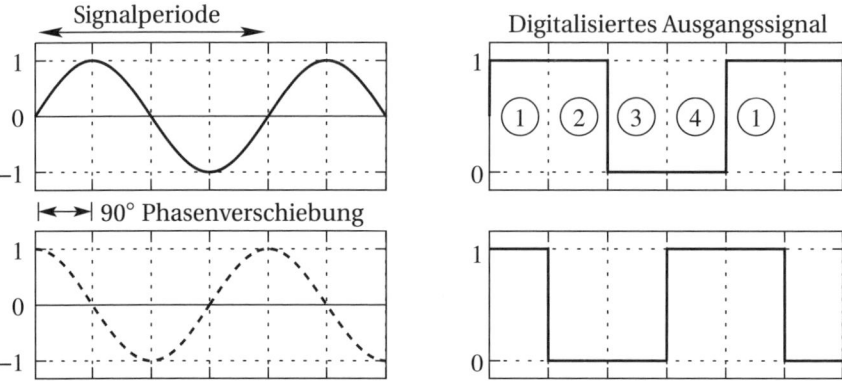

Bild 3.27 Digitalisierung der Sinus/Cosinussignale

Nach einer Digitalisierung wird die Position in Winkelschritten ausgegeben. Für die Interpolation der analogen Eingangssignale sind eine Vielzahl von Verfahren bekannt (siehe [Ern98]).

Bei inkrementellen Messgeräten ist die Definition des Bezugspunktes von zentraler Bedeutung, da bezogen auf diesen Startpunkt der zurückgelegte Weg bestimmt wird. Um den Startpunkt definieren zu können, gibt es, wie bereits erwähnt, eine Referenzmarke, d. h. eine durch eine zusätzliche Diode erkannte Position auf dem Maßstab. Bei einer Referenzfahrt wird diese Marke angefahren und der Zähler genullt. Das beschriebene Grundprinzip der Abtastung gilt nicht nur für inkrementelle optische Systeme, sondern kann auch in gleicher Weise auf inkrementelle magnetische Systeme übertragen werden.

Die Genauigkeit der Positionsbestimmung wird zunächst einmal durch die Qualität des Maßstabs und der Strichplatte festgelegt, aber auch die elektronische Auswertung ist von Bedeutung. Der Maßstab eines optischen Systems kann als Glasmaßstab ausgeführt sein, wobei die Teilung durch strukturierte Metallschichten, zumeist aus Chrom, hergestellt wird. Es sind auch Maßstäbe üblich, die aus strukturierten Metallfolien erzeugt werden. Die Metallfolien werden geätzt oder gestanzt. Ebenso wird die Strichplatte beispielsweise als auf einem Glasträger aufgebrachte Metallstruktur produziert. Prinzipielle Darstellungen von Maßstab und Strichplatte zeigt Bild 3.28.

Bild 3.28
Links: Ausschnitt eines Maßstabs;
Rechts: Bild einer Abtastplatte
[Quelle: Heidenhain]

Quasi-Einfeld-Abtastung: Die 4-Feld-Abtastung ist relativ empfindlich gegenüber Verschmutzungen und anderen Störungen, die nur eines der vier Abtastfelder bzw. nicht alle vier im gleichen Ausmaß betreffen. Eine Weiterentwicklung, die so genannte **Quasi-Einfeld-Abtastung**, reduziert das durch Verschmutzungen generierte Fehlerpotenzial. Quasi-Einfeld bedeutet, dass die Photoelemente ineinander verschränkt auf einem Sensorarray angeordnet werden. Durch die Aufsummierung der verteilten Einzelphotoelementsignale hat das einzelne Element einerseits einen verminderten Einfluss auf das Summensignal, andererseits wirken sich größere Verschmutzungen auch auf Photoelemente der anderen Phasen aus. Den

Aufbau einer solchen Einfeld-Abtastung zeigt Bild 3.29, der linke Teil zeigt den prinzipiellen Gesamtaufbau, rechts sind Abtastplatte, Maßstab und Sensor überlagert dargestellt.

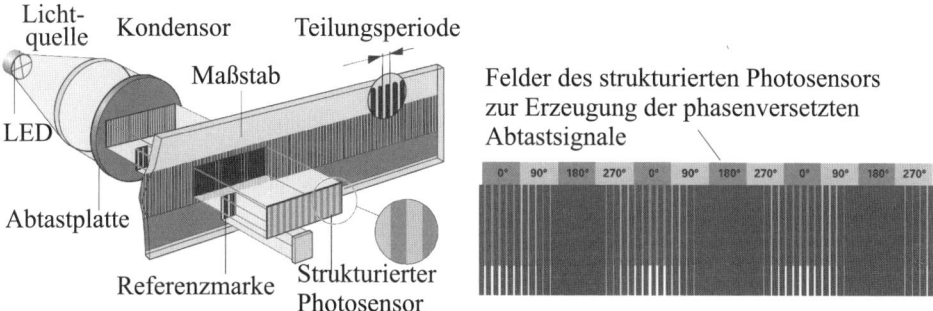

Bild 3.29 Links: Aufbau des Meßgerätes mit Quasi-Einfeld-Abtastung; Rechts: Beleuchtung des Sensorarrays durch Maßstab und Abtastplatte [Quelle: Heidenhain]

Auflichtverfahren mit inkrementeller Abtastung: Neben dem Durchlichtverfahren kommen auch Auflichtverfahren zum Einsatz. Hier ist der Maßstab nicht transparent ausgeführt, sondern reflektiert das Licht (vgl. Bild 3.30). Sender und Empfänger sind auf der gleichen Maßstabsseite angeordnet. Der Vorteil dieses Verfahrens ist, dass für diese Messsysteme kein direkter Kontakt zwischen Maßstab und Abtastkopf bestehen muss. Es gibt unterschiedliche Realisierungsmöglichkeiten, um Auflichtsysteme zu bauen.

Bild 3.30
Maßstab eines inkrementellen Auflichtsystems
[Quelle: Heidenhain]

Als Beispiel soll ein Einfeldsystem herangezogen werden, vgl. dazu Bild 3.31. Das Licht fällt durch ein Abtastgitter auf den Maßstab, der das Licht reflektiert. Die Teilungsmarkierungen des Maßstabes werden durch reflektierende und absorbierende Oberflächen erzeugt. Das vom Maßstab reflektierte Licht wird von einem strukturierten Detektor aufgenommen. Die Besonderheit des Einfeldsystems beruht auf der Art, wie die Teilung auf dem Maßstab und die Abtastplatte ausgeführt sind. Die beiden Gitter (Maßstabs- und Abtastgitter) sind so aufgebaut, dass sie sich leicht in der Periode unterscheiden, wodurch beim Verschieben Ausgangssignale erzeugt werden, die dem einer 4-Feld-Abtastung entsprechen. Im Messgerät werden eine Vielzahl von Einzelelementen gleichzeitig ausgewertet und aus deren Signalen werden durch Summation die vier jeweils um 90° phasenverschobenen Signale gebildet, die wiederum zur Generierung der zwei 90° phasenverschobenen Sinussignale weiterverarbeitet werden. Bild 3.31 zeigt den prinzipiellen Aufbau eines Messgerätes, das als Auflichtsystem arbeitet und als Einfeldsystem ausgeführt ist. Im rechten Teil sind der Maßstab und die Abtastplatte in unterschiedlichen Positionen dargestellt. Die Photoelemente werden mit wechselnder Intensität beleuchtet.

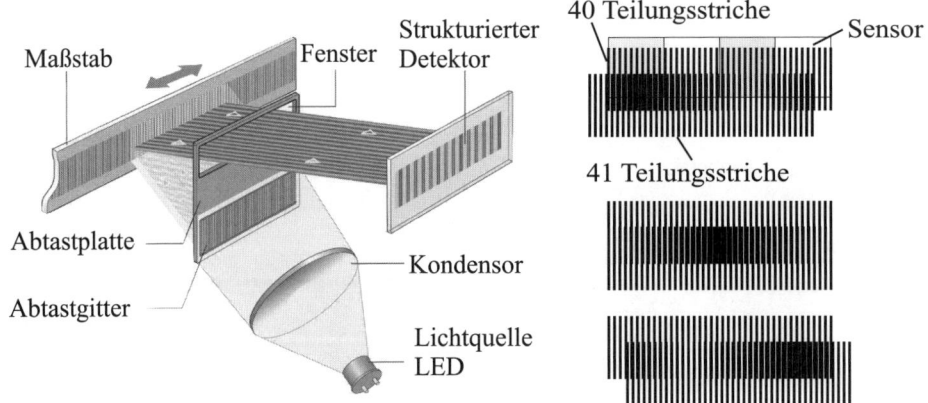

Bild 3.31 Links: Einfeldabtastung eines Auflichtmeßgerätes; Rechts: Anordnung von Maßstab, Strichplatte und Photoelementen [Quelle: Heidenhain]

Abschließend vergleicht Tabelle 3.3 kurz die beiden Ansätze mit inkrementeller Abtastung – Auflichtverfahren und Durchlichtverfahren. Der große Vorteil des Durchlichtverfahrens ist im großen Modulationsgrad zu sehen, d. h. dem Unterschied zwischen transparenten und nicht-transparenten Bereichen in Bezug auf die Lichtintensität. Beim Auflichtverfahren können auch flexible Metallmaßstäbe eingesetzt werden.

Tabelle 3.3 Vergleich zwischen Durchlicht- und Auflichtverfahren bei inkrementeller Abtastung

Typ	Vorteile / Nachteile
Durchlichtverfahren	+ Glasmaßstäbe mit hohem Modulationsgrad, unempfindlicher gegen Verschmutzung − Geringe Flexibilität der Maßstäbe
Auflichtverfahren	+ Kompakter Aufbau, auch flexible Metallmaßstäbe einsetzbar − Modulationsgrad erzielt durch Reflektionsunterschiede geringer

Absolute Messverfahren: Bei absoluten Messverfahren wird die Position als Muster auf dem Maßstab digital codiert. Das Bild 3.32 zeigt eine photoelektrische Abtastung eines absoluten Drehgebers, die nach dem abbildenden Durchlichtmessprinzip arbeitet. Das von der Lichtquelle abgegebene Licht wird durch eine Kondensorlinse parallelisiert. Nach dem Durchtritt durch die Abtastplatte trifft das Licht auf die Teilscheibe, die den Maßstab darstellt. Das Licht, was durch die Teilscheibe hindurchgetreten ist, wird anschließend von Photoelementen in elektrische Signale gewandelt. Der Unterschied zwischen den inkrementellen und den absoluten Messgeräten wurde bereits auf Seite 93 erläutert.

Die Kombination der Signale, die von den Photoelementen für jede Codespur ausgegeben werden, wird dazu verwendet, die Position zu bestimmen. Die Position ist durch die parallel eingehenden Einzelsignale eindeutig festgelegt. Um die Auflösung noch zu erhöhen, wird zusätzlich ein Inkrementalsignal ausgewertet, das dazu benutzt wird, eine Interpolation zu ermöglichen. Zur Kodierung der Position können unterschiedliche Codes eingesetzt werden. Verwendet man zur Codierung der Positionswerte einen einfachen Binärcode wie in Bild 3.33 links

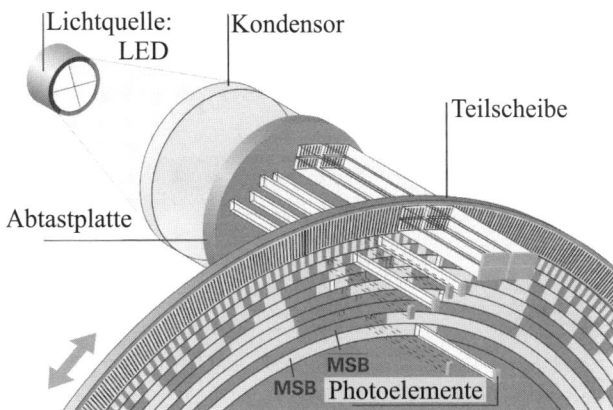

Bild 3.32
Absoluter Drehgeber
[Quelle: Heidenhain]

dargestellt, kann das Problem auftreten, dass gerade an den Grenzen, an denen simultan mehrere Hell- und Dunkelfeldwechsel stattfinden sollen, nicht wirklich exakt alle Photoelemente gleichzeitig den aktuellen Wert bereitstellen. Die Folge ist die kurzzeitige Ausgabe von fehlerhaften Werten. Dieses Problem kann dadurch beseitigt werden, dass man zur sogenannten **V-Abtastung** übergeht und die Signale bis auf das niederwertigste Bit doppelt, d. h. mit jeweils zwei Photoelementen auswertet. Diese beiden Photoelemente sind jeweils um eine halbe Bit-

Bild 3.33 Binäre Codierung und GRAY-Code nach [Ern98]

Länge nach links und rechts verschoben. Erfasst man in einem Feld eine „1", dann nutzt man für das nächsthöhere Bit das linke Photoelement und im anderen Fall das rechte Photoelement. Damit wird sichergestellt, dass stets nur direkt aufeinanderfolgende Positionen möglich sind, ohne fehlerhafte Zwischenwerte.

Dem besprochenen Problem kann man auch mit so genannten einschrittigen Codes begegnen. Eine besondere Bedeutung ist dem GRAY-Code beizumessen. Dieser zeichnet sich dadurch aus, dass bei einer Verschiebung codebedingt immer nur ein Signal einen Wechsel zwischen Hell und Dunkel vollzieht und nicht mehrere Signale gleichzeitig. Die GRAY-Codierung ist in Bild 3.33 rechts dargestellt. Schließlich zeigt Bild 3.34 einen Teilkreis mit GRAY-codierter Teilung.

Optische Messgeräte: Interferenzielle Verfahren

Am Beispiel eines Auflichtsystems soll das Grundprinzip der interferentiellen Messverfahren erläutert werden. Ein grundsätzlicher Aufbau eines solchen Messgerätes ist in Bild 3.35 dargestellt. Bei diesem Messverfahren wird die Beugung am Gitter ausgenutzt [Hei14].

Ausgehend von der Lichtquelle, einer LED (lichtemittierende Diode) wird das Licht in einem Kondensor geformt und durchstrahlt die Abtastplatte. Die Abtastplatte stellt ein feingeteiltes Gitter dar und ist als Phasengitter ausgeführt, d. h. das Gitter wird durch periodisch angeordnete Stufen gebildet. Dieses führt zu einer Veränderung der Phasenbeziehung zwischen den Wellen. Die Veränderung der Phasenbeziehung kommt dadurch zustande, dass das Licht unterschiedlich lange Wege innerhalb des Abtastplattenmaterials zurücklegt und die Lichtge-

Bild 3.34 Ein Beispiel für einen Teilkreis mit GRAY-Code [Quelle: Heidenhain]

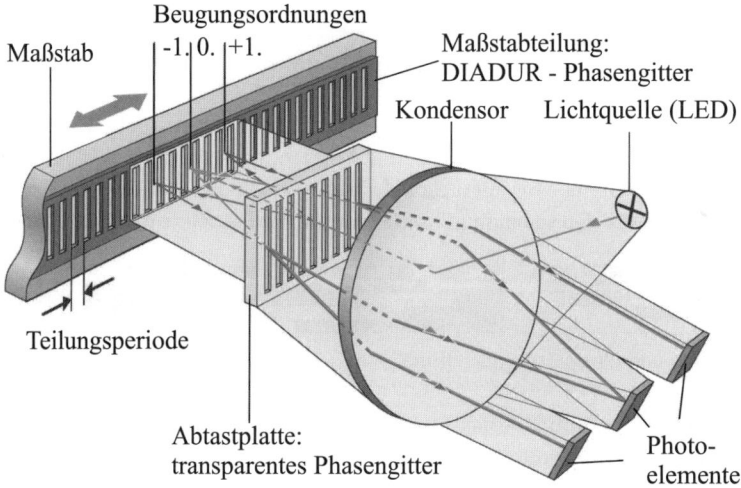

Bild 3.35 Prinzipieller Aufbau eines interferentiellen Meßgerätes im Auflichtbetrieb [Quelle: Heidenhain]

schwindigkeit mit zunehmendem Brechungsindex abnimmt [GKV92]. Daher findet an diesem Gitter der Abtastplatte die erste Lichtbeugung statt. In Bild 3.35 sind lediglich die 0., die +1. und –1. Beugungsordnung dargestellt, da nur diese im Weiteren von Bedeutung sind.

Das Phasengitter ist so gestaltet, dass die drei Beugungsordnungen die gleiche Intensität aufweisen. Die drei Beugungsordnungen treffen auf den Maßstab, dessen Oberflächentopographie ebenfalls stufenförmig ausgebildet ist und somit auch ein Phasengitter darstellt. Die Stufen des Maßstabs haben zur Folge, dass vor allem die 1. und –1. Beugungsordnung noch mit großer Intensität reflektiert werden. Die Beugungsordnungen treffen wieder auf das Phasengitter der Abtastplatte, werden erneut gebeugt und interferieren. Drei Photoelemente nehmen die drei gebeugten Strahlen auf und es entstehen drei um 120° phasenverschobene Signale, aus denen die entsprechenden zwei phasenverschobenen Sinussignale erzeugt werden können. Bild 3.36 zeigt ein Bild des Maßstabs mit der gestuften Oberfläche.

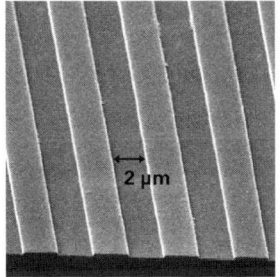

Bild 3.36
Phasengitter-Teilung mit ca. 0,25 μm
Gitterhöhe [Quelle: Heidenhain]

Interferometer

Interferometer zur Längenmessung kommen ohne den Einsatz von Maßstäben aus. Die Messung beruht auf der Auswertung der Phasenverschiebung zweier Laserstrahlen, eines Messstrahls und eines Referenzstrahls. Ein Laserstrahl wird zunächst in zwei Strahlenteile aufgeteilt. Ein Teilstahl, der Referenzstrahl, legt einen festen Weg bekannter Länge zurück, wird reflektiert und nimmt den umgekehrten Weg zurück. Der zweite Anteil des zuvor aufgeteilten Laserstrahls wird in Richtung des zu vermessenden Weges abgestrahlt. Am Ende der Messstrecke wird auch dieser Strahl reflektiert und nimmt ebenfalls den bereits von ihm zurückgelegten Weg nur in umgekehrter Richtung. Beide Strahlen werden dann wieder kombiniert. Wird der Spiegel, der am Ende der Messrichtung positioniert ist, verschoben, ändert sich die Phasenlage zwischen den Strahlen. Bei gleicher Länge von Referenz- und Messstrecke ergibt sich die selbe Phasenlage und die Strahlen überlagern sich konstruktiv. Bei Verschiebung des Spiegels um 1/4 λ (hierbei steht λ für die Wellenlänge) resultiert daraus aufgrund des doppelten Weges (Hin- und Rückweg) eine Phasenverschiebung um 1/2 λ und die Strahlen interferieren destruktiv. Als Strahlquelle wird ein Laser mit definierter Wellenlänge und großer Kohärenz verwendet. Bild 3.37 zeigt ein Homodyne Laser Interferometer. Die halbdurchlässigen Spiegel lassen einen Teil des Lichts passieren und reflektieren den anderen Teil, was die Aufteilung des Strahls in zwei Teilstrahlen bewirkt. Das Tripel Prisma als verschieblicher Reflektor reflektiert den Strahl. Vorteilhaft ist die durch die Reflexion der Strahlen verdoppelte Länge, da sich damit auch der Verschiebungsweg des Prismas doppelt auswirkt, wodurch kleine Veränderungen eine doppelte Verschiebung zeigen. Durch Auswertung einer komplexeren Anordnung von Photoelementen kann ohne Interpolation schon eine Auflösung von 1/8 der Wellenlänge also $\lambda/8$ erreicht werden. Beeinflusst wird die Messung durch die Umgebungsbedingungen wie Temperatur, Druck, Wassergehalt und chemische Zusammensetzung des Gases [Ern98], [GKV92].

Bild 3.37
Laserinterferometer in
Anlehnung
an [Ern98], [GKV92]

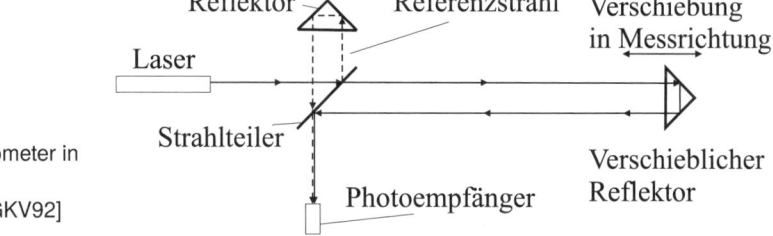

3.3.3 Längen- und Winkelmessung durch Nutzung magnetischer Prinzipien

Magnetische Längenmessgeräte mit hartmagnetischer Teilung

Wie auch bei den optischen Systemen werden für Messsysteme, die auf der Nutzung magnetischer Effekte beruhen, unterschiedliche Grundprinzipien realisiert. Bei einer Vielzahl von Systemen werden Maßverkörperungen eingesetzt, bei denen die Teilung durch gezieltes Magnetisieren von hartmagnetischen Schichten erzeugt wird. Es lassen sich sowohl inkrementelle als auch absolute Messsysteme realisieren.

Bei inkrementellen Teilungsträgern wird eine regelmäßige Folge von in der Ausrichtung wechselnden magnetisierten Bereichen geschrieben. Absolute Teilungen werden durch mehrere Spuren erzeugt, deren Magnetisierungen in der Kombination der Positionscodierung entsprechen. Um eine magnetische Teilung zu speichern, wird das hartmagnetische Material als Schicht oder Volumenmaterial eingesetzt. Je größer die Koerzitivfeldstärke des Materials, desto höher sind die Felder, die zur Magnetisierung benötigt werden. Dieses erhöht die Anforderungen beim zumeist werksseitigen Beschreiben des hartmagnetischen Materials mit der Teilungsstruktur. Auf der anderen Seite ist die Gefahr der Entmagnetisierung im Einsatz aufgrund von Magnetfeldern in der Umgebung des Messsystems reduziert. Um die Position des Abtastkopfes zu bestimmen, wird im Betrieb das Streufeld der hartmagnetischen Teilung mithilfe von Sensoren ausgelesen. Prinzipiell entspricht das Verfahren im Grundsatz dem, auf dem die klassischen Festplatten zur Datenspeicherung beruhen oder welches bei der Speicherung von Daten auf Magnetbändern verwendet wird. Daten werden in einem Schreibvorgang gespeichert und zu einem späteren Zeitpunkt ausgelesen.

Heute werden auch im Bereich der Festplatten Positionsinformationen für die Positionierung des Schreib-Lese-Kopfes auf die Platte geschrieben. Der Hersteller schreibt einen sog. Servo-Track, der zur Orientierung ausgelesen wird [NH10], was der Schaffung einer Positionsinformation entspricht. Verschiedene Verfahren werden zum Auslesen des Streufeldes angewendet. Das induktive Auslesen mit einer Spule wurde bei Einführung der Festplatten eingesetzt, ist jedoch in den meisten Fällen zur Realisierung von Messsystemen ungeeignet, da im Stillstand keine Spannung in der Messspule induziert wird und sich die Amplitude des Signals beim Verfahren des Abtastkopfes geschwindigkeitsabhängig ändert. In der Regel werden daher magnetoresistive Verfahren eingesetzt, die als AMR- (**A**nisotropic **M**agneto **R**esistance, anisotroper magnetoresistiver Effekt) oder GMR-Sensoren (**G**iant **M**agneto **R**esistance, Riesenmagnetowiderstand) ausgeführt, den Wechsel der Magnetisierung detektieren.

Bild 3.38 zeigt das längsmagnetisierte, hartmagnetische Material. Die Streufelder werden von den vier magnetoresistiven Sensoren erfasst.

 Bei den magnetoresistiven Verfahren führt das zu messende Streufeld zu einer Änderung des Widerstandes in Abhängigkeit von der Stärke des magnetischen Feldes. Magnetische Messverfahren, die als Teilungsträger hartmagnetische Schichten einsetzen, zeigen eine sehr hohe Robustheit gegenüber Verschmutzungen. Starke Magnetfelder können den Maßstab jedoch ummagnetisieren oder zumindest den Auslesevorgang verfälschen.

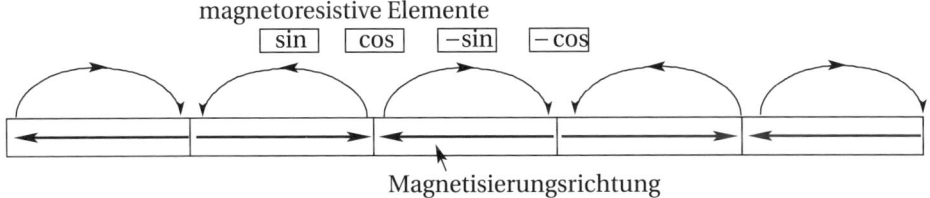

Bild 3.38 Magnetisches Messprinzip: Abtastung durch magnetoresistive Sensoren

Einführung in die induktiven Verfahren

Induktive Verfahren nutzen die Beeinflussung der magnetischen Induktivität L in einer Spule durch Bewegung eines ferromagnetischen Körpers in deren Magnetfeld zur Messung aus.

Bei einem **Drosselsystem** (Bild 3.39) ändert sich die Selbstinduktivität L durch Variation des Luftspalts x bzw. durch Bewegung ξ eines weichmagnetischen Kerns in der Spule (so genannte Tauchkernsysteme).

Für einen Kern mit Luftspalt gilt (vgl. [Trä96])

$$L(x) = L_0 \frac{1}{1 + \mu_r \dfrac{x}{x_\mathrm{m}}} \tag{3.21}$$

mit

Bezeichner	Bedeutung
L_0	Induktivität bei $x = 0$ (ohne Spalt),
μ_r	relative magnetische Permeabilität,
x_m	Größe des Luftspalts, bei der L in der Mitte der möglichen Werte liegt.

Für x_m gilt also

$$L(x_\mathrm{m}) = \frac{1}{2}(L_0 + L_\infty) = \frac{1}{2}L_0; \quad L_\infty = L(x \to \infty) = 0. \tag{3.22}$$

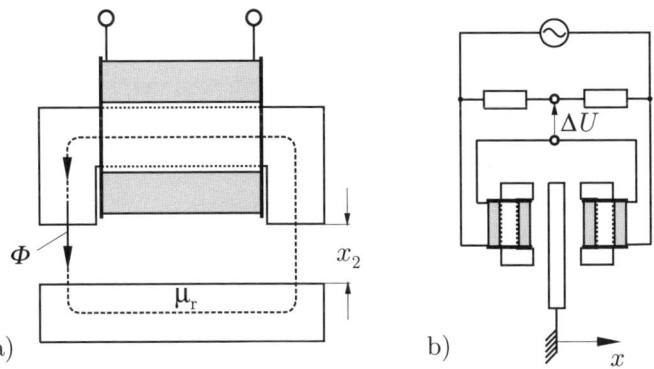

a)   b)

Bild 3.39 a) Einfache Drossel, b) Differenzdrossel (nach [Trä96])

Aus Gl. (3.21) ist ersichtlich, dass $L(x)$ einen nichtlinearen Verlauf hat. Zur Linearisierung werden deshalb im allgemeinen Differenzsysteme eingesetzt, d. h. der Messkörper beeinflusst zwei Spulensysteme gegensinnig. Die Differenz der Ausgangssignale ist in der Nähe eines Nullpunkts in guter Näherung linear.

Bild 3.40 zeigt den Effekt der Linearisierung an einem Beispiel. Für $\mu_r = 1$ und $L_0 = 1\,\frac{\text{Vs}}{\text{A}}$ sowie durch Einsetzen von $+x_{\text{m}}$ bzw. $-x_{\text{m}}$ in Gl. (3.21) ergeben sich für beide Spulensysteme folgende Kennlinien,

$$f(x) = \frac{1}{1 + \frac{x}{x_{\text{m}}}}, \qquad g(x) = \frac{1}{1 - \frac{x}{x_{\text{m}}}},$$

$$h(x) = g(x) - f(x) = 2\frac{x}{x_{\text{m}}}\left(\frac{1}{1 - \frac{x^2}{x_{\text{m}}^2}}\right) \approx 2\frac{x}{x_{\text{m}}}. \tag{3.23}$$

Der Verlauf dieser Kennlinien sowie der Differenz $h(x) = g(x) - f(x)$ ist in Bild 3.40 dargestellt. Neben einer Linearisierung wird auf diese Weise auch eine näherungsweise Temperaturkompensation erreicht.

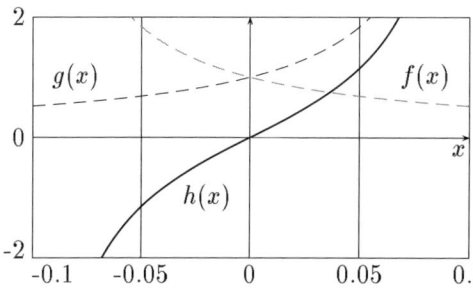

Bild 3.40
Linearisierung durch Differenzbildung
$(x_m = 0,11)$

Transformatorsysteme nutzen die Änderung der Gegeninduktivität zwischen zwei Spulen. Ihr Kennzeichen ist das Vorhandensein einer separaten Erregerspule. Der konstruktive Aufbau entspricht ansonsten den Drosselsystemen.

Auch bei Transformatorsystemen werden vorwiegend Differenzschaltungen verwendet.

LVDT – Lineare Variable Differenzial Transformatoren

Große praktische Verbreitung haben Differenzialtransformator-Tauchkernsysteme (engl. Linear Variable Differenzial Transformer – LVDT) gefunden. Bild 3.41 zeigt den prinzipiellen Aufbau eines LVDT, im oberen Teil als Wegsensor, im unteren Teil als Messtaster mit Rückstellfeder. Typische Eigenschaften von LVDT zeigt Tabelle 3.4.

Tabelle 3.4 Eigenschaften von Linearen Variablen Differenzial Transformatoren

Eigenschaft	Wertebereich
Messbereich:	$0,1\ldots100\,\text{mm}$
Linearität:	$0,15\ldots0,5\,\%$
Temperaturdrift:	$0,003\ldots0,01\,\%/\text{K}$

In Kombination mit Federn oder pneumatischen Rückstellelementen existiert eine Vielzahl verschiedener Bauarten von Wegsensoren und Messtastern.

LVDT-Wegsensor:

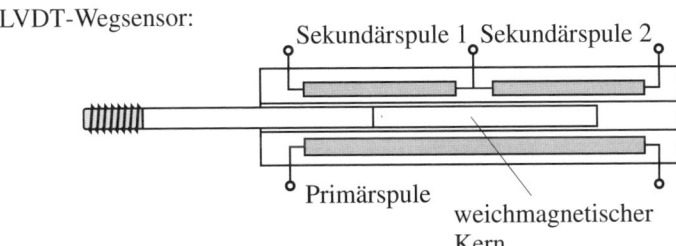

LVDT-Messtaster:

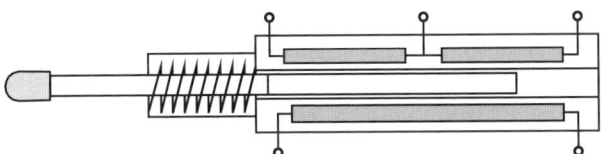

Bild 3.41 Aufbau eines LVDT-Sensors
(Linear Variable Differenzial Transformer, Quelle: Micro-epsilon)

Zur Signalauswertung werden zumeist LC-Schwingkreise verwendet, wobei die Sensorelemente den (variablen) induktiven Anteil darstellen. Nach der THOMPSONschen Schwingungsformel gilt

$$f = \frac{1}{2\pi}\sqrt{\frac{1}{LC}}, \tag{3.24}$$

so dass die zu messende Weggröße zunächst in die Zwischengröße Frequenz abgebildet wird. Die Frequenzmessung kann durch Frequenz/Spannungswandlung oder einfach durch Zählen erfolgen. Dies erübrigt eine nachfolgende Analog/Digital-Wandlung.

Transformator mit beweglichem Reluktanzkern

Ein abgewandelter transformatorischer Aufbau besteht darin, dass die Erreger- und Empfängerspule in der Abtasteinheit kombiniert und nicht auf Maßstab und Abtastkopf verteilt werden. Der Maßstab besteht aus einem ferromagnetischen Material, das durch Ätzung oder Prägung strukturiert ist und als Folge der Strukturierung mit dem Wechsel der Permeabilität die Kopplung zwischen den Spulen verändert. Durch einen Wechselstrom in der Erregerspule wird ein alternierendes H-Feld generiert. Das H-Feld der Spule ist über die Permeabilität mit dem B-Feld verknüpft, bzw. über die Fläche mit dem Fluss Φ. Die Flussänderung führt zur Induktion einer Spannung u_i in der Sekundärspule.

$$u_i = -\frac{d\Phi}{dt} \quad \text{mit} \quad \Phi = \int B\,dA \ ; \ B = \mu H \ ; \ H = \frac{ni}{s}. \tag{3.25}$$

Hierbei stehen Φ für den magnetischen Fluss, B für die magnetische Flussdichte, H für die magnetische Erregung, μ für die Permeabilität, n für die Windungszahl, A für die durchströmte Spulenfläche, i für den Spulenstrom und s für die Länge einer Feldlinie.
Wie Bild 3.42 zu entnehmen, werden insgesamt vier Spulenpaare so angeordnet, dass wiederum vier um jeweils 90° phasenverschobene Signale entstehen.

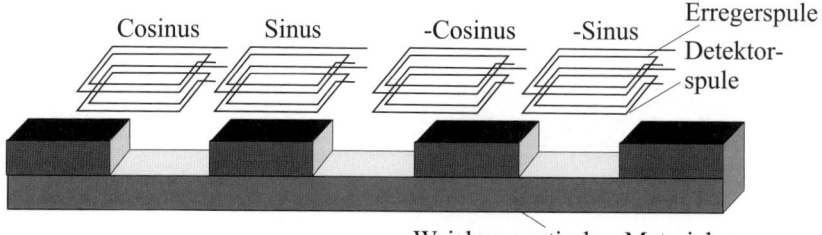

Bild 3.42 Magnetisches Messprinzip: Eine Erregerspule wird mit einer Detektorspule über einen ferromagnetischen Maßstab gekoppelt.

Das Inductosyn®-Prinzip

Zu den induktiven Verfahren zählt das als Inductosyn® bezeichnete Prinzip. Bei diesem Aufbau wird der Maßstab durch eine in Mäandern geführte Leiterschleife gebildet [Ern98]. Über diesen Maßstab wird ein Abtastkopf geführt, der zwei weitere Mäanderschleifen enthält. Diese beiden Schleifen sind zueinander räumlich versetzt positioniert, so dass ein Versatz dieser Spulen um eine 1/4 Polteilung zueinander entsteht. Wird die Maßstabsspule mit einem Wechselstrom gespeist, induziert das entstehende Magnetfeld zwei Wechselspannungen in den zwei Auswertespulen, die aufgrund der Anordnung um 90° zueinander phasenverschoben sind. Somit erhält man ein Sinus-Cosinus Signal, mit dem sowohl die Richtung als auch die Positionsveränderung detektiert werden können. Bild 3.43 stellt die drei Mäanderspulen dar. Im realen Aufbau sind die zwei Empfängerspulen über der Sendeeinheit angeordnet.

Bild 3.43
Inductosyn®:
Eine Erregerspule
erzeugt ein
magnetisches
Wechselfeld. Die
Signale der
Empfängerspulen sind
um 90°
phasenverschoben.
[Quelle: Heidenhain]

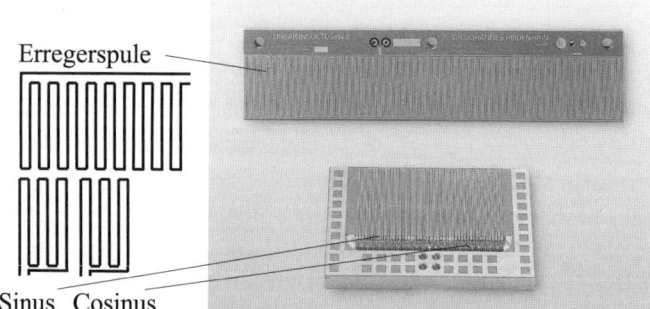

Resolver

Der Resolver – als Drehgeber – besteht aus einer Anordnung von drei Spulen. Eine der drei Spulen ist auf dem Rotor montiert und damit fest mit dessen Drehbewegung gekoppelt, die beiden anderen Spulen sind im Stator verbaut. Die Rotor- und Statorspulen bilden somit zwei Transformatoreinheiten.
Wird die Rotorspule von einem Wechselstrom $i(t) = I\sin(\omega t)$ gespeist, erzeugt sie ein alternierendes Magnetfeld. Dieses rotierende Magnetfeld induziert als Folge in den Statorspulen eine Wechselspannung $u_i(t) = u_i(\omega, \theta)$, die sowohl von der Erregerfrequenz ω als auch von der Bewegung θ und somit von der Kopplung zwischen der Rotor- und der jeweiligen Statorspule abhängt.

Bild 3.44 zeigt die Anordnung der Spulen. Der Wechselstrom wird in einen Transformator ein-gekoppelt, der eine induktive Kopplung auf den rotierenden Rotor ohne Schleifkontakte er-laubt. Der wechselnde Fluss induziert eine Spannung, die den Strom $i(t)$ durch die rotierende Erregerspule treibt.

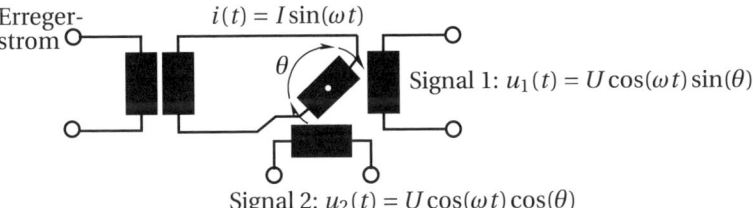

Bild. **Bild 3.44** Spulenanordnung des Resolvers: Der Rotorstrom wird über einen Übertrager eingekoppelt

Beide Statorspulen sind am Umfang des Rotors um 90° verschoben angeordnet, so dass als Konsequenz auch die induzierten Spannungen um 90° phasenverschoben sind. Nimmt man für den Erregerstrom eine sinusförmige Schwingung des Stromes mit der Kreisfrequenz ω an, so ergibt sich für die induzierte Spannung eine sinusförmige Schwingung mit gleicher Fre-quenz, die aber um 90° phasenverschoben ist und zusätzlich mit dem Sinus des Winkels θ zwischen der Achse der 1. Statorspule und der Achse der Rotorspule multipliziert wird. In der zweiten Spule wird auch eine um 90° phasenverschobene Schwingung gleicher Frequenz er-zeugt, die jedoch mit dem Cosinus des schon erwähnten Winkels θ multipliziert wird (vgl. Bild 3.44 und Bild 3.45). Der Trägerfrequenzanteil in beiden Signalen kann eliminiert werden und wiederum lässt sich über die arctan-Funktion der Winkel und damit die Position ermit-teln.

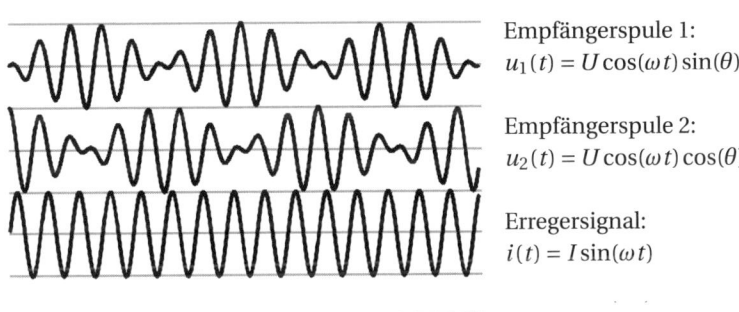

Empfängerspule 1:
$u_1(t) = U\cos(\omega t)\sin(\theta)$

Empfängerspule 2:
$u_2(t) = U\cos(\omega t)\cos(\theta)$

Erregersignal:
$i(t) = I\sin(\omega t)$

Bild 3.45 Trägersignal und die um 90° verschobenen Empfangssignale

PLCD – Permanentmagnetic Linear Contactless Displacement

Der prinzipielle Grundaufbau dieses robusten und in der automobilen Technik eingesetzten Sensors weist drei Spulen auf, eine Primärspule zur Erzeugung eines magnetischen Wechsel-feldes und zwei Sensorspulen. Ein weichmagnetischer Kern koppelt die Spulen miteinander. Außerdem bildet eine an der Spule außen angesetzte weichmagnetische Komponente einen magnetischen Rückschluss. Da beide Sensorspulen gleichermaßen vom magnetischen Fluss durchsetzt werden, wird in beiden eine betragsmäßig gleiche Spannung induziert. Subtrahiert man diese voneinander, heben sich die beiden Spannungen auf.

Wird nun ein Permanentmagnet entlang der Spulenanordnung geführt (vgl. Bild 3.46), überlagert sich das magnetische Feld des Permanentmagneten mit dem der Primärspule und sättigt lokal den Kern. Das führt dazu, dass sich die Flussverteilung ändert, es entstehen die beiden Flüsse Φ_1 und Φ_2, die von der Position x des Permanentmagneten abhängen. In den Detektorspulen werden die Spannungen u_1 und u_2 induziert. Auch bei der Differenzbildung ergibt sich damit ein von null abweichendes Signal, was zur Ermittlung der Position genutzt werden kann. Die mögliche Messlänge ist aufgrund der Feldverteilung und der Detektionsmöglichkeit begrenzt auf ca. 180mm, wobei der Abstand des beweglichen Magneten zur Spulenanordnung bis zu 20mm betragen kann [Hof12]. Das Messverfahren ist sehr robust, da im Wesentlichen nur Felder, die auch zur Sättigung des Magnetkerns führen, eine Auswirkung auf die Positionsbestimmung haben. Zur Erhöhung der Systemrobustheit kann eine zweite Erregerspule über die erste gewickelt werden, um eine Redundanz des Systems zu erreichen.

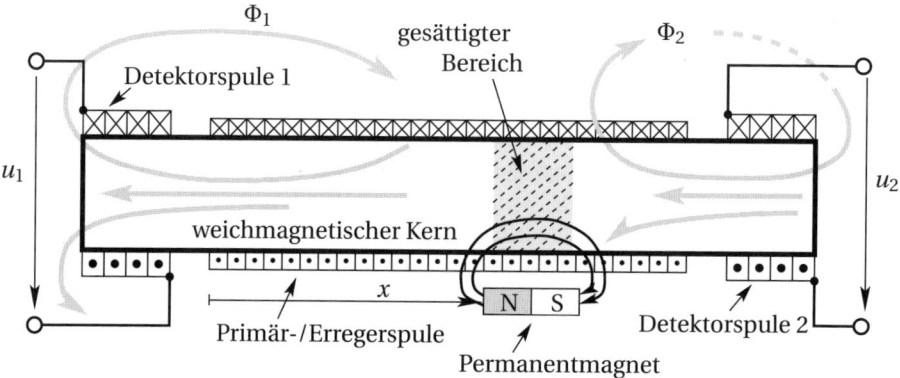

Bild 3.46 PLCD: Anordnung von Spulen, Kern und Permanentmagnet

Winkel- und Längenmessung unter Verwendung von HALL-Sensoren

Das Grundprinzip dieser Messung beruht darauf, dass das Magnetfeld eines Permanentmagneten oder einer Spule von einem HALL-Element erfasst wird. Das Magnetfeld wird entweder durch ein weichmagnetisches Material winkel- oder längenabhängig beeinflusst oder durch Verschiebung des Magneten bzw. der Spule gegenüber den HALL-Elementen in der Lage verändert. Bild 3.47 zeigt Anordnungen zur a) Winkelmessung und zur b) Maßstabsverschiebung. In der Anordnung a) rotiert der Hartmagnet über einer Anzahl von HALL-Elementen, die eine gut aufgelöste Bestimmung der Winkelposition zulassen. Es werden zum Beispiel Sensoren mit einer Auflösung von 14 Bit, mit einer Genauigkeit von 0,05° und einem Temperatureinsatzbereich von -40°C bis 150°C angeboten [Ams14]. Vorteilhaft ist, dass die Prozesse zur Sensorfertigung in die Chipfertigungsprozesse der Elektronik integrierbar sind und daher die Sensoren zusammen mit der Auswerteelektronik und der Schnittstelle auf einem Chip realisiert werden können.

Die Vermessung der Verschiebung eines weichmagnetischen Maßstabs beruht darauf, dass der am Permanentmagneten vorbeigeführte Maßstab eine Verzerrung des Magnetfeldes bewirkt, die durch HALL-Elemente, auch häufig als Differential-HALL-Element ausgeführt, erkannt werden kann [Rei10b]. Bild 3.47 c) stellt den Grundaufbau des HALL-Elements dar. Im

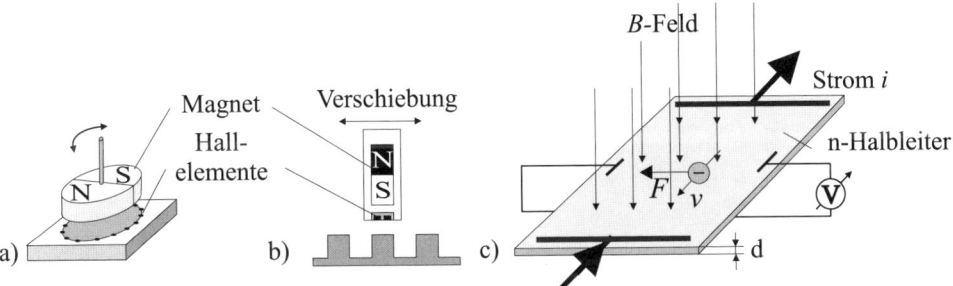

Bild 3.47 a) Winkelsensor b) Sensor zur Messung der Verschiebung eines Maßstabs c) HALL-Element [Rei10b, GKV92]

n-Halbleiter bewegen sich die Elektronen entgegen der konventionellen Stromrichtung. Das senkrecht zur Bewegungsrichtung einwirkende B-Feld bewirkt eine Kraftwirkung auf die Elektronen, die LORENTZ-Kraft. Aufgrund der Ablenkung kommt es an der einen der Längsseiten zu einer höheren Ladungsdichte und an der anderen zu einer Verarmung. Zwischen beiden Kontakten ist eine Spannung messbar, die HALL-Spannung.

Die HALL-Spannung u_H ergibt sich aus dem Produkt der HALL-Konstante R_H, dem Strom i und der Flussdichte B dividiert durch die Dicke der Sensorschicht d zu ([Rei10b, GKV92])

$$u_H = -R_H i \frac{B}{d}.$$ (3.26)

Die beschriebenen Sensorkonzepte finden vielfach Anwendung im Automobilbereich [Rei10b, Rei10a], z. B. zur Bestimmung des Lenkwinkels, als Drehzahlsensoren im Anti-Blockier-System (ABS), zur Messung der Stellung von Fahrpedalen, als Umdrehungszähler zur Ermittlung der Umdrehungen bei Drehgebern usw.

Abstandsmessung durch Wirbelstromverfahren

Als letztes der magnetischen Verfahren soll das Wirbelstromverfahren zur Abstandsmessung dargestellt werden. Der Wechselstrom in einer Erregerspule erzeugt ein Magnetfeld. Eine Messspule oder ein magnetoresistiver Sensor misst die Flussänderung oder die magnetische Feldstärke. Nähert sich der Messkopf einer leitenden Oberfläche, werden auch in dieser elektrische Spannungen induziert, die einen Kreisstrom, den **Wirbelstrom** generieren. Auch die Wirbelströme bilden ein magnetisches Feld aus, das dem Erregerfeld entgegen gerichtet ist und dieses abschwächt. Die Änderung wiederum kann in den Sensoren detektiert werden. Wirbelstromsensoren können für die Längenmessung oder auch als Abstandssensor eingesetzt werden. Darüber hinaus wirken sich auch die Oberflächentopographie oder die Materialeigenschaften auf die Wirbelstrombildung der leitenden Oberfläche aus und können ausgewertet werden. Bild 3.48 zeigt einen Wirbelstromsensor. Durch die einwindige Spule in Form eines „Omegas" fließt ein Wechselstrom und erzeugt ein Magnetfeld. Die in der leitfähigen Probe generierten Wirbelströme erzeugen ein der Erregung entgegen gerichtetes magnetisches Feld. Die sich überlagernden Felder werden von einem magnetoresistiven Sensorelement (AMR) erfasst und die Veränderung kann zur Bestimmung der Oberflächentopographie herangezogen werden [GWR11].

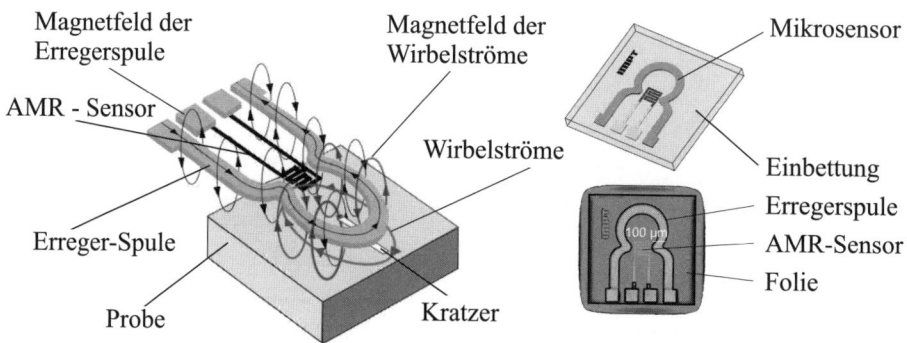

Bild 3.48 Wirbelstromsensor: Darstellung einer miniaturisierten Ausführung und des Funktionsprinzips, Anwendung hier: Vermessung der Oberflächentopographie der Probe [Quelle: IMPT]

Kapazitive Abstandsmessung

Kapazitive Wegsensoren sind in Aufbau, Auswertung und Anwendungsbereich den induktiven Sensoren sehr ähnlich. Als Messeffekt wird die Änderung der Kapazität eines Plattenkondensators genutzt,

$$C = \frac{\varepsilon_r \varepsilon_0 A}{s} \quad \text{mit}$$
(3.27)

Bezeichner	Bedeutung
ε_r	relative Permittivitäts- oder Dielektrizitätszahl,
ε_0	elektrische Feldkonstante,
A	wirksame Plattenfläche,
s	Plattenabstand.

Zur Messung können Änderungen der Plattenfläche, des Abstands und der Permittivität herangezogen werden, was eine Vielzahl von Ausführungen für kapazitive Sensoren erlaubt. Bevorzugt werden auch hier Differenzanordnungen verwendet. Kapazitive Sensoren sind praktisch unempfindlich gegenüber Temperaturschwankungen und auch bei hohen Temperaturen einsetzbar. Bild 3.49 zeigt einige mögliche Konfigurationen für kapazitive Sensoren.

Die Auswertung des Sensorsignals erfolgt ähnlich wie bei induktiven Sensoren, hier allerdings mit konstanter Induktivität und variabler Kapazität. Daneben werden auch Brückenschaltungen realisiert, wie in 3.5.1 dargestellt.

Typische Eigenschaften von kapazitiven Wegsensoren zeigt Tabelle 3.5.

Tabelle 3.5 Typische Eigenschaften kapazitiver Wegsensoren

Eigenschaft	Wertebereich
Messbereich:	0,1...10 mm
Auflösung:	0,1...10 nm
Linearität:	0,01 %

Die Nutzung der Permittivitätsänderung ist vorteilhaft, wenn z. B. die Füllhöhe einer Flüssigkeit in einem Behälter bestimmt werden soll. Hier kann häufig der Unterschied in der Per-

	Bewegung relativ	Einzelplatte		Mehrfachplatte Einzelkapazität
		Einzelkapazität	Differenzialsystem	
Änderung der Fläche A	LINEAR			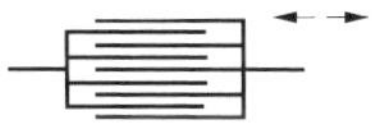
	DREHEND	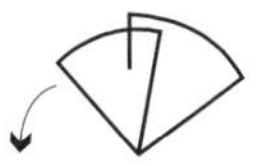		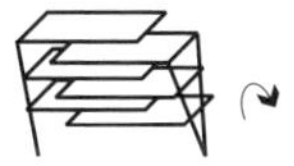
Änderung des Abstandes s	LINEAR	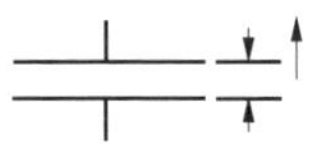	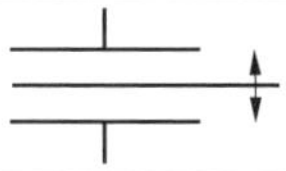	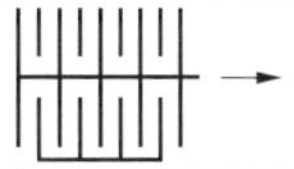
	DREHEND	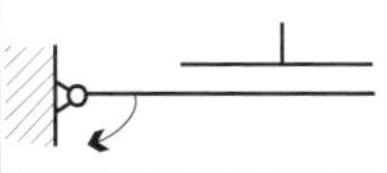	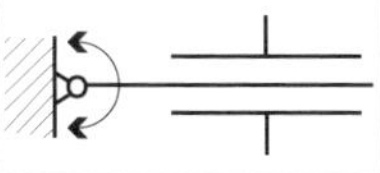	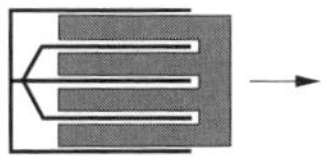
Änderung der Permittivität	LINEAR	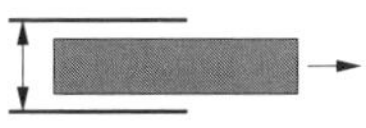	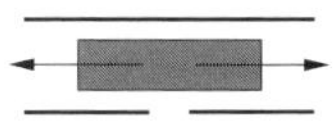	

Bild 3.49 Konfigurationsmöglichkeiten von kapazitiven Sensoren (nach [Juc90])

mittivität zwischen Flüssigkeit und Luft ausgewertet werden. Auch für hochgenaue Abstandsmessungen sind kapazitive Sensoren einsetzbar. Wird die Abstandsänderung als Änderung des Plattenabstandes ausgewertet, ist zu beachten, dass der Plattenabstand mit dem Faktor $1/s$ in die Bestimmung der Kapazität eingeht und damit eine nichtlineare Abhängigkeit vorliegt. Dadurch erhöht sich die Kapazität gerade mit sich verringernden Abständen deutlich. Auch die Ausnutzung der Flächenveränderung ist möglich, wenn beispielsweise zwei Kondensatorplatten gegeneinander verschoben werden. Hervorzuheben ist die Möglichkeit, durch geschickte Gestaltung der Plattengeometrie nahezu beliebige Kennlinien erzeugen zu können. Die Darstellung in Bild 3.49 zeigt grundsätzliche Kondensatoraufbauten als Differentialkapazität oder als Mehrfachplatte, bei der die Platten fingerförmig ineinandergreifen.

3.3.4   Optische Triangulation

Unter **Triangulationssystemen** versteht man Aufbauten, die durch Nutzung von trigonometrischen Zusammenhängen eine Messung von Abständen erlauben. Die Triangulationsverfahren werden schon seit Jahrhunderten zur Vermessung eingesetzt. Heute unterteilt man gemäß [Wio01] die im technischen Bereich eingesetzten Verfahren in zwei Gruppen, die passiven und die aktiven Systeme.

Passive Systeme arbeiten mit einer oder mehreren Kameras, deren aufgenommene Bilder ausgewertet werden, um Abstände zu ermitteln.

Die **aktiven Systeme** beruhen darauf, strukturiertes Licht auf die Oberfläche des zu vermessenden Objektes zu projizieren. Dabei werden unterschiedliche Dimensionen der Lichtstruktur unterschieden:

Im eindimensionalen Fall wird die Oberfläche punktförmig bestrahlt und der Abstand aus den geometrischen Verhältnissen zwischen Lichtquelle und Empfänger berechnet. Die zweidimensionale Beleuchtung projiziert eine Linie auf die Oberfläche und im dreidimensionalen Fall sind es z. B. komplex strukturierte Muster, mit denen die Oberfläche bestrahlt wird.

Im Folgenden soll nur der einfache, eindimensionale Fall näher erläutert werden, vgl. Bild 3.50. Eine Laserquelle strahlt fokussiertes Licht senkrecht auf eine Oberfläche. Das diffus gestreute Licht wird von einem unter dem Winkel β angeordneten Empfänger erfasst. Nähert sich die Oberfläche dem Sensor, wird unter einem anderen Winkel zurückgestreutes Licht vom Sensor aufgenommen. Der Empfänger besteht aus einem Linsensystem zur Fokussierung und einem positionsempfindlichen Detektor. Die Wanderung des reflektierten Lichtpunktes über den Sensor wird zusammen mit der Kenntnis über den Winkel β und die geometrische Anordnung der Komponenten für die Bestimmung des Abstandes genutzt. Es ist leicht verständlich, dass die reflektiven, aber auch die streuenden Eigenschaften der Oberfläche für die Auswertung von großer Bedeutung sind, siehe [OYB09] exemplarisch für einen HOKUYO®-Scanner. Sehr stark spiegelnde, wenig streuende Oberflächen oder aus dem Volumen streuende Probekörper (Leiterplatten) stellen große Herausforderungen dar.

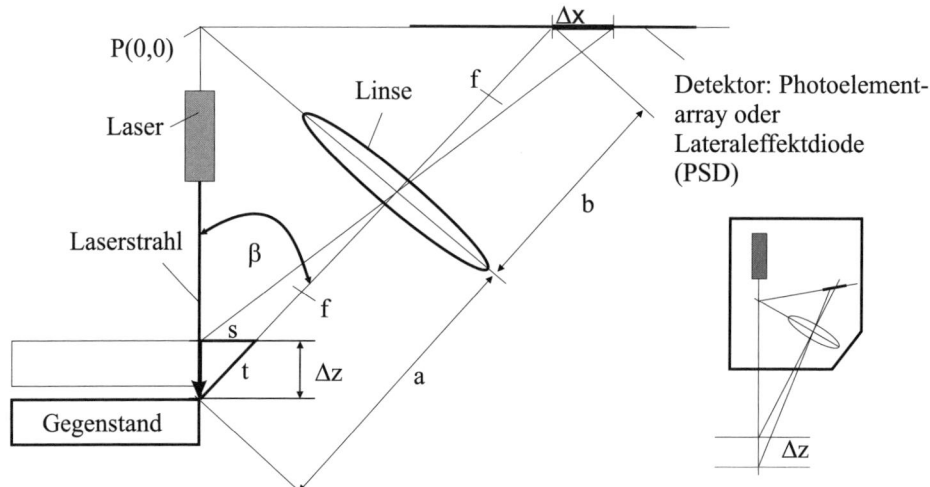

Bild 3.50 Geometrische Zusammenhänge der eindimensionalen Lasertriangulation [Sta05]

Im dargestellten Beispiel in Bild 3.50 ist der Empfänger unter einem Winkel β zum einfallenden Laserstrahl angeordnet.

Es bedeuten:

Bezeichner	Bedeutung
f	Brennweite der Linse,
β	Winkel zwischen Laserstrahl und Bildstrahl,
a	Ausgangsentfernung des Gegenstandes zum Linsenmittelpunkt (Gegenstandsweite),
b	Ausgangsentfernung des Bildes zum Mittelpunkt der Linse (Bildweite),
Δz	zu messende Verschiebung des Gegenstandes,
Δx	Verschiebung des Bildes auf dem Detektor,
s	Hilfsgröße (parallel zu Δx) und
t	Hilfsgröße (Hypotenuse im Dreieck).

Im Folgenden wird der Zusammenhang zwischen der Verschiebung des Sensors und der Veränderung des Bildes auf dem Sensor dargestellt.

 Eine notwendige Voraussetzung für eine optimale Abbildung auf dem Sensor ist, dass sich die drei folgenden Geraden in einem Punkt P(0,0) schneiden, nämlich der Laserstrahl, die Detektor-Achse und die Verlängerung der Linsenachse. Dieser Zusammenhang wird auch als SCHEIMPFLUG-Bedingung bezeichnet, vgl. auch [Sta05], [DN15], [iee14] und [Pop05].

Betrachtet man das Dreieck mit den Seiten s, t und Δz so gilt

$$t = \frac{\Delta z}{\cos(\beta)}, \tag{3.28}$$

$$s = \sin(\beta)\, t = \frac{\sin(\beta)\,\Delta z}{\cos(\beta)}. \tag{3.29}$$

Unter Verwendung des Strahlensatzes und Gln. (3.28) sowie (3.29) resultieren folgende Zusammenhänge

$$\frac{\Delta x}{s} = \frac{b}{a - t}, \tag{3.30}$$

$$\Delta x = \frac{b \sin(\beta)\Delta z}{a\cos(\beta) - \Delta z}, \tag{3.31}$$

$$\Delta z = \frac{\Delta x\, a\cos(\beta)}{b\sin(\beta) + \Delta x}. \tag{3.32}$$

Die Verschiebung Δz kann also unter der Voraussetzung, dass die Ausgangsgeometrie (a, b, β) bekannt ist, aus der Verlagerung des Lichtpunktes auf dem Detektor um Δx bestimmt werden. Bei diffuser Rückstreuung des Lichtes wird für gewöhnlich das Laserlicht senkrecht zur Oberfläche eingestrahlt, wohingegen bei spiegelnden Oberflächen eine Einstrahlung unter einem Winkel ungleich 90° gewählt wird, wie Bild 3.51 zeigt.

■ 3.4 Geschwindigkeits- und Winkelgeschwindigkeitssensoren

Um Geschwindigkeiten messtechnisch zu erfassen, haben sich verschiedenste Verfahren etabliert: Die Möglichkeiten reichen von der Ermittlung des Geschwindigkeitssignals durch zeitliche Ableitung aus einem aufgenommenen Wegsignal über die Anwendung von Sensorprinzipien, die direkt die Geschwindigkeit erfassen, bis hin zur zeitlichen Integration eines Beschleunigungssignals. Letzteres ist jedoch in der Regel stark driftbehaftet, sodass zusätzliche Kompensationsverfahren erforderlich sind.

In vielen Fällen erscheint es naheliegend, das Sensorsignal eines bereits bestehenden Wegmesssensors zu nutzen, um aus dessen zeitlicher Änderung das Geschwindigkeitssignal ohne zusätzliche Sensorik zu bestimmen. Stehen analoge, zeitkontinuierliche Positionssignale

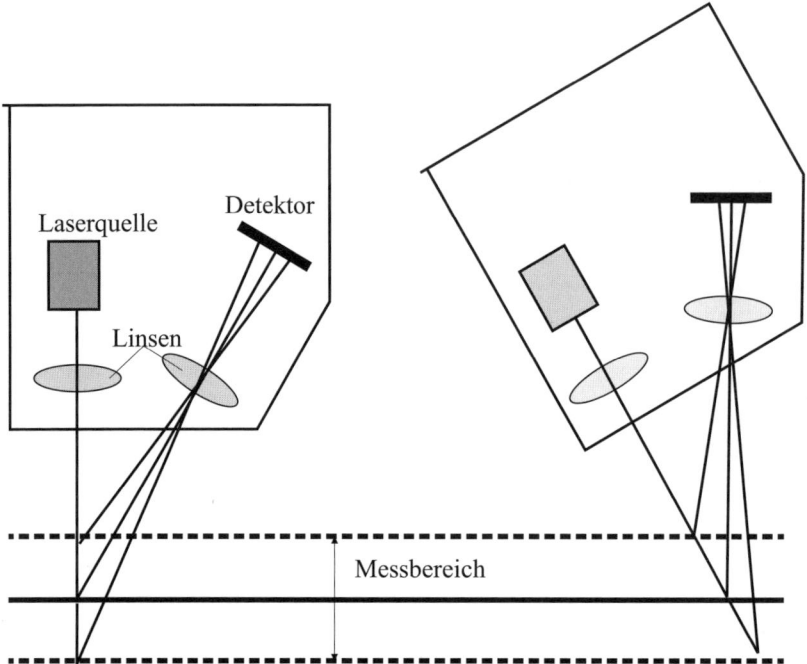

Bild 3.51 Links: Senkrechte Beleuchtung bei diffuser Rückstrahlung; Rechts: Bestrahlung unter einem Winkel bei reflektierenden Oberflächen nach [Alt13]

zur Verfügung, kann dieses durch elektronische Differentiation des Signals geschehen. Das genannte Vorgehen birgt jedoch die Gefahr, dass dem Signal überlagerte Rauschanteile oder Messfehler zu stark fehlerbehafteten Ausgangssignalen führen. Neben der Bestimmung durch Differentiation bei zeit- und wertkontinuierlichen Messwerten ist es bei zeit- und wertdiskreten Daten möglich, durch Bildung des Differenzenquotienten (siehe auch Abschnitt 7.2.1) eine Berechnung der Geschwindigkeit vorzunehmen.

Im Folgenden werden in Abschnitt 3.4.1 Tachogeneratoren zur Drehzahlmessung vorgestellt. Zur Messung der Drehrate sind heute mikrotechnisch hergestellte Sensoren im Einsatz, die darauf beruhen, die Coreoliskraft zu nutzen, vgl. Abschnitt 3.4.2. Die in Abschnitt 3.4.3 behandelten Laservibrometer kommen zur Anwendung, wenn bestimmt werden soll, mit welcher Frequenz mechanische Komponenten schwingen.

3.4.1 Tachogeneratoren

Eine direkte Erfassung des Geschwindigkeitssignals ist mittels eines Tachogenerators möglich. Es werden die Änderung des magnetischen Flusses Φ und die Induktionsspannung u_i einer Spule über eine Differentiation gemäß Induktionsgesetz miteinander verknüpft:

$$u_i = -n\frac{d\Phi}{dt} = -n\frac{d(B\,A)}{dt} = -nBl\frac{dx}{dt} = -nBlv. \tag{3.33}$$

In Gl. (3.33) stehen u_i für die induzierte Spannung, n für die Windungszahl der Sensorspule, B für die Flussdichte, A für die vom Fluss durchsetzte Fläche, l für eine Seite dieser Fläche und $\frac{dx}{dt} = v$ für die Geschwindigkeit. Im Tachogenerator rotiert ein an einer Welle fixierter Dauermagnet mit der Wellendrehzahl. Eine den rotierenden Magnet umschließende Spule erfasst den mit der Drehzahl alternierenden Fluss.

Den prinzipiellen Aufbau eines Wechselspannungs-Tachogenerators zeigt Bild 3.52. Je nach Tachogeneratortyp können Geschwindigkeiten von bis zu 10.000 Umdrehungen/Minute erfasst werden. Der Tachogenerator wird zur Drehzahlmessung und -regelung von Motoren eingesetzt. Die drehzahlabhängige Induktionsspannung bringt es mit sich, dass eine Erfassung langsamer Drehbewegungen erschwert ist.

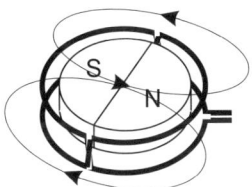

Bild 3.52
Prinzipieller Aufbau eines
Wechselspannungs-Tachogenerators

3.4.2 Drehratensensoren

Die Sensoren zur Messung von Winkelgeschwindigkeiten werden als **Drehratensensoren** bezeichnet. Es lassen sich Drehratensensoren unterscheiden, die auf der Nutzung des Prinzips der CORIOLIS-Kraft basieren und andere, die als optische oder mechanische Kreiselsysteme aufgebaut sind. Im Folgenden soll das mikrotechnisch umsetzbare Prinzip der die CORIOLIS-Kraft nutzenden Drehratensensoren behandelt werden.

Drehratensensoren unter Nutzung der CORIOLIS-Kraft

Werden die Arme einer Stimmgabel so in Schwingung versetzt, dass ihre Bewegung gegenläufig ist, dann wirkt die CORIOLIS-Kraft auf die beiden Arme, wenn man die Stimmgabel um ihre Achse dreht (siehe Bild 3.53a). Die CORIOLIS-Kraft ist gegeben als

$$F_c = 2m(\boldsymbol{\omega} \times \boldsymbol{v}),\qquad(3.34)$$

wobei $\boldsymbol{\omega}$ der Winkelgeschwindigkeitsvektor, $\boldsymbol{v}$ der Geschwindigkeitsvektor der sich bewegenden Arme ist und m für die bewegte Masse steht. In der beschriebenen Anordnung sind die Vektoren der Winkelgeschwindigkeit und der Geschwindigkeit der Arme senkrecht zueinander ausgerichtet und damit lenkt die CORIOLIS-Kraft die beiden Arme jeweils in entgegengesetzte Richtung senkrecht zu den Vektoren $\boldsymbol{v}$ und $\boldsymbol{\omega}$ aus und überlagert eine Deformation der Arme. Da die Kraft proportional zur Drehrate ist, kann diese über die überlagerte Verformung ausgewertet werden.

In vielen kompakten tragbaren Geräten (z. B. Smartphones), in Kraftfahrzeugen oder in den Bedienelementen von Spielkonsolen sind Drehratensensoren integriert. Die hohe Integrationsdichte von MEMS (**M**icro **E**lectro **M**echanical **S**ystem – elektromechanisches Mikrosystem) erlaubt sowohl eine kostengünstige Massen-Produktion als auch eine platzsparende Realisierung. Die integrierten Sensoren werden dem Stimmgabelprinzip entsprechend ausgeführt. Zur Erzeugung der Geschwindigkeit $\boldsymbol{v}$ werden durch elektrostatische Aktoren zwei Arme in gegensinnige Oszillationen versetzt. Bei Auftreten einer Drehung des Systems mit Drehachse

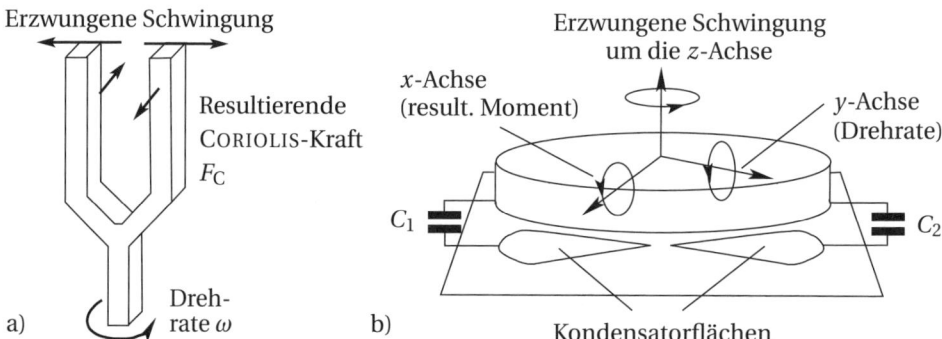

Bild 3.53 a) Stimmgabel; b) Scheibenförmiger Drehratensensor

senkrecht zur Oszillation werden die Arme des Oszillators durch die wirkende Kraft verformt und die Deformation wird sensorisch erfasst. Eine weitere Art der Realisierung besteht darin, den Oszillator als Scheibe auszuführen (siehe Bild 3.53 b). Wird die oszillierende Scheibe einer Drehbewegung um die y-Achse senkrecht zur Scheibenachse ausgesetzt, wirkt ein Drehmoment auf die Scheibe und es kommt zur Verkippung um die x-Achse. Beide Ausführungen der oszillierenden Sensoren lassen sich als Mikrosystem realisieren, indem die Komponenten in Silizium strukturiert werden. Es ist so möglich, die Antriebselemente durch elektrostatische Aktoren zu realisieren, die Rückstellung der beweglichen Komponenten über Siliziumfederelemente zu bewerkstelligen und aufgrund der fehlenden kontinuierlichen Drehbewegung die Lagerungen als Festkörperlager in Silizium auszuführen. Die Auswertung als Resultat der CORIOLIS-Kraft beziehungsweise des wirkenden Momentes ist ebenfalls durch elektrostatische Sensoren möglich. Bild 3.54 zeigt die entsprechende Realisierung in MEMS-Technologie.

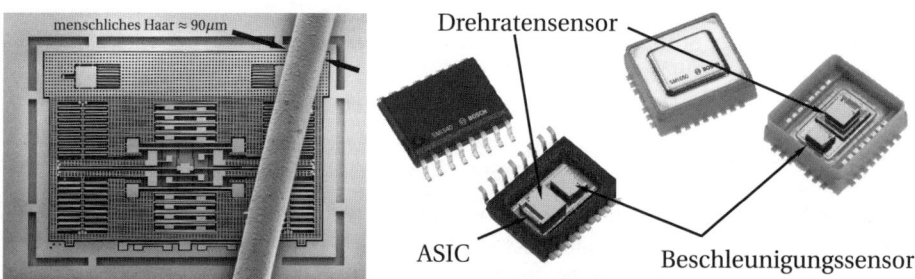

Bild 3.54 Elektronen-Mikroskop-Aufnahme eines MEMS Beschleunigungssensors (menschliches Haar ≈ 90μm) und Kombi-MEMS Inertialsensoren (Drehrate & Beschleunigung) [Quelle: Bosch]

3.4.3 Laservibrometer

Die optische Methode, die dem **Laservibrometer** zugrunde liegt, um beispielsweise die Geschwindigkeit einer schwingenden Membran zu ermitteln, basiert auf der Nutzung des DOPPLER-Effektes.

Ein Laserstrahl wird dazu auf die Oberfläche des zu vermessenden Objektes gerichtet und an der Oberfläche reflektiert. Aufgrund des DOPPLER-Effektes kommt es zu einer Frequenzverschiebung des reflektierten Strahls im Vergleich zum auftreffenden Laserlicht. Bei Entfernung des Objektes von der Lichtquelle verringert sich die Frequenz, bei Annäherung kommt es zu einer Erhöhung der Lichtfrequenz. Die DOPPLER-Frequenzverschiebung ergibt sich als

$$\Delta f = 2\frac{v}{\lambda}. \tag{3.35}$$

Das bedeutet, die Frequenzverschiebung berechnet sich aus der Geschwindigkeit des Objektes v, beispielsweise der Membran, und der Wellenlänge des Laserlichts λ. Um die Frequenzverschiebung zu ermitteln, werden Interferometer eingesetzt, die den Ausgangsstrahl und den reflektierten Strahl überlagern [Pol15].

■ 3.5 Beschleunigungs- und Winkelbeschleunigungssensoren

In modernen Kraftfahrzeugen ist heute auf Beschleunigungssensoren als Teil des Insassenschutzsystems nicht mehr zu verzichten. Die Sensorik ist permanent aktiv, um jederzeit die Beschleunigungen zu ermitteln und auszuwerten. Im Falle eines Aufprallunfalls wird als Folge der Airbag zeitlich so ausgelöst, dass der Kopf der Insassen, der nach vorn oder zur Seite geschleudert wird, in den aufgeblasenen Luftsack eintauchen kann. Um die Zuverlässigkeit des Systems zu erhöhen, werden die Systeme redundant ausgelegt und ihre Funktion automatisch überprüft.

Nicht nur im Automobilbereich, auch in vielen Produkten der Unterhaltungselektronik oder in Smartphones sind Beschleunigungssensoren verbaut, um zusätzliche Informationen aus den Bewegungen des Gerätes für die Steuerung zur Verfügung zustellen. In mit Festplatten ausgerüsteten mobilen Geräten befinden sich Beschleunigungssensoren, um bspw. ein Herunterfallen zu detektieren und die Festplatte vor dem Aufprall auf dem Boden in einen sicheren Modus zu bringen. Die genannten Anwendungen profitieren davon, dass durch den Einsatz mikrotechnischer Produktionsverfahren miniaturisierte Sensoren hergestellt werden können und durch die großen Stückzahlen zudem die Produktion kostengünstig möglich ist. Heute existieren zahlreiche Mikrosensoren sowohl für lineare als auch für Winkel-Beschleunigungen. Im Folgenden werden die Grundlagen der auf dem Feder-Masse-Prinzip beruhenden Beschleunigungssensoren in Abschnitt 3.5.1 dargestellt. Darüber hinaus sind auch seltener anzutreffende Messverfahren wie der Ferrarissensor (Abschnitt 3.5.2) und magnetische (Abschnitt 3.5.3) sowie thermische Sensoren (Abschnitt 3.5.4) zur Beschleunigungsmessung erläutert.

3.5.1 Beschleunigungssysteme basierend auf dem Feder-Masse-Prinzip

Da eine direkte Erfassung der Beschleunigung durch Sensoren nicht erreichbar ist, wird die Beschleunigungsmessung auf eine Kraftmessung zurückgeführt. Nach dem ersten Axiom von

NEWTON erhält man die Kraft als Folge der (zu bestimmenden) Beschleunigung a einer Masse m entsprechend dem Gesetz

$$F = ma. \tag{3.36}$$

Wie schon in Abschnitt 3.2 aufgezeigt, gibt es dann wiederum eine Vielzahl von Möglichkeiten, die Kraft zu bestimmen. Damit liegt eine indirekte Messwerterfassung vor, da die Beschleunigung über die Überführung in die physikalische Größe Kraft erreicht wird und am Ende der Wandlungskette steht die Überführung in ein elektrisches Signal (Bild 3.55). In vielen Fällen

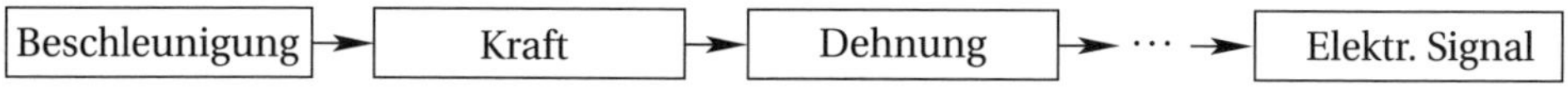

| Beschleunigung | Kraft | Dehnung | ⋯ | Elektr. Signal |

Bild 3.55 Indirekte Methode zur Messung der Beschleunigung

wird ein Feder-Masse System realisiert, so dass der Kraft F eine Federkraft F_c entgegenwirkt. Damit ergibt sich folgende Gleichung

$$F = ma = F_c = -cx, \qquad\qquad a = -\frac{cx}{m}. \tag{3.37}$$

Es steht F für die als Folge der Beschleunigung resultierende Kraft, m für die seismische Masse, a für die zu bestimmende Beschleunigung, F_c für die Federkraft, c für die Federkonstante und x für den Auslenkungsweg. Wenn noch Dämpfungselemente hinzukommen, ergibt sich das klassische Feder-Masse-Dämpfer-System wie in Bild 3.56 dargestellt.

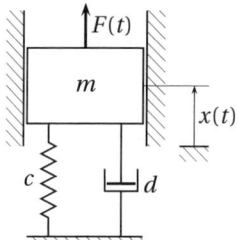

Bild 3.56
Feder-Masse-Dämpfer System

Denkt man sich einen miniaturisierten Sensor so aufgebaut, dass eine Masse am Ende eines Balkens konzentriert wird und der Balken selbst als masselos angenommen werden kann, verformt sich nicht nur der Balken bei Beschleunigung gemäß der Biegelinie, sondern die Masse verkippt auch um den Winkel φ (vgl. Bild 3.57 links und [Neh03]). Um die Verkippung zu verhindern, kann an beiden Seiten der Masse ein Balkenelement angeordnet werden, was zwar das Problem der Verkippung löst, eine Auslenkung der Balken wird jedoch durch die zusätzlich zu berücksichtigenden Zugspannungen beeinflusst (vgl. Bild 3.57 rechts und [Neh03]). Um die angeführten Nachteile zu beseitigen, wird eine mäanderförmige Einspannung gewählt, wie sie Bild 3.58 darstellt.

In der mikrotechnischen Realisierung dieser Anordnung wird die seismische Masse über geätzte Federn aus Silizium mit einem Halterahmen – der Referenz – verbunden. Bei Beschleunigung wird die seismische Masse aufgrund der Massenträgheit relativ zum Rahmen verschoben und die Federn werden gespannt. Die wirkende resultierende Kraft wird durch die Verformung der Federn in eine proportionale Auslenkung gewandelt. Durch Auswertung der Federauslenkung kann somit die Beschleunigung indirekt gemessen werden.

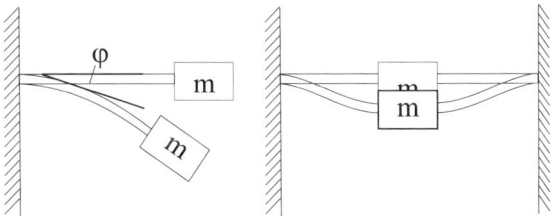

Bild 3.57 Links: Masse am Balkenelement; Rechts: Masse am eingespannten Balken [Neh03]

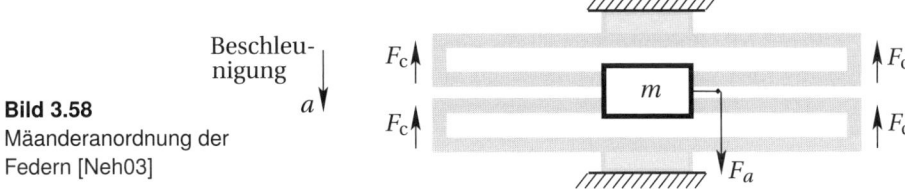

Bild 3.58
Mäanderanordnung der
Federn [Neh03]

Zur Bestimmung der Federauslenkung stehen verschiedene Verfahren zur Verfügung. Wie schon im Abschnitt 3.2.1 zur Dehnungsmessung beschrieben wurde, können auf die Federlemente piezoresistive Sensoren aufgebracht werden, die die Dehnung der Federn in ein elektrisches Signal wandeln. Die piezoresistiven Elemente haben den Vorteil, dass ihre Herstellung kompatibel zu den Prozessen zur Herstellung des Feder-Masse-Systems ist und die halbleiterbasierten Elemente eine große Empfindlichkeit zeigen. Bild 3.59 stellt einen Biegebalken mit piezoresistiven Widerständen dar, der die Verbindung bildet zwischen Halterahmen und seismischer Masse.

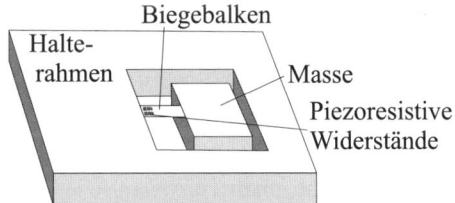

Bild 3.59
Biegebalken mit piezoresistiven
Widerständen

Neben dem piezoresistiven Prinzip kann auch das Verfahren der kapazitiven Wandlung eingesetzt werden. Wie schon in den Ausführungen zur kapazitiven Messung ab Seite 112, wirken sich auf die Kapazität eines Kondensators Änderungen des Plattenabstandes aber auch Veränderungen der Plattenflächen aus. In Bild 3.60 ist eine differentielle, kapazitive Auswertung basierend auf einer Änderung des Plattenabstandes erläutert. Im dargestellten Fall wird eine Platte des Kondensators durch die mit der seismischen Masse verbundenen interdigitalen Elektroden gebildet. Zwei voneinander getrennte Gegenelektroden sind ebenfalls fingerförmig ausgeführt und mit dem Halterahmen verbunden. Im dargestellten Fall wird durch die Auslenkung der Abstand einer Plattenanordnung des Kondensators C_2 verringert und erhöht somit dessen Kapazität. Da der Aufbau in differentieller Form gestaltet ist, reduziert sich gleichzeitig die Kapazität des Kondensators C_1, dessen Kondensatorplatten sich voneinander entfernen. Die aktiven Flächen und das Dielektrikum bleiben unverändert. Der Nachteil der Auswertung des Plattenabstandes ist in der nichtlinearen Abhängigkeit der Kapazität vom Abstand d zu

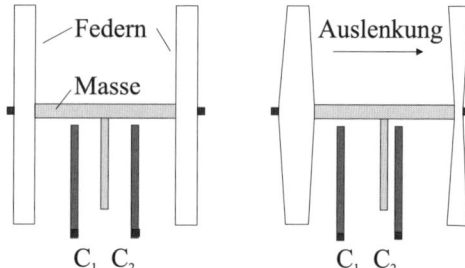

Bild 3.60
Kapazitive Wandlung mit
Plattenkondensator

sehen. Die differentielle Zusammenschaltung dieser Kondensatoren erlaubt eine Linearisierung des Systems, wie Bild 3.61 zeigt. Eine zweite Möglichkeit, die kapazitive Auswertung tech-

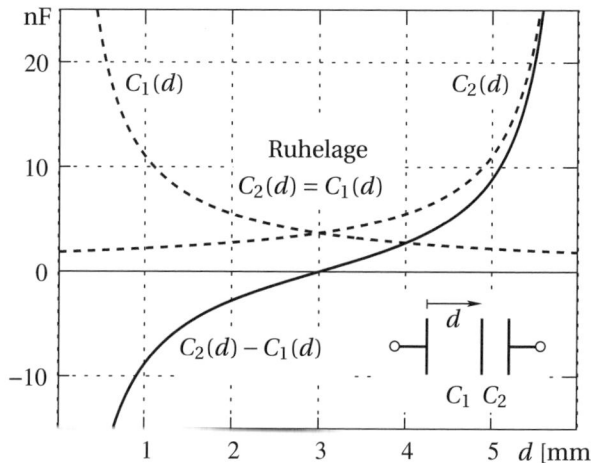

Bild 3.61
Linearisierung durch
Differenzbildung der Kapazitäten
C_1 und C_2

nisch umzusetzen, besteht darin, die Änderung der wirksamen Plattenfläche auszuwerten. Dazu werden wiederum zwei Kondensatoren differentiell angeordnet, wie es Bild 3.62a zeigt. Bei Verschiebung des Rahmens relativ zur seismischen Masse verändern die Finger ihre Lage so zueinander, dass die aktive Plattenfläche auf der einen Seite der seismischen Masse reduziert und auf der gegenüberliegenden Seite erhöht wird. Um die Kapazitätsänderung auszuwerten, kann entweder die Frequenzverschiebung eines L-C-Schwingkreises ausgewertet werden oder man verwendet Brückenschaltungen, wie sie Bild 3.62b darstellt.

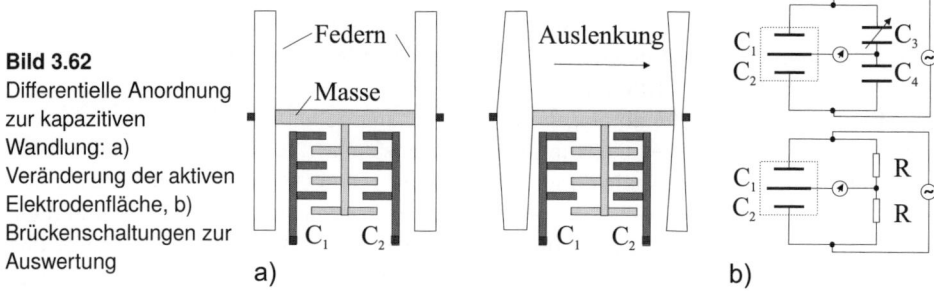

Bild 3.62
Differentielle Anordnung
zur kapazitiven
Wandlung: a)
Veränderung der aktiven
Elektrodenfläche, b)
Brückenschaltungen zur
Auswertung

Kapazitive Sensoren werden heute sehr häufig eingesetzt, wenn eine große Robustheit und Verlässlichkeit auch bei hohen Beschleunigungen und resultierenden Be-
schleunigungskräften erforderlich ist, wie zum Beispiel bei der Aufpralldetektion bei
Autounfällen [FDNZ12].

Für eine piezoelektrische Auswertung wird ebenfalls unter Zuhilfenahme einer seismischen
Masse die Wandlung der Beschleunigung in ein Kraftsignal erreicht. Die Masse lastet direkt
auf dem Piezokristall und bei Beschleunigung bewirkt die Kraft eine Verformung des Kristalls
mit der in Abschnitt 3.2.3 beschriebenen Ladungstrennung.
Auch die Detektion von Winkelbeschleunigungen ist mit Feder-Masse-Systemen realisierbar.
Eine mögliche Ausführungsform ergibt sich, wenn eine seismische Masse bei Verdrehung eine sich im Zentrum befindende Torsionsfeder spannt. Die Beschleunigung wird damit auch in
einen Federweg gewandelt. Die Verformung der Torsionsfeder wiederum kann ebenfalls kapazitiv, piezoresistiv oder auch piezoelektrisch ausgewertet werden.

3.5.2 FERRARIS-Sensor

Ein abweichendes Prinzip zur Messung von Winkel- und Linearbeschleunigungen nutzt der
FERRARIS-Sensor. Bild 3.63 stellt einen möglichen Aufbau des FERRARIS-Sensors dar. Eine metallische Platte rotiert über einer Anordnung von Hartmagneten. Durch die Bewegung der Platte relativ zum statischen Magnetfeld werden in der Platte Wirbelströme gemäß dem Induktionsgesetz erzeugt:

$$u_\mathrm{i} = -\frac{\mathrm{d}\Phi}{\mathrm{d}t}. \tag{3.38}$$

Ist die Geschwindigkeit der Platte konstant, bleibt auch die Größe der erzeugten Wirbelströme
unverändert. Wird die Scheibe jedoch beschleunigt, führt dieses zu einem Anstieg der sich
ausbildenden Wirbelströme. Von den Wirbelströmen werden wiederum Magnetfelder erzeugt,
die die Stromlinien umgeben. Die Veränderung der Ströme führt konsequenterweise zu einem
sich verändernden Magnetfeld. Das Magnetfeld wird von einer integrierten Spule detektiert
und da auch hier das Induktionsgesetz wirkt, wird eine Spannung $u_{\mathrm{i}*}$ induziert.

 Der Vorteil dieser FERRARIS-Sensor-Anordnung liegt darin, dass nur Spannungen bei
Beschleunigung der Platte induziert werden und die Sensorspule daher auch nicht
auf das konstante Magnetfeld der Permanentmagneten reagiert [Hil04].

3.5.3 Beschleunigungssensor mit magnetischer Wandlung

Weitere Prinzipien, die jedoch weniger gebräuchlich sind, basieren auch zunächst auf der Umformung des Beschleunigungssignals in ein Kraftsignal, das wiederum in ein Wegsignal umgesetzt wird. Die Auswertung der Verschiebung von seismischer Masse zum Referenzsystem –
dem Halterahmen – kann nun auch über magnetische Wandlerprinzipien geschehen. Bei den
magnetischen Wandlern wird die seismische Masse mit einem Permanentmagneten bestückt.

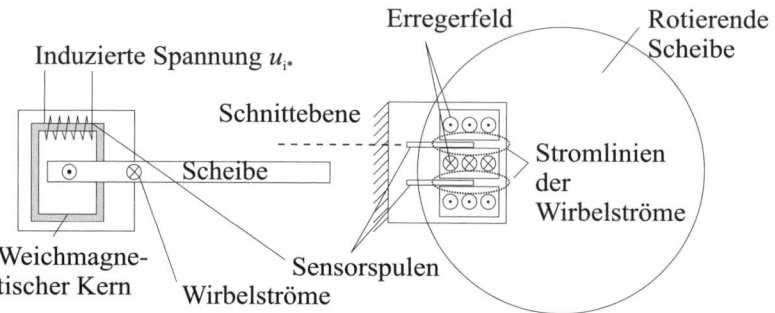

Bild 3.63 Konzept des FERRARIS-Sensors [Hil04]

Das Feld des Permanentmagneten ist nicht homogen, so dass eine Verschiebung relativ zu einem Wandler als Feldänderung oder Flussänderung erfasst werden kann. Für die Erfassung des magnetischen Feldes können HALL-Elemente oder magnetoresistive Elemente eingesetzt werden, die entweder eine feldabhängige HALL-Spannung ausgeben oder ihren Widerstand in Abhängigkeit von der Stärke des Magnetfeldes ändern. Die Flussänderung lässt sich auch induktiv messen, wobei sich bei konstanter Beschleunigung allerdings kein Signal ergibt.

3.5.4   Weitere Beschleunigungssensorprinzipien

Kraftkompensation

Beim Einsatz von kraftkompensierenden Prinzipien wird nicht direkt die Auslenkung der seismischen Masse mittels der schon beschriebenen Sensorik ermittelt, sondern die auf die seismische Masse wirkende Kraft als Folge der Beschleunigung wird durch eine Gegenkraft kompensiert. Die Gegenkraft kann zum Beispiel durch elektromagnetische Felder realisiert werden, die mit weichmagnetischen Materialien wechselwirken, oder durch den Einsatz von elektrostatischen Feldern, durch die die notwendigen Anziehungs- oder Abstoßungskräfte erzeugt werden.

Thermisches Prinzip

Zur Messung von Beschleunigungen kann auch ein thermisches Prinzip genutzt werden, das die Veränderung des Wärmeüberganges zwischen einer Wärmequelle und einer Wärmesenke auswertet.

Wird die seismische Masse als Wärmesenke angesehen und ist die Wärmequelle mit dem Referenzrahmen verbunden, wird die Wärmeübertragung in Abhängigkeit des Abstandes zwischen Quelle und Senke moduliert. Durch Messung der Temperatur der seismischen Masse kann die veränderte Wärmeübertragung in ein elektrisches Signal gewandelt werden.

Neben diesem wurde ein weiteres thermisches Prinzip umgesetzt, das ohne bewegliche Komponenten auskommt und damit eine sehr hohe Schockresistenz erreicht. Im Inneren eines abgeschlossenen, gasgefüllten Volumens wird durch eine elektrische Heizdrahtstruktur das umgebende Gas lokal erwärmt und die Wärme verbreitet sich vom Heizdraht ausgehend. Um den Heizdraht sind Thermoelemente angeordnet. Ohne wirkende Beschleunigung erfassen die Thermoelemente die gleiche Temperatur, da sie im gleichen Abstand vom Heizdraht angeordnet sind. Das lokal erwärmte Gas dehnt sich aus und die Dichte ist örtlich reduziert. Bei Beschleunigung bewegen sich die kälteren Gasvolumina aufgrund höherer Dichte gegen die Richtung der Beschleunigung, die wärmeren und damit leichteren werden verdrängt und verschieben sich in Richtung der Beschleunigung. Als Folge messen die Thermoelemente, die in Richtung der Beschleunigung angeordnet sind, höhere und die entgegen der Beschleunigungsrichtung platzierten niedrigere Temperaturen.

Prinzipbedingt haben Thermoelemente eine längere Reaktionszeit und sind damit langsamer als die kapazitiven Sensoren. Daher sind Thermoelemente nicht als Kollisionsdetektoren im Einsatz. Man versucht die Wärmekapazitäten so gering wie möglich zu halten, indem man sowohl Heizer als auch Thermoelemente auf eine perforierte Membran aufsetzt und die Membran vom Substrat freiätzt.

Die Reaktionszeit ist ausreichend, um z. B. im Automobilbereich den Fahrzeugüberschlag zu erkennen und zu verhindern („Roll Over Mitigation") – als Mehrwertfunktion des elektronischen Stabilitätsprogramms [FDNZ12].

Gravimeter

Die Erdbeschleunigung wird mit Gravimetern bestimmt. Neben den auf der Auswertung von Pendelschwingungen beruhenden Gravimetern sind auch Gravimeter bekannt, die auf dem Einsatz von Supraleitern beruhen. Der in einer supraleitenden Spule fließende Strom führt zu einer Abstoßung einer diamagnetischen Kugel. Wird die Kugel über der Spule positioniert, resultiert die Abstoßung in einem Schweben der Kugel. Veränderungen der Erdbeschleunigungen führen zu einer Abstandsänderung zwischen Spule und Kugel, die z. B. kapazitiv ermittelt werden kann [Gwr07].

■ 3.6   Sensoren zur Messung von Temperatur und Strömung

Diese Ausführungen sind zum einen der Messung der **Temperatur** gewidmet. Neben der Bestimmung der Temperatur in der Prozesstechnik, von Komponenten im Auto oder beispielsweise von Prozessoren mit dem Ziel der Regelung oder zur Auslösung von Schutzeinrichtungen, ist die Temperaturbestimmnung auch zur Korrektur von Sensoren notwendig, wenn das Ergebnis der Messung temperaturabhängig ist. Zwei hierfür wichtige Messprinzipien sind Gegenstand der folgenden Seiten: Die Thermistoren in Abschnitt 3.6.1 beruhen auf einer Widerstandsänderung, während die Thermoelemente in Abschnitt 3.6.2 eine temperaturabhängige Spannung erzeugen. Auf der Temperaturmessung basierende Prinzipien zur **Strömungsmessung** schließen sich in Abschnitt 3.6.3 an.

3.6.1   Thermistoren

Thermistoren sind Sensoren, bei denen, wie der Name schon andeutet (**therm**(al res)**istor**), eine Änderung der Temperatur eine Widerstands-Änderung zur Folge hat. Grundsätzlich unterteilt man die beiden Gruppen PTC- und NTC-Widerstände.

PTC: Bei den PTC Widerständen steht die Abkürzung für „**P**ositive **T**emperature **C**oefficient", das heißt, dass die Materialien mit einem positiven Temperaturkoeffizienten einen Widerstandsanstieg mit steigender Temperatur zeigen.

Zu den PTC-Widerstandsmaterialien gehören grundsätzlich Metalle. Bei höheren Energien kollidieren thermische Phononen und thermische Elektronen. Diese Zusammenstöße führen zu Streuungen der Elektronen und zu einer Widerstandserhöhung. Der spezifische Widerstand verändert sich dabei proportional zur Temperatur, wobei hier der Tieftemperaturbereich außer Acht gelassen werden soll. Weitergehende Informationen finden sich in [Kit06, BS92].

Über diesen thermischen Widerstandsbeitrag hinaus gibt es jedoch auch temperaturunabhängige Widerstandsanteile, die durch Wechselwirkungen der Leitungselektronen mit Gitterfehlstellen oder mit Fremdatomen entstehen.

 Besonders geeignet für die Verwendung als Widerstandsmaterial in metallischen Widerstandsthermometern ist Platin. Vielfach verwendet werden Pt100 Widerstände, bei denen Pt für das verwendete Platin steht und die angefügte Zahl 100 den Widerstandswert in Ω bei einer Temperatur von 0°C angibt. Platin ist deshalb besonders geeignet, da es eine hohe chemische Beständigkeit aufweist, sehr rein herstellbar ist und gut verarbeitet werden kann.

Die Kenndaten von Platinwiderständen sind in der Norm DIN IEC 751 umfassend dargestellt. In diesem Zusammenhang ist auch die Widerstandskennlinie für Temperaturabschnitte durch mathematische Funktionen beschrieben. Für den Bereich von -200°C bis 0°C gilt [Jai10]

$$R(\vartheta) = R_0(1 + A\vartheta + B\vartheta^2 + C(\vartheta - 100°C)\vartheta^3).$$ (3.39)

Für Temperaturen zwischen 0°C und 850°C folgen die Sensoren der Kennlinie

$$R(\vartheta) = R_0(1 + A\vartheta + B\vartheta^2).$$ (3.40)

Dabei gilt für die Koeffizienten A, B und C:
$$A = 3,90802 \; 10^{-3} \, °C^{-1}, \qquad B = -5,802 \; 10^{-7} \, °C^{-2}, \qquad C = -4,2735 \; 10^{-12} \, °C^{-3}$$

Nach [Jai10] kann man für einen Pt100-Widerstand von einer Empfindlichkeit von 0,4 Ω/K ausgehen (Pt 500: 2,0 Ω/K, Pt1000: 4,0 Ω/K). Die Norm gibt auch einen mittleren Temperaturkoeffizienten an [Jai10]. Der mittlere Temperaturkoeffizient berechnet sich als Differenz aus dem Widerstand bei 100°C minus den Widerstandswert bei 0°C dividiert durch den Widerstandswert bei 0°C multipliziert mit der Temperaturdifferenz. Für reines Platin erhält man einen mittleren Temperaturkoeffizienten von $3,925 10^{-3} °C^{-1}$. In der Norm wird jedoch ein zu erreichender Wert von $3,850 10^{-3} °C^{-1}$ angegeben. Diese Abweichung ist so zu erklären, dass die geforderten mittleren Temperaturkoeffizienten dadurch entstehen, dass eine gezielte Verunreinigung des Platins vorgenommen wird, um die Auswirkungen möglicher, zufälliger Verunreinigung im Betrieb oder beim Einbau zu reduzieren.

Bei der Auswertung ist zu beachten, dass zur Messung der Widerstände Ströme in den Widerstandsleiter eingespeist werden, die selbst auch eine Einbringung von Energie über die ohmschen Verluste bewirken. Daher ist der Strom möglichst minimal zu halten. Außerdem ist in Betracht zu ziehen, dass auch die Anschlussleitungen Widerstände aufweisen. Deren Einfluss kann reduziert werden, wenn von einer Zweidrahtkontaktierung zu einer **Dreileiter**- oder **Vierleitertechnik** übergegangen wird (siehe Bild 3.64).

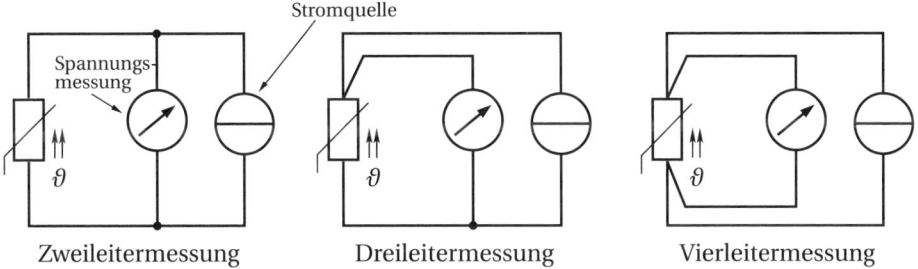

Zweileitermessung   Dreileitermessung   Vierleitermessung

Bild 3.64 Auswertung von Thermowiderständen (am Beispiel eines PTC Widerstands)

Durch die Dreileitertechnik lässt sich die Beeinflussung durch die Zuleitungen verringern, denn man misst einerseits über den Messwiderstand und den Leitungswiderstand, andererseits aber auch separat nur über den Leitungswiderstand, den man dann in der ersten Messung kompensiert.

Bei der Vier-Leitertechnik erreicht man eine Trennung des Stromversorgungspfades von dem zur Messung der am Widerstand abfallenden Spannung. Bei sehr hochohmigen Spannungsmessgeräten fällt dann keine Spannung über die Leitungen der Spannungsmessung ab und das Signal wird nicht durch unterschiedliche Zuleitungswiderstände oder Temperatureinflüsse etc. verfälscht [PH12].

Die Platin PTC-Widerstände können sowohl als Draht ausgeführt sein oder unter Verwendung von strukturierten Platinschichten als Dünnschichtsysteme realisiert werden.

Neben den PTC-Widerständen auf Metallbasis gibt es auch diejenigen, die unter der Verwendung von Keramiken erzeugt werden. Diese Kaltleiter sind Ferroelektrika und bei Raumtemperatur nahezu metallisch leitend, aber oberhalb einer bestimmten Temperatur, der CURIE-Temperatur, steigt der Widerstand sehr stark an. Kaltleitermaterial ist beispielsweise Bariumtitanat. Eine typische Kennline sieht man in Bild 3.65a) (siehe auch [Vis05]).

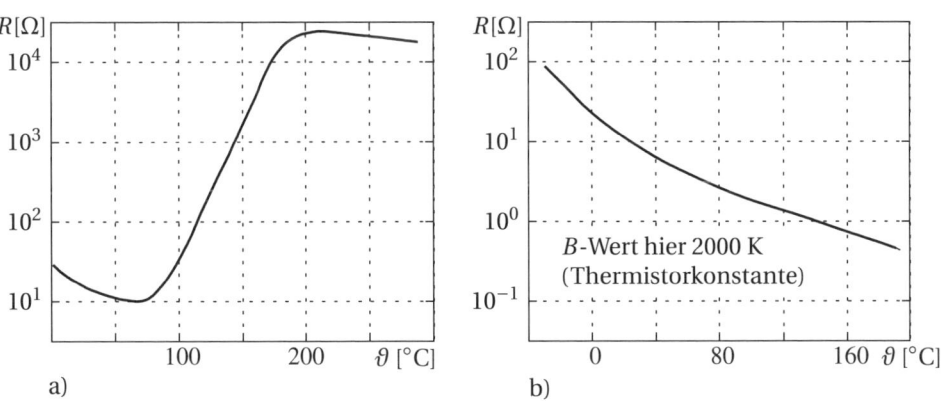

a)   b)

Bild 3.65 Widerstandsverhalten in Abhängigkeit von der Temperatur für einen
a) ferroelektrischen PTC-Sensor [Vis05] b) NTC-Sensor [Epc02]

NTC: Bei NTC-Widerständen (**N**egative **T**emperature **C**oefficient) oder Heissleitern reduziert sich der Widerstand mit steigender Temperatur. Als Material werden Halbleiter verwendet, die auf polykristallinen Oxidkeramiken basieren. Der Widerstand der halbleitenden Keramik nimmt ab, da mit steigender Temperatur mehr Elektronen aus dem Valenz- in das Leitungsband gelangen und den Widerstand absenken (Bild 3.65b)). Dabei ist zu beachten, dass der negative Temperaturkoeffizient der eingesetzten Keramiken den von Silizium um den Faktor fünf übersteigt. Die Leitungsmechanismen der Halbleiterkeramik sind sowohl **extrinsisch** (aufgrund von Fremdatomen im Kristallgitter) als auch **intrinsisch** (aufgrund von Gitterfehlern).

In der Praxis gängig ist die Beschreibung der Widerstandskennlinie mit folgendem Formelzusammenhang [Epc02]:

$$R_T = R_N \, e^{B(\frac{1}{T} - \frac{1}{T_N})} \tag{3.41}$$

mit folgenden Größen:

Bezeichner	Bedeutung
R_T	NTC Widerstand in Ω bei Temperatur T in [K]
R_N	NTC Widerstand in Ω bei Bezugs-Temperatur T_N in [K]
T, T_N	Temperaturen in [K]
B	**Thermistorkonstante**, materialspezifische Konstante des NTC Thermistors, Größenordnung 3000-4000 K
e	EULER-Zahl ($e \approx 2{,}71828$)

Eine typische Kennlinie für $B = 2000$K stellt Bild 3.65b) dar. Man beachte, dass in Gl. (3.41) die absoluten Temperaturen in K einzusetzen sind. Der Anschaulichkeit wegen ist aber die Kennlinie in Bild 3.65b) über °C aufgetragen.

3.6.2 Thermoelemente

Thermoelektrische Sensoren beruhen auf dem SEEBECK-Effekt, der von T. J. SEEBECK 1821 entdeckt wurde. Heizt man einen Leiter an einem Ende auf, so führt die zugeführte Energie verstärkt zu einer Bewegung der Elektronen. Aufgrund der BROWN'schen Bewegung können die Elektronen schneller vom warmen zum kalten Bereich gelangen als in entgegengesetzter Richtung. Dieses mündet in einer Nettodiffusion der Elektronen vom warmen zum kalten Ende, da die Diffusionsbewegung vom kalten zum warmen Ende geringer ausfällt.

Verbindet man nun zwei Drähte unterschiedlichen Materials miteinander, so sind materialbedingt diese Nettodiffusionen in den Drähten unterschiedlich und es kann eine Spannung an den beiden freien, nicht verbundenen Enden gemessen werden. Der so entstehende thermische Sensor heißt auch **Thermoelement**. Die zu messenden Spannungen liegen im mV-Bereich. Die materialabhängigen SEEBECK-Koeffizienten werden in Bezug zu Platin angegeben. Für Nickel erhält man bei 273 K einen SEEBECK-Koeffizienten von -15 μV/K, für Konstantan -35 μV/K und für Bismut -72 μV/K. Positive Werte ergeben sich für Kupfer, Gold und Silber mit 6,5 μV/K, Eisen 19 μV/K und für Nickelchrome mit 25 μV/K. Die Thermospannung ergibt sich als

$$U_{\text{Thermo}} = (S_B - S_A)(T_2 - T_1) = (S_B - S_A)\,\Delta T . \tag{3.42}$$

Die Variablen S_A und S_B stehen für die SEEBECK-Koeffizienten der beiden Materialien und ΔT entspricht der Temperaturdifferenz zwischen dem warmen (T_2) und dem kalten Ende (T_1) [PPH05].

3.6.3 Sensoren zur Strömungsmessung: Hitzdrahtanemometer

Die Funktion des Hitzdrahtanemometers ist beschreibbar als Abkühlung eines stromdurchflossenen Leiters in Abhängigkeit von einer ihn abkühlenden Strömung. Für die Auswertung sind zwei Verfahren bekannt.

Ein Ansatz besteht darin, den elektrische Strom konstant zu halten und die abfallende Spannung an dem sich aufgrund der Temperaturänderung ändernden Widerstand zu messen. Bei diesem Vorgehen ändert sich mit sich verändernder Strömungsgeschwindigkeit auch die Temperatur des Widerstandes, was zu einer beschleunigten Alterung des Sensors führen kann. In [Elv00] wird darauf verwiesen, dass durch den Einsatz von zwei Hitzdrahtanemometern, eines davon positioniert in der Strömung, aber beide unter Einfluss der gleichen Umgebungstemperaturbedingung, eine Temperaturkompensation erreicht werden kann, die ansonsten nicht ohne zusätzliche Temperaturmessung zu realisieren ist. Auch der Druck ist von Bedeutung, so dass auch dieser zu kompensieren ist.

Den grundsätzlichen Aufbau einer zweiten Variante zeigt Bild 3.66 [BÖ8]. Diese Variante ist da-

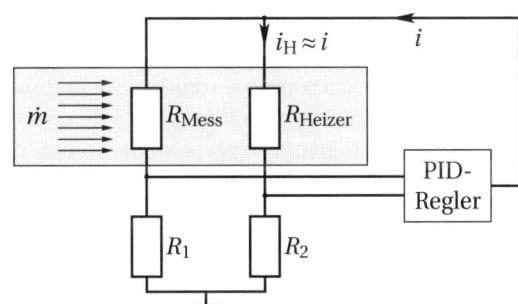

Bild 3.66
Hitzdrahtanemometer nach dem
Konstanttemperatur-Prinzip [BÖ8]

durch gekennzeichnet, dass man die Temperatur des Drahtes und des Fluids misst und durch eine Regelung des Stromes i die Drahttemperatur konstant hält, wenn sich die Kühlung durch eine schwankende Strömungsgeschwindigkeit bzw. der Massefluss $\dot{m}$ verändert.

Der Widerstand R_{Mess} erfasst die Temperatur des Fluidstromes. R_{Heizer} wird aufgeheizt, bis eine vorgegebene Solltemperatur erreicht wird, die man dann hält. Der notwendige Heizstrom i ist ein Maß für die Strömungsgeschwindigkeit (da $R_{\text{Mess}} \gg R_{\text{Heizer}}$ gilt, folgt auch $i_H \approx i$).

$$i^2 R_{\text{Heizer}} = l(T_{\text{Heizer}} - T_F)(\lambda_F + \sqrt{2\pi D \lambda_F c_p (\rho_F v)}) \qquad (3.43)$$

mit folgenden Größen:

Sonden-Param.	Bedeutung	Fluid-Param.	Bedeutung
l	Länge	ρ_F	Dichte des Fluids
D	Kanaldurchmesser	c_p	spez. Wärmekapazität des Fluids
R_{Heizer}	elektr. Widerstand	λ_F	Wärmeleitfähigkeit
T_{Heizer}	Temperatur von R_{Heizer}	T_F	Fluidtemperatur
		v	Strömungsgeschwindigkeit

Bild 3.67 zeigt einen Aufbau zur Strömungsmessung [BÖ8], bei dem zwei Sensoren und ein Heizelement verbaut sind. Die Konfiguration ist in einem By-Pass zur Hauptströmung angeordnet, der eine Teilströmung um ein Laminarflow-Element herumleitet. Dieser Aufbau ist Teil eines Mass-Flow-Controllers wie er beispielsweise zur Kontrolle des Gasflusses in Vakuumsystemen zum Einsatz kommt. R_{Mess} sind die beiden Sensorelemente und R_{Heizer} ist das Heizelement.

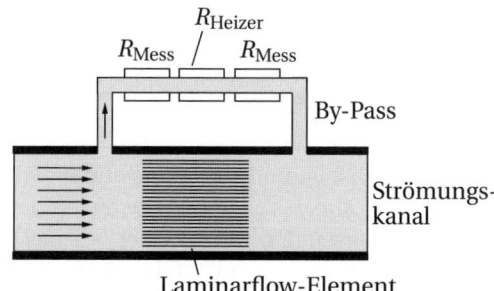

Bild 3.67
Hitzdrahtanemometer als Teil eines
Mass-Flow-Controllers [BÖ8]

■ 3.7 Ausblick auf weitere Sensoren

In der erneuten Betrachtung von Bild 3.1 fällt auf, dass Sensoren bzw. die Sensordaten zweierlei Ursprung sein können. Man unterscheidet

- **Interne Sensoren** (auch **propriozeptive** Sensoren), die innere Größen messen, wie z. B. Temperatur, Motorposition, usw. und
- **Externe Sensoren** (auch **exterozeptive** Sensoren), die den Umweltzustand im Bezug auf das mechatronische System wahrnehmen und damit eine Interpretation und Interaktion mit der Umwelt ermöglichen.

Des Weiteren ist für beide Fälle noch folgende Unterscheidung zweckmäßig:

- **Passive Sensoren** nutzen die Umgebungsenergie für die Messung. Ein Beispiel sind Kamerasysteme, wenn keine zusätzliche aktive Beleuchtung benötigt wird.
- **Aktive Sensoren** übertragen/senden Energie an die Umgebung, um eine Messung auszuführen. Beispiele sind Ultraschall oder Radar.

Die bisherigen Ausführungen haben vornehmlich von internen Sensoren gehandelt. Dieser Ausblick behandelt nun in knapper Form externe Sensoren, die man insbesondere für Aufgaben im Zusammenhang mit autonomen Systemen und Robotik benötigt, um „intelligente Mobilitäts- und/oder Manipulationsfunktionen" umzusetzen. Typische Beispiele sind Aufgaben der Navigation, Objekterkennung, Greiftechniken und Bahnplanung.

Die Sensorentwicklung und deren Miniaturisierung schreitet rasant voran. Beflügelt wird diese Entwicklung durch den Fortschritt in Fertigungstechnologien und dem 1965 aufgestellten (und prinzipiell nachwievor gültigen) MOORE'schen Gesetz, wonach sich die Digitaltechnik bezüglich Rechengeschwindigkeit und Speicherdichte alle 18–24 Monate verdoppelt.

Wesentliche Treiber für die Sensorentwicklung sind die Konsumerelektronik, die Automobilindustrie und der allgemeine Trend zu einer immer stärkeren (intelligenten) Vernetzung von Komponenten. Gängige Schlagbegriffe in diesem Zusammenhang sind Industrie 4.0, „Cyber Physical Systems" und das „Internet der Dinge" (IoTS = **I**nternet **o**f **T**hings and **S**ervices).

Internet der Dinge: In einer Gartner-Studie aus dem Jahr 2013 („*Forecast: The Internet of Things, Worldwide, 2013*") wird vorausgesagt, dass die Anzahl der installierten Einheiten im IoTS auf über 26 Mrd. in 2020 ansteigen wird (ohne PCs, Tablets and Smartphones). Die größten Einsatzfelder für diese vernetzen Sensoren sind im Bereich medizinischer Geräte, der Industrieautomation und Robotik, in der Landwirtschaft und bei Überwachungsaufgaben, z. B. auf Straßen-, Schienen- und Wasser- sowie Energieverteilungssystemen zu erwarten.

Konsumerelektronik: Hier sind insbesondere die Smartphones zu nennen, bei denen – plakativ ausgedrückt – nur noch das Icon an die ursprüngliche „Primärfunktion" des Telefonierens erinnert. Sie verfügen über enorme Rechenleistungen und gepaart mit einem großes Spektrum an Sensoren decken sie nahezu alle Modalitäten ab (Sehen, Hören, Riechen, Orientierung und Gleichgewichtssinn) und ermöglichen damit eine Vielfalt an diversen Funktionen. Besonders prägend neben Wettbewerbsdruck und Schnelllebigkeit der Branche sind der Kostendruck und der Bedarf zur Miniaturisierung, um den hohen Integrationsgrad zu erfüllen. Sensoren werden vor allem für die Darstellung eines stetig wachsenden Funktionsumfangs, für das Energiemanagement und die intuitive Bedienung, z. B. mit Sprach- und „Wischtechnik" benötigt. Auch auf die Gefahr hin, dass die Übersicht schnell veraltet sein kann, illustriert Tabelle 3.6 einige der heute existierenden Sensoren und Funktionen in Smartphones.

Ein anderes Beispiel ist die Spielkonsole-Industrie, die zunächst eine massive Weiterentwicklung dedizierter Grafikprozessoren zur Folge hatte und die nun seit einigen Jahren zunehmend Sensoren für erweiterte Interaktionsmöglichkeiten nutzt. Beispiele sind die haptische Interaktion und das Spiel in einer virtuellen Realität (virtuelle Immersion). Zum Einsatz kommen dafür Inertialsensoren (MEMS, Drehrate, Beschleunigung) und 3D-Umfeldsensoren, die nicht nur ein Bild, sondern zu jedem Pixel auch die Entfernungsinformation liefern. Gängig sind sog. Time-of-Flight Kameras oder die in Abschnitt 3.3.4 erwähnten 3D Triangulationssysteme, die eine (nicht visuell sichtbare) Lasermusterstruktur projizieren und mit einem Kamerasystem auswerten (z. B. Kinect). Diese Sensoren halten nun auch Einzug in weitere Domänen, z. B. bei den aufkommenden „kollaborierenden Robotern".

Automobilindustrie: Der Automobilbereich hat einige Paradebeispiele für mechatronische Systeme hervorgebracht und wirkt als enormer Technologietreiber. Hohe Lebensdauer, Robustheit und Zuverlässigkeit sind hier gepaart mit einer hohen Erwartungshaltung vonseiten der Kunden / Gesellschaft hinsichtlich Funktionalität, Sicherheit und Erschwinglichkeit.

Im modernen Automobil sind Hunderte von Sensoren – davon alleine bis zu 50 in MEMS-Technologie – zu finden, deren Daten von 50–100 Steuergeräten verarbeitet werden. Bild 3.68 illustriert einige aktuelle Fahrerassistenzsysteme. Die Umsetzung der aufgelisteten Funktionen erfordert im Allgemeinen eine Kombination diverser Sensoren. Typische Umfeldsensoren sind dabei Multifunktionskameras, Stereo-Kameras, Ultraschallsensoren, Lidar- und Radarsensoren. Bei den Radarsensoren unterscheidet man Nah-, Mittel- und das Fernbereichsradar (vgl. Tabelle 3.7).

Die Bedeutung von Fahrerassistenzsystemen steigt stetig – seit 2014 kann ein Fahrzeug die Bestnote von fünf Sternen im Rahmen des Euro NCAP Bewertungsschemas nicht mehr ohne mindestens ein Fahrerassistenzsystem erhalten. Über einen längeren Zeitraum betrachtet werden Fahrerassistenzsysteme per inkrementeller Einführung zum „Automatisierten Auto" führen. Tabelle 3.8 gibt zusätzlich einen Überblick über allgemeine automotive Funktionen und die dafür typischerweise eingesetzten Sensoren.

Tabelle 3.6 Auswahl von Sensoren und Funktionen in Smartphones [Bie14]

Sensor	Funktion und Kurzbeschreibung
Barometer	Dieser dient der Messung von Höhenunterschieden und unterstützt damit z. B. die Standortbestimmung über GPS. Man verwendet piezoresistive Dehnungsmessstreifen (vgl. Abschnitt 3.2.1).
Beschleunigungssensor	Meist ist dieser als 3-Achsen Beschleunigungssensor ausgeführt (MEMS, vgl. Abschnitt 3.5) und dient der Bewegungserkennung, z. B. für die angepasste Bildschirmausrichtung.
Elektromagnetischer Sensor	Hier kommen HALL-Elemente zum Einsatz (vgl. Ausführungen ab Seite 110), die die Schließung der Hülle erkennen und damit z. B. die Stromaufnahme und die Bildschirmhelligkeit steuern.
Fingerabdrucksensor	Technische Umsetzungen basieren auf Kameras oder auf einem entsprechend strukturierten Kapazitätssensor (siehe z. B. Bild 3.49).
GPS	Es dient der globalen Positionsbestimmung. Zusätzlich nutzt man hier auch die Signalstärke (GSM, UMTS, LTE) und die Standorte der Mobilfunktürme.
Gyroskop	Die zum Einsatz kommenden Drehratensensoren nutzen das Prinzip der CoRIOLIS-Kraft (MEMS, vgl. Abschnitt 3.4.2) und dienen z. B. der Richtungserkennung und der angepassten Bildschirmausrichtung.
Helligkeitssensor	Fotodioden messen das Umgebungslicht und regeln damit die Lichtstärke und den Kontrast auf dem Bildschirm.
Luftfeuchtigkeit	Dies erfolgt durch eine Kapazitätsmessung mit Polymer in einem Plattenkondensator (siehe z. B. Bild 3.49).
Magnetometer	Man misst das Erdmagnetfeld in den drei Raumrichtungen und nutzt diesen elektronischen Kompass z. B. in der Fusion mit den Drehratensensoren zur globalen Richtungsbestimmung. Eine ähnliche Datenfusion in einem vereinfachten eindimensionalen Fall findet man in Beispiel 4.14.
Mikrofon	Eine Membran stellt die bewegliche Platte eines Kondensators dar und erfasst die Schwingungen des Schalls. Die Kapazität misst man wie ab Seite 112 erläutert. Mögliche Funktionen sind die Unterdrückung von Hintergrundgeräuschen oder die Spracherkennung. Mit mehreren Mikrofonen ausgestattet gelingt auch die Ortung von Geräuschquellen.
Näherungssensor	Per Infrarot-Sensor lässt sich erkennen, ob der Benutzer telefoniert.
Touchscreen	Ein kapazitives Sensorarray erfasst die Fingerbewegungen und ermöglicht vielfältige Bedienungsfunktionen (Wischen, Tippen, Vergrößern, usw.)
Temperatursensor	Diesen benötigt man zur Überwachung des Akkus, indem man die Eigenwärme und die Umgebungstemperatur misst (vgl. auch Abschnitt 3.6).
Kamera	Neben der Erstellung von Fotos/Videos sind viele weitere Funktionen möglich. Dazu gehört die Objekt- und Gesichtserkennung, Objektklassifikation, Lokalisierung mittels „visual odometry" und/oder in Kombination mit anderen Sensordaten (z. B. GPS, Beschleunigungs- und Drehratensensoren), Vermessungsaufgaben, Augmented Reality auf dem Bildschirm und vieles mehr.

Bereits diese kurzen Ausführungen machen deutlich, dass die Einsatzbereiche sehr vielfältig sind. Auf die detaillierte Beschreibung kann hier nicht weiter eingegangen werden und es wird stattdessen auf die entsprechende Literatur verwiesen.

Tabelle 3.7 Radarsensoren im Automobil

Nahbereichsradar (typ. 24 GHz)	Short-Range Radar (SRR) mit einer Reichweite bis 50 m für Assistenz-funktionen zur Darstellung eines virtuellen „Sicherheitsgürtels" bei geringen Geschwindigkeiten
Mittelbereichsradar (76-77 GHz)	Mid-Range Radar (MRR) mit einer Reichweite von bis zu 80 - 160 m
Fernbereichsradar (76-77 GHz)	Long-Range Radar (LRR) mit einer Reichweite bis zu 250 m und damit geeignet für die Erfassung des Fahrzeugumfelds im höheren Geschwindigkeitsbereich

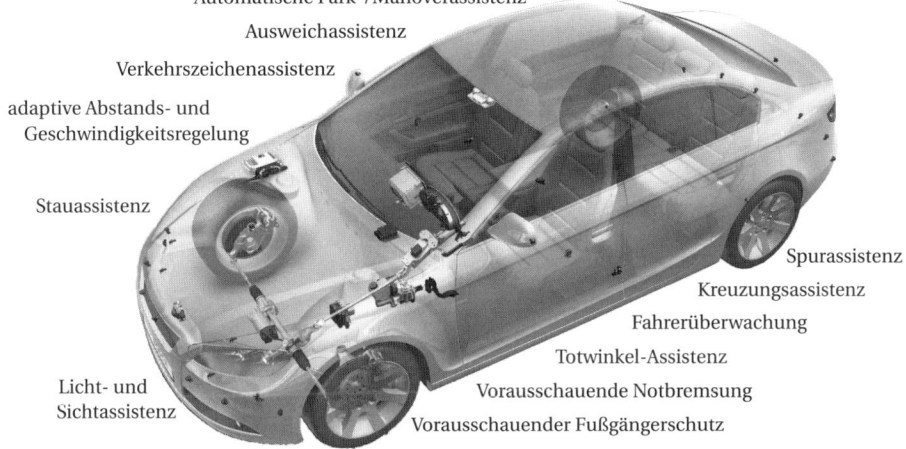

Bild 3.68 Auswahl Fahrerassistenzsysteme [Quelle: Bosch]

Eine Einführung zu allgemeinen Kfz-Sensoren findet sich in [Rei10b], eine Fokussierung auf Fahrerassistenzsysteme stellt [Rei10a] bereit. Eine sehr gute Einführung in Kameratechnologien bietet [HZ04] und einige speziellen Aspekte der Anwendung in der Robotik illustriert [Cor11]. Eine kurze Einführung in das sog. Lochkameramodell stellt auch das Beispiel in Abschnitt 9.5 auf der Homepage zum Buch bereit. Einen Einstieg in Sensortechnologien für allgemeine Robotikanwendungen findet man z. B. in [SK08]. Für den interessierten Leser von Satellitennavigationssystemen wie GPS in Kopplung mit inertialer Sensorik wird [Wen07] empfohlen. Für den Einstieg in die Radarsensorik sei [May08] genannt. Eine kurze Erläuterung des Messprinzips bei Ultraschall-Sensoren ist nun Gegenstand des abschließenden Abschnitts.

Messverfahren auf Ultraschallbasis

Die Wegmessung mittels Ultraschall basiert auf der Messung der Laufzeit eines Ultraschallimpulses. Als Ultraschallwandler werden piezoelektrische Elemente verwendet, welche bei Anlegen einer Spannung deformiert werden (vgl. auch Abschnitt 3.2.3). Durch kurzzeitige Anregung mit einer hochfrequenten Schwingung („Burst") entsteht ein aus wenigen Schwingungszügen bestehender Sendeimpuls (Bild 3.69a), welcher am Messobjekt reflektiert wird. Typi-

Tabelle 3.8 Auswahl automotiver Funktionen und Sensoren

Klassifikation	Funktion	Sensor-Beispiele
Antriebsstrang	Motormanagement	Druck-, Massefluss-, Klopfsensor
	Motorsteuerung	Gaspedalposition (E-Gas)
	Geschwindigkeitsanzeige	Drehzahlsensorik
Komfort-funktionen	„Wohlbefinden"	Temperatursensor, Feuchtigkeitssensor
	Scheibenwischerregelung	Regensensor
	Einparkhilfe	Ultraschallsensoren, Rückfahrkamera
	Navigationshilfe	GPS, Drehratensensor, Beschleunigungssensor
Sicherheits- und Assistenz-funktionen	Fahrdynamikregelung für Querachse (Nicken), Längsachse (Wanken), Hochachse (Gieren)	Drehraten- und Beschleunigungssensoren, Lenkwinkel, Raddrehzahlen, Hochdrucksensorik, Winkelpositionen, Momentensensorik (Lenkung), usw.
	Insassenschutz (z. B. Airbags, Gurtstraffer)	Beschleunigungssensoren, Kraftsensorik (Sitzbelegerkennung)
	Fahrerassistenz (z. B. adaptive Abstandsregelung)	Radar (Short-, Mid-, Long-Range), Kamera, Stereokamera, Lidar
	Nachtsichtsystem	Aktive und passive Infrarot-Kameras
	Spurassistenz	Kamera, GPS, Inertialsensorik

scherweise verwendet man Frequenzen von 20…200 kHz. Da der piezoelektrische Effekt umkehrbar ist, lässt sich das gleiche Wandlerelement sowohl zum Senden als auch zum Empfangen verwenden.

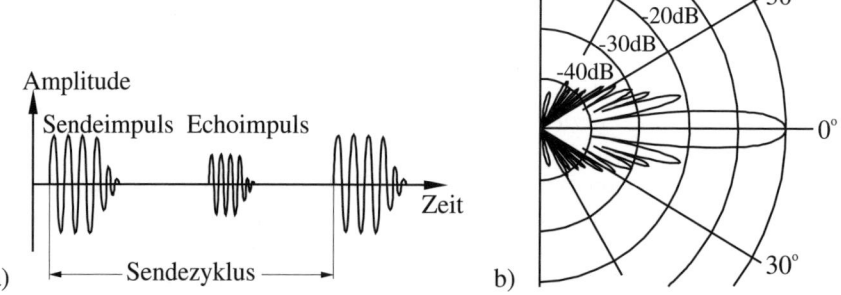

Bild 3.69 Signalbild eines Ultraschallsensors:
a) zeitlicher Verlauf des „Burst" und b) der Strahlungskeule

Als Wandlermaterialien kommen im Allgemeinen Piezokeramiken zum Einsatz (z. B. Bariumtitanat). Weiterhin sind Wandler auf der Basis piezoelektrischer Polymere (PVDF) verfügbar [Dar83]. Die Intensitätsverteilung des Schallfelds eines Ultraschallsensors stellt Bild 3.69b) dar (**Strahlungskeule**). Unmittelbar vor dem Sensor bildet sich eine Zone mit oszillierender Intensitätsverteilung aus. Die Länge r_0 dieser Nahfeld- oder FRESNEL-Zone beträgt etwa

$$r_0 = \frac{D^2}{4\lambda},$$

(3.44)

wobei D für den Durchmesser des Ultraschallschwingers und λ für die Wellenlänge stehen. In einer Entfernung $r \gg r_0$ (Fernfeld- oder FRAUNHOFER-Zone) nimmt die Intensität mit $1/r^2$ ab. In diesem Bereich ist nahezu die gesamte abgestrahlte Energie in einem Kegel mit dem halben Öffnungswinkel α konzentriert

$$\alpha = \arcsin\left(\frac{0,51\lambda}{D}\right). \tag{3.45}$$

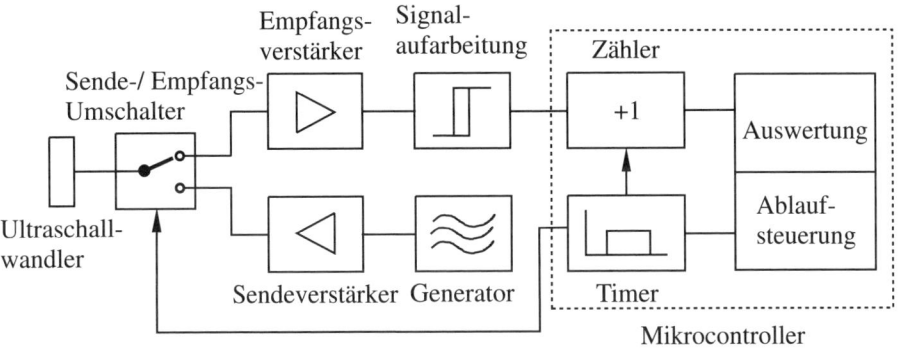

Bild 3.70 Prinzipschaltbild eines Ultraschallsensors

Bild 3.70 zeigt vereinfacht das Prinzipschaltbild eines Ultraschallsensors. Eine Steuereinheit schaltet den Wandler kurzzeitig auf Sendebetrieb und startet gleichzeitig eine Zeitmessung (z. B. durch Inkrementieren eines Zählers mit einer stabilisierten Frequenz). Sofort nach Aussenden des Bursts wird auf Empfangsbetrieb geschaltet. Das eintreffende Echo durchläuft einen Verstärker und eine Signalaufbereitung, welche mindestens aus einem auf die Sendefrequenz abgestimmten **Bandpassfilter** (Schutz vor Fehlmessungen durch Fremdschall, vgl. Abschnitt 4.2.1), und einem Trigger besteht. Das Ausgangssignal des Triggers („Echo empfangen") stoppt die Zeitmessung. Anschließend kann der Wert ausgelesen und weiterverarbeitet werden.

Die Art der Signalwandlung und der Messvorgang bedingen einige Besonderheiten, die beim Einsatz von Ultraschallsensoren zu beachten sind:

Einfluss von Umgebungsparametern: Die Ausbreitung der Ultraschallwelle erfolgt nach dem bekannten Wellengesetz

$$v = \lambda f, \tag{3.46}$$

wobei v für Ausbreitungsgeschwindigkeit, λ für die Wellenlänge und f für die Frequenz stehen. Die Ausbreitungsgeschwindigkeit v ist abhängig von der Temperatur, der Luftfeuchtigkeit und dem Luftdruck. Letzterer kann bei Arbeiten unter atmosphärischen Bedingungen vernachlässigt werden. Die Ausbreitungsgeschwindigkeit nimmt sowohl mit der Temperatur als auch mit der Luftfeuchtigkeit zu. Die Schallgeschwindigkeit in Luft beträgt bei 20°C und 1013 hPa etwa $v = 343$ m/s. Für die wesentliche Einflussgröße – die Temperatur – gilt näherungsweise

$$v = v_0\sqrt{1 + \frac{T}{273}} \quad \text{mit } v_0 = 331,3 \text{ m/s}, \; T - \text{Temperatur in KELVIN.} \tag{3.47}$$

Das bedeutet, dass die Temperatur in jedem Fall bei der Messung berücksichtigt werden muss. Einige kommerziell verfügbare Ultraschallsensoren besitzen einen integrierten Temperaturfühler und eine automatische Temperaturkompensation. Dann muss aber auch gewährleistet sein, dass die Temperaturverteilung über die Messstrecke konstant ist. Diese Bedingung ist bei längeren Messwegen nur schwer zu erfüllen. Unter Umständen schafft eine normierte Referenzstrecke in unmittelbarer Nähe der Messstrecke Abhilfe.

Wahl der Frequenz: Bei der Wahl der Erregerfrequenz für den Wandler ist ein Kompromiss zwischen Auflösung und Schallabsorption zu schließen. Hohe Frequenzen gestatten wegen der schneller verlaufenden Einschwingvorgänge der Elektronik eine höhere Auflösung. Gleichzeitig nimmt aber die Schallabsorption aufgrund innerer Reibungen im Ausbreitungsmedium mit der Frequenz zu. Das führt dazu, dass insbesondere bei großen Messlängen niedrigere Frequenzen bevorzugt werden. Der möglichen Erhöhung der Sendeenergie setzen die elektrischen Verluste im Wandler Grenzen. Wichtig ist auch der in Gl. (3.45) angegebene Zusammenhang zwischen Öffnungswinkel und Erregerfrequenz. Kleine Öffnungswinkel, d. h. hohe Frequenzen, bieten eine bessere Fokussierung auf das Messobjekt. Im Maschinenbau ist weiterhin zu beachten, dass viele Maschinen ein Maximum in der Schallabstrahlung bei ca. 40 kHz haben. Aus Gründen der Störfestigkeit sollte man diesen Bereich meiden.

Stoffeigenschaften und Geometrie des Reflektors: Trifft eine Schallwelle senkrecht auf eine Mediengrenze, so geht ein Teil des Schalls in das angrenzende Medium über (Transmission), ein anderer Teil wird reflektiert. Das Verhältnis von Reflexion zu Transmission hängt vom Schallwellenwiderstand W der Medien ab. Es gilt

$$W = \rho \, c \tag{3.48}$$

mit der Dichte ρ und der Schallgeschwindigkeit c. Der für die Abstandsmessung entscheidende Reflexionsfaktor R lautet

$$R = \frac{W_2 - W_1}{W_2 + W_1}, \tag{3.49}$$

wobei W_1, W_2 den Wellenwiderstand der Medien für den Transmissions- und Reflexionsbereich bezeichnen. Bei Stoffen mit geringer Dichte (z. B. Schaumstoffe, Textilien) wird nur ein geringer Teil der Energie reflektiert; zusätzlich tritt gerade bei diesen Stoffen aufgrund ihrer Oberflächenstruktur auch eine hohe Schallabsorption (Umwandlung in Wärme) auf, so dass diese nur schwer zu detektieren sind. Hersteller geben meist als „Mindestbetätigungsfläche eines Nennelements" die Objektgröße an, die bei senkrechter Einstrahlung des Schallfeldes gerade noch erkannt wird. Diese Größe hängt von der verwendeten Wellenlänge sowie von der abgestrahlten Schallenergie ab. Das Nennelement reflektiert den Schall (fast) vollständig ($R = 1$). Für die praktische Abschätzung der minimalen Objektgröße sind neben dem tatsächlichen Reflexionsfaktor der Einstrahlungswinkel sowie die Oberflächenbeschaffenheit maßgeblich. Der reflektierte Anteil setzt sich – ähnlich wie bei der Lichtreflexion – aus gerichtet und diffus reflektiertem Anteil zusammen. Diffuse Reflexion findet statt, wenn die Oberflächenrauigkeit größer als ca. $\lambda/4$ ist.

4 Signalverarbeitung

Signale dienen dem Informationsaustausch zwischen den Komponenten eines mechatronischen Systems (Sensoren, Prozessrechner und Aktoren, vgl. Bilder 1.4 und 1.5). Die Sensoren messen dabei physikalische Größen, aus denen sich die für die Funktionsweise des mechatronischen Systems notwendigen Informationen ableiten lassen. Teilweise sind diese einer Messung direkt zugänglich (z. B. Druckanstieg für ein Antiblockiersystem), teilweise sind diese zu rekonstruieren/beobachten (z. B. Schwimmwinkel für die ESP-Regelung) oder sind durch eine Sensordatenfusion zu ermitteln (z. B. Roboterlokalisierung mittels Umfeldsensoren). Die Signalverarbeitung dient dabei meist dem ersten Arbeitsschritt der Aufbereitung, d. h.

- der Gewinnung von Informationen aus (verrauschten) Messwerten und
- der Verbesserung der Datenqualität (z. B. Erkennung und Entfernung von Ausreißern) und der Aufbereitung von Signalen (z. B. Filterung).

Signale sind meist Funktionen der Zeit und liegen entweder zeitkontinuierlich oder nach einer A/D-Wandlung zeitdiskret vor. Insofern findet die Signalverarbeitung analog und/oder digital statt. Die digitale Signalverarbeitung ist heute vorherrschend.

Der erste Teil des Kapitels beschreibt Signale und ihre Kennfunktionen, sowohl im Zeit- als auch im Frequenzbereich. Im Entwurf mechatronischer Systeme findet zunehmend die Beachtung stochastischer Signaleigenschaften Berücksichtigung, so dass auch dieser Beschreibung Platz eingeräumt wird. Des Weiteren wird gezeigt, wie sich die Kennzahlen und -funktionen aus abgetasteten Signalen ermitteln lassen. Der zweite Teil beschäftigt sich dann mit ausgewählten Filtertechnologien. Diese sind Filter zur Signalverarbeitung, Filter zur Erzeugung von zeitlichen Ableitungen und das KALMAN-Filter, welches beispielsweise für Schätzaufgaben zum Einsatz kommt.

Zur Vertiefung wird empfohlen: (Digitale) Signalverarbeitung [KK12, Mey11, OSB04, Sch94], Filterentwurf [Paa03], KALMAN-Filterung [WB95], probabilistische Verfahren [TBF05].

■ 4.1 Darstellung von Signalen

4.1.1 Signalklassen

Im Wesentlichen unterscheidet man Analogsignale und Digitalsignale. Analogsignale besitzen einen kontinuierlichen Zeitverlauf und die Messgröße kann unendlich viele verschiedene Werte annehmen – sie ist dann **wertkontinuierlich**. Die mathematische Beschreibung mit einer (skalaren) Zeitfunktion[1] erfolgt in der Form

$$x = x(t) \quad , \quad t_0 \le t \le t_1 . \tag{4.1}$$

---

[1] Die Beschreibung hier bezieht sich auf skalare Funktionen – die nachfolgend aufgeführten Begriffe und Eigenschaften lassen sich aber leicht auf vektorielle Größen erweitern.

Der Definitionsbereich $[t_0, t_1]$ kann dabei endlich oder unendlich sein.

Von einem Digitalsignal spricht man, wenn dieses **zeitdiskret** und **wertdiskret** ist. Ein solches Signal erhält man etwa durch die Abtastung und die Analog-Digital Wandlung eines Analogsignals. Aber auch Mischformen sind denkbar, z. B. liefert ein Endschalter ein zeitkontinuierliches Signal, kennt aber nur die zwei Werte 'an/aus' und ist damit **wertdiskret**. Bild 4.1 zeigt die vier verschiedenen Signaltypen in Bezug auf den Zeit- und Wertebereich.

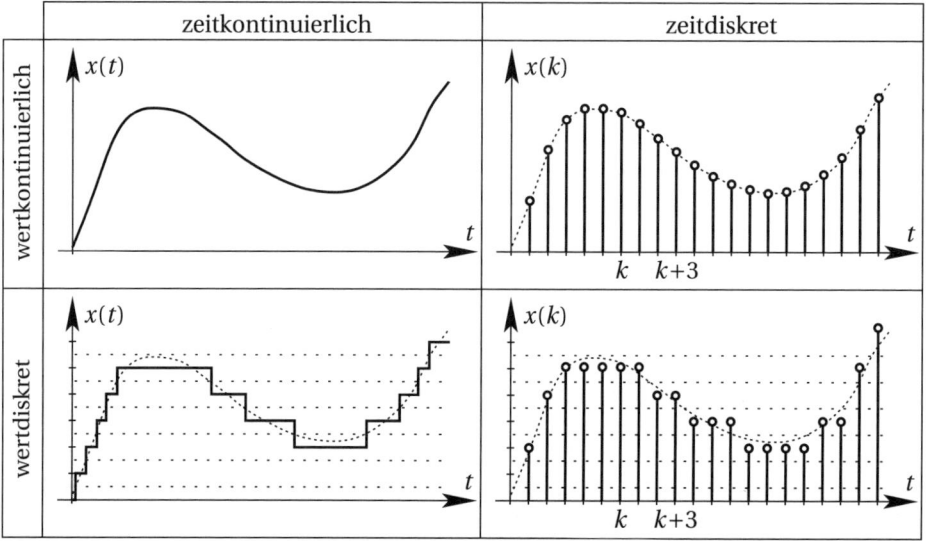

Bild 4.1 Signale in Bezug auf Zeit- und Wertebereich (die punktierten Linien zeigen die Wertübergänge, d. h. sie begrenzen den Gültigkeitsbereich eines konkreten, diskreten Wertes)

Die Einteilung von Signalen nach ihren weiteren Eigenschaften zeigt Bild 4.2, die Begriffe werden nachfolgend erläutert.

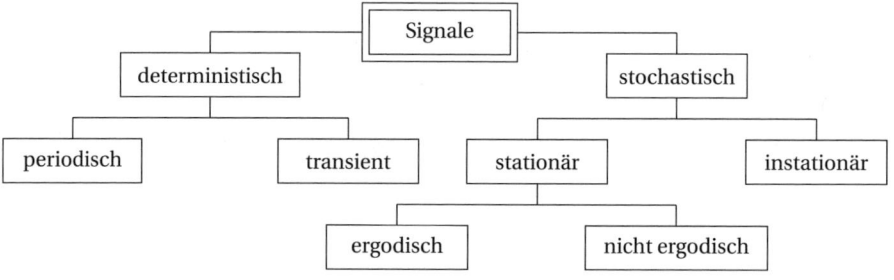

Bild 4.2 Einteilung der Signale

Deterministisches Signal: Für den Funktionswert von $x(t)$ liegt eine eindeutige Regel vor, z. B. in Form eines mathematischen Ausdrucks. Deterministische Signale dienen vorwiegend der Beschreibung technischer Prozesse. Man unterscheidet

- **periodische** Signale (Prozesse mit zyklischem und schwingendem Verlauf)
- **transiente** Signale (Beschreibung von Übergangs- und Einschwingvorgängen)

Stochastisches Signal: Bei stochastischen (zufälligen) Signalen $\tilde{x}(t)$ ist eine exakte Vorhersage nicht möglich, allerdings gelingt eine Beschreibung durch ihre statistischen Eigenschaften (Kenngrößen). Diese Signale sind von hoher Bedeutung zur Beschreibung von Störungen und Rauschprozessen. In der Praxis werden stochastische Signale meist als **stationär** und **ergodisch** angenommen.

Stationäres Signal: Ein Zufallsprozess ist **stationär**, wenn seine statistischen Eigenschaften (Kenngrößen) nicht zeitabhängig sind (Zeitinvarianz). Bild 4.3 erläutert den Unterschied zwi-

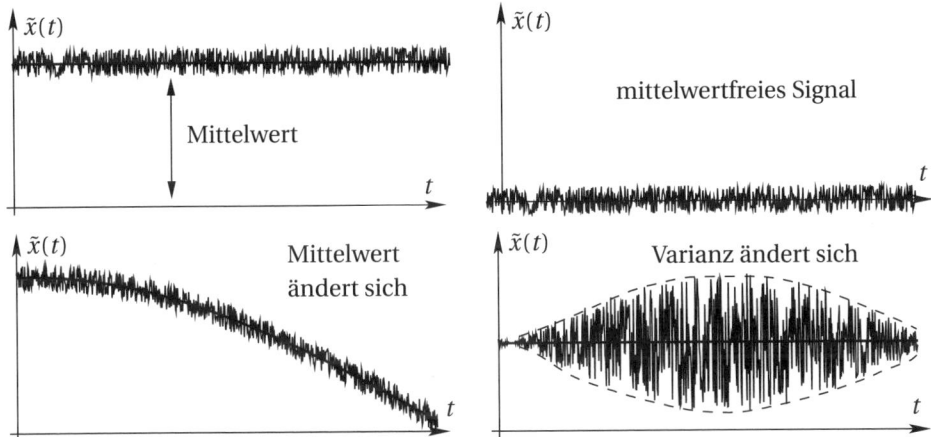

Bild 4.3 Beispiele für stationäre (oben) und instationäre Zufallssignale (unten)

schen stationären und instationären Signalen. Bei stationären Signalen sind alle relevanten Kenngrößen zeit**un**abhängig. Bei einem instationären Signal ändert sich beispielsweise der Mittelwert oder die Varianz mit der Zeit (untere Verläufe in Bild 4.3; Begriffsklärung in Abschnitt 4.1.3).

Ein instationäres Signal von hoher praktischer Relevanz ist der so genannte **Random Walk** (Varianz steigt linear mit der Zeit, siehe Beispiel 4.7). Die sog. Drift vieler in der Mechatronik eingesetzter Sensoren lässt sich mit diesem Prozess beschreiben.

Ergodisches Signal: Ein Prozess heißt **ergodisch**, wenn der Ensemble-Mittelwert gleich dem Zeit-Mittelwert ist. Ein Beispiel ist ein Würfelprozess. Ob man den n-ten Wurf einer Reihe betrachtet oder aber n Würfel gleichzeitig wirft und dann aus diesem Ensemble zufällig ein Ergebnis auswählt, in beiden Fällen ist die Wahrscheinlichkeit – z. B. für eine '6' – gleich. Instationäre Signale sind nicht ergodisch. Ergodische Signale sind immer stationär, aber es gibt stationäre Signale, die nicht ergodisch sind, d. h. die Ergodizität ist eine strengere Forderung. In technischen Prozessen nimmt man typischerweise Ergodizität an.

4.1.2 Verteilungs- und Verteilungsdichtefunktion

Eine Möglichkeit der vollständigen Beschreibung einer Zufallsvariablen $\tilde{x}(t)$ ist die Angabe der Verteilungs- oder Verteilungsdichtefunktion. Im Folgenden kommt die Tilde˜zur Kennzeichnung einer Zufallsvariablen zum Einsatz, wenn dies aus dem Zusammenhang nicht unmittelbar ersichtlich ist.

Die **Verteilungsfunktion** $P(\tilde{x} \leq x_0)$ gibt die Wahrscheinlichkeit an, dass die Zufallsvariable $\tilde{x}(t)$ kleiner gleich einem gegebenen Wert x_0 ist. In der Kurzschreibweise kommt $P(x)$ zur Anwendung, wobei hier x für den Grenzwert x_0 steht. Es gilt:

$$P(x) \geq 0 \; ; \; \frac{\partial}{\partial x} P(x) = p(x) \geq 0 \; ; \; \lim_{x \to -\infty} P(x) = 0 \; ; \; \lim_{x \to \infty} P(x) = 1. \tag{4.2}$$

Die darin eingeführte Funktion $p(x)$ bezeichnet man als **Verteilungsdichtefunktion**. Mit dieser kann man etwa die Wahrscheinlichkeit dafür berechnen, dass die Zufallsvariable $\tilde{x}$ einen Wert zwischen a und b annimmt

$$W(a \leq \tilde{x} \leq b) = P(b) - P(a) = \int_a^b p(x)\,\mathrm{d}x. \tag{4.3}$$

Bei einer kontinuierlichen Zufallsvariablen $\tilde{x}$ gilt damit – auf den ersten Blick unerwartet: $W(\tilde{x} \equiv x_0) = 0$. Erst bei diskreten Zufallsvariablen, d.h. $\tilde{x}$ kennt nur diskrete Werte, besteht die Verteilungsdichtefunktion aus gewichteten δ-Funktionen[2] und die Wahrscheinlichkeit für einen zulässigen diskreten Wert ist dann ungleich null (vgl. Würfelprozess). Es gilt stets

$$\int_{-\infty}^{\infty} p(x)\,\mathrm{d}x = 1. \tag{4.4}$$

Beispiel 4.1 Verteilungsfunktion einer kontinuierlichen Zufallsvariablen

Zur Erläuterung des Umgangs mit den eingeführten Funktionen sei eine Zufallsvariable $\tilde{x}$ betrachtet, die durch zeitlich zufälliges Abtasten des Prozesses $\xi(t) = \sin(\omega t)$ entsteht. Gesucht sind die Verteilungs- und Verteilungsdichtefunktion. Bild 4.4 zeigt den Verlauf von $\xi(t)$. Man betrachtet eine Periode der Länge 2π, womit sich Folgendes ableiten lässt $P(x) = 1 - \Delta\omega t/(2\pi)$ mit $\Delta\omega t = \pi - 2\arcsin(x)$.

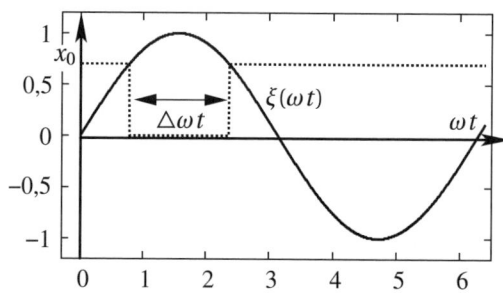

Bild 4.4
Erzeugung des
Zufallsprozesses aus $\xi(t)$

Somit lautet die Verteilungsfunktion

$$P(x) = \frac{2\pi - \pi + 2\arcsin x}{2\pi} = \frac{1}{2} + \frac{\arcsin x}{\pi}$$

und für die Verteilungsdichtefunktion ermittelt man schließlich

$$p(x) = \frac{\partial}{\partial x} P(x) = \frac{\partial}{\partial x}\left(\frac{1}{2} + \frac{\arcsin(x)}{\pi}\right) = \frac{1}{\pi}\frac{1}{\sqrt{1 - x^2}}.$$

Bild 4.5 zeigt die Verteilungs- und Verteilungsdichtefunktion. ■

---

[2]   auch DIRAC'sche Deltafunktion $\delta(t - t_0) \begin{cases} \neq 0 & \text{für} \quad t = t_0 \\ = 0 & \text{für} \quad t \neq t_0 \end{cases}$ mit $\int_{-\infty}^{\infty} \delta(t - t_0)\mathrm{d}t = 1$

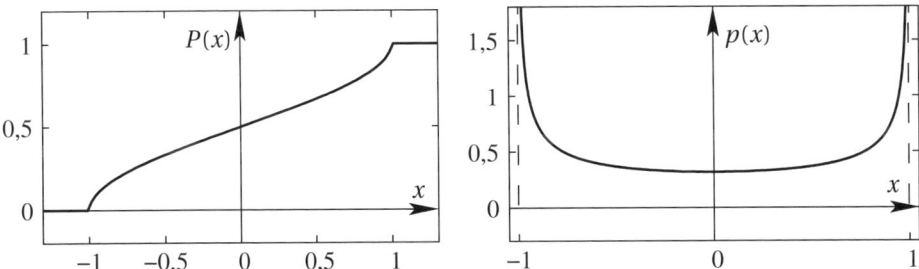

Bild 4.5 Links: Verteilungs-, rechts: Verteilungsdichtefunktion für die Zufallsvariable $\tilde{x}(t)$

4.1.3 Signalkennwerte und Signalkennfunktionen

Zur Charakterisierung von Zufallsprozessen kommen so genannte **Momente** zum Einsatz. Die Gesamtheit aller Momente beschreibt dabei eine Größe statistisch vollständig. Für das Moment erster bzw. allgemein n-ter Ordnung gilt:

$$M_1 = E[\tilde{x}] = \mu = \int_{-\infty}^{\infty} x \cdot p(x)\, \mathrm{d}x \quad ; \quad M_n = E[\tilde{x}^n] = \int_{-\infty}^{\infty} x^n \cdot p(x)\, \mathrm{d}x. \tag{4.5}$$

Der hierbei eingeführte **Erwartungswertoperator** $E[.]$ ist linear, d. h. es gilt

$$E[a\tilde{x} + b] = aE[\tilde{x}] + b \quad \text{für beliebige} \quad a, b \in \mathbb{R}. \tag{4.6}$$

Das Moment erster Ordnung $E[\tilde{x}]$ bezeichnet man als statistischen Mittelwert bzw. als **Erwartungswert** μ. Bei den so genannten **Zentralmomenten** erfolgt die Operation im Abstand zum Erwartungswert $E[\tilde{x}]$. Für das wichtige Zentralmoment 2. Ordnung, das als **Varianz** σ^2 bekannt ist und die Streuung um den statistischen Mittelwert charakterisiert, gilt damit

$$M_z = \sigma^2 = E[(\tilde{x} - E[\tilde{x}])^2] = \int_{-\infty}^{\infty} (x - E[x])^2 \cdot p(x)\, \mathrm{d}x = \int_{-\infty}^{\infty} (x - \mu)^2 \cdot p(x)\, \mathrm{d}x. \tag{4.7}$$

Die Wurzel der Varianz bezeichnet man als **Standardabweichung** σ.
Bei sog. GAUSS-Prozessen sind zur eindeutigen Beschreibung die ersten beiden Momente ausreichend (Erwartungswert und Varianz). Bild 4.6 zeigt die bekannte Glockenform der GAUSS-Verteilung, die man aufgrund ihrer hohen Bedeutung auch **Normalverteilung** nennt.

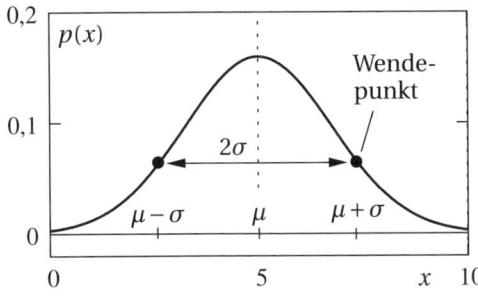

Bild 4.6
Normalverteilung (GAUSS-Verteilung)
$p(x) = \frac{1}{\sqrt{2\pi}\sigma} \exp\left\{\frac{(x-\mu)^2}{\sigma^2}\right\}$
hier mit $\mu = 5$; $\sigma = 2,5$

Der mathematische Zusammenhang lautet

$$p(x) = \frac{1}{\sqrt{2\pi}\sigma} \exp\left\{ \frac{(x-\mu)^2}{\sigma^2} \right\},$$ (4.8)

den man häufig wie folgt abkürzt $\tilde{x} \sim \mathcal{N}(\mu, \sigma)$. Obwohl die Beschreibung nur von μ und σ abhängt, heißt das nicht, dass alle höheren Momente der Normalverteilung identisch null sind.

Beispiel 4.2 Varianz von Quantisierungsrauschen

Bei der Implementierung von Rechenvorschriften auf Digitalrechnern oder bei der Abtastung und Wandlung von analogen Größen ist zu berücksichtigen, dass Zahlen nur mit einer endlichen Wortlänge darstellbar sind. Bezeichnet x die exakte Zahl und $x_q = Q[x]$ den quantisierten Wert, dann gilt bei Festkommaarithmetik und Rundungsfunktion

$$x = x_q + \epsilon \quad \text{mit} \quad -a/2 \le \epsilon \le a/2,$$ (4.9)

wobei der Wert $a = 2^{-\beta}$ von der Auflösung abhängt (β entspricht der Anzahl Bits).

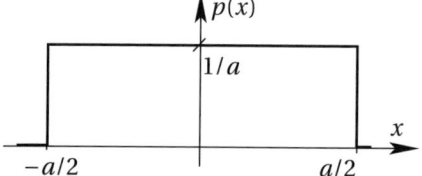

Bild 4.7
Verteilungsdichtefunktion
gemäß einer Gleichverteilung

Setzt man für den Quantisierungsfehler eine Gleichverteilung gemäß Bild 4.7 an, so errechnet sich der Erwartungswert zu

$$\mu_x = E[\tilde{x}] = \int_{-a/2}^{a/2} \frac{1}{a} x \, dx = \frac{1}{a} \cdot \frac{1}{2} \cdot \left(\frac{a^2}{4} - \frac{a^2}{4} \right) = 0$$

und für die Varianz ermittelt man

$$\sigma_x^2 = E\left[(\tilde{x} - E[\tilde{x}])^2\right] = \int_{-a/2}^{a/2} \frac{1}{a} x^2 \, dx = \frac{1}{a} \cdot \frac{1}{3} \cdot \left(\frac{a^3}{8} + \frac{a^3}{8} \right) = \frac{a^2}{12}.$$

Für die analytische Behandlung von Quantisierungseffekten (z. B. für den Entwurf einer numerisch robusten Implementierung) ist die Gleichverteilung nicht gut geeignet. Man approximiert dann meist mit einem mittelwertfreien, weißen Rauschprozess (vgl. Beispiel 4.3), der die oben berechnete Varianz σ_x^2 besitzt. ∎

Bei ergodischen Prozessen sind Zeitmittelwert und Ensemblemittelwert gleich. Es gilt dann für den linearen und den quadratischen Zeitmittelwert

$$\bar{x}(t) = \lim_{T \to \infty} \frac{1}{2T} \int_{-T}^{T} \tilde{x}(t) \, dt \quad \overset{\text{ergodisch}}{=} \quad E[\tilde{x}],$$ (4.10)

$$\overline{x^2}(t) = \lim_{T \to \infty} \frac{1}{2T} \int_{-T}^{T} \tilde{x}^2(t) \, dt \quad \overset{\text{ergodisch}}{=} \quad E[\tilde{x}^2],$$ (4.11)

$$\sigma_x^2 = \lim_{T \to \infty} \frac{1}{2T} \int_{-T}^{T} (\tilde{x} - \bar{x})^2 \, dt \quad \overset{\text{ergodisch}}{=} \quad E\left[(\tilde{x} - \bar{x})^2\right]$$ (4.12)

und wir können also die gesuchten Größen aus abgetasteten Zeitreihen mit einer endlichen Messzeit T approximieren (begrenzte Stichprobe des Signals). Damit ergibt sich z. B. für den empirischen Erwartungswert und die empirische Varianz aus N Messwerten

$$E[\tilde{x}] \approx \frac{1}{N} \sum_{k=1}^{N} \tilde{x}(k) = \overline{x} \quad ; \quad E\left[[\tilde{x} - E[\tilde{x}]]^2\right] \approx \frac{1}{N-1} \sum_{k=1}^{N} (\tilde{x}(k) - \overline{x})^2 . \tag{4.13}$$

Der Vorfaktor $1/(N-1)$ stellt eine verzerrungsfreie Schätzung sicher (Erläuterung siehe Abschnitt 7.3), d. h. vereinfacht ausgedrückt, sie nähert die wahre Größe für $N \to \infty$ beliebig genau an. Die wichtigsten Signalkennwerte fasst Tabelle 4.1 zusammen.

Tabelle 4.1 Übersicht mit wichtigen Signalkennwerten

Nr.	Bezeichnung	Formel
1	Positiver, negativer Spitzenwert	$\hat{x} = \max\limits_{t}(x(t)) \quad ; \quad \check{x} = \min\limits_{t}(x(t))$
2	Arithmetischer (linearer) Mittelwert	$\overline{x} = \dfrac{1}{T} \displaystyle\int_0^T x(t)\,dt$
3	Quadratischer Mittelwert (Effektivwert)	$\tilde{x} = \left\{ \dfrac{1}{T} \displaystyle\int_0^T x^2(t)\,dt \right\}^{1/2}$
4	Varianz (Wurzel entspricht Standardabweichung)	$\sigma_x^2 = \dfrac{1}{T} \displaystyle\int_0^T \left(x(t) - \overline{x}\right)^2 dt$
5	Schiefe	$\gamma_x = \dfrac{1}{\sigma_x^3} \displaystyle\int_0^T \left(x(t) - \overline{x}\right)^3 dt$
6	Kurtosiswert	$\beta_x = \dfrac{1}{\sigma_x^4} \displaystyle\int_0^T \left(x(t) - \overline{x}\right)^4 dt$

Die **Schiefe** ist ein Maß für die Asymmetrie. Der **Kurtosiswert** reagiert wegen der 4. Potenz empfindlich auf die Spitzenhaltigkeit des Signals. Durch eine geeignete Wichtung ist dieser weitestgehend unabhängig vom Signalpegel.

Die behandelten **Signalkennwerte** erlauben nur einen groben Rückschluss auf das zugrunde liegende Signal. Daher erfolgt nun die Betrachtung von **Signalkennfunktionen**.

Signalkennfunktionen im Zeitbereich

Zentral ist hier die Korrelation, die die 'innere Verwandtschaft' zwischen zwei Signalen $\tilde{x}(t)$ und $\tilde{y}(t)$ zum Ausdruck bringt. Dazu bildet man das Produkt $\tilde{x}(t)\,\tilde{y}(t+\tau)$ und berechnet den Erwartungswert zu verschiedenen Zeitverschiebungen τ. Diese Operation führt auf die **Kreuzkorrelationsfunktion** $R_{xy}(\tau)$ (KKF). Mit der **Autokorrelationsfunktion** $R_{xx}(\tau)$ (AKF) wird die Verwandtschaft des Signals mit sich selbst bewertet. Die Korrelationsanalyse erlaubt dann z. B. eine quantitative Aussage über die **Periodizität**.

Kreuzkorrelationsfunktion: Unter Ausnutzung der Ergodizität ergibt sich

$$R_{xy}(\tau) = E\left[\tilde{x}(t) \cdot \tilde{y}(t+\tau)\right] \overset{\text{ergodisch}}{=} \lim_{T \to \infty} \frac{1}{2T} \int_{-T}^{T} \tilde{x}(t)\,\tilde{y}(t+\tau)\,dt$$

$$= \lim_{T \to \infty} \frac{1}{2T} \int_{-T}^{T} \tilde{x}(t-\tau)\,\tilde{y}(t)\,dt . \tag{4.14}$$

Der Ausdruck $2T$ steht hier stellvertretend für den Definitionsbereich der Funktionen. Wie unschwer zu erkennen, sind Korrelation und Faltung miteinander verwandt. Tatsächlich ist es möglich, die Korrelation durch den Faltungsoperator darzustellen, wenn man geeignete Spiegelungen und Transformationen ausführt.

 Die Korrelation ist im Gegensatz zur Faltung nicht kommutativ, denn es gilt $R_{xy}(\tau) = R_{yx}(-\tau)$. Man beachte die Indizierung.

Ersetzt man in Gl. (4.14) $\tilde{y}(t)$ durch $\tilde{x}(t)$, d. h. wird nur das Signal $\tilde{x}(t)$ betrachtet, gelangt man zur Autokorrelationsfunktion (AKF) $R_{xx}(\tau)$.

Betrachtet man die Abweichungen vom Erwartungswert, erhält man die **Kreuzkovarianzfunktion** $C_{xy}(\tau)$ (KKV) bzw. die **Autokovarianzfunktion** $C_{xx}(\tau)$ (AKV).

$$C_{xy}(\tau) = E\left[(\tilde{x}(t) - \bar{x})(\tilde{y}(t+\tau) - \bar{y})\right] \overset{\text{stationär}}{=} R_{xy}(\tau) - E\left[\tilde{x}(t)\right] \cdot E\left[\tilde{y}(t)\right] \tag{4.15}$$

$$C_{xx}(\tau) = R_{xx}(\tau) - E\left[\tilde{x}(t)\right] \cdot E\left[\tilde{x}(t+\tau)\right] \overset{\text{stationär}}{=} R_{xx}(\tau) - E^2\left[\tilde{x}(t)\right] \tag{4.16}$$

Die Autokorrelationsfunktion (AKF) ist eine gerade Funktion, d. h. es gilt

$$R_{xx}(\tau) = R_{xx}(-\tau). \tag{4.17}$$

Die KKF hingegen ist schiefsymmetrisch, d. h. für die KKF gilt

$$R_{xy}(\tau) = R_{yx}(-\tau). \tag{4.18}$$

Das Maximum (Quadrat des Effektivwertes) nimmt die AKF bei $\tau = 0$ an. Es gilt

$$R_{xx}(0) = \tilde{x}^2 = \overline{\tilde{x}^2(t)} = E\left[\tilde{x}^2\right]. \tag{4.19}$$

Dies ist bei näherer Betrachtung der Gl. (4.14) auch naheliegend. Nur für periodische Funktionen kann dieser Maximalwert noch zusätzlich erreicht werden, wenn τ einem ganzzahligen Vielfachen der Periode entspricht. Falls der Endwert existiert, gilt für die Kreuzkorrelierte

$$\lim_{\tau \to \infty} R_{xy}(\tau) = E\left[\tilde{x}\right] \cdot E\left[\tilde{y}\right]. \tag{4.20}$$

Für sehr große Zeitverschiebungen sind zwei Signale also statistisch unabhängig. Bild 4.8 zeigt typische Verläufe für AKF und KKF. Das Maximum der KKF findet sich meist **nicht** bei $\tau = 0$.

Die AKF und KKF sind von außerordentlicher Bedeutung in technischen Anwendungen. Dies liegt z. B. daran, dass sich bei hinreichend langen Messreihen Nutz- und Störsignale gut voneinander trennen lassen. Prominente Anwendungen sind die Frequenzgangmessung (orthogonale Korrelation), die statistische Linearisierung, Schätzung der Parameter linearer Systeme, die Formfiltersynthese oder die Signalerkennung und -verfolgung (z. B. beim GPS).

Abschließend sei angemerkt, dass die Definitionen von AKF und KKF nicht auf stochastische Signale beschränkt sind. Sie lassen sich auch auf deterministische Signale oder auf Signale mit deterministischen und stochastischen Anteilen anwenden. So ist die AKF von periodischen Signalen eine periodische Funktion mit derselben Grundperiode wie das Signal selbst. Wird ein Nutzsignal durch ein schwach korreliertes Störsignal verfälscht, erhöht sich der (quadrierte) Effektivwert $R_{xx}(\tau = 0)$, der Einfluss der Störung auf die AKF nimmt jedoch mit wachsendem τ ab. Aus diesem Grund kann die AKF periodische und stochastische Signalanteile erkennen und voneinander trennen. Dazu sollte aber eine genügend große Messzeit T gewählt werden (vgl. Beispiel 4.5 auf Seite 148).

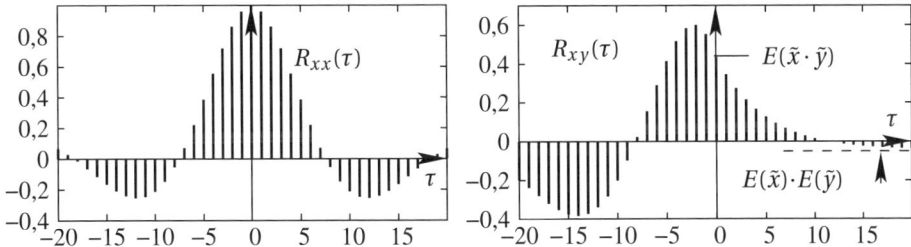

Bild 4.8 Links: Autokorrelationsfunktion der Impulsantwort eines stabilen, schwingfähigen PT$_2$-Systems; Rechts: Typische Kreuzkorrelationsfunktion

Signalkennfunktionen im Frequenzbereich

Die spektrale Leistungsdichte (manchmal auch Autospektraldichte, Leistungsdichtespektrum) ist definiert als die FOURIER-Transformierte der AKF $R_{xx}(\tau)$

$$S_{xx}(j\omega) = \mathscr{F}\{R_{xx}(\tau)\} = \int_{-\infty}^{\infty} R_{xx}(\tau)e^{-j\omega\tau}\,\mathrm{d}\tau. \tag{4.21}$$

Sie zeigt die im Signal enthaltenen Frequenzanteile mit deren Leistung. Die Rücktransformation lautet entsprechend der FOURIER-Transformation

$$R_{xx}(\tau) = \mathscr{F}^{-1}\{S_{xx}(j\omega)\} = \frac{1}{2\pi}\int_{-\infty}^{\infty} S_{xx}(j\omega)e^{j\omega\tau}\,\mathrm{d}\omega. \tag{4.22}$$

Die Gln. (4.21) und (4.22) bezeichnet man als WIENER-KHINTCHINE-Transformation. Die **spektrale Kreuzleistungsdichte** (Kreuzleistungsdichtespektrum) definiert sich analog gemäß

$$S_{xy}(j\omega) = \mathscr{F}\{R_{xy}(\tau)\} = \int_{-\infty}^{\infty} R_{xy}(\tau)e^{-j\omega\tau}\,\mathrm{d}\tau \tag{4.23}$$

mit der Rücktransformation

$$R_{xy}(\tau) = \mathscr{F}^{-1}\{S_{xy}(j\omega)\} = \frac{1}{2\pi}\int_{-\infty}^{\infty} S_{xy}(j\omega)e^{j\omega\tau}\,\mathrm{d}\omega. \tag{4.24}$$

 Die FOURIER-Transformation von Zeitsignalen ergibt ein **Amplitudenspektrum**, von Korrelationsfunktionen hingegen ein **Leistungsspektrum**!

Da die AKF $R_{xx}(\tau)$ eine gerade Funktion darstellt $R_{xx}(\tau) = R_{xx}(-\tau)$, ist auch die spektrale Leistungsdichte gerade $S_{xx}(\omega) = S_{xx}(-\omega)$ und stets reell.
Für das Leistungsdichtespektrum gilt stets $S_{xx}(\omega) \geq 0$.
Eine alternative Berechnung des Effektivwertes aus dem Leistungsdichtespektrum lautet

$$R_{xx}(0) = E\left[\tilde{x}^2(t)\right] \Longrightarrow E\left[\tilde{x}^2(t)\right] = \frac{1}{2\pi}\int_{-\infty}^{\infty} S_{xx}(\omega)\,\mathrm{d}\omega. \tag{4.25}$$

Bei der Herleitung dieser Beziehung kommt das PARSEVAL'sche Theorem zur Anwendung

$$R_{xx}(0) = \boxed{\int_{-\infty}^{\infty} |x(t)|^2\,\mathrm{d}t = \frac{1}{2\pi}\int_{-\infty}^{\infty} |X(\omega)|^2\,\mathrm{d}\omega} = \frac{1}{2\pi}\int_{-\infty}^{\infty} S_{xx}(\omega)\mathrm{d}\omega, \tag{4.26}$$

welches in Gl. (4.26) umrahmt ist. Der Mehrwert dieser Beziehung entsteht z. B. dadurch, dass häufig das Leistungsdichtespektrum gemessen wird (Frequenzanalysator).

Die Kreuzleistungsdichte $S_{xy}(\omega)$ ist i. Allg. komplexwertig. Aus $R_{xy}(\tau) = R_{yx}(-\tau)$ folgt

$$S_{xy}(-\omega) = \int_{-\infty}^{\infty} R_{xy}(-\tau) e^{-j\omega\tau} \, d\tau = S_{yx}(\omega) = S_{xy}^*(\omega), \qquad (4.27)$$

wobei $S_{xy}^*(\omega)$ die konjugiert-komplexe Funktion darstellt.

 Zusammenfassend lassen sich Signale sowohl im Zeit- als auch im Frequenzbereich durch Signalkennwerte und/oder -kennfunktionen beschreiben. Die Bestimmung erfolgt häufig durch eine Mittelwertbildung (Erwartungswertoperator). Zeit- und Frequenzbereich lassen sich durch die FOURIER- $\mathscr{F}\{.\}$ bzw. die LAPLACE-Transformation $\mathscr{L}\{.\}$ ineinander umrechnen. Bild 4.9 zeigt diese Zusammenhänge.

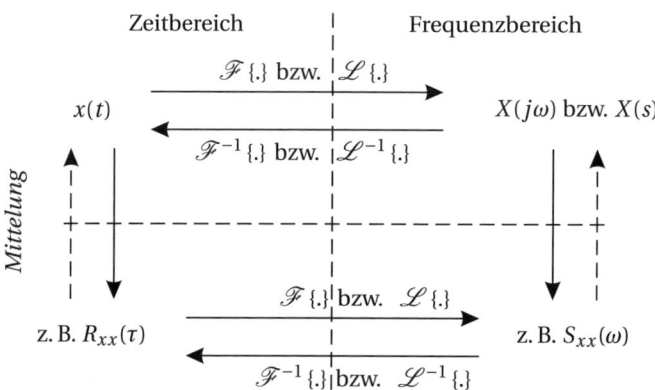

Bild 4.9 Beziehungen zwischen den verschiedenen Signaldarstellungen

Beispiel 4.3 Leistungsdichtespektren von Rauschprozessen

Für die AKF des **weißen Rauschens** gilt $R_{xx}(\tau) = S_0 \cdot \delta(\tau)$ mit der DIRAC'sche Deltafunktion $\delta(\tau)$. Mit anderen Worten: Beliebig dicht aufeinanderfolgende Signalwerte sind statistisch unabhängig. Für die spektrale Leistungsdichte ergibt Gl. (4.21)

$$S_{xx}(\omega) = \int_{-\infty}^{\infty} S_0 \cdot \delta(\tau) \, e^{-j\omega\tau} \, d\tau = S_0 = \text{konst.} \neq f(\omega).$$

Die Leistungsdichte ist damit konstant und für alle Frequenzen gleich. Die Namensgebung ist dabei angelehnt an das weiße Licht, welches sich aus der Überlagerung farblicher Frequenzanteile ergibt. Bild 4.10 zeigt die Zusammenhänge grafisch. Für den Effektivwert (Energieinhalt) gilt

$$R_{xx}(0) = E\left[\tilde{x}^2(t)\right] = \frac{1}{2\pi} \int_{-\infty}^{\infty} S_{xx}(\omega) \, d\omega = \frac{1}{2\pi} \int_{-\infty}^{\infty} S_0 \, d\omega = \infty \, !$$

Dies ist der Grund, weshalb das weiße Rauschen technisch nicht realisierbar ist! In Realität wird ab einer bestimmten Frequenz die Leistungsdichte abnehmen und für $\omega \to \infty$

gegen null streben. Dennoch ist das Gedankengerüst von außerordentlicher Bedeutung, etwa bei der Formfiltersynthese (Systemidentifikation).

Im unteren Teil von Bild 4.10 sind die Zusammenhänge für **farbiges Rauschen** dargestellt. Gedanklich entsteht farbiges Rauschen aus weißem Rauschen durch Filterung. Die Signalwerte sind dann miteinander korreliert, wie man dem entsprechenden $R_{xx}(\tau)$ ansehen kann.

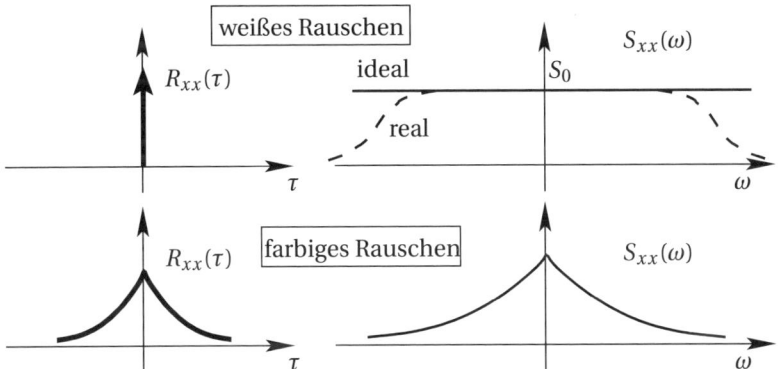

Bild 4.10 Oben: Autokorrelationsfunktion und Leistungsdichtespektrum des weißen Rauschens. Die gestrichelte Linie zeigt das Dichtespektrum des technischen (realen) weißen Rauschprozesses. Unten: Zusammenhänge für farbiges Rauschen.

Beispiel 4.4 Signalkennfunktionen für ein periodisches Signal

Auf ein trägheitsloses System mit quadratischer Kennlinie $y(t) = x^2(t)$ wirkt ein harmonisches Eingangssignal $x(t) = A\sin\frac{2\pi}{T}t$. Zu berechnen ist die AKF und das Leistungsdichtespektrum des Ausgangs $y(t)$. Gegeben sind Amplitude A und Periodendauer T.

Lösung:

Das Ausgangssignal hat die Form $y(t) = x^2(t) = \frac{1}{2}A^2(1 - \cos 2\Omega t), \quad \Omega = \frac{2\pi}{T}$.
Für die Autokorrelationsfunktion (AKF) ermittelt man dann

$$
\begin{aligned}
R_{yy}(\tau) &= \frac{A^4}{4}\lim_{T\to\infty}\left\{\frac{1}{2T}\int_{-T}^{T}(1-\cos 2\Omega t)\big(1-\cos 2\Omega(t+\tau)\big)\,\mathrm{d}t\right\}\\
&= \frac{A^4}{4}\lim_{T\to\infty}\left\{\frac{1}{2T}\int_{-T}^{T}\Big(1-\cos 2\Omega t - \cos 2\Omega(t+\tau)\right.\\
&\qquad\left. +\frac{1}{2}\cos(4\Omega t + 2\Omega\tau)+\frac{1}{2}\cos 2\Omega\tau\Big)\mathrm{d}t\right\} = \frac{A^4}{4}\Big(1+\frac{1}{2}\cos 2\Omega\tau\Big).
\end{aligned}
$$

Für das Leistungsdichtespektrum folgt

$$
S_{yy}(\omega) = \frac{A^4}{4}\int_{-\infty}^{+\infty}\Big(1+\frac{1}{2}\cos 2\Omega\tau\Big)e^{-j\omega\tau}\,\mathrm{d}\tau = \frac{A^4\pi}{2}\left[\delta(\omega)+\frac{1}{4}\delta(\omega-2\Omega)+1\frac{1}{4}\delta(\omega+2\Omega)\right].
$$

Durch $\delta(.)$ wird die DIRAC'sche Deltafunktion bezeichnet. Die Herleitung des aufgeführten Zusammenhangs erfordert den Umgang mit Distributionen, gelingt aber auch mit Korrespondenztabellen und Rechenregeln für die FOURIER-Transformierte (vgl. hierzu Anhang A.1).

Aus $\frac{1}{2\pi} \circ\!\!-\!\!\bullet\, \delta(\omega)$ und $x(t)e^{j\omega_0 t} \circ\!\!-\!\!\bullet\, X\big(j(\omega-\omega_0)\big)$ folgt $\frac{1}{2\pi}e^{j\omega_0 t} \circ\!\!-\!\!\bullet\, \delta(\omega-\omega_0)$.

Damit entsteht folgende Korrespondenz

$$\cos(\omega_0 t) = \frac{1}{2}\left(e^{j\omega_0 t} + e^{-j\omega_0 t}\right) \circ\!\!-\!\!\bullet\, \pi\left[\delta(\omega - \omega_0) + \delta(\omega + \omega_0)\right].$$

Bild 4.11 enthält die Graphen der verschiedenen Signalkennfunktionen. Die AKF ist eine periodische Funktion mit der gleichen Periodendauer T wie das Signal $y(t)$. Die Leistungsdichte ist nur für diskrete Frequenzwerte von null verschieden und hat den Charakter eines **Linienspektrums**. Diese Aussage gilt für jedes periodische Signal. Diese lassen sich ja bekanntlich durch eine FOURIER-Reihenentwicklung in eine Schwingung der Grundfrequenz $\omega_1 = \frac{2\pi}{T}$ und der zugehörigen Oberwellen ($\omega_n = n\omega_1$ als ganzzahlige Vielfache der Grundfrequenz) zerlegen. ∎

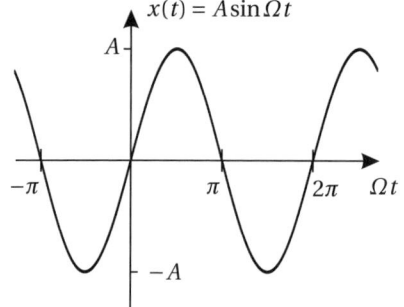

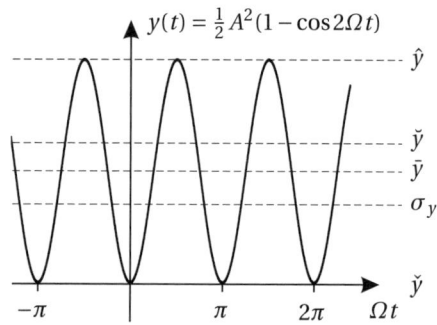

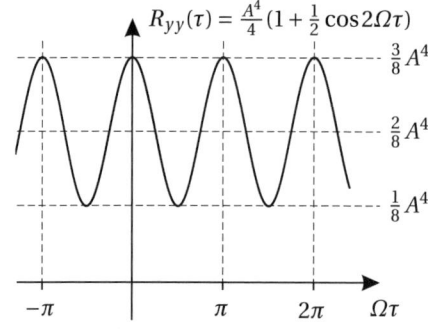

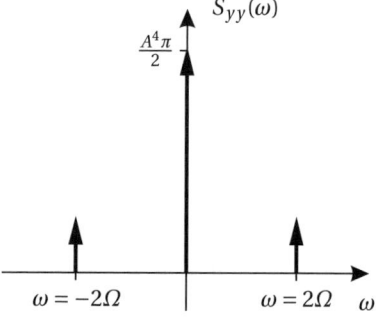

Bild 4.11 Verläufe der Signalkennfunktionen (zu Beispiel 4.4)

Beispiel 4.5 AKF und spektrale Leistungsdichte eines verrauschten Signals

Für die Pulsfunktion (Nutzsignal, siehe Bild 4.12 links oben)

$$x(t) = \begin{cases} 1 & \text{für } nT_0 \le t \le nT_0 + \dfrac{T_0}{k}; \quad n = 0,1,2,\dots,\ k \in \mathbb{Z} \\ 0 & \text{sonst} \end{cases}$$

sind auf der linken Seite von Bild 4.12 die zugehörige AKF und die spektrale Leistungsdichte dargestellt. Das Nutzsignal sei nun durch eine additive Störung verrauscht. Unter der Annahme, dass die Störung mittelwertfrei und unkorreliert ist, zeigt die rechte Seite von Bild 4.12 das verrauschte Signal, seine AKF und die spektrale Leistungsdichte.

Gegeben: $T_0 = 1$ s, $k = 5$, Pegel des Rauschanteils: 20 % vom Nutzsignal.

Lösung:

Zuerst wird das unverrauschte Nutzsignal betrachtet: Aufgrund der Periodizität des Rechtecksignals ist auch die Autokorrelationsfunktion periodisch, demzufolge muss die spektrale Leistungsdichte ein reines Linienspektrum sein. Aufgrund der Symmetrie $R_{xx}(\tau) = R_{xx}(-\tau)$ treten nur Cosinus-Glieder in der Fourier-Reihenentwicklung auf.

$$R_{xx} = a_0 + \sum_{n=1}^{\infty} a_n \cdot \cos(\frac{2\pi}{T_0} n\tau) = \frac{1}{k^2} + \sum_{n=1}^{\infty} \frac{1}{(\pi n)^2} \left[1 - \cos(\frac{2\pi}{k} n) \right] \cdot \cos(\frac{2\pi}{T_0} n\tau)$$

Ist n ein ganzzahliges Vielfaches von k, verschwindet der zugehörige Koeffizient a_n. Für das verrauschte Rechtecksignal weicht die AKF leicht von der idealen Dreiecksgestalt ab. Jetzt ist $R_{xx}(\tau = 0) > \frac{1}{k}$, d. h. zusätzlich zum quadratischen Mittelwert $\frac{1}{k} = 0,2$ des Nutzsignals addiert sich die Rauschvarianz $\sigma^2_{\text{Rausch}} \approx 0,0034$. Der zusätzliche Peak bei $\tau = 0$ ist aber so klein, dass er im mittleren Diagramm rechts nicht zu erkennen ist. Durch diese zusätzliche Spitze wird die spektrale Leistungsdichte zu einem kontinuierlichen Spektrum. Trotz des stark verrauschten Verlaufs sind die Harmonischen des Nutzsignals noch dominant, der spektrale Einfluss des Rauschens ist kleiner als 1 %. ■

4.1.4 Formfiltersynthese

Bild 4.13 zeigt eine lineare Strecke, die sich durch die Impulsantwort $g(t)$ charakterisieren lässt. Der Eingang des Systems ist $u(t)$. Der wahre Systemausgang lässt sich allerdings nicht direkt messen, sondern lediglich das mit einer Störgröße in Form eines Zufallsprozesses $v(t)$ beaufschlagte Signal $y(t)$. Der Zufallsprozess $v(t)$ sei ein **farbiges Rauschen** (vgl. Beispiel 4.3). Gedanklich entsteht es durch Filterung des weißen Rauschens $e(t)$ (Filter mit der Impulsantwort $h(t)$).

Ziel der **Formfiltersynthese** ist die Bestimmung von $h(t)$ bzw. dessen Pendant im Frequenzbereich $H(j\omega)$. Folgende Einsatzfelder sind typisch:
- Es findet ein Formfilter-Entwurf statt, um ein Rauschsignal $v(t)$ mit bestimmten Eigenschaften zu modellieren.
- Es erfolgt die Identifikation eines Formfilters im Rahmen einer Systemidentifikation oder bei der Vorhersage von Zeitreihen.

Für die LAPLACE-Transformierte des Ausgangs gilt

$$Y(s) = G(s)U(s) + H(s)E(s). \tag{4.28}$$

Es sei angenommen, dass $G(s)$ und $H(s)$ stabil sind, die Störgröße $e(t)$ GAUSS-verteilt und weiß ist und somit die spektrale Leistungsdichte bzw. die Varianz $S_{ee}(\omega) = \sigma^2$ besitzt. Für die AKF der Störgröße $e(t)$ ergibt sich dann $R_{ee}(\tau) = \sigma^2\delta(\tau)$. Mit Gl. (4.28) lässt sich dann für die spektrale Leistungsdichte des Ausgangs die folgende wichtige Beziehung ableiten.

$$\boxed{S_{yy}(\omega) = |G(j\omega)|^2 S_{uu}(\omega) + \sigma^2 |H(j\omega)|^2} \tag{4.29}$$

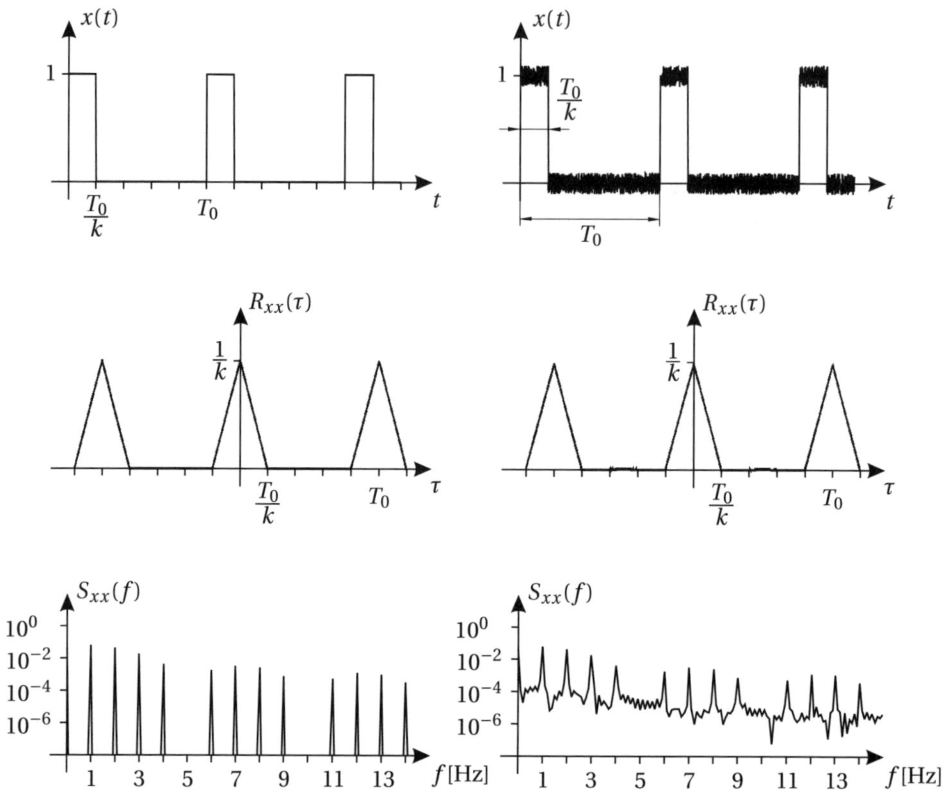

Bild 4.12 Signal und Signalkennfunktionen (AKF und Leistungsspektrum) für eine unverrauschte Pulsfunktion (links) und die verrauschte Pulsfunktion (rechts); Beispiel 4.5

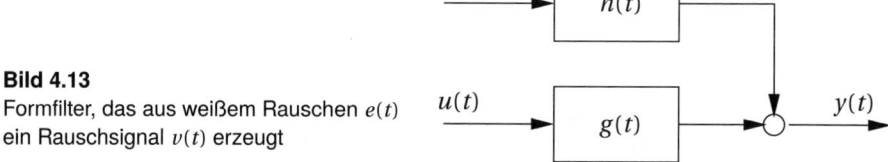

Bild 4.13
Formfilter, das aus weißem Rauschen $e(t)$ ein Rauschsignal $v(t)$ erzeugt

Wir betrachten nun nur den oberen Teil in Bild 4.13. Die Aufgabe besteht darin, aus den gegebenen spektralen Leistungsdichten am Eingang $S_{ee}(\omega)$ und am Ausgang $S_{vv}(\omega)$ das Formfilter bzw. die Übertragungsfunktion $H(j\omega)$ zu bestimmen. Analog zu Gl. (4.29) folgt

$$S_{vv}(\omega) = \left|H(j\omega)\right|^2 S_{ee}(\omega) = H(j\omega)H(-j\omega)S_{ee}(\omega). \tag{4.30}$$

Daraus lässt sich folgern:

 Sind die Spektren am Eingang und Ausgang eines linearen Systems bekannt, so lässt sich daraus nur der Amplitudengang der Strecke eindeutig bestimmen. Über den Phasengang ist keine Aussage möglich.

In Gl. (4.30) treten Pole und Nullstellen immer auch als an der Imaginärachse gespiegelt auf. Insofern kann man sich bei der „Zusammenstellung" von $H(j\omega)$ auf den stabilen und minimalphasigen Anteil beschränken und schlägt die zugehörigen Pole und Nullstellen in der rechten s-Halbebene dem Teil $H(-j\omega)$ zu. Diesen Vorgang nennt man **spektrale Zerlegung**.

Beispiel 4.6 Formfilter zur Beschreibung von Rauschsignalen

Es gilt ein Formfilter zu entwerfen, welches aus weißem ein farbiges Rauschen mit einer definierten Charakteristik erzeugt. Dazu kommt ein AR-Modell (Auto-Regressives Modell, vgl. Abschnitt 7.3.3, Tabelle 7.2) zum Einsatz. Es lässt sich als Differenzengleichung mit dem Ausgang $y(k)$ und Eingang $e(k)$ (weißes Rauschen) wie folgt beschreiben

$$y(k) = -d_1 y(k-1) - \cdots - d_m y(k-m) + e(k) \quad d_i \in \mathbb{R}. \tag{4.31}$$

Das AR-Modell ist im Allgemeinen gut geeignet, um mit wenig Parametern Phänomene wie Resonanz und schwache Dämpfung zu modellieren. Bild 4.14 zeigt exemplarische Ergebnisse bei Anwendung von AR-Filtern 1. und 2. Ordnung.

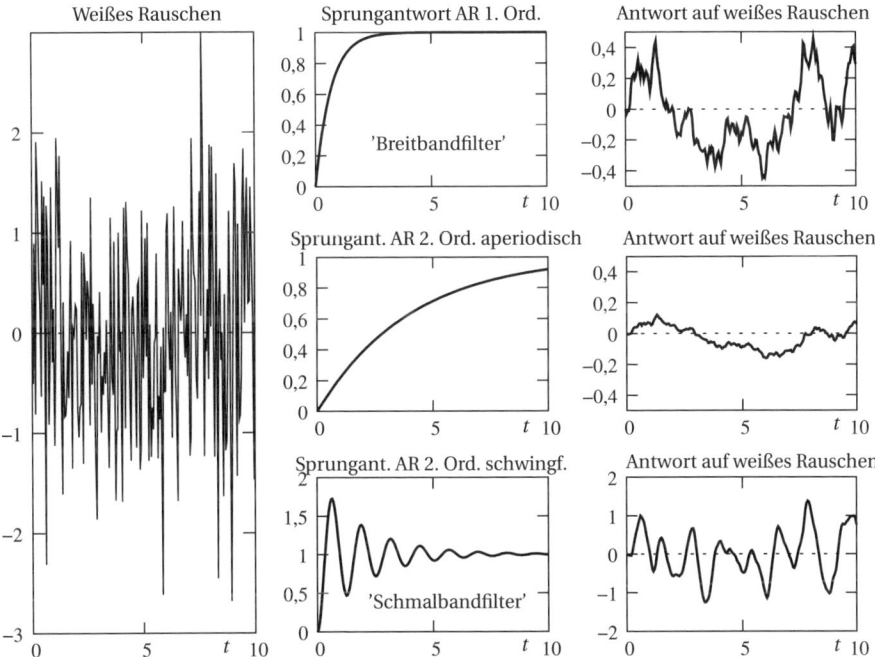

Bild 4.14 Erzeugung von farbigen Rauschprozessen mit besonderer Charakteristik

Links ist der weiße Rauschprozess dargestellt. Die mittlere Spalte zeigt die Sprungantworten (Def. auf Seite 255) von 3 Filtern; oben ein Filter 1. Ordnung und darunter zwei AR-Filter 2. Ordnung (einmal mit aperiodischem und einmal mit schwingfähigem Verhalten). Rechts ist schließlich das farbige Rauschsignal abgebildet, wenn man das entsprechende Filter auf das weiße Rauschen appliziert. Wie zu erkennen, lässt das Filter 1. Ordnung ein relativ breites Frequenzspektrum durch (entsprechend der eingestellten Eckfrequenz), weswegen wir auch von einem **Breitbandfilter** sprechen. Das schwingfähige Filter 2. Ordnung lässt bevorzugt Frequenzen um die Resonanzfrequenz durch - es wirkt wie ein **Schmalbandfilter**.

In der umgekehrten Aufgabenstellung, d. h. geht man davon aus, dass die Spektren $S_{ee}(\omega)$ und $S_{yy}(\omega)$ gemessen wurden und man möchte das entsprechende Filter bestimmen, so erhält man

$$\left|H(j\omega)\right|^2 = H(j\omega)H(-j\omega) = \frac{S_{yy}(\omega)}{S_{ee}(\omega)}. \tag{4.32}$$

Bild 4.15 zeigt exemplarisch die spektrale Zerlegung am Beispiel eines Filters $H(j\omega)$ mit zwei Polen und einer Nullstelle.

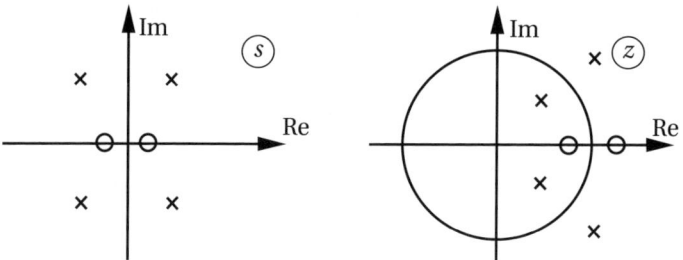

Bild 4.15 Spektrale Zerlegung für ein zeitkontinuierliches (links) und ein zeitdiskretes System (rechts)

Es sind der zeitkontinuierliche und zeitdiskrete Fall dargestellt. Man beachte, dass die Spiegelung an der Imaginärachse für den zeitdiskreten Fall zu einer Spiegelung am Einheitskreis wird, d. h. z ist durch $1/z$ zu ersetzen. ∎

Beispiel 4.7 Random Walk zur Modellierung instationärer Rauschprozesse

Betrachtet wird der eindimensionale **Random Walk** Prozess, der sich durch

$$y(k) = y(k-1) + e(k) \tag{4.33}$$

beschreiben lässt. Formal handelt es sich um einen Integrator mit weißem Rauschen am Eingang. Als Ergebnis erhält man einen instationären Rauschprozess.

Bild 4.16 zeigt links drei weiße Rauschprozesse mit identischer Varianz. Rechts sieht man die Ergebnisse bei Anwendung des Filters nach Gl. (4.33). Das Verhalten bezeichnet man als Random Walk. Der Mittelwert des Random Walks ist null, die Varianz wächst allerdings über alle Grenzen. Sie ist proportional zur Zeit bzw. zur Anzahl der Zeitschritte. Anschaulich heißt dies: Das Signal kehrt immer wieder zu null zurück, die Ausschläge werden allerdings immer größer. ∎

4.1.5   Überlagerung von Signalen

Die einfachste Form N Einzelsignale $x_i(t)$, $i = 1, 2, \ldots, N$ zu verknüpfen ist die **lineare Überlagerung**, d. h. die gewichtete Summe der Einzelsignale gemäß

$$x(t) = \sum_{i=1}^{N} a_i x_i(t) \quad \text{mit} \quad a_i = \text{konst.}. \tag{4.34}$$

Man bezeichnet diese Überlagerung auch als **Superposition**.

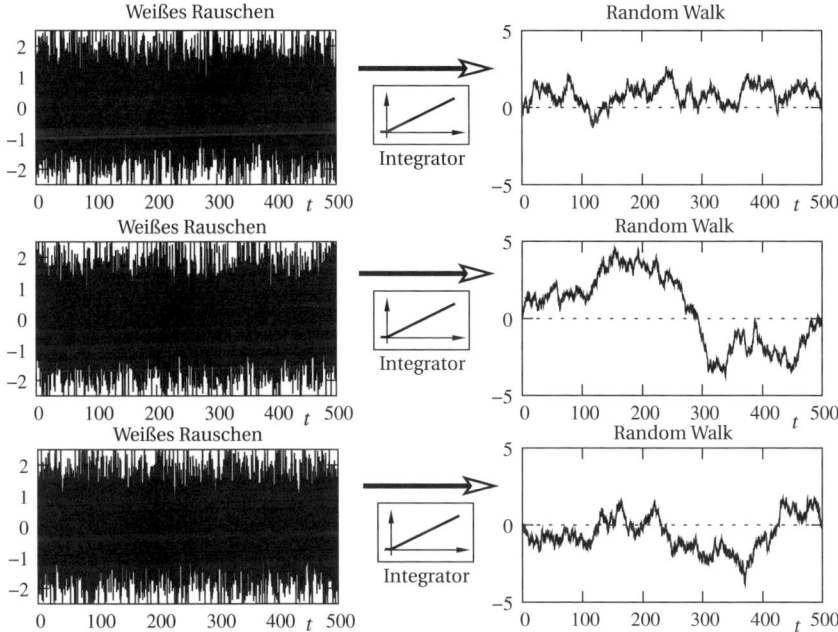

Bild 4.16 Random Walk Prozess 1. Ordnung

Selbstverständlich sind auch nichtlineare Verknüpfungen möglich, z. B. der Form

$$x(t) = f(x_1(t), x_2(t), \ldots, x_N(t))$$

mit einer gegebenen nichtlinearen Funktion $f(.)$. Von besonderer Bedeutung ist die **multiplikative Verknüpfung**

$$x(t) = \prod_{i=1}^{N} x_i(t). \tag{4.35}$$

Die linearen Verknüpfungen spielen bei der Untersuchung linearer Systeme und bei Approximationsaufgaben eine große Rolle. Die nichtlinearen Verknüpfungen von Signalen haben hingegen ihre Bedeutung bei den unterschiedlichen Modulationen, z. B. bei der Amplitudenmodulation, der Frequenzmodulation und der Phasenmodulation.

Lineare Überlagerung im Zeitbereich: Der einfachste Fall ist die harmonische Analyse. Darunter wird die Darstellung eines periodischen Signals aus seinen harmonischen Anteilen, den Signalkomponenten, verstanden. Sie führt auf eine FOURIER-Reihenentwicklung. Diese kann in reeller oder komplexer Darstellung angegeben werden.

Etwas ausführlicher wird im Folgenden die lineare Überlagerung fastperiodischer (auch: sinusverwandter bzw. quasiharmonischer) Einzelsignale behandelt

$$x(t) = \sum_{i=1}^{N} x_i(t) = \sum_{i=1}^{N} \hat{x}_i e^{-\delta_i t} \cos(\omega_i t + \varphi_i). \tag{4.36}$$

Dabei bedeuten:

$\hat{x}_i$ Entwicklungskoeffizienten (positive Spitzenwerte der Einzelsignale),

δ_i Dämpfungskonstanten ($\delta_i > 0$ Dämpfung, $\delta_i < 0$ Anfachung),

ω_i Kreisfrequenzen ($\omega_i = 2\pi f_i$ mit der Frequenz f_i),

φ_i Nullphasenwinkel.

Der Ausdruck $x_{T_i} = \cos(\omega_i t + \varphi_i)$ heißt **Trägersignal**, durch $x_{M_i}(t) = \hat{x}_i e^{-\delta_i t}$ wird die **Einhüllende** beschrieben. Sie kann als Modulationssignal interpretiert werden. Das Einzelsignal $x_i(t)$ lässt sich folglich als Produkt

$$x_i(t) = x_{M_i}(t) \cdot x_{T_i}(t)$$

darstellen.

Aus Gl. (4.36) wird sofort klar, dass die (endliche) FOURIER-Reihe als Sonderfall für $\delta_i = 0$ und $\omega_i = i\omega$, $i = 1, 2, \dots, N$ in diesen Überlegungen enthalten ist. Als Schlussfolgerung ergibt sich daraus, dass Gl. (4.36) als Verallgemeinerung einer Signaldarstellung für dämpfungsbehaftete Systeme aufgefasst werden kann.

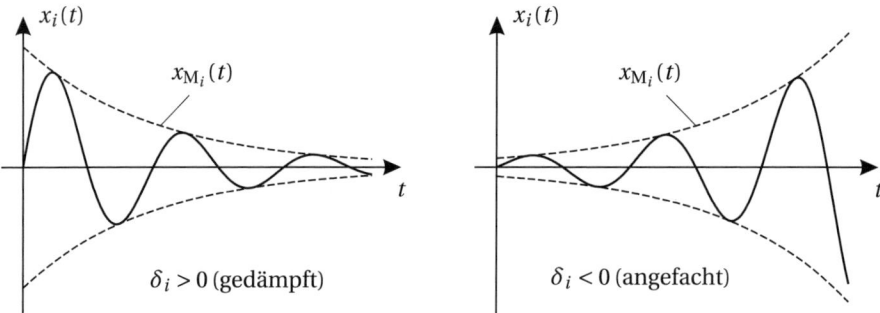

Bild 4.17 Gedämpfte und angefachte Schwingung

Bild 4.17 zeigt den Zeitverlauf für das i-te Einzelsignal. Für $\delta_i > 0$ erhält man eine gedämpfte, für $\delta_i < 0$ eine angefachte Schwingung.

Gl. (4.36) stellt eine Linearkombination der Eigenlösungen von Verzögerungsgliedern 2. Ordnung dar. Eine elegante und effiziente Behandlung gelingt im Frequenzbereich.

Lineare Überlagerung im Frequenzbereich: Mit der LAPLACE-Transformation lässt sich Gl. (4.36) folgendermaßen darstellen:

$$X(s) = \sum_{i=1}^{N} X_i(s) = \sum_{i=1}^{N} \frac{x_{0i}(s + \delta_i) + v_{0i}}{(s + \delta_i)^2 + \omega_i^2} \quad \text{mit} \quad \left\{ \begin{array}{l} x_{0i} = \hat{x}_i \cos(\varphi_i) \\ v_{0i} = -\hat{x}_i \sin(\varphi_i)\omega_i^2 \end{array} \right. . \qquad (4.37)$$

Diese Beziehung bildet den Ausgangspunkt für die Signalapproximation im Frequenzbereich. Sie zeigt wieder, dass sich die LAPLACE-Transformierte des Gesamtsignals aus den LAPLACE-Transformierten der Einzelsignale durch Überlagerung zusammensetzen lässt. Der Ausdruck $X_i(s)$ stellt die komplexe Übertragungsfunktion eines Verzögerungsgliedes 2. Ordnung dar. Deutlicher werden die Verhältnisse durch Übergang zur FOURIER-Transformation. Setzt man dazu $s = j\omega$, ergibt sich

$$X_i(j\omega) = \frac{x_{0i}(j\omega + \delta_i) + v_{0i}}{(j\omega + \delta_i)^2 + \omega_i^2} = \frac{x_{0i}(j\omega + \delta_i) + v_{0i}}{\omega_{0i}^2 - \omega^2 + \delta_i^2 + 2j\delta_i\omega}. \tag{4.38}$$

Gl. (4.38) ist eine komplexe Funktion der Kreisfrequenz ω, die sich in Betrag und Phase aufspalten lässt. Der Betrag $\left|X_i(j\omega)\right|$ heißt **Amplitudengang**, das Argument $\phi(\omega) = \arg\{X_i(j\omega)\}$ nennt man **Phasengang**, beides jeweils über der Kreisfrequenz ω aufgetragen.
Bild 4.18 zeigt das Prinzip der Überlagerung von Frequenzgängen am Beispiel des Amplitudenganges. Die skizzierte Vorgehensweise bildet auch die Grundidee der **Modalanalyse**, die sich zu einem wichtigen Zweig der Schwingungsmesstechnik entwickelt hat und zur Bestimmung der Eigenfrequenzen / Eigenformen eines Systems mit n Freiheitsgraden benutzt werden kann. Die Anwendung der Modalanalyse setzt lineares und zeitinvariantes Systemverhalten voraus (vgl. hierzu z. B. [Nat88]).

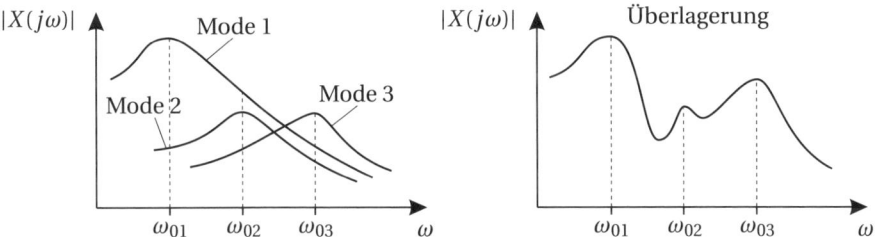

Bild 4.18 Überlagerung der Amplitudengänge

Die Umkehrung der bisher angestellten Überlegungen ergibt eine Möglichkeit zur modellgestützten Approximation gemessener Frequenzgänge. Sie besteht darin, einen gemessenen Frequenzgang durch lineare Überlagerung aus den Frequenzgängen der Einzelsignale von Verzögerungsgliedern 2. Ordnung zu approximieren. Die damit verbundene Kurvenanpassung (curve fitting) erfolgt über die verfügbaren freien Parameter. Diese werden zu einem Parametervektor

$$\boldsymbol{\theta}_i = [x_{0i}, \ v_{0i}, \ \omega_{0i}, \ \delta_i]^{\mathrm{T}}$$

zusammengefasst. Damit lässt sich die Kurvenanpassung auf eine Parameteroptimierung zurückführen (siehe Abschnitt 7.3).

Lineare Überlagerung von Verteilungsdichtefunktionen: Es wird nun die Summe von zwei Zufallsgrößen $\tilde{x}$ und $\tilde{y}$ betrachtet, jede mit einer individuellen Verteilungsdichtefunktion

$$\tilde{r} = \tilde{x} + \tilde{y}. \tag{4.39}$$

Die Verteilungsdichte von $\tilde{r}$ ergibt sich – ohne Beweis – aus der 'Faltung' der beiden Verteilungsdichten $p_x(x)$ und $p_y(y)$, d. h.

$$p_r = \int_{-\infty}^{\infty} p_x(r-y)p_y(y)\mathrm{d}y = p_x * p_y. \tag{4.40}$$

Beispiel 4.8 Überlagerung von Gleichverteilungen

Betrachtet wird die Summe von zwei Zufallsvariablen $\tilde{r} = \tilde{x} + \tilde{y}$, wobei $\tilde{x}$ und $\tilde{y}$ je eine Gleichverteilung aufweisen. Die resultierende Verteilungsdichtefunktion von $\tilde{r}$ zeigt hier eine Dreiecksform (vgl. Bild 4.19) auf.

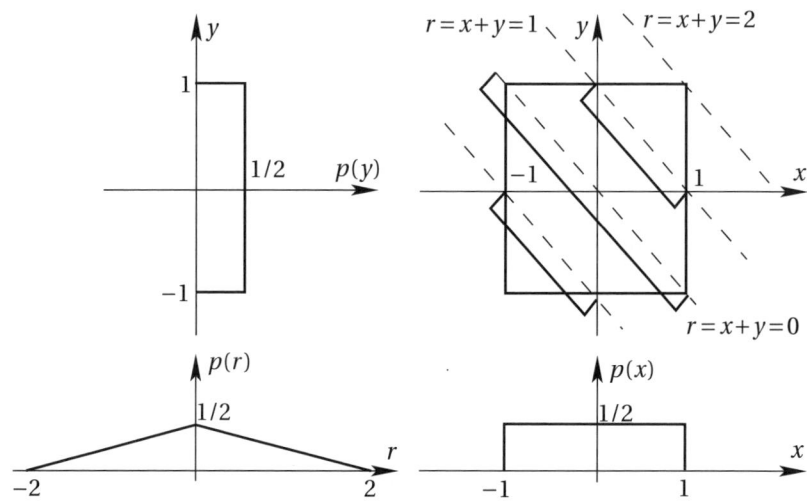

Bild 4.19 Verteilungsdichtefunktion der Summe von zwei Gleichverteilungen

Überlagert man beliebig viele Gleichverteilungen, dann strebt die Summe gegen die GAUSS-Verteilung (**zentraler Grenzwertsatz der Statistik**). Dies gilt im Übrigen nicht nur für Gleichverteilungen, sondern ganz allgemein für die Überlagerung von unabhängigen und identisch verteilten Zufallsvariablen.

Der praktische Bezug zu mechatronischen Systemen ist vielfältig.

In der erneuten Betrachtung von Beispiel 4.2 könnte man etwa zwei Messwerte mitteln, um das Quantisierungsrauschen zu verkleinern. Diese Mittelwertbildung ergäbe eine Dreiecksverteilung gemäß Bild 4.19. Da aber eine Begrenzung auf den Bereich $[-1 \dots 1]$ vorliegt, wäre die Amplitude verdoppelt (die Fläche muss eins betragen). Die Berechnung der Varianz (Gl. (4.7)) liefert dann $1/6$ und hat sich damit halbiert. Allgemein lässt sich durch Mittelwertbildung von N unabhängigen und identisch verteilten Zufallsvariablen die Varianz um den Faktor $1/N$ verkleinern. Folglich erzielt man die Halbierung der Standardabweichung bei der Mittelwertbildung von vier Werten. ∎

4.1.6 Zeitdiskrete Signale, periodische Abtastung

Zur weiteren Verarbeitung auf einem Digitalrechner muss das kontinuierliche Zeitsignal in ein zeit- und wertdiskretes Signal umgewandelt werden (siehe Bild 4.1). Es ist zweckmäßig, die digitale Umwandlung des zeit- und wertkontinuierlichen Signals in zwei Schritten (vgl. Bild 4.20) zu beschreiben:

- **Periodische Abtastung**: Das Zeitsignal $x_0(t)$ wird mit der Abtastzeit T_0 periodisch abgetastet. Dieser Vorgang lässt sich durch einen als idealisiert angenommenen Schalter (die Schaltzeiten sind wesentlich kleiner als die Abtastzeit T_0) beschreiben, der sich kurzzeitig zum Zeitpunkt nT_0 mit $n \in \mathbb{Z}$ schließt. Am Ausgang des Schalters entsteht die kontinuierliche Impulsfolge:

$$x_s(t) = \begin{cases} x_0(nT_0) & \text{für } t = nT_0 \quad \text{mit} \quad n \in \mathbb{Z} \\ 0 & \text{sonst} \end{cases}.$$

Das linke Diagramm in Bild 4.21 zeigt den zugehörigen Zeitverlauf, hier sind die Einzelimpulse von $x_s(t)$ durch *Pfeile* dargestellt.

- **Diskretisierung**: Die zeitkontinuierliche Impulsfolge $x_s(t)$ wird nun bzgl. ihres Definitions- und Wertebereichs diskretisiert. Hierbei bedeutet eine Diskretisierung des Definitionsbereiches (**Zeitdiskretisierung**), dass die Zeitfunktion nur noch an den Abtastzeitpunkten $t = nT_0$ definiert ist. Demzufolge entsteht aus der kontinuierlichen Zeitfunktion $x_s(t)$ die diskrete Zeitfolge $x(n) = x_0(t = nT_0)$; diese ist im rechten Diagramm von Bild 4.21 über den Abtastindex n aufgetragen. Zusätzlich kann auch noch der Wertebereich der Zeitfolge $x(n)$ diskretisiert werden. Allerdings sollen hier Quantisierungseffekte unberücksichtigt bleiben.

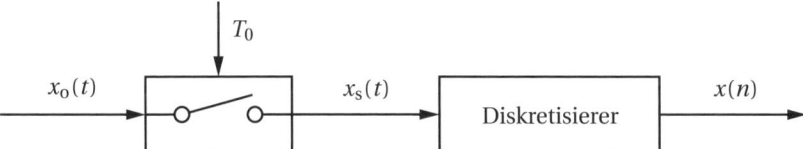

Bild 4.20 Modellierung der Analog/Digital-Wandlung

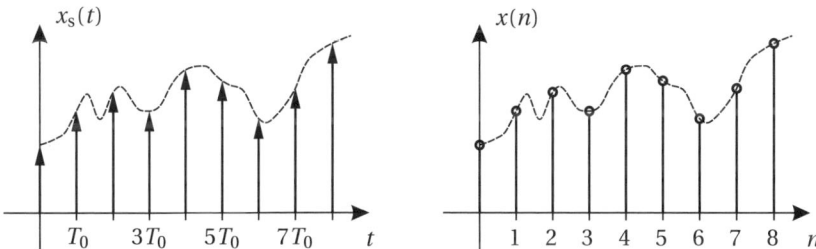

Bild 4.21 Zeitkontinuierliche Impulsfolge $x_s(t)$ und ihre Diskretisierung $x(n)$

Periodische Abtastung eines Zeitsignals: Die mathematische Beschreibung der periodischen Abtastung lässt sich als Multiplikation des kontinuierlichen Zeitsignals $x_0(t)$ mit einem Impulskamm

$$s(t) = \sum_{n=-\infty}^{+\infty} \delta(t - nT_0) \tag{4.41}$$

darstellen (Pulsamplitudenmodulation). Dies führt auf die Impulsfolge

$$x_s(t) = x_0(t) \cdot s(t) = \sum_{n=-\infty}^{+\infty} x_0(nT_0)\delta(t - nT_0) = \sum_{n=-\infty}^{+\infty} x(n)\delta(t - nT_0). \tag{4.42}$$

Der Impulskamm $s(t)$ ist periodisch und kann demzufolge in eine FOURIER-Reihe

$$s(t) = \sum_{n=-\infty}^{+\infty} \frac{1}{T_0} e^{jn\omega_0 t} \quad \text{mit} \quad \omega_0 = \frac{2\pi}{T_0} = \omega_s \tag{4.43}$$

entwickelt werden. Die Grundfrequenz ω_0 entspricht der Abtastkreisfrequenz ω_s. Unter Berücksichtigung der FOURIER-Korrespondenztabelle und dem Modulationssatz (vgl. hierzu Anhang A.1) ergibt sich das (periodische) Spektrum

$$S(j\omega) = \frac{2\pi}{T_0} \sum_{n=-\infty}^{+\infty} \delta(\omega - n\omega_s) \tag{4.44}$$

des Impulskamms. Eine Multiplikation der Zeitsignale $x_0(t)$ und $s(t)$ entspricht der Faltung der zugehörigen Spektren $X_0(j\omega)$ und $S(j\omega)$ (**spektraler Faltungssatz**):

$$X_s(j\omega) = \mathscr{F}\{x_0(t) \cdot s(t)\} = \frac{1}{2\pi} \left[X_0(jv) * S(j\omega - jv) \right] = \frac{1}{2\pi} \int_{-\infty}^{+\infty} X_0(jv) S(j\omega - jv)\, \mathrm{d}v.$$

Einsetzen von Gl. (4.44) und unter Berücksichtigung der Ausblendeigenschaft der DIRAC-Impulse $\delta(\omega - n\omega_s)$ ergibt sich schließlich das Spektrum

$$X_s(j\omega) = \frac{1}{2\pi} \frac{2\pi}{T_0} \sum_{n=-\infty}^{+\infty} X_0(\omega) * \delta(\omega - n\omega_s) = \frac{1}{T_0} \sum_{n=-\infty}^{+\infty} X_0(\omega - n\omega_s) \tag{4.45}$$

des periodisch abgetasteten Signals $x_s(t)$. $X_s(\omega)$ ist damit periodisch und entspricht verschobenen Kopien von $X_0(\omega)$, die mit $1/T_0$ skaliert sind. Bild 4.22 illustriert den beschriebenen Abtastvorgang im Frequenzbereich:

a) Das Spektrum $X_0(j\omega)$ realer Zeitsignale $x_0(t)$ ist immer bandbegrenzt auf $[-\omega_{max}, \omega_{max}]$; hier als dreieckförmiges und auf die Amplitude „1" normiertes Spektrum dargestellt.

b) Das Spektrum $S(j\omega)$ der Impulsfolge $s(t)$ besteht aus um die Abtastkreisfrequenz $\omega_s = \frac{2\pi}{T_0}$ verschobenen DIRAC-Impulsen.

c) Für $\omega_s > 2\omega_{max}$ tritt keine Überlappung zwischen dem ursprünglichen Spektrum $X_0(j\omega)$ und den durch die Faltung mit $S(j\omega)$ zusätzlich entstandenen Kopien $X_0(\omega - n\omega_s)$ auf.

Die Diagramme 4.22 c) und d) zeigen, dass die Überlagerung zu Überlappungen führen kann. Für $\omega_s > 2\omega_{max}$ treten keine Überlappungen auf, demzufolge kann das Originalspektrum $X_0(j\omega)$ bzw. das Zeitsignal $x_0(t)$ aus dem abgetasteten Signal fehlerfrei rekonstruiert werden (siehe z. B. [OSB04]). Im Fall einer zu kleinen Abtastkreisfrequenz ($\omega_s < 2\omega_{max}$) verfälschen sich die Teilspektren gegenseitig, und eine Rekonstruktion von $x_0(t)$ ist nicht mehr aus dem abgetasteten Signal $x_s(t)$ möglich. Um diese auch als **Aliasing** bezeichnete Überlappung zu vermeiden, verlangt das Abtasttheorem nach NYQUIST/SHANNON

$$\boxed{\omega_s = \frac{2\pi}{T_0} > 2\omega_{max}.} \tag{4.46}$$

Für die praktische Anwendung leiten sich daraus folgende Regeln ab:

■ Zuerst wird die höchste auftretende (Nutz-)Frequenz $\omega_{max} = 2\pi f_{max}$ in dem zu digitalisierenden Signal $x(t)$ abgeschätzt.

■ Vor der Abtastung wird $x_0(t)$ durch ein analoges Tiefpassfilter gefiltert. Dadurch lässt sich verhindern, dass hochfrequente Störsignale in vermeintliche niederfrequente Nutzsignale gefaltet werden (Aliasing-Phänomen). Eine typische Grenzfrequenz beim Filterentwurf ist $\omega_g \approx 1{,}3 \cdot \omega_{max}$. Aus dem bisher Gesagten wird offensichtlich, dass die Filterung **analog** erfolgen muss. Da aber hohe Anforderungen an die Filtersteilheit/Sperrdämpfung (zur Begriffsklärung siehe auch Abschnitt 4.2.1) gestellt werden, ist die analoge Implementierung aufwändig. Ein häufiger Ansatz ist dann die Verwendung einer hochfrequenten Abtastung (oversampling) mit einer anschließenden digitalen Filterung.

- Die Abtastzeit T_0 bzw. die Abtastfrequenz $f_s = \frac{1}{T_0} = \frac{\omega_s}{2\pi}$ wird so gewählt, dass das Abtasttheorem nach Gl. (4.46) sicher erfüllt ist. Andererseits ist zu beachten, dass eine zu hohe Abtastfrequenz ω_s sehr große Datenmengen ohne zusätzlichen Informationsgewinn erzeugt. Vielmehr treten Quantisierungseffekte immer stärker in den Vordergrund und können zu einer schlechten numerischen Konditionierung führen.

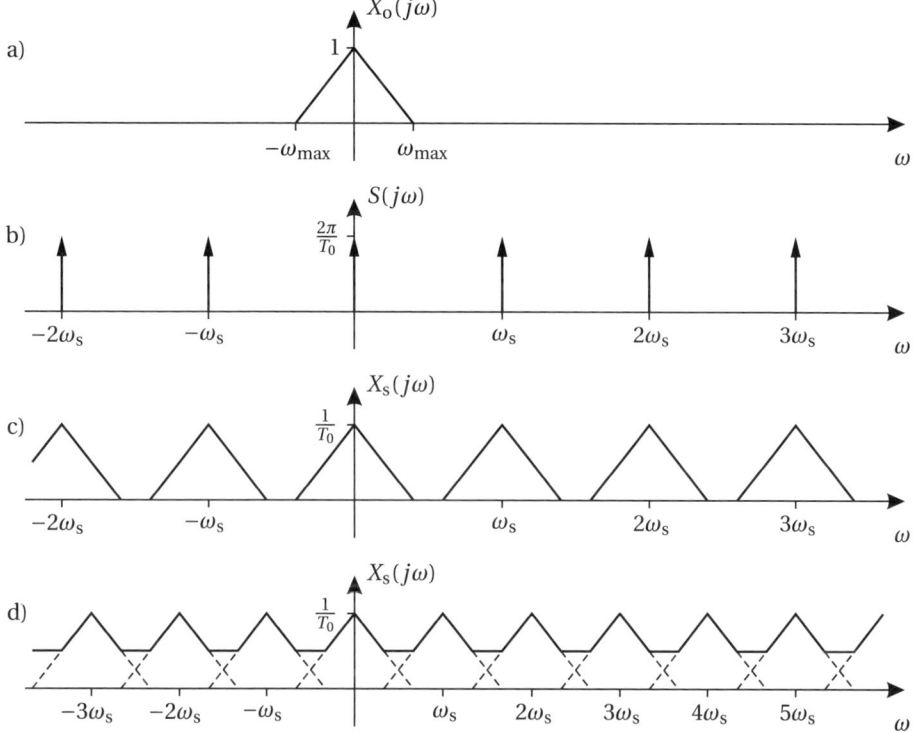

Bild 4.22 Durch die Abtastung wird das originale Spektrum verändert, es können Überlappungen (Aliasing) auftreten.

4.1.7 Näherungsformeln und Rechenvorschriften

Schätzung der Korrelationsfunktion: Die Berechnung der Korrelationsfunktionen erfolgt durch eine zeitdiskrete Approximation, d. h. es findet eine Abtastung mit der Abtastzeit T_0 statt.

Insgesamt liegen N Messwerte vor. Es gilt weiterhin $\tau = \kappa \cdot T_0$ mit $\kappa \in \mathbb{N}$, wobei hier der Übersichtlichkeit wegen $\kappa \geq 0$ gelten soll. Ein diskreter, unverzerrter Schätzer[3] für die Kreuzkorrelationsfunktion lautet

$$\hat{R}_{xy}(\tau) = E\left[\bar{x}(t)\,\bar{y}(t+\tau)\right] \approx \frac{1}{N-\kappa} \sum_{k=1}^{N-\kappa} x(k)\,y(k+\kappa). \tag{4.47}$$

---

[3] Für die Begriffsklärung bei Schätzproblemen sei auf Abschnitt 7.3.1 verwiesen.

Ein Problem der zeitdiskreten Approximation ist, dass mit wachsendem κ (d. h. für große τ) weniger Werte in die Berechnung der Korrelationsfunktion eingehen (weniger Terme in (4.47)). Somit verringert sich die Genauigkeit, bzw. die Schätzunsicherheit (Varianz) wird größer. Üblich ist die Berechung der Korrelation bis $|\kappa|_{\max} = \frac{N}{2}$.

Für eine Berechnung zur Laufzeit benötigt man häufig eine rekursive Berechnungsformel. Die vereinfachte Vorgehensweise (Vernachlässigung stochastischer Eigenschaften) zur Ableitung einer entsprechenden Rechenvorschrift zeigt das folgende Beispiel.

Beispiel 4.9 Rekursive Berechnung der KKF

Gegeben sind Abtastungen der Signale $x(k)$ und $y(k)$ sowie eine Schätzung der Kreuzkorrelierten aus dem Zeitschritt $k-1$. Gesucht ist ein Update der KKF ($\tau = \kappa \cdot T_0 \geq 0$) für den Zeitschritt k.

Lösung:

Es kommt die Approximation der KKF aus Gl. (4.47) als Basisvorschrift zur Anwendung. Schreibt man die Schätzformel zum Zeitpunkt k auf, so ergibt sich

$$\hat{R}_{xy}(\tau, k) = \frac{1}{k-\kappa} \sum_{v=1}^{k-\kappa} x(v)\, y(v+\kappa).$$

Für den Zeitpunkt $k+1$ gilt dann

$$\hat{R}_{xy}(\tau, k+1) = \frac{1}{k+1-\kappa} \sum_{v=1}^{k+1-\kappa} x(v)\, y(v+\kappa)$$

$$= \frac{1}{k+1-\kappa} \left[\sum_{v=1}^{k-\kappa} x(v)\, y(v+\kappa) \;+\; x(k+1-\kappa)\, y(k+1) \right]$$

$$= \frac{1}{k+1-\kappa} \left[(k-\kappa)\hat{R}_{xy}(\tau, k) \;+\; x(k+1-\kappa)\, y(k+1) \right].$$

Sortiert man die Terme um, so erhält man

$$\hat{R}_{xy}(\tau, k+1) = \hat{R}_{xy}(\tau, k) + \frac{1}{k+1-\kappa} \left[x(k+1-\kappa)\, y(k+1) - \hat{R}_{xy}(\tau, k) \right]. \qquad (4.48)$$

Qualitativ ist der Aufbau in Gl. (4.48) von der Form

```
neuer Schätzwert = alter Schätzwert + Korrekturfaktor · Innovation,
```

wobei Innovation für die Abweichung zwischen dem neuen Produkt und dem altem Schätzwert steht. Ein solcher Aufbau ist allgegenwärtig in rekursiven Schätzgleichungen und wird uns etwa beim KALMAN-Filter (Abschnitt 4.2.3) wiederbegegnen.

Diskrete FOURIER-Transformation (DFT und FFT): Der folgende Abschnitt zeigt, wie sich aus der Abtastfolge $x(n)$ deren FOURIER-Transformierte $X(k)$ berechnen lässt. Letztere ist insbesondere geeignet, um die im Signal vorkommenden Frequenzen zu analysieren und digitale Filter zu implementieren.

Wird das Abtasttheorem Gl. (4.46) nach NYQUIST / SHANNON erfüllt, entsteht mit der Signalfolge $x(n)$ eine gute Approximation des zeitkontinuierlichen Signals $x_o(t)$. Allerdings stehen nur

N Glieder zur Verfügung. Aus dieser Folge kann in einem zweiten Schritt eine Näherung für die
FOURIER-Transformierte

$$X_0(j\omega) = \int_0^T x_0(t) \cdot e^{-j\omega t} \, dt \approx T_0 \sum_{n=0}^{N-1} x(n) \cdot e^{-j\omega n T_0} = T_0 \cdot X(e^{j\omega}) \tag{4.49}$$

von $x_0(t)$ abgeleitet werden, indem man das Integral durch die Summe von N Rechtecken
der Breite T_0 annähert (vgl. Bild 4.23). Diese Näherung entspricht der mit der Abtastzeit T_0
skalierten FOURIER-Transformierten der Abtastfolge $x(n)$

$$X(e^{j\omega}) = \sum_{n=0}^{N-1} x(n) \cdot e^{-j\omega n T_0}, \tag{4.50}$$

bzw. stellt die $\mathcal{Z}$-Transformierte mit z auf dem Einheitskreis dar $z = e^{j\omega T_0}$.

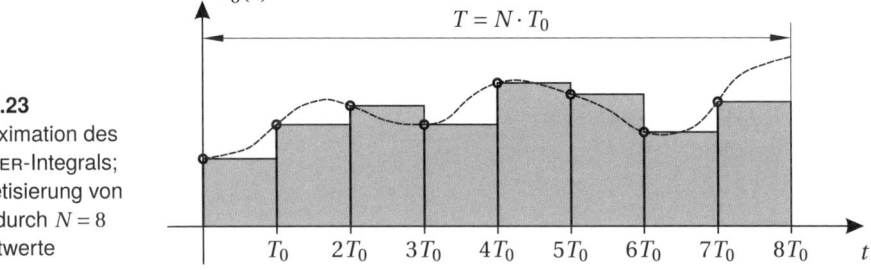

Bild 4.23
Approximation des
FOURIER-Integrals;
Diskretisierung von
$x_0(t)$ durch $N = 8$
Abtastwerte

Das kontinuierliche Spektrum $X(e^{j\omega})$ aus Gl. (4.50) wiederholt sich periodisch mit $\omega_s = \frac{2\pi}{T_0}$. Die
Periode von $\omega = 0$ bis $\omega = \omega_s$ wird nun an N Stellen äquidistant abgetastet

$$\omega_k = \frac{\omega_s}{N} k = \frac{2\pi}{T_0 N} k \quad \text{mit} \quad 0 \leq k \leq N-1 \quad \text{und} \quad k \in \mathbb{N}. \tag{4.51}$$

Aufgrund dieser Frequenzabtastung ergibt sich aus Gl. (4.49) eine diskrete Folge

$$X_0(k) \approx T_0 \sum_{n=0}^{N-1} x(n) e^{-j\frac{2\pi}{N} kn},$$

die ein Linienspektrum beschreibt. Abschließend wird dieses Spektrum noch auf die Zeitspanne $T = N \cdot T_0$ normiert

$$\boxed{X_0(k) \approx \frac{T_0}{T} \sum_{n=0}^{N-1} x(n) \cdot e^{-j\frac{2\pi}{N} kn} = \frac{1}{N} \sum_{n=0}^{N-1} x(n) \cdot e^{-j\frac{2\pi}{N} kn}.} \tag{4.52}$$

Diese Normierung erlaubt es, die Amplituden direkt aus dem Betrag von $X_0(k)$ abzulesen.
Gl. (4.52) bezeichnet man als die **Diskrete FOURIER-Transformation**, kurz DFT. Bekanntermaßen ist das Linienspektrum charakteristisch für periodische Signale. Tatsächlich liefert die
ursprünglich auf N Abtastwerte begrenzte Folge $x(n)$ **periodisch fortgesetzt**

$$\tilde{x}(n) = \sum_{r=-\infty}^{+\infty} x(n + rN) \quad \text{mit} \quad n \in \mathbb{Z} \tag{4.53}$$

das gleiche Spektrum.

Die **Inverse Diskrete FOURIER-Transformation** lautet

$$x(n) = \sum_{k=0}^{N-1} X_0(k) \cdot e^{j\frac{2\pi}{N}kn}, \quad \text{mit} \quad n = 0, 1, \ldots, N-1.$$

(4.54)

Folgende Zusammenhänge sind bei der Benutzung der DFT zu beachten:

Aus den bisherigen Ausführung wird deutlich, dass die DFT die FOURIER-Transformierte $X(e^{j\omega})$ der Abtastfolge $x(n)$ an N Stellen abtastet. Durch eine Erhöhung von N kann man $X(e^{j\omega})$ beliebig fein auflösen.

- Das Spektrum $X(e^{j\omega})$ ist nur eine **Approximation** der FOURIER-Transformierten $X_0(j\omega)$ des zeitkontinuierlichen Signals. Die Güte der Approximation wird durch die Abtastung bestimmt: Ist die Abtastfrequenz ausreichend hoch, erfasst die Abtastfolge $x(n)$ alle wesentlichen Details des zeitkontinuierlichen Signals $x_0(t)$. Ein entsprechend abgestimmtes Tiefpassfilter verhindert Fehler durch Aliasing.
- Die Diskretisierung des Frequenzbereiches impliziert eine **periodische Fortsetzung** der begrenzten Folge $x(n)$. Das Spektrum ist periodisch mit der Periodenlänge N, d. h. es gilt $X(k) = X(k + \ell N)$ mit $\ell \in \mathbb{Z}$. Die speziellen Eigenschaften sind detailliert in [OSB04] beschrieben.

Beispiel 4.10 DFT einer abgetasteten Sinusschwingung

Eine zeitbegrenzte Sinusschwingung $x(t) = \hat{x}\sin(2\pi f_1 t)$ mit $f_1 = 20\,\text{Hz}$, $0 \le t < 200\,\text{ms}$ wird mit der Abtastfrequenz $f_s = \frac{1}{T_0} = 100\,\text{Hz}$ abgetastet. Es entsteht die Abtastfolge

$$x(n) = \hat{x}\sin(2\pi f_1 T_0 n) = \hat{x}\sin(2\pi\frac{f_1}{f_s}n) = \hat{x}\sin(\pi\frac{2}{5}n) \quad \text{mit} \quad n = 0, 1, \ldots, 19$$

der Länge $N = 20$, die im oberen Diagramm von Bild 4.24 aufgetragen ist.

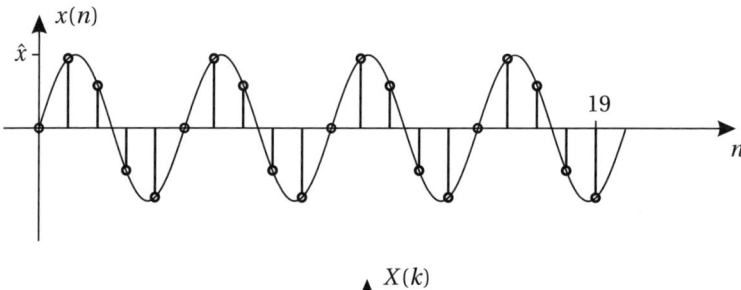

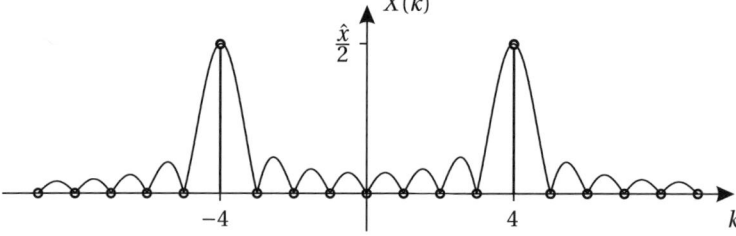

Bild 4.24 DFT eines zeitbegrenzten Sinussignals

Das untere Diagramm von Bild 4.24 zeigt die Abtastpunkte der DFT über den Abtastindex k. Außerdem beschreibt die durchgezogene Linie das kontinuierliche Spektrum der FOURIER-Transformierten $X(e^{j\omega})$ nach Gl. (4.50). Es ist deutlich zu erkennen, dass die DFT $X(k)$ die FOURIER-Transformierte $X(e^{j\omega})$ an N Stellen äquidistant abtastet. Die Frequenzabtastung, d. h. die Frequenzauflösung beträgt nach Gl. (4.51)

$$\Delta f = \frac{f_s}{N} = \frac{100\,\text{Hz}}{20} = 5\,\text{Hz}.$$

Besteht die Abtastfolge $x(n)$ aus ℓ Perioden (in diesem Beispiel ist $\ell = 4$), so „trifft die DFT die Signalfrequenzen genau". Diese Art der Abtastung entsteht, wenn die Anzahl der Abtastwerte ein Vielfaches des Quotienten aus Periodendauer T zu Abtastzeit T_0 beträgt:

$$\frac{T}{T_0}\ell = N \quad \text{mit} \quad \ell \in \mathbb{N}. \tag{4.55}$$

In diesem Beispiel ist $\frac{T}{T_0} = 5$, demzufolge reichen schon $N = 5$ Abtastwerte aus. Durch die Wahl von $N = 21$ Abtastwerten, das entspricht 4,2 Perioden, wird die Gl. (4.55) verletzt. Die Auswirkungen stellt Bild 4.25 dar. Jetzt wird die Transformierte $X(e^{j\omega})$ nicht mehr an den Nulldurchgängen abgetastet.

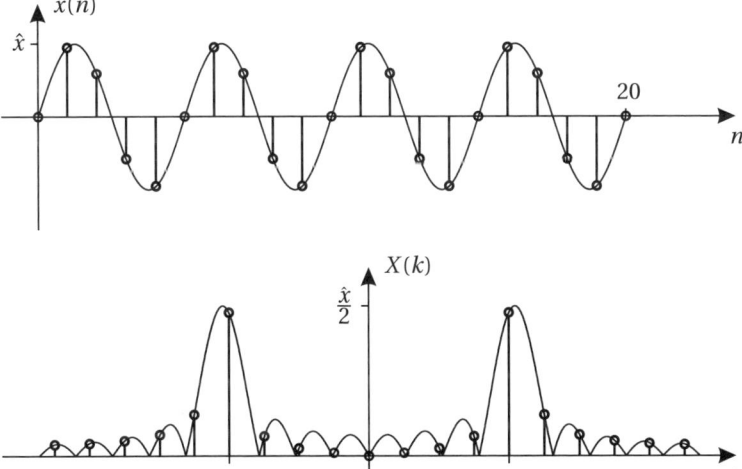

Bild 4.25 DFT bei Verletzung der Periodizität

Dadurch entsteht ein „Auslaufen" des Spektrums. Dieser auch als **Leakage** bezeichnete Effekt führt zu Fehlinterpretationen: Z. B. wird die Frequenz der Sinusschwingung aufgrund

$$\Delta f = \frac{100\,\text{Hz}}{21} = 4{,}762\,\text{Hz} \quad \Longrightarrow \quad f_{1,\text{approx}} = 4 \cdot \Delta\omega = 19{,}048\,\text{Hz}$$

zu niedrig geschätzt. ∎

Der Rechenaufwand zur Auswertung der DFT nach Gl. (4.52) steigt näherungsweise quadratisch mit der Stützstellenzahl N und stellt einen erheblichen Nachteil bei ihrer Anwendung dar. Die **schnelle FOURIER-Transformation** (**Fast FOURIER-Transformation** = FFT) ist ein spezielles Verfahren zur effektiven Berechnung der DFT. Die wesentliche Idee besteht darin,

- die Aufgabe in einer entsprechenden Matrixform geeignet zu strukturieren,
- die so erhaltenen Symmetrien rekursiv auszunutzen und
- die vorteilhafte Wahl der Abtastpunkte als 2er-Potenz zu wählen $N = 2^\gamma$, $\gamma \in \mathbb{N}$.

Weitere Einzelheiten zur FFT sind z. B. in [Bri89] oder in [Nat88] zu finden. Dort ist auch die folgende Abschätzung des numerischen Aufwandes enthalten:

Anzahl der	DFT	FFT
Multiplikationen und Additionen	$N(2N - 1) \approx 2N^2$	$4N\gamma$

■ 4.2 Filtertechnologien

Der Entwurf und Einsatz von Filtern ist in mechatronischen Anwendungen allgegenwärtig. Hier sollen nun ausgewählte Filtertechnologien vertieft werden. Diese sind Filter zur Signalverarbeitung, Filter zur Erzeugung von zeitlichen Ableitungen und die eminente KALMAN-Filterung.

4.2.1 Filter zur Signalverarbeitung

Die Aufgabe eines Filters zur Signalverarbeitung besteht darin, bestimmte (unerwünschte) Signalanteile abzuschwächen und dabei das Nutzsignal in Amplitude und Phase möglichst unverändert zu belassen. Im Folgenden findet eine Beschränkung auf lineare Filter statt. Sie lassen sich durch ihren Frequenzgang $H(j\omega)$ beschreiben.

Beim Filterentwurf ist zunächst ein für die Aufgabe geeigneter Filtertyp auszuwählen und anschließend eine geeignete Dimensionierung des Filters vorzunehmen. Letztere stellt z. B. sicher, dass Signalverzerrungen infolge des Amplituden- und/oder Phasenganges in nicht relevanten Frequenzbereichen stattfinden. Tabelle 4.2 gibt einen Überblick zu den wichtigsten (linearen) Filtertypen.

Tabelle 4.2 Wichtige lineare Filtertypen

Typ	Aufgabe
Tiefpass	Unterdrückung von (Stör-)Frequenzen $> \omega_1$; typische Anwendung: Anti-Aliasing-Filter (vgl. Abschnitt 4.1.6)
Hochpass	Unterdrückung von Frequenzen $< \omega_2$; typische Anwendung: Unterdrückung von Gleichspannung, Unterdrückung (langsamer) Sensordrift
Bandpass	Durchlassen eines Frequenzbandes $[\omega_1, \omega_2]$; typische Anwendung: Selektion eines Radionutzsignals
Bandsperre	Sperren eines Frequenzbandes $[\omega_1, \omega_2]$; typische Anwendung: Unterdrückung von „Netzbrummen"
Allpass	Durchlassen aller Frequenzen bei veränderter Phasenlage; typische Anwendung: Impedanzwandlung, Teil von Klangreglern/Equalizern

Bild 4.26 erläutert am Frequenzgang eines Bandpasses die wesentlichen Begriffe.

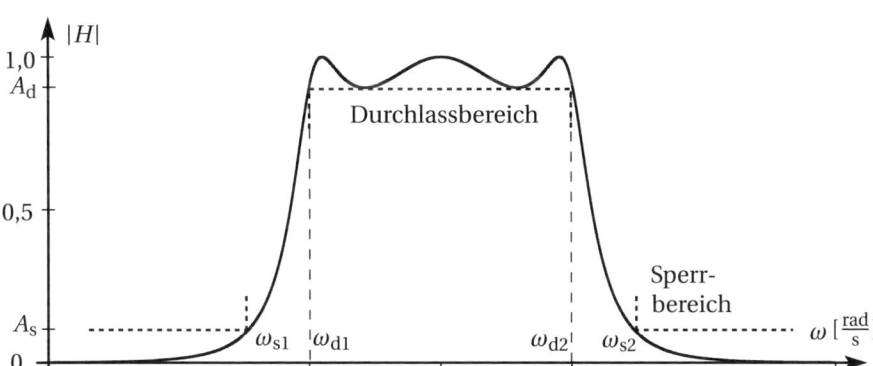

Bild 4.26 Charakteristische Parameter am Beispiel des Amplitudenganges eines Bandpasses (normiert auf $H_0 = 1 = 0\text{dB}$)

- Die **Eckfrequenz** (auch Grenzfrequenz) indiziert die Frequenz ω_c mit 3dB-Abfall im Amplitudengang. Es gilt

$$|H(j\omega_c)| = \frac{H_0}{\sqrt{2}} \quad \text{mit} \quad H_0 = \begin{cases} |H(0)| & : \quad \text{bei Tiefpass und Bandsperre} \\ |H(\infty)| & : \quad \text{bei Hochpass} \\ \max\{|H(j\omega)|\} & : \quad \text{bei Bandpass} \end{cases}$$

(4.56)

- Die Begriffe **Durchlassbereich** und **Sperrbereich** sind selbst erklärend und erstrecken sich jeweils bis zu den entsprechenden Frequenzen. Diese sind die **Durchlassfrequenz** ω_d (engl. *cut-off frequency*) bei der **Durchlassdämpfung** A_d und die **Sperrfrequenz** ω_s bei der **Sperrdämpfung** A_s. Die Dämpfungen geben jeweils ein quantitatives Maß der Signalunterdrückung in dB an. Häufig setzt man $\omega_d = \omega_c$, d. h. bei der 3dB-Grenze. Die **Filtersteilheit** definiert die Trennschärfe im Übergang zwischen Durchlass- und Sperrbereich.
- Die **Bandbreite** (engl. *bandwidth*) beschreibt den 'Arbeitsbereich' und ist beim Bandpass definiert als die Differenz $B = \omega_{d2} - \omega_{d1}$. Wegen der logarithmischen Einteilung berechnet sich die Mittenfrequenz bei einem Bandpass über das geometrische Mittel $\omega_m = \sqrt{\omega_{d2} \cdot \omega_{d1}}$.
- Die **Durchlasswelligkeit** (häufiger als **Ripple** bezeichnet) beschreibt den Grad der Welligkeit im Durchlass- bzw. Sperrbereich. Diese bei einigen Filtertypen unvermeidbare Eigenschaft lässt sich z. B. durch die Filterordnung beeinflussen.

Bei analogen (elektronischen) Filtern unterscheidet man passive und aktive Varianten. Passive Filter bestehen aus einem Netzwerk von Widerständen, Kapazitäten (Kondensatoren) und Induktivitäten (Spulen) und benötigen keine eigene Spannungsversorgung. Zur Erzielung einer hohen Güte ist dabei der Einsatz von (im Allgemeinen teuren) Induktivitäten unumgänglich. Aktive Filter realisiert man meist durch Operationsverstärkerschaltungen, mit denen zusätzlich eine Signalverstärkung stattfinden kann. Sämtliche Filtertypen lassen sich allein mit Widerständen und Kondensatoren umsetzen.

Erfolgt die Filterung durch einen getakteten Rechnerbaustein (z. B. Mikrocontroller (μC), spezielle Hardware (ASIC, FPGA), Signalprozessor (DSP)), so spricht man von einem digitalen Filter. Der wesentliche Vorteil besteht in der höheren Flexibilität, da sich die Filtercharakteristik bei einer Softwareimplementierung sehr einfach verändern lässt. Nachteilig ist die durch die Abtastfrequenz begrenzte Bandbreite und die geringere Robustheit. So sind bei der Implementierung – insbesondere bei sehr hohen Abtastfrequenzen und/oder hohen Filterordnungen – die Effekte der endlichen Wortlänge (Quantisierungseffekte) zu berücksichtigen.

Tabelle 4.3 gibt einen Überblick zu linearen Standard-Filtern, die sich sowohl analog als auch digital implementieren lassen.

Tabelle 4.3 Wichtige lineare Standard-Filter. Von oben nach unten nimmt die Flankensteilheit zu bzw. die Phasenlinearität ab.

Typ	Vorteile / Nachteile
BESSEL-Filter	+ lineare Phase im Durchlassbereich (konstante Gruppenlaufzeit) – geringste Flankensteilheit (bei gleicher Ordnung)
BUTTERWORTH-Filter	+ Amplitudenverhalten maximal flach im Durchlass-/ Sperrbereich – geringe Steilheit im Übergangsbereich (ggf. hohe Filterordnung)
TSCHEBYSCHEFF-Filter (Typ 1+2)	+ gute Flankensteilheit – Ripple im Durchlass- oder Sperrbereich, Signalverzerrung
Elliptisches Filter (CAUER-Filter)	+ sehr gute Flankensteilheit – Ripple im Durchlass- und Sperrbereich, hohe Signalverzerrung

Zwei wichtige Entscheidungskriterien sind zum einen die Flankensteilheit im Übergangsbereich (Qualität der Trennschärfe) und zum anderen die Linearität der Phase im Durchlassbereich. Bei linearem Verlauf ist die **Gruppenlaufzeit** konstant, d. h. im Zeitbereich erfahren die unterschiedlichen Frequenzen die gleiche Verzögerung und somit entsteht keine Signalverzerrung, sofern der Amplitudengang in diesem Bereich konstant ist. Bei Bedarf erfolgt eine Phasenkorrektur mithilfe von Allpassfiltern.

Bild 4.27 zeigt typische Frequenzgänge für BUTTERWORTH- und TSCHEBYSCHEFF-Tiefpassfilter. Wie zu sehen, sind zur Erfüllung der Entwurfsanforderung häufig Filter hoher Ordnung erforderlich. Die Umsetzung – insbesondere bei der analogen Realisierung – erfolgt mithilfe einer Serienschaltung von Filtern 1. und 2. Ordnung. Diese Vorgehensweise ist auch für die digitale Implementierung empfohlen, um die Robustheit gegenüber Koeffizientenquantisierung und Quantisierungsrauschen zu erhöhen.

Beispiel 4.11 Entwurf eines analogen BUTTERWORTH-Filters

Das in Bild 4.27 dargestellte BUTTERWORTH-Filter der Ordnung $N = 5$ wurde unter *Matlab*® wie folgt entworfen:

```
n     = 5;              % Systemordnung
Wn    = 100;            % Grenzfrequenz
[b,a] = butter(n,Wn,'s'); % Butterworth-Filter; Param.'s' für kontin. Filter
sys   = tf(b,a);        % Übertragungsfunktion des Filters
```

Als Ergebnis erhält man das Filter mit der Übertragungsfunktion

$$H(s) = \frac{10^{10}}{(s+100)(s^2+161{,}8s+10^4)(s^2+61{,}8s+10^4)}$$ ∎

Die digitale Implementierung der in Tabelle 4.3 beschriebenen Filter erfolgt durch Filter mit **unendlicher** Impulsantwort (engl. **Infinite Impulse Response** IIR)). Diese sind rückgekoppel-

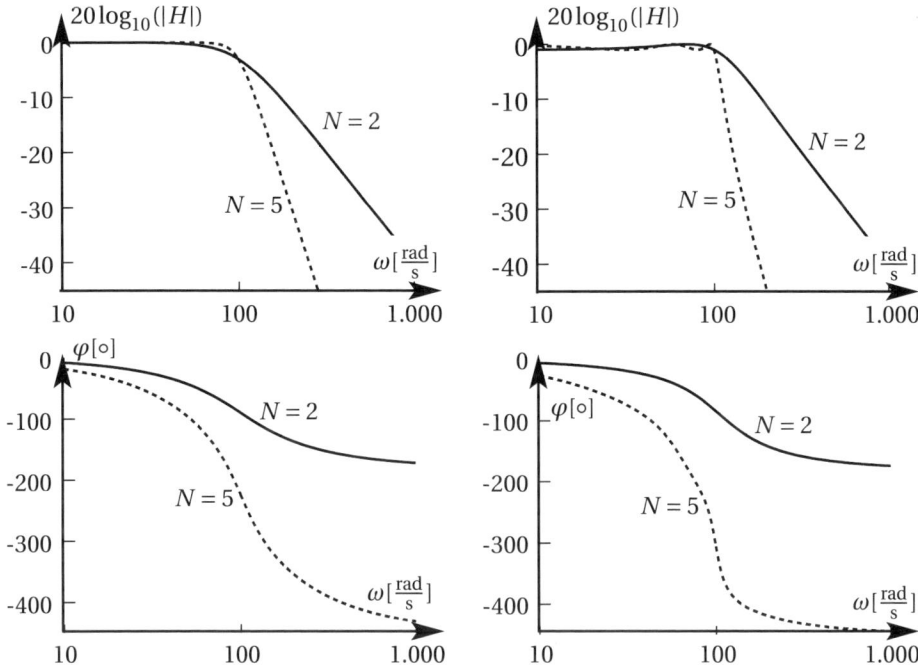

Bild 4.27 Frequenzgänge für Butterworth- (links) und Tschebyscheff-Tiefpassfilter (rechts) mit den Ordnungen $N = 2$ und $N = 5$ (Durchlassfrequenz $\omega_d = 100$ rad/s).

te (rekursive) Filterfunktionen. Weitere Details erläutert Beispiel 4.12. Im Gegensatz zu IIR-Filtern stehen Filter mit **endlicher** Impulsantwort (engl. **Finite Impulse Response** FIR), die aber gleichfalls weit verbreitet sind. Bei kausalen FIR-Filtern entsprechen die Filterkoeffizienten gerade den Werten der Impulsantwort. Die wesentlichen Vorteile von FIR-Filtern sind:

- FIR-Filter sind immer stabil (keine Rückkopplungen) und ermöglichen damit unproblematisch die Implementierung adaptiver (selbstlernender) Filter.
- FIR-Filter reagieren weniger sensibel auf Koeffizientenquantisierung; damit ist eine Implementierung mit Festkomma-Arithmetik unproblematisch.
- Ist die Impulsantwort symmetrisch (Koeffizienten sind klapp- oder punktsymmetrisch), dann ist die Phase linear und die Gruppenlaufzeit konstant.

Der wesentliche Nachteil besteht in der im Allgemeinen hohen Systemordnung und dem damit verbundenen Rechenaufwand. Dieser Nachteil verliert aufgrund der zunehmend verfügbaren Rechenleistung an Bedeutung.

Des Weiteren sei angemerkt, dass der Filterentwurf häufig eine Optimierungsaufgabe hoher Ordnung darstellt und einen iterativen Prozess benötigt, bis alle Anforderungen erfüllt sind. Dazu stehen mächtige Entwurfswerkzeuge zur Verfügung, z. B. unter *Matlab*® .

Beispiel 4.12 Entwurf und Implementierung eines digitalen Butterworth-Filters

Neben dem direkten digitalen Entwurf besteht ein häufig praktizierter Ansatz darin, ein analog entworfenes Filter zu diskretisieren. Anhand einer erneuten Betrachtung des Beispiels 4.11 sei die Standardvorgehensweise erläutert. Sie umfasst folgende Schritte:

1. **Diskretisierung** der Übertragungsfunktionen: Typisch ist dabei die Anwendung der Bilineartransformation mit der Ersetzungsvorschrift (T_0 bezeichnet die Abtastzeit)

$$s \longrightarrow \frac{2}{T_0} \cdot \frac{z-1}{z+1}, \tag{4.57}$$

   die die linke s-Halbebene in das Innere des Einheitskreises der z-Ebene abbildet und damit die Stabilität erhält. Allerdings tritt eine Frequenzverzerrung auf (vgl. Abschnitt 8.5.1 ab Seite 373).

2. **Kaskadierung** mithilfe von Systemen 1. und 2. Ordnung: Weil digitale Filter hoher Ordnung sensibel auf Quantisierungsfehler in den Koeffizienten und den Berechnungen reagieren können (siehe Abschnitt 8.5.2 ab Seite 389), werden sie im Allgemeinen als eine Produkt- oder Partialbruchform von Teilsystemen niedriger Ordnung dargestellt.

3. **Implementierung**: In Abhängigkeit der Hardware (Bit-Auflösung, Gleit-/Festkomma-Arithmetik) und der Abtastfrequenz ist ggf. noch eine Nachbearbeitung und/oder Skalierung der Teilsysteme erforderlich. Gute Resultate werden z. B. mit dem so genannten δ-Operator erzielt (siehe Abschnitt 8.5.2), der insbesondere bei hohen Abtastfrequenzen zu einer besseren numerischen Konditionierung führt.

In der Anwendung auf Beispiel 4.11 führt die Bilineartransformation mit der Abtastzeit $T_0 = 1\,\mathrm{ms}$ auf

$$
\begin{aligned}
H(z) &= \frac{2,6583 \cdot 10^{-7}(z+1)^5}{z^5 - 4,677z^4 + 8,758z^3 - 8,21z^2 + 3,852z - 0,7236} \\
&= \frac{2,6583 \cdot 10^{-7}(z+1)^5}{(z-0,9048)(z^2 - 1,841z + 0,8507)(z^2 - 1,931z + 0,9402)}
\end{aligned}
\tag{4.58}
$$

und damit auch auf fünf Diskretisierungsnullstellen bei $z = -1$. Als Nächstes erfolgt die Kaskadierung in Teilsysteme 2. Ordnung. Entsprechende Befehle stehen z. B. unter *Matlab*® zur Verfügung (zp2sos, tf2sos). Eine skalierte Aufteilung lautet

$$H(z) = g \cdot H_1(z) \cdot H_2(z) \cdot H_3(z) \quad \text{mit} \quad g = 0,0952 \quad \text{und}$$

$$H_1(z) = \frac{0,0046179(z+1)}{z - 0,9048} = \frac{0,0046179(1+z^{-1})}{1 - 0,9048z^{-1}}$$

$$H_2(z) = \frac{0,0024159(z+1)^2}{z^2 - 1,841z + 0,8507} = \frac{0,0024159(1+2z^{-1}+z^{-2})}{1 - 1,841z^{-1} + 0,8507z^{-2}}$$

$$H_3(z) = \frac{0,25018(z+1)^2}{z^2 - 1,931z + 0,9402} = \frac{0,25018(1+2z^{-1}+z^{-2})}{1 - 1,931z^{-1} + 0,9402z^{-2}}.$$

Die effiziente Umsetzung eines Blockes 2. Ordnung mit dem Verschiebeoperator q

$$\frac{y(k)}{u(k)} = \frac{\beta_0 + \beta_1 q^{-1} + \beta_2 q^{-2}}{1 + \alpha_1 q^{-1} + \alpha_2 q^{-2}}$$

zeigt Bild 4.28. Schließlich vergleicht Bild 4.29 die beiden Frequenzgänge aus dem ursprünglichen analogen Entwurf und der beschriebenen Diskretisierung. Bis $\omega = 1.000\frac{\mathrm{rad}}{\mathrm{s}}$ herrscht eine gute Übereinstimmung. Das diskrete Filter ist maximal bis zur NYQUIST/SHANNON-Frequenz $\pi/T_0 = 3.140$ Hz einsetzbar.

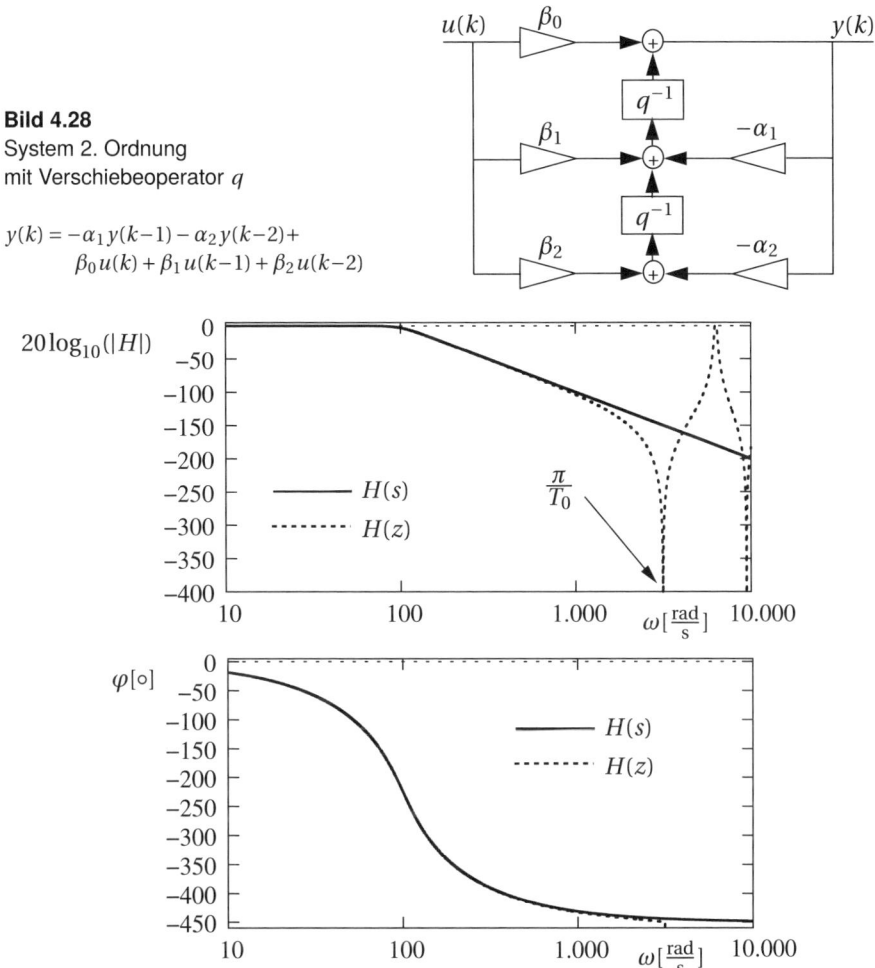

Bild 4.28
System 2. Ordnung
mit Verschiebeoperator q

$$y(k) = -\alpha_1 y(k-1) - \alpha_2 y(k-2) + \\ \beta_0 u(k) + \beta_1 u(k-1) + \beta_2 u(k-2)$$

Bild 4.29 Vergleich mit dem Frequenzgang für das analoge Filter aus Beispiel 4.11

Hier waren weitere Maßnahmen zur Verbesserung der numerischen Robustheit nicht erforderlich (Schritt 3 im beschriebenen Standardvorgehen).

Tatsächlich würde aber die naive Umsetzung von Gl. (4.58) selbst bei Verwendung von 32-bit IEEE floats (Mantisse mit 23 bits) bereits zu kleinen Veränderungen der Polstellen führen. Der reale Pol bei $z = 0,9048$ würde z. B. zu einem Pol bei $z = 0,9032$.

Die Sensitivität nimmt mit der Systemordnung zu. Ohne Kaskadierung mit Teilsystemen 1. und 2. Ordnung würden in diesem Beispiel bei einem Filter 9. ter Ordnung bereits 3 instabile Pole entstehen (bei 32-bit IEEE floats). ∎

4.2.2 Filter zur Erzeugung zeitlicher Ableitungen

Für diverse Aufgaben benötigt man die zeitlichen Ableitungen eines Signals, z. B. bei der Identifikation kontinuierlicher Systeme (siehe Abschnitt 7.4.5).

Eine gängige Methode ist die numerische Differentiation, z. B. die Anwendung des Differenzenquotienten $\dot{x}(k) \approx (x(k) - x(k-1)) / T_0$, wobei die Abtastzeit T_0 hinreichend klein ist. Prinzipiell lassen sich so auch höhere Ableitungen berechnen, z. B. kann man für die zweite Ableitung $\ddot{x}(k) \approx (x(k+1) - 2x(k) + x(k-1)) / (T_0^2)$ ansetzen. Allerdings ist diese numerische Differentiation wegen der hohen Störempfindlichkeit nur für sehr niedrige Ordnungen zweckmäßig.

Besser sind dann Verfahren, die gleichzeitig eine Tiefpassfilterung bewirken.

Ein solches Beispiel sind SAVITZKY-GOLAY-Filter. Sie kommen zur Signalglättung und / oder Berechnung von Ableitungen zum Einsatz. Die prinzipielle Idee besteht darin, in den betrachten Abschnitt einer Abtastfolge ein Polynom anzupassen (z. B. über Least-Squares, vgl. Abschnitt 7.3.1) und dann die Werte / Ableitungen von dieser (fiktiven) Kurve zu verwenden. Die Kurvenanpassung erfolgt nicht online, da die Koeffizienten des Polynoms linear von den Werten der Abtastfolge abhängen und damit die Filterparameter konstant sind. SAVITZKY-GOLAY-Filter führen zunächst auf FIR-Filter (vgl. Seite 167), die Zukunftswerte benötigen. Für die online-Anwendung sind die Gleichungen um eine entsprechende Anzahl Zeitschritte zu verschieben.

Ebenfalls in der Praxis verbreitet ist die Anwendung von **Zustandsvariablenfiltern** (ZVF), die hier etwas ausführlicher erläutert werden. Das sind lineare Filter mit Tiefpassverhalten, die man in Regelungsnormalform implementiert (vgl. Seite 261). Dadurch sind die einzelnen Zustände per Integratorkette miteinander gekoppelt, so dass man die erforderlichen Ableitungen geeignet abgreifen kann. Das ZVF liefert die zeitlichen Ableitungen bis zu einer bestimmten Grenzfrequenz; darüberliegende Frequenzanteile im Signal werden gedämpft. Prinzipiell kommen alle Tiefpässe in Frage, also z. B. auch die in Abschnitt 4.2.1 eingeführten BUTTERWORTH- oder BESSEL-Filter.

Bild 4.30 zeigt das Blockschaltbild eines Zustandsvariablenfilters.

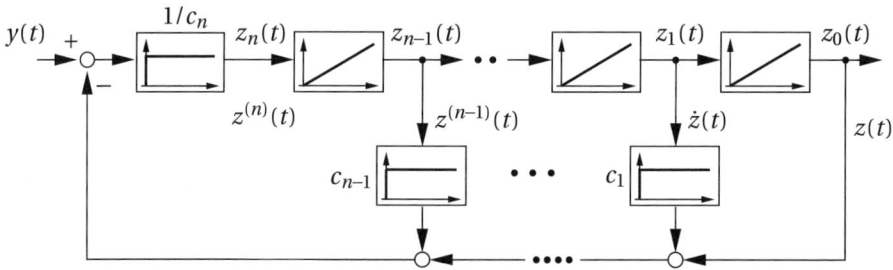

Bild 4.30 Zustandsvariablenfilter (ZVF)

Die Eingangsgröße des Filters ist z. B. die Ausgangsgröße $y(t)$ eines dynamischen Systems, von der man die zeitlichen Ableitungen benötigt. Das Filter hier folgt der Differentialgleichung

$$c_n z^{(n)}(t) + c_{n-1} z^{(n-1)}(t) + \ldots + z(t) = y(t), \tag{4.59}$$

wobei man die Koeffizienten c_i zumindest so wählt, dass die Stabilität des Filters sichergestellt ist (vgl. Abschnitt 7.1). Mit der Definition

$$z^{(i)}(t) = z_i(t) \quad \text{mit} \quad i = 0 \ldots n \quad \text{und der Schreibweise} \quad z^{(i)}(t) = \frac{d^i z}{dt^i} \tag{4.60}$$

lässt sich das System effizient im Zustandsraum in Regelungsnormalform behandeln (Systemmatrix A, Steuervektor b, vgl. Abschnitt 7.1.2). Dazu führt man die Zustände als Integratorkette wie folgt ein

$$x_1 = z \ , \ x_2 = \dot{x}_1 = \dot{z} \ , \ x_{i+1} = \dot{x}_i \ ,$$

die in dieser Reihenfolge der Approximation von $y(t), \dot{y}(t), \ddot{y}(t),\ldots$ dienen.

Für die Implementierung auf einem Digitalrechner ist eine zeitdiskrete Beschreibung erforderlich. Die Formel zur Diskretisierung in Zustandsraumdarstellung lautet (mit Laufindex k und Abtastzeit T_0, siehe Abschnitt 8.5.1)

$$\boldsymbol{x}((k+1)T_0) = e^{\boldsymbol{A}T_0} \boldsymbol{x}(kT_0) + \int_{kT_0}^{(k+1)T_0} e^{\boldsymbol{A}((k+1)T_0 - \tau)} \boldsymbol{b}\, y(\tau)\, \mathrm{d}\tau \,, \tag{4.61}$$

zu deren Lösung der Verlauf des Filtereingangs $y(t)$ zwischen zwei Abtastzeitpunkten (im Intervall $[kT_0; (k+1)T_0]$) bekannt sein muss. Besonders einfache Zusammenhänge ergeben sich, wenn die Filtereingangsgröße zwischen den Abtastschritten konstant ist. Da aber $y(t)$ den Ausgang eines dynamischen Systems darstellt, ist dies hier im Allgemeinen nicht der Fall.

Ein gängiger Ansatz ist dann die Interpolation des Filtereingangs mit einem Polynom über die letzten r Abtastwerte (r bezeichnet man in diesem Zusammenhang als den Interpolationsgrad). Für $r = 0$ gelangt man zur 'klassischen' diskreten Zustandsraumdarstellung, für $r = 1$ setzt man hingegen eine Sekante zwischen den beiden letzten Abtastschritten an. In diesem Fall sind dann zwei (Filter-)Eingangsgrößen, nämlich $y(k)$ und $y(k-1)$ zu berücksichtigen. Häufig gilt $r \le 2$ und für sehr schnelle Abtastungen ist die Interpolation mit der Ordnung $r = 1$ ausreichend [WV02].

Beispiel 4.13 Zustandsvariablenfilter zur Approximation der ersten / zweiten Ableitung

Betrachtet sei ein Filter 3. Ordnung, das die Übertragungsfunktion $G(s) = \lambda^3/(s+\lambda)^3$ mit $\lambda = 5$ besitzt (die Bandbreite beträgt somit 5 rad/s; das λ^3 im Zähler erzeugt eine statische Verstärkung von Eins). Die beschreibende Differentialgleichung lautet damit

$$\frac{1}{125} \cdot z^{(3)}(t) + \frac{3}{25} \cdot z^{(2)}(t) + \frac{3}{5} \cdot z^{(1)}(t) + z(t) = y(t) \,.$$

Die Überführung in die Zustandsraumdarstellung ergibt für die kontinuierliche Systemmatrix und den Steuervektor

$$\boldsymbol{A} = \begin{bmatrix} 0 & 1 & 0 \\ 0 & 0 & 1 \\ -125 & -75 & -15 \end{bmatrix} \quad ; \quad \boldsymbol{b} = \begin{bmatrix} 0 \\ 0 \\ 125 \end{bmatrix} \,.$$

Bild 4.31 zeigt die Frequenzgänge der Zustände $z_0(t) = z(t)$, $z_1(t) = \dot{z}(t)$, $z_2(t) = \ddot{z}(t)$. Bis zur Grenzfrequenz 5 rad/s gelingt eine gute Approximation des gewünschten Verhaltens. Darüber liegende Frequenzen werden abgedämpft.

Abschließend zeigt Bild 4.32 die Signalverläufe als Antwort auf eine Rechteckfunktion $y(t)$. Dabei ist $z_0(t) = z(t)$ die Approximation von $y(t)$ selbst und $z_1(t)$, $z_2(t)$ approximieren jeweils die erste und zweite Ableitung. Man beachte, dass die Rechteckfunktion $y(t)$ nicht bandbegrenzt ist. Höhere Frequenzen werden durch das Filter gedämpft und als Folge erhält man stetige, allerdings auch phasenverfälschte (zeitverschobene) Verläufe. Das zeitdiskrete Filter arbeitet hier mit der Abtastzeit $T_0 = 100$ ms. Hier wurde der Interpolationsgrad zu $r = 0$ gewählt. Da im vorliegenden Beispiel ein Rechteckeingang vorliegt, bzw. die Eingangsgröße des Filters zwischen den Abtastungen konstant ist, ist das zeitdiskrete Filter zu den Abtastzeitpunkten sogar exakt. ∎

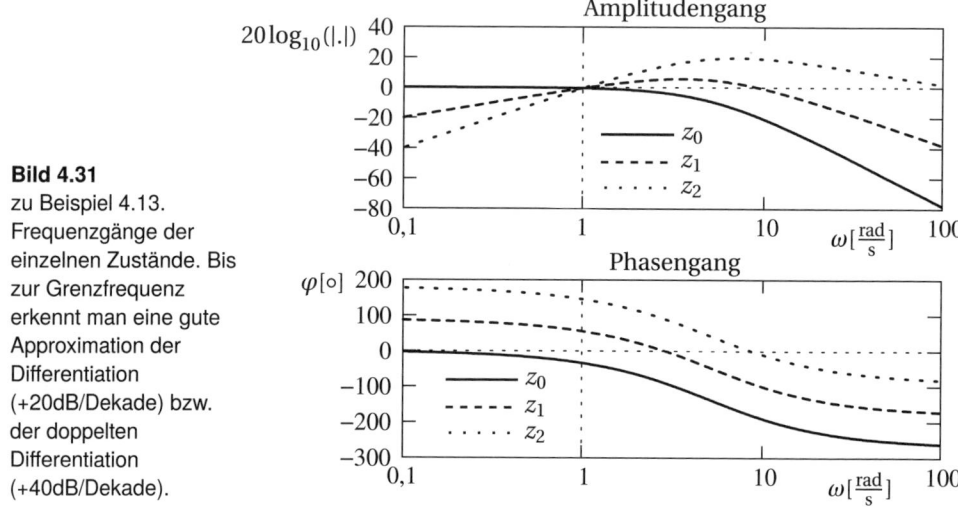

Bild 4.31
zu Beispiel 4.13.
Frequenzgänge der
einzelnen Zustände. Bis
zur Grenzfrequenz
erkennt man eine gute
Approximation der
Differentiation
(+20dB/Dekade) bzw.
der doppelten
Differentiation
(+40dB/Dekade).

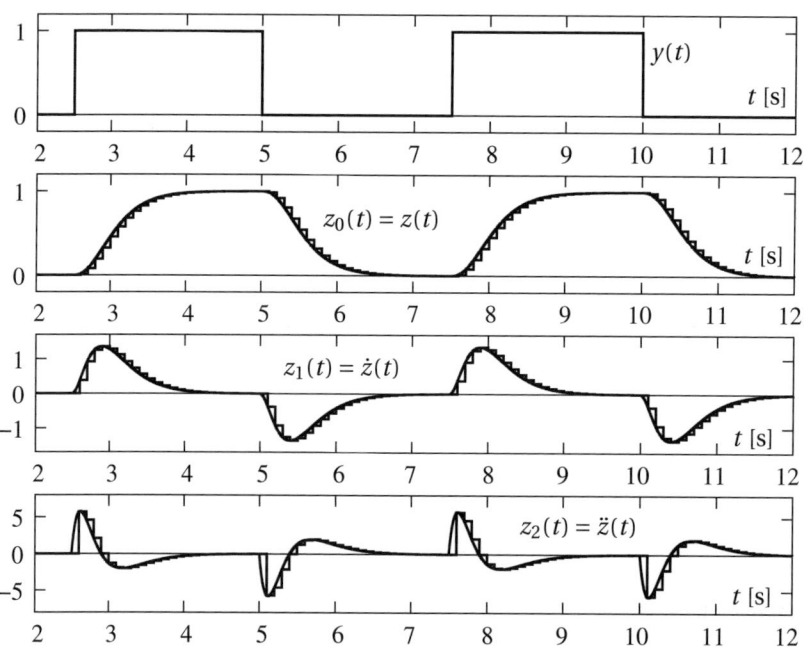

Bild 4.32 zu Beispiel 4.13. Signalverläufe der Zustände $z_0(t) = z(t)$, $z_1(t) = \dot{z}(t)$, $z_2(t) = \ddot{z}(t)$ als Antwort auf eine Rechteckfunktion $y(t)$. Die durchgezogenen Linien zeigen die kontinuierlichen Verläufe und die Treppenfunktion das Resultat der entsprechenden zeitdiskreten Filterimplementierung.

4.2.3 Optimale Filterung: KALMAN-Filter

Neben der bereits eingeführten Definition ist der Begriff **Filterung** auch bei Schätz-Aufgaben bekannt. Bild 4.33 dient der Präzisierung und erläutert unterschiedliche Aufgaben in diesem Zusammenhang: **Glättung**, **Filterung** und **Prädiktion**.

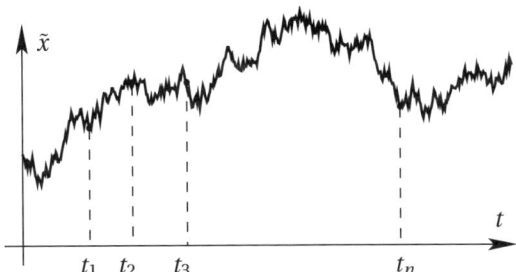

Bild 4.33
Erläuterung der Aufgaben
Glättung, Filterung und Prädiktion

Es werden die Messdaten im Zeitraum $t \in [t_1, t_3]$ betrachtet, aus denen für einen jeweils unterschiedlichen Zeitpunkt eine optimale[4] Schätzung abzuleiten ist:

- **Filterung**: Bestmögliche Schätzung für den Zeitpunkt t_3, d. h. es kommen sowohl Vergangenheits-werte als auch der aktuelle Messwert zur Anwendung.
- **Glättung**: Bestmögliche Schätzung für den Zeitpunkt t_2, d. h. es kommen Vergangenheits- und Zukunftswerte zum Einsatz. Die Glättung findet somit entweder komplett offline oder zumindest hinreichend zeitversetzt statt.
- **Prädiktion**: Bestmögliche Schätzung für den Zeitpunkt t_n in der Zukunft

Das KALMAN-Filter liefert für diese Aufgaben einen **Minimal-Varianz-Schätzer** (Abschn. 7.3.1), wenn die unten erläuterten Bedingungen erfüllt sind. Vorzugsweise kommt das KALMAN-Filter zur Beobachtung von Systemzuständen zum Einsatz (vgl. auch Abschnitt 8.3.2).

Konkret werde das folgende lineare, zeitdiskrete System betrachtet (Details ab Seite 262):

$$x(k+1) = A(k)x(k) + B(k)u(k) + W(k)w(k) \qquad (4.62a)$$

$$y(k) = C(k)x(k) + V(k)v(k) \qquad (4.62b)$$

Es bezeichnen $x(k) \in \mathbb{R}^n$ den Zustands-, $u(k) \in \mathbb{R}^m$ den Eingangs- und $y(k) \in \mathbb{R}^r$ den Ausgangsvektor. Die Systemmatrix $A(k) \in \mathbb{R}^{n \times n}$ sowie die Eingangs- und Ausgangsmatrizen $B(k) \in \mathbb{R}^{n \times m}$ und $C(k) \in \mathbb{R}^{r \times n}$ dürfen zeitvariant sein. Zusätzlich stehen hier $w(k) \in \mathbb{R}^p$ für das sog. **Prozess-** oder **Systemrauschen** (charakterisiert die Modellunsicherheiten, Einkopplung über $W(k) \in \mathbb{R}^{n \times p}$) und $v(k) \in \mathbb{R}^l$ für das **Messrauschen** (Einkopplung über $V(k) \in \mathbb{R}^{r \times l}$). Für alle Größen sei angenommen, dass sie normalverteilt und mittelwertfrei sind [WB95]. D. h. es gilt mit der auf Seite 142 eingeführten Notation

$$w(k) \sim \mathcal{N}(0, Q(k)) \qquad E[x_0] = \hat{x}_0$$

$$v(k) \sim \mathcal{N}(0, R(k)) \qquad E[(x_0 - \hat{x}_0)(x_0 - \hat{x}_0)^{\mathrm{T}}] = P_0$$

mit den Kovarianzmatrizen $Q(k) \in \mathbb{R}^{p \times p}$, $R(k) \in \mathbb{R}^{l \times l}$ ($P_0 \in \mathbb{R}^{n \times n}$ = Anfangskovarianz des Zustandes). Prozess- und Messrauschen seien unkorreliert. Nur unter den genannten Bedingungen gelten die zuvor aufgeführten Optimalitätseigenschaften des KALMAN-Filters.

---

[4]   optimal bedeutet hier: Es tritt kein systematischer Fehler auf (Verzerrungsfreiheit, vgl. Abschnitt 7.3.1), und die Schätzung weist eine minimal mögliche Varianz auf.

Das KALMAN-Filter umfasst typischerweise 5 Rechenschritte, die sich in die **Prädiktion** und die **Korrektur** klassifizieren lassen. Da alle stochastischen Größen als normalverteilt angenommen sind, reicht zu deren Beschreibung der Erwartungswert und die Varianz aus. Konkret interessiert dabei der Zustandsvektor x, so dass es die Aufgabe des KALMAN-Filters ist, dessen Erwartungswert (Schätzung mit höchster Wahrscheinlichkeit) und Varianz (mittlere Abweichung vom Erwartungswert) zu liefern. Die fünf Rechenschritte sind in Bild 4.34 visualisiert.

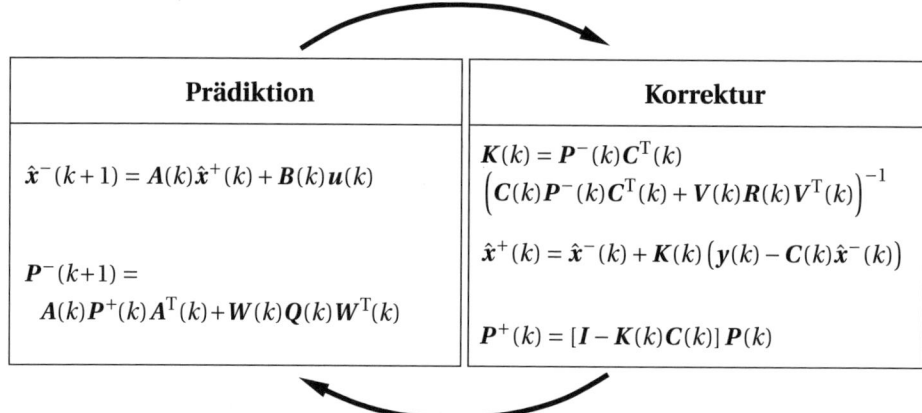

Prädiktion	**Korrektur**
$\hat{x}^-(k+1) = A(k)\hat{x}^+(k) + B(k)u(k)$ $P^-(k+1) =$ $A(k)P^+(k)A^{\mathrm{T}}(k) + W(k)Q(k)W^{\mathrm{T}}(k)$	$K(k) = P^-(k)C^{\mathrm{T}}(k)$ $\left(C(k)P^-(k)C^{\mathrm{T}}(k) + V(k)R(k)V^{\mathrm{T}}(k)\right)^{-1}$ $\hat{x}^+(k) = \hat{x}^-(k) + K(k)\left(y(k) - C(k)\hat{x}^-(k)\right)$ $P^+(k) = [I - K(k)C(k)]\,P(k)$

Bild 4.34 Phasen des KALMAN-Filters mit Prädiktion und Korrektur

In der Prädiktion findet die **a priori** Schätzung (Index $^-$) vom Erwartungswert des Zustandes $\hat{x}^-(k)$ und dessen Kovarianz $P^-(k)$ statt. Dazu benötigt man lediglich das Systemmodell (Gl. (4.62a) ohne $w(k)$).

Ein Korrekturschritt (auch Update-Schritt) erfolgt immer dann, wenn neue Messwerte $y(k)$ vorliegen. Zunächst berechnet dann die KALMAN-Gain $K(k)$ und damit schließlich die **a posteriori** Schätzung (Index $^+$) vom Zustand $\hat{x}^+(k)$ und dessen Kovarianz $P^+(k)$. Die KALMAN-Gain selbst leitet sich aus der Kovarianzmatrix und dem Messrauschen ab und bestimmt damit zu welchen Anteilen dem Modell bzw. der Messung vertraut wird.

Bild 4.35 visualisiert exemplarisch die Schritte des KALMAN-Filters am Beispiel eines eindimensionalen Problems, d. h. Zustands- und Messvektor sind hier Skalare. Dargestellt ist die Verteilungsdichte dieser Werte (vgl. Abschnitt 4.1.2).

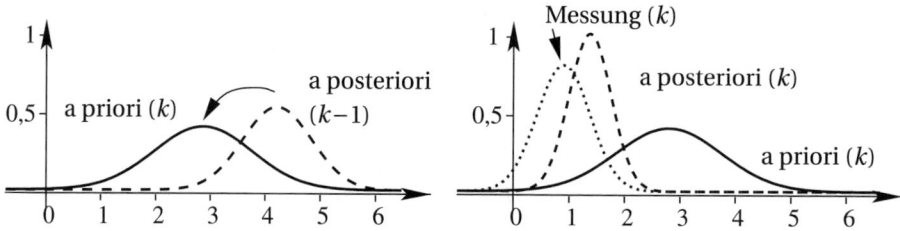

Bild 4.35 KALMAN-Filter. Links: Prädiktionsschritt; Rechts: Korrekturschritt

In der Prädiktion kommt das Systemmodell zur Anwendung, um aus der **a posteriori** Schätzung des letzten Zeitschrittes $k-1$ und möglicherweise einer Steuer- bzw. Stellgröße eine neue

a priori Schätzung zum Zeitpunkt k abzuleiten. Da das Modell Unsicherheiten aufweist, **vergrößert** sich in diesem Schritt die Varianz (Schätzunsicherheit). Die Verteilungsdichte wird bei der Prädiktion flacher/breiter (linkes Diagramm).

Liegt eine neue Messung zum Zeitpunkt k vor, findet der Korrekturschritt statt (rechtes Diagramm). Die **a posteriori** Schätzung ergibt sich aus einer gewichteten Mittelung der **a priori** Schätzung mit der Messung. Die KALMAN-Gain stellt die optimalen Gewichtungsparameter für diese Mittelung dar.

 Beim Korrekturschritt verkleinert sich **stets** die Varianz, d. h. die Konfidenz steigt. Diese auf den ersten Blick bemerkenswerte Eigenschaft ist genau der Kern dieser „Datenfusion": Die neue Varianz ist sowohl kleiner als die Messunsicherheit als auch kleiner als die Varianz der **a priori** Schätzung, unabhängig davon, mit welcher Varianz die Messung vorliegt (also auch wie 'schlecht' diese ist). Allerdings ist hierbei entscheidend, dass man die Messvarianz auch kennt.

Die freien Parameter beim Filterentwurf sind die Matrizen $P(0) = P_0, Q$ und R:

- $P(0)$ sollte man hinreichend groß wählen und niemals kleiner als die tatsächliche Varianz: Das Filter könnte sich sonst abkoppeln (es täuscht dann eine höhere Genauigkeit vor).
- Das Prozessrauschen Q definiert die Unsicherheit im Modell und bestimmt wie schnell sich der Zustandsvektor anpassen kann (bestimmt also die Filterzeitkonstante). Weiterführende Verfahren zur Bestimmung von Q finden sich in der Spezialliteratur, z. B. [RR09].
- Das Messrauschen R lässt sich häufig aus Messungen ermitteln (Hochpassfilterung).
- Das 'Verhältnis' von Q zu R bestimmt die dynamischen Eigenschaften des KALMAN-Filters. Bei konstanter Messvarianz und unverändertem Prozessrauschen strebt die KALMAN-Gain gegen einen stationären Endwert. Bei großem Messrauschen wird der Messung weniger vertraut und die KALMAN-Gain ist entsprechend klein. Bei sehr zuverlässigen Messungen (die Messvarianz geht gegen null) kehren sich die Verhältnisse um, d. h. die Gesamtschätzung berücksichtigt in hohem Maße die Messung.

Beispiel 4.14 Orientierungsschätzung $\hat{\theta}$ mittels GPS und Inertialsensorik

Betrachtet wird eine Anordnung aus GPS und Drehratensensor. Das GPS liefert eine Schätzung des Geschwindigkeitsvektors im Weltkoordinatensystem und damit die globale Orientierung θ - allerdings meist stark verrauscht. Der Drehratensensor liefert die aktuelle Drehrate ω, aus der man durch zeitliche Integration ebenfalls eine Richtungsinformation erhält. Sie ist über kurze Zeiträume genau; wegen der zeitlichen Integration von Offset und Rauschen wächst der Fehler aber unbegrenzt an. Außerdem ist die Startorientierung unbekannt. Ziel eines KALMAN-Filters ist es, diese beiden Messinformationen in bestmöglicher Weise zu kombinieren (fusionieren).

Lösung:

Ein typisches Modell für den Drehratensensor lautet

$$\omega_{\mathrm{m}} = \omega + b + \nu_{\mathrm{a}} \tag{4.63}$$

$$\dot{b} = \nu_{\mathrm{b}}. \tag{4.64}$$

Hierbei stehen ω_{m} und ω für die gemessene bzw. die wahre Drehrate. In der gemessenen Drehrate sind einerseits der so genannte Bias b und andererseits das Messrauschen

v_a enthalten. Letzteres wird häufig als **Angular Random Walk** bezeichnet (ARW), da der integrierte Wert zu einem Random Walk Prozess in der Winkelschätzung führt (vgl. Beispiel 4.7). Die zweite Gl. (4.64) beschreibt die Bias-Drift. Der Term v_b charakterisiert das Rauschen in der Bias-Drift und wird häufig als **Rate Random Walk** bezeichnet (RRW). Bei sehr langsamer Bias-Drift kann man $\dot{b} = 0$ ansetzen. Damit erhalten wir das Modell

$$\omega = \dot{\theta} = \omega_m - b - v_a. \tag{4.65}$$

Das GPS-Messmodell wird mit dem Messrauschen v_θ wie folgt angesetzt

$$y = \theta_{GPS} = \theta_{true} + v_\theta. \tag{4.66}$$

Für den Filterentwurf benötigt man eine zeitdiskrete Beschreibung von Gl. (4.65). Mit dem Differenzenquotienten (EULER-Ansatz, vgl. Abschnitt 8.5.1) und der Abtastzeit T_0 erhält man aus $\dot{\theta}_{int} = \omega_m - b_0$ schließlich

$$\theta_{int}(k+1) = \theta_{int}(k) + T_0 \left(\omega_m(k+1) - b_0 \right), \tag{4.67}$$

wobei b_0 für den initial bestimmten Bias/Offset steht, den man z. B. zu Beginn im Stillstand messen kann. Der Index 'int' signalisiert, dass θ_{int} aus einer numerischen Integration folgt.

Es kommt ein sog. komplementäres Filter zum Einsatz, d. h. es wird nicht die Richtung direkt geschätzt, sondern die Abweichung von der integrierten Drehrate

$$x(k) = \triangle\theta(k) = \theta(k) - \theta_{int}(k). \tag{4.68}$$

Damit erhält man nun folgende Zustandsraumdarstellung:

$$x(k+1) = x(k) + \tilde{v}_a \qquad\qquad\qquad \text{Messung} \tag{4.69}$$

$$y(k) = \triangle\theta(k) + v_{GPS} = x(k) + v_{GPS} = \overbrace{\theta_{GPS}(k) - \theta_{int}(k)} + v_{GPS} \tag{4.70}$$

Für dieses System erster Ordnung wird das KALMAN-Filter entworfen.

Anmerkung: Die Schreibweise $\tilde{v}_a$ soll zum Ausdruck bringen, dass hier das ursprüngliche v_a abgetastet vorliegt. So wird auch aus v_θ die Größe v_{GPS}.

Bild 4.36 zeigt die Ergebnisse einer *Matlab*® -Simulation. Im oberen Diagramm sind der reale Verlauf der Orientierung θ, die GPS-Messungen θ_{GPS} sowie das Ergebnis θ_{int} der einfachen Integration der Drehrate ω_m dargestellt. Aufgrund von Rauschen und Bias läuft die Integration davon. Die Drehrate wurde im 10ms-Takt abgetastet, die GPS-Messungen erfolgten im 500ms-Raster. Das untere Diagramm in Bild 4.36 zeigt das fusionierte Ergebnis $\hat{\theta}$. Ein Unterschied zum realen Verlauf ist kaum erkennbar. ∎

 Eine ganz essentielle Eigenschaft wurde bislang stillschweigend angenommen – nämlich, dass in den Messungen auch die Informationen beinhaltet sind, um die Zustände auch schätzen zu können. Diese Forderung nennt man **Beobachtbarkeit** und Abschnitt 7.1.2 erläutert ab Seite 259 die Details. Hier sei nur die „strukturelle Beobachtbarkeit" erwähnt, die als erste Indikation, d. h. für eine erste grundsätzliche Überprüfung fungieren kann [Wen93]. Eine der Forderungen besagt, dass alle Zustände direkt oder indirekt über andere Zustände mit dem Ausgang (der Messgröße) verbunden sein müssen. Dieses Kriterium ist notwendig aber nicht hinreichend.

Eine Möglichkeit das KALMAN-Filter zur Parameterschätzung einzusetzen, zeigt der nachfolgende Abschnitt.

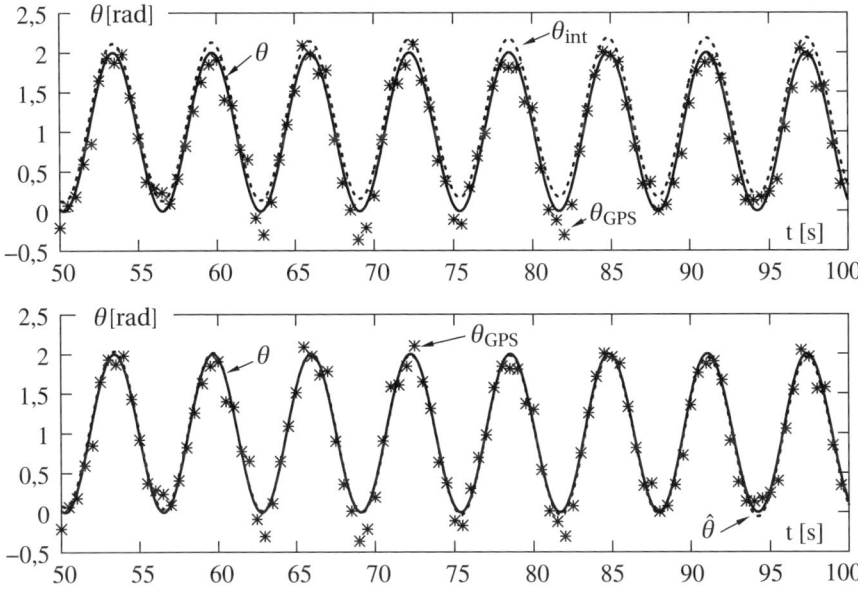

Bild 4.36 Vergleich von reiner Integration (oben, θ_{int}) mit fusioniertem Ergebnis (unten, $\hat{\theta}$)

Parameterschätzung mit KALMAN-Filter: Betrachtet wird ein System in der sog. **Beobachternormalform** (BNF), die eine Beschreibung des Systems mit einer minimalen Anzahl an Parametern a_i, b_i mit $i = 0 \ldots n-1$ erlaubt.

$$\boldsymbol{x}(k+1) = \begin{bmatrix} 0 & 0 & \cdots & & -a_0 \\ 1 & 0 & \cdots & & -a_1 \\ 0 & 1 & 0 & & \vdots \\ \vdots & & 1 & \ddots & \vdots \\ 0 & \cdots & & 1 & -a_{n-1} \end{bmatrix} \boldsymbol{x}(k) + \begin{bmatrix} b_0 \\ b_1 \\ \vdots \\ \vdots \\ b_{n-1} \end{bmatrix} u(k) \tag{4.71a}$$

$$y(k) = \begin{bmatrix} 0 & \cdots & & \cdots 1 \end{bmatrix} \boldsymbol{x}(k) \tag{4.71b}$$

Jedes lineare **beobachtbare** System und jedes System, das als Übertragungsfunktion vorliegt lässt sich auf diese Form bringen. Man erweitert den Zustandsvektor nun wie folgt

$$\boldsymbol{x}^{o\mathrm{T}} = \begin{bmatrix} \boldsymbol{x}^{\mathrm{T}} \boldsymbol{a}^{\mathrm{T}} \boldsymbol{b}^{\mathrm{T}} \end{bmatrix} \quad \text{mit} \quad \boldsymbol{a} = [a_0 \, a_1 \ldots a_{n-1}]^{\mathrm{T}}, \, \boldsymbol{b} = [b_0 \, b_1 \ldots b_{n-1}]^{\mathrm{T}}.$$

Die Systemparameter a_i und b_i stellen nun selbst Zustände dar, die aber keine Dynamik aufweisen und als konstante Größen modelliert sind. Damit ergibt sich die Systembeschreibung

$$\left.\begin{aligned} x_1(k+1) &= & -a_0 x_n(k) + b_0 u(k) \\ x_2(k+1) &= x_1(k) - a_1 x_n(k) + b_1 u(k) \\ &\vdots \\ a_0(k+1) &= a_0(k) \\ &\vdots \\ b_{n-1}(k+1) &= b_{n-1}(k) \end{aligned}\right\}. \tag{4.72}$$

In Matrixschreibweise erhält man (hierbei steht der Vektor $\boldsymbol{w}(k)$ für das Prozessrauschen)

$$\boldsymbol{x}^o(k+1) = \begin{bmatrix} 0 & & -x_n(k) & & \boldsymbol{0} & u(k) & & \boldsymbol{0} \\ 1 & 0 & & & & & & \\ & \ddots & 0 & & \ddots & & & \ddots \\ & & 1 & \boldsymbol{0} & & -x_n(k) & \boldsymbol{0} & u(k) \\ 0 & \cdots & 0 & 1 & 0 & \cdots & \cdots & 0 \\ \vdots & & \vdots & 0 & 1 & 0 & \cdots & 0 \\ \vdots & & \vdots & \vdots & 0 & 1 & & 0 \\ 0 & \cdots & 0 & & & & 1 & \vdots \\ \vdots & & \vdots & & \boldsymbol{0} & & 1 & 0 \\ 0 & \cdots & 0 & \cdots & \cdots & \cdots & 0 & 1 \end{bmatrix} \boldsymbol{x}^o(k) + \boldsymbol{w}(k).$$

Da $y(k) = x_n(k)$ gilt, kann man in der Systemmatrix anstatt $x_n(k)$ auch direkt $y(k)$ einsetzen. Die Systembeschreibung ist identisch zu Gl. (4.71). Allerdings ist die Systemmatrix nun zeitvariant. Das KALMAN-Filter ist aber unverändert einsetzbar.

Beispiel 4.15 KALMAN-Filter zur Parameterschätzung

Es wird ein schwingfähiges, zeitdiskretes System 2. Ordnung betrachtet, das sich durch folgende Übertragungsfunktion beschreiben lässt.

$$G(z) = \frac{0,8z + 0,5}{z^2 - 0,4z + 0,3}$$

Die Abtastzeit beträgt 10 ms. Bild 4.37 zeigt auf der rechten Seite die Sprungantwort.

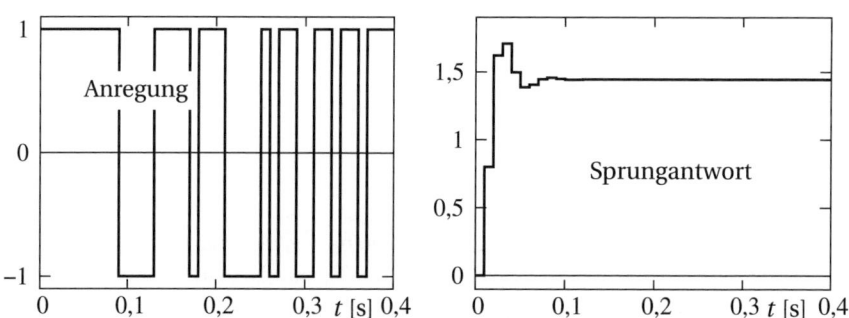

Bild 4.37 Links: Binäre Anregung zur Identifikation; Rechts: Sprungantwort des Systems

Die Systemparameter seien nun nicht bekannt und sollen mithilfe eines KALMAN-Filters identifiziert werden. Die allgemeine Beschreibung

$$G(z) = \frac{b_1 z + b_0}{z^2 + a_1 z + a_0}$$

lässt sich direkt in die Beobachter-Normalform überführen.

$$\boldsymbol{x}(k+1) = \begin{bmatrix} 0 & -a_0 \\ 1 & -a_1 \end{bmatrix} \boldsymbol{x}(k) + \begin{bmatrix} b_0 \\ b_1 \end{bmatrix} u(k)$$

$$y(k) = \begin{bmatrix} 0 & 1 \end{bmatrix} \boldsymbol{x}(k)$$

Wie beschrieben, findet nun eine Zustandserweiterung statt, die auf folgenden Zustandsvektor bzw. folgende Systembeschreibung führt.

$$\boldsymbol{x}^o = \begin{bmatrix} x_1 \\ x_2 \\ a_0 \\ a_1 \\ b_0 \\ b_1 \end{bmatrix} \quad ; \quad \boldsymbol{x}^o(k+1) = \begin{bmatrix} 0 & 0 & -y(k) & 0 & u(k) & 0 \\ 1 & 0 & 0 & -y(k) & 0 & u(k) \\ 0 & 0 & 1 & 0 & 0 & 0 \\ 0 & 0 & 0 & 1 & 0 & 0 \\ 0 & 0 & 0 & 0 & 1 & 0 \\ 0 & 0 & 0 & 0 & 0 & 1 \end{bmatrix} \boldsymbol{x}^o(k)$$

Bild 4.37 zeigt des Weiteren auf der linken Seite die zur Anwendung kommende binäre Anregungsfunktion (für eine Motivation zu einer solchen Anregung vgl. Abschnitt 7.4.3). Die Messung wurde zusätzlich künstlich verrauscht.

Bild 4.38 vergleicht schließlich den echten und geschätzten Systemzustand x_1 und zeigt das schnelle Einschwingverhalten der geschätzten Systemparameter. Dabei wurden die unbekannten Parameter sämtlich initial zu null gesetzt.

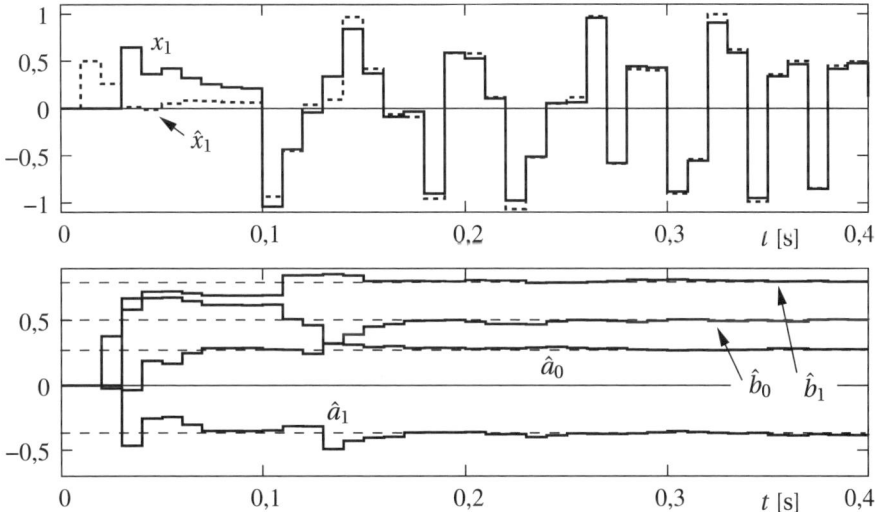

Bild 4.38 Einschwingen der Systemzustände und -parameter. Oben: Zustände $x_1, \hat{x}_1$ (x_2 der Übersichtlichkeit wegen weggelassen). Unten: Geschätzte Parameter $\hat{a}_0, \hat{a}_1, \hat{b}_0, \hat{b}_1$.

4.2.4   Erweiterungen des KALMAN-Filters

Für die Behandlung von nichtlinearen Systemen sind zwei Varianten des KALMAN-Filters vorherrschend: Das Extended KALMAN-Filter (EKF) und das Unscented KALMAN-Filter (UKF). Betrachtet wird zunächst ein allgemeines nichtlineares System in zeitdiskreter Form

$$x(k+1) = g(x(k), u(k), w(k)) \tag{4.73a}$$

$$y(k) = h(x(k), u(k), v(k)) . \tag{4.73b}$$

Hierbei stellen g, h Vektorfunktion dar. Die Bedeutung der anderen Größen entsprechen den Erläuterungen zu Gl. (4.62).

Extended KALMAN-Filter (EKF):   Die Idee besteht darin, eine Linearisierung (vgl. Abschnitt 7.2.2) entlang der Trajektorie (in jedem Zeitschritt k) durchzuführen und für das linearisierte System im Korrekturschritt das KALMAN-Filter anzuwenden. Für die Prädiktion von Zustands- und Ausgangsvektor nutzt man einfach die Modelle $\boldsymbol{g}(.)$ und $\boldsymbol{h}(.)$ ohne die Rauschterme. Die Linearisierung erfolgt durch partielle Ableitungen (Berechnung der JACOBI-Matrizen).

$$A(k) = \left.\frac{\partial \boldsymbol{g}}{\partial \boldsymbol{x}}\right|_{\boldsymbol{x}(k),\boldsymbol{u}(k)} \quad ; \quad B(k) = \left.\frac{\partial \boldsymbol{g}}{\partial \boldsymbol{u}}\right|_{\boldsymbol{x}(k),\boldsymbol{u}(k)} \quad ; \quad W(k) = \left.\frac{\partial \boldsymbol{g}}{\partial \boldsymbol{w}}\right|_{\boldsymbol{x}(k),\boldsymbol{u}(k)}$$

$$C(k) = \left.\frac{\partial \boldsymbol{h}}{\partial \boldsymbol{x}}\right|_{\boldsymbol{x}(k),\boldsymbol{u}(k)} \quad ; \quad D(k) = \left.\frac{\partial \boldsymbol{h}}{\partial \boldsymbol{u}}\right|_{\boldsymbol{x}(k),\boldsymbol{u}(k)} \quad ; \quad V(k) = \left.\frac{\partial \boldsymbol{h}}{\partial \boldsymbol{v}}\right|_{\boldsymbol{x}(k),\boldsymbol{u}(k)}$$

Beim EKF nutzt man die Tatsache, dass eine GAUSS'sche Zufallsvariable durch eine lineare Abbildung GAUSS-verteilt bleibt. Diesen Sachverhalt verdeutlicht Bild 4.39.

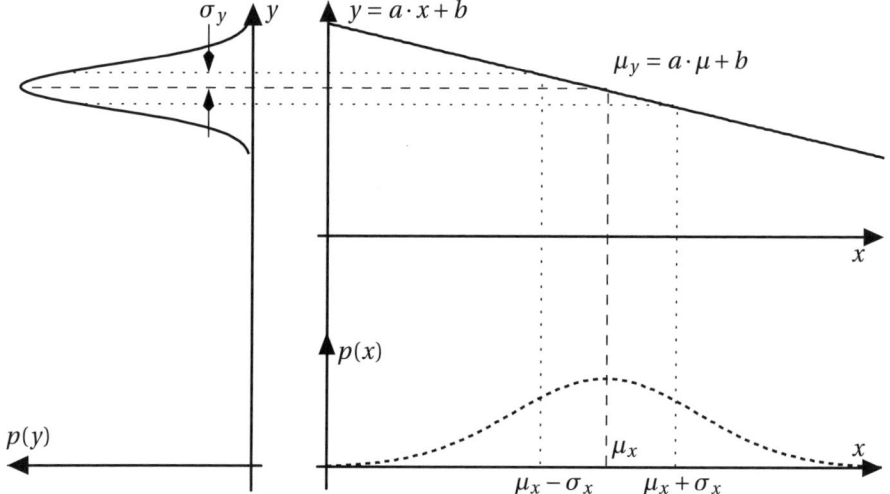

Bild 4.39 Bei einer linearen Abbildung bleibt die GAUSS-Verteilung erhalten – bei verändertem Erwartungswert und veränderter Varianz (Darstellung in Anlehnung an [TBF05])

Die Zufallsvariable $\bar{y}$ entsteht hier aus der linearen Abbildungsfunktion $y = a \cdot x + b$ mit $a, b \in \mathbb{R}$. Der Erwartungswert μ_y folgt direkt der Abbildungsvorschrift $\mu_y = a \cdot \mu_x + b$; die Varianz von $\bar{y}$ hängt von der Steigung der linearen Abbildungsfunktion ab und lautet $\sigma_y^2 = a^2 \sigma_x^2$.

Bei einer nichtlinearen Abbildung verfälscht das EKF den Erwartungswert und die Varianz (vgl. Bild 4.40). Im Arbeitspunkt findet eine Linearisierung statt, deren Geltungsbereich in Abhängigkeit von der Abbildungsvorschrift aber klein werden kann. Die durchgezogene Linie zeigt die wahre Verteilungsdichte $p(y)$, wenn man jeden Punkt von $p(x)$ über die Nichtlinearität führt und der schwarze Punkt den Erwartungswert der Verteilung $p(y)$. Die gestrichelte Linie illustriert die gedachte GAUSS-Verteilung bei Ansatz des EKF.

Mit dieser Erkenntnis heißt das nun für das System in Gl. (4.73), dass bei Anwendung des EKF die vom KALMAN-Filter bekannten Optimalitätseigenschaften nicht mehr gesichert sind. Nichtsdestotrotz kommt das EKF sehr erfolgreich für Schätzaufgaben zum Einsatz.

Allgegenwärtig ist es in der mobilen Robotik [TBF05] oder bei der Parameteridentifikation [Lju79, SG95]. Eine akzeptable Performanz ist zu erwarten, wenn gute Startwerte vorliegen und

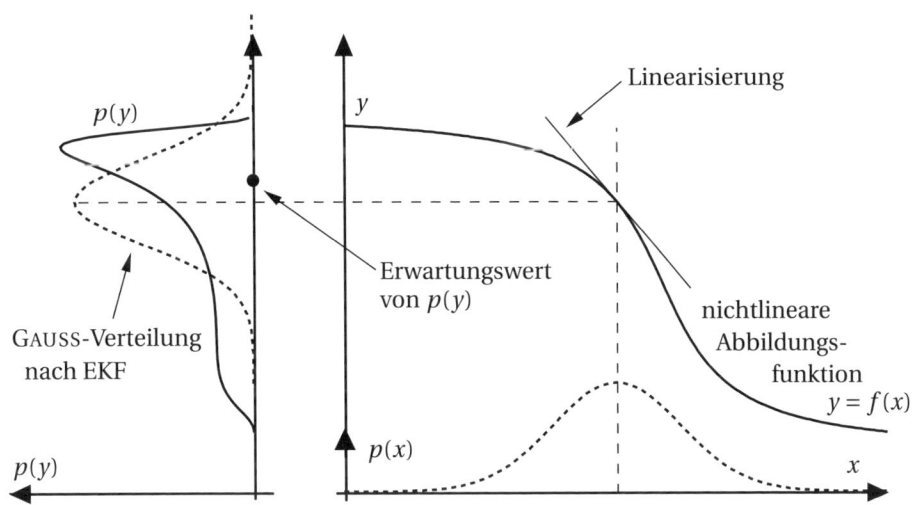

Bild 4.40 EKF verfälscht den Erwartungswert und die Varianz bei nichtlinearen Abbildungen (Darstellung in Anlehnung an [TBF05])

die Nichtlinearitäten nicht allzu stark ausgeprägt sind. Für die gleichzeitige Zustands- und Parameterschätzung sei der interessierte Leser auf das Dual Extended KALMAN-Filter (DEKF) verwiesen [WN01] oder macht von dem in Beispiel 4.16 beschriebenen Ansatz Gebrauch.

Beispiel 4.16 Extended KALMAN-Filter zur Parameterschätzung

Es wird erneut das System aus Beispiel 4.15 betrachtet. Der Ansatz ist prinzipiell der gleiche, d. h. man erweitert zunächst den Zustandsvektor um die Systemparameter und nimmt für diese an, dass sie sich nur sehr langsam verändern. Man erhält

$$
\boldsymbol{x}^o(k+1) =
\begin{bmatrix}
x_1(k+1) \\
x_2(k+1) \\
a_0(k+1) \\
a_1(k+1) \\
b_0(k+1) \\
b_1(k+1)
\end{bmatrix}
=
\begin{bmatrix}
x_1(k+1) \\
x_2(k+1) \\
x_3(k+1) \\
x_4(k+1) \\
x_5(k+1) \\
x_6(k+1)
\end{bmatrix}
=
\begin{bmatrix}
-x_3(k)x_2(k) + x_5(k)u(k) \\
x_1(k) - x_4(k)x_2(k) + x_6(k)u(k) \\
x_3(k) \\
x_4(k) \\
x_5(k) \\
x_6(k)
\end{bmatrix}
+ \boldsymbol{w}(k)
$$

$$
= \boldsymbol{g}\left(\boldsymbol{x}^o(k), u(k), \boldsymbol{w}(k)\right)
$$

$$
y(k) = \begin{bmatrix} 0 & 1 & 0 & 0 & 0 & 0 \end{bmatrix} \boldsymbol{x}^o(k) + v(k) = \boldsymbol{c}^{\mathrm{T}}\boldsymbol{x}^o(k) + v(k)
$$

$$
= h\left(\boldsymbol{x}^o(k), u(k), v(k)\right).
$$

Die Berechnung der JACOBI-Matrizen für die Linearisierung in jedem Zeitschritt gestaltet sich hier sehr einfach und es gilt

$$
\boldsymbol{A}(k) =
\begin{bmatrix}
0 & -x_3(k) & -x_2(k) & 0 & u(k) & 0 \\
1 & -x_4(k) & 0 & -x_3(k) & 0 & u(k) \\
0 & 0 & 1 & 0 & 0 & 0 \\
0 & 0 & 0 & 1 & 0 & 0 \\
0 & 0 & 0 & 0 & 1 & 0 \\
0 & 0 & 0 & 0 & 0 & 1
\end{bmatrix}
\quad ; \quad
\boldsymbol{b}(k) =
\begin{bmatrix}
x_5(k) \\
x_6(k) \\
0 \\
0 \\
0 \\
0
\end{bmatrix}.
$$

Die Schätzgüte ist im vorliegenden Fall ähnlich zu der in Beispiel 4.15 und daher sind die Messverläufe nicht dargestellt. ∎

Unscented KALMAN-Filter (UKF):   Bei vergleichbarem Rechenaufwand überwindet das sog. Unscented KALMAN-Filter (UKF) einige der Schwächen des EKF. Außerdem stellt das UKF eine gradientenfreie Methode dar, die keine Berechnung von JACOBI-Matrizen erfordert.

Die grundsätzliche Idee besteht darin, direkt die Verteilungsfunktionen der beteiligten Größen (Zustände, Ausgangsgrößen) zu approximieren. Zentraler Bestandteil dabei ist die **Unscented Transformation** (UT). Diese ermöglicht die Approximation der Verteilungsfunktion einer Zufallsvariable, wenn diese eine nichtlineare Transformation durchläuft. Dazu führt man mehrere definierte Stützpunkte über die Nichtlinearität (vgl. Bild 4.41). Im Gegensatz dazu wurde beim EKF ja nur ein Punkt, nämlich der Erwartungswert des Zustandes, über den im Arbeitspunkt linearisierten Zusammenhang geführt.

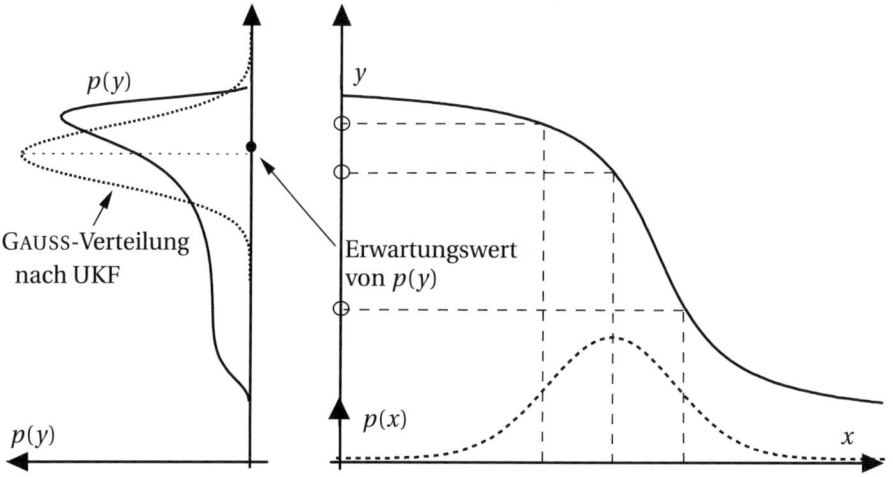

Bild 4.41 UKF führt Linearisierung mithilfe von sog. Sigmapunkten durch (Darstellung in Anlehnung an [TBF05])

Die Definition der Stützpunkte, hier **Sigmapunkte** genannt, erfolgt nach festen Regeln. Der erste Sigmapunkt ist beim Erwartungswert, die anderen sind symmetrisch um die Hauptachsen der Kovarianzmatrix verteilt (zwei pro Dimension). Damit ergeben sich $(2n + 1)$ Sigmapunkte, wobei n für die Systemordnung steht.

Die Sigmapunkte sind so gewählt, dass deren Mittelwert exakt dem Erwartungswert der **a posteriori** Schätzung $\hat{x}^{+}(k-1)$ aus dem letztem Schritt und die Kovarianz exakt $P^{+}(k-1)$ entspricht. Nachdem man diese Sigmapunkte durch die Nichtlinearität propagiert, wird die **a priori** Schätzung zum Zeitpunkt k durch eine geeignete Gewichtung der Punkte erreicht. Diese nähern die Verteilungsfunktion genauer an als beim EKF, nämlich exakt bis zum quadratischen Glied einer Taylorreihenentwicklung und bei bestimmten Verteilungsfunktionen sogar noch darüber hinaus.

Es sollen nun die einzelnen Schritte aufgeführt werden. Das UKF kann man direkt auf das System in Gl. (4.73) anwenden [Wv01]. Etwas einfachere Zusammenhänge erhält man bei nur additiv wirkenden Rauschtermen. Daher setzt man meist folgende Systembeschreibung an

$$x(k+1) = g\left(x(k), u(k)\right) + w(k) \tag{4.74a}$$
$$y(k) = h\left(x(k), u(k)\right) + v(k). \tag{4.74b}$$

Zusammenfassung der Rechenschritte beim UKF

1. **Generierung der Sigmapunkte:**
   (a) Berechnung der Wurzel der Kovarianzmatrix $P^+(k-1)$ über eine CHOLESKY-Zerlegung liefert die untere Dreiecksmatrix S, die die Gleichung $P^+(k-1) = SS^T$ erfüllt.
   (b) Berechnung der Menge an Sigmapunkte $\mathscr{X}(k) = \{X_i(k)\} \in \mathbb{R}^{n\times(2n+1)}$ mit $i = 0\dots 2n$

$$\mathscr{X}(k) = \left\{\hat{x}^+(k-1) \quad \overbrace{\hat{x}^+(k-1) + \sqrt{n+\lambda}\,S}^{\text{insg. } n \text{ Vektoren}} \quad \overbrace{\hat{x}^+(k-1) - \sqrt{n+\lambda}\,S}^{\text{insg. } n \text{ Vektoren}}\right\}. \tag{4.75}$$

Hierbei steht n für die Systemordnung und $\lambda = \alpha^2(n+\kappa) - n$ für einen Skalierungsparameter. Der Parameter α ist ein kleiner positiver Wert ≤ 1 und bestimmt die Streuung der Sigmapunkte um den Erwartungswert. Für den Parameter κ gilt meist $\kappa = 0$.

2. **Prädiktionsschritt:**
   (a) Prädiktion der Sigmapunkte mithilfe der Systemfunktion

$$X_i^-(k) = g\left(X_i(k), u(k)\right). \tag{4.76}$$

   (b) Berechnung der **a priori** Zustandsschätzung durch gewichtete Summe

$$\hat{x}^-(k) = \sum_{i=0}^{2n} W_i^m X_i(k). \tag{4.77}$$

Die Wichtungsfaktoren W_i^m berechnen sich nach

$$W_i^m = \frac{1}{2(n+\lambda)} \quad \text{für} \quad i = \dots 2n \quad \text{und} \quad W_0^m = \frac{\lambda}{n+\lambda} \quad \text{für} \quad i = 0.$$

   (c) Berechnung der **a priori** Kovarianz des Zustandes

$$P^-(k) = Q(k) + \sum_{i=0}^{2n} W_i^c \left(X_i(k) - \hat{x}^-(k)\right)\left(X_i(k) - \hat{x}^-(k)\right)^T, \tag{4.78}$$

wobei hier für Wichtungsfaktoren W_i^c gilt

$$W_i^c = W_i^m \quad \text{für} \quad i = \dots 2n \quad \text{und} \quad W_0^c = \frac{\lambda}{n+\lambda} + 1 - \alpha^2 + \beta \quad \text{für} \quad i = 0.$$

Die Parameter λ und α sind bereits eingeführt. Eine optimale Wahl für β im Falle von GAUSS-verteilten Größen ist $\beta = 2$.

   (d) Prädiktion der Sigmapunkte mithilfe der Ausgangsgleichung

$$\Psi_i^-(k) = h\left(X_i(k), u(k)\right). \tag{4.79}$$

(e) Berechnung der **a priori** Ausgangsschätzung durch gewichtete Summe

$$\hat{\boldsymbol{y}}^-(k) = \sum_{i=0}^{2n} W_i^m \boldsymbol{\Psi}_i(k). \tag{4.80}$$

(f) Berechnung der Kovarianz des prädizierten Ausgangs

$$\boldsymbol{P}^{yy}(k) = \boldsymbol{R}(k) + \sum_{i=0}^{2n} W_i^c \left(\boldsymbol{\Psi}_i(k) - \hat{\boldsymbol{y}}^-(k) \right) \left(\boldsymbol{\Psi}_i(k) - \hat{\boldsymbol{y}}^-(k) \right)^{\mathrm{T}}. \tag{4.81}$$

(g) Berechnung der Kreuzkovarianz von Zustand und Ausgang

$$\boldsymbol{P}^{xy}(k) = \sum_{i=0}^{2n} W_i^c \left(\boldsymbol{\mathcal{X}}_i(k) - \hat{\boldsymbol{x}}^-(k) \right) \left(\boldsymbol{\Psi}_i(k) - \hat{\boldsymbol{y}}^-(k) \right)^{\mathrm{T}}. \tag{4.82}$$

3. **Korrekturschritt:**

(a) Berechnung der KALMAN-Gain

$$\boldsymbol{K}(k) = \boldsymbol{P}^{xy}(k) \left(\boldsymbol{P}^{yy}(k) \right)^{-1}. \tag{4.83}$$

(b) Berechnung der **a posteriori** Zustandsschätzung

$$\hat{\boldsymbol{x}}^+(k) = \hat{\boldsymbol{x}}^-(k) + \boldsymbol{K}(k) \left(\boldsymbol{y}(k) - \hat{\boldsymbol{y}}^-(k) \right). \tag{4.84}$$

(c) Berechnung der **a posteriori** Kovarianz des Zustandes

$$\boldsymbol{P}^+(k) = \boldsymbol{P}^-(k) - \boldsymbol{K}(k) \boldsymbol{P}^{yy}(k) \boldsymbol{K}^{\mathrm{T}}(k). \tag{4.85}$$

Ausblick BAYES-Filter: Moderne mechatronische Systeme (z. B. Serviceroboter) ziehen Rückschlüsse aus einer unsicheren Datenlage (Messrauschen, Verzögerungen, dynamische Umgebungen, Modellfehler). Häufig zielführend ist dabei die Betrachtung der Sensordaten als Zufallsvariablen und die 'Fusion' dieser durch die **probabilistische Inferenz**. Im Kern handelt es sich um die Anwendung der **BAYES-Regel** bzw. deren zeitliche Erweiterung, die **BAYES-Filterung**. Je nach Anwendung (und verfügbaren Ressourcen) sind verschiedene Implementierungsstrategien bekannt. Generell unterscheidet man bei den BAYES-Filtern nach [TBF05]

- GAUSS-Filtern bzw. parametrischen Filtern und
- nichtparametrischen Filtern .

GAUSS-Filter bzw. **parametrische Filter** sind besonders effizient für lineare Systeme und GAUSS-Prozesse. Sie beschreiben die Verteilungsfunktion mit wenigen Parametern, z. B. Erwartungswert/Varianz. In diese Klasse gehören das KALMAN-Filter, das EKF und das UKF.

Der wesentliche Vorteil von **nichtparametrischen Filtern** ist deren höhere Robustheit durch die gleichzeitige Verfolgung mehrerer Hypothesen. Sie können jede beliebige Verteilungsfunktion annähern. Nachteilig ist der hohe Rechenaufwand. Zu den nichtparametrischen Filtern gehören Histogramm-Filter, Monte Carlo Verfahren und Partikel-Filter.

Eine exzellente Einführung in BAYES-Filter findet sich in [TBF05].

5 Prozessdatenverarbeitung

Die Prozessdatenverarbeitung bewerkstelligt die Kopplung von Mess-, Führungs- und Stellgrößen und dient unter anderem der Steuerung, Regelung und Überwachung von technischen Prozessen mit Computern (Prozessrechnern). Bezugnehmend auf die bekannte Struktur eines mechatronischen Systems (vgl. Einleitung in Kapitel 1 und Bild 5.1) ist die Verortung im Informationsfluss und kann Aspekte der Ankopplung an Sensoren und Aktoren beinhalten.

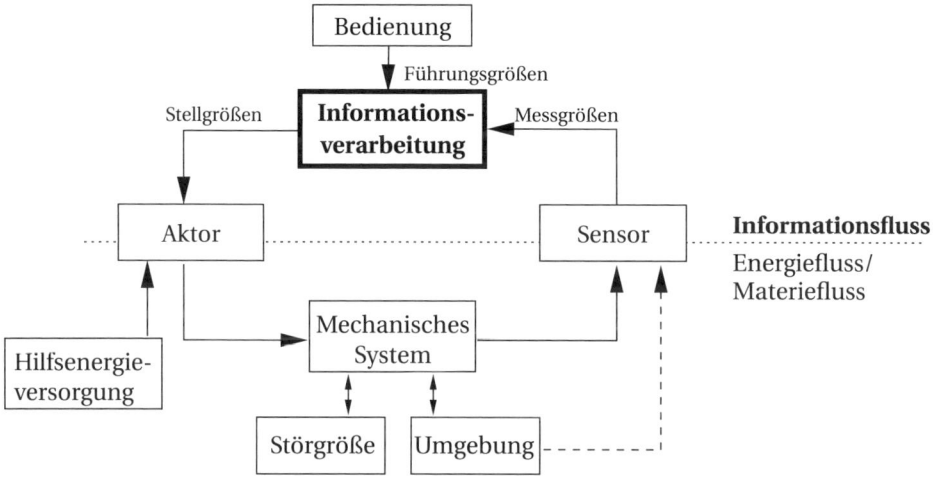

Bild 5.1 Die Informationsverarbeitung im Informationsfluss (nach [Ise08])

Hier erfolgt die Vorstellung von ausgewählten und nachfolgend beschriebenen Details der Prozessdatenverarbeitung. Die im Block Informationsverarbeitung ausgeführten Algorithmen zur Signalverarbeitung und Regelung finden hingegen ihre Behandlung in den Kapiteln 4 und 8.

Die in mechatronischen Anwendungen einsetzbare Rechnerhardware reicht vom kleinsten 8-Bit Mikrocontroller bis zum teuren, modularen Steckkartensystem mit 32- bzw. 64-Bit Kernen. Aus wirtschaftlichen Gründen nutzt man das System fast immer bis in die Nähe seiner Leistungsgrenze. Besonders bei hoher Auslastung verhält sich ein Echtzeitdatenverarbeitungssystem aber nicht ideal: Die programmierte Dynamik wird ggf. durch wichtigere Aufgaben, aber auch durch verdeckte interne Betriebssystemprozesse zeitlich verfälscht. Verschiedene Betriebssystemkonzepte unterscheiden sich hier sehr stark. Eine Verfälschung erzeugen auch die zur Vernetzung von Komponenten eingesetzten „Feldbusse" sowie – in besonderem Maße – die im Zeitalter der Industrie 4.0 aufkommenden „Cyber Physical Systems" (CPS). Darunter versteht man hochgradig komplexe Verbundsysteme, die durch die (offene) Vernetzung von interagierenden Systemen entstehen, z. B. in der modernen Fabrikautomatisierung oder bei verteilten Roboteranwendungen. Eine besondere Herausforderung stellen dabei die dynamisch rekonfigurierbare Architektur und die entstehenden variablen Latenzzeiten dar.

Insbesondere in der Verfahrens- und Automatisierungstechnik kommen neben konfigurierbaren Reglermodulen in hoher Zahl „speicherprogrammierbare Steuerungen" (SPS) zum Einsatz. Es gibt dazu genormte Entwurfswerkzeuge (z. B. CODESYS nach IEC 61131-3 mit Steuerungsbibliotheken wie PLCopen) und einen etablierten theoretischen Unterbau. Damit gelingt eine komfortable Programmierung von Anwendungen, allerdings auf Kosten einer eher schlechten Ausnutzung der nur begrenzt verfügbaren Ressource „Prozessor" und der nur limitierten Reaktionsfähigkeit auf plötzlich auftretende externe Ereignisse. Spontane Reaktionsfähigkeit und optimale Nutzung des Prozessors sind aber bei innovativen mechatronischen Systemkonzepten unverzichtbar. So wird die für die „Echtzeitdatenverarbeitung" typische Priorisierung der Rechneraktivitäten mit quasi- (oder echt) parallel agierenden Programmelementen obligatorisch. Die damit im Zusammenhang stehenden Themen sind die Inhalte dieses Kapitels.

Im Fokus stehen langfristig gültige, allgemeine Lösungsansätze für eine die Rechnerleistung voll ausschöpfende zeit- bzw. ereignisgebundene Programmierung (Multitasking). Die zeitlich parallele, überlappende Bearbeitung mehrerer Aufgaben bringt nicht nur die oben erwähnten Dynamikveränderungen, sondern birgt auch das Risiko struktureller Fehler mit z. T. spektakulären Fehlfunktionen. Diese können extrem selten und dabei scheinbar stochastisch auftreten – und sind damit durch Tests kaum entdeckbar. Aus diesem Grund kommt der korrekten Synchronisation von Prozessen eine große Bedeutung zu.

Zur Vertiefung von Themen wird folgende Literatur empfohlen: Prozessdatenverarbeitung und Automatisierungstechnik [LG99, Lun12, Str98], Echtzeitsysteme [Kop97, Lap97, LLS08, WB05], Echtzeit-Hochsprachen am Beispiel PEARL [pea97, Rei95] und am Beispiel Ada [BW07, Nag92, Shu88], Einplanung/Scheduling [But08, CDKM02, LLS08, LL73, MM01], Modellierung und Verifikation [MN08, SZ06], Netzwerke und Bussysteme [HL05, MM01, WB05].

■ 5.1   Begriffe der Echtzeitdatenverarbeitung

Ein Echtzeitdatenverarbeitungssystem muss zum jeweils „richtigen" Zeitpunkt Aktionen ausführen, z. B. Messdaten einlesen oder Stelldaten ausgeben. Zusätzlich muss es auf **asynchrone** oder **synchrone** Ereignisse angemessen, d. h. innerhalb gegebener Fristen reagieren. Folgende Ereignisse lassen sich unterscheiden:

Typ 1: Ein bestimmter Punkt auf der Zeitachse wird erreicht. Dieser kann absolut (*at 13:00:00*), relativ (*after 0.2 sec*) oder zyklisch (*all 1 sec*) definiert sein.

Typ 2: Ein Ereignis außerhalb des Rechnersystems tritt ein, z. B. menschliche Eingriffswünsche oder Grenzwert- und Fertigmeldungen von Messkomponenten. Auch Kommunikationsanfragen aus dem Datennetz gehören in diese Kategorie.

Typ 3: Bei der Programmbearbeitung tritt eine Ausnahmesituation ein. Das informationsverarbeitende System ist die Ursache für ein (quasi internes) unplanmäßiges Ereignis, etwa weil durch null dividiert wurde oder andere außerplanmäßige Fehlfunktionen des Programms oder der Hardware auftreten.

Während die Ereignisse der Typen 1 und 2 aus der Sicht des Rechners völlig unerwartet („asynchron") eintreten, ist der Typ 3 an die rechnerinternen Programmabläufe gekoppelt. Damit tritt das Ereignis mit diesen „synchron" ein. Die Struktur der Echtzeitsoftware bestimmt maßgeblich wie performant und zuverlässig das System mit diesen Ausnahmesituationen umgeht.

Leider wird oft schon von Echtzeitdatenverarbeitung gesprochen, wenn es sich in Wirklichkeit nur um eine hohe Verarbeitungsgeschwindigkeit von aus dem Rechnerumfeld stammenden Messdaten handelt – ohne die zeitpunktgenaue Fixierung aller Rechneraktivitäten. Echtzeit ist aber weniger mit dem Begriff *schnell* als vielmehr mit dem Begriff *rechtzeitig* assoziiert. Nach DIN 44300 und Verständnis der Fachgruppe „Echtzeitsysteme" der Gesellschaft für Informatik ist Echtzeitfähigkeit durch folgende Eigenschaft definiert:

Ein System ermöglicht Echtzeitbetrieb, wenn es in der Lage ist, *unabhängig von Art und Umfang* des gerade bearbeiteten Problems auf ein zu *beliebiger Zeit* auftretendes äußeres Ereignis höherer Dringlichkeit spätestens nach Ablauf einer **angebbaren** *maximalen Reaktionszeit* $t_{R_{max}}$ in programmierbarer Weise zu reagieren.

Die Kenngröße $t_{R_{max}}$ ist in der Praxis nicht einfach zu ermitteln, da sie sich summarisch aus verschiedenen Einzelgrößen zusammensetzt, von denen einige stochastischer Natur sind. Neben Obergrenze und Erwartungswert von t_R ist auch die zugehörige Varianz ein Qualitätskriterium. Oft reicht allerdings die Kenntnis der Zeit t_R bis zum Beginn der Reaktion nicht aus, sondern man muss den Zeitverbrauch bis zum Abschluss der Reaktion („**Deadline**") berücksichtigen. Aufgrund der beschriebenen Unschärfe des Begriffs Echtzeit dienen zur Abgrenzung folgende erweiternde Termini, die die Kritikalität von nicht eingehaltenen Deadlines charakterisieren [MM01]:

Harte Echtzeit (hard real-time): Die Terminverletzung (Verpassen von Deadlines) kann katastrophale Auswirkung haben (z. B. bei Flug-Regelungssystemen).

Starke Echtzeit (firm real-time): Die Terminverletzung ist nicht gravierend, aber das verspätete Resultat wertlos (z. B. online Reservierungssystem).

Weiche Echtzeit (soft real-time): Der Nutzen des Resultates nimmt nach der verpassten Deadline qualitativ ab (z. B. Multimedia-Anwendung).

■ 5.2 Ereignisbehandlung

Der Rechner soll auf Ereignisse mit dem Start eines Rechenprozesses reagieren. Unter **Rechenprozess** oder einfach Prozess wird der Vorgang beim Ablauf eines Programms verstanden. Die Begriffe **Programm** und **Prozess** lassen sich sauber trennen: Ein Programm ist eine tote Handlungsvorschrift wie ein Notentext, ein Prozess dagegen die lebendige Umsetzung und entspricht dem Konzert. Wie mehrere Musiker von einem einzigen Notenblatt spielen können, so können auf einer einzigen Programmcodesequenz auch gleichzeitig mehrere Prozesse laufen. Korrekterweise sollte die Sequenz dann wiedereintrittsfest (*reentrant*) programmiert sein und keine lokalen Variablen beinhalten, die sich die Prozesse gegenseitig überschreiben könnten.

Programmgesteuerte Abfrage, Polling: Ein Abfrageprozess fragt per entsprechend codiertem Programm den Zustand der Ereignismeldeleitungen ständig ab (vgl. Bild 5.2).

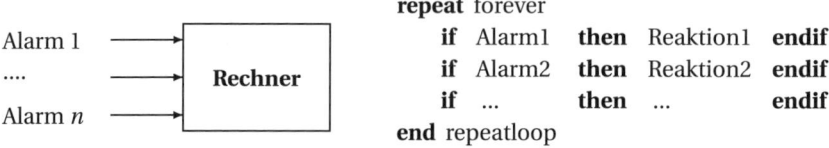

Alarm 1

....

Alarm *n*

Rechner

```
repeat forever
    if  Alarm1    then  Reaktion1   endif
    if  Alarm2    then  Reaktion2   endif
    if  ...       then  ...         endif
end repeatloop
```

Bild 5.2 Programmgesteuerte Abfrage: Links: Hardware; Rechts: Pseudocode

Vorteile (+) und Nachteile (−) der Methode sind:

+ Die Reaktionsprogramme unterbrechen einander nicht; man benötigt daher keine der in Abschnitt 5.3.3 beschriebenen Synchronisationsmittel.
− Die Reaktionszeit t_R ist ohne genaue Kenntnis und korrekte Funktion *aller* Reaktionsprogramme nicht bestimmbar und häufig relativ groß. Ein fehlerhaftes Reaktionsprogramm kann zum Totalausfall führen.
− Sehr schlechte Ausnutzung der Rechnerressourcen. Es gibt keine Restkapazität des Prozessors, die man nutzen könnte.

Für sehr einfache Anwendungen genügt diese triviale Lösung oft trotz ihrer Risiken und Nachteile. Durch entsprechende Zusatzmaßnahmen, z. B. Überwachungsroutinen („Watchdog"), lässt sich ein Hängenbleiben (Totalausfall) erkennen und verhindern.

Zeitinterruptgesteuerte Abfrage: Die meisten Prozessoren besitzen integrierte programmierbare Taktgeber, die in zyklischen Abständen einen sog. **Interrupt** auslösen können. Unter einem Interrupt versteht man eine Unterbrechung des laufenden Programms, wobei Interrupts durch Hardware und Software ausgelöst werden können. Den beschriebenen Mechanismus des Interrupts von einem Taktgeber nutzt man im einfachsten Fall, um den Prozessor z. B. alle 10 msec zum Durchlaufen einer Pollingschleife zu zwingen (Bild 5.3).

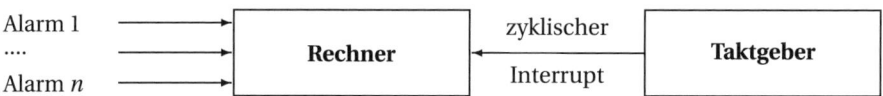

Alarm 1

....

Alarm *n*

Rechner   zyklischer Interrupt   Taktgeber

Bild 5.3 Zeitinterruptgesteuerte Abfrage

Durch den Interrupt wird der Prozessor zur Ausführung folgender Anweisungsfolge gebracht:

```
(Wenn Interrupt):
    if  Alarm1              then  bearbeite Reaktion1   endif
    if  Alarm2              then  bearbeite Reaktion2   endif
    if  ...                 then  ...                   endif
(Kehre an Unterbrechungsstelle zurück)
```

Diese Architektur besitzt folgende Vor- (+) und Nachteile (−):

+ Die Restkapazität des Prozessors ist in Grenzen nutzbar. Es kann Programmcode unterhalb des Interrupt-Mechanismus ausgeführt werden.
− Die Reaktionszeit t_R schwankt, je nach relativer Lage zum Interrupt-Zeittakt.

- Unendlichschleifen in einzelnen Reaktionsprogrammen können nur aufgebrochen werden, wenn diese den Interrupt-Mechanismus wieder freigeben. Das führt zu komplizierten Softwarestrukturen und erfordert Synchronisationsmittel (Abschnitt 5.3.3).

Diese Struktur ähnelt der zyklisch getakteten SPS. Dort werden allerdings nicht nur Signale von außen ausgewertet. In Erweiterung des obigen Programms kann sich die Abfrage auf das Ergebnis einer logischen Verknüpfung von Signalen, Merker und Zählerständen beziehen.

 Nach dem Flight-Report zum Absturz der ersten Ariane 5 im Frühjahr 1996 [Lio96] wurde der Lageregelkreis mit einer der zeitinterruptgesteuerten Abfrage ähnlichen Struktur realisiert. Ein zyklischer Zeittakt mit etwa 70ms steuerte die verschiedenen Aufgaben – die Reaktionsprogramme konnten einander nicht unterbrechen. Eines der Reaktionsprogramme war für die Lageregelung, ein anderes für die Kalibrierung der Trägheitsplattform vor dem Start zuständig. Nach dem Abheben wurden weiterhin – jetzt nutzlose – Ergebnisse der Kalibrierung erzeugt. Bei dieser Rechnung kam es infolge der großen Beschleunigungen der neuen Rakete zu einem Überlauf bei der Umwandlung von Gleitkomma- in Festkommazahlen. Die entsprechende Ausnahmesituation (Typ 3) führte quasi zu einer unendlichen Dauer der nutzlosen Kalibrierungsrechnung und stoppte damit den ganzen zyklischen Mechanismus inklusive der Lageregelung. Der redundante Rechner agierte in gleicher Weise und so mündete das Ereignis schließlich im Absturz.

Wie das Ariane 5 Beispiel zeigt, ist ein SPS-Konzept empfindlich gegen das Hängenbleiben von Programmelementen. Mit den nun folgenden Echtzeitkonzepten lässt sich erreichen, dass der beschriebene Programmierfehler mit dem Überlauf keine fatale Auswirkung hat.
Da „fehlerfreie" Programme eher eine Wunschvorstellung darstellen, sollte es dem Ingenieur daher Pflicht sein, auch den Aspekt der „robusten" Softwarearchitektur mit einer Verkapselung der Wirkung von Programmierfehlern zu beleuchten.
Interessant ist die zeitinterruptgesteuerte Abfrage als Softwarenotlösung dennoch, wenn zwar Hardwareleitungen zur Anzeige äußerer Ereignisse vorhanden sind, diese aber keine Interrupts auslösen können. Eine Veränderung auf den Leitungen führt auf diesem Umweg zwar verzögert, aber doch spätestens nach der Interrupt-Zykluszeit plus Abfragezeit zur gleichen Situation wie bei einem vollständig hardwaregestützten Leitungsinterrupt.

Sammelinterruptgesteuerte Abfrage: Ein Nachteil der zeitinterruptgesteuerten Abfrage ist die große Schwankungsbreite der Reaktionszeit. Mit etwas Hardware (vgl. Bild 5.4) lässt sich der Effekt umgehen. Der Interrupt wird nun von den Ereignissen selbst erzeugt. Die Programmstruktur entspricht dabei derjenigen bei der zeitinterruptgesteuerten Abfrage, sie hat auch die gleichen strukturellen Mängel.

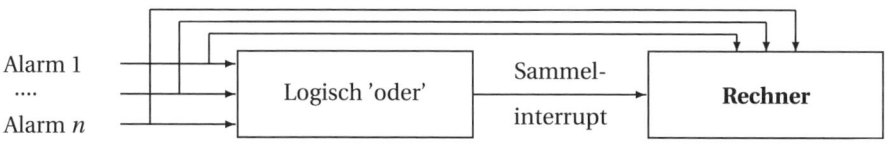

Bild 5.4 Sammelinterruptgesteuerte Abfrage

Als Resultat erhält man eine deutlich bessere Reaktionsfähigkeit mit verkleinerter Schwankungsbreite von t_R. Diese Lösung kommt häufig bei kleineren industriellen Systemen zum Einsatz. Viele interrupterzeugende Bausteine unterstützen die Oder-Verknüpfung (Stichwort Open Collector) und vereinfachen damit die Erzeugung des Sammelinterrupts.

Prioritätsinterruptsystem: Bei diesem Konzept ist zwischen dem Prozessor und den Alarmen eine Prioritäts-Interrupt-Logik geschaltet (vgl. Bild 5.5). Diese Logik speichert, welcher Interrupt vom Prozessor angenommen wurde und verhindert die Unterbrechung des Prozessors durch Ereignisse auf den Eingangsleitungen (Alarmen), die von gleicher oder niedrigerer Priorität sind als die gerade behandelten Alarme. Diese gehen allerdings nicht verloren, sondern werden ebenfalls gespeichert. Den von der Logik angebotenen IR-Vektor (Zeiger auf eine Speicherstelle) rechnet der Prozessor typischerweise in eine Speicheradresse um, auf der er die Ziel-Sprungadresse findet.

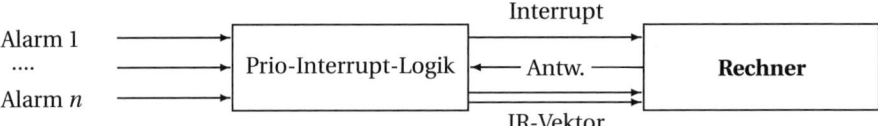

Bild 5.5 Prioritätsinterruptsystem

Es lässt sich also zu jedem Ereignis in der Außenwelt direkt der zugehörige Interrupt-Antwortprozess (Interruptserviceroutine) ohne weitere Software starten.

 Vor- (+) und Nachteile (-) dieser Struktur:

+ schnellstmögliche Interruptreaktion, kleinstmögliche Zeit t_R (kleine Varianz)
+ bessere Verkapselung der Ereignisbehandlung
- Die Reaktionsprogramme können einander unterbrechen. Dies erfordert Synchronisationsmittel, andernfalls besteht die Gefahr für sporadische Fehler und inkonsistente Daten, wenn dieselben Daten in mehreren Reaktionsprogrammen benutzt werden.

Mithilfe des Prioritätsinterruptsystems ergibt sich ein Aufbau nach dem LIFO-Prinzip: „Last In First Out" bedeutet hier, dass der jeweils letzte (und damit höchst priorisierte) Interrupt, den die Logik an den Prozessor weitergeleitet hat, auch stets der erste beendete ist (vgl. Bild 5.6). Das Setzen der sog. **Interruptsperre** (meist ein spezieller Maschinenbefehl des Prozessors, der weitere Interrupts unterbindet) kann die Bearbeitung entlang der Zeitachse verändern - das LIFO-Prinzip bleibt dennoch erhalten. Durch das Setzen der Interruptsperre startet der aktuelle Prozess (in Bild 5.6 ist dies IR5) de facto einen neuen Prozess, der die höchstmögliche Priorität hat und somit nicht unterbrechbar ist.

 Die Regelungssoftware der Ariane 5 hätte man mit dieser Struktur wie folgt realisieren können: Der Kalibrierungsprozess erhält eine Priorität unterhalb der des Regelungsprozesses. Das Hängenbleiben des Kalibrierungsprozess könnte dann zwar unter seiner Priorität angesiedelte Aufgaben immer noch blockieren, nicht jedoch den Regelungsprozess. Der vorhandene, vorher nicht erkennbare Softwarefehler wäre damit *möglicherweise* toleriert worden.

Bild 5.6
LIFO-Prinzip bei Prioritätsinterruptsystem. IR4, IR5 und IR6 zeigen auf der Zeitachse das Eintreffen der entsprechenden Interrupts. „iret" steht für Interrupt-Return, d. h. für das Ende der jeweiligen Interruptserviceroutine.

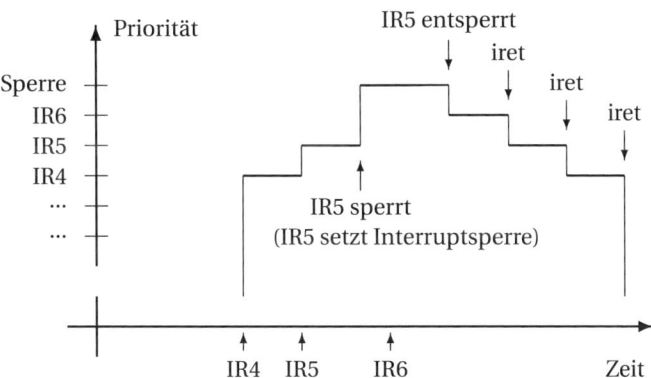

Die Ausführung von Programmen direkt auf der Interruptebene war der typische Echtzeitmechanismus zu den Zeiten des Apolloprojektes in den 60er-Jahren mit bis zu 8192 Interruptebenen. Diese rigide Struktur ermöglicht zwar schnelle Reaktionen, führt aber zum Verbot vieler sinnvoller Konzepte, insbesondere mit **konkurrierenden** und **kooperierenden** Rechenprozessen, die mit gemeinsamer Datenbasis arbeiten (müssen). Ein weiterer wichtiger Nachteil liegt in der inhärenten Fehler- und Störanfälligkeit der resultierenden Softwarearchitektur.

■ 5.3 Multitasking

Multitasking bezeichnet die Fähigkeit, quasi- (oder echt) parallel agierende Programmelemente auszuführen. Dies dient vorwiegend der Priorisierung der Rechneraktivitäten und der optimalen Ausnutzung der nur begrenzt verfügbaren Ressource „Prozessor".

5.3.1 Prozesszustände

Zur Einführung in die Multitaskingwelt werde hier angenommen, dass neben einer immerwährenden Grundaufgabe für den Rechner (z. B. Selbstüberprüfung) nur eine einzige Reaktion auf ein äußeres Ereignis bearbeitet werden soll. Wenn dieses Ereignis eintritt, muss sich der Prozessor möglichst schnell um die neue Aufgabe kümmern – also einen neuen Prozess („Reaktionsprozess") starten – und den bisherigen Prozess zunächst zurückstellen. Diesen Vorgang nennt man **Contextswitch** oder auch **Prozessumschaltung**. Unter dem **Kontext** eines Prozesses hat man sich die Inhalte sämtlicher Prozessorregister auf dem Chip vorzustellen, in denen sich zum Zeitpunkt des Ereigniseintritts relevante Zwischenergebnisse befinden.

 Auch der Alltag kennt den Contextswitch: Wenn man den Zahnarzt mit seinem Behandlungszimmer als Prozessor begreift und die Behandlung eines Patienten als Prozess, so beobachtet man ebenfalls eine Prozessumschaltung: Beim Wechsel von einem Patienten auf einen anderen tauschen die Helfer die Karteikarte aus. Der Kontext (Karteikarte) des vorhergehenden Patienten wird geordnet abgelegt und durch den nun gültigen ersetzt. Ein korrekter Ablauf (Behandlung) ist nur gewährleistet, wenn bei der Bearbeitung eines Prozesses stets der zugehörige Kontext geladen ist.

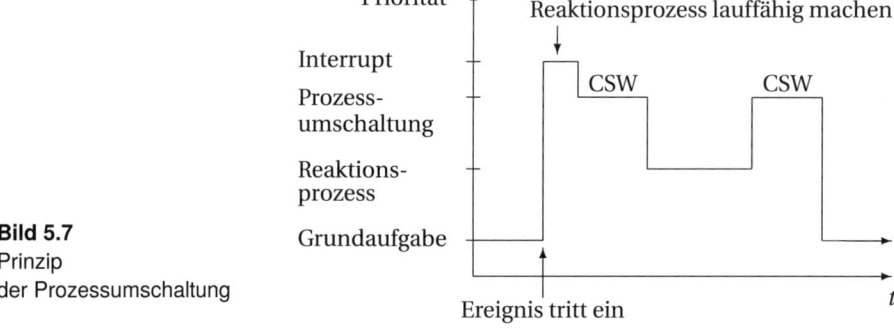

Bild 5.7
Prinzip
der Prozessumschaltung

Bild 5.7 stellt grob den zeitlichen Ablauf für diesen ersten einfachen Ansatz dar. Dabei bedeutet CSW Contextswitch, d. h. das Retten aller Register des bisherigen Prozesses in einen diesem zugeordneten Speicherbereich und das Laden aller Register aus einem dem neuen Prozess zugeordneten Speicherbereich. Es gibt zwei Grundtypen von Prozessen:

1. Supervisorprozesse (manchmal auch Kernel-Prozesse):
Sie laufen im höheren **supervisor mode** des Prozessors (es sind auch die Begriffe **kernel mode** und **privileged mode** gebräuchlich). In diesem Modus ist ein uneingeschränkter Zugriff auf die Register des Prozessors möglich. Beispiele für Supervisorprozesse sind **Interruptservice-routinen** (IRSR) und Systemdienste im supervisor mode, sog. **Supervisorcalls** (SVCs), die von synchronen Software-Interrupts aufgerufen werden.

Zur Darstellung nutzt man **Prozesszustandsgraphen**, bei denen die Knoten den Zustand und die Kanten die Übergangsbedingungen darstellen (Bild 5.8).

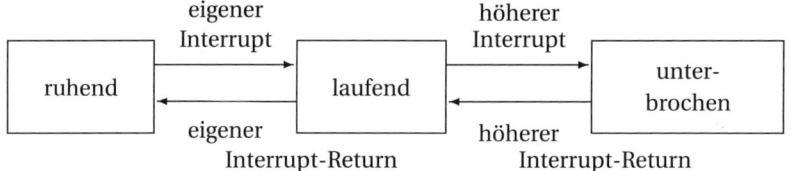

Bild 5.8 Prozesszustandsgraph der Supervisorprozesse

Die Zustände in Bild 5.8 haben folgende Bedeutung:

Zustand	Bedeutung
ruhend (dormant)	inaktiv
laufend (running)	Der Prozessor führt den Code des Prozesses aus.
unterbrochen (interrupted)	Der Prozessor befasst sich vorübergehend mit einem höher priorisierten Interrupt.

Die Aufgabe der Supervisorprozesse besteht im Wesentlichen in der Manipulation der Laufzustände der Nutzerprozesse (s. u.) und dem ggf. erforderlichen anschließenden Aufruf des **Prozessumschalters** (PU). Die größtmögliche Verweildauer des Supervisorprozesses außerhalb des Ruhezustandes sei t_{SVmax}. Diese Größe ist das dominierende Teilelement der schon eingeführten, nach außen wirksamen Reaktionszeit t_R von Multitaskingsystemen. Die Verringerung von t_{SVmax} verbessert das System auch hinsichtlich anderer Kriterien und ist daher das zentrale Optimierungskriterium beim Entwurf von Echtzeitmultitaskingsystemen.

2. Nutzerprozesse (= **Tasks**):
Sie laufen auf der Grundebene (sog. **user mode**) des Prozessors. In diesem Modus ist der Befehlssatz eingeschränkt und auch der Zugriff auf bestimmte Register und Speicherbereiche ist nicht möglich. Bild 5.9 zeigt den Zustandsgraphen von Nutzerprozessen. Zustandsübergänge können durch den Nutzerprozess selbst („Selbst-") oder durch Supervisor- oder andere Nutzerprozesse („Fremd-") erfolgen. Erfolgt ein Contextswitch, kennzeichnet dies CSW.

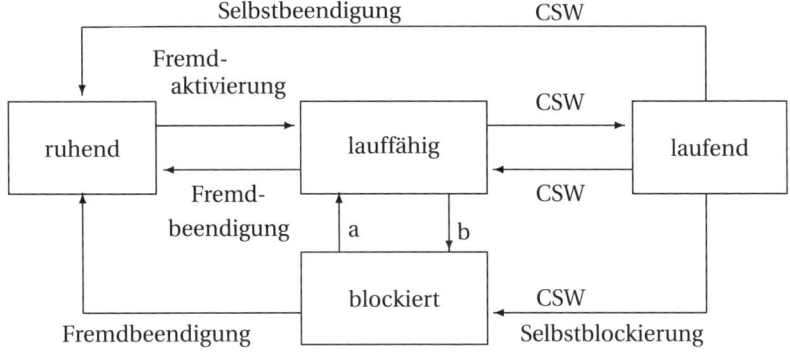

a: Freigabe durch Supervisor- oder anderen Nutzerprozess.
b: Blockierung durch Supervisor- oder anderen Nutzerprozess.
CSW: Bei diesem Übergang erfolgt ein Contextswitch.

Bild 5.9 Prozesszustandsgraph der Nutzerprozesse

Die Prozesszustände haben folgende Bedeutung:

Zustand	Bedeutung
ruhend (dormant)	Die Task ist inaktiv, aber dem Betriebssystem bekannt.
lauffähig (ready)	bereit, aber der (die) Prozessor(en) wird (werden) für andere Nutzerprozesse gebraucht. Der Prozess wartet auf Zuteilung des Prozessors.
laufend (running)	Der Prozessor bearbeitet den Prozess. Nur in diesem Zustand ist der Kontext des Prozesses in den Registern des Prozessors gespeichert.
blockiert (suspended)	Der Prozess wartet auf ein Ereignis, z. B. einen Interrupt oder das Freiwerden eines Betriebsmittels (vgl. Abschnitt 5.3.3).

Der **Prozessumschalter** (PU) ist ein Mittler an der Grenzlinie zwischen den Supervisor- und den Nutzerprozessen. Er ist selbst ein Supervisorprozess und besitzt damit eine höhere Priorität als alle Nutzerprozesse. Unter den Supervisorprozessen ist er aber der am niedrigsten priorisierte. Man stelle ihn sich als Programmschleife vor, die eine prioritätssortierte Liste der Tasks durchgeht und den ersten „lauffähigen" Eintrag zur Ausführung bringt. Auf dem letzten Platz (niedrigste Priorität) steht der stets lauffähige **Leerlaufprozess** (Idle-Task), der häufig lediglich eine leere Dauerschleife darstellt. Man kann ihn aber auch zur Diagnose (z. B. Messung der Prozessorauslastung) nutzen. Eine komplette PU-Aktion inklusive Contextswitch dauert auf einem typ. Mikrocontroller für Automobilanwendungen 1-5 μsec.
Tasks können miteinander kommunizieren, z. B. über gemeinsame Speicherzellen. Außerdem können sie durch Anstoßen von Supervisorcalls (SVC) andere Tasks aktivieren, beenden oder blockieren. Anders als beim Aufruf von Unterprogrammen ist der zeitliche Ablauf bei der Aktivierung eines fremden Nutzerprozesses (Task) nun nicht vorhersehbar, wie Beispiel 5.1 zeigt.

Beispiel 5.1 Nicht vorhersehbarer Ablauf bei zwei Tasks

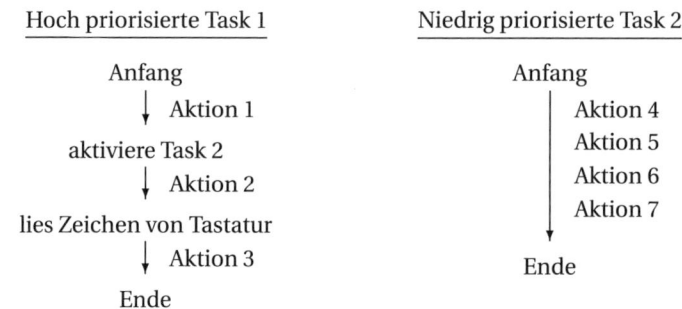

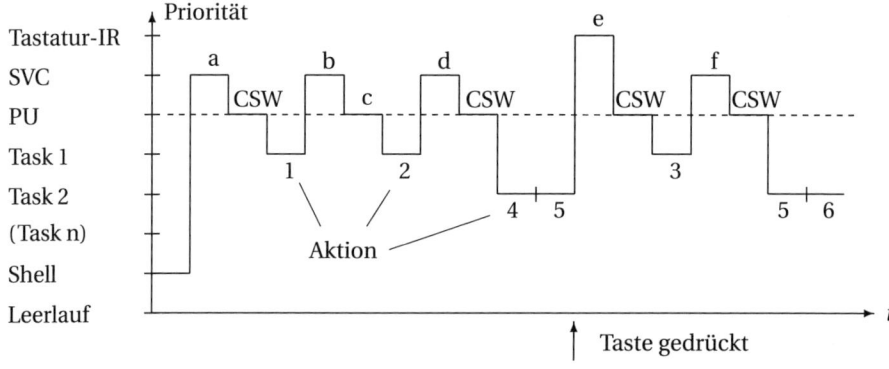

a: Von Shell aufgerufener Supervisorprozess macht Task 1 lauffähig.
b: Von Task 1 aufgerufener Supervisorprozess macht Task 2 lauffähig.
c: PU wird aktiv, aber es gibt keinen Contextswitch.
d: Task 1 wird durch Systemaufruf zum Lesen blockiert.
e: Zeichen angeschlagen, Interrupt macht Task 1 wieder lauffähig.
f: Task 1 beendet sich selbst durch Systemaufruf.

Bild 5.10 Typisches Beispiel für ein Multitasking Prozess/Zeit-Diagramm (zu Beispiel 5.1)

Würde man die Aktivierung der Task 2 wie einen Unterprogrammaufruf missdeuten, so würden die Aktionen 4, 5, 6, 7 nach den Anweisungen der Sequenz zur Aktion 1 und vor denen der Befehlssequenz zur Aktion 2 ausgeführt. In Wahrheit versetzt Task 1 die Task 2 in den Zustand „lauffähig" und fährt weiter fort – sie hat ja die höhere Priorität. Der weitere zeitliche Ablauf ist aber auch nicht mehr determiniert, denn er hängt von der Zeit ab, die die Task 1 beim Zeicheneinlesen blockiert ist. Zur Erläuterung kommt jetzt ein detailliertes **Prozess/Zeit-Diagramm** (Bild 5.10) zum Einsatz. Der gesamte Ablauf beginnt hier mit der Aktivierung der Task 1 von der Shell (Eingabekonsole) aus.

Das Bild 5.10 zeigt nur eine von vielen möglichen Konstellationen. Es beschreibt den Fall, bei dem die Task 2 zufällig gerade mitten in der Anweisungssequenz 5 durch den Tastatur-Interrupt unterbrochen wurde.

Wenn die Prioritäten der Prozesse unveränderlich sind, kann ein hoch priorisierter Nutzerprozess durch eine Dauerschleife, in der er keine Blockierzustände annimmt, alle restlichen

Nutzerprozesse „verhungern" lassen (**starvation**). Je nach technischer Anforderung kann es erforderlich sein, die Prioritäten dynamisch zu variieren.

 Bei erneuter Betrachtung des Programmierfehlers bei der Ariane 5 [Lio96] erkennt man die positiven Eigenschaften der Multitaskingarchitektur hinsichtlich Robustheit: Der Überlauffehler im Kalibrierungsprozess wäre natürlich weiterhin vorhanden, diesmal jedoch vermutlich ohne jede Auswirkung geblieben. Es wäre nämlich nur der nach dem Start nutzlose Kalibrierungsprozess „abgestürzt" (blockiert). Alle anderen Softwarekomponenten (Tasks) wären völlig unbeeinflusst geblieben.

5.3.2 Task-Einplanung und Schedulingstrategien

Ereignisscheduling   bedeutet, dass für einen Prozess (Task) eine Vereinbarung besteht, nach der er auf ein externes Ereignis hin gestartet oder fortgesetzt werden soll. Mit den Mitteln des Multitaskings ist diese Aufgabe leicht zu lösen:
Der Alarm (Ereignis) stößt einen Interruptprozess an. Bis auf die programmgesteuerte Abfrage eignen sich alle Ereignisankopplungsarten aus Abschnitt 5.2. Dieser Systemprozess erkennt mithilfe einer Betriebssystem-eigenen Liste, welche Prozesse er lauffähig (Neustart oder Fortsetzung) machen soll und ändert ggf. deren Zustand. Beim Verlassen der Supervisorebene wird der Prozessumschalter zwischengeschaltet, der ggf. einen Contextswitch ausführt.

Zeitscheduling   bedeutet, dass eine Vereinbarung besteht, nach der ein Prozess zu einem bestimmten Zeitpunkt gestartet oder fortgesetzt werden soll (siehe Abschnitt 5.1, Ereignisse Typ 1). Der Mechanismus ist völlig analog zur Ereigniseinplanung, an die Stelle des Alarminterrupts tritt jedoch der Zeitgeberinterrupt. Typisch für Filterungs- und Regelungsaufgaben ist die **zyklische/periodische Einplanung**.

So genannte **Planbarkeitsanalysen** liefern notwendige und/oder hinreichende Kriterien für die Planbarkeit (auch Ablaufsteuerbarkeit) einer Taskmenge. Sie sind für den Anwender von höchster Bedeutung, um zu überprüfen, ob sich die individuellen zeitlichen Anforderungen aller Tasks einhalten lassen. Beispiele für derartige Anforderungen sind Deadlines, maximale Startverzögerungen, Variation von Zykluszeiten oder Reihenfolgebedingungen zwischen den Tasks. Darüber hinaus können die Analysen auch Hinweise für Optimierungspotential geben. Eine gute Einführung findet sich etwa in [MM01].
Neben diesem Nachweis benötigt man auch einen Mechanismus für die Zuteilung der verfügbaren Rechnerleistung auf die einzelnen Tasks. Diese Aufgabe sei als **Taskscheduling** bezeichnet. Man unterscheidet im Allgemeinen zwischen statischem und dynamischem Scheduling [Kop97, LG99].

Statisches Scheduling: Die Planbarkeitsanalyse findet im Vorfeld statt (offline). Dazu benötigt man Kenntnis über die Taskmenge, die alle Tasks mit ihren Taskattributen enthält. Zu den Taskattributen zählen etwa die maximale Ausführungszeit (**Worst Case Execution Time**, WCET), Wiederholrate bzw. Periodendauer, die Deadline und zeitliche Abhängigkeiten zwischen den Tasks (Rangfolge). Das Auffinden einer Lösung kann sehr kompliziert sein, so dass häufig Heuristiken und iterative Verfahren zum Einsatz kommen. Die Implementierung ist hingegen sehr einfach und der Rechenaufwand zur Laufzeit für das Echtzeit-Betriebssystem (RTOS = **R**eal-**T**ime **O**perating **S**ystem) sehr gering.

Bei sicherheitskritischen, wohl-definierten Problemstellungen kommen häufig Scheduling-Tabellen zum Einsatz, die die Aktivierungszeitpunkte der einzelnen Tasks beinhalten. Im einfachsten Fall existieren lediglich **kooperative** Tasks, d. h. Tasks unterbrechen einander nicht.

Eine weitere Möglichkeit zur Umsetzung einer erfolgreichen statischen Planbarkeitsanalyse ist die Verwendung eines prioritätsgesteuerten, **präemptiven** Betriebssystems. Dies bedeutet, dass das Betriebssystem stets diejenige lauffähige Task ausführt, die aktuell die höchste Priorität aufweist. Eine Vertiefung des Begriffs „Präemption" erfolgt ab Seite 197.

Dynamisches Scheduling: Die Planbarkeitsanalyse erfolgt zur Betriebszeit (online), z. B. wenn zuvor unbekannte Tasks eintreffen. Das Konzept weist eine höhere Flexibilität und häufig auch eine höhere Ausnutzung der Prozessorleistung auf; die Implementierung ist jedoch aufwändiger.

Kommen nur periodische Tasks zum Einsatz, kann man die Prozessorauslastung η sehr einfach berechnen, indem man die Verhältnisse der Ausführungszeiten C_i zu den Periodendauern T_i für alle N Tasks mit $i \in [1 \dots N]$ berechnet und aufsummiert[1]

$$\eta = \sum_i^N \frac{C_i}{T_i}. \tag{5.1}$$

Eine geeignete Schedulingstrategie kann nur dann existieren, wenn Gl. (5.1) kleiner als eins bzw. 100 % ist, d. h. die Prozessorleistung nicht ausgeschöpft ist.

Nachfolgend werden zwei häufige Schedulingverfahren vorgestellt, das RMS als Beispiel für ein statisches und das EDF als Beispiel für ein dynamisches Verfahren.

Rate Monotonic Scheduling (RMS)
Beim RMS findet nur die Berücksichtigung von periodischen Tasks statt. Für die Zuteilung der (statischen) Prioritäten kommt folgende Regel zur Anwendung:

Je kleiner die Periodendauer der Task, desto höher ist ihre Priorität.

Das Verfahren RMS genießt eine große Verbreitung. Grund hierfür ist die Verfügbarkeit einfach anzuwendender Planbarkeitsanalysen. Weist eine Taskmenge eine Prozessorauslastung nach Gl. (5.1) von weniger als 69,3 % auf, so garantiert der RMS Algorithmus stets die Planbarkeit [LL73]. Dieser Wert lässt sich aus einem hinreichenden Kriterium ableiten, wonach eine Taskmenge mit N Tasks planbar ist, wenn für die Prozessorauslastung

$$\eta \leq N(2^{1/N} - 1) \tag{5.2}$$

gilt. Der Wert 69,3 % als unterste Grenze in Gl. (5.2) ergibt sich durch die Grenzwertbetrachtung $N \to \infty$. Das Kriterium ist zwar hinreichend, allerdings nicht notwendig. Dies kann den Nachteil bergen, zu einer relativ schlechten Auslastung zu führen. Es existieren exakte Verfahren mit notwendigen und hinreichenden Bedingungen, die jedoch komplizierter in der Anwendung sind [MM01].

---

[1] Zur Vereinfachung seien hier Taskwechselzeiten sowie der Zeitbedarf für Betriebssystemfunktionen (z. B. Timer-Interruptserviceroutine, Prozessumschalter) vernachlässigt.

Sind die Perioden der Tasks ganzzahlige Vielfache voneinander (z. B. 5 ms, 10 ms, 20 ms, 80 ms), so lässt sich mit dem RMS stets eine Auslastung von 100 % erreichen.

Earliest Deadline First (EDF)
Das Schedulingverfahren EDF ist vom Prinzip her dynamisch und erlaubt auch die Berücksichtigung von sporadisch auftretenden Tasks. Die Prioritätszuteilung erfolgt hier nach der Regel:

> Je näher die Deadline der Task, desto höher ihre Priorität.

Die Prioritätszuteilung bzw. -anpassung erfolgt zur Betriebszeit. Mit dem EDF lässt sich stets eine Prozessorauslastung von 100 % erreichen, unabhängig davon, ob die Perioden ganzzahlige Vielfache voneinander sind oder nicht.

Beispiel 5.2 Scheduling mit RMS und EDF, Beispiel aus [MM01]

Gegeben ist die Taskmenge $\mathcal{M}_1$ mit drei Tasks T1 bis T3 und folgenden Eigenschaften:

```
# Name     Aktivierungszeitpunkt(sec)    Periode(sec)     Laufzeit(s)
# -------------------------------------------------------------------
   T1          0,000                      0,006             0,002
   T2          0,000                      0,008             0,002
   T3          0,000                      0,012             0,003
```

Das kleinste gemeinsame Vielfache der Taskperioden beträgt 24 ms. Dies stellt den globalen Zyklus dar, in dem sich das Verhalten wiederholt. Das Kriterium in Gl. (5.1) liefert

$$\eta = \sum_{i=1}^{3} \frac{C_i}{T_i} = \frac{0,002}{0,006} + \frac{0,002}{0,008} + \frac{0,003}{0,012} = \frac{1}{3} + \frac{1}{4} + \frac{1}{4} = \frac{10}{12} = 83,3\ \%$$

und damit keine Aussage hinsichtlich Planbarkeit (Ablaufsteuerbarkeit), da die Auslastung den Wert 69,3 % überschreitet. Selbst die Auswertung der genaueren Formel in Gl. (5.2) liefert 77,9 % und daher auch keine direkte Aussage.
Alle Tasks besitzen den gleichen Aktivierungszeitpunkt. Bild 5.11 zeigt das vereinfachte Prozess/Zeit-Diagramm bei Anwendung von RMS und EDF (ohne Contextswitches). Offensichtlich ist die Ablaufsteuerbarkeit für das RMS dennoch erfüllt. Beim EDF ist die Ablaufsteuerbarkeit durch die Auslastung von kleiner 100 % schon nachgewiesen. ■

Das Präemption-Problem
Der Prozessumschalter an der Grenzlinie zwischen Supervisor- und Nutzerprozessen kann nur wirken, wenn der Prozessor den Supervisorstatus auch verlässt. Wenn nun ein niedrig priorisierter Prozess (=Task) eine zeitaufwändige Systemfunktion aufruft, z. B. einen Supervisorprozess zur Speichersuche, so findet während dieser Zeit kein Contextswitch statt: Der niedrig priorisierte Prozess verzögert damit auf unbestimmbare Weise den Start des höher priorisierten Prozesses.
Das Prozess/Zeit-Diagramm in Bild 5.12 zeigt eine Situation, bei der ein niedrig priorisierter Prozess eine Reaktionsverzögerung für eine dringende Anforderung bewirkt. Bezeichnet t_{CSW} den Zeitverbrauch für den Contextswitch, so ergibt sich für die Reaktionsverzögerung t_R der höchst priorisierten Task die einfache Beziehung

$$t_R \leq t_{SVmax} + t_{CSW} + t_{HV}.$$

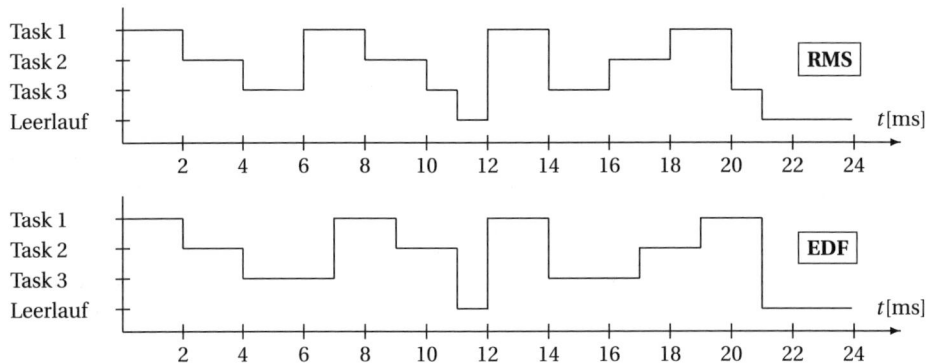

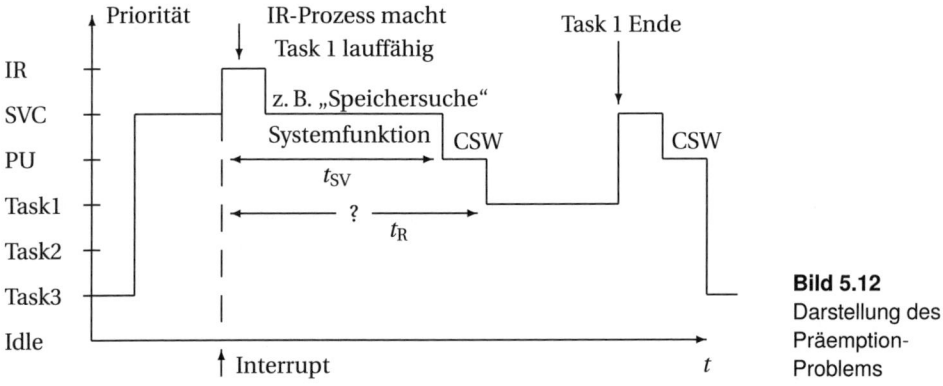

Bild 5.11 Prozess/Zeit-Diagramm zu Beispiel 5.2 bei Anwendung von RMS (oben) und EDF (unten) für die Taskmenge $\mathcal{M}_1$ (ohne Darstellung von Contextswitches)

Bild 5.12 Darstellung des Präemption-Problems

Die Größe t_{HV} steht für die Hardwareverzögerung infolge der Annahme des Interrupts durch den Prozessor. Sie ist in Bild 5.12 nicht dargestellt und ist meist vernachlässigbar. Der Anteil t_{CSW} ist durch die Registerzahl und andere Prozessoreigenschaften bestimmt. Dazu gehört meist nur eine kleine feste Folge von Maschinenbefehlen. Den Anteil t_{SVmax} (größtmögliche Verweildauer des Supervisorprozesses außerhalb des Ruhezustandes, vgl. Seite 192) zu minimieren, muss das Ziel aller Bemühungen des Systementwicklers sein. Man beachte, dass diese Zeit auch Unterbrechungen durch höher priorisierte Supervisorprozesse (Interruptserviceroutine in Bild 5.12) beinhalten kann. Zur Minimierung gibt es folgende Ansätze:

1. Man kann sog. **Dämonen** benutzen. Das sind Prozesse der Nutzerebene, die jedoch Funktionen des Betriebssystems ausführen (in der Unix-Welt **Kernel-Threads** genannt). Für eine befriedigende Lösung ist die Priorität der Dämonen allerdings dynamisch den aktuellen Verhältnissen anzupassen.

2. **Preemptive Contextswitch** bezeichnet die Fähigkeit, auch Systemfunktionen auf der Supervisorebene schnellstmöglich geordnet abzubrechen, wenn eine Prozessumschaltung durch einen Interruptprozess vorbereitet wurde.

Leider zeigt der Begriff „Präemption" im Gebrauch eine ähnliche Unschärfe wie der Begriff „Echtzeit". Manche Anbieter bezeichnen ihre Systeme bereits dann als präemptiv, wenn sich

Tasks gegenseitig unterbrechen können. Andere verwenden eine engere Auslegung, wie sie beispielsweise auch in [Rze94] festgelegt ist:

 Demnach bedeutet **Präemption**, dass das Betriebssystem eine Möglichkeit haben muss, möglichst schnell *alle* Aktivitäten eines minder wichtigen Prozesses zugunsten eines wichtigeren zu unterbrechen. Damit sind logischerweise auch die für den unwichtigeren Prozess tätigen Systemfunktionen gemeint.

Die Umsetzung dieser Bedingung ist etwa von REAL/IX oder OS/2 bekannt. Um diese Fähigkeit hervorzuheben, sagt man dann **preemptible** (anstatt preemptive) **multitasking**.

Eine Lösung mit „abbrechbaren Systemfunktionen" wurde vor ca. drei Jahrzehnten beim Betriebssystem RTOS-UH [Ger06] umgesetzt, bei dessen Entwicklung die Echtzeitperformanz stets ein zentrales Entwurfskriterium darstellte (vgl. auch Abschnitt 5.5). Seit der Kernelversion 2.6 findet man auch bei Linux einen „preemptible kernel".

Bild 5.13 greift erneut das Problem aus Bild 5.12 auf. Die Reaktionszeit t_R ist durch die Begrenzung von t_{SVmax} nun viel kleiner und bei entsprechender Konzeption aller Systemfunktionen eine Obergrenze $t_{R_{max}}$ angebbar.

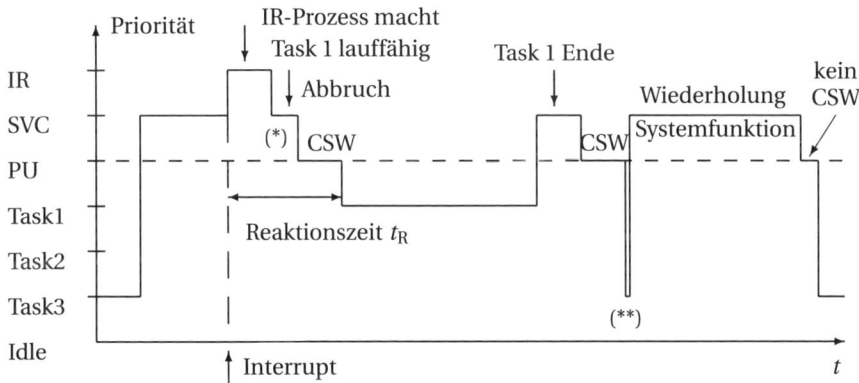

Bild 5.13 Prozess/Zeit-Diagramm mit abbrechbarer Systemfunktion

Alle Systemfunktionen sind so codiert, dass sie nach Abbruch später vom aufrufenden Prozess nur einfach komplett von vorne wiederholt zu werden brauchen. Beim Abbruch wird zunächst immer noch kurz in die abzubrechende Systemfunktion zurückgekehrt (*), um dieser eine Chance zum geordneten Abbruch zu geben. Bild 5.13 zeigt wie nach Ende von Task 1 die Task 3 mit dem Kontext den Befehlszähler erhält, der auf den Maschinenbefehl zum sofortigen (Wieder-)Aufruf der Systemfunktion zeigt (**). Die vormals abgebrochene Systemfunktion wird wiederholt. Hierbei verwirft man Prozessorleistung. Allerdings geht der (kaum messbare) Leistungsverlust ausschließlich zu Lasten des minder wichtigen Prozesses.

5.3.3 Synchronisation von Prozessen

Prozesse treten meist nicht isoliert in Erscheinung, sondern konkurrieren oder kooperieren miteinander. Es sind dann Synchronisationsmechanismen erforderlich, die den Prozessen erlauben, ihre Aktivitäten gegenseitig abzustimmen.

Konfliktsituationen bei mehreren Prozessen

Bei vielen Aufgaben der Mechatronik und Prozessautomatisierung greifen mehrere Tasks auf gemeinsame Daten, oder sie steuern Abläufe außerhalb des Rechnersystems, die nicht voneinander unabhängig sind. So kann etwa eine Task zyklisch eingeplant sein und einen Regelalgorithmus ausführen. Eine andere Task kontrolliert in längeren Zeitabschnitten oder auf externen Interrupt hin, ob eine Adaption der Reglerparameter erforderlich ist und führt gegebenenfalls die Änderung aus.

Wir nehmen dazu einmal an, dass wir eine Regelung als Differenzengleichung codiert haben und x_{akt} die aktuelle Regelgröße sowie u_s die zu berechnende und auszugebende Stellgröße ist. Die im Regelgesetz benutzten Koeffizienten K_1 und K_2 werden von einer Adaptionstask bestimmt. Bei derartigen gemeinsamen, veränderlichen Objekten tritt nun ein gravierendes neues Problem bei der ereignisorientierten quasi-parallelen Bearbeitung mehrerer Aufgaben auf. Beispiel 5.3 stellt eine typische Situation mit einem möglichen Interrupteintritt dar.

Beispiel 5.3 Regler- und Adaptionsprozess mit gemeinsamen Objekten

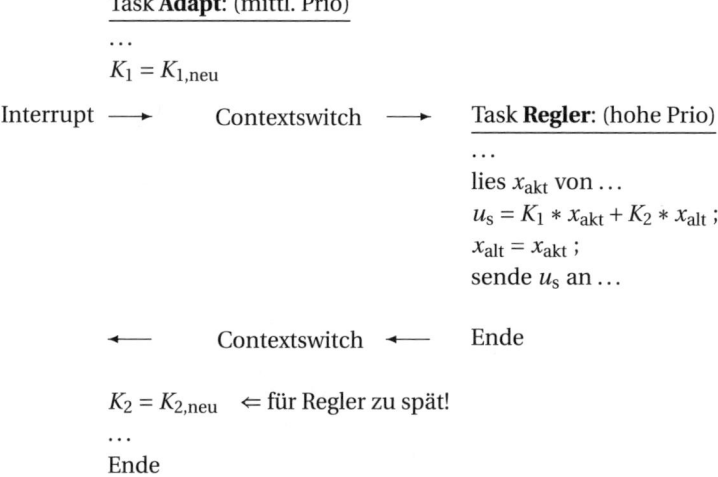

Die Regelungstask arbeitet in diesem Zyklus mit neuem K_1, aber dem alten K_2. Es entsteht ein undefiniertes Ergebnis. Neben solcher Inkonsistenz sind bei mehreren Schreiberprozessen noch dramatischere Effekte möglich, wie das Beispiel 5.4 zeigt.

Beispiel 5.4 Datenverlust bei ungeschützten globalen Variablen

Drei Prozesse benutzen gemeinsame Speicherzellen in Form von globalen Integervariablen i, j, k. Alle drei Variablen sind zu Anfang auf null gesetzt. Zu irgendeinem Zeitpunkt wird Task **A** gestartet, und die Tasks **B** und **C** werden zyklisch eingeplant. Das Problem ist in einer fiktiven Multitasking-Hochsprache wie folgt dargestellt:

Task A	Task B	Task C
Auf niedriger Priorität als Dauerläufer	Mit mittlerer Priorität alle 0,1 Sekunden	Auf hoher Priorität alle 2 Sekunden
common int i, j, k	**common int** i, j, k	**common int** i, j, k
Loop $i = i + 1$ $k = k + 1$ **goto** *Loop* **end**	$j = j + 1$ $k = k + 1$ **end**	**print** $i + j, k$ **end**

Welche Ergebnisse wird die Task **C** drucken?

Auf den ersten Blick logisch wäre, wenn der Wert der Summe $(i + j)$ gleich k ist, denn mit jeder Erhöhung von i oder j wird auch k inkrementiert. Nun könnte aber immerhin sein, dass ein Contextswitch Task **A** genau nach der Erhöhung von i zugunsten von Task **B** abberuft, Task **B** zufällig genau nach Erhöhung von j zugunsten von Task **C** den Prozessor abgeben muss. Also sollte in der Regel $(i + j)$ gleich k sein, zufällig könnte $(i + j)$ um 1 oder 2 größer sein.

Die tatsächliche Beobachtung ist jedoch für den mit der Echtzeitdatenverarbeitung nicht vertrauten Beobachter sehr befremdlich:

Der Wert von k fällt mit wachsender Zeit immer weiter gegen $(i + j)$ zurück!

Mit den Gesetzen der Logik ist das anscheinend nicht zu erklären. Der Effekt tritt jedoch bei allen echten Multitaskingsystemen auf. Er kommt selbst dann vor, wenn man die drei Prozesse nur durch reine Interruptprozesse (Task **A** wäre dann die Grundebene) ohne jede Betriebssystemumgebung realisiert.

Der Grund liegt darin, dass eine Anweisung wie $k = k + 1$ in Wirklichkeit in eine Folge von einzelnen Maschinenbefehlen zerfällt und nicht unteilbar, d. h. **atomar** ist. Durch einen Interrupt kann der Prozessor also quasi „innerhalb" der kompakt aussehenden Programmzeile abberufen werden. Bei einer einfachen typischen Akkumaschine, z. B. einem 8-Bit-Mikrocontroller wie dem 8031, ergibt die Maschinenbefehlssequenz $k = k + 1$ etwa

```
...
1.) lda k      lade Inhalt der Variable k in den Akku
2.) add # 1    addiere 1 auf den Akku
3.) sta k      speicher Akku in Speicherstelle für Variable k
...
```

Erfolgt der Contextswitch zwischen Zeile 2 und 3, erhält Task **A** bei der Fortsetzung den alten Inhalt des Akkus (oder des Registers bei einer Registermaschine) zurück und legt diesen auf der Speicherzelle für k ab. Damit ist jedoch die zwischenzeitliche Veränderung von k durch eine andere Task völlig unwirksam gemacht worden!

Der heimtückische Effekt tritt in dieser oder ähnlicher Form praktisch immer auf, wenn unabhängige Prozesse auf gemeinsame Objekte verändernd zugreifen können und sich dabei nicht nach sehr strengen Regeln koordinieren. Beim synthetischen Beispiel 5.4 ist die Auftrittswahrscheinlichkeit einigermaßen groß und man bemerkt schnell, dass die Software Fehlfunktionen zeigt. Bei realen mechatronischen Problemen ist die Auftrittswahrscheinlichkeit meist gering und vielleicht tritt nur einmal im Jahr das interrupterzeugende Ereignis genau an einer der beiden kritischen Maschinencodestellen ein. Komplexe Software ist damit nicht mehr vollständig testbar und der Zwang zur sorgfältigen Vorabstrukturierung der Datenverarbeitung wird besonders groß – doch welche strukturellen Abhilfemöglichkeiten gibt es?

- Bei reinen Interruptprozessen ohne Betriebssystem bleibt nur die Möglichkeit, die Zugriffssequenz für k durch das Setzen und Rücksetzen der Interruptsperre zu umrahmen. Die Reaktionsfähigkeit des Systems wird massiv gefährdet, denn eine versehentlich programmierte Unendlichschleife im Bereich der Interruptsperre bedeutet $t_R \to \infty$.

- H. W. DIJKSTRA erkannte 1968, dass dieses Problem einer seinerzeit neuartigen Lösung bedurfte. Er definierte das erste schnelle Mittel zur **Tasksynchronisation**. Später entstanden weitere Ansätze, z. B. Semaphor, Mutex, Monitor, Bolt und das Rendezvous-Konzept.

Semaphore

Der Begriff **Semaphor** steht für Lichtsignal und wurde von H. W. DIJKSTRA in diesem Zusammenhang 1968 erstmalig in einem Aufsatz definiert [Dij68]. Die Funktion soll mithilfe einer einfachen Analogie erläutert werden.

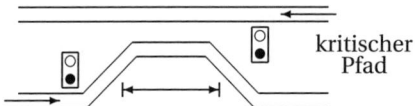

kritischer Pfad

Bild 5.14
Zum Begriff „kritischer Pfad"

An einer Eisenbahnbaustelle liegen die beiden Richtungsgleise derartig dicht, dass niemals zwei Züge gleichzeitig in dieser Engstelle sein dürfen. Jede der beiden ansonsten unabhängigen Gleisstrecken hat hier mit der anderen einen so genannten **kritischen Pfad** (Bild 5.14). Im Gegensatz zu Zügen können Rechenprozesse in „Nullzeit" stoppen. Im Gedankenexperiment wird daher eine spezielle Ampel installiert, die nur rot oder grün kennt und auf beiden Seiten zu **jedem Zeitpunkt** das **gleiche** anzeigt. Folgende Funktionsregel wird vereinbart:

Einfahrt:	Wenn die Ampel auf rot steht, warte auf grün. Alsdann setze die Ampel auf rot und fahre ein.
Ausfahrt:	Setze die Ampel auf grün. Wenn ein Prozess auf grün wartet, wecke den Prozess mit der höchsten Priorität.

Wichtig ist, dass die Operationen Abfrage und Umsetzen für den **Prozessumschalter** unteilbar verbunden sind (atomar). Da vernünftigerweise Semaphore nur zur Synchronisation von Nutzerprozessen zum Einsatz kommen, ist ein Setzen der Interruptsperre nicht erforderlich. Es genügt, wenn die Operation Abfrage/Umsetzen bei 'Einfahrt' und das Zurücksetzen bei 'Ausfahrt' Systemfunktionen sind, die durch Supervisorprozesse oberhalb des Prozessumschalters ausgeführt werden und nicht durch Präemption abbrechbar sind. Meist sind es nur drei bis vier Maschinenbefehle – damit ist ein Präemptionsmechanismus nicht erforderlich.

In der Echtzeit-Hochsprache PEARL (DIN 66 253) [pea97, Rei95] lauten die Schlüsselwörter für die Semaphoroperationen 'Einfahrt' / 'Ausfahrt' REQUEST Semaphore und RELEASE Semaphore. Derartige Sprachelemente sind in der Programmiersprache C nicht zu finden und man muss dann das Handbuch des entsprechenden Betriebssystems bemühen.

Unter freeRTOS (www.freertos.org) etwa sieht die API xSemaphoreTake() für die 'Einfahrt' und xSemaphoreGive() für die 'Ausfahrt' vor.

In POSIX (ISO/IEC/IEEE 9945), einer standardisierten Schnittstelle zwischen Anwendungssoftware und einem Betriebssystem lauten die Sprachelemente sem_wait(&semaphore) und sem_post(&semaphore). Bekannte POSIX-konforme Betriebssysteme sind QNX und VxWorks. Linux ist weitestgehend POSIX-konform.

Das Beispiel 5.4 wird jetzt wie folgt geändert, wobei nur die Tasks **A** und **B** dargestellt sind (die Semaphorvariable Ksema startet mit dem Initialwert „grün"):

	Task A (nied. Prio)	Task B (mittl. Prio)
Loop	$i = i + 1$	$j = j + 1$
	REQUEST Ksema	REQUEST Ksema
	$k = k + 1$	$k = k + 1$
	RELEASE Ksema	RELEASE Ksema
	goto *Loop*	**end**

Anhand eines Prozess/Zeit-Diagramms (Bild 5.15) werde der Ablauf im Konfliktfall studiert, bei dem die Task **A** vom Prozessumschalter innerhalb der Anweisung $k = k + 1$ getroffen wird.

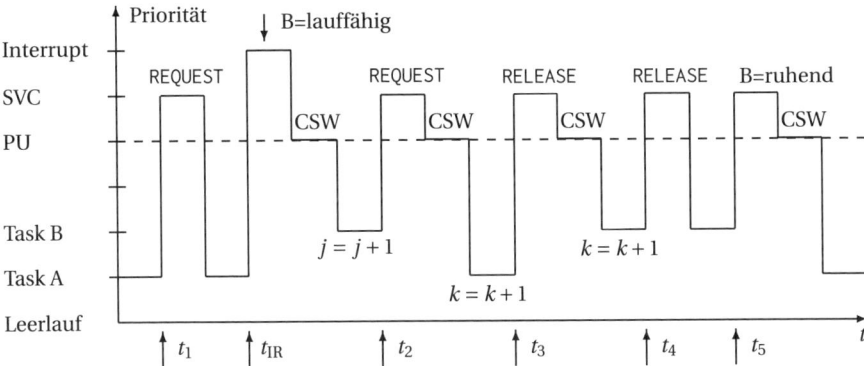

t_1:   Task **A** betritt den kritischen Pfad mit REQUEST, kein CSW.

t_{IR}:   Interrupt macht Task **B** lauffähig. Da ihre Priorität höher ist als die von Task **A**, erhält sie den Prozessor: CSW.

t_2:   Task **B** will ebenfalls in den kritischen Pfad, scheitert: CSW. Nun kann Task **A** die Anweisung $k = k + 1$ ausführen.

t_3:   Task **A** verlässt den kritischen Pfad, der Systemprozess hebt die Blockierung von **B** (durch den vergeblichen REQUEST) auf: CSW.

t_4:   Task **B** verlässt den kritischen Pfad, niemand wartet: kein CSW.

t_5:   Task **B** ist fertig, beendet sich selbst, nach CSW läuft Task **A** weiter.

Bild 5.15 Mit einem Semaphor synchronisierter Konfliktfall (Erweiterung zu Beispiel 5.4)

Es ist zu sehen, dass nur genau die kritische Anweisung $k = k + 1$ von **A** komplett zwischengeschoben wird. Einziger Nachteil der Konstruktion ist der zusätzliche Zeitverbrauch, insbesondere im Konfliktfall, bei dem zwei Contextswitches den Zeitverlust vergrößern. Die strukturelle Korrektheit ist mit dem Semaphorkonzept für den Preis eines geringen Zeitverlustes möglich.

Zum richtigen Umgang mit Semaphoren

Mit der Einführung der Semaphorvariablen kamen leider auch neue Fehlerquellen hinzu. Der Programmierer kann bei der Benutzung von Semaphoren Fehler machen, die ein Compiler nicht erkennen kann. Die Semaphoroperationen sind nämlich nicht automatisch an die zu schützenden Objekte gebunden. Trotzdem sind sie in allen für mechatronische Zwecke geeigneten Multitaskingbetriebssystemen implementiert.

Prioritätsinversion: Zu beachten ist, dass sich – wie im letzten Beispiel – ein hoch priorisierter Prozess (Task **B**) in die Abhängigkeit des Gedeihens eines niedriger priorisierten Prozesses (Task **A**) begibt. Soweit es sich um den kritischen Pfad allein handelt, ist es auch so gewünscht.

Man stelle sich aber nun folgenden Hergang vor: Die Task **A** betritt vor Task **B** den kritischen Pfad und blockiert damit nun Task **B**, die ebenfalls eintreten möchte. Zwischenzeitlich wird eine weitere Task **D** lauffähig (Priorität zwischen der von **A** und **B**) und blockiert damit Task **A**. Als Folge wird Task **B** für lange Zeit verdrängt, obwohl sie eine höhere Priorität als **D** besitzt und auch sonst in keiner Beziehung zu ihr steht. Diesen Effekt nennt man **Prioritätsinversion**.

Wenn das Betriebssystem es zulässt, gibt es Abhilfe durch eine geeignete Variation der Prioritäten. Ein Ansatz ist die so genannte **Prioritätsvererbung** (priority inheritance protocol). Hierbei würde die Task **A** (als Besitzer des kritischen Pfades) temporär die Priorität von Task **B** „erben", solange sie die Task **B** aufgrund des Semaphors blockiert. Da dieser Ansatz zum unten beschriebenen **Deadlock** führen kann, sind andere, die Prioritäten anpassende Verfahren bekannt (z. B. die Prioritätsgrenze bzw. das priority ceiling protocol, vgl. etwa [MM01]).

Deadlock: Unter diesem Begriff (zu Deutsch „Verklemmung") verbirgt sich ein weiterer schwer testbarer und damit sehr gefährlicher Strukturfehler bei der Erzeugung von Echtzeitsoftware. Der auch als *deadly embrace* bekannte Effekt soll hier in einer konzentrierten Reinform studiert werden, nämlich wenn man zwei kritische Pfade einander überlappen lässt. Dies erläutert Beispiel 5.5 (*S*1 und *S*2 stehen für Semaphorvariablen).

Beispiel 5.5 Ein Programm mit möglichem Deadlock

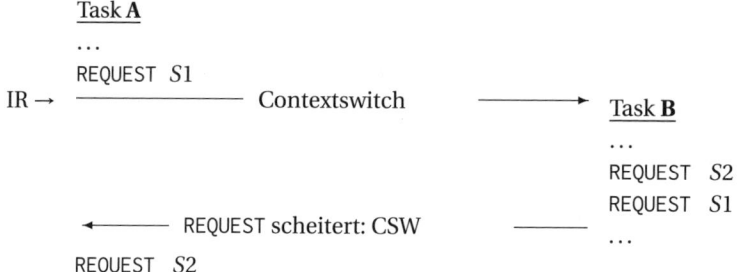

Ohne äußeren Eingriff können sich beide Prozesse niemals wieder aus der „tödlichen Umklammerung" befreien. Besonders heimtückisch ist hier die Tatsache, dass der Deadlock nur sehr selten eintritt. Dazu muss der die Prozessumschaltung auslösende Interrupt genau in die enge Zeitlücke zwischen die beiden REQUESTs treffen. Es gibt hier also einen versteckten Programmierfehler, der trotz einer sehr langen Testphase verborgen bleiben kann. In der Praxis können mehrere Prozesse beteiligt sein, wodurch eine Erkennung weitaus schwieriger als im Beispiel 5.5 wird.

 Um Deadlocks zu vermeiden, sollte man darauf achten, dass die Prozesse die Synchronisationsmittel stets in der **gleichen Reihenfolge** anfordern.

Ein Deadlock sowie das sog. *Starvation*-Phänomen („verhungern", d. h., ein Prozess kommt kaum noch voran) ist keinesfalls auf die Semaphore beschränkt, sondern mit allen Synchronisationsmitteln möglich. Das **starvation** kann unterschiedliche Gründe haben – einer davon ist die Verschwendung von Prozessorleistung durch eine höher priorisierte Task oder ein ungünstiger Entwurf des kritischen Pfades wie die folgende Ausführung zeigt.

Kritischer Pfad: Werden etwa K_1 und K_2 von einem Prozess vom Terminal eingelesen, so sollte man **nicht**

```
REQUEST  Ksema
   read  K1,K2     kritischer Pfad unberechenbarer Dauer; verbotene Lösung!
RELEASE  Ksema
```

codieren, sondern stattdessen:

```
   read  hilf1,hilf2
REQUEST  Ksema
   K1 = hilf1      kritischer Pfad ist zeitlich sehr kurz
   K2 = hilf2              richtige Lösung!
RELEASE  Ksema
```

 Der kritische Pfad soll stets so kurz wie irgend möglich sein und sollte folglich keine unberechenbaren Ein-/Ausgabeoperationen enthalten.

Weitere Synchronisationsmechanismen

Zählende Semaphore: Mit den bisher benutzten Semaphoren, die nur den Zustand „rot" oder „grün" annehmen konnten, kann man sehr gut Probleme der Konkurrenz und des kritischen Pfades verschiedener Prozesse regeln. Nicht gut zu lösen sind damit Fälle, in denen Prozesse kooperieren. Zu diesem Zweck wurde schon von DIJKSTRA der Semaphorbegriff erweitert. Neben den **binären Semaphoren** definierte er die **zählenden Semaphore**. Ist etwa ein Semaphor „3 x grün", dann bedeutet es, dass die nächsten drei Semaphor-Anforderungen erfolgreich verlaufen und erst die vierte Anforderung zu einer Blockierung des anfordernden Prozesses führen wird. Eine typische Anwendung – das Producer/Consumer-Schema – zeigt Beispiel 5.6.

Beispiel 5.6 Grundstruktur des Producer/Consumer-Schemas

Task A - Consumer	Task B - Producer
...	...
REQUEST S	puffer(j) = ...
$x = $ puffer(i)	$j = j + 1$
$i = i + 1$	RELEASE S
...	...

Dabei ist der Semaphor S mit dem Initialwert „rot" vorbesetzt (**semaphore** S **preset**(0);).

Man beachte die „schräge" Nutzung nur eines einzigen REQUEST-RELEASE-Pärchens. Bei dem obigen Programm kann der Produzent (Task **B**) Daten auf Vorrat produzieren, S wird dabei sukzessive durch RELEASE S hochgezählt. Der Konsument (Task **A**) kann nur Daten entnehmen, wenn mindestens noch ein „unverbrauchtes" Datum (S mindestens auf 1) vorrätig ist. Ein komplettes Producer/Consumer-Schema zeigt Beispiel 5.7. Hier wartet Task **A** bis mindestens ein Datum da ist, aber auch Task **B** wartet, wenn im Ringpuffer kein freier Platz mehr ist. Task **A** produziert also auch etwas für Task **B**, nämlich freien Platz. Während bei der Konkurrenz (kritischer Pfad) die REQUESTs und RELEASEs stets als Paar für den gleichen Semaphor innerhalb einer Task auftreten, stehen die Semaphore beim Producer/Consumer-Schema über-kreuzt.

Beispiel 5.7 Komplettes Producer/Consumer-Schema mit Ringpuffer

semaphore $Daten_{da}$ preset(0);	Zu Anfang keine Daten da
semaphore $Platz_{da}$ preset(100);	Zu Anfang 100 freie Plätze
integer puffer(100);	Pufferspeicher
integer i, j **init**(1,1);	Indizes starten bei 1

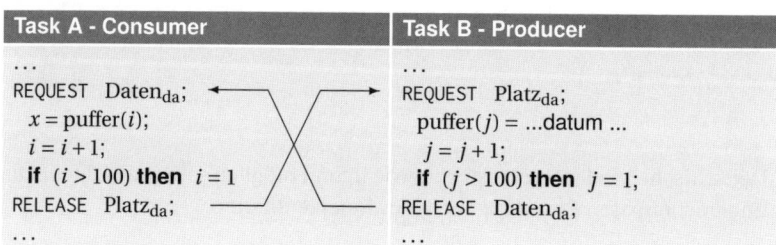

Task A - Consumer	Task B - Producer
...	...
REQUEST $Daten_{da}$;	REQUEST $Platz_{da}$;
$x = puffer(i)$;	$puffer(j) = ...datum ...$
$i = i + 1$;	$j = j + 1$;
if $(i > 100)$ **then** $i = 1$	**if** $(j > 100)$ **then** $j = 1$;
RELEASE $Platz_{da}$;	RELEASE $Daten_{da}$;
...	...

Mutex: Sehr ähnlich zum Semaphor ist der so genannte **Mutex** (englisch kurz für **mut**ual **ex**clusion). Es existieren zwei wesentliche Unterschiede:

1. Vom Mutex existiert nur eine binäre, keine zählende Variante.
2. Der Mutex kann nur von demjenigen entsperrt werden, der ihn auch vorher gesperrt hatte. Damit existiert eine Art Besitz-Verhältnis.

Die weiteren Eigenschaften hängen von der konkreten Implementierung des Betriebssystems ab. Mutexes unter freeRTOS verfügen z. B. über die Maßnahme der Prioritätsvererbung (vgl. Seite 203). Damit ist der Mutex weniger anfällig für das Prioritätsinversionsproblem.

Monitore: Die Grundidee besteht darin, den Schutzmechanismus mit dem Datenzugriff zu verkapseln. Monitore sind so etwas wie Unterprogramme, auf deren Code stets nur ein einziger Prozess laufen kann. In jeder Programmiersprache, die Semaphore kennt, kann man Monitore selbst erzeugen. Dazu schreibt man ein Unterprogramm, welches in seinem kritischen Teil (durch einen entsprechenden Semaphor-Rahmen geschützt) immer nur von einem einzigen Rechenprozess durchlaufen werden kann. Für den Programmierer ist das Synchronisationsmittel nun fest mit dem zu schützenden Objekt verkapselt. Wenn der Monitor selbst korrekt codiert wurde, sind Programmierfehler durch fehlende Synchronisation kaum mehr möglich. Das Prozess/Zeit-Diagramm sieht genauso aus wie bei normaler Semaphorbenutzung. Eine Verbesserung gibt es nur in softwaretechnischer Hinsicht.

In Reinform gibt es sie in der objektorientierten Sprache *Java*. In *Java* lassen sich Methoden – sie entsprechen Unterprogrammen – als *synchronized* deklarieren. Solche Methoden können von einem *Java*-Thread (entspricht in etwa einer Task) nur ausgeführt werden, wenn kein anderer Thread aktuell die Methode verwendet. Im Konfliktfall wartet der später kommende Thread auf das Freiwerden der Methode.

Bolt-Variable: Dieses Konzept, das z. B. in PEARL (DIN 66 253-2) [Rei95, pea97] vorgesehen ist, dient der Behandlung des so genannten „Multi-Reader Problems".

Besonders bei Datenbanksystemen würde man z. B. bei der Benutzung von Semaphoren/-Monitoren unnötig die lesenden Prozesse mit gegenseitigen kritischen Pfaden behindern. Gleichzeitiges Lesen von Daten durch mehrere Prozesse ist aber unschädlich, solange sich kein Schreiber mit den Daten befasst. Zur Effizienzverbesserung gibt es mit den **Bolt**-Variablen eine spezielle Variante der Semaphore.

Ist der kritische Pfad von einem Schreiber betreten (Pärchen RESERVE Bolt; FREE Bolt), hat man das gleiche Verhalten wie bei Semaphoren. Ohne Schreiber können unbegrenzt viele Leser in den kritischen Pfad über das Pärchen ENTER Bolt; LEAVE Bolt eintreten. Ein Schreiber kann erst wieder Zugriff nehmen, wenn alle Leser den Pfad verlassen haben. Damit nicht ständig neue Leser den Schreiber blockieren, wird nach einem gescheiterten RESERVE kein weiterer ENTER mehr zugelassen. Bezüglich der Ausgestaltung des kritischen Pfades und des Ablaufs im Prozess/Zeit-Diagramm gelten die gleichen Regeln wie bei Semaphoren.

Rendezvous: Mit der Programmiersprache *Ada* [Nag92] kam ein weiteres Synchronisationskonzept, das primär zunächst das Producer/Consumer-Problem löst. *Ada* ist zwar im zivilen Ingenieurbereich kaum anzutreffen, ist aber hinsichtlich des dort definierten Synchronisationskonzeptes strukturell interessant. Vereinfacht gesagt, warten die beteiligten Prozesse an definierten Punkten in ihren jeweiligen Sequenzen, bis es zum **Rendezvous** kommt. In der Rendezvoussequenz tauschen die beiden Prozesse dann Daten aus. Über Umwege lassen sich die anderen Synchronisationskonstrukte nachbilden.

Kanäle: Echtzeitbetriebssysteme stellen meist auch **Kanäle** mit Warteschlangen (queues) zur Verfügung oder das *Message Passing*, d. h. eine Art Kommunikation zwischen Prozessen. Auch damit kann eine Synchronisation erfolgen:
Ein Prozess schreibt Daten in einen Kanal. Am anderen Ende des Kanals wartet ein Prozess darauf, dass er Daten entnehmen kann. Die Struktur entspricht den zählenden Semaphoren mit der Erweiterung, dass sich zusätzlich auch noch Daten von einem Prozess zum anderen transferieren lassen.

5.3.4 Spezielle Hardware-Architekturen

Um die physikalischen Grenzen hinsichtlich Komplexität und Taktrate zu überwinden und dennoch die Anforderungen nach steigender Rechenleistung (Stichwort MOORE'sches Gesetz) zu erfüllen, sind Mehrprozessor- bzw. **Multicore**-Systeme seit geraumer Zeit Standard in der PC-Welt. Zunehmend sind solche Systeme auch in Embedded Anwendungen zu finden und nahezu alle namhaften RTOS-Anbieter bieten entsprechende Erweiterungen und Entwurfswerkzeuge an. Die Begriffe **Prozessor**, **Kern** und **Core** sind hier als Synonyme zu verstehen.
Der Entwurf des RTOS verkompliziert sich, da neben der Sicherstellung typischer Anforderungen – z. B. geringe Latenzen – zusätzlich die Forderung nach einer effizienten Verteilung der Last auf die einzelnen Prozessoren auftritt. Prinzipiell unterscheidet man zwei Architekturen:

Beim **Asymmetric Multiprocessing** (AMP) besitzt jeder Kern eine eigene Instanz des RTOS. Die Prozessoren besitzen eigene Speicher, sind jedoch über schnelle Datenverbindungen gekoppelt. Jeder Prozessor kann prinzipiell jede Task bearbeiten, jedoch ist zum Contextswitch über die Prozessorgrenze hinweg der Transport von Programmcode und Daten nötig.

Beim **Symmetric Multiprocessing** (SMP) existiert nur eine Instanz des Betriebssystems. Die Kerne/Prozessoren teilen sich alle Ressourcen – also auch den Speicher. Somit ist das RTOS, welches sich in einem *shared memory* Bereich befindet, für alle Kerne zugänglich. Jeder Prozessor kann ohne großen Zeitverlust eine Task fortsetzen, die zuvor von einem anderen Prozessor bearbeitet wurde. Der Ablauf in solchen Systemen lässt sich ebenfalls mit Prozess/Zeit-Diagrammen beschreiben: Es muss nun für jedes Prozessorindividuum ein eigener Aktivitätsplot gezeichnet werden, der die einzelnen Ebenen unabhängig von den anderen Plots durchlaufen kann. Bei n Prozessoren können nun *gleichzeitig* auch n Rechenprozesse im Zustand „laufend" sein. Multiprozessorsysteme sind nur zu beherrschen, wenn sie die im Abschnitt 5.3.3 beschriebenen Synchronisationswerkzeuge besitzen – SMP ist fortschrittlicher als AMP.

Auch für den Software Entwickler ergeben sich neue Herausforderung, da für eine optimale Nutzung der Prozessorleistung weitere Entwurfsentscheidungen erforderlich werden. Grundsätzlich gilt: Je speicher- oder I/O-intensiver die Anwendungen sind, desto geringer ist der mögliche Vorteil durch eine Multicore-Architektur. Als grober Daumenwert: Die Verdopplung der Prozessorleistung führt zu einer um ca. 60 % gesteigerten Rechenleistung.

Aber selbst bei eher rechenintensiven Anwendungen sind Maßnahmen zur richtigen Parallelisierung erforderlich. Beim PC ist die Parallelisierung relativ einfach, da im Allgemeinen mehrere unabhängige Programme laufen. So können das Anti-Virus-Programm und die Anwendungssoftware etwa jeweils auf unterschiedlichen Kernen laufen. In Echtzeitanwendungen liegt meist eine engere Kopplung der Prozesse vor, z. B. bei verteilten Regelungssystemen.

FPGA: So genannte Field Programmable Gate Arrays stellen programmierbare Logikbausteine dar und ermöglichen eine schnelle und dynamische Umsetzung in „Hardware", z. B. für anspruchsvolle, eingebettete Bildverarbeitungsaufgaben. Mit modernen Bausteinen lassen sich gar komplette *systems-on-the-chips* (SOC) darstellen. d. h. sie vereinen alle notwendigen Komponenten einer Steuerplatine (z. B. μC, Speicher, I/O, ...) in einem Baustein. Die Mikrocontroller stehen dabei entweder in Bibliotheken (als *soft core CPU*) zur Verfügung und werden bei Bedarf im FPGA synthetisiert oder im FPGA sind reale CPU-Kerne (z. B. PowerPC 440 und ARM9) integriert. Auf diesen Kernen kann nun wieder ein RTOS zum Einsatz kommen.

XMOS: Eine weitere Alternative zu Mikrocontrollern und FPGAs sind innovative Prozessoren der Fa. XMOS, die über mehrere Kerne verfügen und auf jedem Kern acht Threads (= Tasks) in Hardware realisieren. Das Multitasking findet hier im Prozessor statt und Contextswitches werden damit obsolet. Die Systeme bestechen durch ihre Echtzeitperformanz: Bei einem 400 MHz-System garantiert die einfache Zuteilung per Zeitscheibenverfahren eine 50 MHz Netto-Arbeitsleistung je Thread. Die maximale Latenzzeit für den Anlauf eines Threads als Reaktion auf ein asynchrones externes Ereignis beträgt lediglich 40 nsec (2 Taktzyklen).

■ 5.4 Echtzeitkonforme Netzwerke

Einführung und Architekturen

War früher ein zentraler Prozessrechner typischerweise über unzählige Leitungen mit den Sensoren/Aktoren verbunden, so werden heute statt dieser Sternstruktur so genannte **Feldbusse** eingesetzt. Neben erheblichen Einsparungen bei den Verkabelungskosten ergibt sich dadurch eine sehr hohe Flexibilität bei der Systemkonfiguration, auch bei späteren Erweiterungen und beim Umbau des Systems.

Es ist eine Vielzahl an Netztopologien möglich (vgl. Bild 5.16), wobei die Buskommunikation vorherrschend ist. Dabei sind die einzelnen Netzknoten durch Stichleitungen angekoppelt. An den äußeren Enden befinden sich üblicherweise Abschlusswiderstände. Häufig finden sich auch Ringstrukturen, aber auch kaskadierte Sternstrukturen. Für die Darstellung fehlertoleranter Systeme lassen sich Netzwerke bei Bedarf redundant ausführen, um somit die Sicherheitsstruktur in einer geeigneten Systemarchitektur abzubilden.

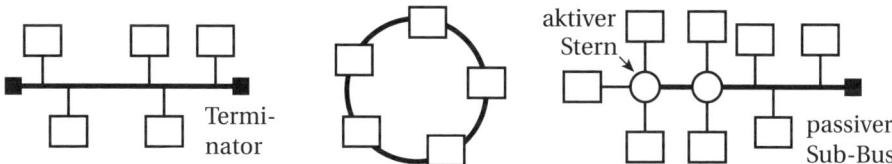

Bild 5.16 Netztopologien von links nach rechts: Bus, Ring, kaskadierte Sternstruktur

Zur Schnittstellendefinition und dem logischen Aufbau von Netzwerken hat sich das OSI-Referenzmodell (**O**pen **S**ystems **I**nterconnection – ISO 7498) etabliert. Es umfasst sieben Schichten: Von den höheren Anwendungsschichten (5-7) bis zu den transportorientierten Schichten (1-4). Daten gelangen dabei von einem Knoten zu einem anderen, indem sie von der Anwendung des einen Knotens die Schichten abwärts passieren, dann physikalisch übertragen werden und schließlich beim zweiten Knoten aufwärts durch die Schichten propagiert werden. Wie Bild 5.17 zeigt, müssen für ein konkretes Kommunikationssystem nicht alle Schichten ausgeführt sein. Insbesondere bei den Echtzeitbussen sind meist nur die Schichten 1, 2 und 7 vorhanden.

	nach **ISO/OSI**	Bsp. LAN	CAN/CANOpen
7	Anwendungsschicht	HTTP	CANOpen
6	Präsentationsschicht	Leer	Leer
5	Sitzungsschicht	Leer	Leer
4	Transportschicht	TCP	Leer
3	Netzwerkschicht	IP	Leer
2	Datensicherung	Ethernet	Übertragungs- und Busprotokoll
1	Physik. Medium	Koax	Übertragungstechnik

Bild 5.17 ISO/OSI Schichtenmodell nach ISO/IEC 7498-1:1994

Genauso wie beim Multitasking der nur einmal vorhandene Prozessor zu einem Ressourcenkonflikt führt, ist es bei Feldbussen das Übertragungsmedium (z. B. eine verdrillte Zweidrahtleitung), welches quasi gleichzeitig für verschiedene Übertragungszwecke dienen soll. Wenn sich mehrere Teilnehmer mit einem Übertragungswunsch anmelden, so muss ein „Medienzugangsverfahren" darüber entscheiden, welcher Teilnehmer erfolgreich ist. Auch hier stehen sich wieder **ereignisgesteuerte** (asynchrone, prioritätsorientierte) und **zeitgesteuerte** (synchrone) Vergabeverfahren gegenüber.

Ereignisgesteuerte Protokolle

Ein Beispiel für ein ereignisgesteuertes Protokoll ist **CAN** (Controller Area Network, ISO 11898). Primäres Ziel von CAN war die Reduktion der Verdrahtung im Automobil. Da entsprechende Elektronikbausteine die komplette Schicht 2 (des OSI-Modells) enthalten und als Massenprodukte sehr preiswert sind, hat sich der CAN-Bus zusätzlich zu seiner Dominanz im Automobil (dort seit 1991 im Einsatz) inzwischen auch in der allgemeinen Prozessdatenverarbeitung sehr stark verbreitet.

Das spezielle Medienzugangsverfahren beim CAN-Bus nennt man CSMA/CA, das einen konflikt-/kollisionsfreien Betrieb ohne Busmaster erlaubt (**Carrier-Sense Multiple Access/ Collision Avoid**). Der raffinierte Busvergabemechanismus ist echtzeittauglich. Wird etwa ein Alarm mit höchster Priorität von einem Sensor über den CAN-Bus zum Rechner geleitet, so gibt es eine berechenbare maximale Reaktionszeit $t_{R_{max}}$ – wie für Echtzeitdatenverarbeitung erforderlich (vgl. Abschnitt 5.1). Ausschlaggebend ist der kollisionsfreie und prioritätsgerechte Betrieb sowie die definierte maximale Paketlänge. Unter den typischen Randbedingungen (verdrillte Zweidrahtleitung, max. 40 m Leitungslänge) erlaubt der Busvergabemechanismus (**Arbitrierung**) eine maximale Datenrate von 1 Mbit/s.

Mit der Erweiterung CAN-FD (CAN mit flexibler Datenrate) lässt sich die Bandbreite signifikant erhöhen [Bos12]. Der durch physikalische Randbedingungen auf 1 Mbit/s limitierte Busvergabemechanismus ist der gleiche. Hat nun aber ein Netzteilnehmer den Zugriff erhalten, kann man die Geschwindigkeit während der Datenübertragung auf aktuell bis 8 Mbit/s hochsetzen. Auch sind mit CAN-FD nun acht bis 64 Byte Nutzdaten möglich - beim normalen CAN-Protokoll sind es maximal acht Byte Nutzdaten.

Ethernet (IEEE 802.3) ist allgegenwärtig und bietet neben den attraktiven Kosten eine sehr hohe Bandbreite. Die Schwachstelle ist das Medienzugangsverfahren CSMA/CD (CD steht für **Collision Detect**). Kollisionen auf dem Bus führen dazu, dass die Knoten ihre Nachrichtenübertragung abbrechen und diese dann nach einer Zufallszeit erneut zu starten versuchen. Die Häufigkeit der Kollisionen wächst mit der Auslastung. Eine maximale Reaktionszeit $t_{R_{max}}$ ist nicht angebbar und Ethernet daher nicht echtzeitfähig. Die Wahrscheinlichkeit von Kollisionen lässt sich durch Einführung von Subnetzen (über Switches) zumindest verringern.

Kollisionsbasierte Verfahren wie das Ethernet lassen sich nur mithilfe eines überlagerten Masterprotokolls (Ablaufsteuerung) echtzeittauglich machen – ein Ansatz, der angesichts der guten Verfügbarkeit sehr schneller Ethernetbausteine immer häufiger zu finden ist.

Ein erstes Beispiel ist Ethernet POWERLINK, das eine reine Software-Lösung darstellt und nur Standard Hardwarebausteine benötigt. Man vermeidet explizit Kollisionen auf dem Bus dadurch, dass der Master (heißt hier Managing Node) alle Netzwerkknoten explizit zur Übertragung von Daten auffordert, wofür dann ein entsprechendes Zeitfenster zur Verfügung steht.

Ein weiteres Beispiel ist **EtherCAT** (**Ether**net for **C**ontroller and **A**utomation **T**echnology), das im Hinblick auf die Anwendung bei schnellen Reglerkreisen konzipiert wurde. Definiert sind Zykluszeiten $\leq 100\mu s$ und eine Knoten-Synchronisierung, die ein Jitter $\leq 1\mu s$ sicherstellt. EtherCAT ist logisch in einer Ringtopologie mit einem Master angeordnet. Man benötigt eine spezielle Zusatz-Hardware je Knoten, die allerdings als ASIC (dedizierter Hardwarebaustein) vorliegt. Ansonsten reicht der Einsatz von Standard-Komponenten. Damit ist EtherCAT auch aus Kostensicht sehr attraktiv und erfreut sich daher zunehmender Beliebtheit.

Zeitgesteuerte Protokolle

Bei zeitgesteuerten Busprotokollen (auch synchrone Verfahren, Summenrahmenverfahren) erfolgt der Zugriff auf den Bus mittels Zeitscheiben. Dieses Medienzugangsverfahren nennt man auch TDMA (**T**ime **D**ivision **M**ultiple **A**ccess).

Bei zeitgesteuerten Buskonzepten ist das Verhalten im Normalbetrieb deterministisch, da über die Zeitscheiben festgelegt ist, zu welchem Zeitpunkt, welcher Busteilnehmer das Zugriffsrecht auf den Bus erhält. Damit ist die Forderung nach **Rechtzeitigkeit** erfüllt [Kop97]. Zeitgesteuerte Konzepte bieten auch ein höheres Sicherheitspotential, da beispielsweise der Ausfall einer Nachricht unmittelbar erkannt werden kann. Weiterhin ist es möglich, den Bus vor nicht autorisierten Buszugriffen zu schützen („bus guardian"). Zur Realisierung fehlertoleranter Systeme (z. B. für X-by-wire) lassen sich synchron laufende, redundante Busse ausführen.

In der Automobilbranche könnte noch eine weitere Eigenschaft von Interesse sein, nämlich die sog. **Zusammensetzbarkeit** (composability) bei der Systemintegration. Da die Zugriffszeitpunkte vordefiniert sind, ist das Zeitverhalten auf dem Bus unabhängig von der tatsächlichen Buslast. Es ist daher prinzipiell möglich, Subsysteme unabhängig voneinander zu entwickeln (z. B. durch Autobauer und Zulieferer) und diese dann anschließend rückwirkungsfrei zum Gesamtsystem zusammenzuführen.

Die Verwendung eines zeitgesteuerten Buskonzeptes stellt jedoch besondere Anforderungen an den Entwurfsprozess, da im Vorfeld sämtliche zeitlichen Vorgänge zu definieren sind. Für eine bestmögliche Performanz benötigt man einen holistischen (gesamtheitlichen) Systementwurf (inkl. Reglerentwurf) unter Beachtung aller Abhängigkeiten.

Aus der Fahrzeugtechnik sind etwa TTCAN [TTC03] und FlexRay [Con05] bekannt. Letzteres benutzt in jedem Zyklus eine Kombination aus synchronem und asynchronem Vergabeverfahren. Die kollisionsfreie Vergabemethode im asynchronen Teil ist ebenfalls prioritätsorientiert, aber anders realisiert als bei CAN: Mithilfe sog. „Microticks" wird mit der höchsten Priorität beginnend nacheinander abgefragt, ob eine dazu passende Nachricht das Medium anfordert.

 Wie zu sehen, besitzen beide Ansätze ihre Vor- und Nachteile:
Ereignissteuerung ermöglicht die für die Echtzeitdatenverarbeitung so wichtige Priorisierung bei der Reaktion auf Ereignisse. **Zeitsteuerung** ermöglicht Determinismus und die effiziente Darstellung redundanter Architekturen für sicherheitskritische Anwendungen (z. B. für Flugregelungssysteme).

■ 5.5 Bewertung von Echtzeitsystemen

Die Auswahl eines RTOS stellt eine Mehrzieloptimierung dar und hängt stark von den individuellen Bedürfnissen ab. Manche Kriterien können essentiell sein (K.O.-Kriterien), andere hingegen lassen sich gegeneinander gewichten. Um die Systementscheidung zu unterstützen, kommt häufig eine Nutzwertanalyse zum Einsatz. Bild 5.18 zeigt die Bewertung zweier beispielhafter und nicht näher spezifizierter RTOSe hinsichtlich einiger ausgewählter Kriterien. Die Entscheidung basiert dann auf dem Vergleich von Lösungsalternativen bzw. auf einer Maßzahl, die sich durch eine gewichtete Summe der Kriterien ableiten lässt.

Prinzipiell hat man bei der Auswahl eines Echtzeit-Betriebssystems folgende Möglichkeiten: Kommerzielles Produkt kaufen, freies System nutzen oder RTOS selbst implementieren.

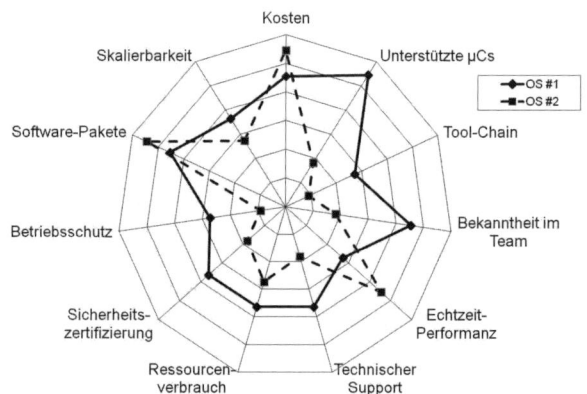

Bild 5.18
Zwei Echtzeit-Betriebssysteme
(RTOS-Alternativen) im Vergleich

Käufliche oder freie RTOSe existieren als geschlossene Lösung, die man als Objektcode (z. B. VxWorks, QNX) oder als Quellfiles (z. B. freeRTOS, Micrium μC/OS, NuttX, CooCox CoOS) erwirbt bzw. erhält. Letztere bindet man in sein Projekt ein (meist in einer Eclipse-basierten Entwicklungsumgebung), parametriert sie und kompiliert diese zusammen mit der Anwendung.

Für manche Anwendungen können kommerzielle RTOSe zu teuer sein, z. B. wenn Lizenzgebühren für die Laufzeitsysteme anfallen. Für Kleinst-Anwendungen sind verfügbare RTOSe manchmal zu mächtig. Dann hat man die Möglichkeit, die für notwendig erachtete RTOS-Funktionalität (siehe Abschnitt 5.2) selbst zu codieren. Obwohl dieser Weg relativ häufig bestritten wird, ist Vorsicht geboten. Selbst bei einfachsten Implementierungsvarianten (Ariane-Beispiel, Seite 189) können Fehler auftreten. Und mit der Systemanzahl und Einsatzdauer steigt die Wahrscheinlichkeit, dass diese Fehler zu Störungen und/oder Ausfällen führen.

Mittlerweile sind mehr als ein Dutzend freier und offener RTOS-Implementierungen verfügbar, davon nicht wenige in einem attraktiven Lizenzmodell, z. B. als BSD-Lizenz. Diese Software darf dann frei verwendet und verändert werden. Außerdem verpflichtet die Verwendung nicht dazu, den Quellcode bei Einsatz in einer Produktentwicklung zu veröffentlichen. Einige dieser RTOSe weisen bereits eine sehr hohe Verbreitung und damit Stabilität auf.

Abschließend sei noch erwähnt, dass man bei weniger kostensensitiven Anwendungen oder bei Anwendungen mit hohen Sicherheitsanforderungen (z. B. sicherheitskritische mechatronische Systeme im Automobilumfeld) die Programmierung von Algorithmen und Laufzeitumgebung gänzlich vom Anwender verbirgt. Es kommen Entwicklungsumgebungen mit einer automatischen Code-Generierung zum Einsatz, z. B. aus *Matlab/Simulink*® heraus.

Quantitative Analyse

Die Nutzwertanalyse offenbarte, dass bei Systementscheidungen auch nicht-echtzeitspezifische Kriterien zu berücksichtigen sind – manchmal sogar dominieren können. Das ändert sich schlagartig, wenn es sich um eine sicherheitskritische Anwendung handelt und/oder das System (z. B. bei hoher Stückzahl) in der Nähe seiner Leistungsgrenze zu betreiben ist.

Wenn objektive Maßzahlen vom Anbieter nicht vorliegen oder man selbst das RTOS geschrieben hat, kann man einige Maßzahlen bereits mit einfachen Labormitteln, z. B. Signalgenerator und Oszilloskop in Experimenten ermitteln. Ein Beispiel ist die Reaktionszeit t_R auf äußere Ereignisse. Dazu plant man etwa einen Prozess auf ein externes Ereignis ein, hier etwa die fallende Flanke einer Rechteckfunktion des Signalgenerators. Mit dem ersten Befehl des Prozesses gibt man ein Signal nach außen und misst nun mit einem Oszilloskop die Reaktionszeit. Interessant ist dabei die Vergrößerung der gemessenen Reaktionszeit, wenn z. B. niederpriore Prozesse während des Experiments Systemfunktionen aufrufen (**Präemptionstest**). Des Weiteren lässt sich die **Interrupt-Auflösungsgrenzfrequenz** bestimmen. Dies ist der zeitliche Mindestabstand zwischen zwei gleichen Interruptereignissen, die vom System zuverlässig erkannt werden. Ein weiteres Maß ist die **Interrupt-Folgegrenzfrequenz**. Dies ist die Frequenz, der eine darauf eingeplante Task (ohne innere Rechenaktion) noch korrekt folgen kann.

Ein äußerst aussagekräftiger, aber aufwändiger Test ermittelt die Phasenreinheit (Determiniertheit) und Geschwindigkeit der Systemreaktion in Abhängigkeit von der Nachfragefrequenz unter realen Lastsituationen. Hohe Zufallsanteile in der Reaktionszeit oder gar ausgelassene Reaktionen können später beim Betrieb eines mechatronischen Systems Geräusche oder Zitterbewegungen verursachen. Ein objektives Messverfahren für die „dynamische Dienstgüte" eines Betriebssystems wurde in [GW00] vorgestellt; Theorie, Messaufbau und praktische Einsätze finden sich etwa in [Wol02], [WAG03] und [AWG03].

Die Messmethode basiert auf einer orthogonalen WALSH-Korrelation und liefert Zuverlässigkeitsmaße in Form der mittleren **Latenzzeit** und des **Jitters** bei der Reaktion auf asynchrone externe Ereignisse. Jitter ist ein Maß für die Abweichung der Reaktionszeit von der mittleren Latenzzeit. Das Ergebnis einer Messreihe mit unterschiedlichen Anregungsfrequenzen $f = 1/T$ spiegelt in einer Art „Frequenzgang" die charakteristischen Eigenschaften des untersuchten Systems wider und erlaubt eine vergleichende Bewertung verschiedener Systeme.

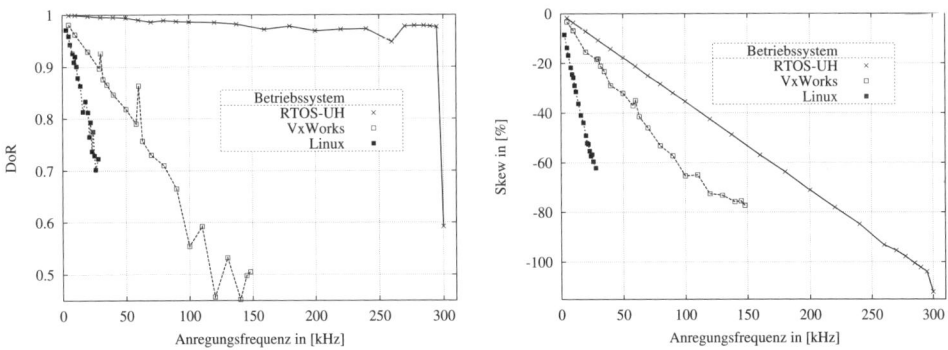

Bild 5.19 DoR und Skew für unterschiedliche Betriebssysteme (PowerPC, 366 MHz), aus [Wol02]

Bild 5.19 zeigt vergleichende Ergebnisse für drei verschiedene Betriebssysteme (entnommen aus [Wol02]). Auf exakt gleicher Hardware wurde die gleiche Aufgabe bearbeitet: Ein hoch priorisierter „Bit-Toggler" wurde durch niedriger priorisierte Prozesse gestört, die permanent Dateihandling (und damit Supervisorprozesse) ausführten. Beim Linux-System handelte es sich um einen Standard-Kern, die Codierung erfolgte aber mithilfe einer speziellen Echtzeit-C-Lib.

Ohne auf die technischen Details einzugehen, sei hier nur soviel erläutert:
Die „DoR" („Distinctness of Reaction") beschreibt den Jitter. Der Wertebereich lautet $0\ldots1$, wobei die Eins für eine identische Reaktion bei jeder Anregung steht. Der „Skew" rechnet sich nach der Formel Skew $= -\tau/T$ und beschreibt die durchschnittliche Latenzzeit τ. Der Wert 0% bedeutet „Reaktion in Nullzeit" und der Wert -100%, dass die Reaktion gerade dann erfolgt,

wenn die nächste Anregung eintrifft. Zur vergleichenden grafischen Beurteilung kommt für beide Kennkurven die einfache Regel zur Anwendung: „Je höher, desto besser."

Die Methode lässt sich analog für die Untersuchung / Bewertung von Netzwerken einsetzen. Für CAN und TTCAN (Time-Triggered CAN) sind Ergebnisse dazu in [AWG03] zu finden.

6 Modellbildung von Mehrkörpersystemen

Das mechanische System wird von Aktoren bewegt, um wunschgemäß eine Aufgabe zu erfüllen und/oder mit der Umgebung zu interagieren. Währenddessen ist es Störeinflüssen ausgesetzt. Die Bewegung (oder allgemeiner der Zustand) der Mechanik wird mittels Sensoren erfasst und der Informationsverarbeitung mitgeteilt, die wiederum die Stellgrößen für die Aktoren berechnet. Gemäß Bild 6.1 beeinflusst das mechanische System den Energie-/Materiefluss.

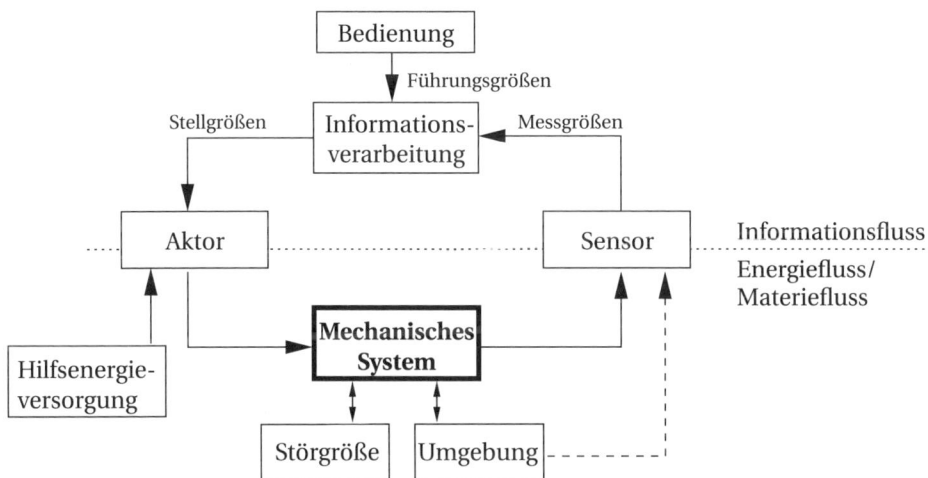

Bild 6.1 Das mechanische System im Energie-/Materiefluss (nach [Ise08])

In der Einleitung wurde bereits ausgeführt, dass **geregelte Mehrkörpersysteme** eine geeignete Modellklasse für mechatronische Systeme bilden. Sie stellen funktionsorientierte Modelle dar und beschreiben wichtige Grundfunktionen wie kinematische, kinetische und mechatronische Funktionen (vgl. Abschnitt 1.4).

Ein Mehrkörpersystem (MKS) ist ein mechanisches Ersatzsystem mit folgenden Eigenschaften (siehe hierzu Bild 6.2):

- Es besteht aus einer endlichen Zahl N von im Allgemeinen starren Körpern. MKS mit starren und elastischen Körpern werden hybride MKS genannt[1].
- Die Körper sind durch passive mechanische oder elektromechanische sowie durch aktive Elemente (z. B. Stellantriebe) verbunden. Zugleich treten kinematische Bindungen durch

---

[1] Auf die Behandlung von hybriden MKS wird im Weiteren verzichtet. Eine gute Darstellung der komplexen Materie findet man u. a. in [BP92].

Lager, Führungen und Gelenke auf. Durch diese kinematischen Bindungen werden Zwangsbedingungen formuliert, die die Bewegungsfreiheit des MKS einschränken.

- Auf die Körper können äußere Kräfte F_i oder Momente M_i $(i = 1, 2, \ldots, N)$ einwirken.

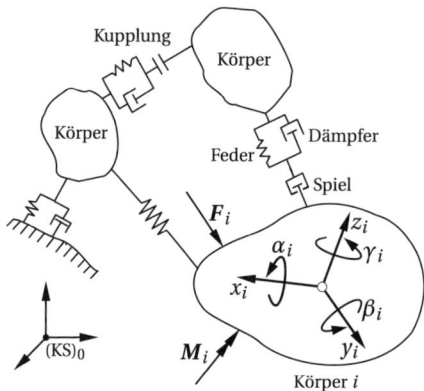

Bild 6.2
Mehrkörpersystem

Werden durch r die Anzahl der vorliegenden Zwangsbedingungen (Restriktionen) bezeichnet
und durch N die Anzahl der im MKS vorhandenen Körper, dann hat das MKS den Freiheitsgrad

Freiheitsgrad n	Bewegung
$6N - r$	räumlich
$3N - r$	eben

Ein Freiheitsgrad heißt **aktiv**, wenn er über einen unabhängigen Antrieb verfügt. Das trifft z. B.
bei aktiven Mechanismen zu; bei Industrierobotern sind im Allgemeinen alle Freiheitsgrade
aktiv.

Ein MKS besitzt **Baumstruktur**, wenn die folgende Eigenschaft erfüllt ist:

Betrachtet wird der „Weg" zwischen zwei beliebigen Körpern i und j, der notwendig ist, um
vom Körper i zum Körper j zu gelangen, ohne dass ein Gelenk zweimal überschritten wird.
Wenn es für alle Körperpaare nur einen Weg gibt, weist das MKS Baumstruktur auf.

Beispiele für MKS mit Baumstruktur sind einfache oder verzweigte, **offene kinematische Ketten**. Die Berechnung von MKS mit Baumstruktur gestaltet sich aufgrund der Möglichkeit, rekursive Algorithmen zu verwenden, häufig relativ einfach. Im Gegensatz dazu verfügen MKS
ohne Baumstruktur über **geschlossene kinematische Ketten**. Ihre Berechnung verlangt einen
höheren Aufwand, der darin besteht, dass Schließbedingungen erfüllt werden müssen.

Die Grundlagen der Kinematik (Abschnitt 6.1) und Kinetik (Abschnitt 6.2) von MKS werden
nachfolgend behandelt: Zunächst beginnen wir mit den Verhältnissen am einzelnen starren
Körper und erweitern die Betrachtung im Anschluss daran auf die Verknüpfung mehrerer starrer Körper zu einem MKS.

Weiterführende Literatur zur Mehrkörperdynamik: [Bes94], [BP92], [HHS97], [SE04], [Sch90],
[Woe11], [DEH$^+$12], [Sha13], [SK08] und zu Softwarewerkzeugen: [ADA], [ALA], [DYM], [MOD].

■ 6.1 Kinematik von Mehrkörpersystemen

Gegenstand der **Kinematik** ist die Ermittlung von Lage, Geschwindigkeit und Beschleunigung der einzelnen Körper eines MKS. Die Lage eines Körpers wird durch seine Position (z. B. seine Schwerpunktskoordinaten) und seine Orientierung (z. B. die Richtung seiner Hauptträgheitsachsen) erfasst.

Für die Beschreibung der räumlichen Bewegung eines Körpers wird ein Referenzkoordinatensystem $(KS)_R$ benötigt. Weiter wird ein mit einem Körper, z. B. mit dem Körper der Nummer i, fest verbundenes Koordinatensystem $(KS)_i$ eingeführt. Die Lösung der Kinematikaufgabe kann dann auf die Berechnung von Lage, Geschwindigkeit und Beschleunigung der so definierten Koordinatensysteme zueinander zurückgeführt werden.

Für die Wahl des Referenzsystems gibt es zwei grundsätzlich unterschiedliche Möglichkeiten:

1. Das Referenzsystem ist ein Inertialsystem $(KS)_0$ (auch Basissystem genannt), d. h. ein beschleunigungsfreies Koordinatensystem. In technischen Anwendungen ist $(KS)_0$ in der Regel ein mit einer nicht beweglichen Basis verbundenes System. Die Bewegung eines Körpers wird bezüglich dieser Basis in **Inertial-** bzw. **Absolutkoordinaten** beschrieben.

2. Das Referenzsystem ist ein bewegtes Koordinatensystem, z. B. ein mit einem anderen Körper j des MKS verbundenes Koordinatensystem. In diesem Fall wird die Bewegung eines Körpers relativ zu dem (ebenfalls bewegten) Referenzkörper beschrieben. Die dann benutzten Koordinaten sind **Relativkoordinaten**.

Um die Kinematik von MKS beschreiben zu können, sind zunächst Koordinatensysteme und Koordinatentransformationen wie in Abschnitt 6.1.1 definiert erforderlich. Darauf aufbauend behandelt Abschnitt 6.1.2 Rotationsmatrizen als eine Möglichkeit zur Repräsentation von Orientierungen. Die in Abschnitt 6.1.3 eingeführten homogenen Koordinaten und die dazugehörigen homogenen Transformationen gestatten nun die kompakte Behandlung von Rotation und Translation. Mit diesen Grundlagen erfolgt anschließend die Berechnung der Kinematik einer offenen Kette durch Multiplikation von homogenen Transformationsmatrizen (vgl. Abschnitt 6.1.4). Die in Abschnitt 6.1.5 behandelte direkte und inverse Kinematik beschreibt den Zusammenhang zwischen verallgemeinerten Koordinaten (auch Gelenkkoordinaten) und den Umweltkoordinaten einer kinematischen Kette, während die differentielle Kinematik gemäß Abschnitt 6.1.6 die jeweiligen Geschwindigkeiten zueinander in Beziehung setzt.

6.1.1 Koordinatensysteme und Koordinatentransformationen

Zur Kennzeichnung eines Koordinatensystems werden die **Einheitsvektoren** e_x, e_y, e_z benutzt. Sind diese linear unabhängig, bilden sie eine Basis und können zur Darstellung eines beliebigen Ortsvektors

$$r_P = xe_x + ye_y + ze_z \tag{6.1}$$

herangezogen werden (Bild 6.3).

Die Koordinaten x, y, z des Ortsvektors lassen sich zu einem Spaltenvektor

$$r_P = \begin{bmatrix} x, y, z \end{bmatrix}^T \tag{6.2}$$

zusammenfassen. Er bildet eine zu Gl. (6.1) äquivalente Darstellung.

Im Folgenden werden ausschließlich rechtwinklige und rechtsorientierte Koordinatensysteme gemäß folgender Definition eingesetzt:

 Für die **Basisvektoren** (auch Einheitsvektoren) eines rechtwinkligen, rechtsorientierten Koordinatensystem gilt:

$$\|e_x\|_2 = \|e_y\|_2 = \|e_z\|_2 = 1 \quad (\text{Länge Eins})$$

$$e_x^{\mathrm{T}} e_y = e_x^{\mathrm{T}} e_z = e_y^{\mathrm{T}} e_z = 0 \quad (\text{paarweise senkrecht})$$

$$e_z = e_x \times e_y \quad (\text{Rechtssystem, mit } \det\left[e_x, e_y, e_z\right] = +1)$$

In Bild 6.4 sind die Verhältnisse zwischen den zuvor erwähnten Inertial- und Körperkoordinaten dargestellt. Wichtig für das weitere Verständnis ist eine genaue Bezeichnung der verwendeten Koordinatensysteme und Vektoren.

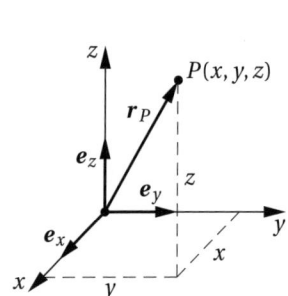

Bild 6.3 Einheitsvektoren eines Koordinatensystems

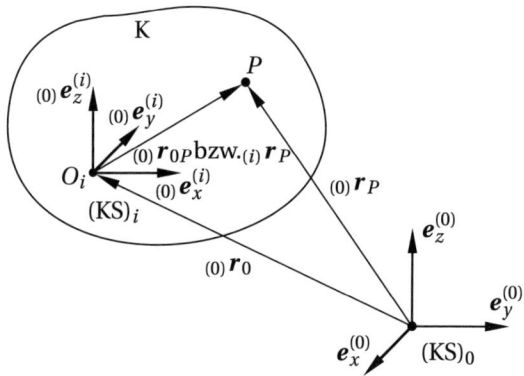

Bild 6.4 Inertial- und Körperkoordinaten

Im Einzelnen bedeuten:

- O_i ein körperfester Bezugspunkt und P ein variabler Körperpunkt,
- Einheitsvektoren des Inertialsystems $(\mathrm{KS})_0$:

$$e_x^{(0)}, \, e_y^{(0)}, \, e_z^{(0)},$$

- Einheitsvektoren des körperfesten Koordinatensystems $(\mathrm{KS})_i$, dargestellt im $(\mathrm{KS})_0$:

$$_{(0)}e_x^{(i)}, \, _{(0)}e_y^{(i)}, \, _{(0)}e_z^{(i)},$$

- Ortsvektor im Inertialsystem $(\mathrm{KS})_0$:

$$_{(0)}r_P = x e_x^{(0)} + y e_y^{(0)} + z e_z^{(0)},$$

- Ortsvektor im Koordinatensytem $(\mathrm{KS})_i$:

$$_{(i)}r_P = u e_x^{(i)} + v e_y^{(i)} + w e_z^{(i)}.$$

Fasst man diese Koordinaten zu einer $(3,3)$-Matrix zusammen, erhält man die **Rotationsmatrix** (auch: **Drehmatrix**, vgl. Abschnitt 6.1.2)

$$^0\boldsymbol{R}_i = \left[{}_{(0)}\boldsymbol{e}_x^{(i)}, \; {}_{(0)}\boldsymbol{e}_y^{(i)}, \; {}_{(0)}\boldsymbol{e}_z^{(i)} \right]. \tag{6.3}$$

Durch sie wird die Orientierung des $(KS)_i$ bezüglich $(KS)_0$ beschrieben. Es ist leicht ersichtlich, dass Gl. (6.3) die Projektion der Basisvektoren von $(KS)_i$ auf die Basisvektoren von $(KS)_0$ darstellt.

Auch Rotationsmatrizen erfüllen die Bedingungen für ein rechtwinkliges, rechtsorientiertes Koordinatensystem.

Daraus ergibt sich sofort die Orthogonalität von $^0\boldsymbol{R}_i$,

$$^0\boldsymbol{R}_i \left(^0\boldsymbol{R}_i\right)^{\mathrm{T}} = \left(^0\boldsymbol{R}_i\right)^{\mathrm{T}} {}^0\boldsymbol{R}_i = \boldsymbol{I}. \tag{6.4}$$

Als Folgerung findet man aus Gl. (6.4) für die **inverse Rotationsmatrix**

$$\left(^0\boldsymbol{R}_i\right)^{-1} = \left(^0\boldsymbol{R}_i\right)^{\mathrm{T}} = {}^i\boldsymbol{R}_0. \tag{6.5}$$

Die Bedeutung dieser Gleichung besteht vor allem darin, dass das Invertieren einer orthogonalen Matrix auf die einfach auszuführende Operation des Transponierens reduziert werden kann.

Koordinatentransformationen lassen sich allgemein als Überlagerung von Translation und Rotation auffassen. Aus Bild 6.4 ergeben sich für die **Translation**

$$_{(0)}\boldsymbol{r}_P = {}_{(0)}\boldsymbol{r}_0 + {}_{(0)}\boldsymbol{r}_{0P}$$

und für die **Rotation**

$$_{(0)}\boldsymbol{r}_{0P} = {}^0\boldsymbol{R}_{i\,(i)}\boldsymbol{r}_P.$$

Durch Zusammenfassung erhält man daraus

$$_{(0)}\boldsymbol{r}_P = {}_{(0)}\boldsymbol{r}_0 + {}^0\boldsymbol{R}_{i\,(i)}\boldsymbol{r}_P. \tag{6.6}$$

Bei Kenntnis der Körperkoordinaten $_{(i)}\boldsymbol{r}_P$ sowie von Position und Orientierung des körperfesten Koordinatensystems $(KS)_i$ bezüglich des Inertialsystems $(KS)_0$ können aus dieser Gleichung die Inertialkoordinaten berechnet werden. Folglich beschreibt Gl. (6.6) die Koordinatentransformation von $(KS)_i$ nach $(KS)_0$.

Die Umkehrung dieser Beziehung führt auf

$$_{(i)}\boldsymbol{r}_P = \left(^0\boldsymbol{R}_i\right)^{\mathrm{T}} \left({}_{(0)}\boldsymbol{r}_P - {}_{(0)}\boldsymbol{r}_0\right) = {}^i\boldsymbol{R}_{0\,(0)}\boldsymbol{r}_{0P} \tag{6.7}$$

und stellt die inverse Transformationsgleichung dar, d. h. die Koordinatentransformation von $(KS)_0$ nach $(KS)_i$.

Sonderfälle dieser allgemeinen Transformationen sind:

- reine Rotation: $_{(0)}\boldsymbol{r}_0 = \boldsymbol{0}$,
- reine Translation: $^0\boldsymbol{R}_i = \boldsymbol{I}$.

Die Gln. (6.6) und (6.7) sind die grundlegenden Beziehungen für die Untersuchung von Kinematikproblemen.

Ihre Anwendung auf MKS liefert z. B. den Zugang zur Aufstellung der Gleichungen für das **direkte** und das **inverse kinematische Problem** (vgl. Abschnitt 6.1.5). Durch Differentiation nach der Zeit können aus ihnen die entsprechenden Beziehungen für die Geschwindigkeiten und Beschleunigungen gewonnen werden.

6.1.2   Beispiele für Rotationsmatrizen (Drehmatrizen)

Nach Bild 6.5 werden positive Drehrichtungen als Rechtsschrauben um die jeweiligen Koordinatenachsen definiert. Das gedrehte Koordinatensystem wird im Weiteren mit dem Index R gekennzeichnet, ferner wird gesetzt:

$$_{(0)}\boldsymbol{r} = [x,\, y,\, z]^{\mathrm{T}} \quad \text{und} \quad _{(\mathrm{R})}\boldsymbol{r} = [u,\, v,\, w]^{\mathrm{T}}.$$

Elementardrehungen

Drehung um die x-Achse mit Winkel α (Bild 6.6):
Den Zusammenhang zwischen den Koordinaten des Punktes P im Basiskoordinatensystem und im gedrehten Koordinatensystem findet man durch Ablesen aus Bild 6.6

$$\begin{bmatrix} x \\ y \\ z \end{bmatrix} = \begin{bmatrix} 1 & 0 & 0 \\ 0 & \cos\alpha & -\sin\alpha \\ 0 & \sin\alpha & \cos\alpha \end{bmatrix} \begin{bmatrix} u \\ v \\ w \end{bmatrix},$$

bzw.

$$_{(0)}\boldsymbol{r} = {}^{0}\boldsymbol{R}_{\mathrm{R}}\, _{(\mathrm{R})}\boldsymbol{r} = \boldsymbol{R}_x(\alpha)\, _{(\mathrm{R})}\boldsymbol{r}$$

mit der Drehmatrix

$$\boldsymbol{R}_x(\alpha) = \begin{bmatrix} 1 & 0 & 0 \\ 0 & \cos\alpha & -\sin\alpha \\ 0 & \sin\alpha & \cos\alpha \end{bmatrix}. \tag{6.8}$$

In analoger Weise bestimmt man die Drehmatrizen für die Elementardrehungen um die y-Achse und um die z-Achse (Bilder 6.7 und 6.8).

Drehung um die y-Achse mit Winkel β (Bild 6.7):

$$\boldsymbol{R}_y(\beta) = \begin{bmatrix} \cos\beta & 0 & \sin\beta \\ 0 & 1 & 0 \\ -\sin\beta & 0 & \cos\beta \end{bmatrix}. \tag{6.9}$$

Drehung um die z-Achse mit Winkel γ (Bild 6.8):

$$\boldsymbol{R}_z(\gamma) = \begin{bmatrix} \cos\gamma & -\sin\gamma & 0 \\ \sin\gamma & \cos\gamma & 0 \\ 0 & 0 & 1 \end{bmatrix}. \tag{6.10}$$

Zusammengesetzte Drehungen

Sie können in einfacher Weise aus drei nacheinander ausgeführten Elementardrehungen gebildet werden. Von den zahlreichen Möglichkeiten zur Beschreibung zusammengesetzter Drehungen spielen die KARDAN- und die EULER-Winkel eine besondere Rolle.

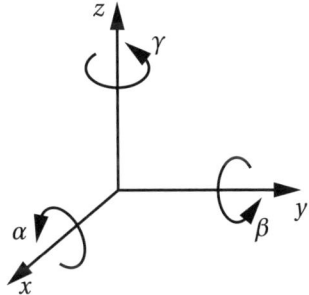

Bild 6.5 Positive Drehrichtungen

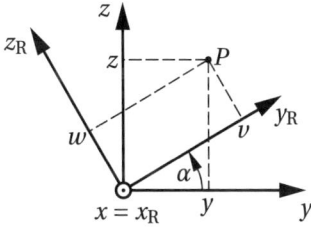

Bild 6.6 Elementardrehung um die x-Achse

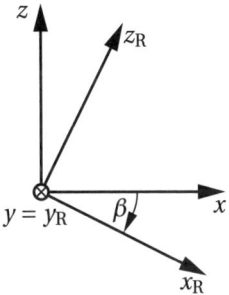

Bild 6.7 Elementardrehung um die y-Achse

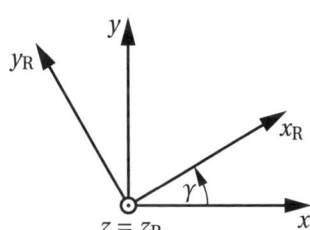

Bild 6.8 Elementardrehung um die z-Achse

KARDAN-Winkel:
Durch Ausführung von Elementardrehungen in der Reihenfolge

	Rotation	Drehmatrix
1.	Rotation um die x-Achse:	$R_x(\alpha)$
2.	Rotation um die neue y-Achse:	$R_y(\beta)$
3.	Rotation um die neue z-Achse:	$R_z(\gamma)$

folgen

$$_{(0)}r = R_x(\alpha)r', \qquad r' = R_y(\beta)r'', \qquad r'' = R_z(\gamma)_{(R)}r$$

und daraus

$$_{(0)}r = \underbrace{R_x(\alpha)\,R_y(\beta)\,R_z(\gamma)}_{R_{\mathrm{KARD}}(\alpha,\beta,\gamma)}{}_{(R)}r\,.$$

Die Berechnung des dreifachen Matrizenproduktes liefert die Drehmatrix für die KARDAN-Winkel

$$R_{\mathrm{KARD}}(\alpha,\beta,\gamma) = R_x(\alpha)R_y(\beta)R_z(\gamma)$$

$$= \begin{bmatrix} c_\beta c_\gamma & -c_\beta s_\gamma & s_\beta \\ c_\alpha s_\gamma + s_\alpha s_\beta c_\gamma & c_\alpha c_\gamma - s_\alpha s_\beta s_\gamma & -s_\alpha c_\beta \\ s_\alpha s_\gamma - c_\alpha s_\beta c_\gamma & s_\alpha c_\gamma + c_\alpha s_\beta s_\gamma & c_\alpha c_\beta \end{bmatrix}. \tag{6.11}$$

Zur Vereinfachung der Schreibweise wurden die Abkürzungen $s_\alpha = \sin\alpha$, $c_\gamma = \cos\gamma$ usw. benutzt.

EULER-Winkel:
Die Elementardrehungen werden nacheinander um die z-, die neue x- und die neue z-Achse ausgeführt (die so genannte x-Konvention):

	Rotation	Drehmatrix
1.	Rotation um die z-Achse:	$R_z(\alpha)$
2.	Rotation um die neue x-Achse:	$R_x(\beta)$
3.	Rotation um die neue z-Achse:	$R_z(\gamma)$

Die Drehmatrix für die EULER-Winkel lautet dann

$$R_{\text{EUL}}(\alpha,\beta,\gamma) = R_z(\alpha)\,R_x(\beta)\,R_z(\gamma)$$

$$= \begin{bmatrix} -s_\alpha c_\beta s_\gamma + c_\alpha c_\gamma & -s_\alpha c_\beta c_\gamma - c_\alpha s_\gamma & s_\alpha s_\beta \\ c_\alpha c_\beta s_\gamma + s_\alpha c_\gamma & c_\alpha c_\beta c_\gamma - s_\alpha s_\gamma & -c_\alpha s_\beta \\ s_\beta s_\gamma & s_\beta c_\gamma & c_\beta \end{bmatrix}. \tag{6.12}$$

Die Matrizenprodukte in den Gln. (6.11) und (6.12) sind nicht kommutativ, d. h., eine unterschiedliche Reihenfolge der Multiplikationen führt zu einem unterschiedlichen Resultat. Mit anderen Worten:

 Eine unterschiedliche Reihenfolge der Drehungen ergibt bei endlichen Drehwinkeln unterschiedliche Orientierungen. Eine Illustration dafür zeigt Bild 6.9.

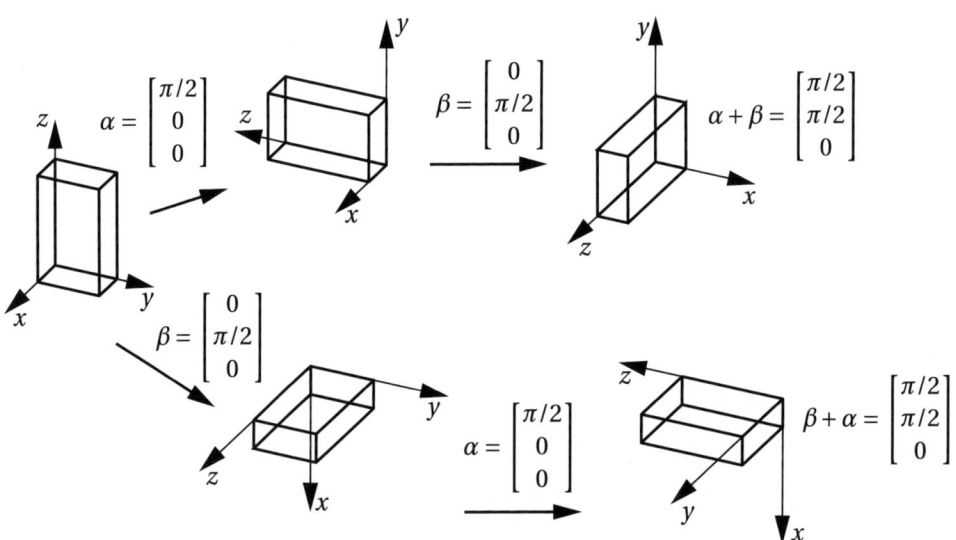

Bild 6.9 Nichtkommutativität der endlichen Rotationen

Ein anderer Zugang, die Rotation um eine räumlich orientierte Achse zu behandeln, besteht in der Benutzung von *Quaternionen*, vgl. hierzu [Kre08], [Ebe10].

6.1.3 Homogene Koordinaten und homogene Transformationen

Wie im letzten Abschnitt gezeigt, lassen sich die Koordinatentransformationen auf Translationen und Rotationen zurückführen und durch Gl. (6.6) beschreiben. Dabei fällt auf, dass die Transformation von $(KS)_i$ nach $(KS)_0$ eine lineare inhomogene Transformation der Form $y = Ax + b$ ist. Jede lineare inhomogene Transformation kann aber durch Dimensionserweiterung

$$y^* = \begin{bmatrix} y \\ 1 \end{bmatrix}, \qquad x^* = \begin{bmatrix} x \\ 1 \end{bmatrix}, \qquad A^* = \left[\begin{array}{c|c} A & b \\ \hline \mathbf{0}^T & 1 \end{array} \right]$$

formal als homogene Gleichung geschrieben werden. Es ist leicht zu sehen, dass $y^* = A^* x^*$ äquivalent zu $y = Ax + b$ ist.

Aus dem Beschriebenen ergibt sich ein eleganter Zugang, Translation und Rotation einheitlich durch eine **homogene Transformation** darzustellen.

Definition: Bezeichnen $r = [x, y, z]^T$ und $r_0 = [x_0, y_0, z_0]^T$, dann heißen

$$x := \begin{bmatrix} r \\ 1 \end{bmatrix}; \qquad x_0 = \begin{bmatrix} r_0 \\ 1 \end{bmatrix}$$

homogene Koordinaten und

$$T = \left[\begin{array}{c|c} \text{Rotationsmatrix} & \text{Translationsvektor} \\ \hline 0\,0\,0 & \text{Maßstabsfaktor} \end{array} \right] = \left[\begin{array}{c|c} R & r_0 \\ \hline \mathbf{0}^T & 1 \end{array} \right]$$

homogene Transformationsmatrix.

Die Anwendung dieser Definitionen auf die in Bild 6.4 dargestellte Starrkörperbewegung führt auf[2]

$$_{(0)}x_P = \begin{bmatrix} _{(0)}r_P \\ 1 \end{bmatrix}, \qquad _{(i)}x_P = \begin{bmatrix} _{(i)}r_P \\ 1 \end{bmatrix}, \qquad {}^0T_i = \begin{bmatrix} {}^0R_i & _{(0)}r_0 \\ \mathbf{0}^T & 1 \end{bmatrix}. \tag{6.13}$$

Mit diesen Vereinbarungen kann Gl. (6.6) einfach geschrieben werden:

$$_{(0)}x_P = {}^0T_i \, _{(i)}x_P. \tag{6.14}$$

Von der Äquivalenz dieser Beziehung mit Gl. (6.6) überzeugt man sich leicht durch Ausmultiplizieren.

---

[2] Im Unterschied zur Kennzeichnung von Rotationsmatrix ${}^0R_i$ werden in der Mechanismen- und Robotertechnik die homogenen Transformationsmatrizen durch ${}^0T_i$ bezeichnet. Davon wird im Weiteren Gebrauch gemacht.

Nachfolgend werden einige wichtige Eigenschaften bzw. Folgerungen der homogenen Transformationsmatrix T zusammengefasst (die Indizes wurden zur Vereinfachung weggelassen):

1. Die Matrix T enthält Informationen über Orientierung, beschrieben durch die Rotationsmatrix R, und Position des körperfesten Koordinatensystems, beschrieben durch den Ortsvektor r_0.

2. Für ein Rechtssystem gilt $\det[T] = \det[R] = 1$, für ein Linkssystem $\det[T] = \det[R] = -1$.

3. Die inverse Transformation wird durch

$$T^{-1} = \left[\begin{array}{c|c} R^{\mathrm{T}} & -R^{\mathrm{T}} r_0 \\ \hline \mathbf{0}^{\mathrm{T}} & 1 \end{array} \right] \tag{6.15}$$

beschrieben.

4. Allgemein gilt für die homogenen Koordinaten $x := \begin{bmatrix} r \\ \lambda \end{bmatrix}$ mit einem skalaren Maßstabsfaktor λ. Der Zusammenhang zwischen den Koordinaten $[x, y, z]$ und den homogenen Koordinaten $[x_1, x_2, x_3, x_4]$ lautet dann:

$$x = \frac{x_1}{\lambda}, \qquad y = \frac{x_2}{\lambda}, \qquad z = \frac{x_3}{\lambda}. \tag{6.16}$$

Für $\lambda = 1$ erhält man die angegebene Standarddarstellung der homogenen Koordinaten.

5. Sonderfälle sind die reine Rotation **ROT** bzw. reine Translation **TRANS**. Für diese ergeben sich

$$\mathbf{ROT} := T(R) = \begin{bmatrix} R & \mathbf{0} \\ \mathbf{0}^{\mathrm{T}} & 1 \end{bmatrix}, \tag{6.17}$$

$$\mathbf{TRANS} := T(r_0) = \begin{bmatrix} I & r_0 \\ \mathbf{0}^{\mathrm{T}} & 1 \end{bmatrix}. \tag{6.18}$$

Beispiel 6.1 Homogene Transformation

Man gebe die homogene Transformation $^0T_1$ für die in Bild 6.10 dargestellten Koordinatensysteme an.

Lösung:

Aus dem Bild liest man ab:

$$^0T_1 = \begin{bmatrix} & & a \\ ^0R_1 & & c \\ & & b \\ \mathbf{0}^{\mathrm{T}} & & 1 \end{bmatrix}.$$

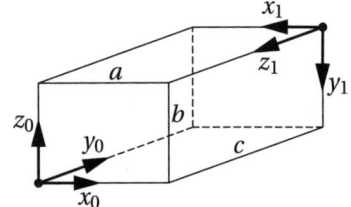

Bild 6.10 Homogene Transformation

Die Rotationsmatrix $^0R_1$ kann aus zwei Elementardrehungen berechnet werden:

$$^0R_1 = R_x\left(\frac{\pi}{2}\right) R_z(\pi).$$

Mithilfe der Gln. (6.8) und (6.10) erhält man

$$R_x\left(\frac{\pi}{2}\right) = \begin{bmatrix} 1 & 0 & 0 \\ 0 & 0 & -1 \\ 0 & 1 & 0 \end{bmatrix}; \qquad R_z(\pi) = \begin{bmatrix} -1 & 0 & 0 \\ 0 & -1 & 0 \\ 0 & 0 & 1 \end{bmatrix}$$

und schließlich das gesuchte Ergebnis

$$^0T_1 = \begin{bmatrix} -1 & 0 & 0 & a \\ 0 & 0 & -1 & c \\ 0 & -1 & 0 & b \\ 0 & 0 & 0 & 1 \end{bmatrix}.$$

Damit ergibt sich aus $_{(0)}x = {}^0T_{1\,(1)}x$ das plausible Resultat

$$x_0 = -x_1 + a, \qquad y_0 = -z_1 + c, \qquad z_0 = -y_1 + b,$$

das natürlich für das vorliegende einfache Beispiel auch direkt ablesbar ist. ∎

Zur vollständigen Beschreibung der Transformationseigenschaften gehören noch die Beziehungen für die **Geschwindigkeit** und die **Beschleunigung**. Sie können in einfacher Weise durch Differentiation gefunden werden:
Aus Gl. (6.14) folgt für den starren Körper ($_{(i)}\dot{x}_P = \mathbf{0}$)

$$_{(0)}\dot{x}_P = {}^0\dot{T}_{i\,(i)}x_P, \tag{6.19}$$

$$_{(0)}\ddot{x}_P = {}^0\ddot{T}_{i\,(i)}x_P. \tag{6.20}$$

Dabei ist zu beachten, dass durch

$$_{(0)}\dot{x}_P = \begin{bmatrix} _{(0)}\dot{r}_P \\ 1 \end{bmatrix} \qquad \text{und} \qquad _{(0)}\ddot{x}_P = \begin{bmatrix} _{(0)}\ddot{r}_P \\ 1 \end{bmatrix}$$

die homogenen Koordinaten des Geschwindigkeits- bzw. des Beschleunigungsvektors im $(KS)_0$ dargestellt werden.

Geschwindigkeit
Werden die Körperkoordinaten mithilfe von $_{(i)}x_P = \left({}^0T_i\right)^{-1}{}_{(0)}x_P$ eliminiert, ergibt sich für die Geschwindigkeit

$$_{(0)}\dot{x}_P = {}^0\dot{T}_i\left({}^0T_i\right)^{-1}{}_{(0)}x_P. \tag{6.21}$$

Das Matrizenprodukt $^0\dot{T}_i\left({}^0T_i\right)^{-1}$ besitzt eine interessante Eigenschaft. Es gilt nämlich nach den Gln. (6.13) und (6.15)

$$\begin{aligned}
{}^0\dot{T}_i\left({}^0T_i\right)^{-1} &= \begin{bmatrix} {}^0\dot{R}_i & _{(0)}\dot{r}_0 \\ \mathbf{0}^T & 1 \end{bmatrix} \begin{bmatrix} \left({}^0R_i\right)^T & -\left({}^0R_i\right)^T{}_{(0)}r_0 \\ \mathbf{0}^T & 1 \end{bmatrix} \\
&= \begin{bmatrix} {}^0\dot{R}_i\left({}^0R_i\right)^T & _{(0)}\dot{r}_0 - {}^0\dot{R}_i\left({}^0R_i\right)^T{}_{(0)}r_0 \\ \mathbf{0}^T & 1 \end{bmatrix}.
\end{aligned}$$

Man kann zeigen, dass die Matrix $^0\dot{R}_i \left(^0 R_i\right)^{\mathrm{T}}$ immer schiefsymmetrisch ist. Sie wird durch $_{(0)}\tilde{\omega}_i$ bezeichnet und hat folgende Struktur:

$$_{(0)}\tilde{\omega}_i = {}^0\dot{R}_i \left(^0 R_i\right)^{\mathrm{T}} = \begin{bmatrix} 0 & -\omega_z & \omega_y \\ \omega_z & 0 & -\omega_x \\ -\omega_y & \omega_x & 0 \end{bmatrix}_{(0)\ i} . \tag{6.22}$$

Wie ersichtlich, werden die Elemente durch die Winkelgeschwindigkeiten $_{(0)}\omega_{x,i} = \dot{\alpha}_i$, $_{(0)}\omega_{y,i} = \dot{\beta}_i$, $_{(0)}\omega_{z,i} = \dot{\gamma}_i$ des i-ten Körpers im Inertialsystem $(KS)_0$ gebildet.

Fasst man diese Ergebnisse zusammen, ergibt sich aus Gl. (6.21) durch einfaches Ausmultiplizieren für die Geschwindigkeit die wichtige Beziehung

$$_{(0)}\dot{r}_P = {}_{(0)}\dot{r}_0 + {}_{(0)}\tilde{\omega}_i {}_{(0)}r_{0P} . \tag{6.23}$$

Danach setzt sich die Geschwindigkeit eines Körperpunktes aus zwei additiven Anteilen zusammen:

- Durch $_{(0)}\dot{r}_0$ wird die Geschwindigkeit des Koordinatenursprungs des körperfesten Koordinatensystems erfasst.
- Das Produkt $_{(0)}\tilde{\omega}_i {}_{(0)}r_{0P}$ beschreibt den Geschwindigkeitsanteil aus der Rotation.

Die besondere Bedeutung von $_{(0)}\tilde{\omega}_i$ (auch Tildeoperator genannt) besteht darin, dass dadurch das Kreuzprodukt zweier Vektoren als Matrizenprodukt dargestellt werden kann [3],

$$_{(0)}\tilde{\omega}_i {}_{(0)}r_{0P} = \begin{bmatrix} 0 & -\omega_z & \omega_y \\ \omega_z & 0 & -\omega_x \\ -\omega_y & \omega_x & 0 \end{bmatrix}_{(0)\ i} \begin{bmatrix} x \\ y \\ z \end{bmatrix} = \begin{bmatrix} z\, _{(0)}\omega_{yi} - y\, _{(0)}\omega_{zi} \\ x\, _{(0)}\omega_{zi} - z\, _{(0)}\omega_{xi} \\ y\, _{(0)}\omega_{xi} - x\, _{(0)}\omega_{yi} \end{bmatrix} .$$

Gl. (6.23) ist damit gleichwertig zur Vektornotation

$$_{(0)}\dot{r}_P = {}_{(0)}\dot{r}_0 + {}_{(0)}\omega_i \times {}_{(0)}r_{0P} \tag{6.24}$$

Beschleunigung

Durch ähnliche Überlegungen lässt sich aus Gl. (6.20) die Formel für die Beschleunigung angeben. Sie lautet:

$$_{(0)}\ddot{r}_P = {}_{(0)}\ddot{r}_0 + {}_{(0)}\dot{\tilde{\omega}}_i {}_{(0)}r_{0P} + {}_{(0)}\tilde{\omega}_i {}_{(0)}\tilde{\omega}_i {}_{(0)}r_{0P} . \tag{6.25}$$

Durch $_{(0)}\dot{\tilde{\omega}}_i$ wird der Tildeoperator der Winkelbeschleunigungen bezeichnet. Das Matrizenprodukt

$$_{(0)}\tilde{\omega}_i {}_{(0)}\tilde{\omega}_i = - \begin{bmatrix} \omega_y^2 + \omega_z^2 & -\omega_x\omega_y & -\omega_x\omega_z \\ -\omega_x\omega_y & \omega_x^2 + \omega_z^2 & -\omega_y\omega_z \\ -\omega_x\omega_z & -\omega_y\omega_z & \omega_x^2 + \omega_y^2 \end{bmatrix}_{(0)\ i} \tag{6.26}$$

ist symmetrisch. Mit ihm kann das doppelte Kreuzprodukt zweier Vektoren dargestellt werden.

---

[3]   Allgemein gilt für das Kreuzprodukt $a \times b$ zweier Vektoren a und b die äquivalente Darstellung $\tilde{a} \cdot b$, wenn

$$\tilde{a} = \begin{bmatrix} 0 & -a_z & a_y \\ a_z & 0 & -a_x \\ -a_y & a_x & 0 \end{bmatrix} \quad \text{und} \quad b = \begin{bmatrix} b_x \\ b_y \\ b_z \end{bmatrix}$$

gesetzt wird.

Beispiel 6.2 Der Tildeoperator

Es ist die Eigenschaft von Gl. (6.22) für die KARDAN-Winkel nachzuweisen!

Lösung:

Nach Gl. (6.11) sind die KARDAN-Winkel definiert durch

$$\boldsymbol{R}_{\text{KARD}} = \boldsymbol{R}_x(\alpha)\,\boldsymbol{R}_y(\beta)\,\boldsymbol{R}_z(\gamma)\,.$$

Durch formales Einsetzen und Auswerten ergibt sich

$$
\begin{aligned}
\dot{\boldsymbol{R}}_{\text{KARD}}\,(\boldsymbol{R}_{\text{KARD}})^{\text{T}} &= \frac{\mathrm{d}\bigl(\boldsymbol{R}_x(\alpha)\,\boldsymbol{R}_y(\beta)\,\boldsymbol{R}_z(\gamma)\bigr)}{\mathrm{d}t}\bigl(\boldsymbol{R}_x(\alpha)\,\boldsymbol{R}_y(\beta)\,\boldsymbol{R}_z(\gamma)\bigr)^{\text{T}} \\
&= \dot{\boldsymbol{R}}_x(\alpha)\,\boldsymbol{R}_x^{\text{T}}(\alpha) + \boldsymbol{R}_x(\alpha)\,\dot{\boldsymbol{R}}_y(\beta)\,\boldsymbol{R}_y^{\text{T}}(\beta)\,\boldsymbol{R}_x^{\text{T}}(\alpha) \\
&\quad + \boldsymbol{R}_x(\alpha)\,\boldsymbol{R}_y(\beta)\,\dot{\boldsymbol{R}}_z(\gamma)\,\boldsymbol{R}_z^{\text{T}}(\gamma)\,\boldsymbol{R}_y^{\text{T}}(\beta)\,\boldsymbol{R}_x^{\text{T}}(\alpha)\,.
\end{aligned}
$$

Wird $\boldsymbol{R}_x(\alpha)\,\boldsymbol{R}_x^{\text{T}}(\alpha) = \boldsymbol{R}_y(\beta)\,\boldsymbol{R}_y^{\text{T}}(\beta) = \boldsymbol{R}_z(\gamma)\,\boldsymbol{R}_z^{\text{T}}(\gamma) = \boldsymbol{I}$ beachtet, ferner

$$
\dot{\boldsymbol{R}}_x(\alpha)\,\boldsymbol{R}_x^{\text{T}}(\alpha) = \begin{bmatrix} 0 & 0 & 0 \\ 0 & 0 & -\dot\alpha \\ 0 & \dot\alpha & 0 \end{bmatrix}, \qquad
\dot{\boldsymbol{R}}_y(\beta)\,\boldsymbol{R}_y^{\text{T}}(\beta) = \begin{bmatrix} 0 & 0 & \dot\beta \\ 0 & 0 & 0 \\ -\dot\beta & 0 & 0 \end{bmatrix},
$$

$$
\dot{\boldsymbol{R}}_z(\gamma)\,\boldsymbol{R}_z^{\text{T}}(\gamma) = \begin{bmatrix} 0 & -\dot\gamma & 0 \\ \dot\gamma & 0 & 0 \\ 0 & 0 & 0 \end{bmatrix}
$$

berücksichtigt, findet man

$$
\dot{\boldsymbol{R}}_{\text{KARD}}\,(\boldsymbol{R}_{\text{KARD}})^{\text{T}} = \dot\alpha \begin{bmatrix} 0 & 0 & 0 \\ 0 & 0 & -1 \\ 0 & 1 & 0 \end{bmatrix} + \dot\beta \begin{bmatrix} 0 & -s_\alpha & c_\alpha \\ s_\alpha & 0 & 0 \\ -c_\alpha & 0 & 0 \end{bmatrix} + \dot\gamma \begin{bmatrix} 0 & -c_\alpha c_\beta & -s_\alpha c_\beta \\ c_\alpha c_\beta & 0 & -s_\beta \\ s_\alpha c_\beta & s_\beta & 0 \end{bmatrix}
$$

Aus Gl. (6.22) folgt

$$
_{(0)}\boldsymbol{\omega} = \begin{bmatrix} \omega_x \\ \omega_y \\ \omega_z \end{bmatrix}_{(0)} = \begin{bmatrix} \dot\alpha + \dot\gamma s_\beta \\ \dot\beta c_\alpha - \dot\gamma s_\alpha c_\beta \\ \dot\beta s_\alpha + \dot\gamma c_\alpha c_\beta \end{bmatrix}\,.
$$
∎

6.1.4 Mechanische Ersatzsysteme mit Baumstruktur

Häufig lassen sich mechanische Ersatzsysteme durch **offene kinematische Ketten** beschreiben. Diese können unverzweigt oder verzweigt sein. Die kinematische Struktur solcher Systeme wird in Analogie zur Natur als Baumstruktur bezeichnet. Ein typischer Vertreter für eine offene, unverzweigte kinematische Kette ist der serielle Roboter (Bild 6.11). Ein einfaches Beispiel für eine offene, verzweigte kinematische Kette zeigt Bild 6.12.

Die Beschreibung der kinematischen Verhältnisse ist für Systeme mit Baumstruktur besonders einfach. Sie kann nämlich auf nacheinander auszuführende Koordinatentransformationen zurückgeführt werden und erlaubt somit die Entwicklung von rekursiv arbeitenden Algorithmen.

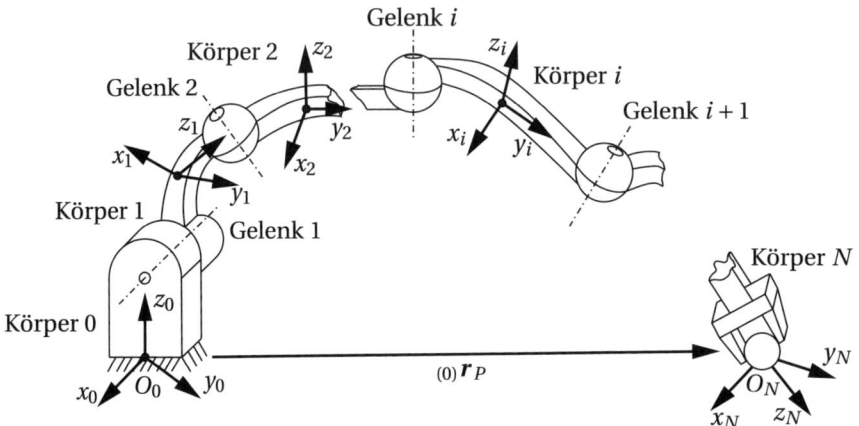

Bild 6.11 Offene, unverzweigte kinematische Kette

Dazu werden zwei beliebige Körper i und j eines mechanischen Systems mit insgesamt N Körpern betrachtet. Bei Verwendung von homogenen Transformationen für die Abbildung von $(KS)_j$ nach $(KS)_i$ kann nach Gl. (6.14)

$$_{(i)}\boldsymbol{x}_P = {}^i\boldsymbol{T}_{j\ (j)}\boldsymbol{x}_P; \qquad i,j = 1,2,\ldots,N \tag{6.27}$$

geschrieben werden. Ein Vergleich mit Gl. (6.14) zeigt, dass jetzt das $(KS)_i$ die Rolle des Referenzsystems übernimmt.

Die Beziehungen für die rekursive Berechnung erhält man, wenn zwei benachbarte Körper betrachtet werden, d. h. $i = j - 1$ gesetzt wird. Dann ergibt sich

$$_{(j-1)}\boldsymbol{x}_P = {}^{j-1}\boldsymbol{T}_{j\ (j)}\boldsymbol{x}_P; \qquad j = 1,2,\ldots,N \tag{6.28}$$

und damit die Möglichkeit, durch sukzessive Anwendung dieser Gleichung die Kinematik eines baumstrukturierten Systems zu beschreiben,

$$_{(0)}\boldsymbol{x}_P = {}^0\boldsymbol{T}_1\,{}^1\boldsymbol{T}_2\,\cdots\,{}^{N-1}\boldsymbol{T}_{N\ (N)}\boldsymbol{x}_P.$$

 Die Gesamttransformation

$$^0\boldsymbol{T}_N = {}^0\boldsymbol{T}_1\,{}^1\boldsymbol{T}_2\,\cdots\,{}^{N-1}\boldsymbol{T}_N \tag{6.29}$$

kann folglich durch Matrizenmultiplikation in einfacher Weise ermittelt werden und beschreibt die Lage des $(KS)_N$ relativ zum Basiskoordinatensystem $(KS)_0$.

Für die Behandlung ausschließlich kinematischer Problemstellungen ist es zweckmäßig, die körperfesten Koordinatensysteme in den Gelenken anzuordnen.

Die verwendete Indexschreibweise zur Kennzeichnung der Transformation ist in Bild 6.12 dargestellt.

Beispiel 6.3 Veranschaulichung der Indexschreibweise

Aus Bild 6.12 liest man für den Hauptzweig ab (wobei EP für Endeffektorpunkt steht):

$$\left.\begin{aligned}
_{(4)}x_{EP_1} &= {}^4T_5 {}_{(5)}x_{EP_1} \\
_{(1)}x_{EP_1} &= {}^1T_2 {}_{(2)}x_{EP_1} \\
_{(2)}x_{EP_1} &= {}^2T_4 {}_{(4)}x_{EP_1} \\
_{(0)}x_{EP_1} &= {}^0T_1 {}_{(1)}x_{EP_1}
\end{aligned}\right\} \quad _{(0)}x_{EP_1} = \underbrace{{}^0T_1 {}^1T_2 {}^2T_4 {}^4T_5}_{{}^0T_5} {}_{(5)}x_{EP_1} .$$

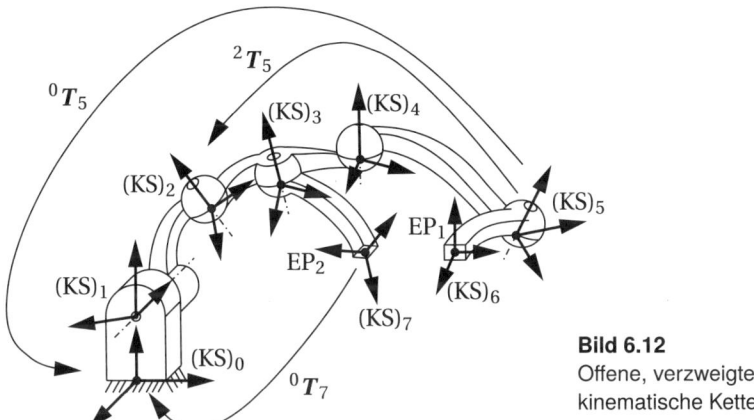

Bild 6.12
Offene, verzweigte
kinematische Kette

Für den Nebenzweig gilt:

$$\left.\begin{aligned}
_{(2)}x_{EP_2} &= {}^2T_3 {}_{(3)}x_{EP_2} \\
_{(1)}x_{EP_2} &= {}^1T_2 {}_{(2)}x_{EP_2} \\
_{(0)}x_{EP_2} &= {}^0T_1 {}_{(1)}x_{EP_2}
\end{aligned}\right\} \quad _{(0)}x_{EP_2} = \underbrace{{}^0T_1 {}^1T_2 {}^2T_3}_{{}^0T_3} {}_{(3)}x_{EP_2} .$$

Mit diesen Gleichungen ist die Kinematik vollständig beschrieben.

Zum Abschluss wird noch ein Ausblick auf die Berechnung **geschlossener kinematischer Ketten** gegeben. Wird z. B. $EP_1 = EP_2$ verlangt, geht die Baumstruktur des betrachteten Systems verloren. Offensichtlich muss für diesen Fall $_{(0)}x_{EP_1} = {}_{(0)}x_{EP_2}$ gelten, d. h.

$${}^0T_1 {}^1T_2 {}^2T_4 {}^4T_5 {}_{(5)}x_{EP_1} = {}^0T_1 {}^1T_2 {}^2T_3 {}_{(3)}x_{EP_2} \quad \text{bzw.} \quad _{(5)}x_{EP_1} = {}^5T_4 {}^4T_2 {}^2T_3 {}_{(3)}x_{EP_2} .$$

Diese Bedingung kann als **Schließbedingung** aufgefasst werden. Sie garantiert aber nur die Übereinstimmung der Positionskoordinaten. Wird zusätzlich noch gleiche Orientierung verlangt, ist es zweckmäßig, in den Effektorpunkten jeweils ein weiteres Koordinatensystem anzubringen und die Identität nach Postition und Orientierung von $(KS)_6$ und $(KS)_7$ zu verlangen:

$${}^2T_4 {}^4T_5 {}^5T_6 = {}^2T_3 {}^3T_7 \quad \text{bzw.} \quad {}^6T_5 {}^5T_4 {}^4T_2 {}^2T_3 {}^3T_7 = I .$$

Die letzte Bedingung beschreibt die **kinematische Verträglichkeit**. ∎

Mit den Bemerkungen von Beispiel 6.3 ist ein grundsätzlicher Zugang zur Berechnung von Systemen mit geschlossenen kinematischen Ketten gegeben. Er besteht aus zwei Schritten.

Vorgehen zur Berechnung der Kinematik geschlossener Ketten:
1. Schritt: Überführung in ein System mit Baumstruktur durch Aufschneiden der geschlossenen Ketten,
2. Schritt: Formulierung der Bedingungen für die kinematische Verträglichkeit.

Diese prinzipiellen Bemerkungen mögen als Einführung in die Problematik bei Systemen mit geschlossenen kinematischen Ketten genügen. Weitere Ausführungen sind z. B. in [SV89], [SE04] enthalten.

6.1.5 Direkte und inverse Kinematik

Unter der kinematischen Beschreibung eines MKS wird die Transformationsvorschrift verstanden, die den geometrischen Zusammenhang zwischen den **verallgemeinerten Koordinaten** (auch Gelenkkoordinaten) q und den **Umweltkoordinaten** x eines MKS beschreibt. Diese Vorschrift führt im Allgemeinen auf einen nichtlinearen algebraischen Zusammenhang der Form

$$x = f(q) .$$ (6.30)

Von besonderer Bedeutung ist die Berechnung der Lage des Effektorpunktes EP.

Direkte Kinematik: Jedem $q = [q_1, q_2, \ldots, q_n]^T \in \mathbb{Q}$ entspricht genau eine Lage des Effektorpunktes im Inertialsystem $_{(0)}x = [x, y, z, \alpha, \beta, \gamma]^T$. Diese kann durch einfache Auswertung der Vektorgleichung (6.30) berechnet werden.
Die Vektorfunktion $x = f(q)$ selbst ergibt sich dabei aus der homogenen Transformationsmatrix.

Ist zum Beispiel der Effektorpunkt EP ein definierter Ort am Körper i des MKS, dann gilt nach Gl. (6.29)

$$_{(0)}x_{EP} = {}^0T_{i\ (i)}x_{EP} \quad \text{mit}$$ (6.31)

$$^0T_i = {}^0T_1\,{}^1T_2 \ldots {}^{i-1}T_i = {}^0\begin{bmatrix} t_{11} & t_{12} & t_{13} & t_{14} \\ t_{21} & t_{22} & t_{23} & t_{24} \\ t_{31} & t_{32} & t_{33} & t_{34} \\ 0 & 0 & 0 & 1 \end{bmatrix}_i .$$

Nach Bild 6.13 kann die Lage des $(KS)_{EP}$ unter der Voraussetzung, dass $(KS)_i$ und $(KS)_{EP}$ gleiche Orientierung haben, durch die Matrizenmultiplikation

$$^0T_{EP} = {}^0T_i\,\mathbf{TRANS}\left(\left[_{(i)}x_{EP},\ _{(i)}y_{EP},\ _{(i)}z_{EP}\right]^T\right) = {}^0\begin{bmatrix} t'_{11} & t'_{12} & t'_{13} & t'_{14} \\ t'_{21} & t'_{22} & t'_{23} & t'_{24} \\ t'_{31} & t'_{32} & t'_{33} & t'_{34} \\ 0 & 0 & 0 & 1 \end{bmatrix}_{EP}$$

beschrieben werden.

Durch Ausmultiplizieren und Berücksichtigung der Definition für die T-Matrizen (Gl. (6.13)) findet man daraus für die Position des EP im Inertialsystem

$$_{(0)}x_{EP} = t'_{14} = t_{11\,(i)}x_{EP} + t_{12\,(i)}y_{EP} + t_{13\,(i)}z_{EP} + t_{14},$$

$$_{(0)}y_{EP} = t'_{24} = t_{21\,(i)}x_{EP} + t_{22\,(i)}y_{EP} + t_{23\,(i)}z_{EP} + t_{24},$$

$$_{(0)}z_{EP} = t'_{34} = t_{31\,(i)}x_{EP} + t_{32\,(i)}y_{EP} + t_{33\,(i)}z_{EP} + t_{34}.\tag{6.32}$$

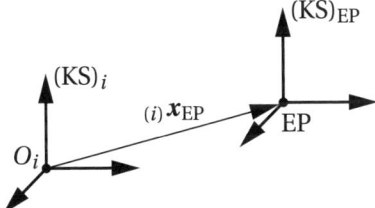

Bild 6.13
Berechnung der Lage des EP

Die Orientierung des $(KS)_{EP}$ lässt sich ebenfalls leicht aus den Elementen der T-Matrix bestimmen. Werden z. B. KARDAN-Winkel benutzt, so ergibt ein Vergleich mit Gl. (6.11)

$$\alpha_{EP} = \arctan\left(-\frac{t_{23}}{t_{33}}\right), \quad \beta_{EP} = \arcsin(t_{13}), \quad \gamma_{EP} = \arctan\left(-\frac{t_{12}}{t_{11}}\right).\tag{6.33}$$

Natürlich können auch die EULER-Winkel für die Angabe der Orientierung des $(KS)_{EP}$ herangezogen werden. In diesem Fall ist Gl. (6.12) zu verwenden. Damit ist das Problem gelöst, die Funktion $f(\cdot)$ zu bestimmen.

 Inverse Kinematik: Zu einer gewünschten Position und Orientierung des EP sind geeignete verallgemeinerte Koordinaten q gesucht, d. h., es ist eine geeignete **Konfiguration** des MKS zu bestimmen.
Diese Aufgabe, die formal auf die Bildung der Umkehrfunktion

$$q = f^{-1}(x)$$

führt, stößt bei ihrer Ausführung aus folgenden Gründen auf Probleme:

- Aufgrund der Nichtlinearität von $f(q)$ sind analytische Lösungen nur in Ausnahmefällen zu finden.
- Die Lösungen müssen nicht eindeutig sein. Ihre Vielfachheit kann entweder endlich oder unendlich sein.

 Zur Präzisierung dieser Aussagen werden die folgenden Fälle betrachtet:
1. $\dim(q) = \dim(x)$: Normales System
   Die Anzahl der Freiheitsgrade entspricht der Dimension des Umweltvektors. Die Gleichung $q = f^{-1}(x)$ ist bis auf Symmetrien eindeutig lösbar.
2. $\dim(q) < \dim(x)$: Unterbestimmtes System
   Das System hat zu wenig Freiheitsgrade. Die Gleichung $q = f^{-1}(x)$ ist nur in Sonderfällen lösbar.
3. $\dim(q) > \dim(x)$: Überbestimmtes System (Redundantes System)
   Das mechanische System besitzt mehr Freiheitsgrade als zur Ausführung der Aufgabe benötigt werden. Die Gleichung $q = f^{-1}(x)$ hat unendlich viele Lösungen.

Für den leicht zu überblickenden ebenen Fall sind diese Verhältnisse im Bild 6.14 dargestellt.

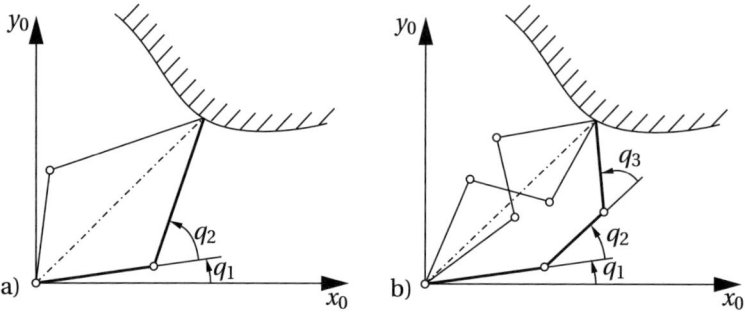

Bild 6.14 Lösbarkeit der inversen Kinematik: a) dim(q) = 2, dim(x) = 2;   b) dim(q) = 3, dim(x) = 2

Beispiel 6.4 Direkte und inverse Kinematik für einen ebenen zweigliedrigen Mechanismus

Betrachtet werde der in Bild 6.15 dargestellte ebene Roboter mit zwei Freiheitsgraden. Gesucht ist die direkte und inverse Kinematik.

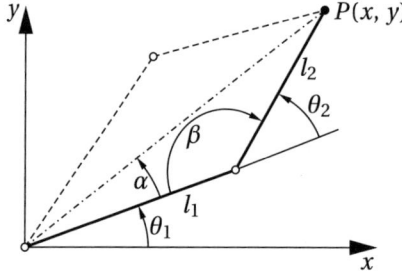

Bild 6.15
Kinematik des ebenen zweigliedrigen Mechanismus

Lösung:

Die direkte Kinematik ist direkt ablesbar und führt auf

$x = l_1 \cos\theta_1 + l_2 \cos(\theta_1 + \theta_2)$,

$y = l_1 \sin\theta_1 + l_2 \sin(\theta_1 + \theta_2)$.

Die Umkehrung

$\theta_1 = f_1^{-1}(x, y), \quad \theta_2 = f_2^{-1}(x, y)$

ist beispielsweise unter Einbeziehung der Hilfswinkel α und β durchführbar:

- Unter Verwendung des Hilfswinkels $\beta = \pi - \theta_2$ folgt aus dem Kosinussatz

$$x^2 + y^2 = l_1^2 + l_2^2 + 2 l_1 l_2 \cos\theta_2 \quad \text{bzw.} \quad \theta_2 = \pm \arccos\left(\frac{x^2 + y^2 - l_1^2 - l_2^2}{2 l_1 l_2}\right).$$

▪ Unter Verwendung von θ_2 und des Hilfswinkels α folgt aus dem Sinussatz

$$\sin\alpha = \frac{l_2}{\sqrt{x^2+y^2}}\sin\theta_2 = \pm\frac{l_2}{\sqrt{x^2+y^2}}\sqrt{1-\cos^2\theta_2}$$

$$= \pm\frac{l_2}{\sqrt{x^2+y^2}}\sqrt{1-\left(\frac{x^2+y^2-l_1^2-l_2^2}{2l_1l_2}\right)^2}.$$

Mit $\quad\tan(\alpha+\theta_1) = \dfrac{y}{x}\quad$ bzw. $\quad\theta_1 = \pm\arctan\left(\dfrac{y}{x}\right)-\alpha$

erhält man die Lösung

$$\theta_1 = \pm\arctan\left(\frac{y}{x}\right)\mp\arcsin\left(\sqrt{\frac{(2l_1l_2)^2-(x^2+y^2-l_1^2-l_2^2)^2}{4l_1^2(x^2+y^2)}}\right). \qquad\blacksquare$$

Beispiel 6.5 Kinematik einer mobilen Plattform

Die differentielle Kinematik mechatronischer Systeme hat praxisrelevante Aspekte. So kann man aus den vorgegebenen Größen des Gesamtsystems z. B. die dafür notwendigen Regelgrößen bestimmen. Dieses wird am Beispiel einer mobilen Plattform bzw. eines radgeführten Roboters erläutert (siehe Bild 6.16). Der Roboter ist mit vier symmetrisch angeordneten Rädern ausgestattet. Alle Räder können sowohl gelenkt als auch angetrieben werden. Ein solches System wird als **omnidirektional** bezeichnet, da seine Orientierung unabhängig von der Bewegungsrichtung gesteuert werden kann [DJ00]. Die Fahrbewegung lässt sich durch die translatorischen Geschwindigkeiten $_{(R)}\boldsymbol{v}_R = \left[v_{R,x}, v_{R,y}, 0\right]^T$ und die Winkelgeschwindigkeit ω_R um die vertikale Achse beschreiben. Gesucht sind die dafür notwendigen Lenkwinkel α_i und Radantriebsgeschwindigkeiten v_i aller Räder ($i = 1, 2, 3, 4$).

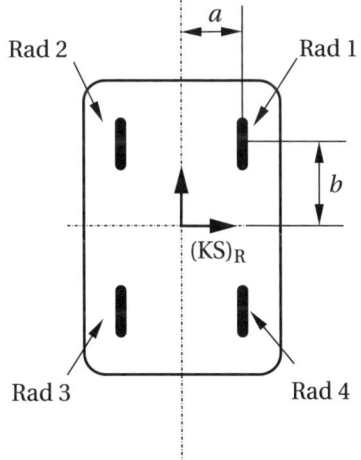
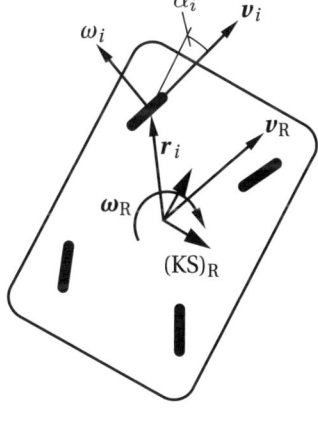

Bild 6.16 Mobile Plattform mit vier angetriebenen und gelenkten Räder
(links: Geometrie, rechts: Kinematik)

Der Geschwindigkeitsvektor eines Rades lässt sich analog zu Gl. (6.24) darstellen

$$_{(R)}\boldsymbol{v}_i = {}_{(R)}\boldsymbol{v}_R + {}_{(R)}\boldsymbol{\omega}_R \times {}_{(R)}\boldsymbol{r}_i\,,$$

wobei $_{(R)}r_i = \left[r_{x,i},\ r_{y,i},\ r_{z,i}\right]^{\mathrm{T}}$ der jeweilige Lagevektor des i-ten Radschwerpunktes bezüglich des körperfesten Koordinatensystems $(KS)_R$ ist:

$$_{(R)}r_1 = [a,\ b,\ -h]^{\mathrm{T}}, \qquad\qquad\qquad _{(R)}r_2 = [-a,\ b,\ -h]^{\mathrm{T}},$$

$$_{(R)}r_3 = [-a,\ -b,\ -h]^{\mathrm{T}}, \qquad\qquad\qquad _{(R)}r_4 = [a,\ -b,\ -h]^{\mathrm{T}}.$$

Für alle Räder soll $z_i = -h$ gelten. Für ein beliebiges Rad i folgt

$$_{(R)}v_i = \begin{bmatrix} v_{x,i} \\ v_{y,i} \\ v_{z,i} \end{bmatrix}_{(R)} = \begin{bmatrix} v_{R,x} \\ v_{R,y} \\ 0 \end{bmatrix}_{(R)} + \begin{bmatrix} 0 \\ 0 \\ \omega_R \end{bmatrix}_{(R)} \times \begin{bmatrix} r_{x,i} \\ r_{y,i} \\ r_{z,i} \end{bmatrix}_{(R)}$$

$$= \begin{bmatrix} v_{R,x} - \omega_R\, r_{y,i} \\ v_{R,y} + \omega_R\, r_{x,i} \\ 0 \end{bmatrix}_{(R)}.$$

Die für Regeleingriffe notwendigen Größen v_i und α_i lassen sich aus Argument und Betrag des Geschwindigkeitsvektors $_{(R)}v_i$ einfach ermitteln:

$$v_i = \|_{(R)}v_i\|_2 = \sqrt{\left(v_{R,x} - \omega_R\, r_{y,i}\right)^2 + \left(v_{R,y} + \omega_R\, r_{x,i}\right)^2}$$

$$\alpha_i = \arg(_{(R)}v_i) = \arctan\left(\frac{v_{R,y} + \omega_R\, r_{x,i}}{v_{R,x} - \omega_R\, r_{y,i}}\right). \qquad\qquad\qquad\blacksquare$$

Aus den angegebenen Formeln wird klar, dass die inverse Kinematik in der Regel ein komplizierteres Problem darstellt, als die direkte Kinematik (Ausnahme: parallel kinematische Strukturen).

Die Existenz geschlossener Lösungen ist abhängig von der Struktur des MKS. „Kinematisch lösbare" Strukturen sind solche, die analytische Lösungen für die inverse Kinematik zulassen und somit Vorteile bei der Echtzeitdatenverarbeitung für die notwendigen Steuerungs- und Regelungsalgorithmen mitbringen. Zum Beispiel ist für einen Roboter mit sechs Freiheitsgraden ein hinreichendes Kriterium für die kinematische Lösbarkeit, dass sich drei Achsen (etwa die Handachsen) in einem Wirkungspunkt schneiden. Diese Achsen bilden dann ein **sphärisches Gelenk**. Dann nämlich zerfällt das System von sechs nichtlinearen algebraischen Gleichungen in zwei Systeme mit je drei Gleichungen für das Grundgerät und die Handachsen. Weitere Ausführungen zur inversen Kinematik sind z. B. in [SS00], [SV89], [Sta95] enthalten.

6.1.6 Differentielle Kinematik und JACOBI-Matrix

Durch die differentielle Kinematik wird der Zusammenhang zwischen den verallgemeinerten Geschwindigkeiten und der korrespondierenden Geschwindigkeit eines ausgewählten Punktes (auch Wirkpunkt, Effektorpunkt) eines MKS beschrieben. Diese Abbildung wird durch eine Matrix, die so genannte JACOBI-Matrix, formuliert. Sie kann entweder geometrisch ermittelt werden (geometrische JACOBI-Matrix) oder durch formale Differentiation (analytische JACOBI-Matrix).

Insbesondere für die Beschreibung der Winkelgeschwindigkeiten sind verschiedene Möglichkeiten vorhanden, die sich darin unterscheiden, ob beispielsweise die KARDAN- oder EULER-Konventionen Anwendung finden. Bei der geometrischen JACOBI-Matrix werden die Winkelgeschwindigkeiten um die Achsen des Inertialsystems angegeben.

Die JACOBI-Matrix ist ein sehr wichtiges Hilfsmittel für die Behandlung vielfältiger Probleme mechatronischer Systeme. Mit ihrer Hilfe lassen sich singuläre Konfigurationen ermitteln, redundante Systeme untersuchen, Algorithmen für die inverse Kinematik aufbauen, Untersuchungen zur Statik durchführen, die Bewegungsgleichungen der Kinetik formulieren und Linearisierungsverfahren sinnvoll beschreiben.

Berechnung der JACOBI-Matrix

Ist der kinematische Zusammenhang durch die Gleichung $x = f(q)$ gegeben, können durch Anwendung der Kettenregel die notwendigen differentiellen Beziehungen leicht ermittelt werden, d. h.

$$\mathrm{d}x = J(q)\mathrm{d}q \quad \text{bzw.} \quad \dot{x} = J(q)\dot{q} \tag{6.34}$$

mit

$$\dot{q} = \left[\dot{q}_1, \dot{q}_2, \ldots, \dot{q}_n\right]^{\mathrm{T}} \quad \text{und} \quad \dot{x} = \left[\dot{x}_1, \dot{x}_2, \ldots, \dot{x}_m\right]^{\mathrm{T}}.$$

Für die JACOBI-Matrix $J(q)$ gilt:

$$J(q) = \frac{\partial f}{\partial q} = \left[\frac{\partial f}{\partial q_1}, \frac{\partial f}{\partial q_2}, \ldots, \frac{\partial f}{\partial q_n}\right] \in \mathbb{R}^{m \times n}. \tag{6.35}$$

Die Elemente der JACOBI-Matrix sind danach durch die Ableitungen nach den verallgemeinerten Koordinaten definiert,

$$J_{ik} = \frac{\partial f_i}{\partial q_k}; \quad i = 1, 2, \ldots, m; \quad k = 1, 2, \ldots, n.$$

Bemerkungen:
1. Für den räumlichen Fall gilt $m = 6$. In bekannter Weise lässt sich $\dot{x}$ in einen Translations- und einen Rotationsteil aufspalten,

$$\dot{x} = \begin{bmatrix} \dot{x}_{\mathrm{T}} \\ \dot{x}_{\mathrm{R}} \end{bmatrix} \quad \text{mit} \quad \dot{x}_{\mathrm{T}} = \left[\dot{x}, \dot{y}, \dot{z}\right]^{\mathrm{T}} \quad \text{und} \quad \dot{x}_{\mathrm{R}} = \left[\dot{\alpha}, \dot{\beta}, \dot{\gamma}\right]^{\mathrm{T}}.$$

Als Winkel α, β, γ können dabei die KARDAN-Winkel oder die EULER-Winkel gewählt werden. Damit kann eine Partitionierung von Gl. (6.34) vorgenommen werden. Sie ergibt

$$\dot{x}_{\mathrm{T}} = J_{\mathrm{T}}\dot{q}, \quad \dot{x}_{\mathrm{R}} = J_{\mathrm{R}}\dot{q} \tag{6.36}$$

mit den $(3, n)$-JACOBI-Matrizen J_{T} bzw. J_{R} für die Translation und Rotation.
2. Gleichung (6.34) stellt eine lineare Gleichung in $\dot{x}$ und $\dot{q}$ dar. Für gegebenes q, d. h. für gegebenes $J(q)$, kann eine Auflösung nach $\dot{q}$ mit bekannten Lösungsmethoden für lineare Gleichungssysteme erfolgen.
3. Für $n = m$ und reguläres $J(q)$, d. h. $\det\left[J(q)\right] \neq 0$, ist eine Auflösung nach $\dot{q}$ einfach möglich:

$$\dot{q} = J^{-1}(q)\dot{x}. \tag{6.37}$$

4. Ist $n = m$ und det $\left[J(q_s) \right] = 0$, heißt $J(q_s)$ singulär. Die dazugehörenden Konfigurationen q_s werden singuläre Konfigurationen genannt. In diesem Fall existieren lineare Abhängigkeiten in $J(q_s)$. Das Invertieren der JACOBI-Matrix wie in Gl. (6.37) ist dann nicht mehr möglich. Aus der Beziehung nach Gl. (A.32)

$$J^{-1} = \frac{\mathrm{adj}\,[J]}{\det\,[J]}$$

ist zu erkennen, dass bereits bei Annäherung an eine singuläre Konfiguration q_s hohe Gelenkwinkelgeschwindigkeiten $\dot{q}$ auftreten

$$\lim_{q \to q_s} \dot{q} = \lim_{q \to q_s} J^{-1}(q)\,\dot{x} = \lim_{q \to q_s} \frac{\mathrm{adj}\,[J]}{\det\,[J]}\,\dot{x} \to \infty,$$

da die Determinante im Nenner gegen null strebt.

5. Für $n \neq m$ kann eine formale Auflösung nach q durch Benutzung von Pseudoinversen $J^\dagger$ durchgeführt werden (vgl. hierzu Anhang A.2.5).

6. Wird für den Umweltvektor eine Parameterdarstellung

$$x(t) = x[s(t)] \tag{6.38}$$

mit dem Bahnparameter s (z. B. s als Bogenlänge, $0 \le s \le L$) gewählt, dann lautet Gl. (6.34)

$$\dot{x}(t) = x'(s)\,\dot{s} = J(q)\,\dot{q}$$

bzw. (für $n = m$ und regulärer JACOBI-Matrix $J(q)$)

$$\dot{q} = J^{-1}(q)\,x'(s)\,\dot{s}. \tag{6.39}$$

Dabei bedeuten $(\,)' = \frac{\mathrm{d}}{\mathrm{d}s}$ und $\dot{s} = \frac{\mathrm{d}s}{\mathrm{d}t}$ die Bahngeschwindigkeit.

7. Aus Gl. (6.34) lässt sich leicht eine Rekursionsformel ableiten, die eine einfache Berechnung von q zu diskreten Zeitpunkten erlaubt. Dazu wird im einfachsten Fall das Zeitintervall $[0,\,T]$ mit der Abtastzeit Δt diskretisiert, d. h.

$$t_k = k\Delta t; \quad k = 0, 1, 2, \ldots, M; \quad t_0 = 0; \quad t_M = T$$

gewählt.

Werden ferner die Ableitungen in Gl. (6.34) durch die Differenzenquotienten (vgl. Abschnitt 8.5.1) ersetzt

$$\dot{q}(k\Delta t) \approx \frac{q\big((k+1)\Delta t\big) - q\big(k\Delta t\big)}{\Delta t} = \frac{q_{k+1} - q_k}{\Delta t}$$

$$\dot{x}(k\Delta t) \approx \frac{x\big((k+1)\Delta t\big) - x\big(k\Delta t\big)}{\Delta t} = \frac{x_{k+1} - x_k}{\Delta t},$$

so folgt aus Gl. (6.34) sofort die Iterationsvorschrift (für $n = m$ und regulärer JACOBI-Matrix $J(q)$)

$$q_{k+1} = q_k + J^{-1}(q_k)\,(x_{k+1} - x_k), \qquad k = 0, 1, \ldots, M-1. \tag{6.40}$$

Die Bedeutung von Gl. (6.40) besteht darin, dass bei Kenntnis des Umweltvektors in diskreten Stützstellen $x_0, x_1, \ldots, x_M$ die entsprechenden verallgemeinerten Koordinaten iterativ berechnet werden können. Mit Gl. (6.40) steht folglich ein allgemeiner, rekursiv arbeitender Algorithmus für die Lösung der inversen Kinematik zur Verfügung. Bei seiner Implementierung müssen numerisch stabile Algorithmen verwendet werden, denn die durch die Diskretisierung entstehenden Fehler haben aufgrund des iterativ arbeitenden Algorithmus den Charakter von Schleppfehlern. Dadurch entsteht eine Drift der Lösung.

Beispiel 6.6 JACOBI-Matrix für den ebenen zweigliedrigen Mechanismus

Es ist die JACOBI-Matrix für den in Beispiel 6.4 eingeführten Manipulator zu bestimmen. Die Beziehungen für die direkte Kinematik wurden bereits in Beispiel 6.4 bestimmt und lauten

$$x = l_1 \cos\theta_1 + l_2 \cos(\theta_1 + \theta_2),$$

$$y = l_1 \sin\theta_1 + l_2 \sin(\theta_1 + \theta_2).$$

Aus der Definition der JACOBI-Matrix:

$$J = \begin{bmatrix} \dfrac{\partial x}{\partial \theta_1} & \dfrac{\partial x}{\partial \theta_2} \\ \dfrac{\partial y}{\partial \theta_1} & \dfrac{\partial y}{\partial \theta_2} \end{bmatrix}$$

folgen sofort die entsprechenden Einträge

$$\frac{\partial x}{\partial \theta_1} = -l_1 \sin\theta_1 - l_2 \sin(\theta_1 + \theta_2), \qquad \frac{\partial x}{\partial \theta_2} = -l_2 \sin(\theta_1 + \theta_2),$$

$$\frac{\partial y}{\partial \theta_1} = l_1 \cos\theta_1 + l_2 \cos(\theta_1 + \theta_2), \qquad \frac{\partial y}{\partial \theta_2} = l_2 \cos(\theta_1 + \theta_2).$$

Für die inverse JACOBI-Matrix gilt:

$$J^{-1} = \frac{1}{l_1 l_2 \sin\theta_2} \begin{bmatrix} l_2 \cos(\theta_1 + \theta_2) & l_2 \sin(\theta_1 + \theta_2) \\ -l_1 \cos\theta_1 - l_2 \cos(\theta_1 + \theta_2) & -l_1 \sin\theta_1 - l_2 \sin(\theta_1 + \theta_2) \end{bmatrix}.$$

Die singulären Konfigurationen lauten:

$$\det[J] = l_1 l_2 \sin\theta_2 = 0 \qquad \rightarrow \qquad \theta_2 = 0, \pi, \cdots$$

Für $\theta_2 = 0$ erhält man die „ausgestreckte" Konfiguration, für $\theta_2 = \pi$ die „eingeknickte" Konfiguration (vgl. hierzu Bild 6.15). Es ist anzumerken, dass die singulären Konfigurationen in diesem Beispiel nicht von θ_1 abhängig sind.

Die inverse differentielle Kinematik für nichtsinguläre Konfigurationen ($\sin\theta_2 \neq 0$) berechnet sich wie folgt:

$$\begin{bmatrix} \dot{\theta}_1 \\ \dot{\theta}_2 \end{bmatrix} = \frac{1}{l_1 l_2 \sin\theta_2} \left\{ \begin{bmatrix} l_2 \cos(\theta_1 + \theta_2) \\ -l_1 \cos\theta_1 - l_2 \cos(\theta_1 + \theta_2) \end{bmatrix} \dot{x} + \begin{bmatrix} l_2 \sin(\theta_1 + \theta_2) \\ -l_1 \sin\theta_1 - l_2 \sin(\theta_1 + \theta_2) \end{bmatrix} \dot{y} \right\}. \qquad \blacksquare$$

◼ 6.2 Kinetik von Mehrkörpersystemen

Die Kinetik ist die Lehre von der Bewegung massebehafteter Körper unter der Einwirkung von Kräften und Momenten. In der Kinetik wird somit die Verknüpfung von kinematischen Größen mit den Kraftgrößen beschrieben. In einigen Darstellungen wird anstelle des Begriffes Kinetik der Begriff Dynamik verwendet[4].

Die Beschreibung des Bewegungsverhaltens führt auf einen Satz von Differentialgleichungen, den **Bewegungsgleichungen**. Diese bilden das **dynamische Modell**. Für ein Starrkörpersystem mit n Freiheitsgraden resultieren n gewöhnliche Differentialgleichungen 2. Ordnung.

 Prinzipiell können zwei Arten von Bewegungsgleichungen unterschieden werden, die für die nachstehend exemplarisch genannten Aufgaben relevant sind:

- **direkte Dynamik:** Ausgehend von den Kräften/Drehmomenten der Antriebe τ sowie auf das System einwirkenden externen Kräfte/Momente F lassen sich die Beschleunigungen $\ddot{q}$ der Bewegungsfreiheitsgrade (hier: verallgemeinerte Koordinaten) berechnen: $\ddot{q} = g(\tau, F)$. Durch Integration sind, bei Kenntnis der Anfangswerte, ebenfalls die Geschwindigkeiten $\dot{q}$ und Positionen q bestimmbar. Grundsätzlich kann die direkte Dynamik bei Baumstrukturen sowohl für die verallgemeinerten Koordinaten q als auch für die Umweltkoordinaten x aufgestellt werden.

- **inverse Dynamik:** Aufgabe der inversen Dynamik ist die Berechnung der in den Antrieben auftretenden Kräfte/Momente τ bei einer gegebenen Bewegung $\ddot{q}$, $\dot{q}$, q sowie ggf. auf das MKS wirkende externe Kräfte/Momente F: $\tau = h(\ddot{q}, \dot{q}, q, F)$. Auch die inverse Dynamik kann bei Baumstrukturen in Abhängigkeit der Umweltkoordinaten x und deren zeitlichen Ableitungen $\dot{x}$, $\ddot{x}$ formuliert werden.

Die Struktur der direkten und inversen Dynamik ist Gegenstand der Abschnitte 6.2.2 und 6.2.3. Die Kenntnis eines dynamischen Modells spielt eine wichtige Rolle für die folgenden Aufgabenkomplexe:

- **Simulation des Bewegungsverhaltens**
  Berechnung und Darstellung des Bewegungsablaufes aufgrund der Kenntnis der auf das System einwirkenden Kraftgrößen sowie der Kenntnis von Anfangs- bzw. Randbedingungen mittels direkter Dynamik.

- **Analyse mechatronischer Strukturen**
  Ermittlung von dynamischen Beanspruchungsgrößen für den Entwurf von Prototypen. Insbesondere ist die Antriebsauslegung bei bekanntem Bewegungsverhalten aus der Kenntnis des dynamischen Modells aus der Kenntnis des dynamischen Modells (genauer: der inversen Dynamik) möglich.

- **Steuerungs- und Reglungsentwurf**
  Typisch für den Entwurf von Steuerungsalgorithmen ist die Berechnung von notwendigen Stellgrößen für vorgegebenes Bewegungsverhalten. Diese Aufgabe kann ebenfalls in das Gebiet der inversen Dynamik eingeordnet werden. Ein fortgeschrittenes Regelungsverfahren, das explizit die inverse Dynamik berücksichtigt, ist die in Abschnitt 8.6 vorgestellte Feedback Linearisierung.

---

[4] Streng genommen ist die Kinetik ein Teilgebiet der Dynamik. Als Lehre von den Kräften schließt die Dynamik auch die Statik ein. Diese kann als Sonderfall von in Ruhe befindlichen Systemen aufgefasst werden.

Zur Aufstellung des dynamischen Modells können zwei grundsätzlich unterschiedliche Methoden eingesetzt werden:

- **NEWTON-EULER-Methode:** Ausgangspunkt sind Freikörperbilder, die durch Freischneiden der Teilkörper eines MKS und Einfügen von entsprechenden Schnittgrößen (Kräfte und Momente) entstehen. Durch Anwendung des Impuls- und des Drehimpulssatzes (Drallsatzes) auf jeden Teilkörper erhält man ein System von $6N$ Gleichungen. Durch Elimination der Schnittgrößen findet man die Bewegungsgleichungen (Abschnitt 6.2.2).

- **LAGRANGE'sche Methode:** Ausgangspunkt ist ein Extremalprinzip bzw. sind die aus diesem Prinzip abgeleiteten Variationsgleichungen. Im Unterschied zur NEWTON-EULER-Methode, bei der Kräfte und Momente zur Systembeschreibung herangezogen werden, dienen nun Energie- bzw. Arbeitsbilanzen zur Ableitung der Bewegungsgleichungen. In dieser Einführung werden nur die LAGRANGE'schen Gleichungen 2. Art behandelt und zur Aufstellung eines dynamischen Modells benutzt (Abschnitt 6.2.3).

6.2.1 Grundgleichungen für den starren Körper

Bindungen zwischen den Teilkörpern eines Systems schränken die Bewegungsabläufe ein – sie führen zu **Zwangsbedingungen**. Mathematisch gibt man sie meist in Form impliziter Gleichungen an. Man unterscheidet **holonome** und **nichtholonome** Zwangsbedingungen:

 Von **holonomen Zwangsbedingungen** spricht man, wenn diese nur von **Lagekoordinaten** (Position und Orientierung) abhängen. Ein Beispiel mit Umweltkoordinaten x ist

$$\phi(x, t) = 0. \tag{6.41}$$

Wie man an Gl. (6.41) erkennt, kann für die Vektorfunktion ϕ auch eine explizite Abhängigkeit von der Zeit t vorliegen. In diesem Fall nennt man Zwangsbedingungen **rheonom**, andernfalls **skleronom** [Bre88, Pfe92].
Jede unabhängige Zeile in Gl. (6.41) reduziert die Ordnung des Raumes, in dem das System Bewegungen ausführen kann, vgl. Beispiel 6.7. Es bleibt ein Satz übrig von sog. **Minimalkoordinaten**, die einerseits mit der Anzahl der Bewegungsfreiheitsgrade übereinstimmen [Pfe92] und andererseits die Zwangsbedingungen automatisch erfüllen. Die Begriffe Minimalkoordinaten und verallgemeinerte Koordinaten sind Synonyme.

 Bei **nichtholonomen Zwangsbedingungen** treten auch Abhängigkeiten von **Geschwindigkeiten** auf:

$$\phi(x, \dot{x}, t) = 0. \tag{6.42}$$

Sie schränken die Bewegung ein, aber reduzieren nicht die Anzahl der Bewegungsfreiheitsgrade, vgl. Beispiel 6.7.

Beispiel 6.7 Holonome und nichtholonome Bindungen

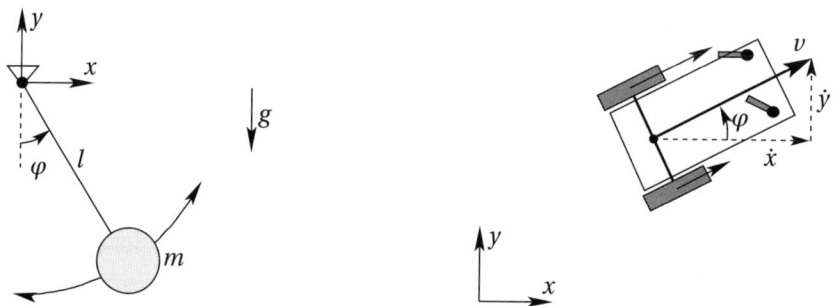

Bild 6.17 Holonomes Fadenpendel   **Bild 6.18** Nichtholonomes Fahrzeug

Betrachtet wird zunächst das in Bild 6.17 gezeigte Fadenpendel. Die Position der Punktmasse m können wir mit den zwei Koordinaten $\boldsymbol{x}^{\mathrm{T}} = [x, y]$ beschreiben. Es existiert allerdings auch eine Zwangsbedingung, denn die Punktmasse kann sich nur auf einer Kreisbahn mit dem Radius l bewegen,

$$\boldsymbol{\phi}(\boldsymbol{x}) = x^2 + y^2 - l^2 = 0.$$

Diese Beziehung ist nur von der Position (x, y), nicht von den Geschwindigkeiten $(\dot{x}, \dot{y})$ abhängig – damit liegt eine holonome (und hier skleronome) Zwangsbedingung vor. Die holonome Zwangsbedingung reduziert einen Bewegungsfreiheitsgrad und folglich lässt sich das System mit $2 - 1 = 1$ Minimalkoordinaten beschreiben, in diesem Fall mit dem Pendelwinkel φ.

Nun sei Bild 6.18 betrachtet, das ein mobiles Fahrzeug mit Differentialantrieb darstellt, d. h. beide Antriebsräder lassen sich unabhängig voneinander ansteuern. Die Castor-Räder vorne sind rein passiv und können daher vernachlässigt werden. Betrachtet man die Bewegung in der Ebene, dann sind die folgenden Koordinaten zweckmäßig: $\boldsymbol{x}^{\mathrm{T}} = [x, y, \varphi]$ mit der Position (x, y) und der Orientierung φ.
Bei kleinen Geschwindigkeiten bewegen sich die Antriebsräder nur in Richtung ihrer Abrollbewegung. Für das Fahrzeug bedeutet dies so viel, dass es lediglich eine Geschwindigkeit v in Längsrichtung, aber keine in Querrichtung aufweist. Letztere Forderung mathematisch ausgedrückt ergibt

$$\boldsymbol{\phi}(\boldsymbol{x}, \dot{\boldsymbol{x}}) = \dot{x}\sin(\phi) - \dot{y}\cos(\phi) = 0.$$

Dies stellt eine nichtholonome Zwangsbedingung dar – sie schränkt lediglich die Fahrmanöver, aber nicht die Bewegungsfreiheitsgrade ein. Sieht man von Hindernissen ab, kann man mit dem Differentialantrieb jede Position (x, y) mit jeder beliebigen Orientierung φ erreichen. Es sind aber gegebenenfalls spezielle Manöver erforderlich (vgl. Parkmanöver mit einem Auto, das über eine hinsichtlich der Bewegung vergleichbare Kinematik verfügt). ∎

Als Einführung in die Kinetik von MKS werden im Folgenden die wichtigsten Beziehungen für den einzelnen starren Körper zusammengefasst.
Im Bild 6.19 bedeuten:

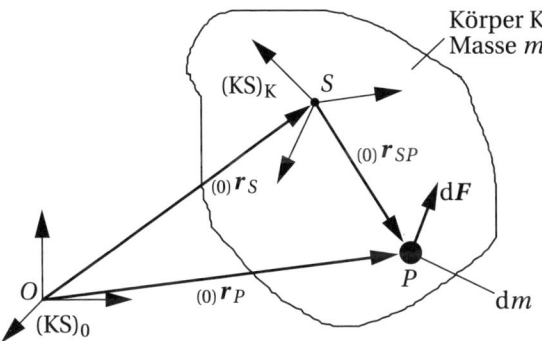

Bild 6.19
Bezeichnungen
am starren Körper

Größe	Bedeutung
S	Massenschwerpunkt
P	beliebiger Körperpunkt
$\mathrm{d}m$	Massenelement
$\mathrm{d}\boldsymbol{F}$	auf $\mathrm{d}m$ wirkende äußere Kraft
$\boldsymbol{F} = \int_K \mathrm{d}\boldsymbol{F}$	resultierende äußere Kraft
$\boldsymbol{M}^{(0)} = \int_K {}_{(0)}\boldsymbol{r}_P \times \mathrm{d}\boldsymbol{F}$ $= \int_K {}_{(0)}\tilde{\boldsymbol{r}}_P \, \mathrm{d}\boldsymbol{F}$	resultierendes äußeres Moment

Mit diesen Bezeichnungen gelten für die Starrkörperbewegung:

- **Impulssatz:**

$$m_{(0)}\ddot{\boldsymbol{r}}_S = \int_K {}_{(0)}\ddot{\boldsymbol{r}}_P \, \mathrm{d}m = \boldsymbol{F}, \tag{6.43}$$

- **Drehimpulssatz/Drallsatz** (im Inertialsystem):

$$\dot{\boldsymbol{L}}^{(0)} = \boldsymbol{M}^{(0)} \qquad \text{mit dem Drall}$$

$$\boldsymbol{L}^{(0)} = \int_K \left({}_{(0)}\boldsymbol{r}_P \times {}_{(0)}\boldsymbol{v}_P \right) \mathrm{d}m = \int_K {}_{(0)}\tilde{\boldsymbol{r}}_P \, {}_{(0)}\boldsymbol{v}_P \mathrm{d}m. \tag{6.44}$$

Mit ${}_{(0)}\tilde{\boldsymbol{r}}_P$ wird der schon eingeführte Tildeoperator bezeichnet.

- Berechnung des Drehimpulses (Dralls)

$$\boldsymbol{L}^{(0)} = {}_{(0)}\boldsymbol{r}_S \times {}_{(0)}\boldsymbol{v}_S \, m + \boldsymbol{L}_{\mathrm{rel}}^{(S)} = {}_{(0)}\tilde{\boldsymbol{r}}_S \, {}_{(0)}\boldsymbol{v}_S \, m + \boldsymbol{L}_{\mathrm{rel}}^{(S)}.$$

Der **Relativdrall** ist durch

$$\boldsymbol{L}_{\mathrm{rel}}^{(S)} = \int_K {}_{(0)}\boldsymbol{r}_{SP} \times \left({}_{(0)}\boldsymbol{\omega} \times {}_{(0)}\boldsymbol{r}_{SP} \right) \mathrm{d}m = -\int_K {}_{(0)}\tilde{\boldsymbol{r}}_{SP} \, {}_{(0)}\tilde{\boldsymbol{r}}_{SP} \, \mathrm{d}m \, {}_{(0)}\boldsymbol{\omega}$$

definiert.

Wird die symmetrische und positiv definite (3,3)-Matrix der Massenträgheitsmomente (Trägheitsmatrix) durch

$$_{(0)}\boldsymbol{I}^{(S)} = -\int_K {}_{(0)}\tilde{\boldsymbol{r}}_{SP} \, {}_{(0)}\tilde{\boldsymbol{r}}_{SP} \, \mathrm{d}m \tag{6.45}$$

definiert, so lässt sich der Relativdrall einfach schreiben,

$$L_{\text{rel}}^{(S)} = {}_{(0)}I^{(S)}{}_{(0)}\boldsymbol{\omega}.$$ (6.46)

In Gl. (6.46) ist die Trägheitsmatrix in Basiskoordinaten ausgedrückt und damit von der Orientierung des starren Körpers abhängig. Diese Abhängigkeit kann durch Übergang zu körperfesten Koordinaten klarer zum Ausdruck gebracht werden. Für die reine Drehung gilt nach Gl. (6.6) ${}_{(0)}\boldsymbol{r}_{SP} = {}^{0}\boldsymbol{R}_{K\,(K)}\boldsymbol{r}_p$, damit ergibt sich aus Gl. (6.46) der wichtige Zusammenhang

$$ {}_{(0)}I^{(S)} = {}^{0}\boldsymbol{R}_{K\,(K)}I^{(S)}\left({}^{0}\boldsymbol{R}_K\right)^{\mathrm{T}}.$$ (6.47)

Mit

$$ {}_{(K)}I^{(S)} = -\int_{K} {}_{(K)}\tilde{\boldsymbol{r}}_P\,{}_{(K)}\tilde{\boldsymbol{r}}_P\,\mathrm{d}m $$ (6.48)

wird jetzt die Trägheitsmatrix in körperfesten Koordinaten bezeichnet. Sie ist im Unterschied zu Gl. (6.46) eine Matrix mit konstanten Elementen. Fallen die körperfesten Koordinaten mit den Hauptachsen des starren Körpers zusammen, nimmt ${}_{(K)}I^{(S)}$ Diagonalgestalt an.

- **Drehimpulssatz** (im körperfesten Koordinatensystem (KS)$_K$):
  Wird – wie im Bild 6.19 dargestellt – angenommen, dass Koordinatenursprung und Massenschwerpunkt zusammenfallen, gestalten sich die Beziehungen einfach,

$$\frac{\mathrm{d}}{\mathrm{d}t}L^{(S)} = \frac{\mathrm{d}}{\mathrm{d}t}\left({}_{(0)}I^{(S)}{}_{(0)}\boldsymbol{\omega}\right) = {}_{(0)}I^{(S)}{}_{(0)}\dot{\boldsymbol{\omega}} + {}_{(0)}\tilde{\boldsymbol{\omega}}_K\,{}_{(0)}I^{(S)}{}_{(0)}\boldsymbol{\omega} = M^{(S)}$$ (6.49)

mit $M^{(S)} = \displaystyle\int_{K} {}_{(0)}\tilde{\boldsymbol{r}}_{SP}\,\mathrm{d}\boldsymbol{F}.$

- **Kinetische Energie**:

$$
\begin{aligned}
T &= \frac{1}{2}\int_{K} {}_{(0)}\boldsymbol{v}_P{}^{\mathrm{T}}{}_{(0)}\boldsymbol{v}_P\,\mathrm{d}m \\
&= \frac{1}{2}\Big(\underbrace{{}_{(0)}\boldsymbol{v}_S{}^{\mathrm{T}}{}_{(0)}\boldsymbol{v}_S\,m}_{\text{Translationsanteil}} + \underbrace{{}_{(0)}\boldsymbol{\omega}{}^{\mathrm{T}}\,\underbrace{{}^{0}\boldsymbol{R}_{K\,(K)}I^{(S)}\left({}^{0}\boldsymbol{R}_K\right)^{\mathrm{T}}}_{{}_{(0)}I^{(S)}}{}_{(0)}\boldsymbol{\omega}}_{\text{Rotationsanteil}} \Big).
\end{aligned}
$$ (6.50)

Zur Erläuterung der Anwendung des Drehimpulssatzes dient das folgende Beispiel.

Beispiel 6.8 Bewegungsgleichung einer Antriebsachse

Das in Bild 6.20 dargestellte System hat einen Freiheitsgrad, da nur eine Drehbewegung um die raumfeste x-Achse erfolgen kann. Auf das Pendel (Masse m) wirkt das Antriebsmoment M, das durch einen Motor mit einer Getriebeübersetzung $k_{\mathrm{r}} > 1$ erzeugt wird. Das Massenträgheitsmoment des Motors sei I_{m}. Dissipative Einflüsse sollen durch

$$M_{\mathrm{D}} = b_{\mathrm{D}}\dot{\phi} + b_{\mathrm{R}}\,\mathrm{sgn}\,\dot{\phi}$$

erfasst werden (mit b_D, dem Koeffizienten der viskosen Dämpfung und b_R, dem Koeffizienten der COULOMB'schen Reibung). Die Matrix der Massenträgheitsmomente des Pendels sei im körperfesten $(KS)_K$ gegeben und lautet

$$_{(K)}\boldsymbol{I}^{(S)} = \begin{bmatrix} I_x & 0 & 0 \\ 0 & I_y & 0 \\ 0 & 0 & I_z \end{bmatrix}.$$

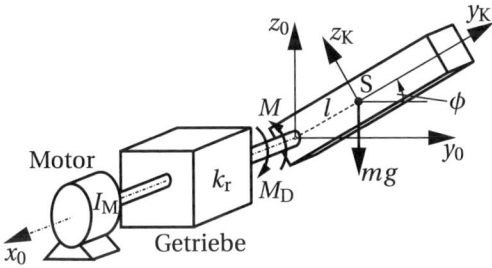

Bild 6.20
Vereinfachtes Modell eines Antriebes

Lösung:

Die Aufstellung der Bewegungsgleichung kann mithilfe der Gln. (6.47), (6.48) und (6.49) vorgenommen werden.

Im Einzelnen gilt

$$_{(0)}\boldsymbol{r}_S = l \begin{bmatrix} 0 \\ c_\phi \\ s_\phi \end{bmatrix}, \quad _{(0)}\boldsymbol{v}_S = l\dot{\phi} \begin{bmatrix} 0 \\ -s_\phi \\ c_\phi \end{bmatrix}, \quad \boldsymbol{\omega} = \begin{bmatrix} \dot{\phi} \\ 0 \\ 0 \end{bmatrix},$$

$$_{(0)}\boldsymbol{I}^{(S)} = \boldsymbol{R}_x(\phi)_{(K)}\boldsymbol{I}^{(S)} \boldsymbol{R}_x^T(\phi) = \begin{bmatrix} I_x & 0 & 0 \\ 0 & I_y c_\phi^2 + I_z s_\phi^2 & (I_y - I_z)c_\phi s_\phi \\ 0 & (I_y - I_z)c_\phi s_\phi & I_y s_\phi^2 + I_z c_\phi^2 \end{bmatrix}.$$

Da die Drehung nur um die x-Achse erfolgen kann, liefern nur die x-Komponenten einen Beitrag zu den Bewegungsgleichungen. Man findet

$$\dot{L}_x^{(0)} = \left(I_x + ml^2 \right) \ddot{\phi} + k_r^2 I_M \ddot{\phi}$$
$$M_x^{(0)} = M - mgl\cos\phi - M_D.$$

Durch Anwendung von Gl. (6.49) erhält man schließlich die gesuchte Bewegungsgleichung

$$\left(I_x + ml^2 + k_r^2 I_M \right) \ddot{\phi} + b_D \dot{\phi} + b_R \operatorname{sgn}\dot{\phi} + mgl\cos\phi = M. \tag{6.51}$$

Es handelt sich um eine nichtlineare gewöhnliche Dgl. 2. Ordnung. ▪

6.2.2 NEWTON-EULER-Methode

Ausgangspunkt für die Anwendung der NEWTON-EULER-Methode sind die Freikörperbilder für die einzelnen Körper eines MKS. Bild 6.21 zeigt das Freikörperbild für den Körper i.

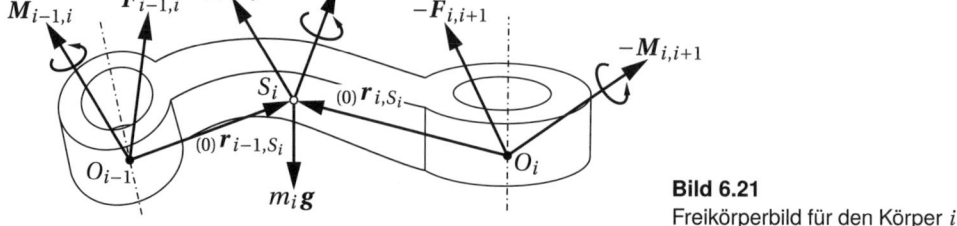

Bild 6.21
Freikörperbild für den Körper i

Die Wechselwirkung mit den Nachbarkörpern wird durch die Schnittgrößen $F_{i-1,i}$, $M_{i-1,i}$ bzw. $F_{i,i+1}$, $M_{i,i+1}$ beschrieben. Dabei ist die Bezeichnung so gewählt, dass $F_{i-1,i}$ die Kraftwirkung des Körpers $i-1$ auf den Körper i darstellt. Analoges gilt für das Moment $M_{i-1,i}$. Dann ist sofort klar, dass $F_{i,i+1}$ bzw. $M_{i,i+1}$ die Wirkungen vom Körper i auf den Körper $i+1$ bezeichnen. Am rechten Schnittufer des Körpers i müssen folglich die Reaktionsgrößen $-F_{i,i+1}$ bzw. $-M_{i,i+1}$ angetragen werden.

Durch Anwendung des Impuls- und Drehimpulssatzes (Gln. (6.43) und (6.49)) für alle Körper ($i = 1,2,\ldots,N$) und Elimination der Schnittgrößen können die Bewegungsgleichungen in zwei Schritten abgeleitet werden.

1. Schritt: Impulssatz:

$$m_{i\,(0)}\dot{v}_{S_i} = {}_{(0)}F_i \qquad \text{mit} \qquad {}_{(0)}F_i = {}_{(0)}F_{i-1,i} - {}_{(0)}F_{i,i+1} + m_{i\,(0)}g \tag{6.52}$$

Drallsatz:

$$\left. \begin{aligned} {}_{(0)}I_i^{(S)}\,{}_{(0)}\dot{\omega}_i + {}_{(0)}\tilde{\omega}_{i\,(0)}I_i^{(S)}\,{}_{(0)}\omega_i = {}_{(0)}M_i^{(S)} \qquad \text{mit} \\ {}_{(0)}M_i^{(S)} = {}_{(0)}M_{i-1,i} - {}_{(0)}M_{i,i+1} + {}_{(0)}\tilde{r}_{i,S_i\,(0)}F_{i,i+1} - {}_{(0)}\tilde{r}_{i-1,S_i\,(0)}F_{i-1,i}. \end{aligned} \right\} \tag{6.53}$$

Für die Beschreibung der kinematischen Zwangsbedingungen wurde in Abschnitt 6.1 gezeigt, dass es zweckmäßig ist, die körperfesten Koordinatensysteme in die Gelenkachsen zu legen. Für die Kinetik aber ist der Massenschwerpunkt ein ausgezeichneter Punkt, für den die Grundgleichungen besonders einfach werden. Damit ist eine weitere Transformation verbunden, die durch die Ortsvektoren ${}_{(0)}r_{i-1,S_i}$ und ${}_{(0)}r_{i,S_i}$ bewerkstelligt wird.

2. Schritt: Berücksichtigung des kinematischen Zusammenhangs und Elimination der Schnittgrößen:

Die Gln. (6.52) und (6.53) liefern ein System von $6N$ Gleichungen für die $3N$ Schwerpunktsgeschwindigkeiten ${}_{(0)}v_{S_i}$ und die $3N$ Winkelgeschwindigkeiten ${}_{(0)}\omega_i$. Diese Größen sind jedoch nicht sämtlich frei wählbar. Ihr kinematischer Zusammenhang mit den verallgemeinerten Geschwindigkeiten $\dot{q}$ kann nach Gl. (6.34) durch die JACOBI-Matrix beschrieben werden,

$$\dot{x}_i = J_i(q)\dot{q}$$

bzw. durch Aufteilung in Translation und Rotation nach Gl. (6.36)

$${}_{(0)}v_{S_i} = J_{T_i}\dot{q}, \qquad {}_{(0)}\omega_i = J_{R_i}\dot{q}, \qquad i = 1,2,\ldots,N. \tag{6.54}$$

Die Gln. (6.54) erlauben die Darstellung von Impuls- und Drehimpulssatz in Abhängigkeit der verallgemeinerten Koordinaten, Geschwindigkeiten und Beschleunigungen. Es sei an dieser Stelle daran erinnert, dass der vollständige und linear unabhängige Koordinatensatz durch den Vektor der verallgemeinerten Koordinaten $\boldsymbol{q} = [q_1, q_2, \ldots, q_n]^\mathrm{T}$ beschrieben wird. Eine Reduktion der $6N$ Gln. (6.52) und (6.53) wird durch Elimination der (paarweise auftretenden) Schnittgrößen erreicht.

 Aus dem Dargelegten wird klar, dass bei der NEWTON-EULER-Methode das Gesamtsystem aus Teilsystemen zusammensetzt wird. Dadurch hat die NEWTON-EULER-Methode den Charakter einer synthetischen Methode.

Beispiel 6.9 Pendelnde Masse mit horizontal bewegtem Aufhängepunkt

Für das in Bild 6.22 dargestellte MKS werden im Folgenden die Bewegungsgleichungen nach der NEWTON-EULER-Methode aufgestellt. Das betrachtete System kann als einfaches Modell eines Brückenkrans mit pendelnder Last aufgefasst werden. Es kann aber auch als Grundmodell zur Untersuchung der Stabilisierung eines instabilen Gleichgewichtszustandes verwendet werden. Dazu muss $\theta = \pi + \Delta\theta$ gesetzt werden (inverses Pendel). Reibungseinflüsse sollen vernachlässigt werden.

Gegeben: m_1, m_2, $I_2^{(S)} = \frac{1}{3} m_2 l^2$, l, c, $u(t)$ Wegerregung

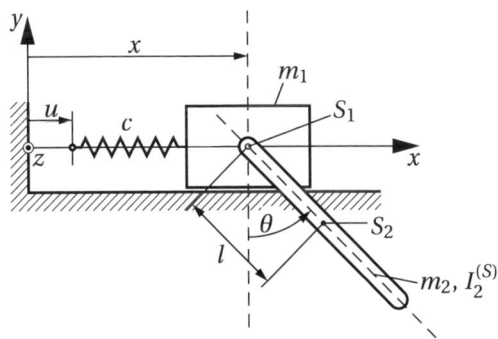

Bild 6.22
Pendel mit
bewegtem Aufhängepunkt

Lösung:

Das System hat $n = 2$ Freiheitsgrade. Als verallgemeinerte Koordinaten werden

$$\boldsymbol{q} = [x, \theta]^\mathrm{T}$$

gewählt.

Für die Umweltkoordinaten der Schwerpunkte der beiden Körper gilt:
Körper 1:

$$\boldsymbol{x}_{S_1} = \begin{bmatrix} x_1 \\ y_1 \end{bmatrix} = \begin{bmatrix} x \\ 0 \end{bmatrix}$$

Körper 2:

$$\boldsymbol{x}_{S_2} = \begin{bmatrix} x_2 \\ y_2 \end{bmatrix} = \begin{bmatrix} x + l\sin\theta \\ -l\cos\theta \end{bmatrix}$$

die für den kinematischen Zusammenhang:

$$\dot{x}_{S_i} = J_i(q)\dot{q}; \quad i = 1, 2$$

benötigen JACOBI-Matrizen lauten

$$J_1 = \begin{bmatrix} \dfrac{\partial x_1}{\partial x} & \dfrac{\partial x_1}{\partial \theta} \\ \dfrac{\partial y_1}{\partial x} & \dfrac{\partial y_1}{\partial \theta} \end{bmatrix} = \begin{bmatrix} 1 & 0 \\ 0 & 0 \end{bmatrix}, \qquad J_2 = \begin{bmatrix} \dfrac{\partial x_2}{\partial x} & \dfrac{\partial x_2}{\partial \theta} \\ \dfrac{\partial y_2}{\partial x} & \dfrac{\partial y_2}{\partial \theta} \end{bmatrix} = \begin{bmatrix} 1 & l\cos\theta \\ 0 & l\sin\theta \end{bmatrix}.$$

Aus den Freikörperbildern nach Bild 6.23 können der Impuls- und Drehimpulssatz aufgestellt werden.

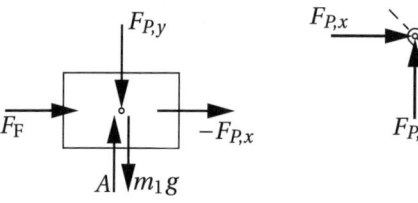

Bild 6.23
Freikörperbilder
(F_F Federkraft,
A Auflagerkraft,
$F_{P,x}$, $F_{P,y}$ Schnittkräfte)

Impuls- und Drehimpulsssatz:
Körper 1:

$$m_1\ddot{x}_1 = -F_{P,x} + F_F,$$

$$m_1\ddot{y}_1 = -F_{P,y} + A - m_1 g = 0.$$

(Der Drehimpulssatz entfällt, da keine Drehbewegung vorhanden ist.)
Körper 2:

$$m_2\ddot{x}_2 = F_{P,x},$$

$$m_2\ddot{y}_2 = F_{P,y} - m_2 g,$$

$$I_2^{(S)}\ddot{\theta} = -F_{P,x} l\cos\theta - F_{P,y} l\sin\theta.$$

Federkraft:

$$F_F = -c(x - u).$$

Aus diesen Beziehungen ergibt sich ein System aus 6 Gleichungen für die unbekannten Kraftgrößen $F_{P,x}$, $F_{P,y}$, F_F, A sowie die verallgemeinerten Koordinaten x, θ.
Durch Einsetzen der Gleichungen für den kinematischen Zusammenhang und Elimination der Schnittgrößen lassen sich daraus die Bewegungsgleichungen berechnen,

$$(m_1 + m_2)\ddot{x} + m_2 l\cos\theta\,\ddot{\theta} - m_2 l\dot{\theta}^2\sin\theta + cx = cu,$$

$$(I_2^{(S)} + m_2 l^2)\ddot{\theta} + m_2 l\cos\theta\,\ddot{x} + m_2 g l\sin\theta = 0.$$

Sie lauten in Matrixform

$$\begin{bmatrix} m_1 + m_2 & m_2 l\cos\theta \\ m_2 l\cos\theta & I_2^{(0)} \end{bmatrix} \begin{bmatrix} \ddot{x} \\ \ddot{\theta} \end{bmatrix} + \begin{bmatrix} -m_2 l\dot{\theta}^2\sin\theta \\ 0 \end{bmatrix} + \begin{bmatrix} cx \\ m_2 g l\sin\theta \end{bmatrix} = \begin{bmatrix} cu \\ 0 \end{bmatrix}. \qquad (6.55)$$

Durch $I_2^{(0)} = I_2^{(S)} + m_2 l^2$ wird das um den STEINERschen Anteil erweiterte Massenträgheitsmoment des Pendels um den Drehpunkt zusammengefasst.
Für die Auflagerkraft findet man

$$A = m_1 g + F_{P,y} = (m_1 + m_2)g + m_2 l(\ddot{\theta}\sin\theta + \dot{\theta}^2\cos\theta). \qquad \blacksquare$$

Aus dem Vorgehen bei der NEWTON-EULER-Methode wird klar, dass man die Bewegungsgleichungen im ersten Schritt nicht in geschlossener Form erhält, da die gegenseitige Verkopplung der einzelnen Glieder des MKS noch nicht berücksichtigt wurde. Sind aber die verallgemeinerten Koordinaten, Geschwindigkeiten und Beschleunigungen für alle Körper bekannt, erlauben die Gln. (6.52) und (6.53) die rekursive Berechnung der Kräfte F_i und der Momente $M_i^{(S)}$. Diese Aufgabe wird als **inverse Dynamik** bezeichnet, vgl. Ausführungen zu Beginn dieses Abschnitts. Ein entsprechendes Iterationsverfahren wurde zuerst in [LWP80] für Probleme der inversen Dynamik veröffentlicht. Es wurde als Beispiel für rekursiv arbeitende Algorithmen auf der Basis der NEWTON-EULER-Gleichungen eingeführt. Rekursionsverfahren lassen sich auch auf der Grundlage der LAGRANGE'schen Gleichungen 2. Art angeben, die in Abschnitt 6.2.3 eingeführt werden. Ihnen allen ist zu eigen, dass sie einen erheblichen Rechenzeitgewinn ermöglichen, der für Probleme der inversen Dynamik linear mit der Systemordnung n ansteigt ("Order-n-Algorithmen").

6.2.3 LAGRANGE'sche Methode

Eine andere Möglichkeit, die Bewegungsgleichungen eines MKS aufzustellen, besteht in der Anwendung der LAGRANGE'schen Gleichungen 2. Art. Diese haben die Form

$$\frac{\mathrm{d}}{\mathrm{d}t}\left(\frac{\partial T}{\partial \dot{q}}\right) - \frac{\partial T}{\partial q} = Q, \qquad (6.56)$$

vgl. hierzu [Bre88], [Sch90], [Wit77].
Dabei sind T die kinetische Energie des Systems und $Q = [Q_1, Q_2, \ldots, Q_n]^T$ der Vektor der verallgemeinerten Kräfte. Eine andere, weit verbreitete Darstellung ergibt sich, wenn konservative Kräfte Q_k im System vorhanden sind, d. h. Kräfte, die sich aus einer Potentialfunktion U ableiten lassen. Dann kann eine Aufspaltung in

$$Q = Q_k + Q_n \qquad \text{mit} \qquad Q_k = -\frac{\partial U(q)}{\partial q} \qquad (6.57)$$

vorgenommen werden. Durch $U(q)$ wird die potentielle Energie des Systems bezeichnet, durch Q_n werden die nichtkonservativen Anteile zusammengefasst. Dann lauten die LAGRANGE'schen Gleichungen 2. Art

$$\frac{\mathrm{d}}{\mathrm{d}t}\left(\frac{\partial T}{\partial \dot{q}}\right) - \frac{\partial T}{\partial q} + \frac{\partial U}{\partial q} = Q_n. \qquad (6.58)$$

Die Anwendung dieser Beziehungen auf ein MKS erfordert die Berechnung folgender Ausdrücke:

Kinetische Energie T: Mithilfe von Gl. (6.50) lässt sich die kinetische Energie des i-ten Körpers ausdrücken. Summation über alle N Körper ergibt

$$T = \sum_{i=1}^{N} T_i = \frac{1}{2} \sum_{i=1}^{N} \left\{ {}_{(0)}\boldsymbol{v}_{S_i}^{\mathrm{T}} {}_{(0)}\boldsymbol{v}_{S_i} \, m_i + \left({}_{(0)}\boldsymbol{\omega}_i \right)^{\mathrm{T}} {}^{0}\boldsymbol{R}_{i\,(i)} \boldsymbol{I}^{(S)} \left({}^{0}\boldsymbol{R}_i \right)^{\mathrm{T}} {}_{(0)}\boldsymbol{\omega}_i \right\}. \tag{6.59}$$

Wird – wie schon bei der NEWTON-EULER-Methode ausgeführt – der kinematische Zusammenhang des MKS mithilfe der JACOBI-Matrizen für die Translation und die Rotation nach Gl. (6.54) ausgedrückt,

$$\dot{\boldsymbol{x}}_i = \boldsymbol{J}_i \dot{\boldsymbol{q}} \qquad \text{bzw.} \qquad {}_{(0)}\boldsymbol{v}_{S_i} = \boldsymbol{J}_{\mathrm{T}_i} \dot{\boldsymbol{q}}, \quad {}_{(0)}\boldsymbol{\omega}_i = \boldsymbol{J}_{\mathrm{R}_i} \dot{\boldsymbol{q}}, \tag{6.60}$$

erhält man schließlich für die kinetische Energie

$$T = \frac{1}{2} \dot{\boldsymbol{q}}^{\mathrm{T}} \boldsymbol{M}(\boldsymbol{q}) \dot{\boldsymbol{q}}$$

mit

$$\boldsymbol{M}(\boldsymbol{q}) = \sum_{i=1}^{N} \left\{ m_i \left(\boldsymbol{J}_{\mathrm{T}_i} \right)^{\mathrm{T}} \boldsymbol{J}_{\mathrm{T}_i} + \left(\boldsymbol{J}_{\mathrm{R}_i} \right)^{\mathrm{T}} {}^{0}\boldsymbol{R}_{i\,(i)} \boldsymbol{I}^{(S)} \left({}^{0}\boldsymbol{R}_i \right)^{\mathrm{T}} \boldsymbol{J}_{\mathrm{R}_i} \right\}. \tag{6.61}$$

Die Massenmatrix $\boldsymbol{M}(\boldsymbol{q})$ ist symmetrisch und positiv definit, also

$$\boldsymbol{M}(\boldsymbol{q}) = \boldsymbol{M}^{\mathrm{T}}(\boldsymbol{q}) > 0.$$

Potentielle Energie U: Die potentielle Energie U gemäß Gl. (6.58) berechnet sich aus der Summe der potentiellen Energien $U_{\mathrm{g},i}$ aller N Körper aufgrund der Gravitation

$$U_{\mathrm{g}} = \sum_{i=1}^{N} U_{\mathrm{g},i} = \sum_{i=1}^{N} m_i \, {}_{(0)}\boldsymbol{g}^{\mathrm{T}} {}_{(0)}\boldsymbol{x}_{S_i},$$

mit ${}_{(0)}\boldsymbol{g}$: Gravitationsvektor und ${}_{(0)}\boldsymbol{x}_{S_i}$: Vektor zum Massenschwerpunkt des i-ten Körpers und den ggf. in M Federn gespeicherter Energie U_{f}

$$U_{\mathrm{f}} = \sum_{i=1}^{M} U_{\mathrm{f},i} = \frac{1}{2} \sum_{i=1}^{M} k_i \, s_i^2,$$

mit k_i: Federkonstante und s_i: Auslenkung der Feder zu

$$U = U_{\mathrm{g}} + U_{\mathrm{f}}. \tag{6.62}$$

Vektor der verallgemeinerten Kräfte $\boldsymbol{Q}$: Der Zusammenhang zwischen $\boldsymbol{Q}$ und den auf die Körper des MKS einwirkenden Kräften $\boldsymbol{F}_i^{(e)}$ kann über das Prinzip der virtuellen Arbeit ermittelt werden [SE04]

$$\delta W = \sum_{i=1}^{N} \delta W_i = \sum_{i=1}^{N} \left[\left(\boldsymbol{F}_i^{(e)} \right)^{\mathrm{T}} \delta \boldsymbol{x}_i \right] - \boldsymbol{Q}^{\mathrm{T}} \delta \boldsymbol{q} = 0.$$

Bei Berücksichtigung von Gl. (6.34) folgt daraus

$$Q = \sum_{i=1}^{N} J_i^{\mathrm{T}} F_i^{(e)} \,. \tag{6.63}$$

Eine Aufspaltung in konservative und nichtkonservative Anteile

$$F_i^{(e)} = F_{k_i}^{(e)} + F_{n_i}^{(e)} = -\frac{\partial U_i}{\partial x_i} + F_{n_i}^{(e)}$$

ergibt schließlich

$$Q = \underbrace{\sum_{i=1}^{N} \left(-J_i^{\mathrm{T}} \frac{\partial U}{\partial x_i} \right)_{x_i = f_i(q)}}_{Q_{\mathrm{k}}} + \underbrace{\sum_{i=1}^{N} J_i^{\mathrm{T}} F_{n_i}^{(e)}}_{Q_{\mathrm{n}}} \,. \tag{6.64}$$

 Mit diesen Vorbereitungen lassen sich die Bewegungsgleichungen für ein MKS aus der Lagrange'schen Vorschrift (6.56) bzw. (6.58) durch formales Differenzieren gewinnen. Sie lauten in Komponentenschreibweise ($i = 1, 2, \ldots, n$):

$$\underbrace{\sum_{j=1}^{n} M_{ij}(q)\, \ddot{q}_j}_{\text{Trägheitskräfte}} + \underbrace{\sum_{j=1}^{n} \sum_{k=1}^{n} c_{i,jk}(q)\, \dot{q}_j \dot{q}_k}_{\text{Euler- u. Coriolishkräfte}} + \underbrace{g_i(q)}_{\substack{\text{konservative} \\ \text{Kräfte}}} = \underbrace{Q_{n_i}}_{\substack{\text{nichtkonservative} \\ \text{Kräfte}}} \tag{6.65}$$

mit

$$M_{ij}(q) = \text{Element } (i, j) \text{ der Massenmatrix } M(q),$$

$$c_{i,jk}(q) = \frac{\partial M_{ij}(q)}{\partial q_k} - \frac{1}{2} \frac{\partial M_{jk}(q)}{\partial q_i},$$

$$g_i(q) = \frac{\partial U(q)}{\partial q_i} = \sum_{j=1}^{n} (J_j)_i^{\mathrm{T}} \frac{\partial U}{\partial x_j}$$

wobei folgende Abkürzungen gelten: $(J_j)_i$ ist die i-te Spalte von J_j.

Mit Q_{n_i} wird die i-te Komponente des nichtkonservativen Anteils der generalisierten Kraft bezeichnet. Sie kann in einen dissipativen Anteil Q_{R_i} und einen Antriebsanteil $Q_{\text{Antr}_i} = \tau_i$ aufgespalten werden,

$$Q_{n_i} = -Q_{R_i}(q, \dot{q}) + \tau_i \,.$$

In Vektornotation lassen sich die Bewegungsgleichungen dann in der Form

$$M(q)\ddot{q} + c(q, \dot{q}) + g(q) + Q_{\mathrm{R}}(q, \dot{q}) = \tau \tag{6.66}$$

schreiben. Diese ist aufgrund ihrer kompakten Schreibweise für weitergehende theoretische Überlegungen gut geeignet, lässt aber die Struktur der einzelnen Anteile im Gegensatz zu Gl. (6.65) nicht mehr erkennen. Gemäß der im Abschnitt 6.2 eingeführten Definitionen, stellt Gl. (6.66) die inverse Dynamik eines MKS dar.

Bei der Anwendung der LAGRANGE'schen Gleichungen sind folgende Schritte auszuführen:

- Wahl der generalisierten Koordinaten $\boldsymbol{q}$,
- Beschreibung des kinematischen Zusammenhangs,
- Berechnung der kinetischen und potentiellen Energien T und U,
- Berechnung der generalisierten, nichtkonservativen Kräfte (Kräfte und Momente),
- Auswertung der Differentiationsvorschrift.

Für komplizierte MKS kann diese Vorgehensweise aufwändig und schwierig werden. Das betrifft vor allem die effektive Einarbeitung der Zwangsbedingungen als Funktion der generalisierten Koordinaten, Geschwindigkeiten und Beschleunigungen und die sich daraus ergebenden Differentiationsoperationen.

Für Systeme mit wenigen Freiheitsgraden führen die LAGRANGE'schen Gleichungen aber oftmals leichter als die NEWTON-EULER-Gleichungen zum Ziel, da für sie die Elimination der Schnittgrößen entfällt. Der Aufwand zur Beschreibung der Kinematik ist bei beiden Methoden weitestgehend unabhängig von der Wahl des kinetischen Verfahrens.

Weitere Ausführungen zur Mehrkörperdynamik sind z. B. in [Bre88], [KL85] und [Sch90] enthalten.

Beispiel 6.10 Bewegungsgleichungen einer Antriebsachse unter Berücksichtigung von Elastizität und Dämpfung des Getriebes und der Abtriebswelle

Ein geregelter Motor treibt über ein Getriebe mit der Übersetzung $k_r = \dfrac{r_3}{r_2}$ eine rotierende Last an, siehe Bild 6.24. Der Motorläufer hat das Massenträgheitsmoment J_1. Die Getriebedämpfung wird drehzahlproportional mit dem Koeffizienten d angenommen (bezogen auf den Winkel φ_1). Die Massenträgheitsmomente von Ritzel und Rad betragen J_2 und J_3. Die Torsionssteifigkeit von Getriebe und Abtriebswelle sei c. Die Last besteht aus einer Drehträgheit J_4.

Gegeben: $M_{\text{Antr}}, J_1, J_2, J_3, J_4, r_2, r_3, d, c$

a) Wie lauten die Ausdrücke für die kinetische und die potenzielle Energie? Wie lautet die Massenmatrix $\boldsymbol{M}(\boldsymbol{q})$?

b) Es sollen die Bewegungsgleichungen mithilfe der LAGRANGE'schen Methode ermittelt werden!

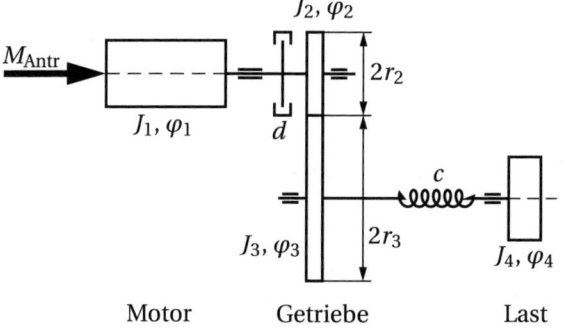

Bild 6.24
Geregelter
Drehantrieb

Lösung:

Das System hat $n = 2$ Freiheitsgrade. Als verallgemeinerte Koordinaten werden zweckmäßig

$$q = [\varphi_1, \varphi_4]^T$$

gewählt.

- Kinetische Energie: In Gl. (6.59) müssen nur die Rotationsanteile berücksichtigt werden,

$$T = \frac{1}{2}(J_1 + J_2)\dot{\varphi}_1^2 + \frac{1}{2}J_3\dot{\varphi}_3^2 + \frac{1}{2}J_4\dot{\varphi}_4^2.$$

Bei Berücksichtigung des Übersetzungsverhältnisses $k_r = \dfrac{r_3}{r_2} = -\dfrac{\varphi_1}{\varphi_3}$ ergibt sich daraus

$$T = \frac{1}{2}(J_1 + J_2 + \frac{r_2^2}{r_3^2}J_3)\dot{\varphi}_1^2 + \frac{1}{2}J_4\dot{\varphi}_4^2.$$

Die Massenmatrix $M(q)$ hat folglich die Form

$$M(q) = \begin{bmatrix} J_1 + J_2 + \dfrac{r_2^2}{r_3^2}J_3 & 0 \\ 0 & J_4 \end{bmatrix}$$

und ist somit unabhängig von den verallgemeinerten Koordinaten. Aus der Bildungsvorschrift für $c_{i,jk}$ folgt sofort, dass stets $c_{i,jk} = 0$ gilt.

- Potentielle Energie:

$$U = \frac{1}{2}c(\varphi_4 - \varphi_3)^2 = \frac{1}{2}c(\varphi_4 + \frac{r_2}{r_3}\varphi_1)^2.$$

- Bewegungsgleichungen: Sie ergeben sich aus der Vorschrift (6.58) und lauten

$$\left. \begin{aligned} (J_1 + J_2 + \frac{r_2^2}{r_3^2}J_3)\ddot{\varphi}_1 + d\dot{\varphi}_1 - c\frac{r_2}{r_3}\left(\varphi_4 + \frac{r_2}{r_3}\varphi_1\right) &= M_{\text{Antr}} \\ J_4\ddot{\varphi}_4 + c\left(\varphi_4 + \frac{r_2}{r_3}\varphi_1\right) &= 0. \end{aligned} \right\} \tag{6.67}$$

Die Gln. (6.67) stellen ein einfaches Beispiel für ein lineares, zeitinvariantes Schwingungssystem mit zwei Freiheitsgraden dar. ∎

Beispiel 6.11 Quer- und Wankdynamik von Fahrzeugen

ESP-Systeme und Fahrdynamikregler basieren mehrheitlich auf einer analytischen Beschreibung der Bewegung des Fahrzeugs. Im Folgenden wird dieses am Beispiel der Querdynamik bzw. Wankdynamik erläutert (vgl. Bild 6.25).

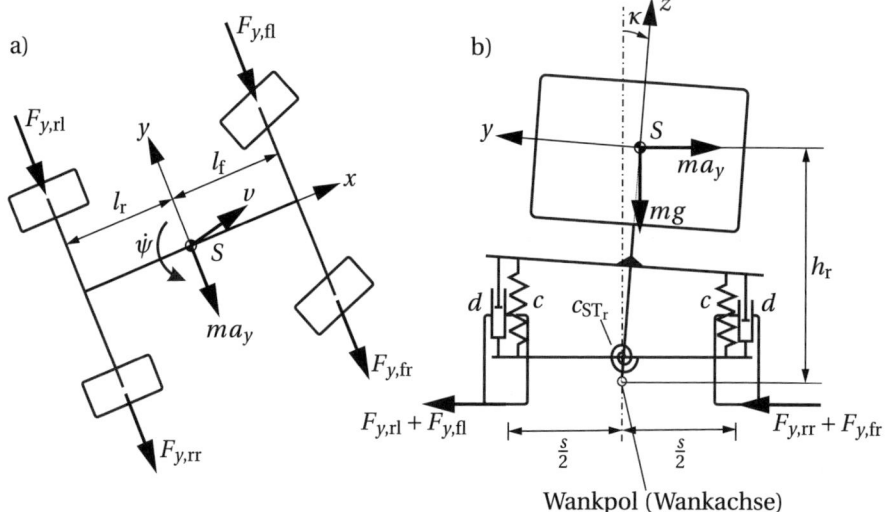

Bild 6.25 a) Fahrzeugmodell für die Querdynamik, b) Fahrzeugmodell für die Wankdynamik

Dabei wird die Längsdynamik zu besserer Übersicht nicht berücksichtigt [Mit04]. Die Querdynamik wird durch die Beschleunigung a_y des Fahrzeugschwerpunktes S senkrecht zu seiner Längsachse sowie durch die Gierrate $\dot\psi$ um die vertikale Achse beschrieben. Der Impulssatz bzw. der Drallsatz bezüglich dieser Freiheitsgrade lauten nach Gl. (6.43) und Gl. (6.44)

$$m a_y = \sum_i F_{y_i} = F_{y,\mathrm{fl}} + F_{y,\mathrm{fr}} + F_{y,\mathrm{rl}} + F_{y,\mathrm{rr}}$$

$$J_z^{(S)} \ddot\psi = -l_\mathrm{f}(F_{y,\mathrm{fl}} + F_{y,\mathrm{fr}}) - l_\mathrm{r}(F_{y,\mathrm{rl}} + F_{y,\mathrm{rr}}).$$

Dabei bezeichnen m die Gesamtmasse und $J_z^{(S)}$ das Massenträgheitsmoment um die z-Achse des Fahrzeugs. Das Fahrzeug besitzt vier Radaufhängungen (Dämpfungskonstanten d, Federsteifigkeiten c) und zusätzlich zwei Drehfedern (Stabilisatoren) mit $c_{\mathrm{ST_f}}$, $c_{\mathrm{ST_r}}$. Bei einer Querbeschleunigung a_y erfährt das Fahrzeug eine Drehbewegung um die Wankachse (Winkel κ). Aus dem Drallsatz um die Wankachse ergibt sich:

$$J_\kappa \ddot\kappa = mgh_\mathrm{r}\sin\kappa + ma_y h_\mathrm{r}\cos\kappa - 4\frac{s}{2}(c\frac{s}{2}\sin\kappa) - (c_{\mathrm{ST_f}} + c_{\mathrm{ST_r}})\kappa - 4\frac{s}{2}(d\frac{s}{2}\dot\kappa\cos\kappa).$$

Da im Allgemeinen die Wankachse von der x-Achse des Fahrzeuges verschieden ist, folgt für das Wankträgheitsmoment J_κ

$$J_\kappa = J_x^{(S)} + mh_\mathrm{r}^2.$$

Die Wankhöhe h_r ist der Abstand des Schwerpunktes S von der Wankachse. Die Bewegungsgleichung kann für kleine Winkel ($\sin\kappa \simeq \kappa$, $\cos\kappa \simeq 1$) linearisiert werden. Nach Zusammenfassung ergibt sich

$$J_\kappa \ddot\kappa + d_\kappa \dot\kappa + c_\kappa \kappa - mgh_\mathrm{r}\kappa = mh_\mathrm{r}a_y \qquad \text{mit} \qquad c_\kappa = c_{\mathrm{ST_f}} + c_{\mathrm{ST_r}} + cs^2 \quad \text{und} \quad d_\kappa = ds^2.$$

Die Bewegungsgleichungen zeigen die Verkopplung der Querdynamik mit der Wankdynamik. Sie können für den Entwurf eines Fahrdynamikreglers genutzt werden. ∎

7 Systembeschreibung

Der zielgerichtete Regelungsentwurf erfordert eine adäquate mathematische Beschreibung des Systems. Dabei kommt linearen Systemen eine herausragende Rolle zu, da zu deren Behandlung eine sehr weit entwickelte Theorie vorliegt. Dazu führt Abschnitt 7.1 in die Beschreibung linearer, zeitinvarianter Systeme (LTI = **L**inear **T**ime **I**nvariant) ein. Es wird zwischen dem **Klemmenmodell** und dem **Zustandsraummodell** unterschieden. Des Weiteren werden typische Struktureigenschaften, wie z. B. die Stabilität beleuchtet.

Basiert die Modellierung auf der Analyse physikalischer Gesetzmäßigkeiten, so resultiert daraus meist eine Beschreibung mit gewöhnlichen und/oder partiellen, nichtlinearen Differentialgleichungen. Wenngleich diese Beschreibungsform wichtig für das Verständnis der strukturellen Systemeigenschaften ist, ist sie häufig zu kompliziert für die weitere Behandlung.

Mit Hinblick auf die spätere Regelung und den Entwurfs- und Rechenaufwand sucht man das 'einfachste' Modell, das die Systemeigenschaften hinreichend gut wiedergibt. Daher kommt den Methoden zur Modellvereinfachung eine große Bedeutung zu (Abschnitt 7.2).

Schließlich haben Modellunsicherheiten oder sich im laufenden Betrieb ändernde Parameter wie Masse, Reibung und dergleichen zur Folge, dass man eine Parameter- und Systemidentifikation benötigt. Im Fokus der Ausführungen stehen aufgrund der hohen Relevanz lineare, zeitdiskrete Systeme (Abschnitt 7.3). Neben dem mathematischen Identifikationsprozess findet insbesondere auch die Darstellung von Aspekten aus der Praxis Berücksichtigung (Abschnitt 7.4). Dazu gehören die geeignete Systemanregung für die Identifikation, die Vorgehensweise im geschlossenen Regelkreis oder die Behandlung kontinuierlicher Systemmodelle, wenn z. B. nur abgetastete Messwerte zur Verfügung stehen.

Weiterführende Literatur zu diesem Kapitel: Beschreibung linearer dynamischer Systeme [Lun14a, Lun14b], nichtlinearer Systeme [Unb07]; Verfahren zur Modellreduktion [OA01, Har02]; Identifikation linearer, zeitdiskreter Systeme [Ise92, IM11, Lju99]; Identifikation zeitkontinuierlicher Systeme [Gar08]; Erweiterung auf nichtlineare Systeme [Nel01].

■ 7.1 Lineare, zeitinvariante Systeme

Ein lineares System zeichnet sich dadurch aus, dass es das **Homogenitäts-** und das **Superpositionsprinzip** erfüllt:

Homogenitätsprinzip:	Eine Funktion $f(x)$ heißt homogen, wenn für alle x und $a \in \mathbb{R}$ gilt: $f(ax) = a f(x)$.
Superpositionsprinzip:	Eine Funktion $f(x)$ erfüllt das Superpositionsprinzip, wenn für beliebige x_1 und x_2 gilt: $f(x_1 + x_2) = f(x_1) + f(x_2)$.

Erst beide Kriterien zusammen ergeben ein notwendiges und hinreichendes Kriterium für die Linearität. Streng genommen sind damit alle in der Natur auftretenden Phänomene nichtlinear, da kein technisches System für eine gegen Unendlich strebende Eingangsgröße das Homogenitätsprinzip erfüllt. Beschränkt man sich auf einen Teil des Arbeitsbereiches, so kann man allerdings oft in guter Näherung ein lineares Verhalten unterstellen.

7.1.1 Klemmenmodell

Das Klemmenmodell beschreibt das Ein-/Ausgangsverhalten eines Systems (vgl. Bild 7.1).

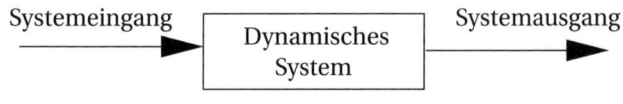

Bild 7.1
Dynamisches System mit
Eingang und Ausgang

Die innere Struktur des Systems bleibt dabei unbeachtet. Ein direkter physikalischer Bezug zwischen Modell (hier: Übertragungsfunktion) bzw. Modellparameter und dem beschriebenen mechatronischen System ist beim Klemmenmodell häufig nicht mehr gegeben. Allerdings existiert für diese Form eine etablierte Theorie zur Systemanalyse und den Reglerentwurf.

Lineare zeitkontinuierliche Systeme

Ein lineares, zeitkontinuierliches System n-ter Ordnung mit der Eingangsgröße $u(t)$ und der Ausgangsgröße $y(t)$ ist eindeutig beschrieben durch die Differentialgleichung

$$\frac{\mathrm{d}^n y(t)}{\mathrm{d}t^n} + a_{n-1}\frac{\mathrm{d}^{n-1} y(t)}{\mathrm{d}t^{n-1}} + \cdots + a_0 y(t) = b_m \frac{\mathrm{d}^m u(t)}{\mathrm{d}t^m} + \cdots + b_0 u(t) \tag{7.1}$$

und den n Anfangswerten $y^{(n-1)}(0) = y_0^{(n-1)}$, …, $\dot{y}(0) = \dot{y}_0$, $y(0) = y_0$. Die Lösung $y(t)$ setzt sich aus der **homogenen Lösung** $y_\mathrm{h}(t)$ (Eigenbewegung aufgrund der Anfangswerte) und der **partikulären Lösung** $y_\mathrm{p}(t)$ (hervorgerufen durch die Eingangsgröße $u(t)$) zusammen.

Führt man den **Differentialoperator** p bzw. $p[.]$ mit folgender Bedeutung und Notation ein

$$p\left[f(t)\right] = pf(t) = \frac{\mathrm{d}f(t)}{\mathrm{d}t} \quad ; \quad p^n\left[f(t)\right] = p^n f(t) = \frac{\mathrm{d}^n f(t)}{\mathrm{d}t^n},$$

dann lässt sich Gl. (7.1) elegant wie folgt schreiben

$$p^n y(t) + a_{n-1}\, p^{n-1} y(t) + \cdots + a_0\, y(t) = b_m\, p^m u(t) + \cdots + b_0\, u(t) \tag{7.2}$$
$$\left(p^n + a_{n-1}\, p^{n-1} + \cdots + a_0\right) y(t) = \left(b_m\, p^m + \cdots + b_0\right) u(t).$$

Damit ist es nun gelungen, die Differentialgleichung (7.1) in eine algebraische Gleichung zu überführen. Genau das gleiche passiert auch bei Anwendung des Differentiationssatzes der LAPLACE-Transformation, die in Anhang A.1 näher beschrieben ist. Mit der Transformationsvorschrift (A.1) lässt sich eindeutig einer Funktion $x(t)$ im **Originalbereich** (auch **Zeitbereich**) eine andere Funktion $X(s)$ im **Bildbereich** (auch **Frequenzbereich**, **Spektralbereich**) zuordnen. Über Gl. (A.2) ist die Rücktransformation definiert.

Bei linearen Systemen sind die charakteristischen Eigenschaften, wie z. B. die Stabilität unabhängig von den Anfangswerten. Wendet man nun auf das energiefreie (d. h. $y_0^{(n-1)} = \ldots = \dot{y}_0 =$

$y_0 = 0$) System in Gl. (7.1) die LAPLACE-Transformation an, so gelangt man zunächst zu der folgenden algebraischen Gleichung

$$s^n Y(s) + a_{n-1} s^{n-1} Y(s) + \cdots + a_0 Y(s) = b_m s^m U(s) + \cdots + b_0 U(s),$$

die sich nach der Ausgangsgröße $Y(s)$ umformen lässt

$$Y(s) = \frac{b_m s^m + \cdots + b_1 s + b_0}{s^n + a_{n-1} s^{n-1} + \cdots + a_1 s + a_0} U(s). \tag{7.3}$$

Die entstehende gebrochenrationale Funktion nennt man die **Übertragungsfunktion** $G(s)$, die das Übertragungsverhalten des Systems vollständig bestimmt.

$$G(s) = \frac{Y(s)}{U(s)} = \frac{b_m s^m + \cdots + b_1 s + b_0}{s^n + a_{n-1} s^{n-1} + \cdots + a_1 s + a_0} \tag{7.4}$$

Die Übertragungsfunktion $G(s)$ ist gleichzeitig die LAPLACE-Transformierte der so genannten **Gewichtsfunktion** $g(t)$ (auch Impulsantwort), die die Antwort des energiefreien Systems auf den DIRAC-Impuls $\delta(t)$ (siehe Seite 140) darstellt. Mit der Gewichtsfunktion lässt sich die Antwort des energiefreien Systems über das Faltungsintegral berechnen

$$\boxed{y(t) = \int_0^t u(\tau) g(t-\tau) \mathrm{d}\tau = \int_0^t u(t-\tau) g(\tau) \mathrm{d}\tau}. \tag{7.5}$$

Der Zusammenhang in Gl. (7.4) beschreibt ein System mit einer Eingangs- und einer Ausgangsgröße (SISO = **S**ingle-**I**nput **S**ingle-**O**utput). Man kann aber auch MIMO-Systeme (**M**ultiple-**I**nput **M**ultiple-**O**utput), d. h. Systeme mit mehreren Eingangs- und Ausgangsgrößen so darstellen. Dazu ist die Übertragungsfunktion $G(s)$ durch die **Übertragungsfunktionsmatrix** $\boldsymbol{G}(s)$ zu ersetzen und man erhält in Analogie zu Gl. (7.3)

$$\boldsymbol{Y}(s) = \begin{bmatrix} Y_1(s) \\ Y_2(s) \\ \vdots \\ Y_r(s) \end{bmatrix} = \begin{bmatrix} G_{11}(s) & G_{12}(s) & \cdots & G_{1m}(s) \\ G_{21}(s) & G_{22}(s) & \cdots & G_{2m}(s) \\ \cdots & \cdots & \cdots & \cdots \\ G_{r1}(s) & G_{r2}(s) & \cdots & G_{rm}(s) \end{bmatrix} \begin{bmatrix} U_1(s) \\ U_2(s) \\ \vdots \\ U_m(s) \end{bmatrix} = \boldsymbol{G}(s)\boldsymbol{U}(s).$$

Die einzelnen Elemente der Matrix stellen Übertragungsfunktionen der hier m Eingänge auf die r Ausgänge dar. Auch hier gilt, dass lediglich das Klemmenverhalten beschrieben wird und damit unter Umständen interne, relevante Struktureigenschaften verborgen bleiben.

Beispiel 7.1 MIMO-System mit zwei Ein- und zwei Ausgängen

Betrachtet wird ein System mit zwei Ein- und zwei Ausgängen.

$$\boldsymbol{Y}(s) = \begin{bmatrix} Y_1(s) \\ Y_2(s) \end{bmatrix} = \begin{bmatrix} \dfrac{1}{s+1} & \dfrac{s-1}{s^2+s+1} \\ \dfrac{s+1}{s^2+s+2} & \dfrac{1}{s+1} \end{bmatrix} \begin{bmatrix} U_1(s) \\ U_2(s) \end{bmatrix} = \boldsymbol{G}(s)\boldsymbol{U}(s)$$

Bild 7.2 zeigt die Sprungantworten[1] von den beiden Eingangs- zu den beiden Ausgangsgrößen.

---

[1]   Unter der Sprungantwort versteht man die Antwort eines energiefreien Systems auf die Einheitssprungfunktion

mit $u(t) = \sigma(t) := \begin{cases} 1 & \text{falls} \quad t \geq 0 \\ 0 & \text{falls} \quad t < 0 \end{cases}$

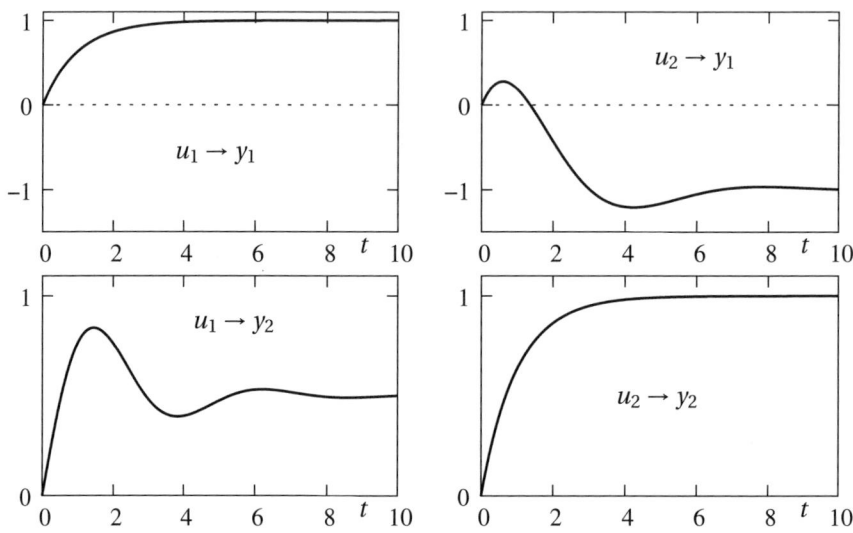

Bild 7.2 Sprungantworten des MIMO-Systems aus Beispiel 7.1. Links oben $u_1 \rightarrow y_1$; rechts oben $u_2 \rightarrow y_1$; links unten $u_1 \rightarrow y_2$; rechts unten $u_2 \rightarrow y_2$

Lineare zeitdiskrete Systeme

Ein lineares, zeitdiskretes System n-ter Ordnung mit der Eingangsgröße $u(k)$ und der Ausgangsgröße $y(k)$ ist eindeutig beschrieben durch die Differenzengleichung

$$y(k) + a_{n-1}y(k-1) + \cdots + a_0 y(k-n) = b_m u(k-n+m) + \cdots + b_0 u(k-n) \tag{7.6}$$

und den n Anfangswerten $y(0) = y_0$, $y(-1) = y_{-1}$, ..., $y(-n+1) = y_{-n+1}$.

In Analogie zu der Vorgehensweise bei den zeitkontinuierlichen Systemen führen wir den **Verschiebeoperator** q bzw. $q[.]$ mit folgender Bedeutung und Notation ein

$$q\left[f(k)\right] = qf(k) = f(k+1) \quad ; \quad q^n\left[f(k)\right] = q^n f(k) = f(k+n),$$

wodurch sich Gl. (7.6) wie folgt schreiben lässt

$$q^n y(k) + a_{n-1} q^{n-1} y(k) + \cdots + a_0 y(k) = b_m q^m u(k) + \cdots + b_0 u(k) \tag{7.7}$$
$$\left(q^n + a_{n-1} q^{n-1} + \cdots + a_0\right) y(k) = \left(b_m q^m + \cdots + b_0\right) u(k).$$

Das Pendant zur LAPLACE-Transformation ist die $\mathcal{Z}$-Transformation, vgl. Anhang A.1.3.

Für das energiefreie System in Gl. (7.6) ergibt der Verschiebesatz der $\mathcal{Z}$-Transformation

$$z^n Y(z) + a_{n-1} z^{n-1} Y(z) + \cdots + a_0 Y(z) = b_m z^m U(z) + \cdots + b_0 U(z),$$

bzw. umgeformt nach der Ausgangsgröße $Y(z)$

$$Y(z) = \frac{b_m z^m + \cdots + b_1 z + b_0}{z^n + a_{n-1} z^{n-1} + \cdots + a_1 z + a_0} \, U(z) = G(z) U(z). \tag{7.8}$$

Die zeitdiskrete Übertragungsfunktion $G(z)$ lautet hier

$$G(z) = \frac{Y(z)}{U(z)} = \frac{b_m z^m + \cdots + b_1 z + b_0}{z^n + a_{n-1} z^{n-1} + \cdots + a_1 z + a_0}. \tag{7.9}$$

Eine weitere Darstellungsform erhält man, wenn man die Übertragungsfunktion in Gl. (7.9) einer Polynomdivision unterzieht. Im Zeitbereich kann man dann das System (7.6) in der Form

$$y(k) = G(q)\,u(k) \quad \text{mit} \quad G(q) = \sum_{n=1}^{\infty} g(n)q^{-n} \tag{7.10}$$

anschreiben. Die Elemente $g(n)$, $n = \{1,\dots,\infty\}$ entsprechen gerade den Elementen der Impulsantwort, d. h. der Antwort des energiefreien Systems auf den DIRAC-Impuls $\delta(k)$.

Beispiel 7.2 Alternative Darstellung der Übertragungsfunktion

Betrachtet wird das System 1. Ordnung mit $G(z) = 1/(z - 0,5)$ bzw.

$$y(k+1) = \frac{1}{2}y(k) + u(k). \tag{7.11}$$

Die Polynomdivision liefert $\quad 1 : (q - \frac{1}{2}) = q^{-1} + \frac{1}{2}q^{-2} + \frac{1}{4}q^{-3} + \frac{1}{8}q^{-4} + \cdots$

Die Koeffizienten $g(n) = \{1, \frac{1}{2}, \frac{1}{4}, \frac{1}{8}, \dots\}$ entsprechen der Impulsantwort wie man leicht bestätigen kann, indem man $u(k) = \delta(k)$ mit $y(0) = 0$ in Gl. (7.11) einsetzt. ■

7.1.2 Zustandsraumdarstellung

Die Zustandsraumdarstellung beschreibt nicht nur das Ein-/Ausgangsverhalten, sondern auch die innere Struktur eines Systems. Diese Beschreibung erfolgt bei einem System n-ter Ordnung durch n Zustandsgrößen $x_i(t)$, $i = 1, 2, \dots, n$, die beispielsweise die Inhalte der Energiespeicher des Systems darstellen können.
Diese Zustandsgrößen fasst man im so genannten Zustandsvektor $x(t) \in \mathbb{R}^n$ zusammen. Der Zustandsraum (n-dimensionaler Vektorraum) wird durch den Zustandsvektor $x \in \mathbb{R}^n$ aufgespannt. Die Veränderung des Zustandsvektors wird durch seine Zeitableitung $\dot{x}(t)$ beschrieben [Unb07]. Man erhält so ein Differentialgleichungssystem als Systembeschreibung mit n verkoppelten Differentialgleichungen 1. Ordnung.

Lineare zeitkontinuierliche Systeme

Die Zustandsraumdarstellung eignet sich gleichermaßen für die Beschreibung von SISO- und MIMO-Systemen. Ein System mit mehreren Eingangs- und Ausgangsgrößen (MIMO-System) ist eindeutig beschrieben durch

$$\dot{x}(t) = A\,x(t) + B\,u(t) \qquad \text{(Zustandsdifferentialgleichung)} \tag{7.12a}$$

$$y(t) = C\,x(t) + D\,u(t) \qquad \text{(Ausgangsgleichung)} \tag{7.12b}$$

$$x(t = 0) = x_0 \qquad \text{(Anfangswerte)}$$

mit dem Zustandsvektor $x(t) \in \mathbb{R}^n$, dem Eingangsvektor $u(t) \in \mathbb{R}^m$, dem Ausgangsvektor $y(t) \in \mathbb{R}^r$ sowie den folgenden Matrizen

- A: Systemmatrix, $A \in \mathbb{R}^{n \times n}$,
- B: Eingangs- oder Steuermatrix, $B \in \mathbb{R}^{n \times m}$,
- C: Ausgangs- oder Messmatrix, $C \in \mathbb{R}^{r \times n}$,
- D: Durchgangsmatrix, $D \in \mathbb{R}^{r \times m}$.

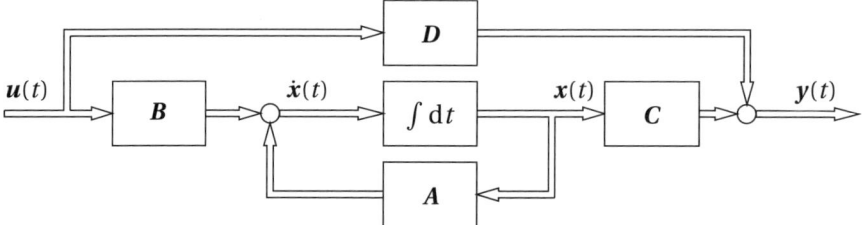

Bild 7.3 Blockschaltbild eines zeitkontinuierlichen Mehrgrößensystems im Zustandsraum

Bild 7.3 zeigt das entsprechende Blockschaltbild (Signalflussplan). Das SISO-System ist in den Gln. (7.12) als Spezialfall enthalten. Die Eingangs- und Ausgangsmatrizen werden zu Vektoren $B = b, C = c^T$, die Durchgangsmatrix zu einem Skalar $D = d$.

Die Lösung von Gl. (7.12) gelingt am einfachsten durch Anwendung der LAPLACE-Transformation (siehe Anhang A.3) und mit

$$sX(s) - x_0 = AX(s) + BU(s) \quad \text{sowie} \quad Y(s) = CX(s) + DU(s)$$

$$\text{erhält man} \quad Y(s) = \underbrace{C(sI - A)^{-1} x_0}_{Y_h(s)} + \underbrace{\left(C(sI - A)^{-1} B + D\right) U(s)}_{Y_p(s)},$$

Invertierbarkeit von $(sI - A)$ vorausgesetzt.

Im Zeitbereich lautet die Lösung für die Zustände

$$x(t) = \underbrace{e^{At} x_0}_{x_h} + \underbrace{\int_0^t e^{A(t-\tau)} B u(\tau) \, d\tau}_{x_p} \tag{7.13}$$

und besteht ebenfalls aus der Summe der homogenen und der partikulären Lösung. Die Matrixexponentialfunktion $\Phi(t) = e^{At} = \mathscr{L}^{-1}\left\{(sI - A)^{-1}\right\}$ bezeichnet man als **Fundamentalmatrix, Übergangsmatrix** oder **Transitionsmatrix**.

 Die Zustandsraumdarstellung ist nicht eindeutig. Mithilfe einer Ähnlichkeitstransformation (vgl. Anhang A.2.3) lassen sich neue Zustände als Linearkombinationen der ursprünglichen Zustände darstellen und die Systembeschreibung z. B. in eine für der Reglerentwurf besonders günstige Form bringen (vgl. Regelungsnormalform auf Seite 261). Die Ein-/Ausgangsbeziehung, d. h. das Klemmenmodell ist gegenüber der Ähnlichkeitstransformation aber invariant. Der Zusammenhang zwischen der Übertragungsfunktionsmatrix $G(s)$ und der Zustandsraumdarstellung lautet

$$Y(s) = \underbrace{\left[C(sI - A)^{-1} B + D\right]}_{G(s)} U(s). \tag{7.14}$$

Zur Wahl der Systemzustände

Die Zustandsgrößen beschreiben in ihrer Gesamtheit den Energieinhalt des Systems. Es bietet sich daher häufig an, die die Energie beschreibenden Größen als Zustände zu wählen.

Beispiel 7.3 Systemzustände für mechanischen Schwinger

Geeignete Zustände sind die Position $x = x_1$ und die Geschwindigkeit $\dot{x} = x_2$, vgl. Bild 7.4. Mit dieser Wahl erfasst man einerseits die in der Feder gespeicherte potentielle Energie $E_{\text{Feder}} = \frac{1}{2}k x^2 = \frac{1}{2}k x_1^2$ und andererseits die in der bewegten Masse m gespeicherte kinetische Energie mit $E_{\text{kin}} = \frac{1}{2}m \dot{x}^2 = \frac{1}{2}m x_2^2$.

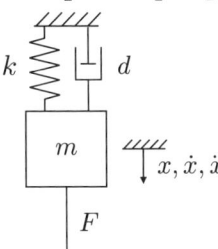

Bild 7.4
Gedämpfter Einmassen-
schwinger mit Federsteifig-
keit k, Dämpfungskoeffi-
zient d, Masse m
und externer Kraft F. ∎

Bei elektrischen Systemen wird die Energie in Kondensatoren (Kapazität C) und Spulen (Induktivität L) gespeichert. Für die Ladung Q in Kondensatoren gilt

$$Q = C u \quad \text{bzw.} \quad i = C \dot{u} \quad \text{und} \quad E_{\text{Kond}} = \frac{1}{2}C u^2.$$

Hier wählt man die Spannung u als Zustand.

Für den magnetischen Fluss Φ in Spulen gilt

$$\Phi = L i \quad \text{bzw.} \quad u = L\frac{\mathrm{d}}{\mathrm{d}t}i \quad \text{und} \quad E_{\text{Spule}} = \frac{1}{2}L i^2.$$

Hier wählt man zweckmäßigerweise den Strom i als Zustand.

Steuerbarkeit und Beobachtbarkeit

 Steuerbarkeit: Ein Mehrgrößensystem gemäß Gl. (7.12) heißt **vollständig steuerbar**, wenn es in endlicher Zeit t_e von jedem beliebigen Anfangszustand $\boldsymbol{x}(t = 0)$ durch geeignet gewählte Eingangsgrößen $\boldsymbol{u}(t)$ für $0 \le t \le t_e$ in einen beliebig vorgegebenen Endzustand $\boldsymbol{x}(t_e)$ überführt werden kann [Lun14b].

Dazu muss jede Komponente des Zustandsvektors $\boldsymbol{x}(t)$ von den Eingangsgrößen $\boldsymbol{u}(t)$ zumindest mittelbar beeinflusst werden. Ein System ist nach KALMAN dann **vollständig steuerbar**, wenn die **Steuerbarkeitsmatrix** $\boldsymbol{Q}_S \in \mathbb{R}^{n \times nm}$ den vollen Zeilenrang n besitzt:

$$\text{Rang}\left[\boldsymbol{Q}_S\right] = \text{Rang}\left[\boldsymbol{B}, \boldsymbol{A}\boldsymbol{B}, \boldsymbol{A}^2\boldsymbol{B}, \ldots, \boldsymbol{A}^{n-1}\boldsymbol{B}\right] = n. \tag{7.15}$$

Für SISO-Systeme ist $\boldsymbol{Q}_S \in \mathbb{R}^{n \times n}$ eine quadratische Matrix und zur Überprüfung des vollen Ranges reicht es aus, auf $\det\left[\boldsymbol{Q}_S\right] \ne 0$ zu prüfen.

 Beobachtbarkeit: Ein Mehrgrößensystem gemäß Gl. (7.12) heißt **vollständig beobachtbar**, wenn der Anfangszustand $\boldsymbol{x}(t = 0)$ aus dem über einem endlichen Intervall $0 \le t \le t_e$ bekannten Verlauf der Eingangsgrößen $\boldsymbol{u}(t)$ und der Ausgangsgrößen $\boldsymbol{y}(t)$ bestimmt werden kann [Lun14b].

Dazu muss jede Komponente des Zustandsvektors $x(t)$ zumindest mittelbar einen Einfluss auf die Ausgangsgrößen $y(t)$ aufweisen. Ein System ist nach KALMAN dann **vollständig beobachtbar**, wenn die **Beobachtbarkeitsmatrix** $Q_B \in \mathbb{R}^{r\,n \times n}$ den vollen Spaltenrang n besitzt:

$$\text{Rang}\left[Q_B\right] = \text{Rang} \begin{bmatrix} C \\ CA \\ CA^2 \\ \vdots \\ CA^{n-1} \end{bmatrix} = n. \tag{7.16}$$

Für SISO-Systeme ist $Q_B \in \mathbb{R}^{n \times n}$ quadratisch und zur Überprüfung des vollen Ranges reicht es aus, auf $\det\left[Q_B\right] \neq 0$ zu prüfen.

Die Beziehungen in den Gln. (7.15) und (7.16) sind als KALMANsche Kriterien bekannt und stellen ein notwendiges und hinreichendes Kriterium für die vollständige Steuerbarkeit bzw. Beobachtbarkeit dar. Wegen der Zeitinvarianz kann man in diesen den Anfangszeitpunkt $t = 0$ sinngemäß „beliebig" wählen. Mit der so genannten KALMAN-Zerlegung lässt sich außerdem jedes System in vier Teilsysteme gemäß Bild 7.5 aufspalten.

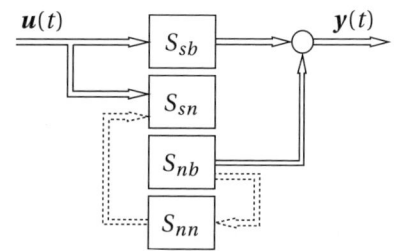

Bild 7.5
Zerlegung eines Systems in vier Teilsysteme:

S_{sb}: vollständig steuer- und beobachtbar
S_{sn}: vollständig steuer-, aber nicht beobachtbar
S_{nb}: nicht steuer-, aber vollständig beobachtbar
S_{nn}: nicht steuer- und nicht beobachtbar

 Das Klemmenmodell, d. h. die Beschreibung mithilfe der Übertragungsfunktion $G(s)$ oder Übertragungsfunktionsmatrix $G(s)$ spiegelt stets **nur** den beobachtbaren und steuerbaren Anteil S_{sb} des Systems wider!

Zustandsraumdarstellung aus Übertragungsfunktion

Ja nach Aufgabenstellung ist eine Beschreibung des Systems durch die Zustandsraumdarstellung oder mittels Übertragungsfunktion vorteilhafter.

Bei gegebener Zustandsraumdarstellung kann man die Übertragungsfunktion (bzw. die Übertragungsfunktionsmatrix bei einem MIMO-System) durch Anwendung der LAPLACE-Transformation einfach durch Gl. (7.14) gewinnen. Der umgekehrte Weg ist nachfolgend beschrieben. Betrachtet sei erneut die Übertragungsfunktion $G(s)$ aus Gl. (7.4). Es kann $m = n$ gelten, womit das System sprungfähig ist bzw. einen Durchgangsanteil aufweist. Ohne Beschränkung der Allgemeinheit lässt sich die Übertragungsfunktion dann nach Polynomdivision wie folgt anschreiben

$$G(s) = \frac{b_n s^n + \cdots + b_1 s + b_0}{s^n + a_{n-1}s^{n-1} + \cdots + a_1 s + a_0} = \frac{c_{Rn}s^{n-1} + \cdots + c_{R2}s + c_{R1}}{s^n + a_{n-1}s^{n-1} + \cdots + a_1 s + a_0} + b_n. \tag{7.17}$$

Wie bereits erwähnt, ist die Zustandsraumdarstellung nicht eindeutig und lässt sich durch Ähnlichkeitstransformationen geeignet verändern. Eine besondere Darstellungsform lässt sich unmittelbar aus Gl. (7.17) anschreiben, die sog. **Regelungsnormalform** (RNF), die für den Entwurf von Zustandsreglern (siehe Abschnitt 8.3.1) Vorteile aufweist. Man erhält

$$\dot{x}_R = A_R\, x_R(t) + b_R\, u(t) \quad ; \quad y(t) = c_R^T\, x_R(t) + d_R\, u(t) \quad \text{mit}$$

$$A_R = \begin{bmatrix} 0 & 1 & \cdots & 0 \\ \vdots & \vdots & \ddots & \vdots \\ 0 & 0 & \cdots & 1 \\ -a_0 & -a_1 & \cdots & -a_{n-1} \end{bmatrix}, \quad b_R = \begin{bmatrix} 0 \\ \vdots \\ 0 \\ 1 \end{bmatrix},$$

$$c_R^T = \begin{bmatrix} c_{R1}, & c_{R2}, & \cdots & c_{Rn} \end{bmatrix} = \begin{bmatrix} b_0 - b_n a_0, & b_1 - b_n a_1, & \cdots & b_{n-1} - b_n a_{n-1} \end{bmatrix}, \ d_R = b_n$$

Beispiel 7.4 RNF für Einmassenschwinger

Der in Bild 7.4 gezeigte Einmassenschwinger wird durch die Differentialgleichung

$$\ddot{x}(t) + \frac{d}{m}\,\dot{x}(t) + \frac{k}{m}\,x(t) = \frac{1}{m}\,u(t) \quad \text{bzw. gemäß Gl. (7.17) mit} \quad G(s) = \frac{X(s)}{U(s)} = \frac{0s + \frac{1}{m}}{s^2 + \frac{d}{m}s + \frac{k}{m}}$$

beschrieben. Damit lautet mit $a_0 = k/m$ und $a_1 = d/m$ sowie $b_0 = 1/m$ und $b_1 = 0$ die Zustandsraumdarstellung in RNF

$$\begin{bmatrix} \dot{x}_1 \\ \dot{x}_2 \end{bmatrix} = \underbrace{\begin{bmatrix} 0 & 1 \\ -\frac{k}{m} & -\frac{d}{m} \end{bmatrix}}_{A_R} \begin{bmatrix} x_1 \\ x_2 \end{bmatrix} + \underbrace{\begin{bmatrix} 0 \\ 1 \end{bmatrix}}_{b_R} u \quad ; \quad y = \begin{bmatrix} \frac{1}{m} & 0 \end{bmatrix} \begin{bmatrix} x_1 \\ x_2 \end{bmatrix}.$$

Formal erhält man das gleiche Resultat durch die Wahl $x_1(t) = m\,x(t)$, $x_2(t) = \dot{x}_1(t)$. ∎

Beispiel 7.5 MIMO-System mit zwei Ein- und zwei Ausgängen

Es findet eine erneute Betrachtung des Systems aus Beispiel 7.1 statt. Überführt man das System in den Zustandsraum (hier Diagonal-, bzw. Modalform), so ergibt sich

$$A = \begin{bmatrix} -0{,}5 & 0{,}866 & 0 & 0 & 0 & 0 \\ -0{,}866 & -0{,}5 & 0 & 0 & 0 & 0 \\ 0 & 0 & -0{,}5 & 1{,}323 & 0 & 0 \\ 0 & 0 & -1{,}323 & -0{,}5 & 0 & 0 \\ 0 & 0 & 0 & 0 & -1 & 0 \\ 0 & 0 & 0 & 0 & 0 & -1 \end{bmatrix}, B = \begin{bmatrix} 0 & 0 \\ 0 & 1{,}633 \\ 0 & 0 \\ 1{,}852 & 0 \\ 1 & 0 \\ 0 & 1 \end{bmatrix}$$

$$C = \begin{bmatrix} -1{,}061 & 0{,}612 & 0 & 0 & 1 & 0 \\ 0 & 0 & 0{,}204 & 0{,}54 & 0 & 1 \end{bmatrix}, D = 0.$$

Auf der Diagonalen finden sich die (reellen) Eigenwerte. Liegt ein konjugiert-komplexes Polpaar $\sigma \pm j\omega$ vor, dann entsteht ein 2×2 Block in der Form

$$\begin{bmatrix} \sigma & \omega \\ -\omega & \sigma \end{bmatrix}.$$

In der Modalform lassen sich Beobachtbarkeit und Steuerbarkeit besonders einfach untersuchen: Für die Steuerbarkeit ist etwa zu prüfen, ob auf jedes Diagonalelement oder jeden Diagonalblock mindestens eine Eingangsgröße wirkt. Das System hier ist vollständig steuerbar und auch vollständig beobachtbar. Alternativ könnte man die Beobachtbarkeit- und Steuerbarkeitsmatrizen auswerten. ∎

Lineare zeitdiskrete Systeme

Die Zustandsraumdarstellung für ein lineares, zeitdiskretes Mehrgrößensystem lautet

$$x(k+1) = A\,x(k) + B\,u(k) \qquad \text{(Zustandsdifferenzengleichung)} \qquad (7.18a)$$

$$y(k) = C\,x(k) + D\,u(k) \qquad \text{(Ausgangsgleichung)} \qquad (7.18b)$$

$$x(0) = x_0 \qquad \text{(Anfangswerte)}$$

mit dem Zustandsvektor $x(k) \in \mathbb{R}^n$, dem Eingangsvektor $u(k) \in \mathbb{R}^m$ und dem Ausgangsvektor $y(k) \in \mathbb{R}^r$. Bild 7.6 zeigt das Blockschaltbild. Der Unterschied zum zeitkontinuierlichen Fall (Bild 7.3) liegt in der zeitgesteuerten Verarbeitung und der Integrator ist durch eine Verschiebeoperation um die Abtastzeit T_0 ersetzt.

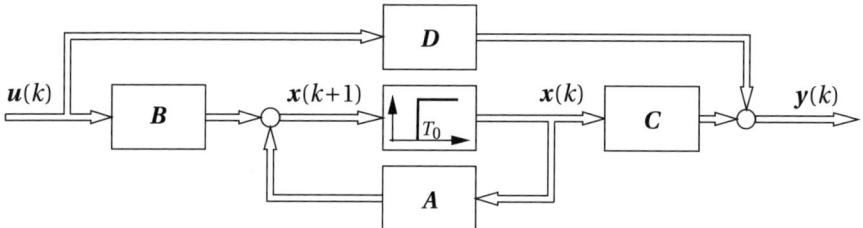

Bild 7.6 Blockschaltbild eines zeitdiskreten Mehrgrößensystems im Zustandsraum

Die Lösung von Gl. (7.18) lautet im Zeitbereich

$$x(k) = \underbrace{A^k x_0}_{x_\mathrm{h}} + \underbrace{\sum_{v=0}^{k-1} A^{(k-1-v)} B\,u(v)}_{x_\mathrm{p}}. \qquad (7.19)$$

Der erste Term stellt die homogene Lösung und der Summenausdruck die partikuläre Lösung dar. Alle weiteren Konzepte für Systeme im Zustandsraum wie Ähnlichkeitstransformation, Steuerbarkeit und Beobachtbarkeit gelten für zeitdiskrete Systeme unverändert.

7.1.3   Stabilitätsbegriff

Die grundlegendste Anforderung an mechatronische Systeme ist die nach stabilem Verhalten. Zur Analyse unterscheidet man meist zwei Stabilitätskriterien. Diese sind

- die Zustandsstabilität (auch LJAPUNOV-Stabilität) und
- die Eingangs-/Ausgangsstabilität, auch als BIBO-Stabilität (**B**ounded **I**nput **B**ounded **O**utput) oder E/A-Stabilität bezeichnet.

Qualitativ sind dies zwei verschiedene Dinge:

 Bei der Zustandsstabilität lenkt man gedanklich das System aus der Gleichgewichtslage aus und untersucht das Verhalten des freien Systems, d. h. man überprüft die **Stabilität der Ruhelage** (innere Stabilität). Der relevante zu untersuchende Teil ist die homogene Lösung in den Gl. (7.13) bzw. Gl. (7.19).

Bei der E/A-Stabilität regt man das System aus der Ruhelage durch eine beschränkte Eingangsgröße an und untersucht die Ausgangsgröße, d. h. man überprüft die **Stabilität des Systemübertragungsverhaltens** (äußere Stabilität).

Das breite Spektrum der Systemklassen bei der Behandlung mechatronischer Systeme führt zu unterschiedlichen Stabilitätskriterien und Entwurfsmethoden. Zwei wichtige Punkte in diesem Zusammenhang sind:

- Das wesentliche Unterscheidungsmerkmal bei Systemklassen ist das nach **Linearität**. Besonders vorteilhaft bei linearen Systemen ist die **globale** Aussagekraft der Stabilitätsanalyse – unabhängig von Anregungen und Arbeitspunkt.
- Die Stabilitätskriterien bei kontinuierlichen und zeitdiskreten Systemen sind unterschiedlich. Allerdings geht die Stabilitätseigenschaft durch die Abtastung nicht verloren, d. h. wenn das kontinuierliche System „asymptotisch stabil" (Erläuterung nachfolgend) ist, dann ist es auch das abgetastete zeitdiskrete System; das gleiche gilt für die E/A-Stabilität. **Vorsicht**: Die Umkehrung gilt nicht!

Stabilitätsbegriffe nach LJAPUNOV

Betrachtet wird ein autonomes System, d. h. ein System ohne Eingangsgröße, das jedoch nichtlinear sein darf. Das System wird mithilfe des Zustandsvektors x beschrieben, der eine eindeutige Auskunft über den **inneren Zustand** des Systems gibt:

$$\dot{x}(t) = f(x(t)) \,,\; x(0) = x_0 \quad x \in \mathbb{R}^n . \tag{7.20}$$

Die Punkte x^*, für die $\dot{x}(t) \equiv 0$ gilt, nennt man **Gleichgewichtslage** (auch Ruhelage).

 Die Gleichgewichtslage x^* heißt stabil im Sinne von LJAPUNOV (auch zustandsstabil), wenn zu jedem $\epsilon > 0$ eine Zahl $\delta = \delta(\epsilon) > 0$ so existiert, dass für jeden Anfangszustand $x(0) = x_0$, der die Bedingung $\|x_0 - x^*\|_2 \leq \delta$ erfüllt, für die Eigenbewegung des Systems gilt:

$$\|x(t) - x^*\|_2 \leq \epsilon \quad \text{für alle} \quad t \geq 0 .$$

Dies bedeutet einfach ausgedrückt: Für jeden Anfangszustand x_0 innerhalb δ um die Gleichgewichtslage x^* ist garantiert, dass sich der Zustand nie weiter als ϵ von der Gleichgewichtslage entfernt (vgl. Bild 7.7).

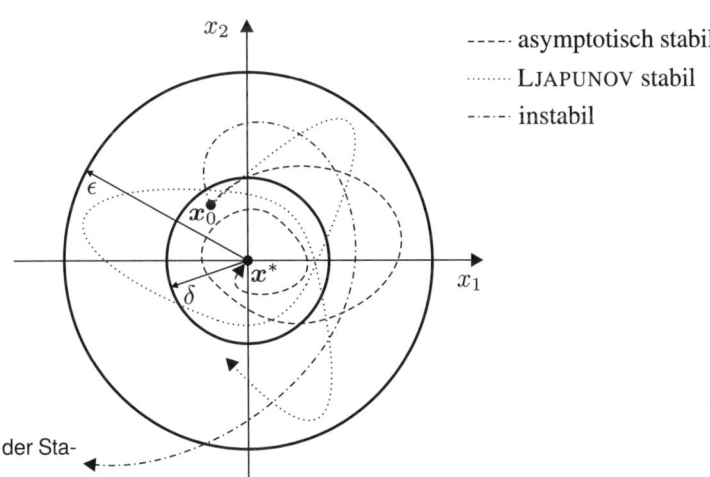

Bild 7.7
Grafische Darstellung der Stabilitätsbegriffe

Die Gleichgewichtslage x^* wird als **asymptotisch stabil** bezeichnet, wenn sie stabil im Sinne von LJAPUNOV ist und zusätzlich gilt:

$$\lim_{t\to\infty} \left\| x(t) - x^* \right\|_2 = 0$$

für alle Anfangswerte $x_0 \in M$ mit $\left\| x_0 - x^* \right\|_2 \le \delta$.

In anderen Worten: Der Zustand strebt gegen die Gleichgewichtslage x^*. Je nach Definition der Menge M wird unterschieden:

- global asymptotisch stabil: $M = \mathbb{R}^n$,
- lokal asymptotisch stabil: $M \subset \mathbb{R}^n$.

 Die Gleichgewichtslage x^* wird als **exponentiell stabil** bezeichnet, wenn $c > 0$ und $\sigma > 0$ existieren, sodass

$$\left\| x(t) - x^* \right\|_2 \le c\, \mathrm{e}^{-\sigma t} \left\| x_0 - x^* \right\|_2 \quad \text{für alle} \quad t \ge 0$$

mit $x_0 \in M$ gilt. Dies bedeutet anschaulich, dass die Annäherung an die Gleichgewichtslage x^* mindestens mit exponentieller Geschwindigkeit (Multiplikator $c\, \mathrm{e}^{-\sigma t}$) geschieht. In Analogie zur asymptotischen Stabilität unterscheidet man:

- global exponentiell stabil: $M = \mathbb{R}^n$,
- lokal exponentiell stabil: $M \subset \mathbb{R}^n$.

 Ein Gleichgewichtslage x^* wird als **instabil** bezeichnet, falls sie nicht stabil im Sinne von LJAPUNOV ist.

Bild 7.7 visualisierte die unterschiedlichen Begrifflichkeiten am Beispiel eines Systems 2. Ordnung $x = [x_1, x_2]^\mathrm{T}$ mit der Gleichgewichtslage $x^* = 0$.
Deutlich zu erkennen ist, dass das asymptotisch stabile System gegen die Gleichgewichtslage $x^* = 0$ strebt, dass das LJAPUNOV-stabile System beschränkt innerhalb der ϵ-Umgebung bleibt und dass für das instabile System keine obere Schranke ϵ existiert. Aufgrund der Definitionen (Striktheit der Anforderungen) gelten folgende Implikationen, wobei der Pfeil $\to$ im Sinne von „wenn, dann" zu lesen ist: Exponentiell stabil $\to$ asymptotisch stabil $\to$ LJAPUNOV-stabil. Die Umkehrung ist nicht zulässig.

Eingangs-/Ausgangsstabilität (auch E/A-Stabilität)

 Ein System heißt Eingangs-/Ausgangs-stabil (**BIBO**-stabil, E/A-stabil), wenn das energiefreie System auf jedes amplitudenbeschränkte Eingangssignal

$$|u(t)| < u_{\max} \qquad \forall t > 0$$

mit einem amplitudenbeschränkten Ausgangssignal

$$\left| y(t) \right| < y_{\max} \qquad \forall t > 0$$

antwortet.

Bei einem linearen System ist die E/A-Stabilität gleichbedeutend mit der Forderung, dass die Impulsantwort $g(t)$, d. h. die Antwort des energiefreien Systems auf den DIRAC-Impuls $\delta(t)$ absolut endlich integrierbar ist.

$$\int_0^\infty |g(t)|\,\mathrm{d}t < \infty \tag{7.21}$$

Beweis: Für das lineare, zeitkontinuierliche System mit der Eingangsgröße $u(t)$ und der Ausgangsgröße $y(t)$ gilt das Faltungsintegral

$$y(t) = \int_0^t g(t-\tau)\,u(\tau)\,\mathrm{d}\tau. \tag{7.22}$$

Für die Beträge gilt dann

$$|y(t)| \leq \int_0^t |g(t-\tau)|\,|u(\tau)|\,\mathrm{d}\tau \leq u_{\max}\int_0^t |g(t-\tau)|\,\mathrm{d}\tau = u_{\max}\int_0^t |g(\tau)|\,\mathrm{d}\tau.$$

Mit der Forderung nach Erfüllung für alle $t > 0$ folgt die Forderung in (7.21).

Der (ideale) Differenzierer ist damit nicht E/A-stabil, wie man sich leicht durch die Betrachtung der Eingangsgröße $u(t) = A_0\sin(\omega t)$ verdeutlichen kann. Die Eingangsgröße ist für beliebige ω eine beschränkte Funktion mit $|u(t)| \leq A_0$. Die Ausgangsgröße des Differenzierers ist $y(t) = A_0\omega\cos(\omega t)$, die allerdings nicht beschränkt ist, sondern mit beliebigem ω über alle Grenzen wachsen kann.

7.1.4 Stabilitätskriterien – Systemmatrix

Dieser Abschnitt befasst sich mit der Bestimmung der Stabilität linearer, homogener Systeme. Es werden Methoden zur Stabilitätsbestimmung anhand der zeitkontinuierlichen und zeitdiskreten Systemmatrix A vorgestellt.
Sind nichtlineare Systeme Gegenstand der Betrachtung, so sind diese mit den in Abschnitt 7.2.2 behandelten Methoden im Arbeitspunkt x_0 zu linearisieren. Die so gewonnene, jedoch nur lokal gültige, Systemmatrix analysiert man dann entsprechend mit den Methoden für lineare Systeme. Besonderes Augenmerk sollte in diesen Fällen auf den Gültigkeitsbereich der linearen Approximation liegen – die Aussagen gelten nur in einer Umgebung von x_0.

Zeitkontinuierliche homogene Systeme

Betrachtet werde das homogene, lineare Differentialgleichungssystem n-ter Ordnung

$$\dot{x} = A x \quad \text{mit} \quad A \in \mathbb{R}^{n\times n} \tag{7.23}$$

mit der Anfangsbedingung $x(t_0) = x_0$. Des Weiteren sei angenommen, dass die Matrix A diagonalisierbar sei, d. h. es existieren n linear voneinander unabhängige Eigenvektoren v_i zu den (nicht zwingend verschiedenen) Eigenwerten (EW) λ_i (siehe auch Anhang A.2.3). Die in der neuen Basis V ausgedrückten neuen Zustände z lauten

$$z = V^{-1} x \quad \text{mit} \quad V = [v_1, \ldots, v_n]$$

und das Differentialgleichungssystem nach Gl. (7.23) resultiert zu

$$\dot{z} = V^{-1}\,\dot{x} = V^{-1}A\,x = V^{-1}A V z = \Lambda\,z \quad \text{mit} \quad \Lambda = \text{diag}\{\lambda_1,\dots,\lambda_n\}\,. \tag{7.24}$$

Die Zustände z_i sind aufgrund der Diagonalform (auch modale Form, vgl. Anhang A.3) von Λ entkoppelt, können also separat betrachtet werden und es gilt $\dot{z}_i = \lambda_i\,z_i$ mit $\lambda_i \in \mathbb{C}$. Die Lösung der Gl. (7.24) ergibt sich zu

$$z(t) = e^{\Lambda t}\,z(t_0) = \text{diag}\left\{e^{\lambda_1 t},\dots,e^{\lambda_n t}\right\} z(t_0) \text{ mit dem Anfangswert } z(t_0) = V^{-1}\,x(t_0)\,.$$

Für die Gleichgewichtslage zeitkontinuierlicher, autonomer, linearer Systeme gilt: $\dot{x} = 0 = A x^*$. Bei vollem Rang der Systemmatrix A resultiert daraus $x^* = 0$. Für asymptotische Stabilität (siehe Seite 264) mit der Gleichgewichtslage $x^* = z^* = 0$ ist zu fordern

$$\lim_{t\to\infty} \|x(t)\|_2 \overset{!}{=} 0, \quad \text{d. h. } \lim_{t\to\infty} \|z(t)\|_2 = \lim_{t\to\infty} \left\| \left[e^{\lambda_1 t}\,z_{1,t_0}\,\dots\,e^{\lambda_n t}\,z_{n,t_0}\right]^{\mathrm{T}} \right\|_2 \overset{!}{=} 0\,.$$

Offensichtlich muss für die Realteile der Eigenwerte (EW) gelten:

$$\boxed{\ \text{Re}\{\lambda_i\} < 0 \quad \text{für alle} \quad i = \{1,\dots,n\}\,.\ }$$

Aufgrund des exponentiellen Verhaltens gilt darüber hinaus, dass das System unter obiger Voraussetzung ebenfalls exponentiell (global für lineare Systeme) stabil ist.

 Zusammenfassend ergeben sich folgende Stabilitätsaussagen für das lineare, zeitkontinuierliche System mit der Systemmatrix A:

- Weisen alle Eigenwerte einen negativen Realteil auf Re$\{\lambda_i\} < 0$, so ist das dynamische System **exponentiell stabil** (und somit auch **asymptotisch stabil**).
- Existieren neben Eigenwerten λ_i mit negativen Realteil Re$\{\lambda_i\} < 0$ auch Eigenwerte mit Re$\{\lambda_i\} = 0$ und ist deren algebraische Vielfachheit eins, so ist das System stabil im Sinne von LJAPUNOV (**grenzstabil**).
- Weist wenigstens ein Eigenwert λ_i einen positiven Realteil auf Re$\{\lambda_i\} > 0$ oder ist die algebraische Vielfachheit von Eigenwerten mit Realteil null Re$\{\lambda_i\} = 0$ größer eins und die Systemmatrix A ist nicht diagonalisierbar, so ist das System **instabil**.

Bild 7.8 fasst die Stabilitätsgebiete in der komplexen Ebene nochmals grafisch zusammen.

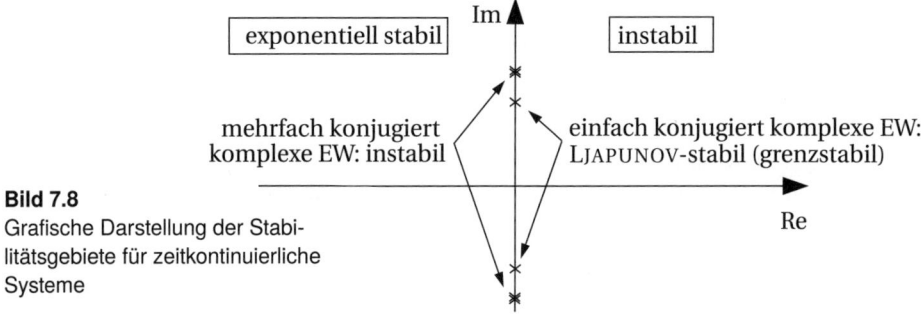

Bild 7.8
Grafische Darstellung der Stabilitätsgebiete für zeitkontinuierliche Systeme

Ausgehend von der Diagonalform ist das Verhalten für einige Fälle grafisch in Bild 7.9 dargestellt: Je nach Vorzeichen weisen die zu rein reellen Eigenwerten gehörenden Zustände exponentiell stabiles ($\lambda_i < 0$) oder exponentiell instabiles ($\lambda_i > 0$) Verhalten auf, vgl. Bild 7.9(a).

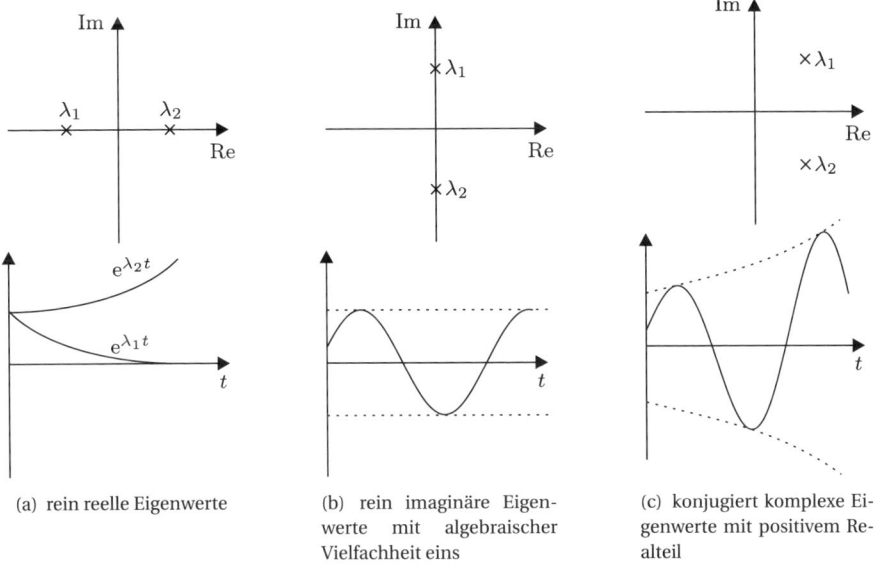

(a) rein reelle Eigenwerte

(b) rein imaginäre Eigenwerte mit algebraischer Vielfachheit eins

(c) konjugiert komplexe Eigenwerte mit positivem Realteil

Bild 7.9 Beispielhaftes Zeitverhalten in Abhängigkeit der Eigenwerte

Konjugiert komplexe Eigenwerte mit algebraischer Vielfachheit eins und Realteil null führen zu einer Schwingung mit konstanter Amplitude (vgl. Bild 7.9(b)) – ein Realteil größer null erzeugt eine exponentiell ansteigende Schwingungsamplitude, das System ist instabil (vgl. Bild 7.9(c)).

Zeitdiskrete homogene Systeme

Betrachtet sei das homogene, lineare Differenzengleichungssystem n-ter Ordnung

$$x(k+1) = A_{\mathrm{d}}\,x(k) \quad \text{mit} \quad A_{\mathrm{d}} \in \mathbb{R}^{n \times n}$$

und der Anfangsbedingung $x(0) = x_0$. Die Lösung lautet $x(k) = A_{\mathrm{d}}^{k}\,x(0)$ und mit einer Ähnlichkeitstransformation $z(k) = V^{-1}\,x(k)$ in eine Diagonalform (vgl. Anhang A.2.3) erhält man

$$z(k) = \Lambda_{\mathrm{d}}^{k}\,z(0) = \operatorname{diag}\left\{\lambda_1^k, \ldots, \lambda_n^k\right\} z(0)\,.$$

Betrachtet man eine Zeile der modal entkoppelten Differenzengleichung $z_i(k) = \lambda_i^k\, z_{i,0}$, so ist offensichtlich für die Stabilität zu fordern:

$$\boxed{|\lambda_i| < 1 \quad \text{für alle} \quad i = \{1, \ldots, n\}\,.}$$

Bild 7.10 zeigt das Stabilitätsgebiet in der komplexen Ebene.

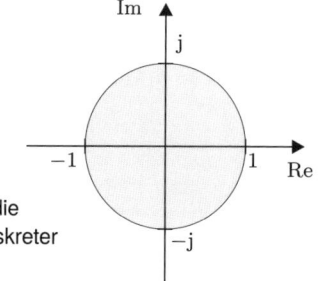

$|\lambda_i| < 1$: asymptotisch stabil

$|\lambda_i| = 1$: LJAPUNOV stabil (grenzstabil)

$|\lambda_i| > 1$: instabil

Bild 7.10
Stabilitätsgebiet für die
Eigenwerte λ_i zeitdiskreter
Systeme

 Für ein zeitdiskretes System mit den Eigenwerten λ_i der Systemmatrix A_d kann man somit folgende Stabilitätskriterien festhalten:

- Gilt $|\lambda_i| < 1$ für alle λ_i, dann ist das System **asymptotisch stabil**.
- Gilt $|\lambda_i| \leq 1$ für alle λ_i, dann ist das System **grenzstabil**, wenn die algebraische Vielfachheit der Eigenwerte, für die $|\lambda_i| = 1$ gilt, eins beträgt.
- Gilt $|\lambda_i| > 1$ für mindestens einen Eigenwert λ_i, so ist das System **instabil**.

Man kann sich das Ergebnis auch wie folgt plausibilisieren:
Zwischen den Polen eines kontinuierlichen Systems in der s-Ebene und den entsprechenden Polen des mit der Abtastzeit T_0 abgetasteten Systems in der z-Ebene gilt der Zusammenhang (siehe auch Abschnitt 8.5.1 und Anhang A.1.3)

$$z = \mathrm{e}^{s T_0}. \tag{7.25}$$

Transformiert man die Stabilitätsgrenze der s-Ebene, d. h. $s = \mathrm{j}\omega$ ($\hat{=}$ Imaginärachse), so führt dies auf $z = \mathrm{e}^{\mathrm{j}\omega t} = \cos(\omega t) + \mathrm{j}\sin(\omega t)$ und bedeutet, dass der Grenzfall auf den Einheitskreis in der z-Ebene abgebildet wird, vgl. Bild 7.10. Der asymptotisch stabile Bereich befindet sich im Inneren des Einheitskreises, der instabile liegt außerhalb.

 Aus den Stabilitätsaussagen für kontinuierliche und diskrete Systeme folgt, dass ein Einfach-Integrator grenzstabil ist – ein Doppel-Integrator hingegen aber bereits instabil ist.

Im Zeitdiskreten kann auch ein System 1. Ordnung ein „schwingfähiges" Verhalten aufweisen. Die unterschiedlichen Eigenbewegungen für die Differenzengleichung

$$z_i(k) = \lambda_i^k \, z_{i,0}$$

zeigen die Bilder 7.11 - 7.16 für die Auslenkung $z_{i,0}$ aus der Ruhelage.

7.1.5   Stabilitätskriterien – Übertragungsfunktion

Die Stabilitätskriterien lassen sich auch aus dem Klemmenmodell ableiten, d. h. aus der Übertragungsfunktion $G(s)$, die die Impulsantwort (Antwort des energiefreien Systems auf den DIRAC-Impuls $\delta(t)$) darstellt, siehe Abschnitt 7.1.1.

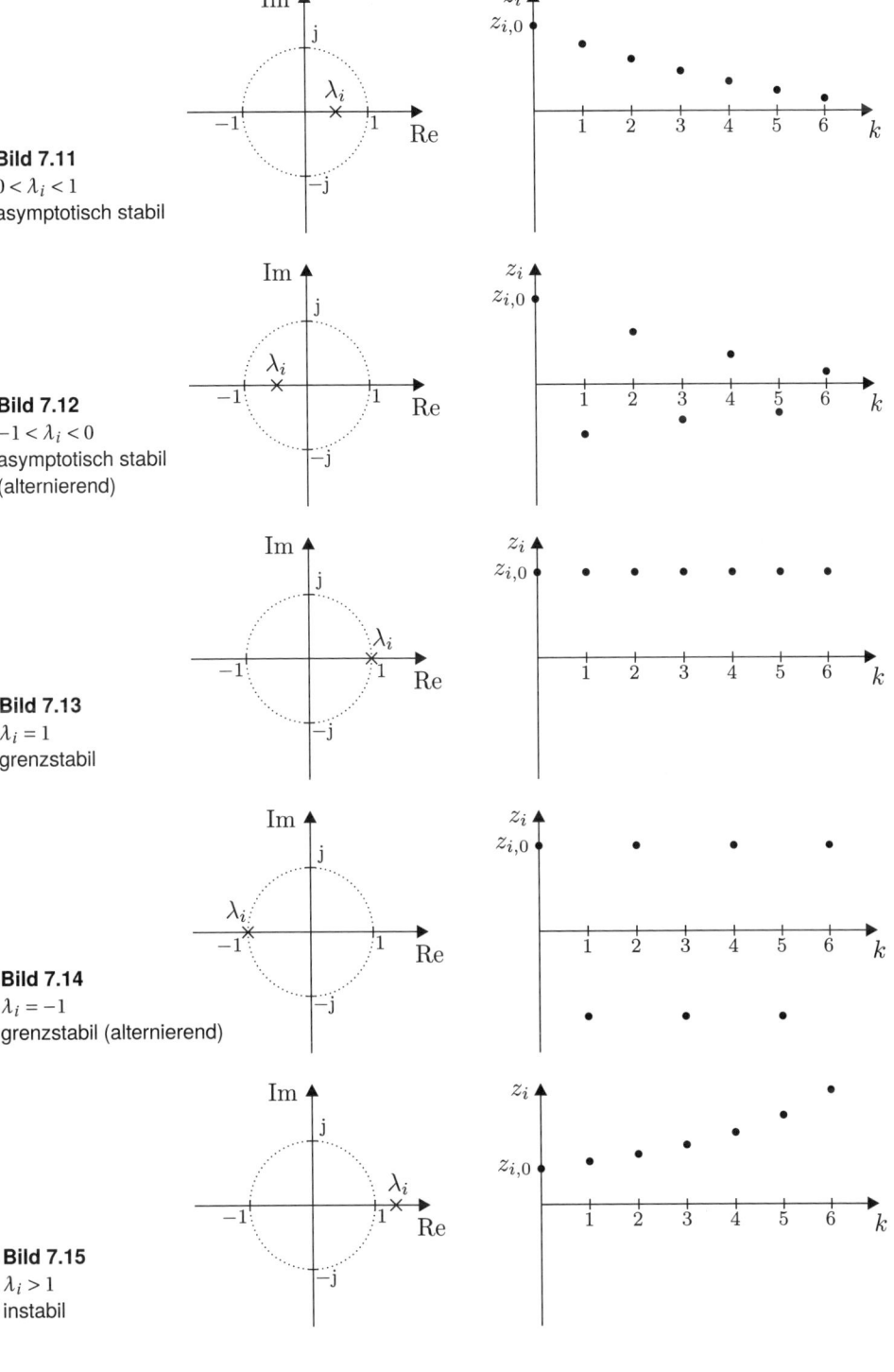

Bild 7.11
$0 < \lambda_i < 1$
asymptotisch stabil

Bild 7.12
$-1 < \lambda_i < 0$
asymptotisch stabil
(alternierend)

Bild 7.13
$\lambda_i = 1$
grenzstabil

Bild 7.14
$\lambda_i = -1$
grenzstabil (alternierend)

Bild 7.15
$\lambda_i > 1$
instabil

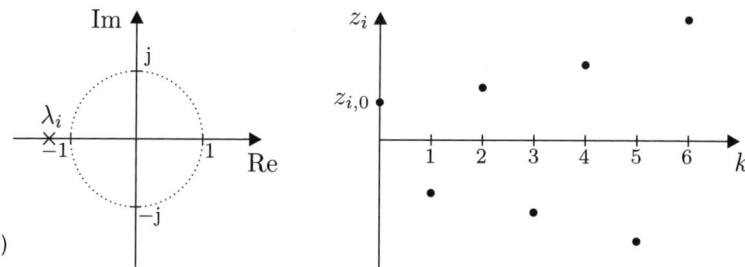

Bild 7.16
$\lambda_i < -1$
instabil (alternierend)

Zeitkontinuierliche Systeme

Betrachtet wird erneut das Zustandsraummodell in Gl. (7.12). Durch Anwendung der LAPLACE-Transformation (siehe auch Anhang A.3) erhält man für die Transformierte des Zustandsvektors

$$X(s) = (sI - A)^{-1}x_0 + (sI - A)^{-1}BU(s) \tag{7.26}$$

und damit für den Ausgangsvektor

$$Y(s) = CX(s) + DU(s)$$
$$= \underbrace{C(sI-A)^{-1}x_0}_{Y_h(s)} + \underbrace{\left(C(sI-A)^{-1}B + D\right)U(s)}_{Y_p(s)}, \tag{7.27}$$

vgl. hierzu auch Abschnitt 7.1.2. Mit $x_0 = \mathbf{0}$ (die Übertragungsfunktion gilt nur für energiefreie Systeme) folgt aus $Y(s) = G(s)U(s)$ unmittelbar für die Übertragungsfunktionsmatrix $G(s)$

$$G(s) = C(sI-A)^{-1}B + D = C\frac{\text{adj}[sI-A]}{\det[sI-A]}B + D, \tag{7.28}$$

wobei adj [.] die Adjunkte symbolisiert (vgl. Anhang A.2.1).
Die Determinante det $[sI - A]$ stellt ein Polynom vom Grade n dar und entspricht dem ungekürzten Nenner aller Übertragungsfunktionen in $G(s)$

$$\det[sI - A] = (s - s_1)(s - s_2)\dots(s - s_n).$$

Aus der **charakteristischen Gleichung** det $[sI - A] = 0$ ergeben sich somit die Nennernullstellen der Übertragungsfunktionen. Ein Vergleich mit Abschnitt 7.1.4 macht deutlich, dass $s_i = \lambda_i$ gilt, wobei λ_i die Eigenwerte der Systemmatrix A sind. Somit sind die Stabilitätskriterien aus Abschnitt 7.1.4 direkt übertragbar.

Zeitkontinuierliche Systeme – E/A-Stabilität

E/A-Stabilität eines linearen Systems liegt vor, wenn die Gewichtsfunktion/Impulsantwort $g(t)$ endlich integrierbar ist, also

$$\int_0^\infty |g(t)|\,\mathrm{d}t < \infty \quad \text{gilt.} \tag{7.29}$$

Betrachtet wird ein SISO-System mit

$$\dot{x} = Ax + bu \quad \text{mit} \quad x(0) = x_0.$$

Mit der Fundamentalmatrix $\mathbf{\Phi} = \mathrm{e}^{At}$ und der Anregung $u(t) = \delta(t)$ lautet die bekannte Lösung

$$x(t) = \mathbf{\Phi}(t)\,x_0 + \int_0^t \mathbf{\Phi}(t-\tau)\,\boldsymbol{b}\,u(\tau)\,\mathrm{d}\tau = \mathbf{\Phi}(t)\,x_0 + \mathbf{\Phi}(t)\,\boldsymbol{b}.$$

Für die Betrachtung der E/A-Stabilität ist der Anfangswert x_0 nicht relevant, sodass $x_0 = 0$ gesetzt werden kann und es gilt

$$x(t) = \mathbf{\Phi}(t)\,\boldsymbol{b}.$$

Mit der Ausgangsgleichung $y(t) = \boldsymbol{c}^{\mathrm{T}}x + d\,u(t)$ resultiert die Impulsantwort zu

$$g(t) = y(t) = \boldsymbol{c}^{\mathrm{T}}\mathbf{\Phi}(t)\,\boldsymbol{b} + d\,\delta(t).$$

Eingesetzt in Gl. (7.29) ergibt

$$\int_0^t \left|g(\tau)\right|\mathrm{d}\tau = \int_0^t \left|\boldsymbol{c}^{\mathrm{T}}\mathbf{\Phi}(\tau)\,\boldsymbol{b} + d\,\delta(\tau)\right|\mathrm{d}\tau \le \int_0^t \left|\boldsymbol{c}^{\mathrm{T}}\mathbf{\Phi}(\tau)\,\boldsymbol{b}\right|\mathrm{d}\tau + \underbrace{\int_0^t \left|d\,\delta(\tau)\right|\mathrm{d}\tau}_{|d|} < \infty$$

und daraus die Forderung $\qquad \displaystyle\int_0^t \left|\boldsymbol{c}^{\mathrm{T}}\mathbf{\Phi}(\tau)\,\boldsymbol{b}\right|\mathrm{d}\tau \overset{!}{<} \infty.$ \hfill (7.30)

Unter der Annahme, dass die Systemmatrix A diagonalisierbar ist und bereits in Diagonalform vorliegt, gilt $\mathbf{\Phi}(t) = \mathrm{diag}\left\{\mathrm{e}^{\lambda_1 t}, \ldots, \mathrm{e}^{\lambda_n t}\right\}$. Somit stellt der Integrand in Gl. (7.30) eine Linearkombination von Exponentialfunktionen dar. Das Integral bleibt auch für $t \to \infty$ beschränkt, wenn

$$\boxed{\mathrm{Re}\{\lambda_i\} < 0 \quad \text{für alle} \quad i = \{1, \ldots, n\}}$$

erfüllt ist.

Das System ist somit E/A-stabil, wenn der Realteil aller Eigenwerte λ_i der Systemmatrix **strikt negativ** ist. Ein lineares E/A-stabiles System ist somit auch exponentiell (und damit ebenfalls asymptotisch) stabil.

Zeitdiskrete Systeme

Betrachtet wird die Differenzengleichung (7.6), bzw. die daraus abgeleitete homogene Differenzengleichung, die die Systemstabilität charakterisiert

$$y(k) + a_{n-1}y(k-1) + \cdots + a_0\,y(k-n) = 0. \tag{7.31}$$

Wählt man als Lösungsansatz die Funktion $y(k) = \lambda^k$ – das ergibt dann z. B. $y(k-n) = \lambda^{k-n}$ – und multipliziert Gl. (7.31) zusätzlich mit λ^n, dann erhält man

$$\lambda^{k+n} + a_{n-1}\lambda^{k+n-1} + \cdots + a_1\lambda^{k+1} + a_0\lambda^k = 0,$$

$$\text{bzw.} \quad \lambda^k\left(\lambda^n + a_{n-1}\lambda^{n-1} + \cdots + a_1\lambda + a_0\right) = 0.$$

Mit $\lambda^k > 0\ \forall k$ lautet dann die **charakteristische Gleichung**

$$\lambda^n + a_{n-1}\lambda^{n-1} + \cdots + a_1\lambda + a_0 = 0. \tag{7.32}$$

Es lässt sich zeigen, dass die n Lösungen der charakteristischen Gleichung (7.32) die Eigenwerte λ_i der zugehörigen zeitdiskreten Systemmatrix A_d darstellen.

Die in Abschnitt 7.1.4 abgeleiteten Stabilitätskriterien für zeitdiskrete Systeme anhand der Eigenwerte von A_d lassen sich aufgrund der Äquivalenz direkt auf die Nullstellen λ_i des charakteristischen Polynoms übertragen. Vorteilhaft ist, dass keine explizite Determinantenbestimmung erforderlich ist und sich das charakteristische Polynom direkt aus der Differenzengleichung anschreiben lässt.

Beispiel 7.6 LJAPUNOV-**Stabilität $\neq$ E/A-Stabilität**

Betrachtet wird ein lineares System 2. Ordnung im Zustandsraum

$$\dot{x} = \begin{bmatrix} 0 & 1 \\ 2 & 1 \end{bmatrix} x + \begin{bmatrix} 0 \\ 1 \end{bmatrix} u \quad ; \quad y = [-2, \ 1] \, x.$$

Wie man sich leicht von überzeugen kann, ist das System nicht asymptotisch stabil, denn das charakteristische Polynom weist einen Pol in der rechten s-Halbebene (bei $s = 2$) auf:

$$\det[s\boldsymbol{I} - \boldsymbol{A}] = \det\left[\begin{bmatrix} s & -1 \\ -2 & s-1 \end{bmatrix}\right] = s(s-1) - 2 = (s+1)(s-2).$$

Berechnet man allerdings die Übertragungsfunktion des Systems, die lediglich das Ein-/Ausgangsverhalten beschreibt, so erhält man

$$G(s) = \frac{Y(s)}{U(s)} = \boldsymbol{c}^{\mathrm{T}}(s\boldsymbol{I} - \boldsymbol{A})^{-1}\boldsymbol{b} = \frac{[-2, \ 1]\begin{bmatrix} s-1 & 1 \\ 2 & s \end{bmatrix}\begin{bmatrix} 0 \\ 1 \end{bmatrix}}{(s+1)(s-2)} = \frac{s-2}{(s+1)(s-2)} = \frac{1}{s+1}.$$

Das System ist somit E/A-stabil; der instabile Zustand tritt am Klemmenverhalten nicht in Erscheinung. Aufgrund der verringerten Systemordnung (das System verhält sich an den Klemmen wie ein System 1. Ordnung) sind Kürzungen aufgetreten, was darauf hindeutet, dass das System die Steuerbarkeits- und/oder Beobachtbarkeitsbedingung verletzt. Eine Betrachtung der Steuerbarkeits- bzw. Beobachtbarkeitsmatrizen nach KALMAN zeigt, dass das System nicht vollständig beobachtbar ist:

$$\boldsymbol{Q}_{\mathrm{S}} = [\boldsymbol{b}, \ \boldsymbol{Ab}] = \begin{bmatrix} 0 & 1 \\ 1 & 1 \end{bmatrix} \quad \text{mit} \quad \mathrm{Rang}[(\boldsymbol{Q}_{\mathrm{S}})] = 2 \quad \text{und} \quad \det[\boldsymbol{Q}_{\mathrm{S}}] \neq 0,$$

$$\boldsymbol{Q}_{\mathrm{B}} = \begin{bmatrix} \boldsymbol{c}^{\mathrm{T}} \\ \boldsymbol{c}^{\mathrm{T}}\boldsymbol{A} \end{bmatrix} = \begin{bmatrix} -2 & 1 \\ 2 & -1 \end{bmatrix} \quad \text{mit} \quad \mathrm{Rang}[(\boldsymbol{Q}_{\mathrm{B}})] = 1 \quad \text{und} \quad \det[\boldsymbol{Q}_{\mathrm{B}}] = 0. \qquad \blacksquare$$

Beispiel 7.6 lässt vermuten, dass die asymptotische Stabilität strenger ist als die E/A-Stabilität.

Für lineare Systeme mit Zählergrad m kleiner gleich Nennergrad n (Stichworte Realisierbarkeit, Kausalität) lassen sich tatsächlich folgende Zusammenhänge angeben:
1. Wenn ein lineares System asymptotisch stabil ist, dann folgt daraus auch die E/A-Stabilität: asymptotisch stabil $\Rightarrow$ E/A-stabil.
2. Wenn darüber hinaus keine Kürzungen im System auftreten (Zähler- und Nennerpolynom nennt man dann auch **teilerfremd**), sind die beiden Stabilitätsaussagen identisch, d. h. asymptotisch stabil $\Leftrightarrow$ E/A-stabil.

■ 7.2 Modellvereinfachung und -reduktion

In den vorherigen Kapiteln wurden wesentliche Komponenten eines mechatronischen Systems beschrieben und deren mathematische Beschreibungen eingeführt – häufig in Form von Differentialgleichungen. Je nach Modell treten folgende Klassen auf:

- nichtlinear und partiell (verteilte Parameter),
- nichtlinear mit konzentrierten Parametern (gewöhnliche Differentialgleichungen) und
- linear mit konzentrierten Parametern.

Der Vorteil linearer Differentialgleichungen mit konzentrierten Parametern liegt in einer etablierten Theorie zur Analyse und Regelung. Ziel dieses Abschnitts ist daher die Beschreibung einer allgemein gültigen Methodik zur Überführung partieller, nichtlinearer Differentialgleichungen in lineare mit konzentrierten Parametern. Diese sind dann zumeist nur lokal gültig (im jeweiligen Arbeitspunkt). Solche LTI-Systeme weisen die in Gl. (7.12) eingeführte Zustandsraumdarstellung auf. Allerdings handelt es sich lediglich um das so genannte **Kleinsignalverhalten** im Arbeitspunkt (x_0, u_0), um den die Linearisierung durchgeführt wurde.

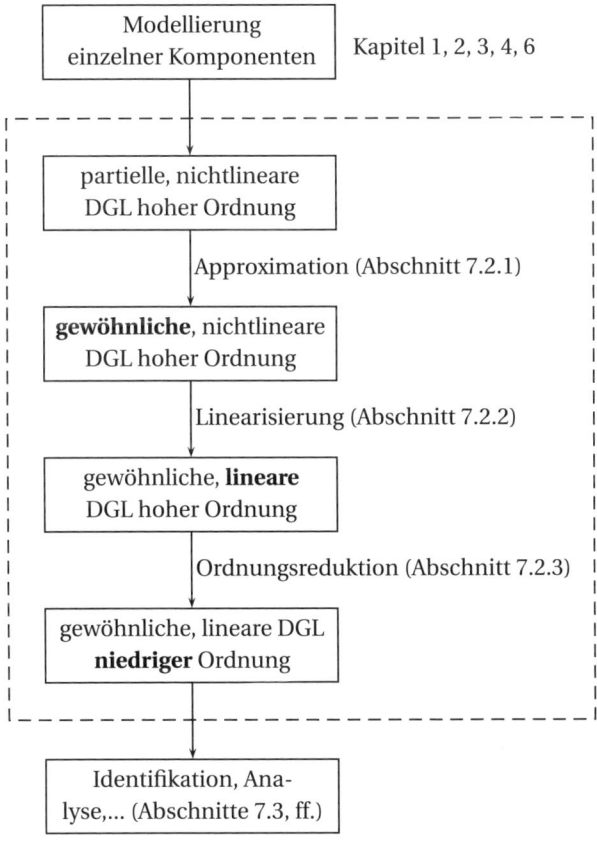

Bild 7.17
Allgemeine
Vorgehensweise zum
Aufstellen von LTI-Systemen

Das allgemeine Vorgehen zum Aufstellen von LTI-Systemen veranschaulicht Bild 7.17: Ein System **nichtlinearer, partieller** Differentialgleichungen wird mit Methoden der Approximation in ein System **gewöhnlicher, nichtlinearer** Differentialgleichungen mit konzentrierten Parametern überführt (Abschnitt 7.2.1). Durch die hier vorgestellte Methode der Diskretisierung steigt jedoch die Dimension des Zustandsvektors drastisch an – dies ist der „Preis" für die Elimination der verteilten Parameter.

Mittels einer TAYLOR-Reihenapproximation wird anschließend das nichtlineare System in ein lineares System gewandelt, das jedoch nur lokal im Arbeitspunkt gültig ist (vgl. Abschnitt 7.2.2). Um die dominanten, das Verhalten maßgeblich prägenden Zustände zu bestimmen, finden Methoden zu Ordnungsreduktion Anwendung. Sie helfen die Komplexität des Modells zu reduzieren und die nachfolgende Analyse zu vereinfachen. Methoden zur Ordnungsreduktion sind Gegenstand von Abschnitt 7.2.3.

7.2.1 Approximation

Unabhängig von der zugrunde liegenden Beschreibungsform lässt sich ein mechatronisches System (nach erfolgreicher Modellierung als MIMO-System) durch nachstehendes Blockschaltbild (Klemmenmodell) darstellen (Bild 7.18).

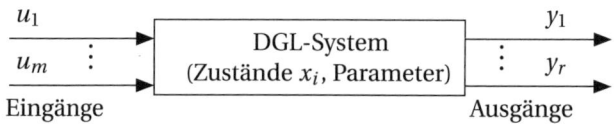

Bild 7.18 Allgemeines Blockschaltbild eines (mechatronischen) Systems

Erster Schritt ist die Überführung (Approximation) einer ggf. partiellen nichtlinearen Differentialgleichung (verteilte Parameter) in eine Beschreibung mit nur noch konzentrierten Parametern p der Form:

$$\dot{x}(t) = f\left(x(t), u(t), p\right),$$

mit dem Anfangswert $x(0) = x_0$, dem Zustandsvektor $x(t) \in \mathbb{R}^n$ und dem Eingang $u(t) \in \mathbb{R}^m$.

Für den vektorwertigen Ausgang gilt

$$y(t) = g\left(x(t), u(t)\right) \quad \text{mit} \quad y \in \mathbb{R}^r.$$

Differenzenquotienten

Viele der nachfolgenden Verfahren (nicht nur in diesem Abschnitt) setzen eine Näherung der Ableitungen (Differentialquotienten) nach der Zeit t oder dem Ort s durch sog. **Differenzenquotienten** voraus. Je nach Ausprägung werden im Folgenden drei Arten unterschieden, die nachstehend beispielhaft für die erste und zweite Ableitung einer skalarwertigen Funktion f nach dem Ort s aufgeführt sind:

- **Vorwärtsdifferenz:**

$$\frac{\partial f(s)}{\partial s} \approx \frac{f(s + \Delta s) - f(s)}{\Delta s}$$

$$\frac{\partial^2 f(s)}{\partial s^2} \approx \frac{\frac{\partial f(s+\Delta s)}{\partial s} - \frac{\partial f(s)}{\partial s}}{\Delta s} \approx \frac{f(s + 2\Delta s) - 2 f(s + \Delta s) + f(s)}{\Delta s^2}$$

- **Rückwärtsdifferenz**:

$$\frac{\partial f(s)}{\partial s} \approx \frac{f(s) - f(s - \Delta s)}{\Delta s}$$

$$\frac{\partial^2 f(s)}{\partial s^2} \approx \frac{\frac{\partial f(s)}{\partial s} - \frac{\partial f(s-\Delta s)}{\partial s}}{\Delta s} \approx \frac{f(s) - 2f(s - \Delta s) + f(s - 2\Delta s)}{\Delta s^2}$$

- **zentrale Differenz**:

$$\frac{\partial f(s)}{\partial s} \approx \frac{f(s + \Delta s) - f(s - \Delta s)}{2\Delta s}$$

$$\frac{\partial^2 f(s)}{\partial s^2} \approx \frac{\frac{f(s+\Delta s)-f(s)}{\Delta s} - \frac{f(s)-f(s-\Delta s)}{\Delta s}}{\Delta s} \approx \frac{f(s + \Delta s) - 2f(s) + f(s - \Delta s)}{\Delta s^2}$$

Bild 7.19 veranschaulicht den Zusammenhang für die jeweils erste Ableitung nach dem Ort s grafisch. Dem Bild kann ebenfalls entnommen werden, dass die Methoden unterschiedliche Ergebnisse liefern können. Die oben vorgestellten Näherungen für den Differentialquotienten

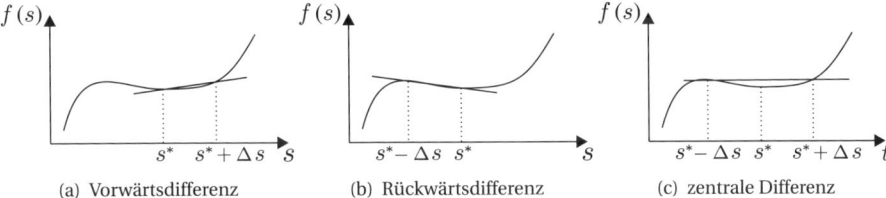

(a) Vorwärtsdifferenz   (b) Rückwärtsdifferenz   (c) zentrale Differenz

Bild 7.19 Näherung der ersten Ableitung mittels Differenzenquotienten an der Stelle $s = s^*$

wandeln diesen in einen algebraischen Ausdruck um und vereinfachen so die weitere Analyse, verbunden mit einem Verlust an Genauigkeit (in Abhängigkeit der gewählten Schrittweite Δs).

Methoden zur Approximation

Betrachtet werde nun eine partielle (hier: homogene, d. h. ohne externe Anregung) Differentialgleichung in impliziter Form

$$F\left(s, t, f, \frac{\partial f}{\partial s}, \frac{\partial f}{\partial t}, \frac{\partial^2 f}{\partial s \partial t}, \frac{\partial^2 f}{\partial s^2}, \frac{\partial^2 f}{\partial t^2}, \ldots\right) = 0,$$

wobei die (ggf. höheren) Ableitungen der gesuchten Funktion f nach den Größen s (hier: Ort) und der Zeit t auftreten. Selbstverständlich kann s auch vektorwertig sein, für die nachstehenden beispielhaften Ausführungen ist eine skalare Variable jedoch ausreichend.

Um die partielle Differentialgleichung in eine gewöhnliche (nichtlineare) Differentialgleichung zu überführen, wird in **einem ersten Schritt** die Variable s diskretisiert, d. h. statt einer kontinuierlichen Variable s für die Strecke wird die ortsdiskrete Menge $S = \{s_0, \ldots, s_n\}$ als Definition für den Ort herangezogen, wobei s_0 den minimalen und s_n den maximalen Wert von S repräsentiert. Die Diskretisierung erfolge äquidistant, d. h. $s_{i+1} - s_i = \Delta s$. In **einem zweiten Schritt** wird der oben eingeführte Differenzenquotient unter Berücksichtigung der Randbedingungen auf die diskrete Ortsvariable s_i angewendet. Dadurch werden die Ableitungen nach s in eine algebraische Näherung und die partielle Differentialgleichung in eine gewöhnliche überführt.

Beispiel 7.7 Erwärmter Stab

Als Beispiel dient ein eindimensionaler, homogener Stab, der an einem Ende auf die Temperatur T_1 und am anderen Ende auf T_2 erhitzt wird, vgl. Bild 7.20.

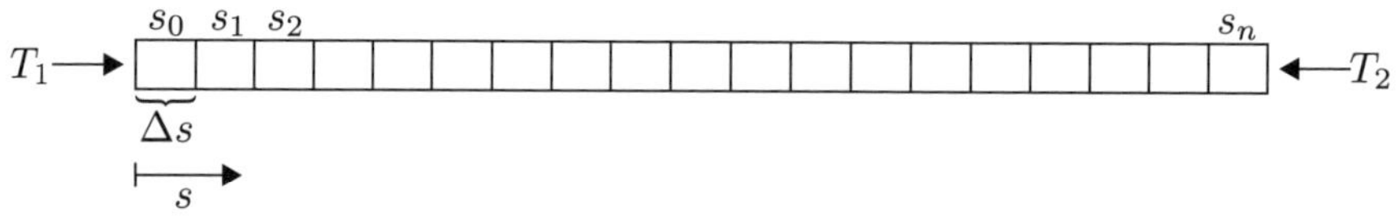

Bild 7.20 Eindimensionaler homogener Stab mit diskreter Ortsvariable s_i

Es handelt sich um ein klassisches Randwertproblem. Die partielle Differentialgleichung laute in allg. Form:

$$\frac{\partial}{\partial t} f(s, t) - a \frac{\partial^2}{\partial s^2} f(s, t) = u(s, t),$$

wobei f die gesuchte Temperatur in Abhängigkeit von Ort s und Zeit t beschreibt. Aus den (hier konstanten) Randwerten an den beiden Stabenden folgt $f(s_0, t) = T_1$ und $f(s_n, t) = T_2$. Der Vollständigkeit halber gelte noch die Anfangsbedingung $f(s_i, t_0) = f_0(s_i)$ mit $i = \{1, \ldots, n-1\}$. Die Anfangsbedingungen an den Stabenden s_0 und s_n sind durch die Randwerte bereits gegeben. Für die zweite partielle Ableitung nach der Strecke s wird nun die zentrale Differenz als Näherung angesetzt, somit ergibt sich

$$\frac{\partial}{\partial t} f(s_i, t) - \frac{a}{\Delta s^2} \left(f(s_{i+1}, t) - 2f(s_i) + f(s_{i-1}) \right) = u(s_i, t)$$

für $i = \{1, \ldots, n-1\}$, also ohne die Ränder s_0 und s_n.

In Vektor-Matrix-Schreibweise erhält man

$$\frac{\partial}{\partial t} \begin{bmatrix} f(s_1, t) \\ f(s_2, t) \\ \vdots \\ f(s_{n-2}, t) \\ f(s_{n-1}, t) \end{bmatrix} = \frac{a}{\Delta s^2} \underbrace{\begin{bmatrix} 1 & -2 & 1 & 0 & \ldots & 0 \\ 0 & 1 & -2 & 1 & \ldots & 0 \\ \vdots & \ddots & \ddots & \ddots & \vdots & \vdots \\ \vdots & \vdots & \ddots & \ddots & \ddots & \vdots \\ 0 & \ldots & 0 & 1 & -2 & 1 \end{bmatrix}}_{(n-1)\times(n+1)} \begin{bmatrix} f(s_0, t) \\ f(s_1, t) \\ \vdots \\ f(s_{n-1}, t) \\ f(s_n, t) \end{bmatrix} + \begin{bmatrix} u(s_1, t) \\ u(s_2, t) \\ \vdots \\ u(s_{n-2}, t) \\ u(s_{n-1}, t) \end{bmatrix}.$$

Aufgrund der aus der Aufgabenstellung bekannten Randwerte $f(s_0, t)$ und $f(s_n, t)$ sind der erste und letzte Eintrag des Vektors $[f(s_0, t), f(s_1, t), \ldots, f(s_{n-1}, t), f(s_n, t)]^\mathrm{T}$ bekannt und die Gleichung kann zu

$$\frac{\partial}{\partial t} \begin{bmatrix} f(s_1, t) \\ f(s_2, t) \\ \vdots \\ f(s_{n-2}, t) \\ f(s_{n-1}, t) \end{bmatrix} = \frac{a}{\Delta s^2} \underbrace{\begin{bmatrix} -2 & 1 & 0 & \ldots & \ldots & 0 \\ 1 & -2 & 1 & 0 & \ldots & 0 \\ \vdots & \vdots & \ddots & \ddots & \ddots & \vdots \\ 0 & \ldots & 0 & 1 & -2 & 1 \\ 0 & \ldots & \ldots & 0 & 1 & -2 \end{bmatrix}}_{(n-1)\times(n-1)} \begin{bmatrix} f(s_1, t) \\ f(s_2, t) \\ \vdots \\ f(s_{n-2}, t) \\ f(s_{n-1}, t) \end{bmatrix} + \ldots$$

$$\dots + \frac{a}{\Delta s^2} \begin{bmatrix} 1 \\ 0 \\ \vdots \\ \vdots \\ 0 \end{bmatrix} f(s_0, t) + \frac{a}{\Delta s^2} \begin{bmatrix} 0 \\ \vdots \\ \vdots \\ 0 \\ 1 \end{bmatrix} f(s_n, t) + \begin{bmatrix} u(s_1, t) \\ u(s_2, t) \\ \vdots \\ u(s_{n-2}, t) \\ u(s_{n-1}, t) \end{bmatrix}$$

$$\frac{\partial}{\partial t} \begin{bmatrix} f(s_1, t) \\ f(s_2, t) \\ \vdots \\ f(s_{n-2}, t) \\ f(s_{n-1}, t) \end{bmatrix} = \frac{a}{\Delta s^2} \begin{bmatrix} -2 & 1 & 0 & \dots & \dots & 0 \\ 1 & -2 & 1 & 0 & \dots & 0 \\ \vdots & \vdots & \ddots & \ddots & \ddots & \vdots \\ 0 & \dots & 0 & 1 & -2 & 1 \\ 0 & \dots & \dots & 0 & 1 & -2 \end{bmatrix} \begin{bmatrix} f(s_1, t) \\ f(s_2, t) \\ \vdots \\ f(s_{n-2}, t) \\ f(s_{n-1}, t) \end{bmatrix} + \begin{bmatrix} \tilde{u}(s_1, t) \\ \tilde{u}(s_2, t) \\ \vdots \\ \tilde{u}(s_{n-2}, t) \\ \tilde{u}(s_{n-1}, t) \end{bmatrix}.$$

umgeformt werden. Es resultiert ein gewöhnliches Differentialgleichungssystem – die Analogie zur bekannten Notation (vgl. Gl. (7.12) auf Seite 257)

$$\dot{x} = Ax + Bu$$

wird deutlich.

Des Weiteren ist anzumerken, dass mit abnehmender Diskretisierungsschrittweite Δs, also mit zunehmender Genauigkeit der Näherung des Differentialquotienten durch den Differenzenquotienten, die Dimension (Anzahl der Gleichungen) und somit die Komplexität des entstehenden Differentialgleichungssystems ansteigt.

7.2.2 Linearisierung

Mit dem oben vorgestellten Ansatz zur Approximation wurde ein gewöhnliches, in der Regel nichtlineares Differentialgleichungssystem entwickelt. Da die in Abschnitt 7.1 eingeführten Systemeigenschaften eine lineare Beschreibung voraussetzen, ist der nächste Schritt zur Analyse eine Linearisierung im Arbeitspunkt.

Grundlage ist die TAYLOR-Reihenentwicklung einer nichtlinearen Funktion um den Punkt x_0:

$$g(x_0 + \Delta x) = g(x_0) + \frac{\partial}{\partial x} g(x) \Big|_{x = x_0} \Delta x \quad \underbrace{+ \frac{1}{2} \frac{\partial^2}{\partial x^2} g(x) \Big|_{x = x_0} \Delta x^2 \quad + \dots}_{\approx 0},$$

wobei die höheren Glieder mit null approximiert werden. Grafisch entspricht dieses Vorgehen dem Anlegen einer Tangente im Arbeitspunkt x_0, vgl. Bild 7.21. Besteht beim Arbeitspunkt keine Verwechselungsgefahr, so wird häufig die Notation zu

$$g(x_0 + \Delta x) = g(x_0) + \frac{\partial}{\partial x} g(x) \Big|_{x_0} \Delta x \quad \underbrace{+ \frac{1}{2} \frac{\partial^2}{\partial x^2} g(x) \Big|_{x_0} \Delta x^2 \quad + \dots}_{\approx 0}$$

verkürzt.

Bei kleinen Abweichungen Δx vom Arbeitspunkt x_0 verhält sich die Funktion in etwa linear, man spricht vom sog. **Kleinsignalverhalten**. Die Übertragung der TAYLOR-Reihenapproxima-

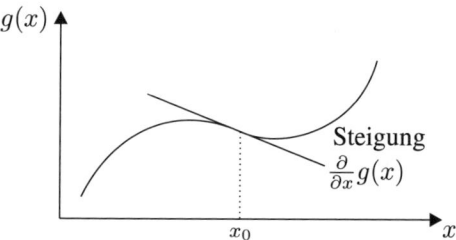

Bild 7.21
Approximation von $g(x)$ an der
Stelle $x = x_0$ durch eine Tangente

tion auf das allgemeine, in Abschnitt 7.2.1 eingeführte nichtlineare Differentialgleichungssystem

$$\dot{x}(t) = f(x(t), u(t)) \quad \text{(Zustandsdifferentialgleichung)}$$

$$y(t) = g(x(t), u(t)) \quad \text{(Ausgangsgleichung)}$$

liefert im Arbeitspunkt (x_0, u_0) für das Differentialgleichungssystem

$$\underbrace{\dot{x}\Big|_{x_0 + \Delta x, u_0 + \Delta u}}_{f(x_0 + \Delta x, u_0 + \Delta u)} \approx \underbrace{\dot{x}\Big|_{x_0, u_0}}_{f(x_0, u_0)} + \underbrace{\frac{\partial f(x, u)}{\partial x}\Big|_{x_0, u_0} \Delta x}_{A} + \underbrace{\frac{\partial f(x, u)}{\partial u}\Big|_{x_0, u_0} \Delta u}_{B}$$

$$f(x_0 + \Delta x, u_0 + \Delta u) - f(x_0, u_0) = \Delta\dot{x} = A\Delta x + B\Delta u$$

bzw. unter Weglassen des Δ-Symbols die wohlbekannte Form

$$\dot{x} = Ax + Bu$$

für das Kleinsignalverhalten. Für den Ausgang erhält man analog

$$\Delta f = \underbrace{\frac{\partial g}{\partial x}\Big|_{x_0, u_0} \Delta x}_{C} + \underbrace{\frac{\partial g}{\partial u}\Big|_{x_0, u_0} \Delta u}_{D} \quad \text{bzw.} \quad y = Cx + Du.$$

Zu beachten ist, dass die Matrizen A, B, C und D vom aktuellen Arbeitspunkt $(x_0(t), u_0(t))$ abhängen und nur lokal gültig sind. Es handelt sich dann um ein lineares, **zeitvariantes** System (LTV = **L**inear **T**ime **V**ariant). Eine einfache Übertragung der Kriterien zur Bestimmung von Systemeigenschaften von LTI-Systemen ist im Allgemeinen nicht möglich. Generell ist anzumerken, dass das Weglassen des Δ-Symbols für das Kleinsignalverhalten nicht zu empfehlen ist (auch wenn in der Praxis äußerst beliebt), da dies eine mögliche und im Nachhinein oft nur schwer zu findende Fehlerquelle darstellt. Wie noch zu zeigen ist, ist der Verzicht auf das Δ-Symbol bei einer Linearisierung um die Gleichgewichtslage $x^* = 0 = x_0$ hingegen gefahrlos möglich.

Beispiel 7.8 Elektromagnetischer Kreis

Der bereits in Abschnitt 2.2.3 eingeführte elektromagnetische Kreis (vgl. Bild 7.22) kann durch folgendes Differentialgleichungssystem beschrieben werden:

$$\dot{x} = \frac{\mathrm{d}}{\mathrm{d}t} \begin{bmatrix} s \\ \dot{s} \\ i \end{bmatrix} = \begin{bmatrix} \dot{x}_1 \\ \dot{x}_2 \\ \dot{x}_3 \end{bmatrix} = \begin{bmatrix} x_2 \\ \dfrac{k}{m}\dfrac{x_3^2}{x_1^2} \\ -\dfrac{R}{k}x_1 x_3 + \dfrac{x_1}{k}u \end{bmatrix}, \tag{7.33}$$

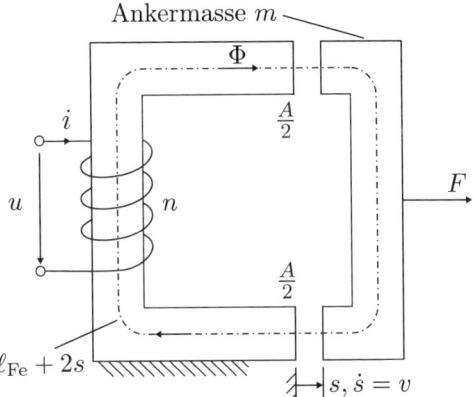

Bild 7.22
Elektromagnetischer
Kreis

mit dem Zustandsvektor x und dem (skalaren) Eingang u, wobei die Zustandsgrößen gemäß Gl. (7.33) definiert sind. Der Eingang u ist die an der Spule anliegende elektrische Spannung, R der reellwertige Widerstand der Spule und die Konstante k fasst Kenngrößen zusammen. Somit berechnet sich für das um x_0 und u_0 linearisierte System die Systemmatrix A zu

$$A = \frac{\partial f}{\partial x}\bigg|_{x_0,u_0} = \begin{bmatrix} 0 & 1 & 0 \\ -\dfrac{2k}{m}\dfrac{x_3^2}{x_1^3} & 0 & \dfrac{2k}{m}\dfrac{x_3}{x_1^2} \\ -\dfrac{R}{k}x_3 + \dfrac{u}{k} & 0 & -\dfrac{R}{k}x_1 \end{bmatrix}\Bigg|_{x_0,u_0}$$

und der Steuervektor b zu

$$b = \frac{\partial f}{\partial u}\bigg|_{x_0,u_0} = \begin{bmatrix} 0 \\ 0 \\ \dfrac{x_1}{k} \end{bmatrix}\Bigg|_{x_0,u_0} . \qquad\blacksquare$$

Häufig wird die Linearisierung in der Gleichgewichtslage x^* durchgeführt. Für diese gilt definitionsgemäß $\dot{x} = 0$ ohne externe Anregung, d. h. $u = 0$. Der Arbeitspunkt für die Linearisierung ergibt sich dann aus der Lösung der impliziten Gleichung

$$0 = f\left(x = x^*, u = 0\right).$$

Liegt die Gleichgewichtslage bei $x^* = 0$, was ggf. durch eine Koordinatenverschiebung zu erreichen ist, so gilt für die Linearisierung des nichtlinearen Zustandsdifferentialgleichungssystems

$$\dot{x}(t) = f(x(t), u(t)) \quad \text{um} \quad x_0 = x^* = 0 \quad \text{und} \quad u_0 = 0$$

folgender Zusammenhang:

$$\dot{x}\bigg|_{x_0+\Delta x, u_0+\Delta u} = \dot{x}\bigg|_{\Delta x, \Delta u} = \dot{x}\bigg|_{x,u}$$

$$\approx \underbrace{\dot{x}\bigg|_{x_0,u_0}}_{=0} + \underbrace{\frac{\partial f(x,u)}{\partial x}\bigg|_{x_0=0,u_0=0}}_{A} x + \underbrace{\frac{\partial g(x,u)}{\partial u}\bigg|_{x_0=0,u_0=0}}_{B} u,$$

d. h. $\dot{x} \approx Ax + Bu$.
Auf die Verwendung des Δ-Symbols für das Kleinsignalverhalten kann hier verzichtet werden.

Beispiel 7.9 Kleine Bewegungen des Pendels mit bewegtem Aufhängepunkt

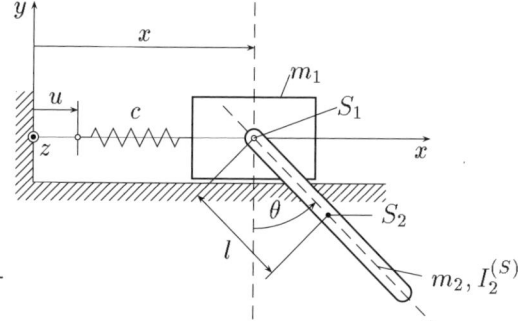

Bild 7.23
Pendel mit bewegtem Aufhängepunkt

Ausgehend von den in Beispiel 6.9 hergeleiteten Bewegungsgleichungen (vgl. Bild 7.23)

$$\begin{bmatrix} m_1 + m_2 & m_2 l \cos(\theta) \\ m_2 l \cos(\theta) & I_2 \end{bmatrix} \begin{bmatrix} \ddot{x} \\ \ddot{\theta} \end{bmatrix} + \begin{bmatrix} -m_2 l \dot{\theta}^2 \sin(\theta) \\ 0 \end{bmatrix} + \begin{bmatrix} cx \\ m_2 g l \sin(\theta) \end{bmatrix} = \begin{bmatrix} cu \\ 0 \end{bmatrix}$$

und unter Definition des Zustandsvektors gemäß Abschnitt 7.1.2

$$x = \left[x, \dot{x}, \theta, \dot{\theta} \right]^T = [x_1, x_2, x_3, x_4]^T$$

bzw. dessen Ableitung

$$\dot{x} = \left[\dot{x}, \ddot{x}, \dot{\theta}, \ddot{\theta} \right]^T = [\dot{x}_1, \dot{x}_2, \dot{x}_3, \dot{x}_4]^T$$

ergibt sich für die nichtlineare Zustandsraumdarstellung $\dot{x} = f(x, u)$ mit

$$f(x, u) = \begin{bmatrix} x_2 \\ \dfrac{I_2 m_2 l x_4^2 \sin(x_3) - I_2 c (x_1 - u) + m_2^2 g l^2 \sin(x_3) \cos(x_3)}{n_1} \\ x_4 \\ \dfrac{-m_2^2 l^2 x_4^2 \sin(x_3) \cos(x_3) + m_2 l c \cos(x_3)(x_1 - u) - (m_1 + m_2) m_2 g l \sin(x_3)}{n_1} \end{bmatrix}$$

und $n_1 = -m_2^2 l^2 (\cos(x_3))^2 + I_2 (m_1 + m_2)$.

Mit $\dot{x} = 0$ können die beiden möglichen Gleichgewichtslagen für einen konstanten Eingang $u = u^* = $ konst. angegeben werden:

$x_1^* = \left[u^*, 0, 0, 0 \right]^T$ (stabile Gleichgewichtslage),

$x_2^* = \left[u^*, 0, \pi, 0 \right]^T$ (instabile Gleichgewichtslage).

Die Linearisierung um die stabile Gleichgewichtslage x_1^* ergibt

$$A_1 = \frac{\partial f(x, u)}{\partial x} \bigg|_{x = x_1^*, u = u^*}, \qquad b_1 = \frac{\partial f(x, u)}{\partial u} \bigg|_{x = x_1^*, u = u^*}$$

$$A_1 = \begin{bmatrix} 0 & 1 & 0 & 0 \\ -\dfrac{I_2 c}{n_2} & 0 & \dfrac{m_2^2 g l^2}{n_2} & 0 \\ 0 & 0 & 0 & 1 \\ \dfrac{m_2 l c}{n_2} & 0 & -\dfrac{(m_1 + m_2) m_2 g l}{n_2} & 0 \end{bmatrix}, \qquad b_1 = \begin{bmatrix} 0 \\ \dfrac{I_2 c}{n_2} \\ 0 \\ -\dfrac{m_2 l c}{n_2} \end{bmatrix}$$

mit $n_2 = -m_2^2\, l^2 + I_2(m_1 + m_2)$. Die entsprechende Zustandsraumdarstellung unter Verwendung des Δ-Symbols für das Kleinsignalverhalten lautet somit:

$$\dot{x} = A_1 \Delta x + b_1 \Delta u.$$

Die Linearisierung um die instabile Gleichgewichtslage x_2^* resultiert zu

$$A_2 = \left.\frac{\partial f(x, u)}{\partial x}\right|_{x=x_2^*,\, u=u^*} , \qquad b_2 = \left.\frac{\partial f(x, u)}{\partial u}\right|_{x=x_2^*,\, u=u^*}$$

$$A_2 = \begin{bmatrix} 0 & 1 & 0 & 0 \\ -\dfrac{I_2 c}{n_2} & 0 & \dfrac{m_2^2 g l^2}{n_2} & 0 \\ 0 & 0 & 0 & 1 \\ -\dfrac{m_2 l c}{n_2} & 0 & \dfrac{(m_1 + m_2) m_2 g l}{n_2} & 0 \end{bmatrix} , \qquad b_2 = \begin{bmatrix} 0 \\ \dfrac{I_2 c}{n_2} \\ 0 \\ \dfrac{m_2 l c}{n_2} \end{bmatrix}.$$

Die dazugehörige Zustandsraumdarstellung ist $\dot{x} = A_2 \Delta x + b_2 \Delta u$.
Legt man nun den Arbeitspunkt für die Linearisierung in den Ursprung, d. h. $u^* = 0$, so gilt für die *stabile* Gleichgewichtslage

$$x_1^* = 0$$

und es resultiert für das linearisierte Zustandsraummodell (ohne Δ-Symbol)

$$\dot{x} = A_1 x + b_1 u$$

mit hier unveränderter Systemmatrix A_1 und unverändertem Steuervektor b_1. ∎

7.2.3 Ordnungsreduktion

Methoden zur Ordnungsreduktion werden eingesetzt, um eine komplexe Systembeschreibung (viele Zustände) in eine weniger komplexe Darstellung (wenige Zustände) zu überführen, wobei das vereinfachte Modell die wesentlichen Eigenschaften des ursprünglichen Modells (z. B. Stabilität, Beobachtbarkeit, etc.) möglichst beibehält und das Ein-/Ausgangs-Verhalten in guter Näherung beschreibt, vlg. hierzu auch [Har02]. Die sich daran anschließende Analyse wird dadurch deutlich vereinfacht und der Rechen- bzw. Simulationsaufwand reduziert sich.

Ausgangspunkt für die **modale Reduktion** und die **singuläre Perturbation**, die hier als zwei wichtige Stellvertreter der zahlreichen Verfahren zur Ordnungsreduktion vorgestellt werden, ist das in Abschnitt 7.2.1 eingeführte LTI-System, hier mit skalaren Ein- und Ausgängen (SISO-System), der Form:

$$\dot{x} = A x + b u,$$
$$y = c^{\mathrm{T}} x \quad \text{und} \quad x \in \mathbb{R}^n.$$

Der Durchgangsanteil d ist für eine Analyse des zeitlichen Verhaltens nicht von Bedeutung. Die Ergebnisse können auch auf ein Mehrgrößensystem übertragen werden. Für das System sei im Folgenden Stabilität, Steuerbarkeit und Beobachtbarkeit gemäß den Ausführungen in Abschnitt 7.1 vorausgesetzt [Har02].

Modale Reduktion

Grundlage der modalen Reduktion ist die Bestimmung der Eigenwerte λ_i und zugehörigen Eigenvektoren $\boldsymbol{v}_i$ der Systemmatrix $\boldsymbol{A}$, wobei die λ_i betragsmäßig aufsteigend sortiert sind ($|\lambda_i| < |\lambda_{i+1}|$). Der Einfachheit halber sei angenommen, dass $\boldsymbol{A}$ diagonalisierbar und λ_i reell seien. Die dafür erforderliche Transformation $\boldsymbol{x} = \boldsymbol{V}\,\boldsymbol{z}$ mit der neuen Basis $\boldsymbol{V} = [\boldsymbol{v}_1, \dots, \boldsymbol{v}_n]$ und $\boldsymbol{z}$ als neuen Zustandsvektor ergibt

$$\dot{\boldsymbol{z}} = \boldsymbol{V}^{-1}\,\boldsymbol{A}\,\boldsymbol{V}\,\boldsymbol{z} + \boldsymbol{V}^{-1}\,\boldsymbol{b}\,u = \begin{bmatrix} \lambda_1 & & 0 \\ & \ddots & \\ 0 & & \lambda_n \end{bmatrix} \boldsymbol{z} + \boldsymbol{b}^*\,u$$

und $y = \boldsymbol{c}^{\mathrm{T}}\,\boldsymbol{V}\,\boldsymbol{z} = \boldsymbol{c}^{*\,\mathrm{T}}\,\boldsymbol{z}$.

Das System wird in der von $\boldsymbol{V}$ aufgespannten Basis durch n voneinander entkoppelte Zustände z_i beschrieben – die Matrix $\boldsymbol{V}^{-1}\,\boldsymbol{A}\,\boldsymbol{V}$ weist Diagonalform (auch: modale Form, vgl. Abschnitt A.2.3) auf. Der in Bild 7.24 gezeigte Signalflussplan veranschaulicht die Entkopplung nochmals (ohne explizite Darstellung der Anfangswerte $\boldsymbol{z}_0$ bzw. $\boldsymbol{x}_0$). Betrachtet werde nun das

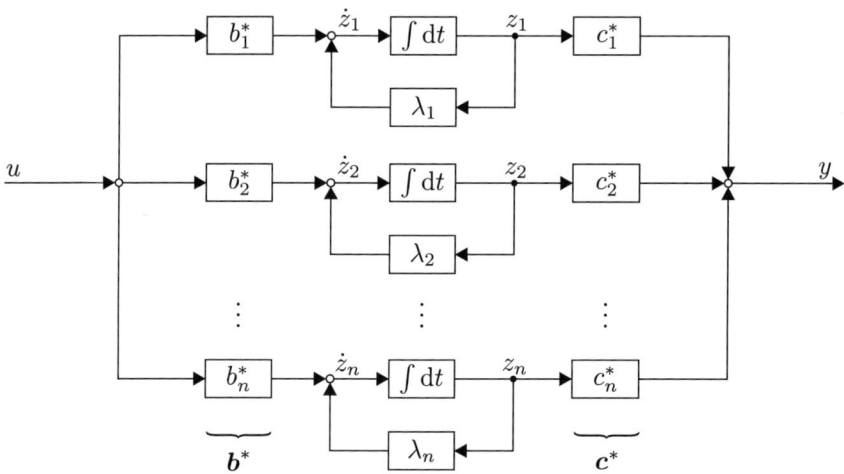

Bild 7.24 Signalflussplan des modaltransformierten Systems

zeitliche Verhalten eines Zustandes z_i anhand der (homogenen) Differentialgleichung

$$\dot{z}_i = \lambda_i\,z_i\,.$$

Aufgrund der Entkopplung durch die Basistransformation ist die separate Betrachtung eines jeden einzelnen Zustandes z_i möglich. Die Lösung im homogenen Fall lautet

$$z_i = k_i\,\mathrm{e}^{\lambda_i\,t} = k_i\,\mathrm{e}^{\frac{t}{T_i}} \quad \text{mit} \quad T_i = \frac{1}{\lambda_i}\,,$$

mit dem Parameter k_i (abhängig vom Anfangswert – hier nicht entscheidend, da das zeitliche Abklingverhalten, also $\mathrm{e}^{\lambda_i\,t}$ betrachtet werden soll).

Unter der eingangs erwähnten Voraussetzung reeller, stabiler Eigenwerte ($\lambda_i < 0$) gilt, dass der i-te Zustand umso schneller ist, je betragsmäßig größer λ_i ist. Mit anderen Worten, die Zustände sind mit ansteigender Dynamik sortiert (je größer i, desto schneller z_i), da die Eigenwerte λ_i entsprechend gereiht sind. Die Dynamik des Systems wird von den langsamen Eigenwerten dominiert, somit sinkt mit steigendem i der Einfluss der Zustände auf das Verhalten des Gesamtsystems.

Ein erster einfacher Ansatz zur Ordnungsreduktion wäre daher, alle Zustände mit betragsmäßig großen λ_i zu streichen, vgl. Bild 7.25.

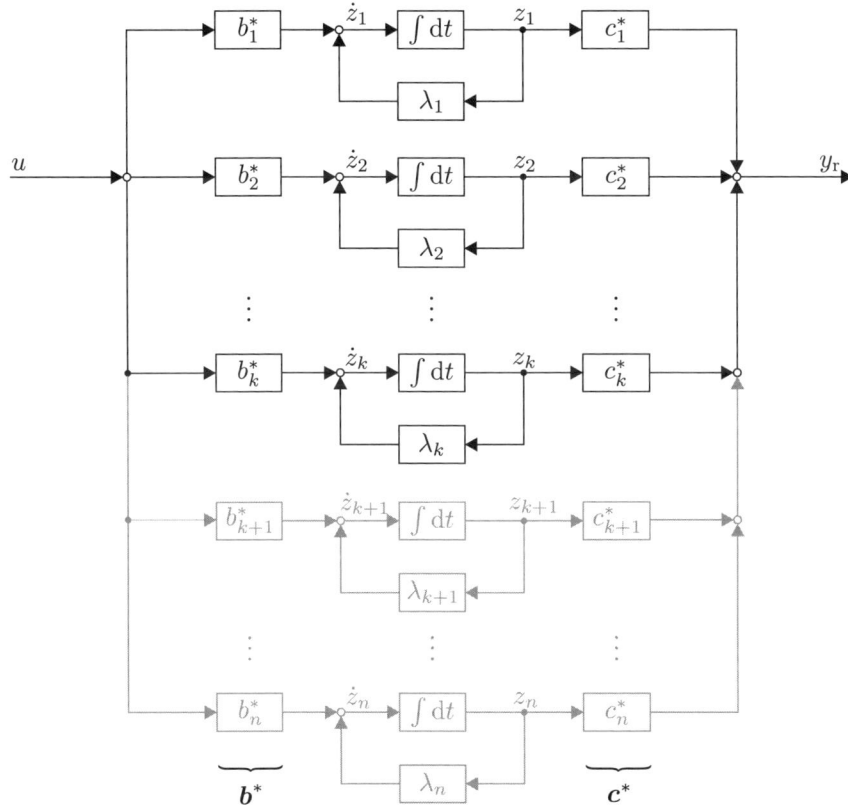

Bild 7.25 Streichen der schnellsten Zustände (hier: Zustände $k+1, \ldots, n$)

Dieser Vorgang ändert die Stabilität des Systems nicht, der reduzierte Ausgang y_r

$$y_r = [\underbrace{c_1^*, c_2^*, \ldots, c_k^*}_{\text{dominante Zustände } 1, \ldots, k} , \underbrace{0, \ldots, 0}_{\text{nicht dominante } k+1, \ldots, n}] z \qquad (7.34)$$

weicht jedoch (zum Teil deutlich) vom ursprünglichen Ausgang $y = c^{*T} z$ ab.
Geeigneter zur Bestimmung der dominanten, also das Systemverhalten maßgeblich beeinflussenden Zustände, sind sog. **Dominanzmaße**, z. B. nach [Lit79a] und [Lit79b]. Sie berücksichtigen neben den Eigenwerten auch die Verstärkungsfaktoren entlang den jeweiligen Zweigen des Signalflussplans.

Der Hauptnachteil der modalen Reduktion liegt im Verlust der stationären Genauigkeit; wesentlicher Vorteil ist das Beibehalten wichtiger Systemeigenschaften.

Singuläre Perturbation

Grundlage der Ordnungsreduktion mittels singulärer Perturbation ist, dass das Gleichungssystem

$$\dot{x} = \begin{bmatrix} \dot{x}_1 \\ \dot{x}_2 \end{bmatrix} = \begin{bmatrix} A_{11} & A_{12} \\ A_{21} & A_{22} \end{bmatrix} \begin{bmatrix} x_1 \\ x_2 \end{bmatrix} + \begin{bmatrix} B_1 \\ B_2 \end{bmatrix} u \tag{7.35}$$

in einen langsamen (d. h. dominanten) Anteil, in Gl. (7.35) die in x_1 zusammengefassten Zustände, und einen schnellen Anteil (x_2) aufteilbar ist. Der Ausgang lautet

$$y = \begin{bmatrix} C_1 & C_2 \end{bmatrix} \begin{bmatrix} x_1 \\ x_2 \end{bmatrix} + D u. \tag{7.36}$$

Aus Sicht des schnellen Teilsystems kann das langsame Teilsystem als quasikonstant angesehen werden, während aus Sicht des langsamen Teilsystems das schnelle Teilsystem als bereits eingeschwungen betrachtet wird. Letzteres bedeutet, dass für die Ableitung von $\dot{x}_2 \approx 0$ gilt [Har02]. Wird diese Näherung in Gl. (7.35) eingesetzt, so resultiert

$$\begin{bmatrix} \dot{x}_1 \\ 0 \end{bmatrix} = \begin{bmatrix} A_{11} & A_{12} \\ A_{21} & A_{22} \end{bmatrix} \begin{bmatrix} x_1 \\ x_2 \end{bmatrix} + \begin{bmatrix} B_1 \\ B_2 \end{bmatrix} u$$

und die zweite Zeile

$$0 = A_{21}\, x_1 + A_{22}\, x_2 + B_2\, u$$

lässt sich (algebraisch) nach x_2 auflösen:

$$x_2 = -A_{22}^{-1} \left(A_{21}\, x_1 + B_2\, u \right), \tag{7.37}$$

Invertierbarkeit von A_{22} vorausgesetzt. Einsetzen dieser Approximation in die erste Zeile von Gl. (7.35) liefert für die dominanten Zustände x_1 den gesuchten Zusammenhang

$$\dot{x}_1 = \left(A_{11} - A_{12}\, A_{22}^{-1}\, A_{21} \right) x_1 + \left(B_1 - A_{12}\, A_{22}^{-1}\, B_2 \right) u. \tag{7.38}$$

Der Ausgang y_r lautet für die Näherung

$$y_r = \left(C_1 - C_2\, A_{22}^{-1}\, A_{21} \right) x_1 + \left(D - C_2\, A_{22}^{-1}\, B_2 \right) u. \tag{7.39}$$

Vorteil des Verfahrens ist, dass das reduzierte System stationär genau ist, da der eingeschwungene Zustand (steady-state) des schnellen Teilsystems berücksichtigt wird. Nach [Har02] existieren jedoch unter anderem folgende Nachteile:

- Schwierige Wahl der Grenze zwischen langsamen und schnellen Teilsystemen.
- Reduziertes System kann instabil werden, auch wenn das ursprüngliche System stabil ist (kein Erhalt der Systemeigenschaften)!
- Matrix A_{22} muss regulär (invertierbar) sein.
- Das reduzierte System kann sprungfähig werden.

Beispiel 7.10 Elektromechanischer Antrieb

Betrachtet werde der in Bild 7.26 skizzierte elektrische (Anker) Kreis eines elektromechanischen Antriebs sowie den daran angeschlossenen mechanischen Teil in Bild 7.27.

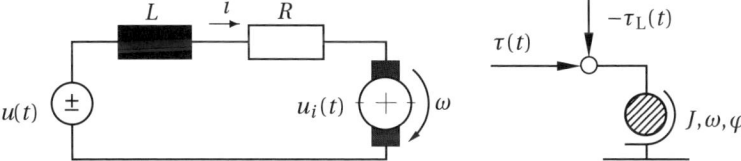

Bild 7.26 Ankerstromkreis   **Bild 7.27** Mechanisches Teilsystem

Hierbei gilt:

	Parameter		Variablen
i	Ankerstrom	$\omega = \dot{\varphi}$	Winkelgeschwindigkeit
k_φ	Motorkonstante	k_g	Gegenindüktivitätskonstante
R, L	Ankerwiderstand, -induktivität	φ	Drehwinkel
u_i	induzierte Spannung	u	außen anliegende Spannung
J	Massenträgheitsmoment	d	Dämpfung ($\hat{=}$ viskose Reibung)
$\tau(t)$	Motordrehmoment	$\tau_L(t)$	Lastmoment (Störgröße)

Unter Vernachlässigung des Lastmoments $\tau_L(t)$ beschreibt den mechanischen Teil folgende Differentialgleichung

$$J\ddot{\varphi} + d\dot{\varphi} = \tau = k_\varphi\, i\,.$$

Für den elektrischen Kreis ergibt die Anwendung der Maschenregel

$$L\frac{\mathrm{d}}{\mathrm{d}t}i + R\,i = u - u_i \quad \text{mit} \quad u_i = k_g\dot{\varphi}\,.$$

Mit der Definition des Zustandsvektors $x^\mathrm{T} = [\varphi, \dot{\varphi}, i]$ resultiert folgendes Differentialgleichungssystem

$$\frac{\mathrm{d}}{\mathrm{d}t}\underbrace{\begin{bmatrix}\varphi \\ \dot{\varphi} \\ i\end{bmatrix}}_{\dot{x}} = \underbrace{\begin{bmatrix}0 & 1 & 0 \\ 0 & -\frac{d}{J} & \frac{k_\varphi}{J} \\ 0 & -\frac{k_g}{L} & -\frac{R}{L}\end{bmatrix}}_{A}\underbrace{\begin{bmatrix}\varphi \\ \dot{\varphi} \\ i\end{bmatrix}}_{x} + \underbrace{\begin{bmatrix}0 \\ 0 \\ \frac{1}{L}\end{bmatrix}}_{b} u\,. \tag{7.40}$$

Es ist nun zu prüfen, ob gemäß den Ausführungen zur singulären Perturbation der elektromechanische Antrieb in ein langsames und ein schnelles Teilsystem separierbar ist: Für die mechanische Zeitkonstante T_M gilt $T_M = J/d$, und für die elektrische Zeitkonstante T_E entsprechend $T_E = L/R$. Da im Allgemeinen $T_E \ll T_M$ ist, kann die letzte Zeile als schnell gegenüber den ersten beiden Zeilen betrachtet werden und es gilt in erster Näherung aus Sicht der Mechanik

$$\frac{\mathrm{d}}{\mathrm{d}t}i \approx 0\,.$$

Somit resultiert aus der dritten Zeile der Zustandsbeschreibung

$$0 = -\frac{k_g}{L}\dot{\varphi} - \frac{R}{L}i + \frac{1}{L}u$$

und folglich für den eingeschwungenen Ankerstrom

$$i = \frac{1}{R}\left(u - k_g\dot{\varphi}\right).$$

Einsetzen in obige Zustandsdifferentialgleichung liefert für das dominierende mechanische Verhalten

$$\begin{bmatrix}\dot{\varphi}\\\ddot{\varphi}\end{bmatrix} = \begin{bmatrix}0 & 1\\0 & -\frac{d}{J} - \frac{k_\varphi k_g}{JR}\end{bmatrix}\begin{bmatrix}\varphi\\\dot{\varphi}\end{bmatrix} + \begin{bmatrix}0\\\frac{k_\varphi}{JR}\end{bmatrix}u.$$

Da das elektrische Teilsystem als schnell gegenüber dem mechanischen Teilsystem angesehen werden kann, ist für das betrachtete Beispiel eine Modellreduktion nach dem Verfahren der singulären Perturbation möglich. Der geneigte Leser kann sich davon überzeugen, dass man die gleiche Lösung erhält, wenn man analytisch Gln. (7.37) und (7.38) auf die Zustandsraumdarstellung in Gl.(7.40) anwendet. Hierbei gilt:

$$\boldsymbol{A}_{11} = \begin{bmatrix}0 & 1\\0 & -\frac{d}{J}\end{bmatrix}, \ \boldsymbol{A}_{12} = \begin{bmatrix}0\\\frac{k_\varphi}{J}\end{bmatrix}, \ \boldsymbol{A}_{21} = \begin{bmatrix}0 & -\frac{k_g}{L}\end{bmatrix}, \ \boldsymbol{A}_{22} = \begin{bmatrix}-\frac{R}{L}\end{bmatrix}, \ \boldsymbol{B}_1 = \begin{bmatrix}0\\0\end{bmatrix}, \ \boldsymbol{B}_2 = \begin{bmatrix}\frac{1}{L}\end{bmatrix} \quad \blacksquare$$

■ 7.3 Parameter- und Systemidentifikation

Eine Identifikation erlaubt es, relevante Parameter eines dynamischen Systems zu schätzen. Dazu erfolgt mithilfe von Optimierungsverfahren eine Auswertung typischerweise verrauschter Messwerte, die aus entsprechend gestalteten Experimenten stammen. Das Beispiel 7.11 dient einer vereinfachten, kurzen Motivation.

Beispiel 7.11 Motivation zur Parameteridentifikation am Beispiel Motorachse

Es sei ein einfacher elektromechanischer Antrieb betrachtet, welcher sich mit den Gleichungen

$$\tau = J\ddot{\varphi} + d\dot{\varphi}, \tag{7.41}$$

$$\tau = k_\varphi i \tag{7.42}$$

und durch folgende Parameter und Variablen beschreiben lässt.

Symbol	Parameter	Symbol	Variable
J	Massenträgheit	τ	Motormoment
d	Dämpfung	φ	Achswinkel
k_φ	Motorkonstante	i	Ankerstrom

Die Kombination aus den Gln. (7.41) und (7.42) resultiert zu

$$i = \frac{1}{k_\varphi}\left(J\ddot{\varphi} + d\dot{\varphi}\right). \tag{7.43}$$

Die Motorkonstante k_φ kann man mit guter Näherung dem Datenblatt entnehmen, wohingegen die Massenträgheit J und die Dämpfung d meist unbekannt sind. Um eine hohe Modellgüte zu erreichen, sind Letztere zu identifizieren, d. h. an das reale System bestmöglich anzupassen. Nun sei hier idealisiert angenommen, dass N Messungen des Motorstroms $i(k)$ (mit $k \in [1, \dots N]$), des Achswinkels $\varphi(k)$ sowie dessen zeitliche Ableitungen $\dot\varphi(k)$ und $\ddot\varphi(k)$ vorliegen. Für jeden Zeitschritt kann man damit Gl. (7.43) wie folgt anschreiben

$$i(k) = \frac{1}{k_\varphi} \left(J\ddot\varphi(k) + d\,\dot\varphi(k) \right) = \left[\frac{\ddot\varphi(k)}{k_\varphi}, \quad \frac{\dot\varphi(k)}{k_\varphi} \right] \begin{bmatrix} J \\ d \end{bmatrix}. \tag{7.44}$$

Die Frage lautet nun, wie der unbekannte Parametervektor $[J, d]^T$ aus den N Messungen „optimal" zu bestimmen ist. ■

7.3.1 Einführung in Schätzprobleme

Betrachtet wird nun der folgende lineare Zusammenhang

$$y = x^T\theta. \tag{7.45}$$

Der Parametervektor θ beinhaltet die unbekannten und zu schätzenden Größen. Die Elemente des Vektors $x^T = [x_1, x_2, \dots x_n]$ bezeichnet man als **Regressoren**. In diesen stecken die wesentlichen Informationen zur Lösung des Schätzproblems.

Gegeben ist die Messung der abhängigen Variablen y, die jedoch im Allgemeinen nur gestört vorliegt, d. h. tatsächlich wird

$$\tilde{y} = x^T\theta + \tilde{r} \tag{7.46}$$

mit dem Rauschterm $\tilde{r}$ gemessen. Das Tildezeichen ˜ kennzeichnet Zufallsvariablen.
Es sind Messungen zu N Zeitpunkten verfügbar, d. h. es liegen $y(k)$; $x(k)$ mit $k \in [1 \dots N]$ vor.
Gesucht ist eine Funktion $f(.)$

$$\hat{\theta} = f\left(x(k = 1 \dots N), \tilde{y}(k = 1 \dots N), \text{Statistik von } \tilde{r} \right), \tag{7.47}$$

die ein optimales Ergebnis für die Schätzaufgabe liefert. Optimal bedeutet, dass ein definiertes Gütekriterium ein Extremum (meist ein Minimum) annimmt. Neben den Regressoren und der Messgröße nutzt man ggf. auch die Statistik von $\tilde{r}$ (statistische Eigenschaften von Zufallsvariablen wurden in Abschnitt 4.1 eingeführt).

Beispiel 7.12 Parameteridentifikation für Motorachse

In der erneuten Betrachtung des Beispiels 7.11 erhalten wir mit der nun eingeführten Nomenklatur für

- den Ausgang (oder die Messung) $y(k) = i(k)$,
- den Regressor $x^T(k) = \left[\dfrac{\ddot\varphi(k)}{k_\varphi}, \dfrac{\dot\varphi(k)}{k_\varphi} \right]$ und
- den Parametervektor $\theta^T = [J, d]$.

Es resultiert also für dieses Beispiel der in Gl. (7.45) aufgestellte Zusammenhang. ■

Typische Bedingungen an $f(.)$ sind:

1. **Erwartungstreue** (auch Bias-, Verzerrungsfreiheit), unabhängig von der Anzahl der Messungen: Der Erwartungswert (vgl. Abschnitt 4.1.3) soll der wahren Größe entsprechen,

$$E[\hat{\boldsymbol{\theta}}] = \boldsymbol{\theta}. \qquad (7.48)$$

Mit der Einführung des **Bias** $b = E[\hat{\boldsymbol{\theta}}] - \boldsymbol{\theta}$ gelingt eine weitere Definition. Ein **asymptotisch erwartungstreuer** Schätzer liegt vor, wenn der Bias für eine hinreichend große Anzahl Messungen verschwindet. Es gilt

$$\lim_{N\to\infty} b = 0, \quad \text{gleichbedeutend mit} \quad \lim_{N\to\infty} \hat{\boldsymbol{\theta}} = \boldsymbol{\theta}. \qquad (7.49)$$

2. Ein Schätzer heißt **konsistent**, wenn er asymptotisch erwartungstreu ist und die Varianz der Schätzung gegen null strebt für $N \longrightarrow \infty$.

Least-Squares-Schätzer

Der einfachste und bekannteste Ansatz ist der **Least-Squares**-Schätzer (LS-Schätzer), den man nach seinem Entdecker auch als GAUSS-Schätzer bezeichnet und in seiner ersten Form im Jahr 1795 vorgestellt wurde. Zur gleichen Lösung gelangt man über zwei Wege:

Deterministischer Ansatz: Das Optimierungskriterium ist hier die Minimierung der aus Messung und Modell (Vorhersagefehler) gebildeten Fehlerquadratsumme

$$J = \sum_{k=1}^{N} \left(y(k) - \hat{y}(k) \right)^2 = \sum_{k=1}^{N} \tilde{r}^2(k) = \sum_{k=1}^{N} \left(y(k) - \boldsymbol{x}^{\mathrm{T}}\hat{\boldsymbol{\theta}} \right)^2, \qquad (7.50)$$

d. h. $\hat{\boldsymbol{\theta}} = \arg\min_{\hat{\boldsymbol{\theta}}} J.$ \qquad (7.51)

Stochastischer Ansatz: Ziel ist die minimale Schätzvarianz $E[(y - \hat{y})^2] \to$ min!
Zur Anwendung kommt die empirische Varianz (vgl. Seite 143) aus den Messwerten

$$V_N(\hat{\boldsymbol{\theta}}) = \frac{1}{N} \sum_{k=1}^{N} \left(y(k) - \boldsymbol{x}^{\mathrm{T}}(k)\hat{\boldsymbol{\theta}} \right)^2 \qquad (7.52)$$

und die Optimierung erfolgt gemäß

$$\hat{\boldsymbol{\theta}} = \arg\min_{\hat{\boldsymbol{\theta}}} V_N. \qquad (7.53)$$

Notwendiges (und hier auch hinreichendes) Kriterium ist das Verschwinden der partiellen Ableitung der empirischen Varianz bezüglich des Parametervektors

$$\frac{\partial V_N(\hat{\boldsymbol{\theta}})}{\partial \hat{\boldsymbol{\theta}}} \overset{!}{=} 0 \Rightarrow \hat{\boldsymbol{\theta}} = \left[\frac{1}{N} \sum_{k=1}^{N} \boldsymbol{x}(k)\boldsymbol{x}^{\mathrm{T}}(k) \right]^{-1} \frac{1}{N} \sum_{k=1}^{N} \boldsymbol{x}(k)y(k). \qquad (7.54)$$

Eine elegante Darstellung ist in Matrixschreibweise möglich. Dazu führt man den Vektor $\boldsymbol{y}^{\mathrm{T}} = [y(1), y(2), \dots y(N)]$ und die Matrix $\boldsymbol{X}^{\mathrm{T}} = [\boldsymbol{x}(1), \boldsymbol{x}(2), \dots \boldsymbol{x}(N)]$ ein und es lässt sich schreiben

$$V_N(\hat{\boldsymbol{\theta}}) = \frac{1}{N} \left\| \boldsymbol{y} - \boldsymbol{X}\hat{\boldsymbol{\theta}} \right\|_2^2 = \frac{1}{N} \left(\boldsymbol{y} - \boldsymbol{X}\hat{\boldsymbol{\theta}} \right)^{\mathrm{T}} \left(\boldsymbol{y} - \boldsymbol{X}\hat{\boldsymbol{\theta}} \right)$$

$$= \frac{1}{N} \left(\boldsymbol{y}^{\mathrm{T}}\boldsymbol{y} - \hat{\boldsymbol{\theta}}^{\mathrm{T}}\boldsymbol{X}^{\mathrm{T}}\boldsymbol{y} - \boldsymbol{y}^{\mathrm{T}}\boldsymbol{X}\hat{\boldsymbol{\theta}} + \hat{\boldsymbol{\theta}}^{\mathrm{T}}\boldsymbol{X}^{\mathrm{T}}\boldsymbol{X}\hat{\boldsymbol{\theta}} \right) .$$

Das Minimum muss folgende notwendige Bedingung erfüllen

$$\frac{d V_N(\hat{\boldsymbol{\theta}})}{d\hat{\boldsymbol{\theta}}} \overset{!}{=} 0 \;\Rightarrow\; -\boldsymbol{X}^{\mathrm{T}}\boldsymbol{y} + \boldsymbol{X}^{\mathrm{T}}\boldsymbol{X}\hat{\boldsymbol{\theta}} = 0 \;\;\Leftrightarrow\;\; \boxed{\hat{\boldsymbol{\theta}} = \left(\boldsymbol{X}^{\mathrm{T}}\boldsymbol{X} \right)^{-1} \boldsymbol{X}^{\mathrm{T}}\boldsymbol{y}} . \tag{7.55}$$

Damit ergibt sich ein linearer Schätzer der Form $\hat{\boldsymbol{\theta}} = \boldsymbol{P}^{\dagger}\boldsymbol{y}$, wobei man $\boldsymbol{P}^{\dagger}$ auch als die (linke) MOORE-PENROSE-Pseudoinverse bezeichnet (vgl. hierzu auch Anhang A.2.5):

$$\boldsymbol{P}^{\dagger} = \left(\boldsymbol{X}^{\mathrm{T}}\boldsymbol{X} \right)^{-1} \boldsymbol{X}^{\mathrm{T}} . \tag{7.56}$$

Aus dem Anteil $\left(\boldsymbol{X}^{\mathrm{T}}\boldsymbol{X} \right)$ lassen sich wichtige Maßzahlen für die Güte der Schätzung ableiten, z. B. deren Varianz. Ferner spielt die Matrix $\left(\boldsymbol{X}^{\mathrm{T}}\boldsymbol{X} \right)$ auch für die Ermittlung einer optimalen Anregung zur Identifikation eine wichtige Rolle (siehe Abschnitt 7.4.6). Mitunter bezeichnet man die Matrix $\boldsymbol{X}$ als **Designmatrix**.

Beispiel 7.13 Wahl der Regressoren für die Identifikation einer Reibkennlinie

Die gemessene Reibkennlinie eines Getriebes soll einem mathematischen Modell angepasst werden (die exogene, d. h. unabhängige Größe ist die Winkelgeschwindigkeit $\dot{\varphi}$, die abgeleitete Größe das Reibmoment τ_{R}). Das zur Anwendung kommende Modell lautet

$$\tau_{\mathrm{R}} = r_1 \dot{\varphi} + r_2 \operatorname{sign}(\dot{\varphi}) + r_3 \dot{\varphi}^{\frac{1}{3}} .$$

Die anzupassenden Parameter stehen für

- die geschwindigkeitsproportionale (viskose) Dämpfung, charakterisiert durch r_1,
- die trockene (COULOMB'sche) Reibung, charakterisiert durch r_2 und
- die drehrichtungsabhängige Unsymmetrien, charakterisiert durch r_3.

Das Modell ist **intrinsisch linear**, d. h. linear in den gesuchten Parametern und das LS-Verfahren ist problemlos anwendbar. Dazu erfolgen folgende Definitionen für die Regressoren und den Parametervektor

$$\boldsymbol{x}^{\mathrm{T}}(k) = \left[\dot{\varphi}(k), \operatorname{sign}(\dot{\varphi}(k)), \dot{\varphi}(k)^{\frac{1}{3}} \right] \quad ; \quad \boldsymbol{\theta} = \begin{bmatrix} r_1 \\ r_2 \\ r_3 \end{bmatrix} .$$

∎

Der wesentliche Nachteil des LS-Schätzers besteht darin, dass man die Statistik von $\tilde{r}(t)$ nicht ausnutzt. Ist aber $\tilde{r}(t)$ weiß (vgl. Beispiel 4.3), dann beinhaltet $\tilde{r}(t)$ keine auswertbare Information und es gilt:

> Der GAUSS-Schätzer ist optimal, wenn $\tilde{r}(t)$ weiß ist.

Optimal bedeutet in diesem Zusammenhang, dass der Schätzer unverzerrt (Bias-frei) ist (d. h. $E[\hat{\boldsymbol{\theta}}] = \boldsymbol{\theta}$ gilt) und die kleinstmögliche Schätzvarianz unter den linearen, unverzerrten Schätzern liefert. Dies ist die so genannte **BLUE**-Eigenschaft (**B**est **L**inear **U**nbiased **E**stimator, GAUSS-MARKOV-Theorem) des GAUSS-Schätzers.

Die Kovarianzmatrix des Schätzvektors selbst beträgt

$$\text{cov}(\hat{\boldsymbol{\theta}}) = \left(\boldsymbol{X}^{\mathrm{T}} \boldsymbol{X}\right)^{-1} \sigma^2 , \tag{7.57}$$

wobei σ für Standardabweichung des Rauschens in Gl. (7.46) mit der Kovarianz $\boldsymbol{V}_{\mathrm{R}} = E[\boldsymbol{r}\boldsymbol{r}^{\mathrm{T}}] = \sigma^2 \mathbf{I}$ steht.

 Damit folgt, dass die Varianz vom Verhältnis σ^2 zu $\left(\boldsymbol{X}^{\mathrm{T}} \boldsymbol{X}\right)$ abhängt, wodurch sich dann folgende Daumenregeln ableiten lassen:
- Für ein günstiges Signal-Rausch-Verhältnis (Signal-to-Noise-Ratio SNR) sollte man das System möglichst stark anregen; dann ist $\left(\boldsymbol{X}^{\mathrm{T}} \boldsymbol{X}\right)$ möglichst 'groß'.
- Der Ausdruck $\left(\boldsymbol{X}^{\mathrm{T}} \boldsymbol{X}\right)$ wächst im Allgemeinen auch mit N an, d. h. mehr Messwerte wirken sich günstig aus und kompensieren Raucheffekte.

Hierarchie der Schätzverfahren

Abschließend zeigt Tabelle 7.1 der Vollständigkeit halber weitere Schätzverfahren in Kurzform. Von oben nach unten werden die Annahmen immer restriktiver, bzw. der Ansatz weniger allgemeingültig. Der LS-Schätzer ist die einfachste Form, allerdings aber auch nur unter der strengen Anforderung optimal, dass weißes Rauschen mit einer konstanten Varianz vorliegt.

Tabelle 7.1 Hierarchie der Schätzverfahren

Schätzer	Ansatz	Anforderung
BAYES-	$E[C(\boldsymbol{\theta}\|\boldsymbol{y})] \to \min_{\boldsymbol{\theta}}$ $\int C(\boldsymbol{\theta}) p(\boldsymbol{\theta}\|\boldsymbol{y})\,d\boldsymbol{\theta} \to \min_{\boldsymbol{\theta}}$	• benötigt Priorverteilung • benötigt Risikofunktion
Maximum a posteriori-	$p(\boldsymbol{y}\|\boldsymbol{\theta}) p(\boldsymbol{\theta}) \to \max_{\boldsymbol{\theta}}$	keine Risikofunktion
Maximum Likelihood-	$p(\boldsymbol{y}\|\boldsymbol{\theta}) \to \max_{\boldsymbol{\theta}}$	$\boldsymbol{\theta}$ ist gleichverteilt
GAUSS-MARKOV-	$\hat{\boldsymbol{\theta}}_{\mathrm{GM}} = (\boldsymbol{X}^{\mathrm{T}} \boldsymbol{V}_{\mathrm{R}}^{-1} \boldsymbol{X})^{-1} \boldsymbol{X}^{\mathrm{T}} \boldsymbol{V}_{\mathrm{R}}^{-1} \boldsymbol{y}$	Kovarianz des Rauschens bzw. Wichtungen müssen bekannt sein
Least Squares-	$\hat{\boldsymbol{\theta}}_{\mathrm{LS}} = (\boldsymbol{X}^{\mathrm{T}} \boldsymbol{X})^{-1} \boldsymbol{X}^{\mathrm{T}} \boldsymbol{y}$	$\boldsymbol{V}_{\mathrm{R}} = \sigma^2 \mathbf{I}$ weißes Rauschen mit konstanter Varianz

Der BAYES-Schätzer ist der allgemeingültigste Ansatz und betrachtet den Parametervektor selbst als Zufallsgröße. Außerdem erfolgt nicht nur die Schätzung des Erwartungswertes, sondern der gesamten Verteilungsfunktion. Für die Durchführung benötigt man die Verbundverteilungsdichtefunktionen $p(\boldsymbol{\theta}|\boldsymbol{y})$ (stochastische Beziehung zwischen Messung und Parametervektor) und eine geeignet zu definierende positiv definite Risikofunktion $C(\boldsymbol{\theta} - \hat{\boldsymbol{\theta}})$, die die Abweichung des Schätzvektors von den realen Werten bestraft.

Liegt keine Risikofunktion vor, so kann der **Maximum a-posteriori** Schätzer (MAP) Anwendung finden. Die Schätzung folgt aus der Maximierung der a posteriori Wahrscheinlichkeitsverteilungsdichte, nämlich dass man die Beobachtung $\boldsymbol{y}$ unter dem Vorwissen $\boldsymbol{\theta}$ gemacht hat.

Unter der Annahme eines gleichverteilten Parametervektors $\boldsymbol{\theta}$, d. h. $p(\boldsymbol{\theta}) = $ konst. gelangt man zum **Maximum Likelihood** Schätzer (ML). In diesem Fall entsprechen sowohl der MAP-, als auch der BAYES-Schätzer dem Maximum-Likelihood-Schätzer.

Ist das Rauschen statistisch unabhängig und GAUSS-verteilt, geht der Maximum-Likelihood-Schätzer in den GAUSS-MARKOV-Schätzer über. Der GAUSS-MARKOV-Schätzer ist der Schätzer mit minimaler Schätzvarianz **in jedem Element** von $\hat{\theta}$. Man benötigt allerdings die Kovarianz V_R des Rauschens. Für den speziellen Fall einer Diagonalstruktur erhält man formal die gleiche Lösung wie beim **Weighted Least Squares** (WLS). Insofern behandelt ein Schätzer 'Bedeutung', die man über Gewichtungsparameter vorgibt genauso wie die 'Zuverlässigkeit', die sich aus der Messvarianz ergibt. Eine elegante Herleitung des in Abschnitt 4.2.3 eingeführten KALMAN-Filters gelingt über den GAUSS-MARKOV-Schätzer.

Bei weißem Rauschen mit konstanter Varianz gelangt man wieder zum LS-Schätzer. Zur Vertiefung der Schätztheorie wird z. B. [Ise92, TBF05] empfohlen.

7.3.2 Prozess zur Identifikation

Bild 7.28 zeigt das übliche Standard Systemmodell zur Identifikation linearer, zeitdiskreter Systeme. Die Eingangsgröße bezeichnet man mit $u(k)$ und die gemessene Ausgangsgröße mit $y(k)$, die sich aus der Summe vom realen Systemausgang $y_u(k)$ und der Rauschgröße $v(k)$ ergibt. In der Notation von Gl. (7.46) entstehen die Regressoren x aus aktuellen und vergangenen Ein- und Ausgangsgrößen und der Parametervektor θ umfasst die Systemparameter.

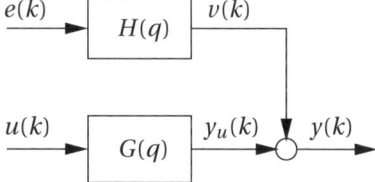

Bild 7.28
Standard Systemmodell mit
Streckenmodell $G(q)$ und Störmodell
$H(q)$

Für den Ausgang kann man anschreiben

$$y(k) = G(q)\,u(k) + H(q)\,e(k)\,. \tag{7.58}$$

Hierbei gilt

$$G(q) = \sum_{n=1}^{\infty} g(n)q^{-n} \quad ; \quad H(q) = 1 + \sum_{n=1}^{\infty} h(n)q^{-n}$$

mit dem **Verschiebeoperator** q und den Impulsantworten $g(n)$ und $h(n)$ (vgl. dazu Abschnitt 7.1.1 ab Seite 257). Die Übertragungsfunktion $G(q)$ beschreibt den **determinstischen** Teil des Systems und $H(q)$ den **stochastischen** Teil. Die Übertragungsfunktion der Störung $H(q)$ beginnt hier mit 1, könnte also einen Durchgangsanteil besitzen.
Die Sequenz $e(k)$ ist eine Folge von unabhängigen Zufallsvariablen (weißes Rauschen) mit $E[e(k)] = 0$, $E[e^2(k)] = \sigma^2$. Gegebenenfalls ist die Wahrscheinlichkeitsdichtefunktion $p(e(k))$ des Rauschens bekannt.

 Bei der Identifikation unterscheidet man im Wesentlichen 3 Modellformen [Nel01]:
  ▪ **White Box**: Das Modell basiert vorwiegend auf theoretischen Überlegungen mit physikalisch interpretierbaren Parametern.

> ▪ **Black Box**: Es erfolgt eine Modellschätzung rein auf Basis von Eingangs- und Aus-
> gangsdaten.
> ▪ **Gray Box**: Semi-modellbasiert, Prozesswissen geht in die Modellierung ein, z. B.
> wird eine adäquate Modellstruktur vorgegeben (Modelltyp, -ordnung).
> Im Folgenden steht das **Gray Box**-Modell im Vordergrund.

Die Ausführung orientieren sich maßgeblich am Standardwerk von LENNART LJUNG [Lju99]
und der darin eingeführten Nomenklatur, die ihren Einzug auch in die *Matlab® Identification
Toolbox* [Lju97] gefunden und damit eine globale Verbreitung erfahren hat.

Bild 7.29 zeigt den gesamten Prozess der **Systemidentifikation**. Am Anfang steht die Definition
eines geeigneten Experiments (Anregung), die Datenaufnahme und die Modellauswahl. Auf
diese Aspekte geht später Abschnitt 7.4 ein.

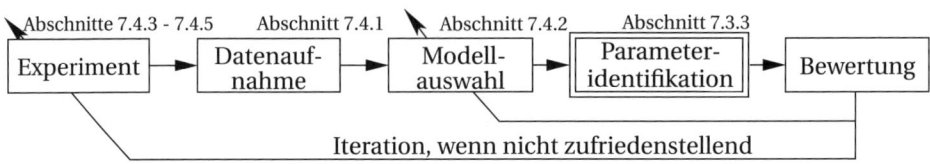

Bild 7.29 Prozess der Systemidentifikation

Details der mathematischen **Parameteridentifikation** ($\hat{=}$ doppelt gerahmter Block) behandelt
Abschnitt 7.3.3. Dieser Prozess wird in der nachfolgenden Box vorab zur Orientierung zusammengefasst, wobei nicht alle aufgeführten Schritte immer zwingend erforderlich sind.

> **Generische Schritte der mathematischen Parameteridentifikation**
> Gegeben ist ein Modell (d. h. mit Struktur und Modellordnung) mit dem zu bestimmenden
> Parametervektor $\boldsymbol{\theta}$ sowie eine Messreihe mit Ein- und Ausgangswerten, die - falls erforder-
> lich - vorverarbeitet wurden (mögliche Maßnahmen sind etwa die Bereinigung um Offsets
> und Ausreißer, Details folgen in Abschnitt 7.4.1).
> Gesucht wird eine geeignete Schätzung $\hat{\boldsymbol{\theta}}$ für den Parametervektor $\boldsymbol{\theta}$.
>
> 1. Ermittlung eines sog. optimalen Prädiktors
>
> $$\hat{y}(k, \boldsymbol{\theta} | k-1) = g(\boldsymbol{\theta}, z(k-1)),$$
>
>   wobei $z(k-1)$ einen Vektor darstellt, der alle Informationen bis zum Zeitpunkt $k-1$ um-
>   fasst.
> 2. Berechnung des **Vorhersagefehlers** zw. Messwert und Prädiktion (**Residuum**)
>
> $$\epsilon(k) = y(k) - \hat{y}(k, \boldsymbol{\theta} | k-1).$$
>
> 3. Ggf. Filterung des Vorhersagefehlers gemäß $\epsilon_{\mathrm{F}}(k) = L(q)\epsilon(k)$ mit dem linearen Filter $L(q)$.
>   Diese Maßnahme kommt häufig bei hochfrequenten Störungen und/oder langsamer Pa-
>   rameterdrift zur Anwendung. Für lineare Prädiktoren und skalare y, u ist dies gleichbe-
>   deutend mit der Filterung der Ein-/Ausgangsdaten. Die Filterung entspricht der Modi-
>   fikation (Frequenzgewichtung) des Rauschmodells, d. h. sie führt zur Verstärkung/Ab-
>   schwächung bestimmter Frequenzbereiche.

4. Ein gutes Modell mit gut gewählten Parametern minimiert den Vorhersagefehler. Prinzipiell unterscheidet man zwei Ansätze, um kleine Fehler zu gewährleisten:
   - Man bildet ein Optimierungskriterium und minimiert dieses. Siehe Schritte 5. und 6.
   - Man überprüft bestimmte Anforderungen an die Residuen $\epsilon(k)$. Ein guter Indikator ist die Überprüfung auf weißes Rauschen. Je 'weißer' die Residuen, desto eher ist sichergestellt, dass sämtliche Informationen in die Prädiktion eingeflossen sind.

5. Ein typischer Ansatz für das Optimierungskriterium (manchmal auch als Verlustfunktion bezeichnet) ist die Verwendung eines quadratischen Gütemaßes nach der Form

$$J = \sum_{k=1}^{N} \epsilon_{\mathrm{F}}^2(k).$$

Bei GAUSS-Verteilung von ϵ_{F} ist das Ergebnis optimal im Sinne von Maximum-Likelihood. Prinzipiell sind aber auch andere positive Funktionen $l(\epsilon_{\mathrm{F}}(k,\boldsymbol{\theta}))$ oder Normen zur Bewertung des Fehlers denkbar und im Einsatz.

6. Minimierung der Summe dieser Normen oder der Verlustfunktion

$$\hat{\boldsymbol{\theta}} = \arg\min_{\hat{\boldsymbol{\theta}}} V_N(\hat{\boldsymbol{\theta}}) \quad \text{mit} \quad V_N = J \text{ oder } V_N = \frac{1}{N}\sum l(\epsilon_{\mathrm{F}}(k,\hat{\boldsymbol{\theta}})).$$

7.3.3 Identifikation parametrischer, linearer, zeitdiskreter Systeme

SISO-Modellfamilie: Mit Bezug auf die gängigen Konventionen (z. B. *Matlab*® *Toolbox*) zeigt Bild 7.30 eine Modellfamilie für lineare **S**ingle-**I**nput **S**ingle-**O**utput Systeme (SISO). Je nach-

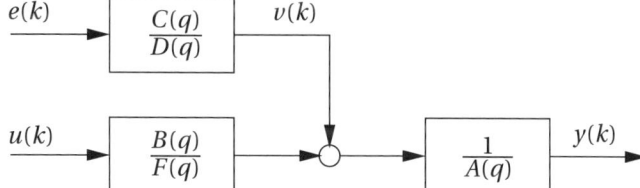

Bild 7.30
SISO-Modellfamilie

dem, welche Übertragungselemente aus (A, B, C, D, F) existieren, bzw. ungleich der Identität '1' sind, lassen sich theoretisch $2^5 = 32$ unterschiedliche Modelle der Form

$$A(q)\,y(k) = \frac{B(q)}{F(q)}\,u(k) + \frac{C(q)}{D(q)}\,e(k) \tag{7.59}$$

unterscheiden. Die einzelnen Übertragungselemente stellen Polynome des Verschiebeoperators q dar. Außer dem $B(q)$-Polynom beginnen alle mit einer '1'. Beispiele sind

$$A(q) = 1 + a_1 q^{-1} + \cdots a_{n_a} q^{-n_a} \quad ; \quad B(q) = b_1 q^{-1} + \cdots b_{n_b} q^{-n_b}$$
$$C(q) = 1 + c_1 q^{-1} + \cdots c_{n_c} q^{-n_c} \quad ; \quad \cdots$$

Nicht existierende Polynome werden in Gl. (7.59) durch eine '1' ersetzt. Wenn erforderlich, lassen sich noch durch

$$A(q)\,y(k) = q^{-n_k}\frac{B(q)}{F(q)}\,u(k) + \frac{C(q)}{D(q)}\,e(k) \tag{7.60}$$

Totzeiten berücksichtigen. Generell unterscheidet man folgende zwei Modellklassen:

 Gleichungsfehler-Modelle (engl. **Equation Error Models**) zeichnen sich dadurch aus, dass die Übertragungsfunktionen $G(q)$ und $H(q)$ in Gl. (7.58) den gemeinsamen Anteil $A(q)$ besitzen. Somit taucht der Faktor $1/A(q)$ sowohl im deterministischen $G(q)$ als auch im stochastischen Teilmodell $H(q)$ auf.
Für diese Modelle existieren effiziente Schätzer. Allerdings ist diese Modellannahme **nur** dann realistisch, wenn das Rauschen auch frühzeitig auf die Strecke wirkt. Meist ist dies nicht der Fall, z. B. infolge von Messrauschen und die Schätzung ist dann häufig Bias-behaftet!

 Ausgangsfehler-Modelle (engl. **Output Error Models**) weisen ein Rauschmodell auf, das unabhängig vom deterministischen Teil ist. Dies ist im Allgemeinen eine realistischere Annahme, wenn das Messrauschen die wesentliche Unsicherheit darstellt. Die Verwendung der Ausgangsfehler-Modelle führt zu Schätzern, die robust gegen Rauschen sind.

Tabelle 7.2 gibt einen Überblick zu den wichtigsten Modelle aus der SISO-Modellfamilie.

Optimaler Prädiktor: Für den mathematischen Identifikationsprozess benötigt man einen Prädiktor, der eine optimale Schätzung des Ausgangs liefert

$$\hat{y}(k,\boldsymbol{\theta}\,|\,k-1) = g(\boldsymbol{\theta},\boldsymbol{z}(k-1))\,,$$

wobei $\boldsymbol{z}(k-1)$ alle Information bis zum Zeitpunkt $k-1$ umfasst. Optimal bedeutet, dass der Schätzer alle verfügbaren Informationen verwendet, d. h. der Vorhersagefehler (engl. Prediction Error)

$$\epsilon(k) = y(k) - \hat{y}(k,\boldsymbol{\theta}\,|\,k-1) \tag{7.61}$$

darf nicht mehr aus Vergangenheitswerten erklärt werden können und entspricht demzufolge dem weißen Rauschen am Eingang des Systems. Wäre das nicht der Fall, so könnte der Schätzer nicht optimal sein, da er dann nicht alle verfügbaren Informationen vollständig einbezogen hätte.

 Die **optimale** Prädiktorgleichung lautet (unabhängig vom Modell)

$$\hat{y}(k\,|\,k-1) = H^{-1}(q)G(q)u(k) + \left[1 - H^{-1}(q)\right]y(k) \tag{7.62}$$

Man kann sich dies aus der Ausgangsgleichung

$$y(k) = G(q)\,u(k) + H(q)\,e(k) \tag{7.63}$$

und der oben angeführten Optimalitätsbedingung im Zusammenhang mit Gl. (7.61) ableiten.

Tabelle 7.2 Übersicht zu den wichtigsten Mitglieder der SISO-Modellfamilie; Gleichungsfehler-Modelle (Einträge 4-6); Ausgangsfehler-Modelle (Einträge 1-3, 7-9)

	Bezeichnung	Modell	Anwendung/Kommentar
1	Auto-Regressive (AR)	$y(k) = \dfrac{1}{D(q)}e(k)$	rein stochastischer Prozess; LS-Verfahren anwendbar; Alternative: YULE-WALKER-Gleichung (LS über Korrelationfunktionen)
2	Moving Average (MA)	$y(k) = C(q)e(k)$	rein stochastischer Prozess; selten in technischen Anwendungen; nichtlineares Schätzproblem
3	ARMA	$y(k) = \dfrac{C(q)}{D(q)}e(k)$	Kombination der Zufallsprozesse aus AR- und MA-Modell
4	Auto-Regressive with eXogenous Inputs (ARX)	$y(k) = \dfrac{B(q)}{A(q)}u(k) + \dfrac{1}{A(q)}e(k)$	Störmodell geeignet, wenn Störung früh im System angreift; lineares Schätzproblem; Vorsicht geboten, Schätzung meist verzerrt
5	ARMAX	$y(k) = \dfrac{B(q)}{A(q)}u(k) + \dfrac{C(q)}{A(q)}e(k)$	liefert im Allg. sehr gute Ergebnisse; $C(q)$ muss stabil sein; nichtlineare Schätzaufgabe
6	ARARX	$y(k) = \dfrac{B(q)}{A(q)}u(k) + \dfrac{1}{A(q)D(q)}e(k)$	Alternative zu ARMAX; keine Einschränkung bzgl. $A(q)$ und $D(q)$ (können instabil sein)
7	Output-Error (OE)	$y(k) = \dfrac{B(q)}{F(q)}u(k) + e(k)$	geeignet, wenn (weißes) Messrauschen dominiert; $F(q)$ muss stabil sein, d. h. nicht anwendbar für instabile Systeme; prinzipiell nichtlineare Schätzaufgabe
8	Box-Jenkins (BJ)	$y(k) = \dfrac{B(q)}{F(q)}u(k) + \dfrac{C(q)}{D(q)}e(k)$	Erweiterung des OE-Modells (im Rauschmodell); $F(q)$ und $C(q)$ müssen stabil sein; nichtlineare Schätzaufgabe
9	Finite Impulse Response (FIR)	$y(k) = B(q)u(k) + e(k)$	LS-Verfahren anwendbar, robust gegen Rauschen; keine instabilen Prozesse modellierbar, im Allg. hohe Modellordnung

Identifikation des ARX-Modells

Das ARX-Modell stellt den einfachsten Prototypen für Gleichungsfehler-Modelle dar. Da Argumente wie Rechenaufwand beim Entwurf und der Implementierung heute untergeordnet sind, kommen aber zunehmend kompliziertere Modelle zur Anwendung (z. B. ARMAX). Die ausführliche Behandlung dient daher eher dem Verständnis. Die dargestellten Prozessschritte lassen sich in analoger Weise für die anderen Systemmodelle aus Tabelle 7.2 anwenden.

Das ARX-Modell besitzt dann eine gute Eignung, wenn die Störung früh im System angreift (das Rauschen hat dann in erster Näherung die gleiche Nennerdynamik wie die Strecke).

Der optimale Prädiktor errechnet sich für das ARX-Modell gemäß Gl. (7.62) zu

$$\hat{y}(k|k-1) = H^{-1}(q)G(q)u(k) + \left[1 - H^{-1}(q)\right]y(k)$$
$$= B(q)u(k) + \left(1 - A(q)\right)y(k). \tag{7.64}$$

Beide Polynome $A(q)$ und $B(q)$ treten lediglich im Zähler auf. Daher gilt:

 Der ARX-Prädiktor ist immer stabil, auch wenn $A(q)$ (das ARX-Modell) instabil ist. Dies ist eine generelle Eigenschaft der Gleichungsfehler-Modelle.

Des Weiteren ist der Vorhersagefehler

$$\epsilon_{\mathrm{ARX}}(k) = y(k) - \hat{y}(k|k-1) = A(q)y(k) - B(q)u(k)$$
$$= A(q)\left[\frac{B(q)}{A(q)}u(k) + \frac{1}{A(q)}e(k)\right] - B(q)u(k)$$

linear in den Parametern. Die Parameter von $A(q)$ und $B(q)$ tauchen alle sämtlich in der einfachen Multiplikation mit einer Eingangs- oder Ausgangsgröße (bzw. einer ihrer Altwerte) auf. Entsprechend lässt sich z. B. das LS-Verfahren (siehe Abschnitt 7.3.1) einsetzen.

Die beim ARX-Modell zugrunde liegende Annahme von einem farbigen Rauschen am Ausgang, das aus weißem Rauschen durch die gleiche Nennerdynamik entstanden ist wie die Strecke, ist wenig realistisch. Folgendes gilt es daher zu berücksichtigen:

 Der wesentliche Vorteil der ARX-Modellierung ist die Linearität in den Parametern, die eine lineare Regression erlaubt. Die ARX-Modellierung weist allerdings auch zwei wesentliche Nachteile auf:
1. Die Schätzung eines ARX-Modells mit LS-Schätzer ist im Allgemeinen Bias-behaftet und nicht konsistent!
2. Die geschätzte Varianz vermittelt den Eindruck einer höheren Genauigkeit als dies tatsächlich der Fall ist.

 Auf einen wichtigen Aspekt sei nochmals explizit hingewiesen:

Die Optimierung als rein mathematischer Prozess der Parameteridentifikation findet im Allgemeinen immer eine „Lösung". Die tatsächliche Qualität und Brauchbarkeit dieser Lösung hängt allerdings davon ab, wie gut die getroffene Modellannahme ist und wie repräsentativ das System angeregt wurde. Ist die Modellierung zu „einfach", d. h. werden zu wenige freie oder die falschen Parameter vorgegeben, dann sind die geschätzten Parameter im Allgemeinen fehlerbehaftet. Werden zu viele freie Parameter vorgegeben, dann repräsentieren die geschätzten Parameter nicht die wahre Charakteristik des Systems. Es werden vermeintliche Eigenschaften gelernt, die nicht vom System selbst herrühren und die Schätzwerte weisen eine große Varianz auf.

Die Darstellung von Auswirkungen bei Fehlannahmen sowie geeignete Maßnahmen zur Findung des „richtigen" Systemansatzes und guten Anregung sind Bestandteile der nachfolgenden Ausführungen im Rest dieses Abschnittes und von Abschnitt 7.4.

Beispiel 7.14 Bias beim ARX-Schätzer

Betrachtet wird ein System 1. Ordnung (PT_1-System), das ohne Rauschterm wie folgt beschrieben wird:

$$y(k) = -a_1 y(k-1) + b_1 u(k-1).$$

Gemessen wird $y^{\text{mess}}(k) = y(k) + v(k)$ mit dem Rauschterm $v(k)$, das weißes Rauschen darstellen soll. $k \in [0 \dots N+1]$ steht für die Indexvariable. Somit wäre bei diesen Sachverhalten die korrekte Modellierung die mit einem OE-Modell und $B(q) = b_1 q^{-1}$ und $F(q) = 1 + a_1 q^{-1}$. Allerdings sie zunächst ein ARX-Modell mit $A(q) = 1 + a_1 q^{-1}$ angenommen. Zur Anwendung des LS-Schätzers werden folgende Größen eingeführt

$$\boldsymbol{\theta}_0 = \begin{bmatrix} a_1 \\ b_1 \end{bmatrix} ; \hat{\boldsymbol{\theta}} = \begin{bmatrix} \hat{a}_1 \\ \hat{b}_1 \end{bmatrix} ; \boldsymbol{X} = \begin{bmatrix} -y(0) & u(0) \\ -y(1) & u(1) \\ \vdots & \vdots \\ -y(N) & u(N) \end{bmatrix} ; \boldsymbol{y} = \begin{bmatrix} y(1) \\ y(2) \\ \vdots \\ y(N+1) \end{bmatrix} ; \boldsymbol{v} = \begin{bmatrix} v(1) \\ v(2) \\ \vdots \\ v(N+1) \end{bmatrix}.$$

Für die einzelnen Anteile des LS-Schätzers ermittelt man

$$\boldsymbol{X}^{\text{T}} \boldsymbol{X} = \begin{bmatrix} -y(0) & -y(1) & \cdots \\ u(0) & u(1) & \cdots \end{bmatrix} \begin{bmatrix} -y(0) & u(0) \\ -y(1) & u(1) \\ \vdots & \vdots \end{bmatrix}$$

$$= \begin{bmatrix} \sum y_i^2 & -\sum u_i y_i \\ -\sum u_i y_i & \sum u_i^2 \end{bmatrix} = \begin{bmatrix} \hat{R}_{yy}(0) & -\hat{R}_{uy}(0) \\ -\hat{R}_{uy}(0) & \hat{R}_{uu}(0) \end{bmatrix} (N+1),$$

$$\boldsymbol{X}^{\text{T}} \boldsymbol{y} = (N+1) \begin{bmatrix} -\hat{R}_{yy}(1) \\ \hat{R}_{uy}(1) \end{bmatrix},$$

$$\boldsymbol{X}^{\text{T}} \boldsymbol{v} = \begin{bmatrix} -y(0) & -y(1) & \cdots \\ u(0) & u(1) & \cdots \end{bmatrix} \begin{bmatrix} v(1) \\ v(2) \\ \vdots \end{bmatrix} = (N+1) \begin{bmatrix} -\hat{R}_{yv}(1) \\ \hat{R}_{uv}(1) \end{bmatrix},$$

wobei hier $\hat{R}_{yy}, \hat{R}_{uy}, \hat{R}_{uu}, \hat{R}_{uv}, \hat{R}_{yv}$ für die entsprechenden (empirischen) Korrelations- und Kreuzkorrelationsfunktionen stehen (vgl. Abschnitt 4.1.3). Damit erhalten wir für den Schätzer mit $\boldsymbol{y} = \boldsymbol{X}\boldsymbol{\theta}_0 + \boldsymbol{v}$

$$\hat{\boldsymbol{\theta}} = \begin{bmatrix} \hat{a}_1 \\ \hat{b}_1 \end{bmatrix} = (\boldsymbol{X}^{\text{T}}\boldsymbol{X})^{-1} \boldsymbol{X}^{\text{T}}(\boldsymbol{X}\boldsymbol{\theta}_0 + \boldsymbol{v}) = \boldsymbol{\theta}_0 + (\boldsymbol{X}^{\text{T}}\boldsymbol{X})^{-1} \boldsymbol{X}^{\text{T}}\boldsymbol{v},$$

beziehungsweise für den Bias, d.h. für den hinteren Teil in der letzten Gleichung $(\boldsymbol{X}^{\text{T}}\boldsymbol{X})^{-1} \boldsymbol{X}^{\text{T}}\boldsymbol{v}$

$$\text{Bias} = \frac{1}{\hat{R}_{uu}(0)\hat{R}_{yy}(0) - \hat{R}_{uy}^2(0)} \begin{bmatrix} \hat{R}_{uu}(0) & \hat{R}_{uy}(0) \\ \hat{R}_{uy}(0) & \hat{R}_{yy}(0) \end{bmatrix} \begin{bmatrix} -\hat{R}_{yv}(1) \\ \hat{R}_{uv}(1) \end{bmatrix}$$

$$= \frac{1}{\hat{R}_{uu}(0)\hat{R}_{yy}(0) - \hat{R}_{uy}^2(0)} \begin{bmatrix} -\hat{R}_{uu}(0)\hat{R}_{yv}(1) + \hat{R}_{uy}(0)\hat{R}_{uv}(1) \\ -\hat{R}_{uy}(0)\hat{R}_{yv}(1) + \hat{R}_{yy}(0)\hat{R}_{uv}(1) \end{bmatrix}.$$

Es gilt $R_{uy}(0) = g(0) = 0$, sowie $\hat{R}_{uv} = 0$, da die Eingangsgröße unkorreliert ist mit der Rauschgröße. Für den Bias erhalten wir dann

$$\text{Bias} = \frac{1}{\hat{R}_{uu}(0)\hat{R}_{yy}(0)} \begin{bmatrix} -\hat{R}_{uu}(0)\hat{R}_{yv}(1) \\ 0 \end{bmatrix} = \begin{bmatrix} \triangle\hat{a}_1 \\ \triangle\hat{b}_1 \end{bmatrix}.$$

Als Resultat ergibt sich mit dem **Erwartungswertoperator** $E[.]$ (Abschnitt 4.1.3)

$$E[\triangle\hat{a}_1] = -\frac{R_{yv}(1)}{R_{yy}(0)},$$

$$E[\triangle\hat{b}_1] = 0 \quad (\text{kein Bias für } \hat{b}_1).$$

Es wird nun das konkrete System

$$y(k) = -0,8\,y(k-1) + 0,5\,u(k-1)$$

betrachtet, d. h. es gilt hier $a_1 = 0,8$ und $b_1 = 0,5$.

Das System wird mit einem mittelwertfreien, normalverteilten Rauschprozess mit σ_{Rauschen} belegt und pro Messreihe jeweils ca. 8.000 Werte aufgenommen. Am Ausgang erfolgt die Addition des Messrauschens. Bild 7.31 zeigt links die geschätzten Parameter in Abhängigkeit von σ_{Rauschen}. Wie zu erwarten, liegt bei der Schätzung von a_1 eine wesentlich höhere Sensitivität vor und in Abhängigkeit von σ_{Rauschen} vergrößert sich der Bias.

Das Experiment wird nun wiederholt, allerdings wird der weiße Rauschprozess über die Nennerdynamik der Strecke geführt und dann am Ausgang addiert – das modellierte System entspricht nun einem echten ARX-Prozess. Das Ergebnis zeigt Bild 7.31 rechts. Ein Bias liegt nun nicht vor. ∎

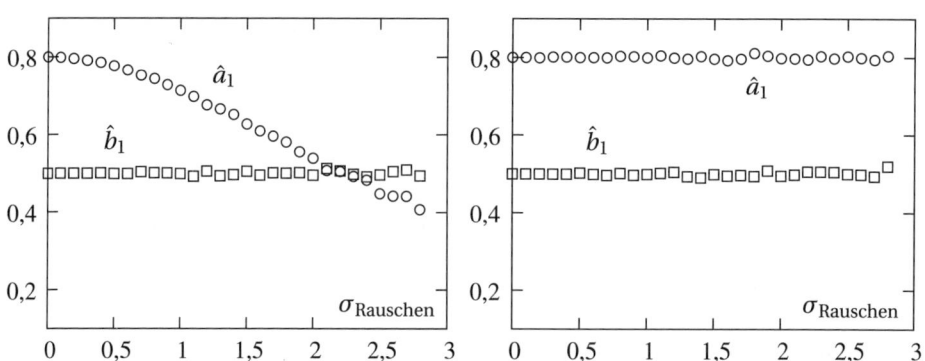

Bild 7.31 Zu Beispiel 7.14. Links: Geschätzte Parameter in Abhängigkeit von σ_{Rauschen}; rechts: Geschätzte Parameter in Abhängigkeit von σ_{Rauschen} bei Rauscheinfluss gemäß ARX-Modell

Zur Umgehung der Bias-Problematik, kommt häufig ein **Instrumentalvariablen**-Schätzer (IV-Schätzer) zum Einsatz:

Der Bias beim ARX-Modell rührt daher, dass die Rauschgröße mit Regressoren der Designmatrix X (typischerweise sind dies die Altwerte des Ausgangs) korreliert ist. Der IV-Schätzer erzeugt neue Regressoren ("Instrumente"), die die Verzerrungsproblematik teilweise umgehen.

Dazu werden die neuen Regressoren so gewählt, dass sie einerseits möglichst stark mit den Messwerten korreliert sind, aber gerade nicht mit der Rauschgröße. Details finden sich z. B. in [Ise92, Lju99].

Identifikation des ARMAX-Modells

Die Systembeschreibung des ARMAX-Modells lautet

$$y(k) = \frac{B(q)}{A(q)} u(k) + \frac{C(q)}{A(q)} e(k). \tag{7.65}$$

Im Vergleich zum ARX-Modell ist das Rauschmodell um einen MA-Anteil erweitert. (Das Rauschmodell war ja die wesentliche Schwäche des ARX-Modells.) Für den optimalen Prädiktor ermittelt man mit Gl. (7.62)

$$\hat{y}(k|k-1) = H^{-1}(q)G(q)u(k) + \left[1 - H^{-1}(q)\right]y(k) = \frac{B(q)}{C(q)} u(k) + \left(1 - \frac{A(q)}{C(q)}\right)y(k). \tag{7.66}$$

 Da der Prädiktor stabil sein muss, ist zu fordern, dass $C(q)$ stabil ist; $A(q)$ darf hingegen instabil sein.

Für den Vorhersagefehler ermittelt man

$$\epsilon_{\mathrm{ARMAX}}(k) = y(k) - \hat{y}(k|k-1) = \frac{A(q)}{C(q)} y(k) - \frac{B(q)}{C(q)} u(k). \tag{7.67}$$

Es liegt somit eine **nichtlineare** Abhängigkeit von den Parametern vor, da sich die Parameter im Zähler und Nenner wiederfinden. Man unterscheidet im Wesentlichen 2 Lösungsansätze:

1. Verwendung nichtlinearer Optimierungsverfahren, z. B. nichtlineare LS-Verfahren wie das angepasste NEWTON-Verfahren (damped GAUSS-NEWTON-Verfahren, LEVENBERG-MARQUARDT-Verfahren). Gute Startwerte erhält man durch die initiale Schätzung mit einem ARX-Modell.
2. Mehrstufiges Verfahren durch Anwendung von LS- oder IV-Verfahren (Instrumentalvariablen), z. B. das Extended Least Squares Verfahren [Ise92].

Für die Behandlung der anderen Modelle aus der SISO-Modellfamilie sei auf die Fachliteratur verwiesen, z. B. [Lju99, Ise92].

Beispiel 7.15 Identifikationsverfahren im Vergleich

Es wird ein System zweiter Ordnung betrachtet (z. B. ein Masse-Feder-Dämpfer System), das ohne Rauschmodell durch folgende Übertragungsfunktion beschrieben wird

$$G(z) = \frac{Y(z)}{U(z)} = \frac{b_1 z^{-1} + b_2 z^{-2}}{1 + a_1 z^{-1} + a_2 z^{-2}} = \frac{0,6 z^{-1} + 0,5 z^{-2}}{1 - 0,3 z^{-1} + 0,5 z^{-2}}.$$

Es wird eine Messreihe der Länge $N = 10.000$ simuliert, wobei als Anregung ein binäres Rauschsignal (PRBS, Erläuterung in Abschnitt 7.4.3) zur Anwendung kommt. Auf den Ausgang wird ein normalverteiltes, mittelwertfreies Messrauschen addiert. Damit würde das System bestens durch ein OE-Modell charakterisiert. Bild 7.32 zeigt ausschnittsweise die Anregung, den Ausgang sowie das verrauschte Messsignal des Ausgangs.

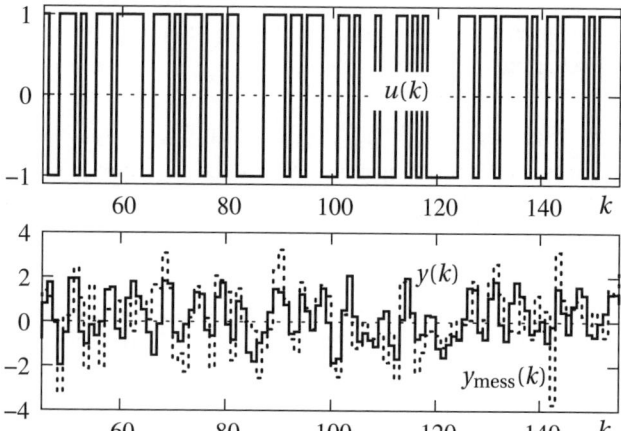

Bild 7.32
Ausschnittsweise
Darstellung der Anre-
gung $u(k)$, des System-
ausgangs $y(k)$ und des
Messsignals $y_{\text{mess}}(k)$

Es findet ein Vergleich zwischen unterschiedlichen Rauschmodellen bzw. Identifikationsverfahren statt. Die Modellordnung wird jeweils korrekt mit zwei vorgegeben.

Zunächst erfolgt eine Identifikation mit einem ARX-Modell. Erwartungsgemäß ist die Schätzung verzerrt. Zum Vergleich kommt ein ARMAX-Modell zum Einsatz. Bild 7.33 zeigt links die ermittelte Pol- bzw. Nullstellenverteilung der identifizierten Modelle. Pole sind mit p und Nullstellen mit n gekennzeichnet.

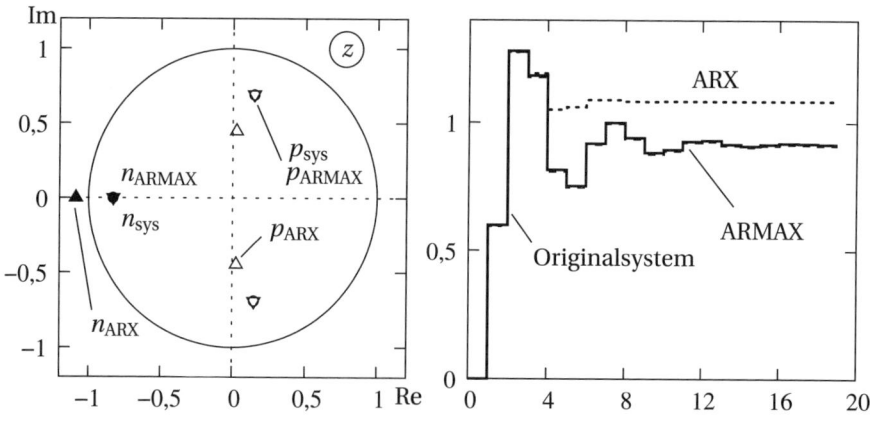

Bild 7.33 Links: Pol-, Nullstellenverteilung der identifizierten Modelle. Rechts: Sprungantworten der identifizierten Modelle

Wie zu erkennen, führt die Identifikation mit dem ARX-Modell hier sogar auf ein nicht-minimalphasiges System (die geschätzte Nullstelle befindet sich außerhalb des Einheitskreises). Die Ergebnisse des ARMAX-Modells sind nahezu deckungsgleich mit dem Originalsystem (n_{sys} und p_{sys}).

Bild 7.33 zeigt rechts schließlich die simulierten Sprungantworten mit den identifizierten Modellen. Die Identifikation mit dem ARX-Modell führt zu einer Systembeschreibung mit verfälschter statischer Verstärkung.

Die Identifikation erfolgte mit *Matlab*® ; es kamen die entsprechenden Routinen der Identifikations-Toolbox zur Anwendung. Das waren für das ARX-Modell die Routine arx(.) und für das ARMAX-Modell die Routine armax(.). Erwartungsgemäß führt eine Identifikation mit dem OE-Modell (nicht dargestellt) zu vergleichbar guten Ergebnissen wie das ARMAX-Modell. Die entsprechende *Matlab*® -Routine lautet oe(.). Mit der Routine pem(.) lässt sich ein ARARX-Modell identifizieren (nicht dargestellt), das hier aber ähnlich schlechte Ergebnisse lieferte wie das ARX-Modell. ∎

■ 7.4 Aspekte der Identifikation in der Praxis

Die bisherigen Ausführungen handelten vom mathematischen Prozess der Parameteridentifikation. Nun stehen Aspekte aus der Praxis im Vordergrund (vgl. Bild 7.29 zur Systemidentifikation) und es werden folgende Fragestellungen beleuchtet:

- Wie gestaltet man das Experiment? Wie sieht eine geeignete Systemanregung aus, die sicherstellt, dass sich die gewünschten Parameter („gut") identifizieren lassen?
- Wie bestimmt man eine geeignete Modellordnung?
- Wie erfolgt die Identifikation im geschlossenen Regelkreis?
- Wie lassen sich kontinuierliche Systemmodelle behandeln, wenn nur abgetastete Messwerte zur Verfügung stehen?

7.4.1 Datenvorverarbeitung

Neben dem stets vorhandenen, aber im Modell berücksichtigten Messrauschen können auch fehlerhafte Messdaten vorliegen, die das Ergebnis drastisch verfälschen konnen. Dazu gehören **Ausreißer** in den Messdaten, auch **Outlier** genannt, fehlende Messdaten, eine Drift in den Datensätzen sowie ein Offset. Es ist überaus wichtig, diese Effekte zu erkennen und die Datensätze entsprechend zu verbessern. Prinzipiell existieren dazu zwei Möglichkeiten [Lju99]:

1. Man entfernt/adaptiert die störenden Elemente durch eine Vorverarbeitung. Die Erkennung von Ausreißern kann z. B. visuell oder automatisch erfolgen. Dazu betrachtet man etwa die Residuen und entfernt anschließend die Ausreißer aus dem Datensatz.
2. Man berücksichtigt die störenden Elemente über das Rauschmodell.

An dieser Stelle sei eine der oben genannten Fehlerquellen etwas genauer beleuchtet, nämlich die Aufnahme der Datensätze in einem Arbeitspunkt (u_0, y_0). Für einen umfangreichen Überblick sei auf die einschlägige Fachliteratur verwiesen, z. B. [Lju99, IM11].

Wie in Abschnitt 7.2.2 erläutert, betrachtet man im Arbeitspunkt das **Kleinsignalverhalten**, d. h. das dynamische Verhalten in einem begrenzten Bereich um den Arbeitspunkt herum. Die aufgenommenen physikalischen Messwerte $(u(k), y(k))$ sind also entsprechend zu bereinigen und die Abweichungen zu betrachten:

$$\triangle u(k) = u(k) - u_0 \quad ; \quad \triangle y(k) = y(k) - y_0 .$$

Diese beispielsweise in die Differenzengleichung eines ARX-Modells eingesetzt (Rauschen nicht betrachtet) und umgeformt nach $y(k)$ ergibt

$$y(k) = -a_1 y(k-1) - \cdots - a_m y(k-m) + b_1 u(k-1) + \cdots + b_m u(k-m)$$
$$+ \underbrace{(1 + a_1 + \cdots + a_m) y_0 - (b_1 + \cdots + b_m) u_0}_{c} .$$

Die Differenzengleichung in den neuen Größen weist die gleiche Struktur auf wie die ursprüngliche Gleichung. Der einzige Unterschied ist der zusätzliche Offset C. Man unterscheidet drei prinzipielle Ideen zur Behandlung des Offsets C [Ise92, Lju99, Nel01]:

1. **Explizites Entfernen aus den Daten**: Entweder ist der Arbeitspunkt bekannt oder lässt sich aus den Daten schätzen (z. B. über den empirischen Erwartungswert, siehe Gl. (4.13)).
2. **Schätzung des Offsets**: Bei dieser Variante erfolgt eine Erweiterung des Modellansatzes um einen konstanten Faktor, der dann explizit mitgeschätzt wird.
3. **Erweiterung des Rauschmodells**: Dazu erfolgt eine Differenzbetrachtung im Vorfeld, d. h. eine Vorfilterung von $u(k)$ und $y(k)$ mit dem Filter $L(q) = 1 - q^{-1}$. Dies führt auf folgende Ersetzungsvorschriften

$$u(k) \quad \to \quad u(k) - u(k-1) \quad ; \quad y(k) \quad \to \quad y(k) - y(k-1).$$

Das Vorfilter $L(q)$ ist gleichbedeutend mit einer Erweiterung des Rauschmodells gemäß

$$\tilde{H}(k) = \frac{1}{L(q)} H(q) = \frac{1}{1 - q^{-1}} H(q) \tag{7.68}$$

und somit die Differenzbildung der Messdaten gleichbedeutend mit einem Rauschmodell mit I-Anteil.

7.4.2 Bestimmung der Modellordnung

Ausgangspunkt der Betrachtung ist das Standardmodell in Bild 7.28 mit den darin eingeführten Größen. Gegeben ist also die Messung y, die sich als Summe von der wahren, aber unbekannten Ausgangsgröße y_u und der Rauschgröße v ergibt. Außerdem sei die Schätzfunktion $\hat{y}$ (Ein-Schritt-Vorhersage) gegeben. Wir möchten eine geeignete Modellordnung bestimmen.

Die Betrachtung der aus den Vorhersagefehlern (Residuen) gebildeten Fehlerquadratsumme, d. h. die Betrachtung des Wertes der Verlustfunktion

$$J = \sum_{k=1}^{N} \epsilon^2(k) = \sum_{k=1}^{N} (y(k) - \hat{y}(k))^2, \tag{7.69}$$

über den die Optimierung und damit die Parameteridentifikation erfolgt, ist im Vergleich mit alternativen Modellannahmen **nicht** zur Bestimmung der Modellordnung geeignet, da dieser Wert mit zusätzlichen Freiheitsgraden im Modell stets nur abnimmt.

Wir betrachten stattdessen den erwarteten quadratischen Vorhersagefehler und es gilt [Nel01]:

$$E[\epsilon^2] = E[(y - \hat{y})^2] = E[(y_u + v - \hat{y})^2] = E[(y_u - \hat{y})^2 + 2(y_u - \hat{y}) v + v^2]$$
$$= E[(y_u - \hat{y})^2] + 2 \cdot E[(y_u - \hat{y}) v] + E[v^2].$$

Davon ist lediglich der erste Term von Bedeutung. Der letzte Term $E[v^2]$ stellt die Rauschvarianz dar, die nicht beeinflussbar und unabhängig von der Wahl des Schätzers ist. Der mittlere Term $E[(y_u - \hat{y}) v]$ ergibt null, da sowohl y_u als auch $\hat{y}$ unkorreliert sind mit v. Den verbleibenden ersten Term $E[(y_u - \hat{y})^2]$ nennen wir im Folgenden **Modell-Fehler** und man ermittelt schließlich nach einiger Rechnung

$$E[(y_u - \hat{y})^2] = \underbrace{(y_u - E[\hat{y}])^2}_{J_B \sim \text{'Bias'}} + \underbrace{E[(\hat{y} - E[\hat{y}])^2]}_{J_V \sim \text{'Varianz'}}. \tag{7.70}$$

Der erste Teil J_B ist das Quadrat des Bias bzw. der Verzerrung $y_u - E[\hat{y}]$ und wird im Folgenden **Bias-Fehler** genannt – dieser charakterisiert den (systematischen) Fehler aufgrund einer unzureichenden Modellierung bzw. Flexibilität des Modells. Ein solcher Fehler entsteht z. B., wenn man versucht, Daten eines Systems zweiter Ordnung auf ein Modell erster Ordnung anzupassen.

Den zweiten Teil J_V nennen wir nachfolgend **Varianz-Fehler** – er charakterisiert, wie empfindlich die geschätzten Parameter auf Veränderungen in den Daten reagieren und damit die geschätzten Parameter von den wahren Werten abweichen.

 Zwischen den beiden Anteilen J_B und J_V besteht ein Konflikt, d. h. Maßnahmen, wie etwa die Erhöhung der Modellordnung n führen zu einer Verbesserung hinsichtlich eines Terms (hier J_B), aber zwangsläufig zu einer Verschlechterung des anderen Terms (hier J_V). Bild 7.34 verdeutlicht dieses sog. **Bias-Varianz-Dilemma**.

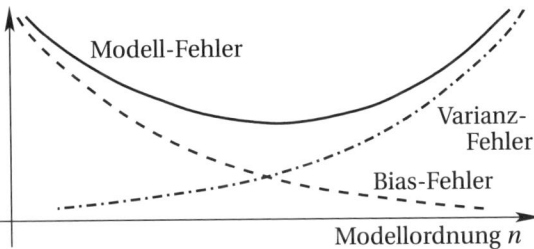

Bild 7.34
Bias-Varianz-Dilemma

Insgesamt bestehen drei Einflussmöglichkeiten auf die Terme:

1. Veränderung der Anzahl der Freiheitsgrade, bzw. der Modellordnung n
2. Veränderung der Anzahl der Messwerte N
3. Veränderung der Eingangsleistung (Signal-Rausch-Verhältnis)

Für den Varianz-Fehler gilt

$$\boxed{J_V \sim \sigma^2 \frac{n}{N}} \,, \tag{7.71}$$

wobei σ^2 für die Varianz des Messrauschens v steht. Den Einfluss der Parameter auf J_B und J_V zeigt Tabelle 7.3.

Tabelle 7.3 Einflussmöglichkeiten auf den Bias- und Varianz-Fehler: ↓ bedeutet senkend, ↑ bedeutet steigernd.

	J_B	J_V
Anzahl Freiheitsgrade n	↓	↑
Anzahl Messwerte N	−	↓
Steigende Eingangsleistung	−	↓

Daraus entsteht dann folgende Strategie:

 Es sind möglichst lange Messreihen zu wählen und auch die Eingangsleistung sollte möglichst groß sein (das ergibt ein günstiges Signal-Rausch-Verhältnis, denn die Nutzleistung ist dann groß im Vergleich zu σ^2).

Der vermeintliche Konflikt bei der Anzahl der Freiheitsgrade n, d. h. bei der Wahl der Modellordnung kann gerade dazu genutzt werden, eine geeignete Modellordnung abzuleiten.

Der Bias-Fehler J_B nimmt nämlich mit Erhöhung der Modellordnung stetig ab, der Varianz-Fehler J_V nimmt stetig zu. Beides erfolgt jedoch nicht in der gleichen Art und Weise, sodass sich in der Addition ein eindeutiges Minimum ergibt.

Bild 7.35 visualisiert den Zusammenhang.

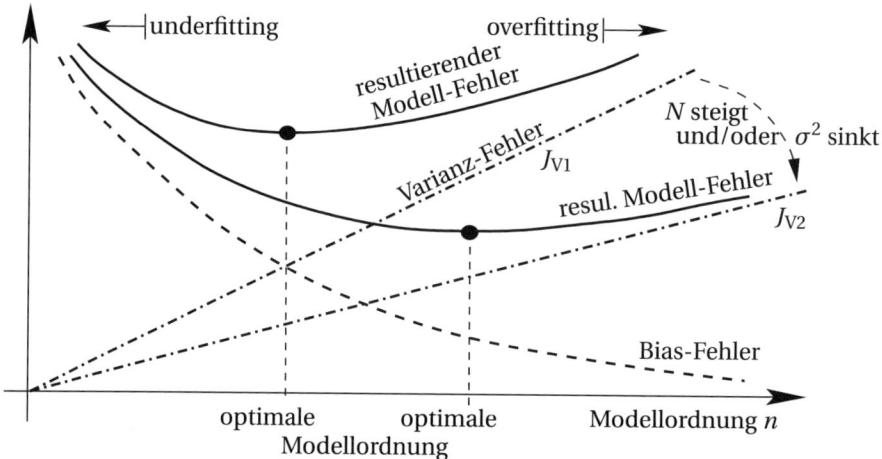

Bild 7.35 Nutzung des Bias-Varianz-Dilemmas zu Bestimmung einer geeigneten Modellordnung

Es sind zwei Situationen für den Varianz-Fehler angesetzt. Die flachere Kurve J_{V2} erhält man durch eine Vergrößerung der Messreihengröße N oder durch ein günstigeres Signal-Rausch-Verhältnis. Entsprechend verändert sich auch die Kurve des quadratischen Modell-Fehlers, insbesondere auch der Ort des Minimums, aus dem sich eine optimale Modellordnung ableiten lässt.

Aus dem Bild lässt sich ableiten:

 Bei mehr Daten N oder weniger Rauschen verschiebt sich das Minimum nach rechts und die Schätzung 'toleriert' mehr freie Parameter. Wird die Modellordnung zu klein gewählt, besteht die Gefahr der **Unteranpassung** (underfitting), wird sie zu groß gewählt, kommt es zur sog. **Überanpassung** (overfitting).

- **Unteranpassung/Underfitting**: Die Modellordnung ist zu klein, die Charakteristik des Systems kann nicht richtig erfasst werden.
- **Überanpassung/Overfitting**: Die Modellordnung ist zu groß. Zwar wird der Messdatensatz gut wiedergegeben, es werden aber Zusammenhänge 'gelernt', die nicht im System selbst begründet sind, sondern etwa im Messrauschen.

Beispiel 7.16 Bestimmung Anzahl der Modellparameter

Zur Verdeutlichung und empirischen Validierung der Zusammenhänge wird nun die folgende Parabel betrachtet

$$y_u(x) = (x-2)^2 = x^2 - 4x + 4 = a_2 x^2 + a_1 x + a_0.$$

Dieser Zusammenhang sei aber nicht bekannt und es seien nur verrauschte Messungen y mit der Rauschgröße $\tilde{v}$ möglich: $y(x) = y_u(x) + \tilde{v}$. In diesem künstlichen Beispiel werden insgesamt $M = 10$ Datensätze der Länge $N = 200$ generiert. Dazu wird die Eingangsgröße $x \in [-1, 1]$ variiert (mit der Schrittweite 0,01) und die Ausgangsgröße $y_u(x)$ mit einem mittelwertfreien, normalverteilten Rauschen $\tilde{v}$ beaufschlagt. Der Laufindex der Datensätze wird mit $i = 1, \dots, M$ und innerhalb der Datensätze mit $k = 1, \dots, N$ bezeichnet.

Es kommen verschiedene Modellannahmen zur Anwendung – vom Polynom 1. Ordnung bis zu einem Polynom 5. Ordnung.

$$y_1(x) = c_1 x + c_0$$

$$y_2(x) = c_2 x^2 + c_1 x + c_0$$

$$y_3(x) = c_3 x^3 + c_2 x^2 + c_1 x + c_0$$

$$\dots = \dots$$

Mit Einführung der Regressoren $1, x, x^2, \dots$ resultiert für alle Modellannahmen ein lineares Schätzproblem, sodass die Schätzungen mit dem Least Squares Verfahren gelingen.

Für jedes der identifizierten Modelle folgt dann die Berechnung von $\hat{y}_i(x_k)$ und daraus lässt sich nun die Größe $E[\hat{y}(x_k)]$ approximieren

$$E[\hat{y}(x_k)] = \bar{y}(x_k) \approx \frac{1}{M} \sum_{i=1}^{M} \hat{y}_i(x_k).$$

Damit ist es nun möglich, auch eine Schätzung des Bias-Fehlers J_B und des Varianz-Fehlers J_V anzugeben

$$J_B \approx \frac{1}{N} \sum_{k=1}^{N} (y(x_k) - \bar{y}(x_k))^2,$$

$$J_V \approx \frac{1}{N \cdot M} \sum_{k=1}^{N} \sum_{i=1}^{M} (\hat{y}_i(x_k) - \bar{y}(x_k))^2.$$

Die Betrachtung der von den Residuen gebildeten Fehlerquadratsumme ist nicht zur Bestimmung der Modellordnung geeignet, da diese mit zusätzlichen Freiheitsgraden stets abnimmt. Dies erkennt man in Bild 7.36 auf der linken Seite.

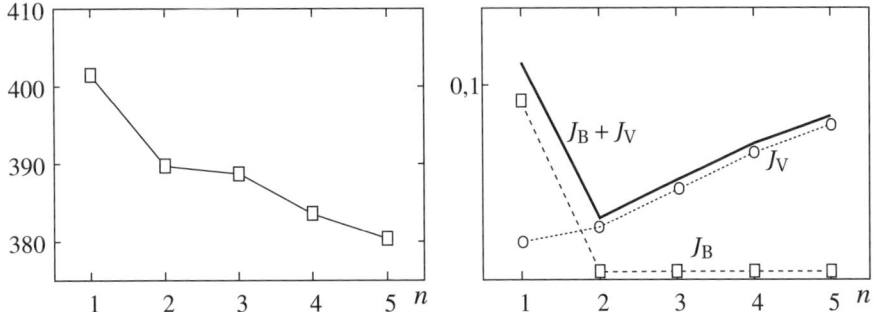

Bild 7.36 Links: Von den Residuen gebildete Fehlerquadratsumme in Abhängigkeit von der Modellordung n. Rechts: Mittlerer quadratischer Modellfehler, aufgeschlüsselt nach J_B und J_V

Bild 7.36 zeigt auf der rechten Seite den mittleren quadratischen Modellfehler aus der Summe von J_B und J_V. Mit steigender Modellordnung reduziert sich – wie erwartet – der Bias-Fehler und der Varianz-Fehler nimmt zu. Es ist ein eindeutiges Minimum zu erkennen für $n = 2$. Dies entspricht auch der Ordnung des ursprünglichen Polynoms.■

Schätzung der Modellordnung: Als Folge der bisherigen Erläuterungen bedeutet es, dass man zur Schätzung der Modellordnung einen Trainingsdatensatz zur Schätzung der Parameter benötigt **und** einen Testdatensatz, der zur Validierung dient. Bild 7.37 zeigt die Abhängigkeit der Fehlerquadratsumme in Gl. (7.69) von der Modellordnung n. Der oben beschriebene Varianz-Fehler ist nur im Testdatensatz enthalten – daher zeigt die Kurve des Validierungsfehlers einen 'Ellenbogen'.

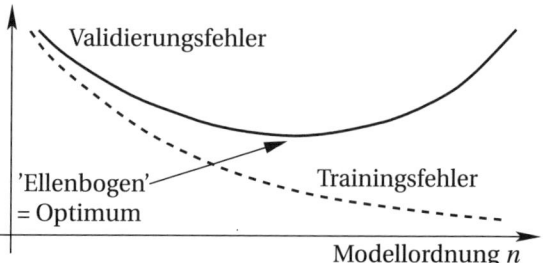

Bild 7.37
Die optimale Modellordnung ergibt sich im 'Ellenbogen'

 Insbesondere die Überanpassung lässt sich **erst** im Testdatensatz erkennen, da die Fehlerquadratsumme in Gl. (7.69) mit der Modellordnung stetig abnimmt. Die Schätzung der Modellordnung folgt aus dem Punkt, für den der Validierungsfehler minimal wird, siehe Bild 7.37.

Zwei Verfahren kommen häufig zur Schätzung der Modellordnung zum Einsatz – die **Überkreuzvalidierung** und so genannte **Informationskriterien**. Wegen der üblicherweise besseren Ergebnisse wird im Folgenden nur die Überkreuzvalidierung kurz erläutert.

Überkreuzvalidierung: Die Vorgehensweise umfasst folgende Schritte:
- Eine Reihe mit N Messdaten wird in S Gruppen aufgeteilt, gemäß Bild 7.38.
- $(S-1)$ Gruppen dienen dem Training, die verbleibende Gruppe dient der Validierung und somit der Bestimmung der Modellordnung. Das ganze findet für alle Kombinationen statt, d. h. insgesamt S mal. Die zu wählende Modellordnung kann man nun z. B. als Mittelwert aller geschätzten Modellordnungen nehmen.
- Schließlich findet ein erneuter Durchlauf der Schätzung statt; nun allerdings mit allen N Daten. Die Varianz nimmt ja bekanntlich mit Größe des Messdatensatzes ab (Gl. (7.71)). Die endgültige Parameterschätzung sollte daher keine Messung unberücksichtigt lassen.

Bild 7.38
Aufteilung der Messdaten in Gruppen, um einen Trainings- und Validierungs-datensatz zu bestimmen

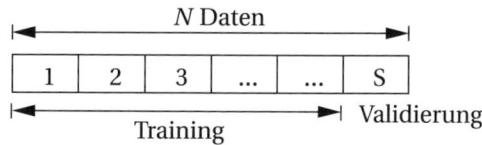

7.4.3 Identifizierbarkeit und Anregung

Damit die Identifikation gelingen kann, muss die Anregung „reichhaltig" genug sein und alle relevanten Frequenzen des Systems anregen. Diese Bedingung heißt **Persistent Excitation**. Ohne auf die mathematischen Details einzugehen, sei hier folgende Forderung genannt:

Persistent Excitation (PE-Bedingung) [Lju99]:   Ein stationäres Signal (Definition auf Seite 139) mit der spektralen Leistungsdichte $S_{uu}(\omega)$ (Definition auf Seite 145) erfüllt die PE-Bedingung der Ordnung p, wenn für alle FIR-Filter (Tabelle 7.2 und Abschnitt 4.2.1)

$$M_p(q) = m_1 q^{-1} + \cdots + m_p q^{-p}$$

aus der Bedingung $\left\| M_p(\omega) \right\|^2 S_{uu}(\omega) = 0$ folgen muss, dass $M_p \equiv 0$ gilt.

Da man $\left\| M_p(\omega) \right\|^2 S_{uu}(\omega)$ auch als das Spektrum von $v(k) = M_p(q) u(k)$ verstehen kann, heißt das so viel, dass sich ein stationäres Signal, das die PE-Bedingung der Ordnung p erfüllt, nicht durch ein FIR-Filter der Ordnung $(p-1)$ zu null filtern lässt. Diesen Sachverhalt verdeutlicht Beispiel 7.17 an einem konkreten System. Damit die PE-Bedingung erfüllt ist, muss $S_{uu}(\omega)$ an mindestens p Stellen einen Wert $\neq 0$ aufweisen.

Zusammenfassend lässt sich festhalten:
Die PE-Bedingung fordert stets mindestens soviele von null verschiedene Werte $S_{uu}(\omega)$ wie die Anzahl der unbekannten Parameter in der Modellgleichung.
Für den kontinuierlichen Fall ist der Bereich $\omega \in]-\infty, \infty[$, für den zeitdiskreten Fall aufgrund der Periodizität mit $2\pi/T_0$ der Bereich $\omega \in]-\pi/T_0, \pi/T_0[$ zu berücksichtigen.
Bei einem System n-ter Ordnung mit $2n$ Parametern müsste $S_{uu}(\omega)$ also an mindestens $2n$ Stellen einen Wert $\neq 0$ aufweisen. Dies ist beispielsweise ein Signal, das aus n Sinusfrequenzen besteht, da der Sinus für $\omega \in]-\infty, \infty[$ ein Linienspektrum mit zwei an der y-Achse gespiegelten Linien aufweist.
Prinzipiell ist es aber immer eine gute Wahl, $S_{uu}(\omega) > 0$ für möglichst alle (viele) Werte von ω zu wählen. Und weiter: Die meiste Energie sollte die Anregung in den Frequenzen aufweisen, für die das System am meisten sensibel ist.

Hohe Signalamplituden bei der Anregung führen zu einem günstigen Signal-Rausch-Verhältnis (Signal-to-Noise-Ratio, SNR) und damit – wie in Abschnitt 7.4.2 ausgeführt – zu einer Verringerung der Schätzvarianz J_V.
Zur Charakterisierung der Signalqualität kann man den **Scheitelfaktor** (engl. **crest factor**) einsetzen, der das Verhältnis zwischen Scheitelwert und Effektivwert darstellt:

$$C_r^2 = \frac{\max u^2(k)}{\lim\limits_{N \to \infty} \dfrac{1}{N} \sum\limits_{k=1}^{N} u^2(k)} . \tag{7.72}$$

Je kleiner dieser Wert, desto reichhaltiger ist das Signal. Der kleinste erreichbare Wert ist Eins, der für $u(k) = \pm U_{\max}$, d. h. für ein **binäres**, symmetrisches Signal angenommen wird. Insofern kommt binären Signalen bei der Identifikation eine besondere Bedeutung zu. Dies gilt insbesondere für lineare Systeme.

Binäres Rauschen und das PRBS: Binäres, symmetrisches Rauschen hat den optimalen Scheitelfaktor $C_r^2 = 1$.
Eine häufige Wahl dabei ist das PRBS (**P**seudo **R**andom **B**inary **S**ignal), dessen **Autokorrelationsfunktion** (AKF, vgl. Abschnitt 4.1.3) eine große Ähnlichkeit zu der des (diskreten) weißen Rauschens aufweist. Damit ist das PRBS auch besonders reichhaltig im Sinne der PE-Bedingung (vgl. dazu das Leistungsdichtespektrum von weißem Rauschen in Beispiel 4.3).

Die Erzeugung des PRBS erfolgt deterministisch durch ein rückgekoppeltes Schieberegister (LFSR = **L**inear **F**eedback **S**hift **R**egister), dessen Funktionsweise Bild 7.39 verdeutlicht. In den

Bild 7.39
Rückgekoppeltes
Schieberegister (LFSR =
Linear Feedback Shift
Register)

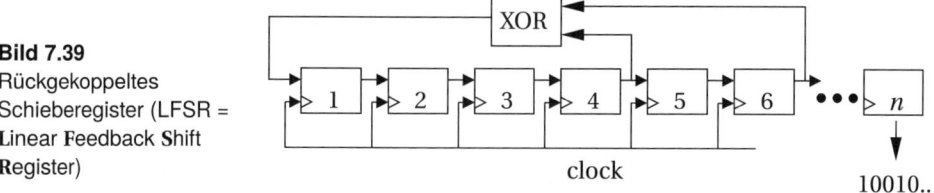

n Speicherelementen ist der Wert '0' oder '1' gespeichert und mit jedem Clock-Impuls werden die Werte zum jeweils nächsten Speicherelement verschoben. Durch die Rückkopplung geeigneter Speicherelemente über eine XOR-Funktion (im Bild sind das die Speicherelemente 4 und 6) wird der neue Wert am Eingang des Schieberegisters erzeugt. Das PRBS wird am n-ten Speicherelement mit dem Clock-Impuls getaktet ausgegeben. Das Gesamtergebnis ist stets eine **periodische Folge** von Einsen und Nullen, die sich spätestens nach $2^n - 1$ Schritten wiederholt. Für jede Stufenzahl n existieren Kombinationen geeigneter Speicherelemente, die auch zu der Folge der maximalen Länge von $M = 2^n - 1$ führen. Diese Kombinationen liegen in Abhängigkeit von n tabellarisch vor, siehe z. B. Tabelle 7.4 und [Ise92, Lju99].
Tabelle 7.4 zeigt geeignete Rückführstufen für Schieberegister niedriger Ordnung, um in Abhängigkeit der Stufenzahl n die maximale Periodenlänge zu erreichen. Alle Lösungen sind symmetrisch, könnten als von links oder rechts implementiert werden, d. h. im Falle der Ordnung $n = 5$ wäre neben der Rückkopplung der Stufen 3 und 5 auch die Kombination 3 und 1 zulässig. Bei Schieberegistern hoher Ordnung existiert meist eine Vielzahl von Lösung, die zum PRBS der maximalen Länge führen (die Tabelle 7.4 gibt lediglich ein konkretes Beispiel an).
Die Folge wiederholt sich nach $2^n - 1$ Schritten und nicht, wie man vermuten könnte, nach 2^n Schritten. Das liegt daran, dass das Muster von n aufeinanderfolgenden Nullen unzulässig ist und daher nicht vorkommt.
Um nun hieraus ein symmetrisches Signal zu erhalten, ersetzt man eine '1' durch die Größe u_{max} und die '0' durch die Größe $u_{min} = -u_{max}$.
Bild 7.40 zeigt die approximierte spektrale Leistungsdichte des PRBS, wenn man eine unendlich häufige Wiederholung annimmt. Alle Frequenzen $\omega = \frac{2\pi}{T_0 M} \tau$ mit $\tau = 0, \pm 1, \ldots, \pm(M-1)$ werden gleich angeregt (bis auf den Gleichanteil bei $\omega = 0$) – sehr ähnlich zum weißen Rauschen (vgl. Bild 4.10). Dies zeichnet das PRBS aus.

Tabelle 7.4
Mögliche Rückführstufen für PRBS mit maximaler Periodenlänge

Ordnung	Länge $M = 2^n - 1$	Rückkopplung über
2	3	1, 2
3	7	1, 4
4	15	3, 4
5	31	3, 5
6	63	5, 6
7	127	4, 7
8	255	4, 5, 6, 8
9	511	5, 9
10	1.023	7, 10
11	2.047	9, 11
12	4.095	6, 8, 11, 12
13	8.191	9, 10, 12, 13
14	16.383	4, 8, 13, 14
15	32.767	14, 15
16	65.535	4, 13, 15, 16
17	131.071	14, 17
18	262.143	11, 18
19	524.287	14, 17, 18, 19
20	1.048.575	17, 20

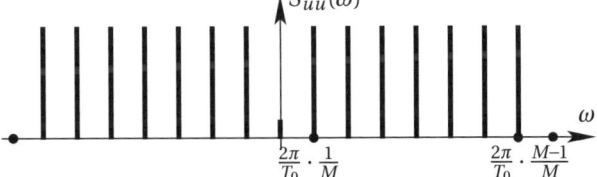

Bild 7.40
Approximierte spektrale Leistungsdichte des PRBS

Beispiel 7.17 Verletzung der PE-Bedingung

Betrachtet wird ein System 3. Ordnung, das sich durch folgende Übertragungsfunktion beschreiben lässt

$$G(z) = \frac{Y(z)}{U(z)} = \frac{0,6z^{-1} + 0,2z^{-2} + 0,4z^{-3}}{1 - 0,2z^{-1} - 0,1z^{-2} - 0,1z^{-3}} = \frac{b_1 z^{-1} + b_2 z^{-2} + b_3 z^{-3}}{1 + a_1 z^{-1} + a_2 z^{-2} + a_3 z^{-3}}.$$

Zur Validierung der PE-Bedingung finden eine Simulation mit PRBS-Anregung statt. Dazu wird die simulierte Ausgangsgröße mit einem mittelwertfreien, normalverteilten Rauschen beaufschlagt.

Es werden zwei Anregungen untersucht – ein PRBS mit $n = 2$ Stufen und der Länge $M = 2^2 - 1 = 3$, sowie ein PRBS mit $n = 3$ Stufen und der Länge $M = 2^3 - 1 = 7$. Die Folgen werden so häufig wiederholt, dass sich insgesamt eine Messreihe mit 5.000 Werten ergibt. Bild 7.41 zeigt ausschnittsweise die Anregungen.

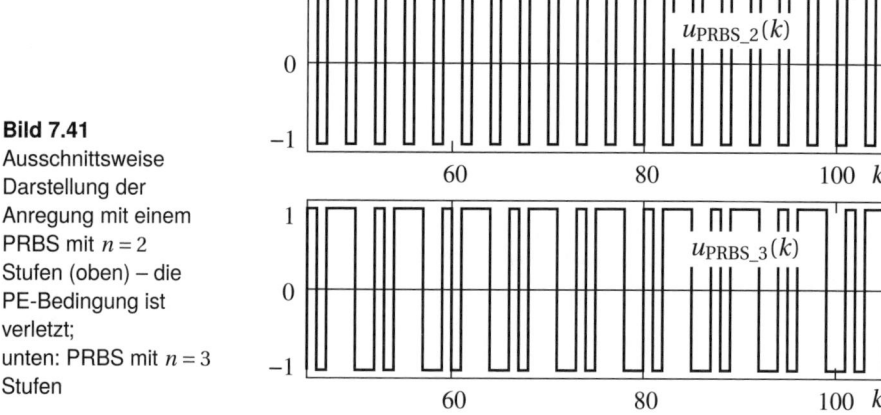

Bild 7.41
Ausschnittsweise
Darstellung der
Anregung mit einem
PRBS mit $n = 2$
Stufen (oben) – die
PE-Bedingung ist
verletzt;
unten: PRBS mit $n = 3$
Stufen

Das Spektrum des PRBS der Länge $M = 3$ regt $M - 1 = 2$ Frequenzen an, d. h. die spektrale Leistungsdichte hat neben dem Gleichanteil noch vier Peaks (zwei bei positiven ω und die entsprechend gespiegelten Werte) und ist damit nicht reichhaltig genug, um das System dritter Ordnung mit seinen sechs Parametern für die Identifikation eindeutig anzuregen. Es erfüllt die PE-Bedingung nur für $p = 3$, denn z. B. das FIR-Filter (vgl. Seite 167) 4. Ordnung

$$M_p(q) = m_1 q^{-1} + m_2 q^{-2} + m_3 q^{-3} + m_4 q^{-4} = -q^{-1} + q^{-4} \, , \text{d. h. im Zeitbereich}$$

$x(k) = -u(k - 1) + u(k - 4)$ oder mit Durchgangsanteil durch die Verschiebung um einen Zeitschritt $x(k) = -u(k) + u(k - 3)$ filtert die Eingangsgrößenfolge des PRBS mit $n = 2$, $u(k) = \{1, 1, -1, 1, 1, -1, \ldots\}$ zu null. Es folgt $x(k) = \{-1, -1, 1, 0, 0, 0, \ldots\}$.

Für das zweite PRBS gilt hingegen $M = 7$ und damit $M - 1 = 6$. Dies reicht aus zur Identifikation des Systems dritter Ordnung.

Die Ergebnisse der Identifikation, bzw. die Pol-/Nullstellenverteilungen zeigt Bild 7.42 links. Auf der rechten Seite von Bild 7.42 sind die simulierten Sprungantworten dargestellt.

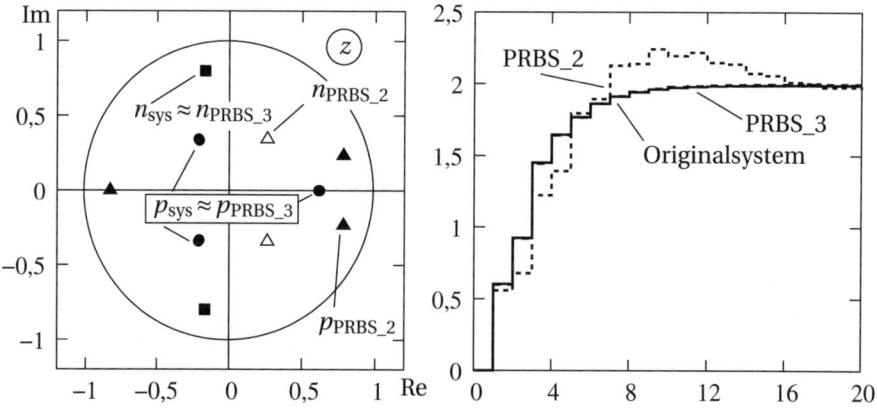

Bild 7.42 Links: Vergleich der Pol-/Nullstellenverteilung des realen Systems (p_{sys} und n_{sys}) mit den Ergebnissen aus der Identifikation mittels PRBS und der Stufenzahl $n = 2$ und $n = 3$, Rechts: Simulierte Sprungantworten

Für das PRBS mit $n = 3$ Stufen ist praktisch kein Unterschied zum realen System zu erkennen, für das PRBS mit $n = 2$ Stufen ist die Identifikation allerdings stark verzerrt. ■

7.4.4 Identifikation im geschlossenen Regelkreis

Eine Identifikation im geschlossenen Regelkreis ist z. B. erforderlich, wenn die Strecke instabil ist. Allerdings treten dabei im Allgemeinen zwei Schwierigkeiten auf [Lju99]:

- Die Größen $v(k)$ und $u(k)$ sind wegen der Rückkopplung miteinander korreliert.
- Typischerweise sind die Messdaten weniger informativ als im offenen Kreis. Es ist ja gerade die Aufgabe der Regelung dafür zu sorgen, dass das System wenig sensibel auf Störungen reagiert und somit die relevanten Größen einer gewissen Filterung unterliegen.

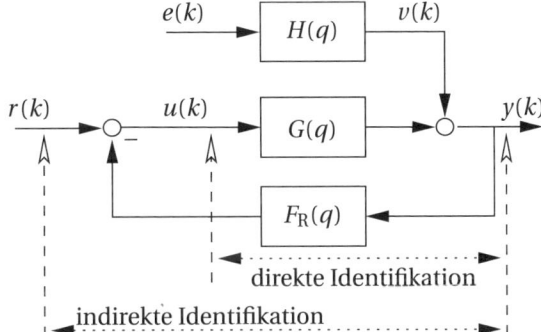

Bild 7.43
Direkte und indirekte Identifikation im
geschlossenen Regelkreis

Hier werden zwei Ansätze kurz erläutert (vgl. dazu Bild 7.43):

Direkte Identifikation: Es erfolgt eine Schätzung von $u \to y$ unter Vernachlässigung der Rückkopplung und des Referenzsignals. Der wesentliche Vorteil liegt darin, dass exakt die gleichen Algorithmen wie für die Identifikation im offenen Kreis anwendbar sind.
Die Reglerstruktur selbst muss nicht bekannt sein, aber Mindestanforderungen erfüllen, denn sowohl Strecke als auch Regler stellen eine Beziehung zwischen Ein- und Ausgangsgröße her. Der Regler muss daher hinreichend 'kompliziert' sein, damit die Strecke und nicht der Regler identifiziert wird. Eine typische Forderung ist:

$$\boxed{\text{Reglerordnung} \geq \text{Streckenordnung}}$$

Andernfalls ist die Identifikation nicht eindeutig. Alternativ kann eine Reglerumschaltung im Betrieb erfolgen.
Die Identifikation von instabilen Strecken ist prinzipiell kein Problem, allerdings muss der Prädiktor stabil sein. Damit gelingt bei instabilen Strecken die direkte Identifikation nur für Gleichungsfehler-Modelle (Pole von $G(q)$ finden sich auch in $H(q)$, wie z. B. beim ARMAX-Modell). Die größte Schwäche der Vorgehensweise ist die Sensitivität der Schätzung infolge der geringen Flexibilität im Rauschmodell $H(q)$.

Indirekte Identifikation: Die prinzipielle Idee besteht darin, das System in der Betrachtung von $r(k) \to y(k)$ zu identifizieren und anschließend den Regler herauszurechnen (siehe

Bild 7.43). Da das Verhalten von $r(k) \rightarrow y(k)$ einen offenen Kreis darstellt, sind hierfür wieder alle Methoden anwendbar. Mit dem Modell

$$y(k) = G(q)\,S(q)\,r(k) + S(q)\,v(k) \quad \text{mit} \quad S(q) = \frac{1}{1 + F_R(q)G(q)} \tag{7.73}$$

findet die Schätzung der Übertragungsfunktion des geschlossenen Regelkreises $T(q)$

$$T(q) = G(q)\,S(q) = \frac{G(q)}{1 + F_R(q)G(q)} \quad \text{bzw.} \quad \hat{T}(q) = \frac{\hat{G}(q)}{1 + F_R(q)\hat{G}(q)} \tag{7.74}$$

und anschließend von $\hat{G}(q)$ statt.

Es muss kein Rauschmodell geschätzt werden. Allerdings wird die exakte Kenntnis von $F_R(q)$ benötigt; ansonsten entsteht ein Bias. Meist ist $F_R(q)$ nicht vollständig angebbar, da im realen Regelkreis Begrenzungen, nicht bekannte/modellierte Störeffekte auftreten, wie z. B. Anti Wind-up Mechanismen (vgl. Abschnitt 8.2.1).

Beispiel 7.18 Identifikation eines Antriebsystems im geschlossenen Regelkreis

Das Beispiel dient der Veranschaulichung der Forderung nach

Reglerordnung ≥ Streckenordnung , um eine eindeutige Lösung zu erhalten.

Es sei dazu ein elektromechanischer Antrieb betrachtet (Bild und Beschreibung finden sich in Beispiel 7.11), für den eine Festwertregelung für die Drehzahl ausgeführt ist. Die Spannung $u(k)$ entspricht der Stellgröße und die Drehzahl $y(k) = \omega(k)$ der Ausgangsgröße. Diese Anordnung stellt eine PT_1-Strecke dar – in der Beschreibung von Bild 7.43 und einem ARX-Modell schreibt man mit den zu bestimmenden Parametern a_0, b_0

$$Y(z) = G(z)U(z) + H(z)E(z) = \frac{b_0}{z - a_0} U(z) + \frac{z}{z - a_0} E(z).$$

Es kommt zunächst ein „zu einfacher" P-Regler zum Einsatz $U(z) = -K_P\,Y(z)$ und daher folgt für den geschlossenen Regelkreis, bzw. für das Störverhalten

$$Y(z) = \frac{z}{z - a_0} \cdot \frac{1}{1 + \dfrac{b_0\,K_P}{z - a_0}} E(z) = \frac{z}{z - a_0 + b_0\,K_P} E(z). \tag{7.75}$$

Es wird nun überprüft, ob die Lösung eindeutig sein kann. Dazu variieren bzw. ersetzen wir die beiden Systemparameter a_0 und b_0 gedanklich wie folgt:

$$a_0 \rightarrow a_0 + \triangle a_0, \tag{7.76a}$$

$$b_0 \rightarrow b_0 + \triangle b_0. \tag{7.76b}$$

Setzt man diese Zusammenhänge in den Nenner des geschlossenen Regelkreises (7.75) ein und fordert, dass sich der Pol nicht verändert, so liefert ein Koeffizientenvergleich

$$-a_0 - \triangle a_0 + b_0\,K_P + \triangle b_0\,K_P \overset{!}{=} -a_0 + b_0\,K_P$$

$$\Leftrightarrow -\triangle a_0 + \triangle b_0\,K_P = 0 \Leftrightarrow \triangle a_0 = \triangle b_0\,K_P. \tag{7.77}$$

Im Umkehrschluss heißt das nun, dass jedes System mit beliebigem $\triangle b_0$ und

$$\hat{a}_0 = a_0 + K_\mathrm{P}\,\triangle b_0 \tag{7.78a}$$

$$\hat{b}_0 = b_0 + \triangle b_0 \tag{7.78b}$$

auf den gleichen geschlossenen Regelkreis führt. Damit sind aber die Schätzungen $\hat{a}_0, \hat{b}_0$ nicht eindeutig und selbst die Kenntnis der Reglerverstärkung K_P hilft hier nicht weiter, da die Gl. (7.77) nach wie vor unendlich viele Lösungen für $\triangle a_0, \triangle b_0$ offen lässt.

Nun kommt ein ('komplizierterer') PT_1-Regler zum Einsatz, gemäß

$$U(z) = -\frac{K_\mathrm{P}}{z - z_0}\,Y(z)\,.$$

Für den geschlossenen Regelkreis folgt nun

$$Y(z) = \frac{z}{z - a_0}\cdot\frac{1}{1 + \dfrac{b_0\,K_\mathrm{P}}{(z - a_0)(z - z_0)}}\,E(z) = \frac{z(z - z_0)}{z^2 - (a_0 + z_0)z + a_0\,z_0 + b_0\,K_\mathrm{P}}\,E(z)\,.$$

Wir ersetzen wieder gemäß Gl. (7.76) und erhalten als notwendiges Kriterium

$$a_0 + \triangle a_0 + z_0 \overset{!}{=} a_0 + z_0 \quad\Rightarrow\quad \triangle a_0 = 0\,,$$

$$z_0 + b_0\,K_\mathrm{P} + \triangle b_0\,K_\mathrm{P} \overset{!}{=} a_0\,z_0 + b_0\,K_\mathrm{P} \quad\Rightarrow\quad \triangle b_0 = 0\,.$$

Eine Identifikation würde also hier ein eindeutiges Ergebnis liefern. ∎

7.4.5 Identifikation kontinuierlicher Systeme

Der überwiegende Anteil der praktischen Systemidentifikation erfolgt für ein zeitdiskretes Modell. Die dafür benötigte Theorie gilt – zumindest für den Fall linearer Systeme – als sehr reif. In manchen Anwendungsfällen ist man allerdings an der Identifikation eines zeitkontinuierlichen Modells interessiert, das sich etwa aus der Modellierung des physikalischen Systems auf Basis von Differentialgleichungen ergibt. Folgende Vorteile werden häufig im Vergleich zur zeitdiskreten Identifikation angeführt.

▪ In der zeitdiskretisierten Form geht die physikalische Bedeutung von Systemparametern und die Systemcharakteristik verloren. Insbesondere erzeugt die Abtastung meist weitere Nullstellen, da zeitdiskrete Systeme, die durch die Abtastung physikalischer Systeme entstehen, üblicherweise einen **relativen Grad** von eins aufweisen. Der relative Grad beschreibt dabei die Differenz zwischen Anzahl Pole und Nullstellen. Bei einem relativen Grad von eins wirkt damit die Eingangsgröße im unmittelbar nächsten Abtastschritt auf die Ausgangsgröße. Daher geht die Information über den ursprünglichen relativen Grad verloren (vgl. auch Abschnitt 8.5.2).

▪ Die zeitdiskrete Identifikation gilt nur für eine feste Abtastzeit T_0. Somit ist für jede Abtastzeit eine eigenständige Identifikation notwendig. Liegt hingegen ein zeitkontinuierliches Modell vor, kann anschließend eine Transformation in eine zeitdiskrete Form mit beliebiger Abtastzeit erfolgen (die exakte und approximierte Diskretisierung sind Bestandteil von Abschnitt 8.5.1).

- Die zeitdiskrete Identifikation geht von einer äquidistanten Abtastung aus (T_0 =konst.). Die Identifikation eines zeitkontinuierlichen Modells kann auch mit variierenden Abtastzeiten stattfinden.

- Die zeitdiskrete Identifikation reagiert sensibel auf eine sehr schnelle Abtastung, da dann alle Pole sehr nahe an den Einheitskreis abgebildet werden und das Schätzproblem schlecht konditioniert ist (vgl. Abschnitt 8.5.2).

Dieser Abschnitt gibt einen Einblick in mögliche Vorgehensweisen für die Identifikation eines zeitkontinuierlichen Systems. Für eine Vertiefung sei der interessierte Leser auf [Gar08] verwiesen. Prinzipiell unterscheidet man zwei Methoden: Indirekte und Direkte Verfahren.

Indirekte Verfahren: Bei diesen Verfahren findet zunächst eine Diskretisierung des Systems statt, bzw. es wird auf Basis der abgetasteten Werte ein zeitdiskretes Modell identifiziert. Hierzu kommen die bekannten Verfahren zum Einsatz (siehe Abschnitt 7.3.3). Schließlich wird das Ergebnis wieder in den zeitkontinuierlichen Bereich zurücktransformiert. Vorteile sind:

1. Die Daten liegen meist als diskrete, abgetastete Messwerte vor.
2. Die Modellierung von Rauschprozessen ist einfacher im Zeitdiskreten.
3. Es ist eine große Anzahl an leistungsfähigen Verfahren bekannt.

Allerdings existieren auch Nachteile:

1. Die Rücktransformation ist nicht eindeutig, d. h. unterschiedliche zeitkontinuierliche Systeme können auf das gleiche zeitdiskrete System führen. Wohingegen die Abbildungsvorschrift für die Pole eindeutig ist (vgl. Gl. (8.105)), existiert keine geschlossen analytische Lösung für die Nullstellen. Des Weiteren haben zeitdiskrete Pole mit negativem Realteil kein Pendant im Zeitkontinuierlichen und sind daher zu approximieren (vgl. Bild 7.12). Die Rücktransformation führt meist auf ein zeitkontinuierliches Modell mit relativem Grad eins, auch wenn das reale System einen höheren Polüberschuss aufweist.
   Anmerkung: In *Matlab*® existiert der Befehl d2c (discrete to continuous). Liegt eine schlechte Konditionierung vor, wird dies durch den Befehl angezeigt.
2. Bei hohen Abtastfrequenzen ist der erste Schritt, nämlich die Diskretisierung bzw. die Identifikation des zeitdiskreten Systems numerisch problematisch. Die Pole werden wegen Gl. (8.105) sehr nah an den Einheitskreis abgebildet und führen (verstärkt durch eine endliche Auflösung auf Digitalrechnern) zu einer schlechten Konditionierung der Aufgabe.

Direkte Verfahren: Direkte Verfahren identifizieren unmittelbar das kontinuierliche Modell mithilfe der abgetasteten Messwerte. Hinsichtlich der Modellbeschreibung kann man analog zum Zeitdiskreten vorgehen, mit dem Unterschied, dass anstatt der verzögerten Werte die Ableitungen auftreten.
Beispielsweise lautet das kontinuierliche ARX-Modell (CARX = **C**ontinuous **ARX**)

$$y^{(n)}(t)+a_{n-1}y^{(n-1)}(t)+\ldots+a_0y(t) = b_m u^{(m)}(t)+b_{m-1}u^{(m-1)}(t)+\ldots+b_0u(t)+e(t)\,. \quad (7.79)$$

Mit dem Differentialoperator p kann man für Gl. (7.79) auch wie folgt schreiben

$$A(p)y(t) = B(p)u(t) + e(t)\,. \tag{7.80}$$

Wären die Ableitungen von Ein- und Ausgangsgröße bekannt, könnte man die bewährten Methoden unmittelbar einsetzen – im Falle des CARX würde dies auf eine lineare Regression führen.

Allerdings liegen zunächst nur die Abtastwerte vor. Zur Erzeugung der Ableitungen aus abgetasteten Werten (nicht zwingend durch äquidistante Abtastung) sind unterschiedliche Verfahren bekannt (vgl. Abschnitt 4.2.2).
Es sei betont, dass die Berechnung der Ableitungen ein kritischer Schritt ist, da die Schätzung andernfalls Bias-behaftet sein kann. Daher kommt eine numerische Differentiation im Allgemeinen nicht in Frage, da die Bildung höherer Ableitungen mit großen Fehlern behaftet ist und auch das Rauschen verstärkt. Wie nachfolgend erläutert, benötigt man die Ableitungen nur bis zu einer bestimmten Frequenz, sodass eine geeignete Filterung der Ein- und Ausgangsgröße zum Ziel führt. Ein typischer Ansatz ist die Verwendung der bereits eingeführten **Zustandsvariablenfilter** (ZVF, siehe Abschnitt 4.2.2).
Wendet man auf beiden Seiten von Gl. (7.80) ein Filter $L(p)$ (angeschrieben mit dem Differentialoperator p) mit einem relativen Grad von mindestens der Ordnung n an, so ergibt sich

$$A(p)L(p)y(t) = B(p)L(p)u(t) + L(p)e(t) .$$
(7.81)

Den Rauschterm werden wir im Folgenden zunächst nicht weiter berücksichtigen. Im Folgenden sei beispielhaft $L(p)$ wie folgt angesetzt

$$L(p) = \left(\frac{\lambda}{p+\lambda} \right)^n .$$
(7.82)

Mit λ stellt man die gewünschte **Bandbreite** ein, die höher als die Bandbreite des Systems sein sollte. Das λ im Zähler erzeugt eine stationäre Filterverstärkung von Eins, die allerdings hier nebensächlich ist.
Aus den Gln. (7.81) und (7.79) folgt dann

$$\left(\frac{p^n \lambda^n}{(p+\lambda)^n} + a_{n-1} \frac{p^{n-1} \lambda^n}{(p+\lambda)^n} + \cdots + a_0 \frac{\lambda^n}{(p+\lambda)^n} \right) y(t) =$$
$$= \left(b_m \frac{p^m \lambda^n}{(p+\lambda)^n} + \cdots + b_0 \frac{\lambda^n}{(p+\lambda)^n} \right) u(t) .$$

Durch Umbenennung gemäß

$$z_k = \frac{p^k \lambda^n}{(p+\lambda)^n} y(t) \,;\; w_k = \frac{p^k \lambda^n}{(p+\lambda)^n} u(t)$$

(das sind dann die Zustände des ZVF) gelangt man zu

$$z_n(t) + a_{n-1} z_{n-1}(t) + \ldots + a_0 z_0(t) = b_m w_m(t) + b_{m-1} w_{m-1}(t) + \ldots + b_0 w_0(t) ,$$
(7.83)

die eine lineare Regressionsgleichung darstellt und für beliebige Zeitpunkte t gilt. Damit müssen die Größen z_i und w_i auch nicht zwingend äquidistant erfasst werden. Der Rauschterm ist hier nicht angeführt. Man kann sich aber vorstellen, dass aufgrund der Filterung kein weißer Rauschprozess vorliegt und die Identifikation mit einem LS-Schätzer verzerrt sein wird. Im Allgemeinen kommen Varianten des Instrumentalvariablen-Schätzers zum Einsatz.
Um Gl. (7.83) zu erhalten, muss das Filter die Ableitungen gar nicht exakt nachbilden. Wichtig ist vielmehr, dass das gleiche Filter auf der linken und rechten Seite zur Anwendung kommt.

Beispiel 7.19 Direkte und Indirekte Identifikation

Betrachtet wird das folgende zeitkontinuierliche PT_2-System

$$F(s) = \frac{5}{s^2 + s + 5}.$$ (7.84)

Es ist stabil, weist aber ein konjugiert komplexes Polpaar mit verhältnismäßig geringer Dämpfung auf.

Die Bandbreite beträgt etwa $\omega_B = 3,3$ rad/s. Nach einer Daumenregel sollte die Abtastfrequenz etwa 10 mal der Bandbreite entsprechen. Eine geeignete Abtastzeit für das vorliegende System wäre daher $T_0 = \frac{1}{10} \frac{2\pi}{\omega_B} \approx 0,2$ s.

Es findet eine Simulation des kontinuierlichen Systems unter *Matlab®* statt. Angeregt wird stets mit einem PRBS-Signal (ca. 1.000 Werte) und am Streckeneingang befindet sich ein Halteglied 0.-ter Ordnung (vgl. Abschnitt 8.5), d. h. die Eingangsgröße ist für einen Abtastschritt konstant. Die Abtastzeit beträgt $T_0 = 0,1$ s. Der simulierte Streckenausgang wird abgetastet und mit Messrauschen beaufschlagt (weiß, mittelwertfrei und Standardabweichung $\sigma = 0,1$).

Zunächst kommt die **indirekte** Identifikation zum Einsatz.

Die Experimente umfassen den Ansatz mit einem ARX- und einem ARMAX-Modell (beide jeweils 2. Ordnung). Ersteres hat den Vorteil, dass der LS-Schätzer zur Anwendung kommen kann; allerdings ist die Schätzung Bias-behaftet, da das Rauschen am Ausgang wirkt und die Modellannahme des ARX-Modells daher nicht zutrifft. Die Verwendung des ARMAX-Modells ist daher ratsamer. Anschließend werden die identifizierten zeitdiskreten Modelle ins Kontinuierliche zurücktransformiert. Man erhält die folgenden Resultate:

$$G_{\text{ARX}}(s) = \frac{-1,463s + 28,61}{s^2 + 38,16s + 27,7} = \frac{-1,4626(s - 19,56)}{(s + 37,42)(s + 0,7403)},$$

$$G_{\text{ARMAX}}(s) = \frac{-0,0151s + 5,053}{s^2 + 1,02s + 5,038}.$$

Wie ein Blick auf die Pole verdeutlicht, ist das Ergebnis mit dem ARX-Modell unbrauchbar. Beim ARMAX-Modell liegt eine gute Übereinstimmung mit Gl. (7.84) vor. Wie man an den Übertragungsfunktionen erkennen kann, ist aber auch hier die Information über den relativen Grad zwei des ursprünglichen kontinuierlichen Systems verloren gegangen. Das zeitdiskrete Zwischenmodell hat einen relativen Grad von eins und folglich entsteht eine Nullstelle.

Nun wird die **direkte** Identifikation durchgeführt.

Es kommt ein Zustandsvariablenfilter zum Einsatz (vgl. Abschnitt 4.2.2); der Interpolationsgrad des Filters beträgt $r = 2$. Die Identifikation liefert

$$G_{\text{ARX}}(s) = \frac{4,7121}{s^2 + 0,9045s + 4,7422}.$$

Das Ergebnis ist akzeptabel, aber Bias-behaftet. Dies liegt an der LS-Schätzung und ist darauf zurückzuführen, dass die Störung nach Anwendung des Zustandsvariablenfilters nicht weiß ist. Abhilfe schafft hier z. B. die Verwendung von Instrumentalvariablen (IV-Schätzer), deren Beschreibung man etwa in [Ise92, Lju99] findet. ∎

7.4.6 Parameteridentifikation mechatronischer Systeme

Aufgrund einer vorangegangenen Modellierung liegt dem Identifikationsprozess mechatronischer Systeme häufig eine bekannte Modellstruktur (z. B. Ordnung der Übertragungsfunktion) mit zum Teil unbekannten Parametern zugrunde. Der Identifikationsprozess lässt sich somit auf eine Parameteridentifikation reduzieren.

Je nach Bahnvorgabe bzw. Anregung eines Systems haben die verschiedenen Parameter unterschiedlichen Einfluss auf das System und damit auf die Messgrößen. Bei der Identifikation ist es daher wichtig, dass nur solche Messungen Verwendung finden, bei denen die zu identifizierenden Parameter ausreichend angeregt werden, vgl. hierzu auch Abschnitt 7.4.3. Sonst besteht die Gefahr, dass nicht modellierte Effekte oder Sensorrauschen die Identifikationsgüte stark herabsetzen.

Für einfache Systeme sind die Anregungsmechanismen oft aus physikalischen Überlegungen heraus ersichtlich. Es können dann durch Vorgabe von Bahnen mit unterschiedlichen Charakteristika die jeweils zu identifizierenden Parameter gezielt angeregt werden. Dies sei am Beispiel einer vereinfachten Roboterachse verdeutlicht.

Beispiel 7.20 Roboterachse

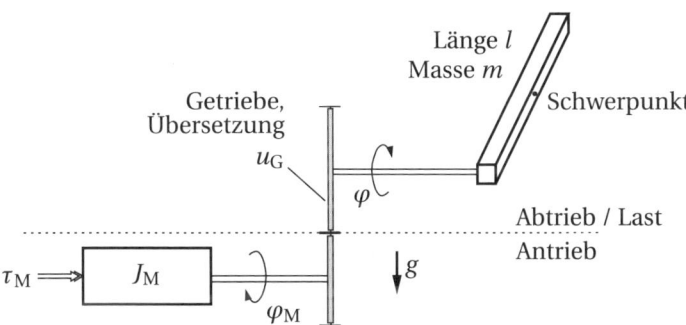

Bild 7.44 Beispiel Roboterachse (inverses Pendel)

Eine vereinfachte Differentialgleichung der in Bild 7.44 gezeigten Achse lässt sich auf die Antriebseite (Motorwelle, Motorwinkel φ_M) bezogen wie folgt anschreiben:

$$J_M^{ges} \ddot{\varphi}_M + \underbrace{b \dot{\varphi}_M}_{\text{viskose Reibung}} + \underbrace{r \operatorname{sign}(\dot{\varphi}_M)}_{\text{COULOMB'sche Reibung}} + \underbrace{\frac{1}{u_G} mg \frac{l}{2} \sin\left(\frac{\varphi_M}{u_G}\right)}_{\text{Gravitationsmoment}} = \tau_M. \qquad (7.85)$$

Der Gelenkwinkel φ ist über die Getriebeübersetzung u_G direkt mit dem Motorwinkel über die Beziehung $\varphi_M = u_G \varphi$ gekoppelt.

Bei bekannter Getriebeübersetzung u_G gelingt dann eine robuste Identifikation der unbekannten Größen $mg\frac{l}{2}$, b, r, J_M^{ges} über folgende Bahnen:

1. Fahrt mit konstanter Geschwindigkeit, d. h. $\dot{\varphi} = \text{konst.}$, $\ddot{\varphi} = 0$.

   Es resultiert ein periodischer Verlauf des Motormoments, aus dem man das Gravitationsmoment bestimmen kann.

2. Es folgen dann mehrere Fahrten mit konstanter, aber unterschiedlicher Geschwindigkeit: $\ddot{\varphi} = 0$.

   Mit dem Wissen aus der vorherigen Identifikation lassen sich nun die Koeffizienten der viskosen Reibung b sowie der COULOMB'schen Reibung r bestimmen.

3. Bahn mit hoher Beschleunigung:
   Bestimmung des auf die Antriebseite (Motorwelle) bezogenen Massenträgheitsmomentes $J_{\mathrm{M}}^{\mathrm{ges}}$; dieses beinhaltet die Motorträgheit J_{M} sowie die Trägheiten des Getriebes und der Last. ∎

Bei komplizierten Systemen ist eine solche einfache, physikalisch motivierte Betrachtung wie in Beispiel 7.20 nicht immer möglich, sodass mathematische Kriterien heranzuziehen sind. In Ergänzung zum PRBS nach Abschnitt 7.4.3 sollen hier Kriterien abgeleitet werden, die die vorhandenen Bahnplanungsverfahren moderner Steuerungsarchitekturen nutzen und daher eine einfache und direkte praktische Umsetzung versprechen: So kann man etwa die Anregung auch über die partiellen Ableitungen bezüglich der zu identifizierenden Parameter bewerten. Hierzu werde zunächst die skalare Funktion

$$y = f(x, \theta)$$

mit dem Regressor x, dem Ausgang y und dem unbekannten Parameter θ betrachtet. Die partielle Ableitung

$$\frac{\partial y}{\partial \theta} = \frac{\partial f(x, \theta)}{\partial \theta}$$

liefert ein Maß, inwieweit sich kleine Parameteränderungen $\Delta\theta$ auf den Ausgang Δy auswirken:

$$\Delta y = \frac{\partial f(x, \theta)}{\partial \theta} \Delta\theta.$$

Wunschgemäß wird der Regressor (und somit der Eingang) nun so gewählt, dass der Betrag der Ableitung und dadurch die Sensitivität bezüglich des Parameters groß ist. Dies bedingt eine gute (robuste) Identifizierbarkeit von θ. Allerdings sind bei komplizierten Modellen die Einflüsse einzelner Parameter und die richtige Anregungsform (Wahl des Regressors, sodass eine hohe Sensitivität vorliegt) nicht mehr intuitiv ersichtlich.

Diese prinzipiellen Überlegungen übertragen wir nun auf ein System der Form

$$y = \boldsymbol{x}^{\mathrm{T}} \boldsymbol{\theta},$$

welches bereits in Abschnitt 7.3.1 eingeführt wurde.

Das Ziel einer guten Anregung ist ein möglichst isotropes Verhältnis der Singulärwerte σ_i der Designmatrix $\boldsymbol{X}$ (ebenfalls in Abschnitt 7.3.1 eingeführt). Das bedeutet soviel, dass die obere Grenze $\sigma_{\max}$ und die untere Grenze $\sigma_{\min}$ möglichst nahe zusammenliegen und somit alle Parameter „eine ähnliche Wirkung" auf den Ausgang zeigen, bzw. eine vergleichbare Sensitivität vorliegt. Zur Bewertung betrachtet man die **Konditionszahl** von $\boldsymbol{X}$, die man wie folgt definiert

$$\kappa(\boldsymbol{X}) = \frac{\sigma_{\max}}{\sigma_{\min}} \quad \text{mit} \quad 1 \leq \kappa < \infty.$$

Je kleiner die Konditionszahl, desto besser. Im Idealfall resultiert für eine gute Anregung $\kappa(\boldsymbol{X}) \to 1$. Hierbei gilt (vgl. auch Anhang A.2.4 und A.2.5):

$$\sigma_{\max} = \max_i \sigma_i = \sup_{\mathbf{0} \neq \boldsymbol{\theta} \in \mathbb{R}^n} \frac{\|\boldsymbol{X}\boldsymbol{\theta}\|_2}{\|\boldsymbol{\theta}\|_2} = \sqrt{\lambda_{\max}},$$

$$\sigma_{\min} = \min_i \sigma_i = \inf_{\mathbf{0} \neq \boldsymbol{\theta} \in \mathbb{R}^n} \frac{\|\boldsymbol{X}\boldsymbol{\theta}\|_2}{\|\boldsymbol{\theta}\|_2} = \sqrt{\lambda_{\min}},$$

mit $\lambda_{\max}$ als größtem und $\lambda_{\min}$ als kleinstem Eigenwert der positiv-semidefiniten Matrix $X^T X$. Somit berechnet sich die Konditionszahl $\kappa(X)$ zu

$$\kappa(X) = \sqrt{\frac{\lambda_{\max}}{\lambda_{\min}}}. \tag{7.86}$$

Da die Designmatrix und somit die Konditionszahl die Bewegung des mechatronischen Systems (im obigen Beispiel 7.20 die Gelenkwinkel, -geschwindigkeiten und -beschleunigungen) beinhaltet, ist sie von dessen (geeignet zu optimierenden) Bahn abhängig.

Folgende Probleme können bei der Identifikation auftreten:

- **Ungleichmäßige oder unzureichende Anregung**
  Unterschiedliche Größenordnungen der Einträge in der Designmatrix führen zu einer schlechten Konditionierung des Identifikationsproblems und ggf. zu einem unbrauchbaren Schätzergebnis.
- **Lineare Parameterabhängigkeit**
  Die Spalten in der Designmatrix sind linear abhängig, somit ist der Rang der Designmatrix kleiner n (maximaler Rang von X ist Spaltenrang n). Da dann $X^T X$ nicht invertierbar ist, bzw. einen Eigenwert bei null besitzt, geht die Konditionszahl gegen Unendlich.

Parametrierung von Bahnen zur optimalen Anregung

Das Ziel einer optimalen Anregung ist die Generierung von Bahnen, für die die Kondition minimal ($\kappa \to 1$) wird. Hierzu verwendet man in der Antriebstechnik gängige parametrische Bahnen, deren konkrete Ausprägung die Lösung eines Optimierungsproblems ist. Mögliche Typen sind:

- Polynome
- Splines
- Periodische Bahnen: FOURIER-Reihen

Im Folgenden werden beispielhaft FOURIER-Reihen als Sollbahnen des Achswinkelverlaufs herangezogen (vgl. Beispiel 7.20):

$$q(t) = \alpha_0 + \sum_{k=1}^{n_h} \left(\frac{\alpha_k}{k\omega_f} \sin(k\omega_f t) + \frac{\beta_k}{k\omega_f} \cos(k\omega_f t) \right). \tag{7.87}$$

Zu optimieren sind die Koeffizienten α_0, α_k und β_k, bei gegebener Ordnung n_h und Frequenz ω_f. Die Vorteile der Anregung mittels FOURIER-Reihen sind [SGT+97]:

- Die Periodizität (Startpunkt = Zielpunkt) erlaubt eine Mittelwertbildung bei mehrfachem Durchfahren der Bahn. Dies führt zu einem besseren Signal-Rausch-Verhältnis (Signal-to-Noise-Ratio, SNR).
- Die maximale Anregungsfrequenz ist begrenzt und bekannt. Die Filterung der Messung im Frequenzbereich nahe der maximalen Anregungsfrequenz erlaubt die Unterdrückung hochfrequenter Rauschanteile, ohne dass Signalinformationen verloren gehen (Verbesserung des SNR).
- Eine Filterung im Frequenzbereich bei bekannter maximaler Anregungsfrequenz führt dazu, dass keine Phasenverschiebung und Amplitudenreduktion des Signals auftritt.
- Die Berechnung der Geschwindigkeit und Beschleunigung ist im Frequenzbereich möglich.

Gütekriterien für die Designmatrix

Durch die parametrischen Bahnen ergibt sich ein nicht-lineares Optimierungsproblem mit Nebenbedingungen (Kollision, Arbeitsraum, maximale Beschleunigungen, etc.). Dieses kann mithilfe gängiger Optimierungsalgorithmen (z. B. Active Set, sequentiell quadratische Programmierung) gelöst werden. Folgende Gütekriterien sind etabliert und verbreitet:

- **A-optimal** $f = \dfrac{\sigma_{\max}}{\sigma_{\min}} = \kappa(X)$

  Dieses Kriterium zielt auf möglichst isotrope minimale und maximale Singulärwerte, vgl. vorherige Ausführungen.

- **D-optimal** $f = -\log\left[\det\left[X^T X\right]\right]$

  Für die Determinante von $X^T X$ gilt

  $$\det\left[X^T X\right] = \prod_i \lambda_i \qquad \text{mit den Eigenwerten } \lambda_i.$$

  Da mit σ_i, den Singulärwerten von X, weiterhin gilt

  $$\lambda_i = \sigma_i^2 ,$$

  erhält man

  $$f = -\log\left(\prod_i \sigma_i^2\right).$$

  Die D-optimale Gütefunktion maximiert also das Produkt der Singulärwerte von X und ist somit eng mit dem A-optimalen Gütekriterium verwandt.

- **E-optimal** $f = \dfrac{1}{\sigma_{\min}}$

  Die E-optimale Gütefunktion maximiert den kleinsten Singulärwert von X, eine isotrope Verteilung wie bei der A-optimalen Gütefunktion wird jedoch nicht angestrebt.

Die Minimierung der Gütefunktionen wird bezüglich der unbekannten Parameter nach Gl. (7.87) vorgenommen und liefert direkt die Trajektorien für die optimale Anregung.

8 Regelung

Die Norm DIN IEC 60050-351:2006 [DKE09] beschreibt **Regelung** (engl. *closed-loop/feedback control*) als einen Vorgang, der dazu dient, die Regelgröße im Sinne einer Angleichung an die Führungsgröße zu beeinflussen. Wesentliche Merkmale dazu sind der Vergleich der Regelgröße mit der Führungsgröße und die **Rückkopplung** (Rückführung) der Regelgröße. Hiervon ist die **Steuerung** (engl. *open-loop control*) zu unterscheiden, bei der das rückführende Element fehlt. Im Weiteren finden die in Tabelle 8.1 aufgeführten Begriffe Anwendung (vgl. Bild 8.1).

Tabelle 8.1 Begriffe im Standardregelkreis in Anlehnung an [DKE09]

Name		Bedeutung
Führungsgröße	$r(t)$	Sollwert, abgeleitet aus der Regelungsaufgabe
Regelgröße	$y(t)$	Istwert, zu regelnde Größe (Ziel: Angleichung an Führungsgröße)
Rückführung	$y_R(t)$	vom Messglied erfasster, ggf. gefilterter Istwert
Regeldifferenz / Regelfehler	$e(t)$	Abweichung zwischen Soll- und Istwert (Führungs- und Regelgröße)
Reglerausgang	$u_R(t)$	Ausgang des Reglers (Informationsfluss)
Stellgröße	$u(t)$	wirkt auf die Regelstrecke (Energiefluss)
Störgröße	$w(t)$	störende Größen, die einen Regelfehler verursachen können
Regler		berechnet Reglerausgang u_R mit dem Ziel, die Regelgröße gemäß der Aufgabe zu beeinflussen
Stellglied		wandelt Informationsfluss in Energie-/Massefluss
Regelstrecke (Strecke)		zu beeinflussendes System mit Regelgröße y als Ausgang
Messglied, Sensor		erfasst die Reglergröße y und stellt sie ggf. gefiltert als Rückführung y_R dem Regler zur Verfügung
Filter		ggf. Teil des Messglieds, z. B. zur Rauschunterdrückung

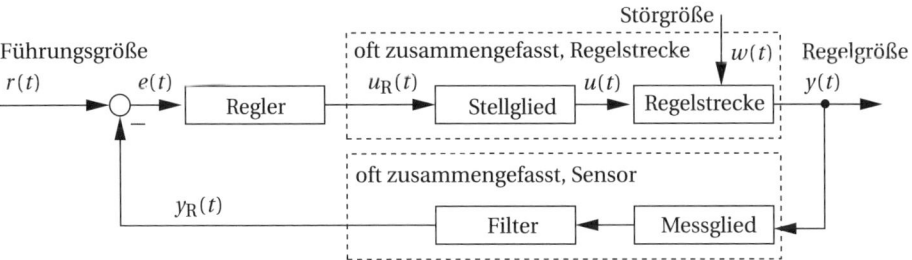

Bild 8.1 Standardregelkreis zur Erläuterung der Begrifflichkeiten

Das vorliegende Kapitel gibt Einblick in ausgewählte Themen der Regelung mechatronischer Systeme mit der Einschränkung auf lineare bzw. linearisierte Systeme. Das Kapitel beginnt in Abschnitt 8.1 mit allgemeinen Entwurfszielen und einigen Grundlagen, die für das weitere

Verständnis benötigt werden. Abschnitt 8.2 stellt dann klassische Entwurfsverfahren im Frequenzbereich vor. Zu nennen ist dabei etwa der omnipräsente PID-Regler. Beim Entwurf im Zeitbereich ist die Zustandsregelung vorherrschend, der sich Abschnitt 8.3 widmet. Dabei werden insbesondere auch die Aspekte der Zustandsbeobachtung erörtert. Abschnitt 8.4 ist dann zweigeteilt. Zum einen behandelt er den Reglerentwurf mit quadratischem Gütemaß und erläutert die damit erzielbaren Eigenschaften. Zum anderen erfolgt in kompakter Form die Darstellung der robusten Regelung. Ein Augenmerk des Kapitels liegt auf dem darauf folgenden Abschnitt 8.5 zur digitalen Regelung, bzw. zum Abtastregelkreis. Ein spezielles Anliegen ist die Sensibilisierung des Lesers für Aspekte, die sich im Zusammenhang mit der Implementierung ergeben, was sich in den Ausführungen und ausgewählten Beispielen widerspiegelt. Abschließend gibt Abschnitt 8.6 einen kurzen Ausblick auf weitere Regelungsverfahren.

Da die Regelungstheorie sehr umfangreich ist, lassen sich hier nicht alle Grundlagen in aller Tiefe und mathematischen Strenge einführen. Vom Leser wird erwartet, dass er mit der elementaren Regelungstechnik-Theorie vertraut ist. Zur weiteren Vertiefung wird empfohlen: Deutschsprachige Standardwerke in den aktuellen Auflagen sind von O. FÖLLINGER (und ehemaligen Mitarbeitern) [Föl13], H. UNBEHAUEN [Unb08, Unb07, Unb11] und J. LUNZE [Lun14a, Lun14b]. Englischsprachige Standardwerke sind etwa [GGS01, Oga09, FPEN14, DB10]. Für die zeitdiskrete Regelung wird zusätzlich empfohlen [ÅW97, FPW98, Ise87]. Einen guten Einstieg in die Optimalregelung liefern [AM89, Ste94] und in die robuste Regelung [ZD97].

■ 8.1   Entwurfsziele und Grundlagen

Tabelle 8.2 zeigt typische Anforderungen an den Reglerentwurf. Die Gewährleistung der Stabilität versteht sich als eine Mindestanforderung. Die anderen Anforderungen haben bereits einen qualitativen und meist auch quantifizierbaren Charakter. Unter einem guten dynamischen Verhalten ist gemeint, dass das System der Führungsgröße genau, schnell und möglichst ohne Überschwingen folgt.

Tabelle 8.2 Ziele und Anforderungen beim Reglerentwurf

Regelungsziele
Stabilisierung des Systems
Aufprägen eines gewünschten statischen Verhaltens (stationäre Genauigkeit)
Aufprägen eines gewünschten dynamischen Verhaltens (Folgeverhalten)
hinreichende Dämpfung der Störeinflüsse
Robustheit (geringe Sensibilität gegen Modellunsicherheiten und Störungen)
geringer Stellaufwand

Häufig werden die geforderten Eigenschaften allerdings nur dann sichergestellt, wenn das System dem beim Reglerentwurf unterstellten Modell exakt entspricht. Ist der Entwurf in der Lage, Mindestaussagen auch für den Fall von Modellabweichung zu gewährleisten, spricht man auch von einem Entwurf für einen **robusten Regler**. Die Hierarchie bzgl. des Reglerentwurfes (mit aufsteigendem Schwierigkeitsgrad) lautet wie folgt:

1. **Nominelle Stabilität**: Der Regelkreis ist stabil für die nominellen Systemparameter.

2. **Nominelle Regelqualität**: Der Regelkreis erfüllt die Qualitätsanforderungen für die nominellen Systemparameter.
3. **Robuste Stabilität**: Der Regelkreis ist stabil und toleriert dabei Unsicherheiten bei der Systembeschreibung (unsichere Systemparameter und/oder unsichere Dynamik).
4. **Robuste Regelqualität**: Der Regelkreis erfüllt die Qualitätsanforderungen und toleriert dabei Unsicherheiten bei der Systembeschreibung.

Der Abschnitt gliedert sich wie folgt:
Zur Quantifizierung des Regelungsverhaltens führt Abschnitt 8.1.1 zunächst Kenngrößen und Bewertungskriterien für den Entwurf im Zeitbereich ein. Für Aussagen im Frequenzbereich kommen die in Abschnitt 8.1.2 beschriebenen Empfindlichkeitsfunktionen zum Einsatz. Mit diesen gelingt eine effektive Definition von Entwurfszielen, es lassen sich aber auch Limitierungen des Reglerentwurfs veranschaulichen. Schließlich stellt der Abschnitt das „Small Gain Theorem" vor, welches später für den Entwurf robuster Regelungen von Bedeutung ist.

8.1.1 Bewertungskriterien

Zur Bewertung der Leistungsfähigkeit des geschlossenen Regelkreises benötigt man quantitative Kenngrößen. Diese dienen sowohl zur Reglerauslegung als auch zur abschließenden Beurteilung des Verhaltens in der Simulation oder im Experiment. Kriterien existieren im Zeit- und im Bildbereich.

Kriterien aus der Sprungantwort

Ist eine Anregung des geschlossenen Regelkreises mit einem Sprung möglich, so sind nach [DKE09] zahlreiche Kenngrößen definiert, die man z. B. grafisch ermittelt und die Aussagen über das Systemverhalten ermöglichen.

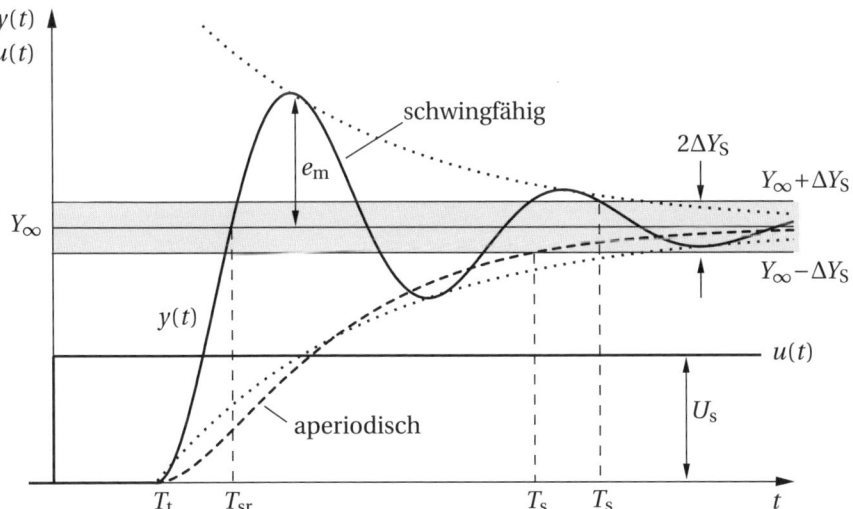

Bild 8.2 Kenngrößen eines Systems aus der Sprungantwort nach [DKE09]. Die durchgezogene Linie zeigt ein schwingfähiges und die gestrichelte Linie ein aperiodisches Verhalten.

In Bild 8.2 bezeichnet $u(t)$ die Eingangsgröße (Sprunghöhe U_s). Das System befindet sich zu Beginn im Ruhezustand $y(0) = 0$, reagiert auf die Sprunganregung mit dem Ausgang $y(t)$ und erreicht im stationären Zustand den Wert Y_∞. Tabelle 8.3 benennt wichtige Kenngrößen.

Tabelle 8.3 Kenngrößen und deren Bezeichnungen in Anlehnung an [DKE09].

Kenngröße		Bedeutung
T_t	Totzeit	Zeitverzug bis zur Reaktion des Systems
T_{sr}	Anschwingzeit (Anregelzeit)	Zeitpunkt, zu dem erstmals der stationäre Endwert erreicht wird; charakterisiert die Dynamik
e_m	Überschwingweite	max. Abweichung vom stationären Endwert nach erstmaligem Erreichen desselben; charakterisiert die Dämpfung (existiert nicht bei aperiodischem Verhalten)
$2\Delta Y_s$	Toleranzbereich	Zielkorridor um den stationären Endwert
T_s (Übergangszeit, Ausregelzeit)	Einschwingzeit	endgültiger Eintritt in den Toleranzbereich (z. B. in das $\pm 5\,\%$-Intervall um den Endwert); Maß für die Dynamik (Schnelligkeit)

Die Optimierung hinsichtlich nur eines der genannten Kriterien führt nicht zwangsläufig zu einem geeigneten Regelverhalten. So bedeutet z. B. eine geringe Anschwingzeit T_{sr} eine hohe Dynamik (schnelles Reaktionsverhalten), allerdings begleitet von einer geringen Dämpfung und damit einer langen Einschwingzeit T_s.

Um ein „insgesamt günstiges Regelverhalten" zu erzielen, werden nun Integralkriterien betrachtet. Sie berücksichtigen das gesamte zeitliche Verhalten.

Integrale Bewertungskriterien

Integrale Bewertungskriterien betrachten die Regeldifferenz

$$e(t) = r - y(t) \quad \text{bzw.} \quad e(t) = Y_\infty - y(t)$$

als Abweichung zwischen dem Sollwert der Führungsgröße r bzw. dem stationären Endwert Y_∞ und dem Istwert der Regelgröße $y(t)$. Das allgemeine Integralkriterium nimmt dabei mit der noch näher zu definierenden Funktion $f(e(t))$ folgende Form an

$$I = \int_{t_a}^{t_e} f(e(t))\,dt \quad \text{bzw. zeitdiskret} \quad I = \sum_{k=k_0}^{N} f(e(k)). \tag{8.1}$$

Ein typischer Wert für die untere Grenze ist $t_a = 0$ und für die obere Grenze $t_a = \infty$, außer die obere Grenze t_e gilt es selbst zu optimieren. Die gängigsten Integralkriterien lauten [DKE09]:

- Betragslineare Regeldifferenzfläche:

$$I = \int_0^\infty |e(t)|\,dt$$

- Quadratische Regeldifferenzfläche:

$$I = \int_0^\infty e^2(t)\,dt$$

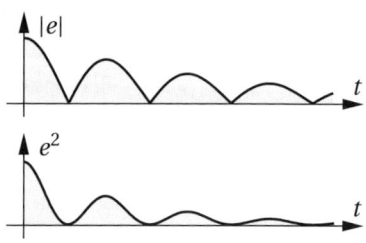

- Integral of Time multiplied Absolute value of Error (ITAE) - Kriterium:

$$I = \int\limits_{0}^{\infty} t\,|e(t)|\,\mathrm{d}t$$

Es erfolgt mit zunehmender Zeit eine stärke Gewichtung des Regelfehlers. Bei Bedarf kann die Zeit auch mit höheren Potenzen im Integranden auftreten.

Da die Integralkriterien bei bleibender Regelabweichung unbeschränkt sind, wird häufig – wie oben erwähnt – nicht die Abweichung vom Sollwert der Führungsgröße betrachtet, sondern die Abweichung zwischen dem stationären Endwert und der Regelgröße.

Abschnitt 8.4.1 behandelt ausgiebig den Reglerentwurf auf Basis der Optimierung von Güte-funktionalen in Form von Integralen oder Summen. Hier folgt nur ein kurzes Beispiel, um eine Vorstellung zu den Ergebnissen bei Anwendung der aufgeführten Integralkriterien zu geben.

Beispiel 8.1 Integralkriterien im Vergleich

Für eine PT_2-Strecke mit der Übertragungsfunktion $G(s) = \dfrac{1}{(s+1)(s+2)}$ kommt ein PI-Regler (Details in Abschnitt 8.2) mit der Übertragungsfunktion

$$F_{\mathrm{R}}(s) = K\,\frac{s+3}{s}\quad;\quad 0 < K < \infty$$

in negativer Rückführung zum Einsatz (der geschlossene Regelkreis ist für alle gültigen K stabil). Mithilfe der Integralkriterien wurde der noch freie Verstärkungsfaktor K geeignet bestimmt. Tabelle 8.4 zeigt die untersuchten Integralkriterien und die ermittelten optimalen Rückführverstärkungen K^*.

Tabelle 8.4 Optimale Rückführverstärkung für verschiedene Integralkriterien

Integralkriterium	Formel	Optimum
Quadratische Regelfläche	$\int_0^\infty e^2(t)\,dt$	$K^* \approx 2{,}0$
Zeitbeschwerte quadratische Regelfläche	$\int_0^\infty t\,e^2(t)\,dt$	$K^* \approx 0{,}93$
Betragslineare Regelfläche	$\int_0^\infty |e(t)|\,dt$	$K^* \approx 1{,}045$
Verallgemeinerte quadratische Regelfläche	$\int_0^\infty e^2(t) + \dot{e}^2(t)\,dt$	$K^* \approx 0{,}6$

Bild 8.3 zeigt schließlich die entsprechenden Verläufe der Regelabweichung $e(t)$ bei einem Führungsgrößenwechsel entsprechend dem Einheitssprung $\sigma(t)$ (siehe Seite 255). Wie die Verläufe zeigen, führen die Integralkriterien hier zu relativ unterschiedlichen Ergebnissen – dies ist aber nicht ungewöhnlich. Auffällig ist auch die Neigung zu schwingendem Verhalten. Eine allgemeine Regel lässt sich daraus aber nicht ableiten. Die Schwingneigung begründet sich hier eher mit der fest vorgegebenen Reglerstruktur und der nur eingeschränkten Entwurfsfreiheit über den alleinigen Parameter K.

Die Kriterien sind sowohl zur Optimierung von Führungsgrößen- als auch Störgrö-ßensprüngen anwendbar. Voraussetzung hierfür ist das Vorhandensein der Führungs- bzw. Störgrößenübertragungsfunktion (vgl. Abschnitt 7.1.1 und z. B. die Gln. (8.34) und (8.35)). ■

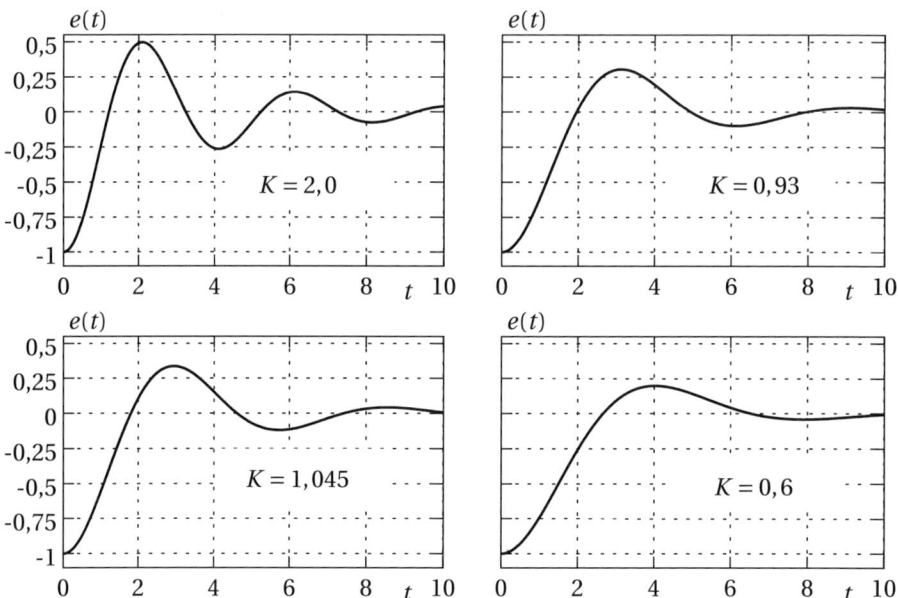

Bild 8.3 Regelabweichung $e(t)$ für unterschiedliche Integralkriterien. Oben: Quadratische Regelfläche (links), zeitbeschwerte quadratische Regelfläche (rechts); unten: Betragslineare Regelfläche (links), verallgemeinerte quadratische Regelfläche (rechts)

8.1.2   Empfindlichkeitsfunktionen und Entwurfslimitierungen

Der vorliegende Abschnitt dient einem erweiterten Verständnis darüber, worin „Entwurfslimitierungen" infolge der Eigenschaften von Regelstrecke und Regler begründet sein können. Des Weiteren behandelt der Abschnitt notwendige Grundlagen, die für weiterführende Entwurfsverfahren (z. B. robuste Regelung, siehe Abschnitt 8.4) relevant sind. Diese Grundlagen sind nicht immer Bestandteil üblicher Regelungstechnik-Grundlagenvorlesungen – es erfolgt daher eine etwas ausführlichere Behandlung der benötigten Theorie.
Der geneigte Leser kann diesen Abschnitt aber auch zunächst überspringen, in Abschnitt 8.2 fortfahren und schließlich bei Bedarf zurückkehren.

Interne Stabilität

Zur Erläuterung und Herleitung mathematischer Zusammenhänge wird das Blockschaltbild 8.4 mit folgenden Größen betrachtet:

	Name		Name
$r(t)$	Führungsgrößen (Sollverläufe)	$u(t)$	Stellgrößen
$z(t)$	**tatsächliche** Regelgrößen	$y(t)$	gemessene Regelgrößen
$w_u(t)$	Störgrößen am Eingang	$n(t)$	Störgrößen am Ausgang (Messrauschen)

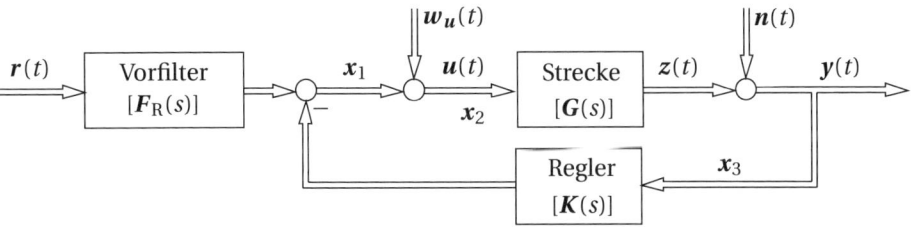

Bild 8.4 Blockschaltbild des erweiterten Standardregelkreises zur Erläuterung der internen Stabilität

 Ein Regelkreis heißt **intern stabil**, wenn die Einwirkung eines begrenzten Signals an einer beliebigen Stelle im Regelkreis stets auch nur zu einer begrenzten Antwort an einer anderen Stelle im Regelkreis führt.
Damit gilt etwa: Die Übertragungsfunktion von jedem beliebigen externen Signal auf jede beliebige interne Größe ist stabil.

Die Strecke wird durch die Übertragungsfunktionsmatrix $G(s)$ charakterisiert. Der Regler verfügt über zwei Freiheitsgrade, nämlich den Vorwärtszweig $F_R(s)$ (**Vorfilter**) und den Rückwärtszweig $K(s)$ (**Regelung**). Häufig gilt $F_R(s) = K(s)$, womit man wieder den klassischen Soll-/Ist-Vergleich hat, d. h. man führt die Differenz $r(t) - y(t)$ über den Regler $K(s)$ zurück, denn es gilt dann $x_1 = K(s)(r(t) - y(t))$. Dies entspricht der Darstellung in Bild 8.1.
Zur weiteren Berechnung findet die Einführung der Größen x_1, x_2, x_3 statt. Mit der LAPLACE-Transformation (vgl. Anhang A.1.1) gilt im Bildbereich

$$X_1(s) = F_R(s)R(s) - K(s)X_3(s),\tag{8.2}$$

$$U(s) = X_2(s) = X_1(s) + W_u(s),\tag{8.3}$$

$$Y(s) = X_3(s) = G(s)X_2(s) + N(s),\tag{8.4}$$

und man berechnet nun sämtliche Übertragungsfunktionsmatrizen von den exogenen Eingängen $r(t)$, $w_u(t)$ und $n(t)$ auf die internen Größen, z. B. $u(t)$, $y(t)$. Hier im Mehrgrößenfall ist auf die korrekte Links- und Rechtsmultiplikation zu achten (Matrizenoperationen sind nicht kommutativ). Nach einiger Rechnung erhält man (Argument (s) teilweise der Übersichtlichkeit wegen fortgelassen)

$$U(s) = (I+KG)^{-1}F_R R(s) - (I+KG)^{-1}KN(s) + (I+KG)^{-1}W_u(s),\tag{8.5}$$

$$Y(s) = G(I+KG)^{-1}F_R R(s) + (I+GK)^{-1}N(s) + (I+GK)^{-1}GW_u(s).\tag{8.6}$$

 Ein geschlossener Regelkreis heißt dann **intern stabil**, wenn die Vorfiltermatrix F_R stabil ist und sämtliche Übertragungsfunktionsmatrizen von den Störgrößen $w_u(t)$ und $n(t)$ auf die Stell- und Regelgrößen stabil sind

$$w_u \to u, \quad S_u = (I+KG)^{-1},\tag{8.7}$$

$$w_u \to y, \quad G_{w_u y} = (I+GK)^{-1}G,\tag{8.8}$$

$$n \to u, \quad G_{nu} = -(I+KG)^{-1}K,\tag{8.9}$$

$$n \to y, \quad S = (I+GK)^{-1}.\tag{8.10}$$

Die Überprüfung der Zusammenhänge von $r \to u$, d.h. $G_{ru}(s)$ und $r \to y$, d.h. $G_{ry}(s)$ ist hierbei nicht explizit erforderlich, denn dies ist mit der Forderung nach Stabilität der Vorfiltermatrix F_R und den oben angeführten Bedingungen automatisch erfüllt. Es gilt nämlich

$$G_{ry} = G(I + KG)^{-1}F_R = (I + GK)^{-1}GF_R = G_{w_u y}F_R, \tag{8.11}$$

$$G_{ru} = (I + KG)^{-1}F_R = S_u F_R. \tag{8.12}$$

Für die Korrektheit des benutzten Zusammenhangs $G(I + KG)^{-1} = (I + GK)^{-1}G$ siehe Regel 6 in Anhang A.2.1. G_{ry} stellt zugleich die Übertragungsfunktionsmatrix des geschlossenen Regelkreises von den Führungsgrößen $r(t)$ auf die Ausgangsgrößen $y(t)$ dar.

Beispiel 8.2 Analyse einer instabilen Strecke

Die instabile Strecke $G(s) = 1/(s-2)$ wird mit folgenden Reglerkomponenten geregelt:

$$K(s) = \frac{s-2}{s+3} \quad ; \quad F_R(s) = 4 \cdot \frac{s-2}{s+3} \quad .$$

Für die relevanten Übertragungsfunktionen ermittelt man

$$G_{ry} = \frac{F_R G}{1 + GK} = \frac{4}{s+4}, \qquad\qquad S = S_u = \frac{1}{1 + GK} = \frac{s+3}{s+4},$$

$$G_{w_u y} = \frac{G}{1 + GK} = \frac{s+3}{(s-2)(s+4)} \qquad \text{und} \qquad G_{nu} = -\frac{K}{1 + GK} = -\frac{s-2}{s+4}.$$

Wie zu erkennen, sind die meisten Übertragungsfunktionen – insbesondere auch die Übertragungsfunktion von der Führungsgröße $r(t)$ auf die Ausgangsgröße $y(t)$ – stabil. Lediglich $G_{w_u y}$ ist instabil. Solange keine Störgröße am Eingang wirkt $w_u(t) \equiv 0$, zeigt das System ein einwandfreies Verhalten. Allerdings verfügt der Regelkreis nicht über die Fähigkeit, einen Fehler infolge $w_u(t)$ über die Reglerrückführung auszugleichen und da $G_{w_u y}$ instabil ist, würde $y(t)$ im Fall von $w_u(t) \neq 0$ über alle Grenzen wachsen. ∎

Empfindlichkeitsfunktionen (*sensitivity functions*) – Definitionen

Die in den Gln. (8.7)–(8.10) eingeführten Übertragungsfunktionsmatrizen (Übertragungsfunktionen im Falle von SISO-Systemen) besitzen besondere Namen. Sie charakterisieren die Eigenschaften des Regelkreises und ermöglichen die Formulierung von Entwurfszielen. Zunächst werden die Definitionen angegeben, die Bedeutung/Interpretation folgt später.

S ist die so genannte **Empfindlichkeitsmatrix** (Empfindlichkeitsfunktion für SISO-System)

$$\boxed{S = (I + GK)^{-1}} \quad . \tag{8.13}$$

Den darin enthaltenen Ausdruck $F_o = (I + GK)$ bezeichnet man als die (Ausgangs)-**Rückführdifferenzmatrix**. T ist die so genannte **komplementäre Empfindlichkeitsmatrix**

$$\boxed{T = (I + GK)^{-1}GK} \quad . \tag{8.14}$$

S_u ist die so genannte **Eingangs-Empfindlichkeitsmatrix**

$$\boxed{S_u = (I + KG)^{-1}} \quad . \tag{8.15}$$

Dabei bezeichnet man $F_i = (I + KG)$ als die (Eingangs)-Rückführdifferenzmatrix.

Anmerkung: Für den typischen Fall, dass $F_R(s) = K(s)$ gilt, d. h. es liegt ein klassischer Soll-/Ist-Vergleich vor, entspricht die komplementäre Empfindlichkeitsmatrix T gerade der Übertragungsfunktionsmatrix des geschlossenen Regelkreises G_{ry}. Im SISO-Fall sind S und S_u sowie F_o und F_i identisch.

Zwischen S und T gilt die sehr bedeutsame Beziehung

$$\boxed{S + T = I} \quad .$$ (8.16)

Somit kann man nicht beide Matrizen/Funktionen unabhängig voneinander optimieren. Dies stellt eine wichtige Limitierung beim Reglerentwurf dar, wie im weiteren Verlauf gezeigt wird.

Entwurfsziele und Limitierungen

Aus Gl. (8.6) wird mit den eingeführten Abkürzungen

$$Y(s) = G_{ry} R(s) + S N(s) + S G W_u(s).$$ (8.17)

Man erkennt darin das Übertragungsverhalten von den Führungsgrößen $R(s)$, dem Messrauschen $N(s)$ und den Störgrößen am Systemeingang $W_u(s)$ auf den Ausgang $Y(s)$.

Die Multiplikation von G und W_u entspricht Störgrößen, die auf den Systemausgang umgerechnet sind. Äquivalent könnte man also anstatt W_u am Systemeingang auch den Term $W = G W_u$ am Ausgang z berücksichtigen und dann W als System-, Prozessrauschen, bzw. Modellierungsungenauigkeiten interpretieren. Beide Varianten sind üblich.

Für den Streckenausgang z gilt $z = y - n$ und damit unter Verwendung von Gl. (8.17) $Z = G_{ry} R - T N + S G W_u$. Für den Regelfehler $e = r - z$ ermittelt man damit

$$E(s) = R(s) - Z(s) = \left(I - G_{ry} \right) R(s) + T N(s) - S G W_u(s).$$ (8.18)

Für die Gl. (8.5) schreibt sich mit den Empfindlichkeitsmatrizen

$$U(s) = G_{ru} R(s) + G_{nu} N(s) + S_u W_u(s).$$ (8.19)

Mit den beiden Beziehungen (8.18) und (8.19) lassen sich nun Anforderung an den Reglerentwurf ableiten. Typische Entwurfsziele sind dabei, den Regelfehler möglichst klein zu halten (Folgeregelung), wenig sensibel auf Störungen zu reagieren (Festwertregelung) und wenn möglich, unnötig große Stellgrößen zu vermeiden.

Alle Terme in den Gln. (8.18) und (8.19) sollten also möglichst klein sein.

 1.) Folgeverhalten: Aus Gl. (8.18) folgt, dass $\left(I - G_{ry} \right)$ möglichst klein sein sollte. Da G_{ry} im geschlossenen Regelkreis das Verhalten von den Führungsgrößen auf die gemessenen Ausgangsgrößen darstellt, ergäbe sich idealerweise G_{ry} gleich der Einheitsmatrix I. In der Realität ist die Regelung nur bis zu einer bestimmten Frequenz wirksam. Führungsgrößen mit darüber liegenden Frequenzen kann der Regelkreis nicht mehr folgen. Die Frequenz, bei der eine Absenkung der Führungsgröße um -3dB stattfindet nennt man **Bandbreite**.

 2.) Rauschunterdrückung: Nach Gl. (8.18) sollten sowohl die Elemente der Empfindlichkeitsmatrix S als auch die der komplementären Empfindlichkeitsmatrix T für alle Frequenzen möglichst klein sein. Die Empfindlichkeitsmatrix S bestimmt, wie sensibel das System auf Eingangsstörungen reagiert (Term $S G W_u(s)$) oder mit der oben angeführten Interpretation, wie die Empfindlichkeit für Modellierungsungenauigkeiten ist. Die komplementäre Empfindlichkeitsmatrix T bestimmt, wie sensibel das System auf Messrauschen reagiert (Term $T\,N(s)$), aber auch das Führungsverhalten (vgl. Anmerkung in der Box auf Seite 329).

Nun ist aber nach Gl. (8.16) der Zusammenhang $S + T = I$ zu berücksichtigen, womit man nicht für alle Frequenzen hinsichtlich beider Kriterien optimieren kann.

Die Systemauslegung führt zu einem Kompromiss zwischen gutem Referenzverhalten bzw. Störungsunterdrückung auf der einen Seite (S nahe null, T nahe I) und einer guten Messrauschunterdrückung auf der anderen Seite (S nahe I, T nahe null).

 3.) Stellaufwand: Aus Gl. (8.19) folgt, dass die Übertragungsfunktionsmatrizen G_{ru}, G_{nu}, S_u möglichst klein sein sollten. Eine Einschränkung ist hier, dass zusätzlich $G_{ry} = G\,G_{ru}$ gilt und G_{ry} möglichst der Einheitsmatrix I entsprechen soll.

Natürlich ist auch die interne Stabilität des Regelkreises zu gewährleisten. Also müssen z. B. die Empfindlichkeitsmatrizen S und T stabil sein.

Für technische Systeme kann man annehmen, dass die Multiplikation aus G und K **streng proper** ist, d. h. die Nennergrade sind echt größer als die Zählergrade. Damit folgt

$$\lim_{\omega\to\infty} G\,K = 0 \text{ und schließlich } \lim_{\omega\to\infty} S = \lim_{\omega\to\infty} (I + G\,K)^{-1} = I.$$

Für hohe Frequenzen passieren Eingangstörungen damit die Strecke ungehindert. Bild 8.5 zeigt die prinzipiellen Verläufe von $S(j\omega)$ und $T(j\omega)$ für den SISO-Fall.

Wie zu sehen, kann der Betrag der Empfindlichkeitsfunktion $S(j\omega)$ nicht für alle Frequenzen kleiner eins sein und damit über alle Frequenzen hinweg eine Störunterdrückung bewirken. Vielmehr können wir die folgenden drei Bereiche unterscheiden:

Bereich	Bedingung	Verhalten
Gegenkopplungsbereich	$|S(j\omega)| < 1$	die Störunterdrückung ist aktiv
Mitkopplungsbereich	$|S(j\omega)| > 1$	Störungen werden sogar verstärkt
Unempfindlichkeitsbereich	$|S(j\omega)| \approx 1$	Störungen werden ungehindert durchgelassen

Man versucht, den Gegenkopplungsbereich so groß wie möglich zu machen, d. h. die Frequenz, bei der $|S(j\omega)| = 1$ gilt, möglichst weit nach rechts zu verschieben, z. B. mithilfe der Rückführverstärkung. Wie Bild 8.6 zeigt, muss man sich dies allerdings mit einer Verschlechterung im Mitkopplungsbereich „erkaufen" (dort steigt dann die maximale Empfindlichkeit an).

 Nach dem **Gleichgewichts-Theorem** (engl. BODE's Integral Theorem) sind die durch die Empfindlichkeitsfunktion $S(j\omega)$ begrenzten Flächen unter und über der 0dB-Linie gleich groß, wenn Strecke und Regler stabil sind und der offene Kreis einen Polüberschuss von ≥ 2 aufweist. Es gilt dann

$$\int_0^\infty \log|S(j\omega)|\,d\omega = 0. \tag{8.20}$$

Die Forderung nach einem relativen Grad (Polüberschuss) von ≥ 2 ist erfüllt, wenn Strecke und Regler eine Tiefpass-Charakteristik aufweisen.

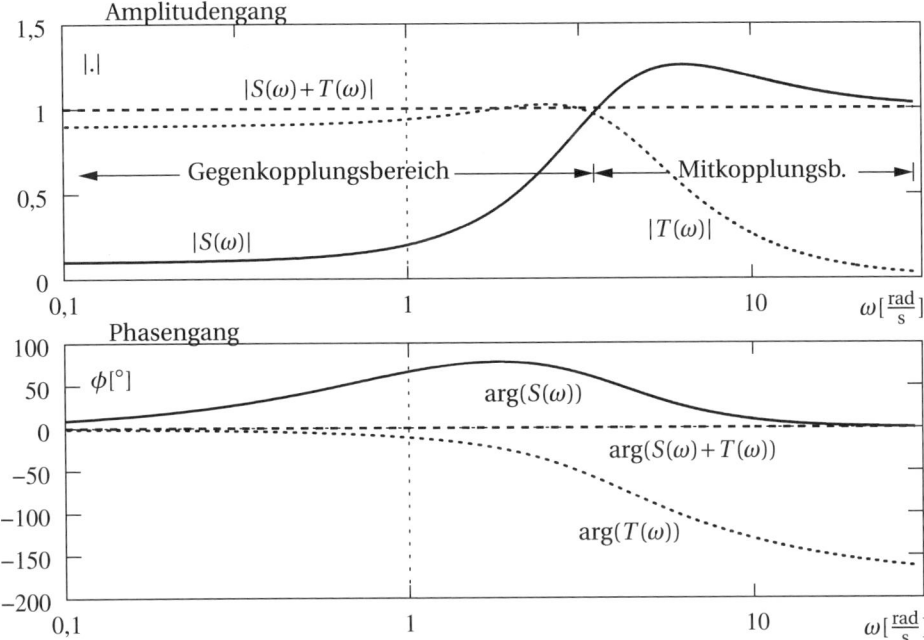

Bild 8.5 Typische BODE-Diagramme der Empfindlichkeitsfunktionen $S(j\omega), T(j\omega)$ mit Gegenkopplungsbereich ($|S(j\omega)| < 1$), Mitkopplungsbereich ($|S(j\omega)| > 1$) und Unempfindlichkeitsbereich ($|S(j\omega)| \approx 1$, hier nicht dargestellt)

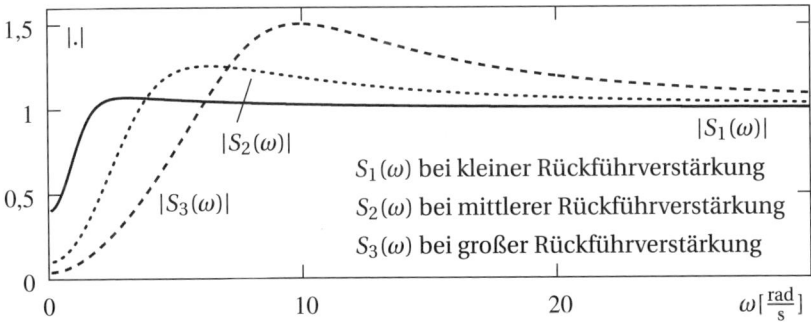

Bild 8.6 Gleichgewichts-Theorem: Verbesserung im Gegenkopplungsbereich bewirkt Verschlechterung im Mitkopplungsbereich (maximale Empfindlichkeit steigt an).

Beispiel 8.3 Regelung einer Strecke 2. Ordnung

Betrachtet wird die stabile PT_2-Strecke mit $G(s) = \dfrac{1}{s^2 + 2s + 1}$

als Beispiel für einen aperiodisch gedämpften mechanischen Schwinger (Doppelpol bei $s = -1$).

Als Regler kommt ein PDT_1-Glied zum Einsatz mit einer Nullstelle links der Streckenpole und einem weiteren schnellen Pol. Die Rückführverstärkung wird so gewählt, dass die stationäre Regelabweichung 5 % beträgt. Die Reglerübertragungsfunktion lautet

$$K(s) = 19 \cdot \frac{\frac{1}{3}s+1}{\frac{1}{10}s+1} = \frac{63,3(s+3)}{s+10}.$$

Für den offenen Kreis gilt $G_o(s) = K(s)G(s)$ und man erhält für den geschlossenen Regelkreis $G_{cl}(s)$ und die Empfindlichkeitsfunktion $S(s)$

$$G_{cl}(s) = \frac{63,3(s+3)}{(s+3,74)(s^2+8,256s+53,42)} \quad ; \quad S(s) = \frac{(s+10)(s+1)^2}{(s+3,74)(s^2+8,256s+53,42)}.$$

Bild 8.7 zeigt die Frequenzgänge des offenen Regelkreises $G_o(j\omega)$, des geschlossenen Regelkreises $G_{cl}(j\omega)$ und der Empfindlichkeitsfunktion $S(j\omega)$. Die Bandbreite sowie die Durchtrittsfrequenzen vom offenen Kreis und der Empfindlichkeitsfunktion liegen nach einer Daumenregel eng beieinander. Die Störunterdrückung ist aktiv bis zu einer Frequenz von etwa 5 rad/s (Gegenkopplungsbereich). Für höhere Frequenzen findet gar eine Verstärkung der Störung statt (Mitkopplungsbereich) und ab $\omega = 20$ rad/s ist die Störunterdrückung inaktiv (Unempfindlichkeitsbereich). Die Bandbreite beträgt etwa 9 rad/s (dort wird die Führungsgröße auf etwa $1/\sqrt{2}$) gedämpft. ∎

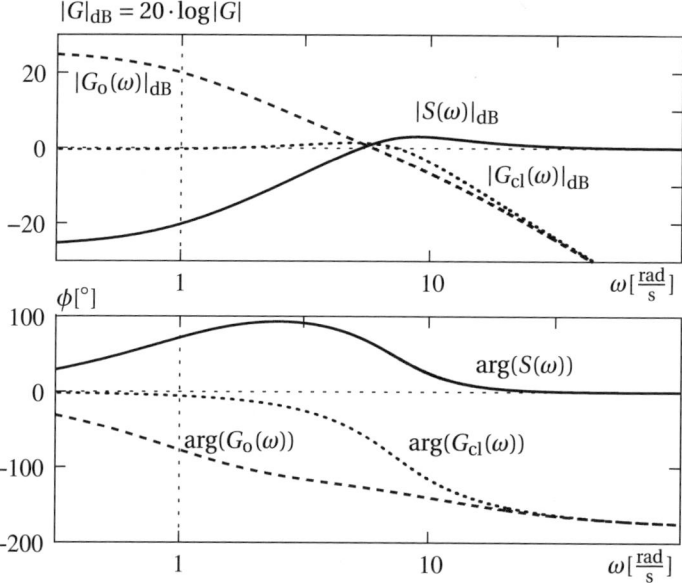

Bild 8.7 zu Beispiel 8.3: Frequenzgänge des offenen Regelkreises $G_o(j\omega)$, des geschlossenen Regelkreises $G_{cl}(j\omega)$ und der Empfindlichkeitsfunktion $S(j\omega)$

Small Gain Theorem

Mithilfe der in Abschnitt 7.1.3 eingeführten E/A- bzw. BIBO-Stabilität lässt sich das **Small Gain Theorem** herleiten [Zam66]. Es beschreibt eine hinreichende Bedingung für die BIBO-Stabilität eines Regelkreises mit Rückkopplung.

Betrachtet sei der Regelkreis in Bild 8.8. Ferner seien die beide Systeme $G_1(s)$ und $G_2(s)$ BIBO-stabil. Insofern sind die Ausgänge $y_1(t)$ und $y_2(t)$ beschränkt, wenn $x_1(t)$ und $x_2(t)$ beschränkt sind.

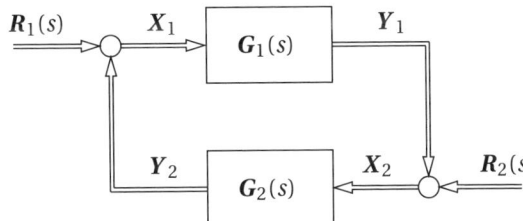

Bild 8.8
Blockschaltbild zur Erläuterung
des 'Small Gain Theorems'

 Das 'Small Gain Theorem' besagt, dass für BIBO-stabile Systeme $G_1(s)$ und $G_2(s)$ der geschlossene Kreis mit den Eingängen $r_1(t)$ und $r_2(t)$ BIBO-stabil ist, wenn mit dem im Anhang A.2.4 beschriebenen Normbegriff gilt

$$\|G_1\| \|G_2\| < 1. \tag{8.21}$$

Diese Beziehung ist unabhängig von der eingesetzten Norm $\|.\|$.

Man beachte, dass Gl. (8.21) unabhängig davon ist, ob man die Rückführung positiv oder negativ ausführt. Das Kriterium ist hinreichend, ohne notwendig zu sein. Somit ist es strenger als erforderlich und der geschlossene Kreis könnte auch dann stabil sein, wenn das Kriterium scheitert. Das Kriterium ist auf nichtlineare Systeme erweiterbar.
Unter Ausnutzung der **Submultiplikativität** (vgl. Anhang A.2.4) kann man das 'Small Gain Theorem' auch wie folgt definieren: $\|G_1 G_2\| < 1$.

 Mit der Kreisverstärkung des BIBO-stabilen offenen Kreises $G_o = G_1 G_2$ führt das auf das vereinfachte 'Small Gain Theorem' für lineare Systeme:

$$\|G_o(j\omega)\| < 1 \quad \forall \omega. \tag{8.22}$$

Veranschaulicht an einem SISO-System ist der geschlossene Regelkreis sicher dann stabil, wenn die Kreisverstärkung des offenen Kreises für alle Frequenzen kleiner eins ist. Das kann man sich auch am vereinfachten NYQUIST-Kriterium erklären.

Robustheit

In der realen Anwendung ist die Strecke nicht exakt bekannt. Man unterscheidet im Wesentlichen parametrische und dynamische Unsicherheiten.

- Bei der **parametrischen Unsicherheit** ist die Struktur des Systems bekannt, allerdings sind die Systemparameter unsicher.
- Die **dynamische Unsicherheit** betrachtet Modellfehler in der Systemstruktur. Die Unsicherheit ist allgemeiner als bei der parametrischen Unsicherheit und frequenzabhängig.

Im Folgenden sei die wahre (unbekannte) Strecke mit der Übertragungsfunktionsmatrix G_0 bezeichnet. Es lassen sich **additive** und **multiplikative** Modellunsicherheiten definieren.

Bei der additiven Zerlegung gilt

$$G_0(s) = G(s) + \triangle G_A(s).$$ (8.23)

Eine entsprechende multiplikative Zerlegung lautet

$$G_0(s) = (I + \triangle G_M(s)) G(s).$$ (8.24)

Bild 8.9 zeigt die Zusammenhänge grafisch. Über die Beziehung

$$\triangle G_A(s) = \triangle G_M(s) \, G(s)$$ (8.25)

lassen sich additive und multiplikative Unsicherheit ineinander umrechnen.

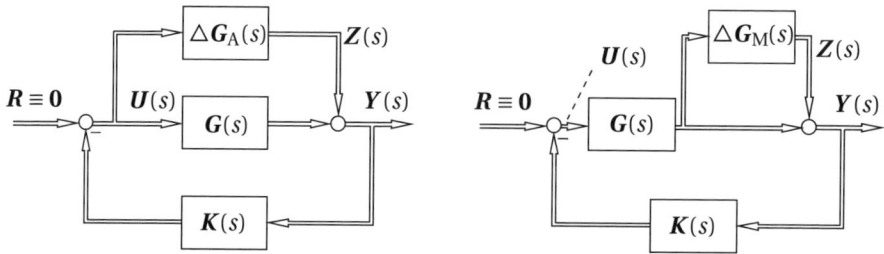

Bild 8.9 Links: Additive Unsicherheit; Rechts: Multiplikative Unsicherheit

 Eine **robuste Regelung** erlaubt eine quantitative Aussage darüber, welche Modellunsicherheiten tolerierbar sind, ohne die Stabilität des geschlossenen Regelkreises zu gefährden.

Die gängigsten quantitativen Aussagen dieser Art sind die Amplituden- und Phasenreserve – bekannt aus den Grundlagenvorlesungen. Die **Amplitudenreserve** gibt an, welche zusätzliche Verstärkung die Kreisverstärkung toleriert, ohne die Stabilität des geschlossenen Regelkreises zu gefährden. Die **Phasenreserve** gibt an, welche zusätzliche Phasenabsenkung (z. B. durch nicht modellierte Systembestandteile oder Totzeiten) toleriert werden kann, ohne den geschlossenen Regelkreis zu destabilisieren.

Hier folgen nun Aussagen bzgl. der additiven bzw. multiplikativen Modellunsicherheiten.

Bild 8.9 links dient der Herleitung eines Stabilitätskriteriums für die **additive Modellunsicherheit**. Es gilt $U(s) = -K Z(s) - K G U(s) = -(I + K G)^{-1} K Z(s)$. Damit ergibt sich das Blockschaltbild in Bild 8.10.

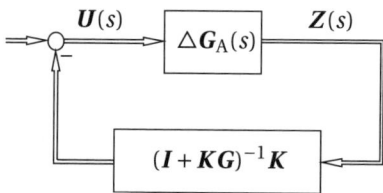

Bild 8.10
Geschlossener Regelkreis mit
additiver Unsicherheit nach
Umformung

Für die Modellunsicherheit $\triangle G_A(s)$ wird vorausgesetzt, dass sie stabil ist. Der untere Block in Bild 8.10 lässt sich umformen und mit Gl. (8.13) (und der Regel 6 in Anhang A.2.1) folgt

$$(I + K G)^{-1} K = K (I + G K)^{-1} = K S.$$

Der untere Block ist also stabil, wenn S und K stabil sind. Die Korrektheit der Beziehung sieht man, wenn man von links mit $(I + K G)$ und von rechts mit $(I + G K)$ multipliziert.

Nun findet das 'Small Gain Theorem' Anwendung (vgl. Ausführungen ab Seite 332). Demnach ist der Regelkreis stabil, wenn (unter Anwendung der Submultiplikativität) gilt

$$\left\| \triangle G_\mathrm{A} (I + K G)^{-1} K \right\| < 1 \quad \text{bzw.} \quad \left\| \triangle G_\mathrm{A} K S \right\| < 1 . \tag{8.26}$$

Wir erhalten die Forderung

$$\boxed{\left\| \triangle G_\mathrm{A}(j\omega) \right\| < \frac{1}{\left\| K(j\omega)\, S(j\omega) \right\|} \quad \forall \omega} . \tag{8.27}$$

Für die Behandlung der **multiplikativen Modellunsicherheit** machen wir von der Beziehung (8.25) Gebrauch. Es folgt daraus

$$\left\| \triangle G_\mathrm{M} G K S \right\| < 1 \quad \text{bzw. mit } T = G K S \quad \left\| \triangle G_\mathrm{M} T \right\| < 1 . \tag{8.28}$$

Die Umformung $T = G K S$ folgt dabei aus $G K S = G K (I + G K)^{-1} = (I + G K)^{-1} G K = T$. Mit Ungleichung (8.28) leiten wir damit die Forderung bei multiplikativer Modellunsicherheit

$$\boxed{\left\| \triangle G_\mathrm{M}(j\omega) \right\| < \frac{1}{\left\| T(j\omega) \right\|} \quad \forall \omega} \quad \text{ab} . \tag{8.29}$$

Die Bedingungen (8.27) und (8.29) sind nicht nur hinreichend, sondern auch notwendig.

Anforderungen an eine robuste Regelung

Wie gesehen, sind die Empfindlichkeitsfunktion $S(j\omega)$ und die komplementäre Empfindlichkeitsfunktion $T(j\omega)$ maßgeblich für die Robustheit des Regelkreises verantwortlich. Nun gilt es, dies durch geeignete Forderung in den Reglerentwurf zu integrieren.

Am Beispiel der Empfindlichkeitsfunktion $S(j\omega)$ sei nun ein Frequenzgang $S_\mathrm{soll}(j\omega)$ mit gewünschten Eigenschaften (Form) als obere Schranke definiert und man fordert für die Amplitude der Empfindlichkeitsfunktion

$$\left| S(j\omega) \right| < \left| S_\mathrm{soll}(j\omega) \right| = \frac{1}{\left| W_S(j\omega) \right|} .$$

Auf den Mehrgrößenfall bezogen heißt dies

$$\left\| S(j\omega) \right\| < \frac{1}{\left\| W_S(j\omega) \right\|} \quad \forall \omega \quad \text{bzw.} \quad \left\| S(j\omega) \right\| \left\| W_S(j\omega) \right\| < 1 \quad \forall \omega . \tag{8.30}$$

Aufgrund der **Submultiplikativität** (vgl. Anhang A.2.4) folgt

$$\boxed{\left\| W_S(j\omega) S(j\omega) \right\| < 1} . \tag{8.31}$$

In der gleichen Art und Weise lässt sich auch die Forderung nach einer möglichst kleinen komplementären Empfindlichkeitsmatrix

$$\boxed{\left\| W_T(j\omega) T(j\omega) \right\| < 1} \tag{8.32}$$

und einer Begrenzung der Stellgröße formulieren

$$\boxed{\|W_u(j\omega)G_{ru}(j\omega)\| < 1}\,. \tag{8.33}$$

Die Forderungen (8.31)-(8.33) stellen eine elegante Möglichkeit dar, Anforderungen an die Funktionen $S(j\omega)$, $T(j\omega)$ und $G_{ru}(j\omega)$ zu formulieren – nämlich in Form einer Multiplikation / Wichtung mit den Frequenzgängen $W_S(j\omega)$, $W_T(j\omega)$ und $W_u(j\omega)$. Sie stellen sicher, dass die Funktionen $S(j\omega)$, $T(j\omega)$ und $G_{ru}(j\omega)$ unter vorgebbaren Schranken bleiben.

Der später noch gezeigte $\mathcal{H}_\infty$-Reglerentwurf erfüllt z. B. dann genau die Forderungen (8.31)-(8.33) für die $\mathcal{H}_\infty$-Norm durch Lösung einer Optimierungsaufgabe.

■ 8.2 Klassische Regelung linearer Systeme

Trotz der hohen Menge an verfügbaren Regelungskonzepten und Entwurfsmethoden nehmen PID-Regler (Abschnitt 8.2.1) nach wie vor eine Ausnahmestellung ein.
Einerseits liefern sie für viele technische Problemstellungen eine ausreichende Güte. Insbesondere sind PID-Regler geeignet für die Regelung von stabilen Systemen erster und zweiter Ordnung, die ihrerseits eine gute Approximation für viele technische Systeme darstellen.
Andererseits verdanken sie ihre Verbreitung der einfachen und intuitiven Parametrierung (ohne den Bedarf einer zum Teil zeitaufwändigen mathematischen Modellbildung). Durch eine Vielzahl an einfach applizierbaren Einstellregeln (Abschnitt 8.2.2) sind daher PID-Regler als Kompaktregler weit verbreitet und auch ohne großes regelungstechnisches Hintergrundwissen effektiv einsetzbar.

Dieser Abschnitt gibt einen Einblick in die Thematik; für eine detaillierte Beschreibung sei auf die umfangreiche Literatur zu diesem Thema hingewiesen, z. B. [ÅH95].

8.2.1 PID-Regler

Untersucht wird nun die vereinfachte Version des Standardregelkreises in Bild 8.11. Im Vergleich zu Bild 8.4 erfolgt nur die Betrachtung des Eingrößenfalls. Der Regler führt die Regeldifferenz $e(t) = r(t) - y(t)$ über den Regler $F_R(s)$ zurück.

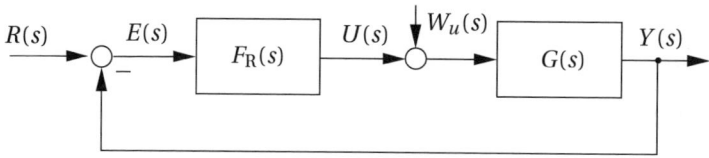

Bild 8.11 Vereinfachter Standardregelkreis

Die Führungsübertragungsfunktion

$$G_{ry}(s) = \frac{Y(s)}{R(s)} = \frac{G(s)\,F_R(s)}{1 + G(s)\,F_R(s)} = T(s) \tag{8.34}$$

kennzeichnet die **Folgeregelung** und die Störübertragungsfunktion

$$G_{w_u y}(s) = \frac{Y(s)}{W_u(s)} = \frac{G(s)}{1 + G(s)\,F_R(s)} = G(s)\,S(s) \tag{8.35}$$

kennzeichnet die **Festwertregelung**. Hierbei steht $S(s)$ und $T(s)$ für die in Abschnitt 8.1.2 eingeführten Empfindlichkeitsfunktionen. Die Ausführungen dort haben gezeigt, dass man Folge- und Festwertreglung nicht unabhängig voneinander optimieren kann, denn es gilt: $S(s) + T(s) = 1$. Zumindest weisen aber beide Übertragungsfunktionen den gleichen Nenner auf und somit verfügen sie über die gleichen Stabilitätseigenschaften.

Bild 8.12 zeigt das Blockschaltbild einer gängigen Definition für den PID-Regler, der drei Bestandteile aufweist – dies wäre dann in Bild 8.11 der Block $F_R(s)$.

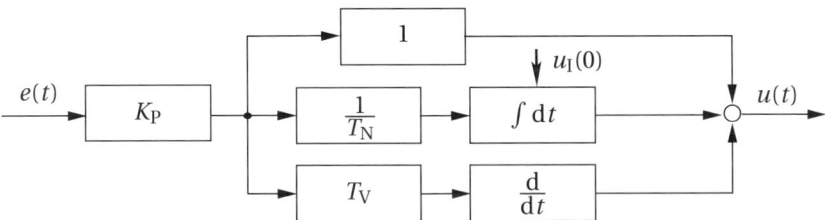

Bild 8.12 Blockschaltbild des PID-Reglers. Von oben nach unten P-, I- und D-Glied

Das **P-Glied** (Proportional-Glied) berechnet sich aus der Multiplikation des Regelfehlers $e(t)$ mit dem Verstärkungsfaktor K_P. Mit größerem K_P lässt sich die Reaktion des Systems steigern und die bleibende Regelabweichung verringern.

Das **I-Glied** (Integrations-Glied) berechnet sich aus der zeitlichen Integration des Regelfehlers $e(t)$ und der Multiplikation mit dem Verstärkungsfaktor $K_I = K_P/T_N$. Hierbei steht T_N für die so genannte **Nachstellzeit**.

Das I-Glied reagiert nur langsam auf Veränderungen, ist aber in der Lage, eine Regelabweichung im eingeschwungenen Zustand auszuregeln. Weist die Regelstrecke bereits integrierenden Charakter auf, so sollte man meist auf einen I-Anteil verzichten, da die Ausgangsgröße sonst zu Schwingungen neigt. Auch bei nichtlinearen Strecken (z. B. Haftreibung in elektromechanischen Antrieben, vgl. Abschnitt 9.3.1 auf der Homepage zum Buch) besteht die Gefahr für Grenzzyklen (kleine Oszillationen im eingeschwungenen Zustand).

Bei langanhaltender Regeldifferenz $e(t)$ kann der so genannte **Wind-up Effekt** auftreten – begleitet von Schwingungen oder ggf. einem Stabilitätsverlust. Beim Wind-up nimmt der Integrator sehr hohe Werte an, die aber unwirksam sind, weil sich die Stellgröße bereits in der Begrenzung befindet. Wechselt dann das Vorzeichen von $e(t)$, wirkt der Integrator zunächst noch weiter in die falsche Richtung, weil sich der Integralanteil nur langsam abbaut. Gegenmaßnahmen bezeichnet man als **Anti-Wind-Up**. Eine gängige Methode ist die Verringerung des Integratoreingangs für den Fall, dass sich die Stellgröße an der Begrenzung befindet.

Das **D-Glied** (Differenzier-Glied) gewichtet die Änderungsgeschwindigkeit des Regelfehlers $e(t)$ mit dem Faktor $K_D = K_P T_V$. Hierbei bezeichnet man T_V als die **Vorhaltzeit**. Der D-Anteil führt zu einer schnellen Reaktion des Systems. Allerdings reagiert es auch sehr empfindlich auf hochfrequente Störsignale – eine geeignete Filterung (z. B. mit Methoden aus Abschnitt 4.2.1) kann Abhilfe schaffen. Im stationären Zustand ist der D-Anteil nicht wirksam.

Abschließend sei angemerkt, dass unterschiedliche PID-Regler Notationen existieren. Bei Verwendung von Kompaktreglern oder vorgefertigten PID-Funktionen ist daher einige Vorsicht angebracht. Die unterschiedlichen Notationen lassen sich aber meist ineinander überführen. Die aus Bild 8.12 abgeleitete Übertragungsfunktion des PID-Reglers lautet

$$F_{\mathrm{PID}}(s) = K_{\mathrm{P}}\left(1 + \frac{1}{T_{\mathrm{N}}}\frac{1}{s} + T_{\mathrm{V}}s\right).$$

Zu beachten ist, dass der darin enthaltene (ideale) Differenzierer technisch **nicht** umsetzbar ist. Der reale Differenzierer beinhaltet immer auch eine kleine Verzögerung, die sich z. B. mit einem Verzögerungsglied 1. Ordnung und der kleinen Zeitkonstante T_1 modellieren lässt. Um nicht unnötig einen weiteren freien Entwurfsparameter einzubringen, wählt man meist $T_1 = T_{\mathrm{V}}/N$ mit $N = 5\dots20$.

Damit erhalten wir nun den realisierbaren PID-Regler

$$F_{\mathrm{PID}}(s) = K_{\mathrm{P}}\left(\underbrace{1}_{\mathrm{P}} + \underbrace{\frac{1}{T_{\mathrm{N}}}\frac{1}{s}}_{\mathrm{I}} + \underbrace{\frac{T_{\mathrm{V}}s}{1 + \frac{T_{\mathrm{V}}}{N}s}}_{\mathrm{D}}\right). \tag{8.36}$$

Bringt man die Übertragungsfunktion auf einen Nenner, so erhält man

$$F_{\mathrm{PID}}(s) = K_{\mathrm{P}}\frac{(T_1 + T_{\mathrm{V}})T_{\mathrm{N}}s^2 + (T_{\mathrm{N}} + T_1)s + 1}{T_{\mathrm{N}}s(T_1 s + 1)} \quad \mathrm{mit} \quad T_1 = \frac{T_{\mathrm{V}}}{N}, N = 5\dots20. \tag{8.37}$$

Bei dieser Darstellung sind nun auch Zählergrad und Nennergrad gleich - das System ist proper und sprungfähig, aber technisch realisierbar. Auf die Implementierung mit einem Prozessrechner geht Abschnitt 8.5.2 ein.

8.2.2 Auslegungsverfahren

Für die Auslegung des PID-Reglers, d. h. zur Bestimmung der Reglerparameter existiert eine Vielzahl an Entwurfsverfahren, sowohl im Zeit- als auch im Bildbereich [ÅH95]. Die folgenden Ausführungen stellen einige gängige Verfahren vor.

Heuristiken nach ZIEGLER-NICHOLS und CHIEN-HRONES-RESWICK

Das Auslegungsverfahren nach ZIEGLER-NICHOLS [ZN42] ist ein weit verbreiteter Ansatz zur **heuristischen** Bestimmung der Reglerparameter und eignet sich insbesondere für stark verzögerte Regelstrecken mit „s-förmigem" Verlauf der Sprungantwort [Sch94], siehe Bild 8.13.

Die Vorgehensweise nach ZIEGLER-NICHOLS vollzieht sich experimentell im geschlossenen Regelkreis und umfasst folgende drei Schritte.

1. Bei Einsatz einer P-Regelung erhöht man deren Verstärkung K_{P} schrittweise, bis die Regelgröße bei Sprunganregung eine Schwingung mit konstanter Amplitude und Frequenz zeigt. Die zugehörige Reglerverstärkung bezeichnet man mit $K_{\mathrm{P,krit}}$.
2. Man bestimmt die Periodendauer T_{krit} der auftretenden Dauerschwingung.
3. In Abhängigkeit der gewählten Reglerstruktur (P-, PI-, PID-Regler) berechnen sich die Reglerparameter gemäß Tabelle 8.5.

Tabelle 8.5 Reglerparameter nach ZIEGLER-NICHOLS [ZN42, Sch94]

Reglertyp	Parameter		
	$K_P / K_{P,krit}$	T_N / T_{krit}	T_V / T_{krit}
P	0,5	-	-
PI	0,45	0,85	-
PID	0,6	0,5	0,12

Die Parametereinstellung nach ZIEGLER-NICHOLS führt zu verhältnismäßig schwach gedämpftem Verhalten [Sch10, Sch94] mit hohen Reglerverstärkungen. Dies ist für eine Festwertregelung meist günstig, für eine Folgeregelung manchmal ungünstig.

Ein weiterer Nachteil besteht darin, dass das technische System an der Stabilitätsgrenze zu betreiben ist, um $K_{P,krit}$ und T_{krit} experimentell zu ermitteln. Dies kann – in Abhängigkeit der Applikation – nicht immer problemlos möglich sein oder zu Beschädigungen führen.

Bei der negativen P-Rückführung stabiler Systeme 1. und 2. Ordnung sind laut Theorie keine Dauerschwingungen möglich. Daher existiert auch eine ZIEGLER-NICHOLS Variante, die auf der Sprungantwort basiert. Eine Erweiterung dieser Variante ist nachfolgend beschrieben.

Die Einstellregeln nach CHIEN-HRONES-RESWICK [CHR51, Sch94] führen Experimente lediglich im offenen Regelkreis durch und nehmen an, dass sich die Regelstrecke hinreichend genau durch ein Totzeit-behaftetes PT_1-System beschreiben lässt (vgl. Bild 8.13):

$$G(s) = \frac{K_S}{1 + s\,T}\, e^{-s\,T_t}\,.$$

Zur näherungsweisen Bestimmung der Streckengrößen K_S, T und T_t kommt häufig das sog. Wendetangentenverfahren zur Anwendung. Hierbei wird das energiefreie System mit dem Einheitssprung $\sigma(t)$ angeregt, die Wendetangente der Sprungantwort eingezeichnet und die Größen gemäß Bild 8.13 bestimmt. Aus den Streckenparametern K_S, T, und T_t ermittelt man zu-

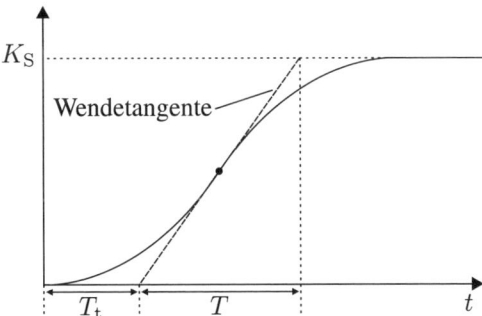

Bild 8.13
Streckenparameter bei „s-förmiger"
Sprungantwort; Approximation mit
Totzeit-behaftetem PT_1-System

nächst die Hilfsgröße $K = K_S\,T_t / T$. In Abhängigkeit vom Reglertyp (P-, PI-, PID-Regler) lassen sich geeignete Reglerparameter aus Tabelle 8.6 bestimmen [Sch94]. Es stehen unterschiedliche Parametersätze zur Verfügung, je nachdem, ob eher ein günstiges Führungs- oder ein günstiges Störverhalten benötigt wird.

PID-Regler als Modell-Referenzregler

Bild 8.14 zeigt das Blockschaltbild der sog. **Internal Model Control** (IMC).

Tabelle 8.6 Reglerparameter nach Chien-Hrones-Reswick für aperiodisches Verhalten [Sch94]

Reglertyp	für Führungsverhalten			für Störverhalten		
	$K_\mathrm{P} \cdot K$	T_N/T	$T_\mathrm{V}/T_\mathrm{t}$	$K_\mathrm{P} \cdot K$	$T_\mathrm{V}/T_\mathrm{t}$	$T_\mathrm{V}/T_\mathrm{t}$
P	$0,3$	-	-	$0,3$	-	-
PI	$0,35$	$1,2$	-	$0,6$	$4,0$	-
PID	$0,6$	$1,0$	$0,5$	$0,95$	$2,4$	$0,42$

Das Grundprinzip des Verfahrens besteht darin, ein möglichst exaktes Modell $G_\mathrm{m}(s)$ der Strecke $G(s)$ im Reglerentwurf zu nutzen.

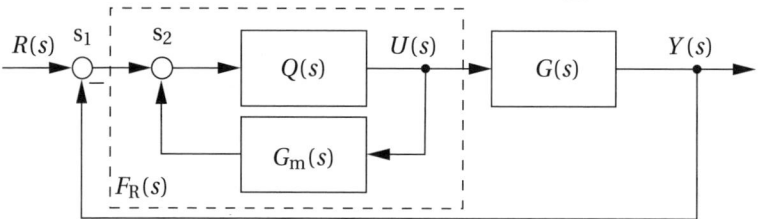

Bild 8.14 Internal Model Control in klassischer Regelkreisstruktur

Man stelle sich vor, es gilt $G_\mathrm{m}(s) = G(s)$. Die Rückführung der Regelgröße $y(t)$ (Summationsstelle s_1) wird dann gerade durch die Rückführung von $u(t)$ über das Modell (Summationsstelle s_2) kompensiert. De facto handelt es sich dann um einen offenen Kreis. Daraus wird ersichtlich, dass $Q(s)$ als Vorsteuerung zu entwerfen ist.

Ferner lässt sich zeigen, dass bei einer **stabilen Strecke** $G(s)$ **jedes** stabile Übertragungsglied $Q(s)$ sicherstellt, dass das resultierende Gesamtsystem stabil ist.

Im Idealfall entwirft man dann $Q(s)$ gerade als Streckeninverse und

$$Q(s) = G^{-1}(s) \tag{8.38}$$

sorgt damit theoretisch für ideales Verhalten – der Ausgang entspricht dem Sollwert.

Ein Reglerentwurf nach Gl. (8.38) wird i. Allg. nicht gelingen, da reale Systeme meist Tiefpass-Verhalten aufzeigen und damit $Q(s)$ nicht proper und damit technisch nicht realisierbar wäre. Des Weiteren sollte die Strecke auch minimalphasig sein (weder Pole noch Nullstellen besitzen einen positiven Realteil), denn sonst entsteht bei der Inversion ein instabiler Regler $Q(s)$ und der Kreis ist nicht mehr intern stabil.

Um nun die Idee in Gl. (8.38) fortzuführen, ist $Q(s)$ technisch realisierbar zu machen. Dazu schaltet man ein Filter $F(s)$ mit einer hinreichend großen Tiefpass-Charakteristik in Reihe zu $Q(s)$. Ein typischer Ansatz lautet

$$F(s) = \frac{1}{(T_\mathrm{f}s + 1)^r} \quad \text{mit} \quad r \in \mathbb{Z}^+. \tag{8.39}$$

Der Ansatz hat den Vorteil, lediglich einen weiteren Entwurfsparameter T_f einzuführen, mit dem man etwa die Bandbreite des geschlossenen Regelkreises einstellen kann.

Wählt man im Falle eines PT_1-Systems als Strecke $r = 1$ entsteht durch die beschriebene Vorgehensweise effektiv ein PI-Regler, für ein PT_2-System und $r = 2$ ein PID-Regler.

Beispiel 8.4 Ansätze im Vergleich für eine stabile PT_2-Strecke

Betrachtet wird eine aperiodische PT_2-Strecke mit der Übertragungsfunktion

$$G(s) = \frac{1}{(1 + T_1^* s)(1 + T_2^* s)} \,.$$

Für $Q(s)$ erhält man unter Berücksichtigung der Realisierbarkeitsbedingung

$$Q(s) = \frac{(1 + T_1^* s)(1 + T_2^* s)}{(1 + T_f s)^2} \,.$$

Die Umrechnung in die klassische Reglerstruktur liefert gemäß $F_R(s) = \dfrac{Q(s)}{1 - G(s)Q(s)}$ (gestrichelt in Bild 8.14)

$$F_R(s) = \frac{(1 + T_1^* s)(1 + T_2^* s)}{T_f^2 s^2 + 2\,T_f s} \,.$$

Strukturell entsteht ein PID-Regler (2 Nullstellen, 2 Pole, davon ein Pol im Ursprung). Mit der PID-Parametrierung aus Gl. (8.37) hätte man diese Form mit der folgenden Ersetzungsvorschrift erhalten:

$$T_1 = T_f/2 \qquad\qquad T_N = T_1^* + T_2^* - T_1$$

$$K_P = \frac{T_N}{2\,T_f} \qquad\qquad T_V = \frac{T_1^* T_2^*}{T_N} - T_1$$

Eine interessante Erkenntnis liefert die genauere Betrachtung der Parameter: Der Regler kompensiert gerade die Pole der Strecke durch entsprechende Nullstellen, so dass der offene Kreis ein IT_1-System darstellt.

$$G_o(s) = G(s)F_R(s) = \frac{1}{T_f^2 s^2 + 2\,T_f s}$$

Für den geschlossenen Kreis ergibt sich die Übertragungsfunktion $G_{cl}(s) = \dfrac{1}{(1 + T_f s)^2}$.
Dies entspricht der vorgegebenen Filterfunktion $F(s)$ mit der gewünschten Bandbreite. Für die konkreten Werte $T_1^* = 0{,}5$ und $T_2^* = 0{,}2$ vergleicht Bild 8.15 die Ergebnisse bei Anwendung von ZIEGLER-NICHOLS, CHIEN-HRONES-RESWICK sowie dem beschriebenen IMC-Entwurf mit $T_f = 0{,}1$.

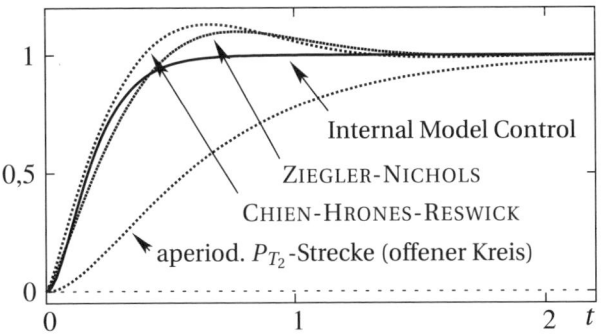

Bild 8.15 Führungsverhalten bei ZIEGLER-NICHOLS-, CHIEN-HRONES-RESWICK- und IMC-Entwurf am Beispiel eines aperiodischen PT_2-Systems

IMC erlaubt hier eine exakte „Polvorgabe". Die stabilen Pole der Strecke werden kompensiert und durch die gewünschten Pole der Filterfunktion ersetzt. ZIEGLER-NICHOLS liefert ein schwächer gedämpftes System als der CHIEN-HRONES-RESWICK-Ansatz und ist daher für die Folgeregelung nur mäßig geeignet. Bei der Festwertregelung zeigt hier allerdings der ZIEGLER-NICHOLS-Ansatz dann das beste Resultat. ■

Kaskadenregler

Abschließend sei noch die in der Praxis bedeutende Kaskadenregelung kurz erläutert, die insbesondere bei Antriebsregelungen zur Anwendung kommt. Merkmal der Kaskadenregelung ist eine Verschachtelung von Regelkreisen mit von innen nach außen abnehmender Dynamik, vgl. Bild 8.16. Die Regelkreise werden von innen nach außen in Betrieb genommen – beginnend mit dem Entwurf des Reglers $F_{R_i}(s)$ für die innere Strecke $G_i(s)$. Man versucht eine möglichst hohe Dynamik zu erzielen mit einer möglichst kleinen dominanten Zeitkonstante T_i. Im Idealfall ist dann die innere Strecke inkl. Regler quasi konstant, d. h. sie verhält sich wie ein P-Glied aus Sicht des äußeren Kreises. Dies gilt beispielsweise, wenn die Zeitkonstante des äußeren Kreises $T_a > 10\,T_i$ erfüllt. In diesem Fall vereinfacht sich die Inbetriebnahme deutlich.

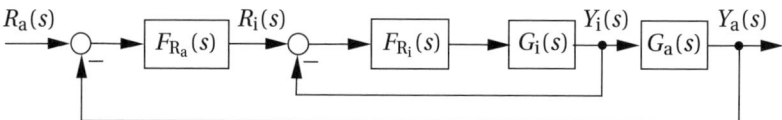

Bild 8.16 Blockschaltbild einer Kaskadenregelung

Beispiel 8.5 Kaskadenregelung für ein elektromechanisches Antriebssystem

Gleichstrommotoren werden wegen ihrer sehr guten Regelungseigenschaften häufig für die Einhaltung von Drehzahlen, Drehmomenten und Positionen eingesetzt. Als Beispiel für ein elektromechanisches System wird die Achsregelung untersucht, bei der ein Gleichstrommotor über ein Getriebe mit einem Mechanismus verkoppelt ist (vgl. hierzu auch Abschnitt 2.2.1, Gln. (2.34) und (2.35) sowie das Beispiel 7.10).

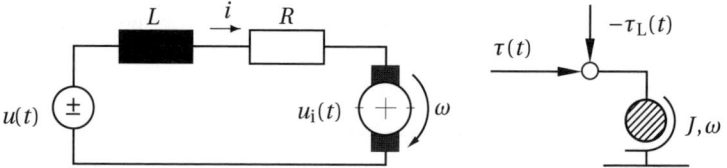

Bild 8.17 Ankerstromkreis   **Bild 8.18** Mechanisches Teilsystem

Lösung:

Die Beschreibung des Ankerstromkreises (Bild 8.17) lautet

$$\frac{\mathrm{d}i}{\mathrm{d}t} = -\frac{R}{L}i + \frac{1}{L}\left(u(t) - u_i(t)\right) \quad \text{mit} \quad u_i(t) = k_g\,\omega. \tag{8.40}$$

Die Beschreibung des damit verkoppelten mechanischen Teilsystems (Bild 8.18) lautet

$$\frac{\mathrm{d}\omega}{\mathrm{d}t} = -\frac{d}{J}\omega + \frac{1}{J}\left(\tau(t) - \tau_L(t)\right) \quad \text{mit} \quad \tau(t) = k_\varphi\,i. \tag{8.41}$$

Hierbei gilt:

	Bedeutung		Bedeutung
i	Ankerstrom	$\omega = \dot{\varphi}$	Winkelgeschwindigkeit
k_φ	Motorkonstante	k_g	Gegeninduktivitätskonstante
R, L	Ankerwiderstand, -induktivität	φ	Drehwinkel
u_i	induzierte Spannung	u	außen anliegende Spannung
J	Massenträgheitsmoment	d	Dämpfung ($\hat{=}$ viskose Reibung)
$\tau(t)$	Motordrehmoment	$\tau_L(t)$	Lastmoment (Störgröße)

Eine wichtige Vereinfachung ergibt sich für $L/R \ll J/d$, d. h. die elektrische ist deutlich kleiner als die mechanische Zeitkonstante. Auch bei dynamischen Stromänderungen verändert sich dann ω nur langsam. In diesem Augenblick lässt sich die induzierte Spannung u_i dann als Störgröße für den Ankerstromkreis auffassen und Gl. (8.40) wird zu einem entkoppelten PT_1-System. Auch der mechanische Teil in Gl. (8.41) stellt ein PT_1-System dar.

Bild 8.19 zeigt die typische Antriebsregelung in einer Kaskadenstruktur. Für den schnellen Stromregelkreis kommt meist ein PI-Regler zur Anwendung. Die Sollgröße liefert der überlagerte Geschwindigkeitsregelkreis, für den man Variationen vom P-Regler bis zum PID-Regler findet. Wird zusätzlich eine Lageregelung benötigt, erfolgt eine weitere Kaskadenschleife, die in Bild 8.19 angedeutet ist. Für den Lageregler ist typischerweise ein P-Regler ausreichend.

Die gestrichelten Pfeile an den Summationsstellen deuten eine optionale Vorsteuerung an. Hiermit lässt sich bei Bedarf die Dynamik weiter verbessern. In einer rechnerbasierten Abtastregelung (vgl. Abschnitt 8.5) findet man für den schnellen Stromregelkreis Abtastfrequenzen im kHz-Bereich. ■

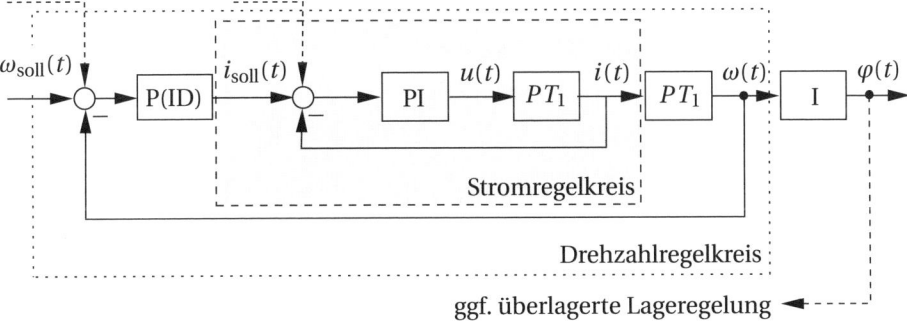

Bild 8.19 Kaskadenregelung für elektromechanisches Antriebssystem

Die detaillierte Beschreibung einer Kaskadenregelung für einen Synchronmotor sowie die Auslegung der zugehörigen Reglerparameter ist auch Bestandteil des Beispiels 9.1 auf der Homepage zum Buch.

■ 8.3 Zustandsregelung

Bis in die 1960er Jahre erfolgte der Reglerentwurf vorzugsweise im Frequenzbereich, z. B. mit den in Abschnitt 8.2 beschriebenen Verfahren. Mit Einführung der Zustandsraumdarstellung begann die Periode der modernen Regelungstechnik. Bahnbrechende Beiträge dazu stammen von Rudolf E. KALMAN.

In diesem Abschnitt zur Zustandsregelung werden zwei Themen beleuchtet. Zunächst stellt Abschnitt 8.3.1 die Zustandsregelung per Polvorgabe vor, mit der sich die Dynamik des geschlossenen Regelkreises einstellen lässt. Abschnitt 8.3.2 erläutert dann wichtige Aspekte des LUENBERGER-Beobachters, der der Rekonstruktion benötigter Zustände dient. Neben der Darstellung von Einsatzbereichen erfolgt der Querbezug zum KALMAN-Filter.

8.3.1 Einführung in die Zustandsregelung

Die Zustandsraumdarstellung beschreibt im Gegensatz zur Übertragungsfunktion das System vollständig, d. h. auch die inneren Zusammenhänge. Sie wurde in Abschnitt 7.1.2 für lineare zeitkontinuierliche und zeitdiskrete Systeme eingeführt. Zur Bestimmung der Lösung stehen prinzipiell zwei Methoden zur Verfügung (vgl. auch Anhang A.3):

- Zeitbereichsverfahren (Benutzung der Fundamentalmatrix),
- Frequenzbereichsverfahren (Übergang in den Frequenzbereich durch LAPLACE-Transformation und Verwendung der Übertragungsfunktion bzw. -funktionsmatrix).

Bild 8.20 stellt den Zusammenhang und die Vorgehensweise grafisch dar.

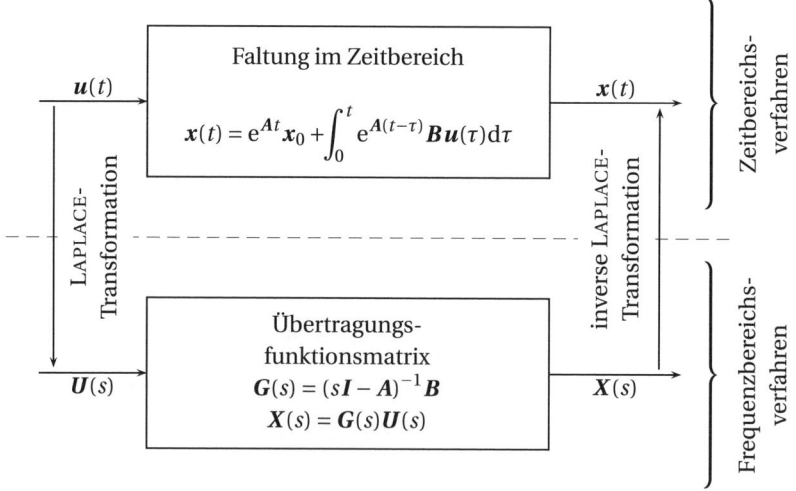

Bild 8.20 Zusammenhang von Zeitbereichs- und Frequenzbereichsverfahren (ohne Darstellung der Ausgangsgröße $y(t)$ bzw. $Y(s)$)

Da heute ein sehr reichhaltiger Methodenvorrat existiert, ist die Zustandsregelung eine der Vorzugslösungen für die Behandlung linearer zeitinvarianter Systeme (LTI-Systeme).

Lineare Zustandsrückführung

Kern der Zustandsregelung ist ein lineares Regelungsgesetz mit der noch näher zu bestimmenden Rückführmatrix $K \in \mathbb{R}^{m \times n}$

$$u(t) = -Kx(t).$$

Bild 8.21 erweitert das aus Bild 7.3 bekannte Blockschaltbild des zeitkontinuierlichen Mehrgrößensystems um die Regelung. In der erweiterten Ausführung wird nicht nur die Regelungsab-

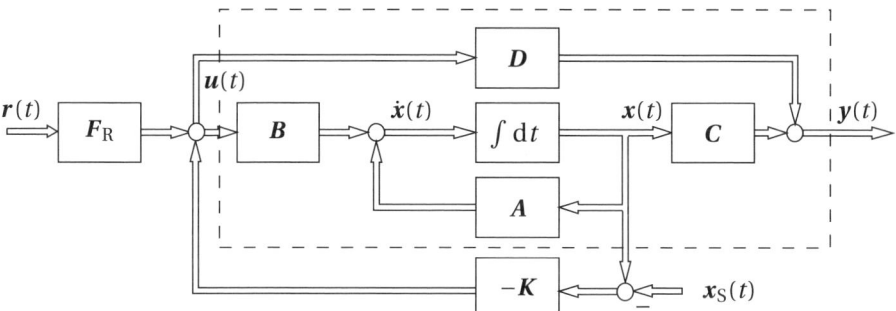

Bild 8.21 Lineare Zustandsrückführung bei einem zeitkontinuierlichen Mehrgrößensystem

weichung des Zustands $x(t) - x_S(t)$ proportional zurückgeführt (x_S steht für den Sollzustand, meist gilt $x_S(t) \equiv 0$), sondern auch eine Aufschaltung des Führungssignals (Referenzeingang $r(t)$) vorgenommen. Durch die Wahl von K beeinflusst man die Regelungsdynamik und durch F_R zusätzlich das Führungsverhalten. Das vollständige Regelungsgesetz lautet damit

$$u(t) = -K(x(t) - x_S(t)) + F_R r(t). \tag{8.42}$$

 Hinweis: Man beachte, dass Bild 8.21 im Zeitbereich angeschrieben ist. Hier stehen F_R und K für konstante Matrizen. Im Gegensatz dazu galt der erweiterte Standardregelkreis in Bild 8.4 im Frequenzbereich und $F_R(s)$ und $K(s)$ stellten Übertragungsfunktionen bzw. -matrizen dar.

 Ist das System **vollständig steuerbar** (siehe Definition auf Seite 259), dann ermöglicht der Regelungsentwurf die beliebige Vorgabe aller n Pole (Eigenwerte) des geschlossenen Regelkreises.

Für diese Analyse ist lediglich die Betrachtung der Zustandsübergangsgleichung erforderlich:

$$\dot{x}(t) = Ax(t) + Bu(t) = \underbrace{(A - BK)}_{A_G} x(t). \tag{8.43}$$

Zur Erinnerung: Die Zustände beschreiben das Systemverhalten eindeutig. Der Zustandsregler beeinflusst damit die Energie beschreibenden Größen und somit die Dynamik des Systems. Die Eigenwerte λ_i, $i = 1, 2, \ldots, n$ der Matrix A_G ergeben sich als Lösung der charakteristischen Gleichung

$$\det[\lambda I - A_G] = \det[\lambda I - A + BK] = 0. \tag{8.44}$$

Besitzen sämtliche Eigenwerte negativen Realteil, ist der geschlossene Kreis asymptotisch stabil. Da bei der Zustandsrückführung der vollständige Zustandsvektor zurückgeführt wird, ist eine weitgehende Einflussnahme auf die Regelkreisdynamik möglich. Folglich ist die Zustandsrückführung die „bestmögliche" proportionale Regelung (siehe auch Abschnitt 8.4.1).

Regelungsentwurf durch Polzuweisung

Die Eigenwerte eines dynamischen Systems bestimmen entscheidend seine Eigenbewegung und somit indirekt sein Ein-/Ausgangsverhalten.

Deshalb ist es das Ziel der Polzuweisung, durch Vorgabe einer gewünschten Polstellenverteilung die Elemente der Rückführmatrix K so zu bestimmen, dass die Eigenwerte von A_G, $\lambda = EW(A_G)$, mit den vorgegebenen Polstellen übereinstimmen. Dadurch lassen sich einzelne Kenngrößen des Regelkreises wie Einschwingzeit, Überschwingweite, Bandbreite oder Resonanzüberhöhung festlegen. Bild 8.22 zeigt die typische Polstellenverteilung für ein instabiles und ein stabiles System. Das Gebiet für die Platzierung der Eigenwerte eines geregelten, asymptotisch stabilen Systems ist in Bild 8.22 grau markiert angegeben. Es wird durch die Stabilitätsreserve (Mindeststabilitätsgrad), die Mindestdämpfung sowie durch die Stellgrößenbeschränkung bestimmt.

Eine analytische Behandlung des Entwurfs einer Zustandsrückführung ist nur für einfache Systeme möglich. Allerdings liegt eine Vielzahl von Entwurfsverfahren vor und die Berechnung erfolgt auch zumeist mit Toolunterstützung, z. B. *Matlab*® . Den vergleichsweise einfachen Fall eines Systems mit nur einem Stelleingriff zeigt Beispiel 8.6. Darüber hinaus illustriert es die besonders einfachen Zusammenhänge, wenn man das System auf Regelungsnormalform (RNF, siehe Seite 261) transformiert.

Beispiel 8.6 Zustandsregelung für Einmassenschwinger

Für den in Bild 7.4 gezeigten Einmassenschwinger hat Beispiel 7.4 die Regelungsnormalform (RNF) abgeleitet. Nun soll eine Zustandsregelung erfolgen.

Lösung:

Der erste Schritt bei einer Zustandsregelung ist üblicherweise die Überprüfung der Steuerbarkeit. Da aber eine Überführung in die Regelungsnormalform tatsächlich nur für vollständig steuerbare Systeme möglich ist, können wir diesen Schritt hier überspringen. Mit dem Zustandsregler $u(t) = -k^T x(t) = -[k_1, k_2]^T x(t)$ ergibt sich für die Systemmatrix des geschlossenen Kreises

$$A_G = A - b\,k^T = \begin{bmatrix} 0 & 1 \\ -a_0 & -a_1 \end{bmatrix} - \begin{bmatrix} 0 \\ 1 \end{bmatrix}[k_1, k_2] = \begin{bmatrix} 0 & 1 \\ -a_0 - k_1 & -a_1 - k_2 \end{bmatrix},$$

die ebenfalls in der RNF vorliegt. Die Komponenten $k_{i+1} + a_i$ für $i = 0, 1, \ldots, n-1$ stellen damit die Koeffizienten des charakteristischen Polynoms des geschlossenen Regelkreises dar. Lautet das Ist-Polynom

$$\lambda^n + (a_{n-1} + k_n)\lambda^{n-1} + \cdots + (a_1 + k_2)\lambda + a_0 + k_1 = 0 \quad \text{bzw. hier}$$

$$\lambda^2 + (a_1 + k_2)\lambda + a_0 + k_1 = 0$$

und das gewünschte Polynom

$$\lambda^n + a_{n-1}^*\lambda^{n-1} + \cdots + a_1^*\lambda + a_0^* = 0 \quad \text{bzw. hier} \quad \lambda^2 + a_1^*\lambda + a_0^* = 0,$$

so ergeben sich die Elemente des Rückführvektors $\boldsymbol{k}^{\mathrm{T}}$ durch Koeffizientenvergleich zu

$$k_{i+1} = a_i^* - a_i \quad \text{bzw. hier} \quad k_2 = a_1^* - a_1 \;;\; k_1 = a_0^* - a_0 \,.$$ ∎

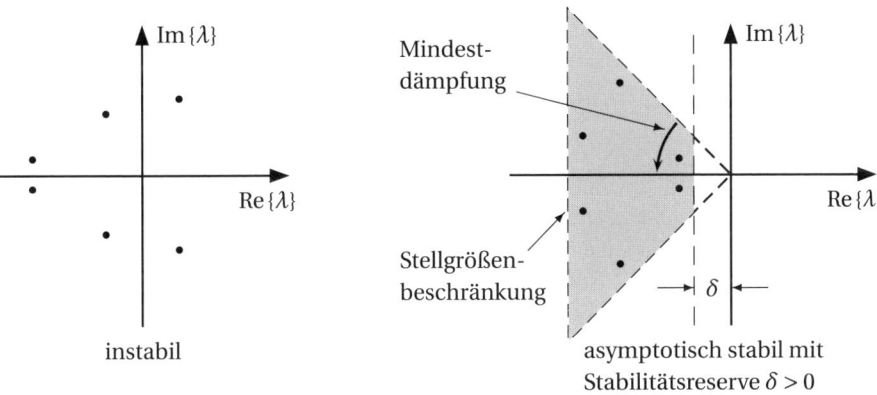

Bild 8.22 Polstellenverteilung ($\boldsymbol{\lambda} = EW(\boldsymbol{A}_{\mathrm{G}})$)

 Ähnlich einfache Entwurfsgleichungen wie bei der Regelungsnormalform erhält man auch bei der modalen Regelung, d. h. für das System in **Modalform** (vgl. Anhang A.3) mit einer diagonalförmigen Systemmatrix.

Die naheliegende Idee des Regelungsentwurfs besteht daher in den folgenden drei Schritten:
1. Transformation des Streckenmodells in den Modalraum oder in die Regelungsnormalform mithilfe einer Ähnlichkeitstransformation und der Matrix $\boldsymbol{T}$

   $$\boldsymbol{x} = \boldsymbol{T}\boldsymbol{z} \quad \text{bzw.} \quad \boldsymbol{z} = \boldsymbol{T}^{-1}\boldsymbol{x}$$

2. Reglerentwurf für den Hilfszustandsvektor $\boldsymbol{z}$ in Modalform oder RNF liefert $\boldsymbol{k}_z$
3. Rücktransformation des Rückführvektors für den Originalzustand gemäß

   $$\boxed{\boldsymbol{k}^{\mathrm{T}} = \boldsymbol{k}_z^{\mathrm{T}} \boldsymbol{T}^{-1}}$$

Noch ungeklärt ist der Entwurf des Vorfilters $\boldsymbol{F}_{\mathrm{R}}$ in Gl. (8.42). Um die Zusammenhänge einfach zu halten, sei angenommen, dass die Dimensionen von $\boldsymbol{y}$ und $\boldsymbol{u}$ gleich sind. Ist zudem die Führungsgrößenänderung im Vergleich zur Systemdynamik nicht allzu schnell, reicht es aus, $\boldsymbol{F}_{\mathrm{R}}$ so einzustellen, dass der statische Gesamtverstärkungsfaktor des Regelkreises für die einzelnen Elemente vom Eingang $\boldsymbol{r}$ auf den Ausgang $\boldsymbol{y}$ eins beträgt.

Es wurde bereits ein Regler $\boldsymbol{K}$ ermittelt und der geschlossene Kreis sei asymptotisch stabil. Im stationären Zustand gilt dann unter Berücksichtigung von Gl. (8.42):

$$\dot{\boldsymbol{x}} = \boldsymbol{0} = (\boldsymbol{A} - \boldsymbol{B}\boldsymbol{K})\,\boldsymbol{x}_\infty + \boldsymbol{B}\boldsymbol{F}_{\mathrm{R}}\boldsymbol{r}_\infty$$

$$\boldsymbol{y}_\infty = \boldsymbol{C}\boldsymbol{x}_\infty + \boldsymbol{D}\boldsymbol{u}_\infty = (\boldsymbol{C} - \boldsymbol{D}\boldsymbol{K})\,\boldsymbol{x}_\infty$$

Mit der Forderung $y_\infty = r_\infty$ erhält man

$$F_R = \left[(C - DK)(BK - A)^{-1} B\right]^{-1}. \tag{8.45}$$

Wie man aus Gl. (8.45) erkennt, hängt das Vorfilter F_R von der Rückführung K ab, so dass dieser Entwurfsschritt vorangeht. Außerdem müssen die beiden Inversen in Gl. (8.45) existieren.

8.3.2 Beobachter und beobachtergestützte Regelung

Zur Realisierung des Reglers nach Gl. (8.42) benötigt man die Kenntnis aller Komponenten des Zustandsvektors $x(t)$. In den meisten praktischen Anwendungen liegen aber nicht alle Zustandsgrößen messtechnisch vor. Dies kann einerseits prinzipielle Ursachen haben, z. B. können bestimmte Zustandsvariablen einer Messung gar nicht zugänglich sein, andererseits kann der Messaufwand für einzelne Zustandsvariablen unvertretbar hoch werden. In diesen Fällen ist der Zustandsvektor aus den verfügbaren Messungen zu rekonstruieren. Das Hilfsmittel dazu ist der so genannte **Beobachter**. Ein solcher lässt sich entwerfen, wenn das System **vollständig beobachtbar** ist (siehe Definition auf Seite 259). Das Ergebnis der Beobachtung ist eine Schätzung $\hat{x}(t)$ des Zustandsvektors. Die Zustandsregelung erfolgt dann mit dem geschätzten Zustandsvektor, wofür sämtliche bekannten Entwurfsverfahren zur Verfügung stehen.

Bei der Realisierung von Zustandsrückführungen mit Beobachtern ist das **Separationsprinzip** von ausschlaggebender Bedeutung. Wie noch gezeigt wird, erlaubt es nämlich den getrennten und rückwirkungsfreien Entwurf von Zustandsrückführung und -beobachtung.

Der Beobachter stellt ein Rechenmodell des physikalischen Systems dar, mit dem Ziel, eine Schätzung $\hat{x}$ des Zustandsvektors x zu erzeugen. Es muss also $\hat{x}$ für $t \to \infty$ asymptotisch gegen x streben. Die Idee des von D.G. LUENBERGER 1964 dazu vorgeschlagenen Beobachters ist in Bild 8.23 dargestellt (der Übersichtlichkeit wegen hier als System ohne Durchgangsanteil). Dabei sind $y(t) \in \mathbb{R}^r$ der Messvektor, $C \in \mathbb{R}^{r \times n}$ die Messmatrix und $L \in \mathbb{R}^{n \times r}$ eine durch den Beobachterentwurf zu bestimmende Matrix. Die Struktur des LUENBERGER-Beobachters zeigt, dass es sich dabei um eine Ausgangsrückführung handelt. Streckenmodell und Beobachter sind parallel geschaltet und erweitert um eine Rückführung der Differenz $y - \hat{y}$. Nach Bild 8.23 hat der Beobachter die Form

$$\dot{\hat{x}}(t) = A\hat{x}(t) + Bu(t) + L\left(y(t) - C\hat{x}(t)\right). \tag{8.46}$$

Wird durch $e(t) = x(t) - \hat{x}(t)$ der Schätzfehler bezeichnet, ermittelt man durch Differenzbildung von Beobachter- und Streckenmodell

$$\dot{e}(t) = \dot{x}(t) - \dot{\hat{x}}(t) = Ax(t) + Bu(t) - A\hat{x}(t) - Bu(t) - LC(x(t) - \hat{x}(t))$$

bzw. $\dot{e}(t) = (A - LC)\,e(t). \tag{8.47}$

Eine asymptotisch stabile Schätzung erhält man folglich, wenn alle Eigenwerte der Matrix $A - LC$ einen negativen Realteil besitzen. Daraus ist ein Polzuweisungsverfahren für die Matrix L ableitbar. Für $e \to 0$ folgt $\hat{x} \to x$.
Die Rückführung wird unter Verwendung des Schätzvektors ausgeführt,

$$u(t) = -K\hat{x}(t) + F_R r(t). \tag{8.48}$$

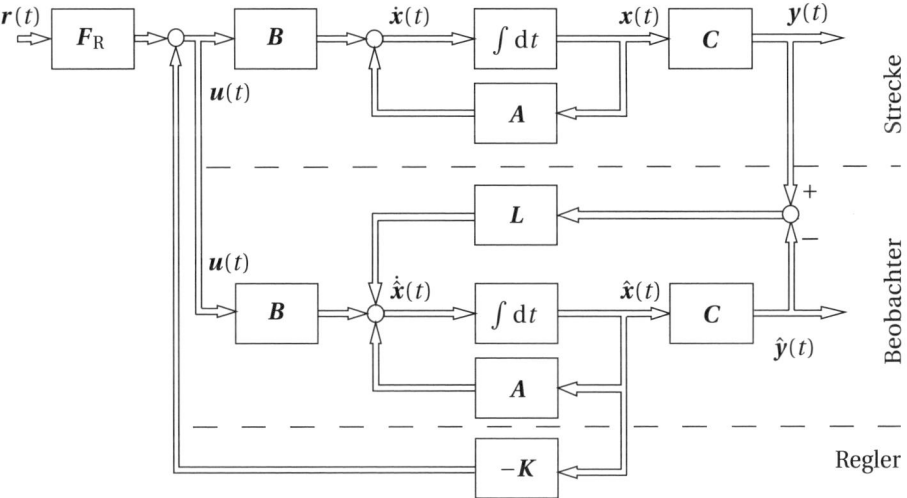

Bild 8.23 Regelung mit Zustandsbeobachter (LUENBERGER-Beobachter)

Beobachter- und Fehlergleichung lassen sich zusammenfassen,

$$\begin{bmatrix} \dot{\hat{x}} \\ \dot{e} \end{bmatrix} = \begin{bmatrix} A - BK & LC \\ 0 & A - LC \end{bmatrix} \begin{bmatrix} \hat{x} \\ e \end{bmatrix}. \tag{8.49}$$

Da die Systemmatrix in Gl. (8.49) eine Blockdreiecksgestalt besitzt, gilt für die Eigenwertbe-rechnung (charakteristische Gleichung)

$$\det \begin{bmatrix} \lambda I - A + BK & -LC \\ 0 & \lambda I - A + LC \end{bmatrix}$$

$$= \det[\lambda I - A + BK] \cdot \det[\lambda I - A + LC] = 0.$$

 Diese als **Separationsprinzip** bekannte Eigenschaft besagt, dass die Beobachterpole unabhängig von den Regelungspolen wählbar sind,

$$\det[\lambda I - A + BK] = 0, \qquad \det[\lambda I - A + LC] = 0. \tag{8.50}$$

Mit diesen Ergebnissen lassen sich alle aufgeführten Verfahren zum Entwurf von Zustands-rückführungen auf das vorliegende Problem des Beobachterentwurfs übertragen.
Insbesondere gilt:

- Die Eigenwerte von $A - LC$ können genau dann durch eine geeignete Wahl von L beliebig verschoben werden, wenn das System (A, C) vollständig beobachtbar ist. Man kann zeigen, dass dann das System (A^T, C^T) vollständig steuerbar ist.
- Damit die Beobachtungsfehler möglichst rasch abklingen, sollten die Eigenwerte von $A - LC$ eine größere Stabilitätsreserve besitzen als die Eigenwerte von $A - BK$. Dann klingen die Eigenvorgänge des Beobachters schneller ab als die des Regelkreises. Als Daumenwert sollte nach [Lun14b] der Betrag der Realteile der Eigenwerte des Beobachters ca. 2 – 6 mal so groß

sein wie der Betrag der dominanten Eigenwerte des geschlossenen Kreises. Zu beachten ist, dass mit 'großem' L auch eine Verstärkung des Messrauschens einhergeht.

Verbindung zum KALMAN-Filter

Eine Alternative zum LUENBERGER-Beobachter ist das in Abschnitt 4.2.3 eingeführte KALMAN-Filter. Im Gegensatz zum LUENBERGER-Beobachter, der eine gewünschte Dynamik (Eigenwertvorgabe) für den Beobachterfehler ermöglicht, findet beim KALMAN-Filter die explizite Berücksichtigung von Rauschprozessen statt. Die zeitkontinuierliche und meist als KALMAN-BUCY-Filter bezeichnete Variante ist in der Mechatronik eher selten zu finden. In der Praxis kommt vorzugsweise eine rechnergestützte, d. h. zeitdiskrete Version zum Einsatz.

Bild 8.24 zeigt das KALMAN-Filter als Beobachter für eine zeitdiskrete Zustandsregelung. Hierbei steht L^* für die KALMAN-Gain aus Abschnitt 4.2.3. Das KALMAN-Filter umfasst zwei Schrit-

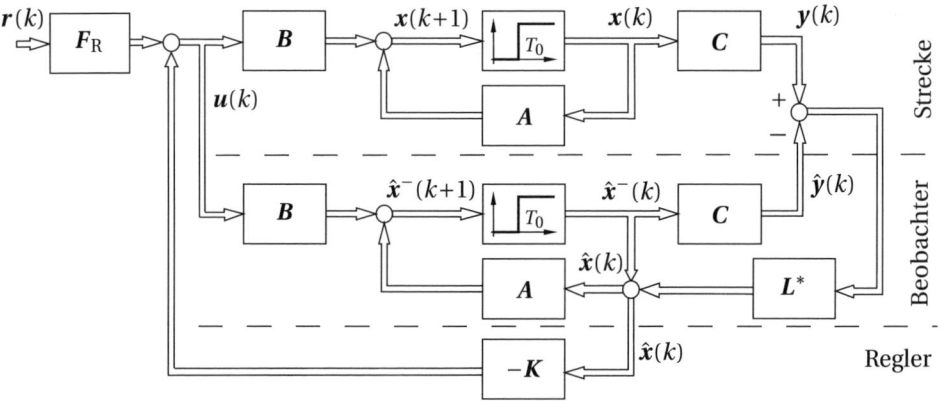

Bild 8.24 Zeitdiskrete Regelung mit Zustandsbeobachter (KALMAN-Filter Struktur)

te: Die **Prädiktion** und die **Korrektur**. Die Prädiktion verwendet die Systemgleichung

$$\hat{x}^-(k+1) = A\hat{x}(k) + B\,u(k) \tag{8.51}$$

und die Korrektur nutzt die aktuelle Messung

$$\hat{x}(k) = \hat{x}^-(k) + L^*\left(y(k) - \hat{y}(k)\right). \tag{8.52}$$

Im Vergleich zum LUENBERGER-Beobachter weist diese Variante auch einen strukturellen Vorteil auf, da der aktuelle Messvektor $y(k)$ unmittelbar auch im Schätzvektor $\hat{x}(k)$ Berücksichtigung findet. Die zeitdiskrete LUENBERGER-Beobachterstruktur führt die Ausgangsgrößendifferenz auf den Zustandsvektor **vor** dem Verschiebeoperator zurück, so wie in der kontinuierlichen Variante in Bild 8.23 die Rückführung auf den Integratoreingang geht. Damit wirken die aktuellen Messgrößen einen Abtastschritt T_0 verspätet auf den Schätzvektor $\hat{x}(k)$.

Man kann allerdings auch den über den LUENBERGER-Ansatz ermittelten Rückführvektor L nutzen, um eine KALMAN-ähnliche Struktur gemäß Bild 8.24 zu implementieren. Führt nämlich die Beobachterrückführung L zu den Eigenwerten $\lambda_1, \lambda_2, \ldots, \lambda_n$ für die Beobachterfehlerdynamik $e(k+1) = (A - LC)e(k)$ mit $e(k) = x(k) - \hat{x}(k)$, d. h. sind die λ_i die Lösung der charakteristischen Gleichung (vgl. auch Gl. (8.50)) $\det[\lambda I - A + LC] = 0$, so führt die Wahl

$$\boxed{L^* = A^{-1} L} \tag{8.53}$$

für die Beobachterrückführung nach Bild 8.24 zu den gleichen Eigenwerten der Fehlerdynamik, sofern die Systemmatrix A regulär ist. Den Beweis zeigt Beispiel 8.7.

Beispiel 8.7 Zeitdiskreter LUENBERGER-Beobachter in KALMAN-Filter Struktur

Zunächst ist die Fehlerdynamik von $e(k) = x(k) - \hat{x}(k)$ zu bestimmen. Aus Bild 8.24 folgt

$$\hat{x}(k) = \hat{x}^-(k) + L^* C \left(x(k) - \hat{x}^-(k)\right) = L^* C x(k) + \left(I - L^* C\right) \hat{x}^-(k). \tag{8.54}$$

Mit dem Fehlervektor $e^*(k) = x(k) - \hat{x}^-(k)$ ergibt sich somit

$$e(k+1) = x(k+1) - \hat{x}(k+1) \tag{8.55}$$
$$= \left(I - L^* C\right)(x(k+1) - \hat{x}^-(k+1)) = \left(I - L^* C\right) e^*(k+1)$$

und es gilt auch $\quad e(k) = \left(I - L^* C\right) e^*(k).$ $\tag{8.56}$

Für den Fehlervektor $e^*(k+1)$ gilt gemäß Bild 8.24

$$e^*(k+1) = x(k+1) - \hat{x}^-(k+1) \tag{8.57}$$
$$= A x(k) - A \left(L^* C x(k) + \left(I - L^* C\right) \hat{x}^-(k)\right) = A \left(I - L^* C\right) e^*(k).$$

Mit Gl. (8.56) folgt $e^*(k+1) = A e(k)$ und mit Gl. (8.55) schließlich für die Fehlerdynamik der Schätzung

$$e(k+1) = \left(I - L^* C\right) A e(k). \tag{8.58}$$

In Gl. (8.58) ersetzt man nun L^* durch die Forderung nach Gl. (8.53), d. h. $A^{-1} L$:

$$e(k+1) = \left(I - A^{-1} L C\right) A e(k) = A^{-1} \left(A - L C\right) A e(k). \tag{8.59}$$

Da der letzte Ausdruck unter der Voraussetzung einer regulären Systemmatrix A eine Ähnlichkeitstransformation der Matrix $(A - LC)$ darstellt, die ja gerade die Fehlerdynamik des LUENBERGER-Beobachters charakterisiert, gilt obige Aussage. Damit ist man nun einen Zeitschritt T_0 eher dran! ∎

Für den Beobachterentwurf existieren also zwei unterschiedliche Herangehensweisen. Beim LUENBERGER-Beobachter erfolgt die Dynamikvorgabe per Polvorgabe – der Entwurf ist das Pendant („duale Problem") zum Zustandsreglerentwurf per Polvorgabe. Beim KALMAN-Filter gibt man die Rauschterme vor. Die Rückführung ist dann die Lösung einer Optimierungsaufgabe – das Pendant hier ist der nachfolgend beschriebene LQ-Regler. Über den in Beispiel 8.7 gezeigten Zusammenhang kann man den zeitdiskreten LUENBERGER-Beobachter einen Zeitschritt beschleunigen.

Störgrößenbeobachter

Das Einsatzgebiet von Beobachtern ist vielfältig. Es reicht von Zustandsschätzung (vgl. Beispiel 4.14 und Beispiel 9.6 auf der Homepage zum Buch) über Filterung bis hin zur Parameteridentifikation (vgl. Beispiel 4.15 und die Beispiele 9.1und 9.3 auf der Buch-Homepage). Eine weitere Anwendung ist die Rekonstruktion von Störgrößen, sofern diese beobachtbar sind. Die Vorgehensweise sei vereinfacht an einem Beispiel erläutert.

Beispiel 8.8 Störgrößenbeobachter für elektromechanisches Antriebssystem

Das elektromechanische System einer Achsregelung wurde in Abschnitt 2.2.1 eingeführt und die Geschwindigkeits- und Lageregelung mithilfe einer Kaskadenregelung in Beispiel 8.5 behandelt. Das Lastmoment wurde dort als Störgröße des Systems aufgefasst; hier folgt nun der Versuch einer expliziten Berücksichtigung.

Das vorliegende Beispiel behandelt die Lageregelung für φ mithilfe eines Beobachtergestützten Zustandsreglers.

Lösung:

Aus Gl. (8.41) leitet sich das folgende Zustandsraummodell ab

$$\frac{\mathrm{d}}{\mathrm{d}t}\begin{bmatrix}\varphi\\\dot\varphi\end{bmatrix}=\begin{bmatrix}0 & 1\\0 & -\dfrac{d}{J}\end{bmatrix}\begin{bmatrix}\varphi\\\dot\varphi\end{bmatrix}+\begin{bmatrix}0\\\dfrac{1}{J}\end{bmatrix}(\tau(t)-\tau_{\mathrm{L}}(t))\,. \tag{8.60}$$

Hierbei steht $\tau_{\mathrm{L}}(t)$ für das Lastmoment und $\tau(t)=k_\varphi\,i(t)$ für das über den Strom $i(t)$ erzeugte Motordrehmoment. Ferner stehen J für das Massenträgheitsmoment vom Anker/Getriebe, k_φ ist die Motorkonstante und d steht für die Dämpfungskonstante ($\hat{=}$ viskose Reibung). Unter Vernachlässigung der schnellen elektrischen Zeitkonstante (vgl. Beispiel 7.10, Seite 285) können wir Gl. (8.40) vereinfachen zu

$$i=\frac{u-u_i}{R}=\frac{u-k_{\mathrm{g}}\dot\varphi}{R}\,. \tag{8.61}$$

Hierbei steht $u(t)$ für die von außen anliegende Spannung (die Stellgröße), $u_i(t)$ für die induzierte Spannung, k_{g} für die Gegeninduktivitätskonstante und R für den Ankerwiderstand. Die zweite Zeile in Gl. (8.60) nimmt mit Gl. (8.61) folgende Form an:

$$\ddot\varphi(t)=-\underbrace{\left(\frac{d}{J}+\frac{k_\varphi k_{\mathrm{g}}}{JR}\right)}_{d_{\mathrm{eff}}}\dot\varphi(t)-\frac{1}{J}\tau_{\mathrm{L}}(t)+\underbrace{\frac{k_\varphi}{JR}}_{k_{\mathrm{eff}}}u(t)\,.$$

Unter der Annahme, dass sich das unbekannte Lastmoment $\tau_{\mathrm{L}}(t)$ nur sehr langsam ändert, kann man dieses als weiteren Zustand wie folgt einführen: $\dot\tau_{\mathrm{L}}(t)=0$. Insgesamt lautet damit das neue Zustandsraummodell mit der Messgröße $\varphi(t)$

$$\underbrace{\begin{bmatrix}\dot\varphi\\\ddot\varphi\\\dot\tau_{\mathrm{L}}\end{bmatrix}}_{\dot{\boldsymbol{x}}}=\underbrace{\begin{bmatrix}0 & 1 & 0\\0 & -d_{\mathrm{eff}} & -1/J\\0 & 0 & 0\end{bmatrix}}_{\boldsymbol{A}}\underbrace{\begin{bmatrix}\varphi\\\dot\varphi\\\tau_{\mathrm{L}}\end{bmatrix}}_{\boldsymbol{x}}+\underbrace{\begin{bmatrix}0\\k_{\mathrm{eff}}\\0\end{bmatrix}}_{\boldsymbol{b}}u(t)\quad;\quad y=\underbrace{\begin{bmatrix}1, & 0, & 0\end{bmatrix}}_{\boldsymbol{c}^{\mathrm{T}}}\boldsymbol{x}\,. \tag{8.62}$$

Für Gl. (8.62) entwirft man nun den Beobachter. Gelingt dies, kann man mit der Schätzung des Lastmoments $\hat{\tau}_L(t)$ über die Vorschrift

$$u(t) = u^*(t) + \frac{1}{J\,k_{\text{eff}}}\,\hat{\tau}_L(t) \tag{8.63}$$

den Einfluss des Lastmoments kompensieren, denn setzt man den Zusammenhang in Zeile 2 in Gl. (8.62) ein, erhält man für $\hat{\tau}_L = \tau_L$

$$\ddot{\varphi} = -d_{\text{eff}}\,\dot{\varphi} - \frac{1}{J}\tau_L + k_{\text{eff}}\left(u^*(t) + \frac{1}{J\,k_{\text{eff}}}\hat{\tau}_L\right) = -d_{\text{eff}}\,\dot{\varphi} + k_{\text{eff}}\,u^*(t).$$

Hierbei bezeichnet $u^*(t)$ die für das ideale (ungestörte) System berechnete Stellgröße. Bleibt noch zu prüfen, ob das Lastmoment beobachtbar ist. Aus Gl. (8.62) ergibt sich für die Beobachtbarkeitsmatrix

$$\boldsymbol{Q}_B = \begin{bmatrix} \boldsymbol{c}^T \\ \boldsymbol{c}^T \boldsymbol{A} \\ \boldsymbol{c}^T \boldsymbol{A}^2 \end{bmatrix} = \begin{bmatrix} 1 & 0 & 0 \\ 0 & 1 & 0 \\ 0 & -d_{\text{eff}} & -1/J \end{bmatrix} \quad ; \quad \det(\boldsymbol{Q}_B) = -\frac{1}{J} \neq 0.$$

Da $\boldsymbol{Q}_B$ den vollen Rang $n = 3$ besitzt, ist das System beobachtbar.

In einer Simulation wird das Lastmoment als Folge der COULOMB'schen Reibung (vgl. Beispiel 6.8) mit dem Koeffizienten b_R wie folgt modelliert

$$M_L(t) = b_R\,\text{sgn}(\dot{\varphi}) = b_R\,\frac{\dot{\varphi}}{|\dot{\varphi}|}.$$

Für die Parameter $d_{\text{eff}} = 7{,}63$, $k_{\text{eff}} = 124{,}25$, $b_R = 0{,}1$, $J = 2{,}7 \cdot 10^{-4}$ (hier dimensionslos) zeigt Bild 8.25 das Regelverhalten in einem Reversierbetrieb des Antriebssystems ($\pm 20\,\text{rad}$), einmal mit und einmal ohne Verwendung des Störgrößenbeobachters.

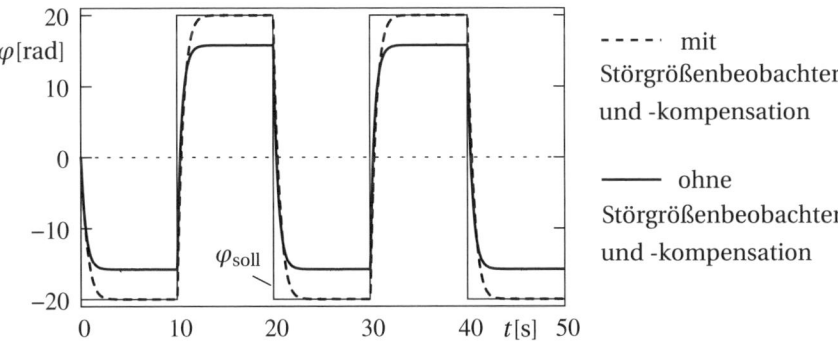

Bild 8.25 Regelung mit/ohne Störgrößenbeobachtung und -kompensation

Die Schätzung des Lastmoments mit Störgrößenkompensation ermöglicht hier stationäre Genauigkeit. Ähnliches ließe sich hier z.B. auch mit der Einführung eines sog. PI-Zustandsreglers bewerkstelligen (siehe z.B. [Lun14b]). ∎

■ 8.4 Optimale und robuste Regelung

Beim Reglerentwurf sind meist mehrere, sich teils widersprechende Anforderungen zu erfüllen. Einerseits besteht die Forderung nach einem günstigen Systemverhalten (Dynamik,

Schnelligkeit, Dämpfung) und andererseits nach einem geringen Stellaufwand. Auch ist es wünschenswert, dass diese Eigenschaften nicht nur für die nominellen Systemparameter erfüllt sind, sondern auch Unsicherheiten tolerieren. Abschnitt 8.1 hat sich mit der Formulierung von Entwurfszielen beschäftigt – nun werden entsprechende Verfahren vorgestellt. Diese sind die optimale Regelung in Abschnitt 8.4.1 und die robuste Regelung in Abschnitt 8.4.2.

8.4.1 Optimale Regelung mit quadratischem Gütemaß

Erfolgt der Entwurf als Lösung eines Optimierungsproblems, d. h. liegt ein Kriterium vor, mit dem man die 'Qualität' unterschiedlicher Regelungen bewerten und vergleichen kann, so spricht man auch von einer **optimalen Regelung**.

Weit verbreitet sind Integralkriterien, die einen geeigneten Kompromiss zwischen stationärer Genauigkeit sowie Verlaufs- und Verbrauchsoptimalität im betrachteten Zeitintervall [0, t_e] liefern.

Die Lösung folgt aus einem allgemeinen Optimierungsproblem (Problem von BOLZA), die z. B. mithilfe der Variationsrechnung gelingt (Details etwa in [Ste94]).

Hier wird lediglich der Spezialfall eines quadratischen Gütemaßes für ein lineares System betrachtet. Dabei entsteht allerdings ein **zeitvarianter** Regler. Ohne signifikante Qualitätseinbußen benutzt man in der Praxis dessen stationäre Lösung, die als RICCATI-Regler bekannt ist. Sowohl die kontinuierliche, als auch die zeitdiskrete Variante werden im Folgenden diskutiert. Wenn die Zustände nicht messbar sind, ist eine Beobachtung erforderlich (vgl. Abschnitte 4.2.3 und 8.3.2). Das duale (Beobachtungs)-Problem zum RICCATI-Reglerentwurf ist das in Abschnitt 4.2.3 behandelte KALMAN-Filter bzw. dessen Entwurf. Beide Problemstellungen, nämlich die Auslegung eines Reglers und/oder eines Filters durch Minimierung eines quadratischen Gütekriteriums wurden erstmals durch R.E. KALMAN 1960 formuliert und gelöst [Kal61].

Der RICCATI-Regler

Für das lineare System in Zustandsraumdarstellung (Zustandsvektor: $\boldsymbol{x} = [x_1, \ldots, x_n]^\mathrm{T} \in \mathbb{R}^n$, Eingangs- bzw. Stellgrößenvektor: $\boldsymbol{u} = [u_1, u_2, \ldots, u_m]^\mathrm{T} \in \mathbb{R}^m$)

$$\dot{\boldsymbol{x}}(t) = \boldsymbol{A}\boldsymbol{x}(t) + \boldsymbol{B}\boldsymbol{u}(t) \qquad \boldsymbol{x}(t_0) = \boldsymbol{x}_0 \tag{8.64}$$

$$\boldsymbol{y}(t) = \boldsymbol{C}\boldsymbol{x}(t) \tag{8.65}$$

ist das Regelungsgesetz $\boldsymbol{u}^*(t) = \boldsymbol{u}(\boldsymbol{x}, t)$ gesucht, das das quadratische Gütemaß (Funktional)

$$J = \frac{1}{2}\boldsymbol{x}^\mathrm{T}(t_e)\boldsymbol{S}_e\boldsymbol{x}(t_e) + \frac{1}{2}\int_0^{t_e} \boldsymbol{x}^\mathrm{T}(t)\boldsymbol{Q}(t)\boldsymbol{x}(t) + \boldsymbol{u}^\mathrm{T}(t)\boldsymbol{R}(t)\boldsymbol{u}(t)\,\mathrm{d}t \tag{8.66}$$

minimiert. Im Gütekriterium werden hier die Zustandsgrößen durch die symmetrischen, positiv semidefiniten (Definition auf Seite 409) Gewichtungsmatrizen $\boldsymbol{Q} = \boldsymbol{Q}^\mathrm{T} \geq 0$ und $\boldsymbol{S}_e = \boldsymbol{S}_e^\mathrm{T} \geq 0$ sowie die Stellgrößen durch die symmetrische, positiv definite Bewertungsmatrix $\boldsymbol{R} = \boldsymbol{R}^\mathrm{T} > 0$ gewichtet. Durch den ersten Summanden wird der Zustandsvektor zum vorgegebenen Endzeitpunkt t_e bewertet (mit dem Ziel: $\boldsymbol{x}(t_e) \rightarrow \boldsymbol{0}$), durch das Integral erfolgt eine Wichtung von Zustands- und Stellgrößen im gesamten Zeitintervall [0, t_e] und berücksichtigt damit die Forderungen nach **Verlaufs-** und **Verbrauchsoptimalität**. Letztere ist bei mechatronischen Systemen häufig von Bedeutung, z. B. bei batteriebetriebenen Systemen oder zur Verringerung des

Verschleißes. Die Gewichtungsmatrizen sind meist als konstant angenommen. Prinzipiell dürfen diese aber zeitvariant sein, genauso wie die Systemmatrix $A \in \mathbb{R}^{n \times n}$ und die Eingangsmatrix $B \in \mathbb{R}^{n \times m}$. Für die Lösbarkeit der Optimierungsaufgabe gelten folgende Voraussetzungen:

1. Das Matrizenpaar (A, B) sollte vollständig steuerbar sein (mindestens die instabile Eigendynamik des Systems **muss** steuerbar sein).
2. Das Matrizenpaar $(A, \bar{Q})$ muss beobachtbar sein, wobei sich $\bar{Q}$ aus einer Zerlegung der Gewichtungsmatrix Q nach $Q = \bar{Q}^T \bar{Q}$ ergibt. Mit dieser Forderung stellt man sicher, dass das Gütekriterium die Bewertung **aller** Zustände direkt oder indirekt beinhaltet. Wählt man Q als eine positiv definite Matrix, dann ist die Forderung automatisch erfüllt.

Ohne auf die Herleitung des LQ-Reglers (LQR) im Detail einzugehen, seien hier nur die wesentlichen Punkte des Reglerentwurfes angeführt (LQR steht eigentlich für **L**inear **Q**uadratic **R**egulator). Für den optionalen Entwurf eines Vorfilters F_R kann man Gl. (8.45) unmittelbar übernehmen – daher findet dieses hier keine weitere Erwähnung.

Der optimale Regler ist ein linearer Zustandsregler, der jedoch **zeitvariant** ist (auch für zeitinvariante Systeme!). Er berechnet sich nach

$$u = -R^{-1}B^T P(t) x(t) = -K x(t),$$

wobei die Matrix $P \in \mathbb{R}^{n \times n}$ aus der (**nichtlinearen**) Matrix-RICCATI-Differentialgleichung folgt

$$\boxed{\dot{P} = P B R^{-1} B^T P - P A - A^T P - Q \quad , \quad P(t_e) = S_e}. \tag{8.67}$$

- Die Lösung ist bei dem vorliegenden Problem nicht nur notwendig, sondern auch hinreichend für ein Optimum von Gl. (8.66).
- Die Matrix P ist symmetrisch, d. h. bei der numerischen Berechnung sind von den n^2 Elementen tatsächlich nur $n(n+1)/2$ zu berechnen.
- Auf den ersten Blick bemerkenswert ist die Tatsache, dass ein linearer Zustandsregler entsteht (, obwohl dies keine explizite Vorgabe bei der Herleitung ist). In diesem Sinne ist der Zustandsregler „optimal", denn der Zustandsvektor beschreibt das System **vollständig**.

Stationärer RICCATI-Regler

Die Auswertung von Gl. (8.67) ist meist nur numerisch möglich und birgt zusätzlich den Nachteil, eine zeitvariante Rückführung zu erzeugen (selbst bei zeitinvarianten Systemen). Man müsste dann die Lösung zur Laufzeit berechnen oder vorab in einer Tabelle ablegen oder den optimalen Verlauf etwa mithilfe von Polynomen approximieren und diese zur Laufzeit auswerten. Diese Lösungen bedeuten einen hohen Rechen- bzw. Speicheraufwand, der häufig kaum einen Vorteil zum nachfolgend beschriebenen Ansatz liefert.

Es liegt daher der Gedanke nahe, den Ansatz $t_e \to \infty$ zu wählen, der somit auf eine stationäre (zeitinvariante) Lösung führt. Diesen Ansatz bezeichnet man als den stationären RICCATI-Reglerentwurf. Mit dem Ansatz $t_e \to \infty$ geht gleichzeitig $S_e = 0$ einher, da der Endzeitpunkt t_e tatsächlich ja nicht erreicht wird und somit keine Bewertung des Endzustandes erfolgt. Die Matrix-RICCATI-Differentialgleichung geht für $\dot{P}(t) = 0$ in die algebraische Matrix-RICCATI-Gleichung über

$$\boxed{P B R^{-1} B^T P - P A - A^T P - Q = 0}. \tag{8.68}$$

Für die Berechnung sind viele Verfahren bekannt, z. B. (numerische) Integration der Matrix-RICCATI-Differentialgleichung bis zum stationären Zustand (z. B. RUNGE-KUTTA) oder iterative Verfahren (z. B. die KLEINMAN-Iteration, basierend auf der so genannten LJAPUNOV-Gleichung). Bei Rechnerprogrammen kommt häufig ein direktes Verfahren zum Einsatz, das sich durch Diagonalisierung der sog. HAMILTON-Matrix ergibt. Es führt auf Eigenwert- und Eigenvektorberechnungen, für die ausgefeilte Algorithmen zur Verfügung stehen. Weiterführende Information sind etwa in [Ste94, AM89] zu finden.

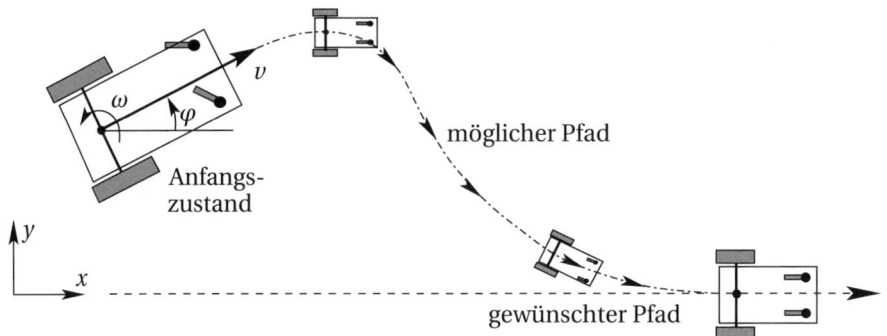

Bild 8.26 Bahnregelung für eine mobile Plattform mit Differentialantrieb

Beispiel 8.9 Optimale Regelung eines Fahrzeug mit Differentialantrieb

Es wird die in Bild 8.26 gezeigte mobile Plattform betrachtet, die auf einer geraden Bahn geregelt werden soll. In der gezeigten Situation befindet sich der gewünschte Pfad auf der x-Achse und demzufolge sind der laterale Versatz $y(t)$ sowie die Orientierung $\varphi(t)$ zu regeln. Mithilfe einer Koordinatentransformation könnte man aber jede andere gerade Bahn in der Ebene vorgeben. Außerdem wird nachfolgend deutlich, dass man unverändert auch zur x-Achse parallele Bahnen behandeln kann.

Als Stellgrößen dienen die Geschwindigkeit $v(t)$ und die Drehrate $\omega(t)$, die sich beim Differentialantrieb eindeutig aus den an den beiden Rädern applizierten Geschwindigkeiten bestimmen lassen (Bewegungen quer zur Plattform sowie Räderschlupf bleiben hier unberücksichtigt). Die Systembeschreibung ist nichtlinear und lautet

$$\dot{x} = v(t)\cos(\varphi(t)),$$

$$\dot{y} = v(t)\sin(\varphi(t)),$$

$$\dot{\varphi} = \omega(t).$$

Die Linearisierung (vgl. Abschnitt 7.2.2) im Arbeitspunkt $y_0 = 0, \varphi_0 = 0$ und den Geschwindigkeiten $v(t) = v_0$ und $\omega_0 = 0$ ergibt die (relevante) Systembeschreibung

$$\dot{x} = \begin{bmatrix} \dot{y} \\ \dot{\varphi} \end{bmatrix} = \begin{bmatrix} 0 & v_0 \\ 0 & 0 \end{bmatrix} \begin{bmatrix} y \\ \varphi \end{bmatrix} + \begin{bmatrix} 0 \\ 1 \end{bmatrix} \omega.$$

Die Stellgröße ist nun die Drehrate ω. (Da wir um $x_0 = 0$ linearisieren, ist der Verzicht auf das Δ-Symbol gefahrlos möglich.) Es kommt folgendes Gütekriterium zum Einsatz:

$$J = \frac{1}{2} \int_0^\infty x^{\mathrm{T}} \begin{bmatrix} q_1 & 0 \\ 0 & q_2 \end{bmatrix} x + r\omega^2(t)\mathrm{d}t = \frac{1}{2} \int_0^\infty q_1 y^2(t) + q_2\varphi^2(t) + r\omega^2 \mathrm{d}t$$

Der Parameter q_1 dient der Optimierung des lateralen Versatzes y vom gewünschten Pfad, q_2 der Orientierung φ und r der Berücksichtigung des Energieverbrauchs.

Bei der Wahl $r = 1$ dienen die Entwurfsparameter q_1 und q_2 der Kompromissfindung zwischen lateralem Versatz und Orientierungsfehler. Die Zielorientierung soll $\varphi_{\text{soll}} = 0$ und die Zielposition $y_{\text{soll}} = 0,2\,\text{m}$ betragen. Da beim Zustandsregler kein expliziter Soll-/Ist-Vergleich stattfindet, wird anstatt y die Differenz zwischen Ist und Soll zurückgeführt. Bild 8.27 zeigt das Resultat für unterschiedliche $q_1 - q_2$-Konstellationen mit den Anfangswerten $y(0) = 0,4\,\text{m}$ und $\varphi(0) = 0,4\,\text{rad}$.

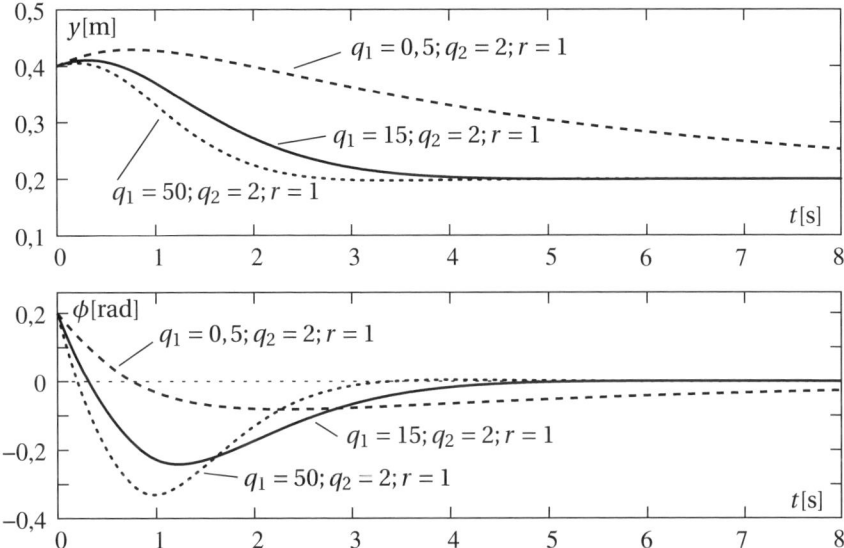

Bild 8.27 Vergleich des Regelverhaltens für unterschiedliche $q_1 - q_2$-Konstellationen

Wie zu erkennen, lässt sich das Verhalten bzgl. der einen Zustandsgröße nur auf Kosten der anderen optimieren. Für relativ große q_1 im Vergleich zu q_2 überwiegt die Forderung nach einem kleinen Lateralversatz; entsprechend wird dieser schnell verkleinert bei relativ großen Orientierungsbewegungen. Für große q_2 im Vergleich zu q_1 versucht die Regelung den Orientierungsfehler möglichst schnell auszuregeln. ∎

 Vergleich mit Verfahren nach Polvorgabe: Der RICCATI-Regler erlaubt keine beliebigen Polkonfigurationen. Tatsächlich ist dies aber kein Nachteil, denn die Vorgabe einer willkürlichen und nicht zur Aufgabenstellung passenden Polkonfiguration ist meist wenig zweckdienlich. Der RICCATI-Regler berücksichtigt im Entwurf die tatsächlichen Systemeigenschaften. Des Weiteren findet der Verbrauch (Stellgrößen) Beachtung. Weitere und ganz wesentliche Vorteile sind garantierte Robustheitseigenschaften, die nachfolgend beschrieben sind.

Robustheitseigenschaften des RICCATI-Regelkreises

Bild 8.28 zeigt den RICCATI-Regelkreis in Form eines Standardregelkreises, für den man die Übertragungsfunktion/Übertragungsfunktionsmatrix des offenen Kreises

$$G_0(s) = \mathbf{k}^{\mathrm{T}}(s\mathbf{I} - \mathbf{A})^{-1}\mathbf{b} \quad ; \quad \mathbf{G}_0(s) = \mathbf{K}(s\mathbf{I} - \mathbf{A})^{-1}\mathbf{B} \tag{8.69}$$

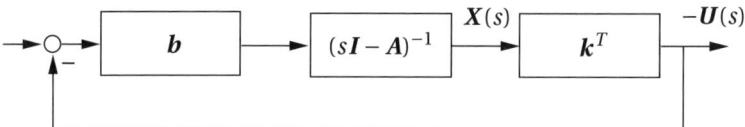

Bild 8.28 Blockschaltbild des RICCATI-Regelkreises als einfacher, negativ rückgeführter Standardregelkreis (hier als SISO-System).

bestimmt. Erfolgt ein RICCATI-Entwurf für die Rückführverstärkung, so gilt die so genannte KALMAN-Ungleichung

$$\left|\det\left[I + G_0(j\omega)\right]\right| \geq 1 \,, \text{bzw. für ein SISO-System } \left|1 + G_0(j\omega)\right| \geq 1 \,.$$ (8.70)

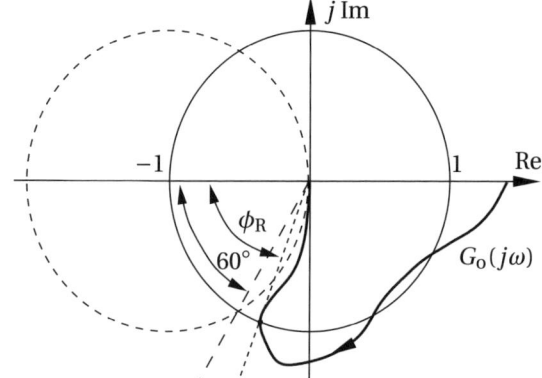

Bild 8.29
Vereinfachtes NYQUIST-Kriterium
für das System mit RICCATI-Regler

 Veranschaulicht anhand des SISO-Systems bedeutet dies, dass die Ortskurve des offenen Kreises $G_0(j\omega)$ stets außerhalb eines Kreises ist, dessen Mittelpunkt auf der reellen Achse bei -1 liegt und den Radius 1 besitzt. Bild 8.29 illustriert diesen Sachverhalt, aus dem man wichtige Robustheitseigenschaften ableiten kann:

1. Die **Phasenreserve** ϕ_R des Regelkreises beträgt stets **mindestens** 60°. Damit toleriert der nominelle Regelkreis einen puren Phasenverzögerer mit bis zu -60° Phasenabsenkung, ohne instabil zu werden!

2. Die **Amplitudenreserve** beträgt nach oben ∞ und nach unten zumindest 50 %, oder etwas anschaulicher formuliert: Wenn man den Rückführvektor k^T ermittelt hat, dann würde auch die Rückführung αk^T mit $0,5 < \alpha < \infty$ den Regelkreis stabilisieren.

3. Aus der KALMAN-Ungleichung (8.70) lässt sich weiterhin folgern, dass für die Empfindlichkeitsfunktion $S(j\omega)$ folgende Ungleichung gilt

$$\left|S(j\omega)\right| = \frac{1}{\left|1 + G_0(j\omega)\right|} < 1 \,.$$ (8.71)

Die Empfindlichkeitsfunktion beschreibt das Übertragungsverhalten von Eingangsstörungen auf den Ausgang bzw. die Empfindlichkeit bzgl. Modellierungsunsicherheiten

(Erläuterung ab Seite 329). Demzufolge hat der geschlossene Regelkreis hier die Eigenschaft, über den **gesamten** Frequenzbereich eine Unterdrückung von Eingangsstörungen zu erreichen (Betrag von $S(j\omega)$ stets kleiner eins). Diese Aussage scheint dem Gleichgewichts-Theorem (Seite 330) zu widersprechen – allerdings hat der mit dem Optimalregler geschlossene Regelkreis stets nur einen Polüberschuss von eins, so dass die Forderungen an das Gleichgewichts-Theorem nicht zutreffen.

4. Eine weitere Eigenschaft, die sich aus der KALMAN-Ungleichung (8.70) ableiten lässt, betrifft die komplementäre Empfindlichkeitsfunktion $T(j\omega)$, die z. B. das Übertragungsverhalten von Messrauschen auf den Ausgang charakterisiert. Für den Betrag von $T(j\omega)$ ermittelt man

$$\left| T(j\omega) \right| = \left| \frac{G_o(j\omega)}{1 + G_o(j\omega)} \right| \le 2.$$

Die Stabilität bei multiplikativer Modellunsicherheit $\triangle G_M(j\omega)$ gemäß Bild 8.9 rechts bleibt erhalten, solange die Ungleichung (8.29), d. h.

$$\left| \triangle G_M(j\omega) \right| < \frac{1}{\left| T(j\omega) \right|}$$

erfüllt ist. Der Regelkreis ist damit robust gegen eine multiplikative Unsicherheit mit einem Faktor von 50 %.

 Die genannten Robustheitseigenschaften gehen teilweise verloren, wenn der Entwurf zeitdiskret erfolgt oder der Zustand nicht messbar ist und zunächst zu rekonstruieren bzw. zu beobachten ist.

Zur Wahl der Gewichtungsmatrizen: Verglichen mit der Polvorgabe sieht die Wahl von geeigneten Gewichtungsmatrizen zunächst nach einer Problemverlagerung aus: Anstatt der Vorgabe der Pole (Eigendynamik) ist die Vorgabe der Gewichtungsmatrizen durchzuführen. Wie wählt man nun die Gewichtungsmatrizen?

- Eine typische Wahl ist $S_e = 0$ und $R = I$. Es ist dann lediglich Q geeignet zu finden, welches über das Verhältnis Q zu R einen Kompromiss zwischen Verlaufs- und Verbrauchsoptimalität erreicht.
- Häufig findet die Wahl von Q als Diagonalmatrix statt.
- Eine weitere bewährte Vorgehensweise ist die Normierung/Skalierung der Gütefunktion. Sind Q und R positive Diagonalmatrizen, so lautet die Gütefunktion

$$J = \frac{1}{2} \int_0^\infty q_{11} x_1^2 + \cdots + q_{nn} x_n^2 + r_{11} u_1^2 + \cdots + r_{mm} u_m^2 \, dt \quad \text{und eine mögliche Skalierung}$$

ist $\frac{1}{q_{ii}} = \lim_{t_e \to \infty} \frac{1}{t_e} \int_0^{t_e} x_i^2(t) \, dt \; ; \; \frac{1}{r_{jj}} = \lim_{t_e \to \infty} \frac{1}{t_e} \int_0^{t_e} u_j^2(t) \, dt.$ Diese Terme spiegeln Energiegrößen wider, die aber nicht bekannt sind und vom Regler selbst abhängen. Eine grobe Abschätzung reicht aber meist aus und stellt sicher, dass die einzelnen Größen einen vergleichbaren Einfluss im Gütekriterium besitzen.

Zeitdiskrete Variante

Es findet nun die Betrachtung eines linearen, zeitdiskreten Systems statt, das in Zustands-raumdarstellung vorliegt. Für das System

$$x(k+1) = A\,x(k) + B\,u(k) \quad , \quad x(k_0) = x_0 \tag{8.72}$$

$$y(k) = C\,x(k) \tag{8.73}$$

ist das Regelungsgesetz gesucht, welches folgendes Gütekriterium minimiert

$$J = \frac{1}{2} \sum_{k=0}^{\infty} x^{\mathrm{T}}(k)Q(k)x(k) + u^{\mathrm{T}}(k)R(k)u(k). \tag{8.74}$$

Die Herleitung verläuft analog zum kontinuierlichen Fall, allerdings ergeben sich etwas verän-derte Entwurfsgleichungen. Die algebraische Matrix-RICCATI-Gleichung lautet nun

$$\boxed{P = A^{\mathrm{T}}PA + Q - A^{\mathrm{T}}PB\left(B^{\mathrm{T}}PB + R\right)^{-1}B^{\mathrm{T}}PA} \tag{8.75}$$

und für den Regler – den man negativ zurückführt – ermittelt man

$$K = \left(B^{\mathrm{T}}PB + R\right)^{-1}B^{\mathrm{T}}PA. \tag{8.76}$$

Wie auch für den kontinuierlichen Fall, lassen sich auch hier garantierte Robustheitseigen-schaften ableiten, die allerdings etwas abgeschwächt ausfallen.

Im Umkehrschluss bedeutet dies, dass die zeitdiskrete Variante nominell weniger robust ist. Dies leuchtet auch ein, da die Bandbreite durch die Abtastung begrenzt ist und diese auch die Rückführverstärkungen limitiert.

Linear Quadratic Gaussian Regulator (LQG)

Unter dem LQG versteht man die Kombination von RICCATI-Regler mit KALMAN-Filter zur Zu-standsbeobachtung.

Die hervorragenden Robustheitseigenschaften des RICCATI-Reglers ließen sich aus der Kreis-verstärkung des RICCATI-geregelten Kreises ableiten (Gl. (8.69)). Nachfolgend wird diskutiert, inwieweit diese Eigenschaften noch Bestand haben, wenn man beobachtete Zustände rück-führt. Prinzipiell liegt dann eine Ausgangsrückführung vor.

Zunächst einmal lässt sich festhalten, dass nach dem **Separationsprinzip** (Abschnitt 8.3.2, Gl. (8.50)) Regler- und Beobachterpole unabhängig voneinander vorgebbar sind und sich nicht gegenseitig beeinflussen. Nichtsdestotrotz sind im Systemverhalten alle Eigenbewegungen (so-wohl von Regler als auch von Beobachter) enthalten, so dass LQR und LQG unterschiedliches Regelungsverhalten aufzeigen. Insbesondere verändern sich auch die Robustheitseigenschaf-ten. Für die Regelstrecke

$$\dot{x} = Ax + Bu \quad ; \quad y = Cx \tag{8.77}$$

erfolgt ein RICCATI-Reglerentwurf und ein Beobachterentwurf als KALMAN-BUCY-Filter, die je-weils die Rückführmatrizen K und L liefern. Für die Dynamik des geschätzten Zustandes $\hat{x}$ ergibt sich unter Verwendung des Reglers $u = -K\hat{x}$ (optionales Vorfilter F_{R} hier fortgelassen)

$$\dot{\hat{x}} = A\hat{x} + Bu + L\left(y - C\hat{x}\right) = (A - LC - BK)\,\hat{x} + Ly.$$

Umformen nach $\hat{x}$ liefert unter Verwendung der LAPLACE-Transformation

$$\hat{X}(s) = (sI - A + LC + BK)^{-1} LY(s)$$

und damit schließlich die Übertragungsfunktionsmatrix G_{yu} vom Ausgang y zum Eingang u

$$U(s) = -K\hat{X} = -K(sI - A + LC + BK)^{-1} LY(s) = G_{yu}(s)Y(s).$$

Unter Berücksichtigung von $Y(s) = C(sI - A)^{-1} BU(s) = G(s)U(s)$ (aus Gl. (8.77)) lautet die gesamte Kreisverstärkung nun (ohne Vorzeichen)

$$G_{yu}G = K(sI - A + LC + BK)^{-1} LC(sI - A)^{-1} B \quad \text{oder alternativ} \tag{8.78}$$

$$GG_{yu} = C(sI - A)^{-1} BK(sI - A + LC + BK)^{-1} L, \tag{8.79}$$

je nachdem, wo man den Regelkreis gedanklich aufschneidet. (Im Eingrößenfall sind beide Ausdrücke identisch.) Um die Robustheitseigenschaften des LQ-Reglers wieder zu erlangen, müsste man versuchen, die Kreisverstärkungen aus Gl. (8.78) oder (8.79) an die ursprüngliche Kreisverstärkung Gl. (8.69) anzugleichen, die für die Herleitung der Robustheitseigenschaften zum Einsatz kam. Am Beispiel von Gl. (8.78) hieße das dann

$$K(sI - A + LC + BK)^{-1} LC(sI - A)^{-1} B \overset{!}{\approx} K(sI - A)^{-1} B. \tag{8.80}$$

Methoden, um die dies zu bewerkstelligen, nennt man **Loop Transfer Recovery** (LTR).

8.4.2 Robuste Regelung ($\mathcal{H}_2$-, $\mathcal{H}_\infty$-Regelung)

Um sich die Bedeutung der robusten Regelung bei mechatronischen Systemen zu verdeutlichen, denke man an ein sicherheitskritisches Regelungssystem im Automobilbereich, z. B. zur Fahrdynamikregelung. Dabei sind im Allgemeinen unzählige Parameter involviert (vgl. Beispiel 9.2 auf der Homepage des Buches). Einerseits möchte man eine umfangreiche individuelle Kalibrierung „am Bandende" der Produktion aus Kostengründen vermeiden, denn nicht selten handelt es sich um siebenstellige Produktionszahlen. Andererseits benötigt man eine hohe Regelgüte. Erschwerend kommt hinzu, dass bei komplexen mechatronischen Systemen viele Bauteile mit ihren individuellen Toleranzen involviert sind und die geforderte Performanz auch bei Einsatz über Jahrzehnte hinweg und in unterschiedlichsten Witterungsbedingungen sichergestellt sein muss. Kurzum: Man benötigt eine robuste Regelung.

In Abschnitt 8.1 wurde eine Hierarchie bezüglich des Reglerentwurfs angegeben und die Begriffe der nominellen/robusten Stabilität bzw. Regelqualität eingeführt. Der in Abschnitt 8.4.1 beschriebene LQ-Regler bietet neben der garantierten nominellen Stabilität interessante Robustheitseigenschaften, wie etwa die garantierte Phasenreserve von 60°. Allerdings müssen dazu alle Zustände messbar sein. Kommt ein Beobachter bzw. das KALMAN-Filter zum Einsatz (LQG-Entwurf), dann gehen die garantierten Robustheitseigenschaften verloren.

Nachfolgend werden die $\mathcal{H}_2$-, und $\mathcal{H}_\infty$-Regelung vorgestellt, die eine robuste Stabilität gewährleisten und das 'loop shaping' ermöglichen (Berücksichtigung von Performanzanforderungen). Damit lassen sich die Eigenschaften der Empfindlichkeitsfunktionen (z. B. Empfindlichkeit gegenüber äußeren Störgrößen) systematisch beeinflussen.

Auf die so genannte μ-Synthese, die einen Entwurf auf robuste Regelqualität und auch die Behandlung kombinierter strukturierter sowie unstrukturierter Unsicherheiten erlaubt, wird hier nicht eingegangen (siehe dazu etwa [ZD97]).

Relevante Normen: Die komplexe Übertragungsfunktionsmatrix $G(s) \in \mathbb{C}^{r \times m}$ beschreibt das Übertragungsverhalten eines dynamischen Systems mit dem Eingangsvektor $U(s)$ und dem Ausgangsvektor $Y(s)$, d. h. $Y(s) = G(s)U(s)$.

Jedes Element von $G(s)$ stellt die Übertragungsfunktion von einem bestimmtem Eingang zu einem bestimmten Ausgang dar. Rücktransformiert in den Zeitbereich entspricht sie der jeweiligen Gewichtsfunktion (Impulsantwort). Zur Bewertung der Übertragungsfunktionsmatrix $G(s)$ werden die folgenden zwei Normen eingeführt (vgl. auch Anhang A.2.4).

Für die $\mathscr{H}_2$-Norm lässt sich unter Anwendung des PARSEVAL'schen Theorems anschreiben:

$$\|G\|_2 := \sqrt{\frac{1}{2\pi} \int_{-\infty}^{\infty} \text{spur}\left[G^H(j\omega)G(j\omega)\right] \mathrm{d}\omega} = \sqrt{\int_{0}^{\infty} \text{spur}\left[G^T(t)G(t)\right] \mathrm{d}t}. \tag{8.81}$$

Die $\mathscr{H}_2$-Norm stellt damit die Summe der Energien über alle Frequenzantworten oder alternativ im Zeitbereich die Summe der Energien aller Impulsantworten dar. Für die Existenz der $\mathscr{H}_2$-Norm ist neben der Stabilität zu fordern, dass $\lim_{\omega \to \infty} G(j\omega) = 0$ ist (das System ist streng proper).

Die $\mathscr{H}_\infty$-Norm betrachtet den maximalen Singulärwert $\sigma_{\max}\left[G(j\omega)\right]$ der Übertragungsfunktionsmatrix $G(j\omega)$ über alle Frequenzen und stellt somit eine 'worst-case' Systemverstärkung dar:

$$\|G\|_\infty := \sup_{\omega} \sigma_{\max}\left[G(j\omega)\right] = \sup_{\omega} \sqrt{\lambda_{\max}\left[G^H(j\omega)G(j\omega)\right]}. \tag{8.82}$$

Die $\mathscr{H}_\infty$-Norm existiert lediglich für asymptotisch stabile Übertragungsfunktionsmatrizen.

Bei einem SISO-System entspricht der Singulärwert der maximalen Amplitude im Frequenzgang ('Peak' von $G(j\omega)$). Bei einem Mehrgrößensystem lässt sich eine Art Pseudo-Amplitudengang angeben, der stets das Maximum über alle Amplitudengänge der Übertragungsfunktionsmatrix $G(s)$ wiedergibt. Dies ist die so genannte **Majorante** über alle Amplitudengänge. Das Maximum dieser Majorante entspricht dann der $\mathscr{H}_\infty$-Norm.

Entwurfsziel

Bild 8.30 zeigt den Standardregelkreis für den Entwurf von $\mathscr{H}_2$- und $\mathscr{H}_\infty$-Regelungen. Der Vektor $w(t)$ stellt den Vektor der exogenen (nicht beeinflussbaren) Größen dar. Das können Sollsignale, Stör- und Rauschsignale sein. Der Vektor der Messgrößen wird mit $y(t)$ und der Vektor der Stellgrößen (Ausgang des Reglers) mit $u(t)$ bezeichnet. Der Vektor $x(t)$ steht hier für die Signale, mit denen sich die Reglerperformanz bewerten lässt – die Elemente von x sind **nicht** die klassischen Systemzustände.

Wir möchten nun explizite Entwurfsvorgaben an die Empfindlichkeitsmatrix $S(j\omega)$, die komplementäre Empfindlichkeitsmatrix $T(j\omega)$ und an die Übertragungsfunktionsmatrix $G_{wu}(j\omega)$, die die Übertragung von w auf u charakterisiert, stellen.

Wie solche Vorgaben aussehen, wurde ab Seite 335 abgeleitet. Möchte man etwa sicherstellen, dass im SISO-Fall die Empfindlichkeitsfunktion $S(j\omega)$ stets unterhalb einer oberen Schranke

$w(t)$: exogener Eingangsvektor
(Sollsignale, Störungen, Rauschen)

$u(t)$: Vektor der Stellgrößen

$x(t)$: Vektor der Regelgrößen
(zur Bewertung der Performanz)

$y(t)$: Vektor der Messgrößen

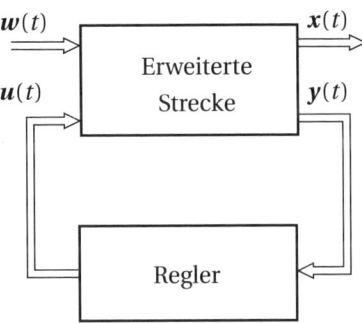

Bild 8.30 Standardregelkreis für die $\mathcal{H}_2$- und $\mathcal{H}_\infty$-Regelung

$S_{\text{soll}}(j\omega)$ verläuft, dann führt das mit $S_{\text{soll}}(j\omega) = \frac{1}{|W_S(j\omega)|}$ auf die Forderungen (vgl. Gl. (8.31))

$$\left|W_S(j\omega)S(j\omega)\right| < 1 \quad \text{bzw. im Mehrgrößenfall} \quad \left\|W_S(j\omega)S(j\omega)\right\| < 1 \,. \tag{8.83}$$

Die explizite Norm ist hier noch frei – praktische Relevanz haben die $\mathcal{H}_2$- und die $\mathcal{H}_\infty$-Norm.
In der gleichen Weise kann man mit den Frequenzgängen $W_T(j\omega)$ und $W_u(j\omega)$ Anforderungen an $T(j\omega)$ und $G_{ru}(j\omega)$ formulieren. Dies wurde in den Gln. (8.31)–(8.33) gezeigt.
Unter Berücksichtigung des Reglers lässt sich das hiesige $x(t)$ im Bildbereich wie folgt beschreiben (Herleitung ab Seite 364):

$$X(s) = \begin{bmatrix} -W_u G_{wu} \\ -W_T T \\ W_S S \end{bmatrix} W(s) = G_{wx} W(s) \,. \tag{8.84}$$

Wie erwähnt, steht $w(t)$ bzw. $W(s)$ für einen Vektor mit (externen) Soll-, Stör- und Rauschsignalen. Die Elemente der Übertragungsfunktionsmatrix G_{wx} stellen gerade die Terme in den Gln. (8.31)–(8.33) dar. Zur Erinnerung:

 Die Empfindlichkeitsmatrix $S(j\omega)$ bestimmt wie sensibel das System auf Systemrauschen reagiert. Somit charakterisiert sie, wie Modellfehler in Ausgangsfehler übertragen werden. Über die Frequenzgewichtung von $S(j\omega)$, soll heißen über den Ausdruck $W_S S$, wird das Entwurfziel nach **Nomineller Regelqualität** (nominal performance) verfolgt.
Die komplementäre Empfindlichkeitsmatrix $T(j\omega)$ bestimmt wie sensibel das System auf Messrauschen reagiert. Über die Frequenzgewichtung von $T(j\omega)$, soll heißen über den Ausdruck $W_T T$, wird das Entwurfziel nach **Robuster Stabilität** (robust stability) verfolgt, denn bei den hervorgehobenen Frequenzen bleibt der geschlossene Regelkreis auch bei Modellunsicherheiten und -abweichungen stabil.

 Das allgemeine Ziel des Reglerentwurfes ist das Auffinden eines stabilisierenden Reglers, der gleichzeitig die $\mathcal{H}_2$-Norm bzw. $\mathcal{H}_\infty$-Norm von G_{wx} minimiert. Dabei beschreibt G_{wx} die Übertragungsfunktionsmatrix vom exogenen Eingang w zum Bewertungsausgang x gemäß Beziehung (8.84).

Erweiterte Streckenbeschreibung

Bild 8.31 zeigt Details der 'erweiterten Strecke'. Dabei bezeichnet $\boldsymbol{G}(s)$ die Übertragungsfunktionsmatrix der Strecke.

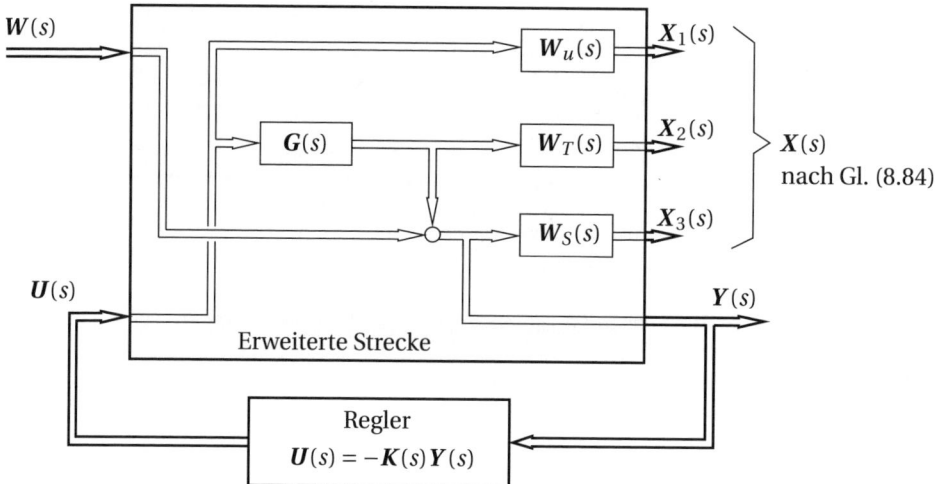

Bild 8.31 Details zur erweiterten Strecke des Standardregelkreis für die $\mathcal{H}_2$- und $\mathcal{H}_\infty$-Regelung

Zur Bewertung des Systemverhaltens führt man folgende Vektoren $\boldsymbol{X}_1(s), \boldsymbol{X}_2(s), \boldsymbol{X}_3(s)$ ein:

$$\boldsymbol{X}_1(s) = \boldsymbol{W}_u(s)\boldsymbol{U}(s), \tag{8.85}$$

$$\boldsymbol{X}_2(s) = \boldsymbol{W}_T(s)\boldsymbol{G}(s)\boldsymbol{U}(s), \tag{8.86}$$

$$\boldsymbol{X}_3(s) = \boldsymbol{W}_S(s)(\boldsymbol{G}(s)\boldsymbol{U}(s) + \boldsymbol{W}(s)). \tag{8.87}$$

Zusätzlich gilt die Ausgangs(mess)gleichung

$$\boldsymbol{Y}(s) = \boldsymbol{G}(s)\boldsymbol{U}(s) + \boldsymbol{W}(s). \tag{8.88}$$

Für die erweiterte Strecke können wir dann in vier Blöcke aufgeteilt schreiben:

$$\begin{bmatrix} \boldsymbol{X} \\ \boldsymbol{Y} \end{bmatrix} = \begin{bmatrix} \boldsymbol{X}_1 \\ \boldsymbol{X}_2 \\ \boldsymbol{X}_3 \\ \boldsymbol{Y} \end{bmatrix} = \begin{bmatrix} \begin{bmatrix} \boldsymbol{0} \\ \boldsymbol{0} \\ \boldsymbol{W}_S \end{bmatrix} & \begin{bmatrix} \boldsymbol{W}_u \\ \boldsymbol{W}_T\boldsymbol{G} \\ \boldsymbol{W}_S\boldsymbol{G} \end{bmatrix} \\ \boldsymbol{I} & \boldsymbol{G} \end{bmatrix} \begin{bmatrix} \boldsymbol{W} \\ \boldsymbol{U} \end{bmatrix}. \tag{8.89}$$

Für die Dimensionen der Größen gilt $\boldsymbol{u} \in \mathbb{R}^m$, $\boldsymbol{y} \in \mathbb{R}^r$, $\boldsymbol{w} \in \mathbb{R}^r$, $\boldsymbol{x} \in \mathbb{R}^{m+2r}$ und für die Stellgröße erhält man unter der Annahme, dass der Regler $\boldsymbol{K}(s)$ vorliegt

$$\boldsymbol{U} = -\boldsymbol{K}\boldsymbol{Y} = -\boldsymbol{K}\boldsymbol{G}\boldsymbol{U} - \boldsymbol{K}\boldsymbol{W} \quad \text{und damit}$$

$$\boldsymbol{U} = -(\boldsymbol{I} + \boldsymbol{K}\boldsymbol{G})^{-1}\boldsymbol{K}\boldsymbol{W} = -\boldsymbol{K}(\boldsymbol{I} + \boldsymbol{G}\boldsymbol{K})^{-1}\boldsymbol{W}. \tag{8.90}$$

Einsetzen in die Gln. (8.85)–(8.87) liefert schließlich den Zusammenhang aus Gl. (8.84).

$$\boldsymbol{X}_1 = -\boldsymbol{W}_u\boldsymbol{K}(\boldsymbol{I} + \boldsymbol{G}\boldsymbol{K})^{-1}\boldsymbol{W} = -\boldsymbol{W}_u\boldsymbol{G}_{wu}\boldsymbol{W}, \tag{8.91}$$

$$\boldsymbol{X}_2 = -\boldsymbol{W}_T\boldsymbol{G}\boldsymbol{K}(\boldsymbol{I} + \boldsymbol{G}\boldsymbol{K})^{-1}\boldsymbol{W} = -\boldsymbol{W}_T\boldsymbol{T}\boldsymbol{W}, \tag{8.92}$$

$$\boldsymbol{X}_3 = -\boldsymbol{W}_S(\boldsymbol{T}\boldsymbol{W} - \boldsymbol{W}) = -\boldsymbol{W}_S((\boldsymbol{T} - \boldsymbol{I})\boldsymbol{W}) = \boldsymbol{W}_S\boldsymbol{S}\boldsymbol{W}. \tag{8.93}$$

Prinzipiell sind nun alle Grundlagen zusammen und der Entwurf einer robusten Regelung über die $\mathcal{H}_2$- oder $\mathcal{H}_\infty$-Norm vollzieht sich in den folgenden Schritten:

1. Gegeben ist die Strecke $G(s)$.
2. Man bestimmt (Wunsch-)Frequenzgänge $W_S(j\omega)$, $W_T(j\omega)$ und $W_u(j\omega)$ für die Gewichtung der Übertragungsfunktionsmatrizen $S(j\omega)$, $T(j\omega)$ und $G_{wu}(j\omega)$. Mit einer hinreichend hohen Anzahl an Nullstellen/Polen kann man die Gewichtung in den einzelnen Frequenzbereichen nahezu beliebig vorgeben.
3. Man wählt die Norm, die durch den Reglerentwurf minimiert werden soll. Dies führt auf eine Optimierungsaufgabe, für die entsprechende Werkzeuge vorliegen.
4. Sofern eine Lösung existiert, erhält man einen Regler, dessen Systemordnung der Summe aus Ordnung der Strecke und den Ordnungen der Frequenzgänge zur Gewichtung entspricht. Die Reglerordnung ist daher meist hoch und somit kommt der numerisch robusten Implementierung eine hohe Bedeutung zu (vgl. Ausführungen ab Seite 389).

Für die Behandlung (z. B. mit Entwurfswerkzeugen wie *Matlab*®) ist eine Überführung in eine Zustandsraumdarstellung mit den vier Matrizen A, B, C, D und folgender Notation hilfreich:

$$\text{Sys} = \left[\ A\ \middle|\ B\ \middle|\ C\ \middle|\ D\ \right] = \left[\begin{array}{c|c} A & B \\ \hline C & D \end{array}\right].$$

Mit einer entsprechenden Partitionierung ergibt sich für die erweiterte Strecke folgende Standardform (Eingänge $w(t)$ und $u(t)$, Ausgänge $x(t) = [x_1^{\mathrm{T}}, x_2^{\mathrm{T}}, x_3^{\mathrm{T}}]^{\mathrm{T}}$ und $y(t)$)

$$\text{Sys} = \left[\begin{array}{c|cc} A & B_1 & B_2 \\ \hline C_1 & D_{11} & D_{12} \\ C_2 & D_{21} & D_{22} \end{array}\right], \text{ bzw. ausführlich angeschrieben} \tag{8.94}$$

$$\dot{\xi} = A\,\xi + \begin{bmatrix} B_1 & B_2 \end{bmatrix} \begin{bmatrix} w \\ u \end{bmatrix}, \tag{8.95}$$

$$\begin{bmatrix} x \\ y \end{bmatrix} = \begin{bmatrix} C_1 \\ C_2 \end{bmatrix} \xi + \begin{bmatrix} D_{11} & D_{12} \\ D_{21} & D_{22} \end{bmatrix} \begin{bmatrix} w \\ u \end{bmatrix}. \tag{8.96}$$

Für die Überführung von Gl. (8.89) in die Form (8.94) stehen leistungsfähige Tools zur Verfügung. So kennt die *Robust Toolbox* in *Matlab*® die Befehle `augtf` und `augss`. Mit der einen Version lassen sich Systeme behandeln, wenn die Streckenbestandteile als Übertragungsfunktionen vorliegen, mit der anderen bei Zustandsraumdarstellung.

$\mathcal{H}_2$-Reglerentwurf

Ziel des $\mathcal{H}_2$-Reglerentwurfes ist das Auffinden eines stabilisierenden Reglers, der gleichzeitig die $\mathcal{H}_2$-Norm von G_{wx} minimiert:

$$\|G_{wx}\|_2 \to \min! \,.$$

Dabei beschreibt G_{wx} die Übertragungsfunktionsmatrix vom exogenen Eingang w zum Ausgang x, siehe Gl. (8.84).

Die Lösung des $\mathcal{H}_2$-Reglerentwurfes führt auf eine beobachtergestützte Zustandsregelung, die eine Erweiterung des LQG-Ansatz (siehe Abschnitt 8.4.1 ab Seite 360) darstellt. Man bezeichnet den $\mathcal{H}_2$-Reglerentwurf auch als *frequency-weighted LQG optimal synthesis theory*.

In dieser beobachtergestützten Zustandsregelung folgen die KALMAN-Gain des Beobachters **L** sowie die Rückführverstärkung des Reglers **K** aus zwei algebraischen RICCATI-Gleichungen. Eine Lösung des $\mathcal{H}_2$-Problems existiert, wenn sich die RICCATI-Gleichungen lösen lassen. Dies ist sichergestellt, wenn für die Form in Gl. (8.94) folgende Forderungen erfüllt sind:

- Das Paar (A, B_2) ist steuerbar und das Paar (A, C_2) beobachtbar
- D_{11} muss null sein
- D_{12} muss vollen Spaltenrang, D_{21} muss vollen Zeilenrang aufweisen

Beispiel 8.10 $\mathcal{H}_2$-Regler für eine PDT$_2$-Strecke

Betrachtet wird eine PDT$_2$-Strecke. Technische Systeme mit einer solchen Charakteristik treten z. B. bei der Schwingungstilgung oder aktiven Federung auf (vgl. Beispiel 1.2). Die untersuchte Übertragungsfunktion der Strecke lautet

$$G(s) = \frac{s+1}{s^2 + 0,02s + 1}.$$

Folgende Frequenzgewichtungen kommen zum Einsatz (angelehnt an [GL00]):

Frequenzgewichtung	Bedeutung
$W_S(s) = \dfrac{0,04}{s^2}$	$W_S(s)$ gewichtet $S(s)$ und beeinflusst etwa die Auswirkungen von Störgrößen auf das System. Störungen mit tiefen Frequenzen werden hier besonders stark gewichtet.
$W_T(s) = \dfrac{s^2 + s + 0,04}{s^2 + 0,001s + 0,04}$	Die gewählte Frequenzgewichtung $W_T(s)$ zur Wichtung von $T(s)$ weist eine Resonanz für $\omega = 0,2\,\mathrm{rad}/s$ auf und sorgt damit für eine besonders starke Unterdrückung von Modellunsicherheiten in diesem Frequenzbereich (Stichwort 'multiplikative Unsicherheit').
$W_u(s) = 1$	Die Stellgröße wird hier für alle Frequenzen gleich gewichtet.

Die Erzeugung des erweiterten Systems gelingt in *Matlab*® mit den folgenden Befehlen:

```
[a,b,c,d] = tf2ss([0 1 1],[1 0.02 1]);    % Definition des Systems
ssG       = ss(a,b,c,d);                  % Zustandsraumdarstellung
numWs     = [0 0 0.04]; denWs=[1 0 0];    %
Ws        = [numWs;denWs];                % Gewichtung Empf.fkt.
Wu        = [1;1];                        % Gewichtung Stellgröße
numWt     = [1 1 0.04]; denWt = [1 0.001 0.04];
Wt        = [numWt;denWt];                % Gewichtung kompl. Empf.fkt.
[TSS]     = augtf(ssG,Ws,Wu,Wt);          % erweitertes Modell
```

Der Reglerentwurf erfolgt durch den Befehl [sscp,sscl] = h2lqg(TSS), der als Rückgabe den Regler (hier 2+2+2 = 6. Ordnung) sowie den geschlossenen Regelkreis (beide jeweils in Zustandraumdarstellung) liefert.

Bild 8.32 zeigt die Frequenzgänge der Empfindlichkeitsfunktion $S(j\omega)$, der komplementären Empfindlichkeitsfunktion $T(j\omega)$ sowie der Stellgrößen-Empfindlichkeitsfunktion $G_{wu}(j\omega)$. Ferner sind die Inversen der Gewichtungsfunktionen abgebildet.

Wie aus den Verläufen zu erkennen, zeigt der geschlossene Kreis eine hohe Robustheit gegenüber Modellunsicherheiten im Frequenzbereich um $\omega = 0,2\,\mathrm{rad}/s$. ∎

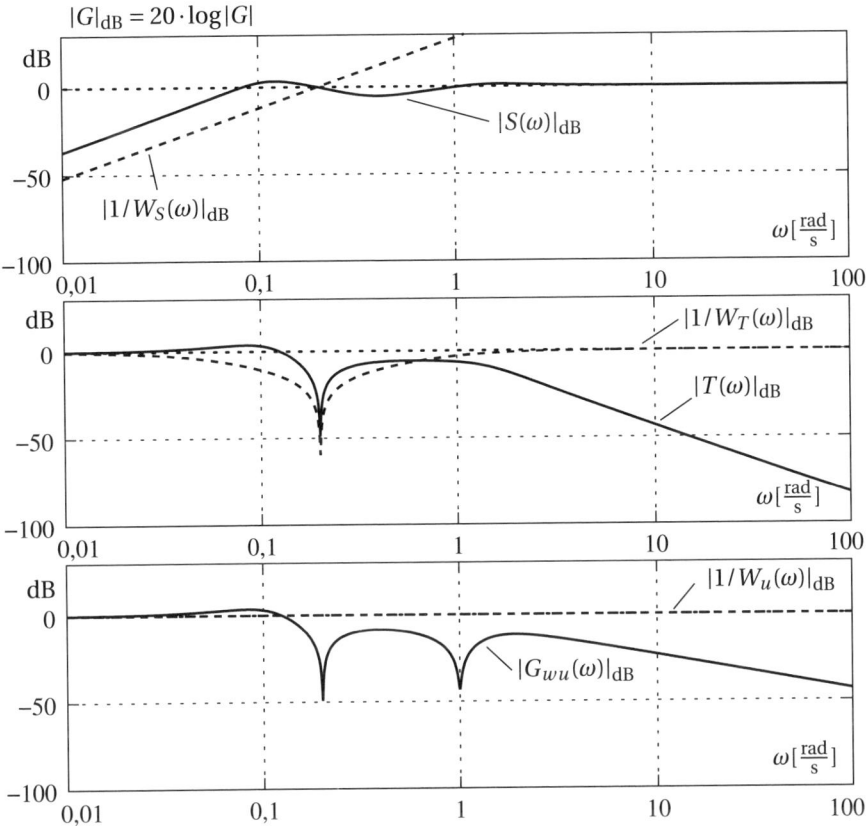

Bild 8.32 $S(\omega)$, $T(\omega)$ und $G_{wu}(\omega)$ sowie die Inversen der Gewichtungsfunktionen für den $\mathscr{H}_2$-Reglerentwurf

$\mathscr{H}_\infty$-Reglerentwurf

Ziel des $\mathscr{H}_\infty$-Reglerentwurfes ist das Auffinden eines stabilisierenden Reglers, der gleichzeitig die $\mathscr{H}_\infty$-Norm von G_{wx} minimiert:

$$\|G_{wx}\|_\infty \to \min!\,.$$

Dabei beschreibt G_{wx} die Übertragungsfunktionsmatrix vom exogenen Eingang w zum Ausgang x, siehe Gl. (8.84).

Der Entwurf ist aufwändiger als beim $\mathscr{H}_2$-Entwurf. Allerding ist $\mathscr{H}_\infty$ besser geeignet für das **'loop shaping'**, da sich Forderungen im Gegensatz zum $\mathscr{H}_2$-Entwurf **streng** erfüllen lassen. Häufig begnügt man sich mit einer suboptimalen Lösung

$$\|G_{wx}\|_\infty < \gamma \text{ mit } \gamma \in \mathbb{R}^+,$$

anstatt die Optimierungsaufgabe $\min \|G_{wx}\|_\infty$ exakt zu lösen. Man beginnt mit einem hinreichend großen γ, für das eine Lösung möglich ist. Dann verkleinert man sukzessive γ, bis entweder keine „bessere" Lösung mehr möglich ist und/oder die Lösung akzeptabel ist, d. h. die Entwurfsanforderungen erfüllt sind. Die Lösung des $\mathcal{H}_\infty$-Reglerentwurfes führt ebenfalls auf eine der beobachtergestützten Zustandsregelung ähnlichen Form. Typische Forderungen an die Form in Gl. (8.94) für die Lösbarkeit sind:

- Das Paar (A, B_2) ist steuerbar und das Paar (A, C_2) beobachtbar
- D_{11} ist hinreichend klein
- D_{12} besitzt vollen Spaltenrang; D_{21} besitzt vollen Zeilenrang

Beispiel 8.11 $\mathcal{H}_\infty$-Regler für die PDT$_2$-Strecke aus Beispiel **8.10**

Bild 8.33 zeigt die sich ergebenden Frequenzgänge für $S(j\omega)$, $T(j\omega)$ $G_{wu}(j\omega)$. Ferner sind die Inversen der Gewichtungsfunktionen abgebildet. Die $\mathcal{H}_\infty$-Norm ist die Einhüllende (Majorante) bezüglich aller Anforderungen. Bei tiefen Frequenzen überwiegt die Anforderung aus $S(j\omega)$, bei mittleren Frequenzen aus $T(j\omega)$ und bei hohen Frequenzen aus $G_{wu}(j\omega)$. Im Vergleich zum $\mathcal{H}_2$-Regler werden die Entwurfsanforderungen streng eingehalten – die Empfindlichkeitsfunktionen sind stets unterhalb oder auf der Inversen der Gewichtungsfunktionen.

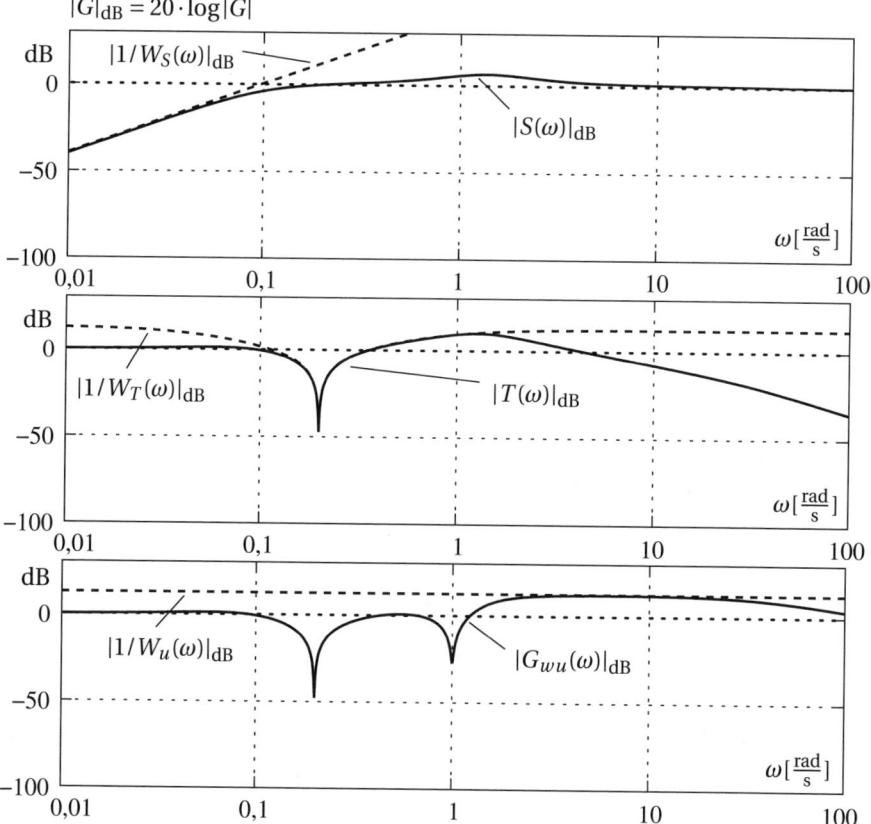

Bild 8.33 $S(\omega)$, $T(\omega)$ und $G_{wu}(\omega)$ sowie die Inversen der Gewichtungsfunktionen für den $\mathcal{H}_\infty$-Reglerentwurf

■ 8.5   Digitale Regelung (Abtastregelung)

Die Implementierung moderner Regelungen erfolgt mithilfe von Prozessrechnern, d. h. in digitaler Form. Die wesentlichen Vorteile im Vergleich zu analog aufgebauten Reglern sind:

- **Flexibilität:** Einfache Adaption von Parametern sowie der Regler-Struktur
- **Leistungsfähigkeit:** Implementierung komplizierter Regelungsstrukturen, z. B. Zustandsschätzer, nichtlineare, adaptive, modellprädiktive Regelung
- **Reproduzierbarkeit:** Z. B. keine Temperaturabhängigkeit von Bauteilen
- **Erweiterbarkeit:** Einfache Einbindung zusätzlicher Komponenten wie Prozessvisualisierung, Erstellung von Statistiken, Optimierung und Adaption
- **Robustheit:** Bessere Fehlererkennung und Behandlung von Ausnahmesituationen; spezielle Anlauf- bzw. Aufwärmphasen, sicheres Abschalten
- **Vielseitigkeit:** Nachbildbarkeit zeitkontinuierlicher Regelungen, aber zusätzlich auch Ausnutzung von Besonderheiten bei Abtastsystemen

Bedingt durch den Prozessrechner ist eine zeitlich getaktete Verarbeitung von Signalen erforderlich – die entsprechenden Begriffe wurden größtenteils bereits im Kapitel 4, Signalverarbeitung, eingeführt. Wegen der erforderlichen Abtastung spricht man von **Abtastregelung**.

Bild 8.34 zeigt das Blockschaltbild eines typischen Regelkreises mit einem Prozessrechner.

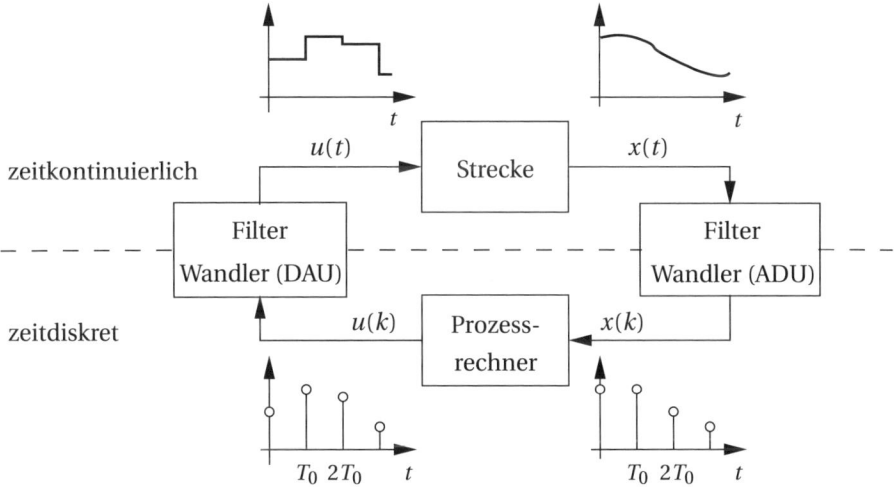

Bild 8.34 Regelung eines zeitkontinuierlichen Systems mit einem Prozessrechner

Das Ausgangssignal $x(t)$ des Systems wird mit der Abtastzeit T_0 abgetastet und von einem Analog-Digital-Umsetzer (ADU) in die für den Prozessrechner lesbare Folge $x(k)$ gewandelt. Vor der Wandlung findet meist noch eine Filterung zur Bandbegrenzung statt, um Aliasing (vgl. Abschnitt 4.1.6) zu vermeiden. Während die durch die Auflösung des ADUs stattfindende Quantisierung des Wertebereichs der Größe x häufig vernachlässigbar ist, stellt die zeitliche Diskretisierung eine **erhebliche** Änderung des Signals und des Systemverhaltens dar.

Der Prozessrechner ermittelt aus $x(k)$ mithilfe des programmierten Regelalgorithmus die Ausgangsfolge $u(k)$, die von einem Digital-Analog-Umsetzer (DAU) wieder in ein analoges, zeitkontinuierliches aber wertdiskretes Signal gewandelt wird. Der Prozessrechner und die darauf laufenden Programme besitzen selbst eine Dynamik (vgl. Kapitel 5). Die Verläufe in Bild 8.34 zeigen die Verwendung eines Haltegliedes 0.-ter Ordnung (H_0-Modulator, engl. **Z**ero **O**rder **H**old (ZOH)). Dieser hält den zuletzt gewandelten Wert über eine Abtastperiode T_0 konstant, bis der nächste Wandlungswert (Wert der Folge $u(k)$) vorliegt. Bild 8.35 zeigt die prinzipiellen Schritte des sog. Abtasters mit Halteglied. Hier stehen $x(t)$ für die zeitkontinuierliche Größe, $x(k)$ für das abgetastete Signal und $x_H(t)$ für das Ausgangssignal des Haltegliedes. Die folgen-

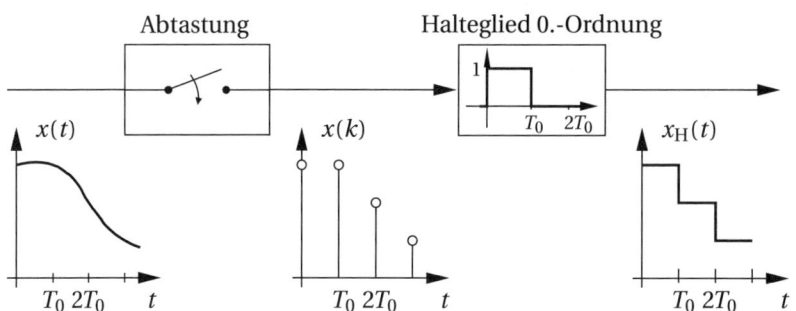

Bild 8.35 Abtastung mit Halteglied 0.-ter Ordnung (H_0-Modulator) am Beispiel des Zeitsignals $x(t)$

den Abschnitte geben einen Einblick in den digitalen Regelungsentwurf, wobei ausschließlich lineare Systeme behandelt werden. Damit sind zwei prinzipielle Fragen verbunden:

- Wie ändert sich das Systemverhalten, wenn man den Regler auf Grundlage zeitkontinuierlicher Modelle entwirft, aber zeitdiskret realisiert?
- Welche Entwürfe existieren für die durchgängige zeitdiskrete Betrachtung?

Dazu behandelt zunächst Abschnitt 8.5.1 die zeitdiskrete Systembeschreibung. Gemäß der Ausführungen in Abschnitt 7.1 unterscheidet man dabei das Klemmenmodell und das Zustandsraummodell. Sowohl die exakte als auch die approximative Beschreibung sind in der Praxis von Bedeutung. Mit diesen Beschreibungen führt dann Abschnitt 8.5.2 in den Entwurf und die Implementierung digitaler Regelungen ein. Eine Hauptaugenmerk liegt dabei auf der Behandlung des Einflusses von Entwurfsparametern (z. B. Abtastzeit) und der Form der Implementierung.

8.5.1 Zeitdiskrete Systembeschreibung

Bild 8.34 eröffnet zwei Betrachtungsweisen für den Abtastregelkreis:
Auf der linken Seite in Bild 8.36 versteht man die Wandler und Filter als Bestandteile der Strecke. Aus Sicht der Klemmen des Prozessrechners liegt dann eine zeitdiskrete Strecke vor. Wie nachfolgend dargestellt, ist die zeitdiskrete Beschreibung zu den Abtastzeitpunkten **exakt** möglich und eröffnet damit einen durchgängigen Reglerentwurf im Zeitdiskreten.
Einen zweiten möglichen Weg zeigt die rechte Seite in Bild 8.36. Dieser könnte darin bestehen, Wandler und Filter als Teile des Prozessrechners zu modellieren und damit eine zeitkontinuierliche Ersatzanordnung des Reglers abzuleiten.
In der Praxis vernachlässigt man dabei einige dynamische Effekte von Abtaster und Halteglied, d. h. man entwirft den Regler im Kontinuierlichen und versucht anschließend, diesen bestmöglich zeitdiskret zu approximieren. Für diese Vorgehensweise existieren teils gute Gründe,

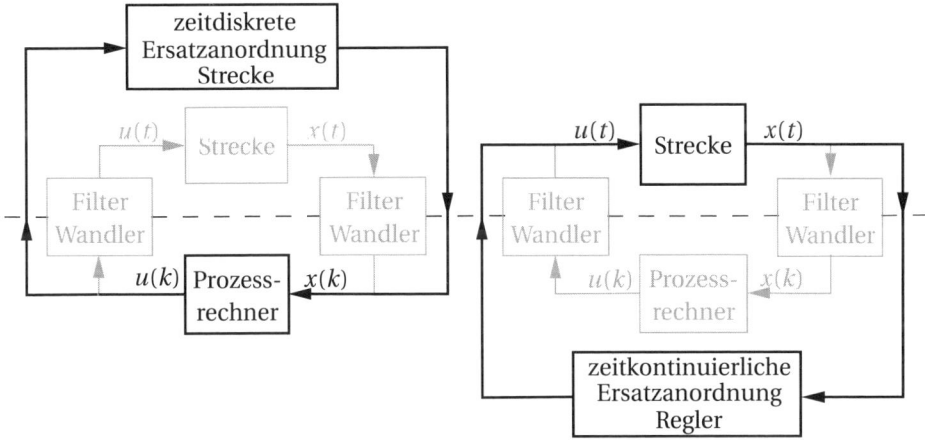

Bild 8.36 Betrachtungsweisen des Abtastregelkreises. Links: Zeitdiskrete Streckenbeschreibung, rechts: Zeitkontinuierliche Reglerbeschreibung

z. B. kann ein kontinuierlicher Regler bereits vorliegen oder der Praktiker ist eher mit den Entwurfsverfahren kontinuierlicher Systeme vertraut. Zu berücksichtigen bleibt aber, dass eine „Nachbildung" (Emulation) eben bestenfalls nur die Güte des „Vorbildes" erreichen kann. Die im Zeitdiskreten zusätzlich nutzbaren Eigenschaften bleiben unberücksichtigt. Zu nennen ist der Entwurf auf endliche Einstellzeit (Dead-Beat, vgl. Beispiele 8.17 und 8.20) und die effektive Behandlung von Totzeitsystemen (vgl. Beispiel 8.15). Des Weiteren existieren im Zeitkontinuierlichen keine Eigenwerte, die den alternierend asymptotisch stabilen Eigenwerten im Zeitdiskreten gemäß Bild 7.12 entsprechen. Dieser Freiheitsgrad bleibt einem insofern bei der Nachbildung verborgen. Es ist auch darauf hinzuweisen, dass man beim kontinuierlichen Reglerentwurf unter Umständen unzutreffende Annahmen bezüglich der Streckeneigenschaften ansetzt. So entstehen etwa durch die Abtastung von Systemen mit starken Tiefpass-Verhalten zusätzliche Nullstellen (Diskretisierungsnullstellen), die die Charakteristik des Systemverhaltens maßgeblich verändern können. Die oftmals beschworene Formel, wonach man nur möglichst schnell abtasten müsse, um die Effekte der Abtastung zu kompensieren, kann sich als irreführend herausstellen und führt ggf. zu neuen Schwierigkeiten, auf die insbesondere Abschnitt 8.5.2 eingeht. Die Wahl der Abtastzeit sollte also gut überlegt sein. Ungeachtet all dessen genießt die Vorgehensweise per Approximation eine hohe Verbreitung und ist in sehr vielen Anwendungen ausreichend.

Klemmenmodell

Exakte Beschreibung des Klemmenmodells: Das Klemmenmodell der kontinuierlichen Strecke lässt sich im Frequenzbereich durch die Übertragungsfunktion $G(s)$ beschreiben. Sie stellt gleichzeitig die LAPLACE-Transformierte der Gewichtsfunktion $g(t)$ bzw. der Impulsantwort dar (siehe Abschnitt 7.1.1). Wir möchten nun daraus die zeitdiskrete Übertragungsfunktion $G(z)$ bestimmen. Vorsicht: $G(s)$ und $G(z)$ sind **nicht** identische Funktionen mit nur unterschiedlichen Argumenten.

Anstatt von dem im Bild 8.35 beschriebenen H_0-Modulator gehen wir zunächst von einem fiktiven δ-Modulator aus (siehe Abschnitt 4.1.6). Dieser erzeugt für jeden der mit der Abtastzeit

T_0 eintreffenden Eingangswerte einen mit diesem Wert gewichteten DIRAC-Impuls $\delta(t)$. Die Strecke antwortet auf diese Anregung mit ihrer Gewichtsfunktion $g(t)$ und der Abtaster liest somit nach einer Anregung der digitalen Regelstrecke mit $u(k) = \delta(k)$ nichts anderes als die Abtastwerte der (zeitkontinuierlichen) Gewichtsfunktion $g(t)$ zu den Zeitpunkten $t = kT_0$. Die $\mathscr{Z}$-Transformierte der (zeitdiskreten) Gewichtsfunktion $g(k)$ ist die gesuchte Übertragungsfunktion $G(z)$ oder mathematisch ausgedrückt

$$G(z) = \mathscr{Z}\left\{ \mathscr{L}^{-1}\{G(s)\}\big|_{t=kT_0} \right\}. \tag{8.97}$$

Mit diesem Zwischenergebnis können wir nun das Klemmenmodell bei Verwendung des H_0-Modulators ableiten. Bild 8.37 zeigt das lineare Ersatzmodell eines H_0-Modulators. Insgesamt reagiert dieser auf die Anregung mit einem Einheitsimpuls $\delta(k)$ mit einem rechteckförmigen Zeitverlauf der Dauer T_0. Gedanklich kann man sich das wie folgt zusammensetzen: Die Ein-

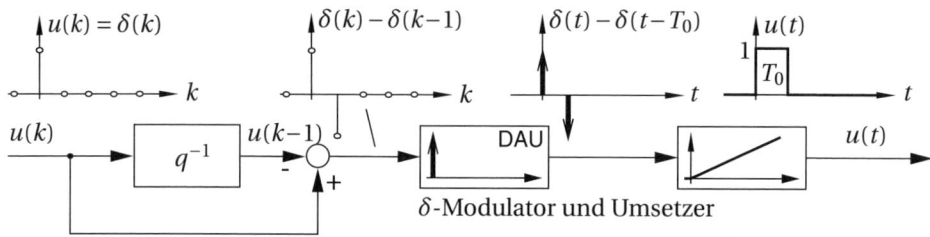

Bild 8.37 H_0-Modulators als Kombination von δ-Modulator, Verzögerungsglied und Integrator

heitsimpulsfolge $u(k) = \delta(k)$ durchläuft parallel ein Verzögerungsglied. Die Differenz $u(k) - u(k{-}1)$ gelangt an den Eingang eines δ-Modulators. Dieser liefert zwei Deltaimpulse; den einen bei $t = 0$ mit dem Gewicht 1, den anderen bei $t = T_0$ mit dem Gewicht (-1). Die anschließende Integration der beiden Deltaimpulse führt auf den Rechteckimpuls der Breite T_0 und der Höhe eins.

Den Integrator auf der rechten Seite von Bild 8.37 schlägt man der zeitkontinuierlichen Übertragungsfunktion $G(s)$ zu, was im Bildbereich einer Multiplikation mit $1/s$ entspricht. Das Verzögerungsglied und die Differenzbildung im zeitdiskret arbeitenden Teil der Anordnung (Bild 8.37 links) lauten im Bildbereich $1 - z^{-1}$. Dies führt dann insgesamt auf die Beziehung

$$G(z) = (1 - z^{-1})\mathscr{Z}\left\{ \mathscr{L}^{-1}\left\{\tfrac{1}{s}G(s)\right\}\Big|_{t=kT_0} \right\}. \tag{8.98}$$

Die Berechnung kann mühsam sein. Für einfache Strecken findet man zumindest Korrespondenzen zwischen $G(s)$ und $G(z)$ tabelliert in Standardlehrbüchern zur diskreten Regelung, z. B. [ÅW97, FPW98, Ise87, Lun14b, Unb07]; eine Auswahl bietet auch Anhang A.1.4.

Beispiel 8.12 Zeitdiskrete Beschreibung eines Integrators

Gesucht ist die zeitdiskrete Beschreibung einer Integratorstrecke mit $X(s)/U(s) = G(s) = 1/s$ bei Verwendung eines H_0-Modulators.

Lösung:

Zunächst benötigen wir die LAPLACE-Rücktransformierte von $G(s)/s$:

$$\frac{1}{s}G(s) = \frac{1}{s^2} \bullet\!\!\!-\!\!\circ\ t.$$

Damit lautet

$$\mathscr{L}^{-1}\left\{\frac{1}{s}G(s)\right\}\Bigg|_{t=kT_0} = kT_0 \quad \text{und hiervon die } \mathscr{Z}\text{-Transformierte} \quad \frac{T_0 z}{(z-1)^2}.$$

Schließlich erhält man gemäß Gl. (8.98)

$$G(z) = (1 - z^{-1})\frac{T_0 z}{(z-1)^2} = \frac{z-1}{z}\frac{T_0 z}{(z-1)^2} = \frac{T_0}{z-1}.$$

Als Differenzengleichung heißt das $x(k+1) = x(k) + T_0 u(k)$. Dieses Ergebnis entspricht der sog. EULER-Integration, bzw. der Vorwärts-Rechteckregel (vgl. Bild 8.38). ∎

Approximation des Klemmenmodells: Für eine entsprechende Transformationsvorschrift $G(s) \to G(z)$ benötigt man lediglich eine Ersetzungsvorschrift für den LAPLACE-Operator s, d. h. eine Vorschrift der Form $s \to z$. Im Zeitbereich entspricht der Operator s der Ableitung nach der Zeit t (Differentialquotient) und dessen Approximation mit Differenzenquotienten ist Bestandteil von Abschnitt 7.2.1.

Nachfolgend werden Vorschriften über die Approximation des Integrators motiviert

$$x(t) = \int_0^t u(\tau)d\tau \quad \text{bzw. als Übertragungsfunktion} \quad G(s) = \frac{1}{s}.$$

Bild 8.38 zeigt gängige Approximationen des Integrators:

Die **Vorwärts-Rechteckregel** (auch EULER-Integration) führt auf die Differenzengleichung

$$x(k+1) = x(k) + T_0 u(k) \quad \text{bzw. die Übertragungsfunktion} \quad G(z) = \frac{T_0}{z-1}. \tag{8.99}$$

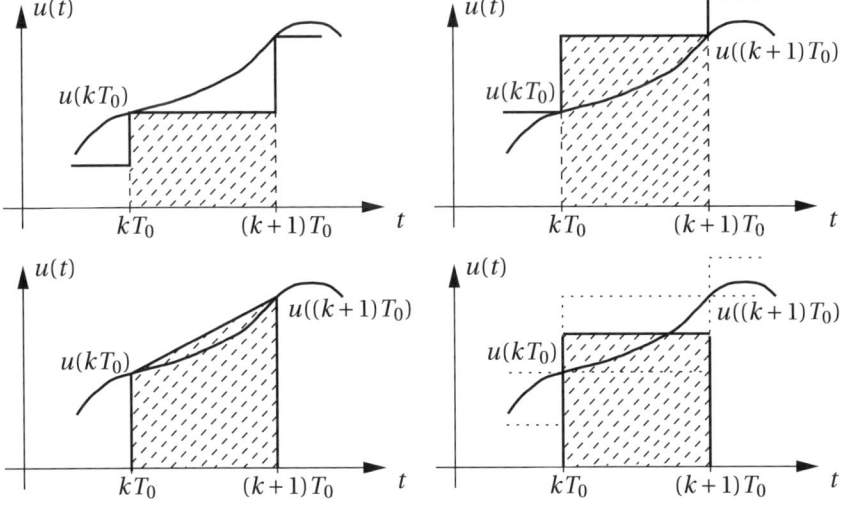

Bild 8.38 Approximation eines I-Gliedes. Obere Reihe: Links: Vorwärts-Rechteckregel (EULER-Integration), rechts: Rückwärts-Rechteckregel. Untere Reihe: Trapezregel

Sie besitzt keinen Durchgangsanteil. Die **Rückwärts-Rechteckregel** führt auf

$$x(k+1) = x(k) + T_0 u(k+1) \quad \text{bzw. die Übertragungsfunktion} \quad G(z) = \frac{T_0\, z}{z-1}. \qquad (8.100)$$

Schließlich kommt häufig der Mittelwert von Vorwärts- und Rückwärts-Rechteckregel zur Anwendung (Bild 8.38 unten rechts). Eine Approximation über die Sekante (Bild 8.38 unten links) führt auf dieselbe integrierte Fläche. Daher bezeichnet diese Methode als die **Trapezregel**. Der formelmäßige Zusammenhang lautet hier

$$x(k+1) = x(k) + \frac{T_0}{2}\left(u(k+1) + u(k)\right) \quad \text{bzw.} \quad G(z) = \frac{T_0}{2}\frac{z+1}{z-1}. \qquad (8.101)$$

 Diese beschriebenen Integrationsregeln approximieren alle $G(s) = 1/s$, so dass man sich folgende Transformationsvorschriften von $G(s) \rightarrow G(z)$ ableiten kann:

$$s \longrightarrow \frac{z-1}{T_0} \qquad\qquad \text{Vorwärts-Regel} \qquad\qquad (8.102)$$

$$s \longrightarrow \frac{1}{T_0}\frac{z-1}{z} \qquad\qquad \text{Rückwärts-Regel} \qquad\qquad (8.103)$$

$$s \longrightarrow \frac{2}{T_0}\frac{z-1}{z+1} \qquad\qquad \text{Trapez-Regel} \qquad\qquad (8.104)$$

Die Trapez-Regel ist auch als die TUSTIN-Methode oder als **Bilineartransformation** bekannt. Sie kommt insbesondere auch bei Filterentwürfen zum Einsatz (vgl. Beispiel 4.12).

Interessant in diesem Zusammenhang ist die tatsächliche Abbildung der Pole von der komplexen s-Ebene in die komplexe z-Ebene unter Anwendung der angeführten Vorschriften (vgl. Bild 8.39). Zur Erinnerung (vgl. Gl. (7.25)): Die exakte Korrespondenz zwischen den zeitkontinuierlichen und zeitdiskreten Polen lautet

$$\boxed{z = \mathrm{e}^{s T_0}} \qquad\qquad (8.105)$$

und bildet die linke s-Halbebene, d. h. den stabilen Bereich in das Innere des Einheitskreises der komplexen z-Ebene ab. Dies erkennt man etwa, wenn man in Gl. (8.105) die Imaginäre Achse $s = j\omega$ als Argument anwendet: $z = \mathrm{e}^{j\omega T_0}$ stellt dann einen Punkt auf dem Einheitskreis dar.

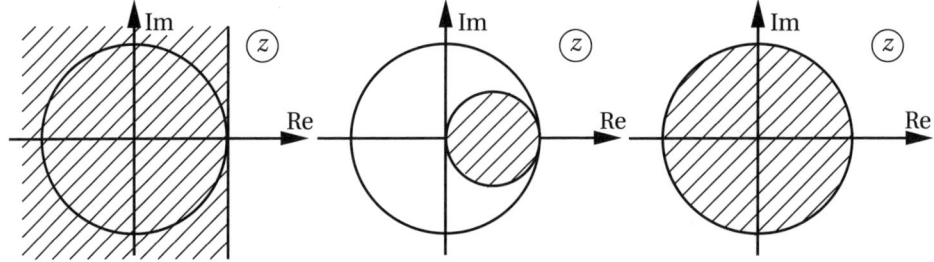

Bild 8.39 Transformation der komplexen linken s-Halbebene (Stabilitätsgebiet) in die komplexe z-Ebene (gestrichelte Fläche). Von links nach rechts: Vorwärts-Regel, Rückwärts-Regel, Trapez-Regel.

Die Anwendung der **Vorwärts-Regel** bildet instabile zeitkontinuierliche Systeme stets in instabile zeitdiskrete Systeme ab. Allerdings können aus stabilen zeitkontinuierlichen Systemen auch instabile zeitdiskrete Systeme entstehen.

Die Anwendung der **Rückwärts-Regel** bildet stabile zeitkontinuierliche Systeme stets in stabile zeitdiskrete Systeme ab. Allerdings können aus instabilen zeitkontinuierlichen Systemen auch stabile zeitdiskrete Systeme entstehen.

Schließlich bildet die **Trapez-Regel** die linke s-Halbebene in das Innere des Einheitskreises der z-Ebene ab und bewahrt somit die Stabilitäts- bzw. Instabilitätseigenschaften. Ein Nachteil ist jedoch die auftretende Frequenzverzerrung – es wird ja die gesamte Imaginärachse der s-Ebene auf den auf 2π begrenzten Einheitskreis der z-Ebene abgebildet. Gewünschte Eigenschaften werden ggf. nicht mehr für die gewünschten Frequenzen erzielt.

Mit dem so genannten **Pre-Warping** kann man die Transformation so parametrieren, dass zumindest für eine zweckmäßig ausgewählte Kreisfrequenz ω_E die Korrektur der Frequenzverzerrung gelingt. Dazu passt man die Ersetzungsvorschrift (8.104) wie folgt an:

$$s \longrightarrow \frac{\omega_E}{\tan(\omega_E T_0/2)} \frac{z-1}{z+1}. \tag{8.106}$$

Beispiel 8.13 Vorwärts-/Rückwärts-Regel an PT_1-Strecken

Für die stabile PT_1-Strecke $G(s) = 1/(s+1)$ führen die Anwendung der Vorwärts- und der Rückwärts-Regel auf

$$G_{VR}(z) = \frac{T_0}{z+T_0-1} \quad ; \quad G_{RR}(z) = \frac{T_0 z}{(1+T_0)z-1}.$$

Wohingegen die Anwendung der Rückwärts-Regel für alle Abtastzeiten T_0 zu einem stabilen $G_{RR}(z)$ führt, wird $G_{VR}(z)$ instabil für $T_0 > 2$.

Für die instabile PT_1-Strecke $G(s) = 1/(s-1)$ führen die Anwendung der Vorwärts- und der Rückwärts-Regel auf

$$G_{VR}(z) = \frac{T_0}{z-(1+T_0)} \quad ; \quad G_{RR}(z) = \frac{T_0 z}{(1-T_0)z-1}.$$

Hier führt die Anwendung der Vorwärts-Regel stets zu einem instabilen $G_{VR}(z)$, $G_{RR}(z)$ wird aber stabil für $T_0 > 2$. ■

Mit der Beziehung in Gl. (8.105) lässt sich auch die Methode **Zero-Pole Matching** (Approximation des Pole/Nullstellen-Bildes) zur Approximation des Klemmenmodells motivieren.

Bei diesem Verfahren wendet man Gl. (8.105) zur Transformation der Pole und der endlichen Nullstellen von $G(s)$ an. Zusätzlich erzeugt man weitere Nullstellen bei $z = -1$, bis die Übertragungsfunktion $G(z)$ einen Polüberschuss von eins aufweist (oder null für ein System mit Durchgangsanteil). Des Weiteren stellt man die statische Verstärkung exakt ein, d. h. es gilt dann $G(s=0) = G(z=1)$ (außer für Systeme mit integralem Verhalten).

Aufgrund des geringen Rechenaufwands und der guten Approximationsfähigkeit (Verwendung bekannter Beziehungen zwischen dem Systemverhalten und den Polen und Nullstellen) ist die Methode sehr beliebt in der Praxis.

Beispiel 8.14 Bilineartransformation und Zero-Pole Matching an PT_1-Strecke

Für die stabile PT_1-Strecke $G(s) = 1/(s+1)$ führt die Anwendung der Bilineartransformation auf

$$G_{\mathrm{BT}}(z) = \frac{T_0(z+1)}{(2+T_0)z - (2-T_0)}$$

und die Anwendung des Zero-Pole Matching auf

$$G_{\mathrm{ZP}}(z) = \frac{1 - \mathrm{e}^{-T_0}}{z - \mathrm{e}^{-T_0}} \quad \text{oder} \quad G_{\mathrm{ZP}}(z) = \frac{z+1}{2}\frac{1 - \mathrm{e}^{-T_0}}{z - \mathrm{e}^{-T_0}},$$

je nachdem, ob man auf einen Polüberschuss von eins oder null entwirft. Der erste Ausdruck entspricht hier sogar der exakten Diskretisierung bei Anwendung eines H_0-Modulators. Beide Ausdrücke $G_{\mathrm{BT}}(z)$ und $G_{\mathrm{ZP}}(z)$ sind für alle Abtastzeiten T_0 stabil. ■

Abschließend wird noch der Zusammenhang zwischen den Polen eines kontinuierlichen Systems in der komplexen s-Ebene und den Polen der $\mathcal{Z}$-Übertragungsfunktion in der z-Ebene näher untersucht (vgl. Gl. (8.105)).

Für die Vorgabe geeigneter zeitdiskreter Pole ist die Stabilität zu fordern, die dann vorliegt, wenn alle Pole z_i der Übertragungsfunktion innerhalb des Einheitskreises liegen,

$$\boxed{|z_i| < 1, \qquad i = 1, 2, \ldots, n}.$$

Wird noch eine Stabilitätsreserve $\delta > 0$ verlangt, gilt die schärfere Bedingung $|z_i| < \mathrm{e}^{-\delta T_0}$ (vgl. hierzu auch Bild 8.40a). Für zwei wichtige Polstellenverteilungen (System mit Stabilitätsreserve $\delta > 0$ und System mit Stabilitätsreserve und Mindestdämpfung, vgl. auch Bild 8.22, rechts) sind die Verhältnisse in Bild 8.40 dargestellt.

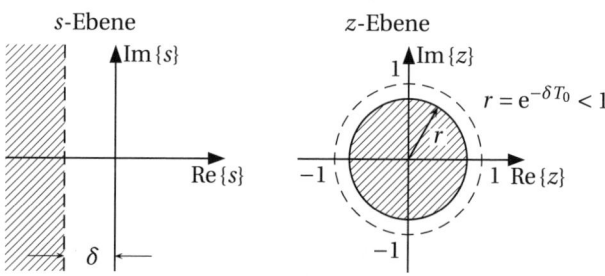

a) System mit Stabilitätsreserve $\delta > 0$

Bild 8.40
Polstellenverteilung in der s-Ebene und der z-Ebene

a) System mit Stabilitätsgrenze $\delta > 0$

b) System mit Stabilitätsreserve und Mindestdämpfung

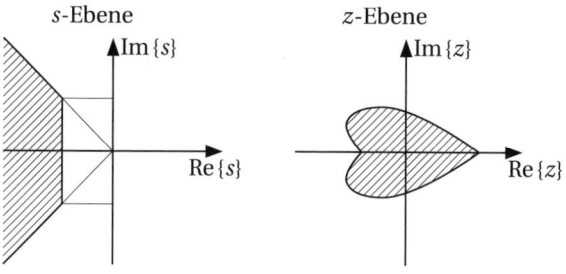

b) System mit Stabilitätsreserve und Mindestdämpfung

Zustandsraumdarstellung

Exakte Beschreibung des Zustandsmodells: Nach Gl. (7.13) (Seite 258) folgt die Lösung der Zustandsgleichung aus einem Integral. Ist dem Prozess ein Halteglied 0.-ter Ordnung vorgeschaltet, lässt sich daraus eine Differenzengleichung ableiten. Beginnend mit Gl. (7.13)

$$x(t_1) = e^{A(t_1 - t_0)} x(t_0) + \int_{t_0}^{t_1} e^{A(t_1 - \tau)} B u(\tau) d\tau$$

folgt mit der unteren Grenze $t_0 = k\,T_0$ und der oberen Grenze $t_1 = (k+1)\,T_0$

$$x((k+1)\,T_0) = e^{A T_0} x(k\,T_0) + \int_{kT_0}^{(k+1)T_0} e^{A((k+1)T_0 - \tau)} B u(\tau) d\tau. \tag{8.107}$$

Wegen der Abtastung mit H_0-Modulator gilt im rechts offenen Zeitintervall $[kT_0, (k+1)T_0[$ $u(\tau) = u(\tau = kT_0) = $ konst.. Ersetzt man noch $x((k+1)\,T_0)$ durch $x(k+1)$ und $x(k\,T_0)$ durch $x(k)$, ergibt sich

$$x(k+1) = A_{\mathrm{d}} x(k) + B_{\mathrm{d}} u(k), \qquad k = 0, 1, 2, \ldots \tag{8.108}$$

Dabei kommen folgende Abkürzungen zur Anwendung:

$$A_{\mathrm{d}} = e^{A T_0}, \qquad B_{\mathrm{d}} = \int_0^{T_0} e^{A(T_0 - \tau)} B d\tau = A^{-1}(A_{\mathrm{d}} - I) B. \tag{8.109}$$

Das letzte Gleichheitszeichen gilt für $T_0 \neq 0$ und ein reguläres A (d.h. $\det[A] \neq 0$). Für Systeme niedriger Ordnung gelingt mit Gl. (A.76) die Berechnung „per Hand" gemäß

$$A_{\mathrm{d}} = e^{A T_0} = \mathscr{L}^{-1}\left\{(sI - A)^{-1}\right\}\big|_{t = T_0}. \tag{8.110}$$

Aufgrund der Datenverarbeitung und/oder Datenübertragung treten nicht selten Totzeiten auf. Bei einem verzögerten Stellvektor $u(t - T_{\mathrm{t}})$ mit $T_{\mathrm{t}} < T_0$ zerfällt dann das Integral in Gl. (8.107) in zwei Teile und man erhält die exakte Systembeschreibung

$$x(k+1) = A_{\mathrm{d}} x(k) + B_{\mathrm{d}}^1 u(k-1) + B_{\mathrm{d}}^0 u(k), \qquad k = 0, 1, 2, \ldots \tag{8.111}$$

Dabei werden folgende Abkürzungen verwendet (ohne Herleitung):

$$A_{\mathrm{d}} = e^{A T_0}, \tag{8.112a}$$

$$B_{\mathrm{d}}^1 = e^{A(T_0 - T_{\mathrm{t}})} \int_0^{T_{\mathrm{t}}} e^{A(T_{\mathrm{t}} - \tau)} B d\tau, \tag{8.112b}$$

$$B_{\mathrm{d}}^0 = \int_0^{T_0 - T_{\mathrm{t}}} e^{A(T_0 - T_{\mathrm{t}} - \tau)} B d\tau. \tag{8.112c}$$

Man kann leicht überprüfen, dass Lösung (8.109) für $T_{\mathrm{t}} = 0$ darin enthalten ist.

 (Bekannte) Totzeiten lassen sich damit beim zeitdiskreten Entwurf für das Führungsverhalten mit herkömmlichen Zustandsraumverfahren **exakt** behandeln.

Wie man mit $T_{\mathrm{t}} > T_0$ umgeht, bzw. verzögerte Eingangsvektoren – also z. B. das $u(k-1)$ in Gl. (8.111) oder noch größere Totzeiten – in die Zustandraumdarstellung überführt und behandelt, zeigt exemplarisch Beispiel 8.15.

Beispiel 8.15 Objektverfolgung mit Totzeit-behaftetem Kamerasystem

Eine Kamera ist auf einem Drehantrieb montiert und soll einem bewegten Zielobjekt folgen (Bild 8.41). Die Objekterkennung (Bildverarbeitung) liefert in einer kaskadierten Regelung die Solldrehrate ω_{soll} für die Aktuierung der Kamera.

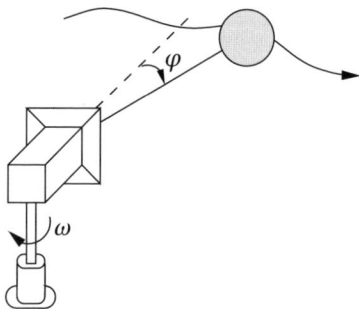

Bild 8.41
Objektverfolgung mit Kamerasystem

Der dafür verwendete Regler sei so schnell, dass sich der geschlossene Regelkreis für die Kameraaktuierung durch ein PT_1-System modellieren lässt:

$$\dot{\omega} = -\frac{1}{T_1}\omega + \frac{1}{T_1}\omega_{soll} \quad \text{mit der resultierenden Zeitkonstante}\, T_1.$$

Mit den Zuständen $\boldsymbol{x}^{\mathrm{T}} = [\varphi, \dot{\varphi}]$, wobei $\dot{\varphi} = \omega$, erhält man die Zustandsraumdarstellung

$$\dot{\boldsymbol{x}} = \begin{bmatrix} 0 & 1 \\ 0 & -\frac{1}{T_1} \end{bmatrix} \boldsymbol{x} + \begin{bmatrix} 0 \\ \frac{1}{T_1} \end{bmatrix} \omega_{soll},$$

auf die wir nun Gl. (8.109) anwenden und erhalten (exakt)

$$\boldsymbol{x}(k+1) = \begin{bmatrix} 1 & T_1(1 - \mathrm{e}^{-T_0/T_1}) \\ 0 & \mathrm{e}^{-T_0/T_1} \end{bmatrix} \boldsymbol{x}(k) + \begin{bmatrix} T_0 - T_1(1 - \mathrm{e}^{-T_0/T_1}) \\ 1 - \mathrm{e}^{-T_0/T_1} \end{bmatrix} \omega_{soll}(k).$$

Im System treten Totzeiten zwischen der Bilderfassung und der Aufschaltung der Stellgröße auf. Die Totzeit T_t sei hier ein ganzzahliges Vielfaches der Abtastzeit $T_t = 2T_0$ und damit die Zustandsraumdarstellung mit $u(k) = \omega_{soll}(k)$ von der Form

$$\boldsymbol{x}(k+1) = \boldsymbol{A}_{\mathrm{d}}\boldsymbol{x}(k) + \boldsymbol{b}_{\mathrm{d}}u(k-2).$$

Um die Abhängigkeit von $(k-2)$ zu eliminieren, führt man zwei neue Zustände ein $x_3(k) = u(k-2)$; $x_4(k) = u(k-1)$, womit sich folgende Zusammenhänge ergeben:

$$x_3(k+1) = x_4(k),$$
$$x_4(k+1) = u(k),$$
$$\boldsymbol{x}(k+1) = \boldsymbol{A}_{\mathrm{d}}\boldsymbol{x}(k) + \boldsymbol{b}_{\mathrm{d}}x_3(k).$$

Mit dem erweiterten Zustandsvektor $\bar{\boldsymbol{x}}^{\mathrm{T}} = \left[\boldsymbol{x}^{\mathrm{T}}, x_3, x_4\right] \in \mathbb{R}^4$ erhält man

$$\bar{\boldsymbol{x}}(k+1) = \left[\begin{array}{cc|cc} & & & 0 \\ \multicolumn{2}{c|}{\boldsymbol{A}_{\mathrm{d}}} & \boldsymbol{b}_{\mathrm{d}} & 0 \\ \hline 0 & 0 & 0 & 1 \\ 0 & 0 & 0 & 0 \end{array}\right] \bar{\boldsymbol{x}}(k) + \begin{bmatrix} 0 \\ 0 \\ 0 \\ 1 \end{bmatrix} \omega_{soll}(k).$$

Dafür erfolgt ein klassischer Reglerentwurf, z. B. ein Optimalregler (Abschnitt 8.4.1).

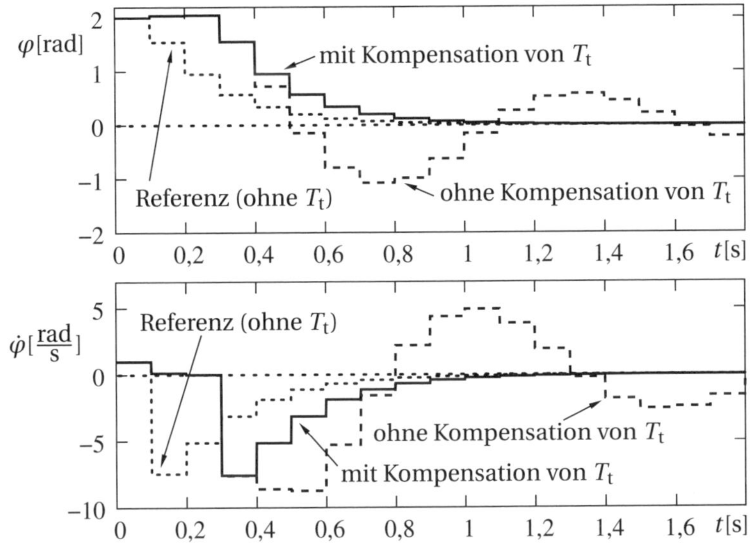

Bild 8.42 Zustandsverläufe (mit und ohne Berücksichtigung der Totzeit)

Bild 8.42 vergleicht für die Abtastzeit $T_0 = 0,1\,\text{s}$ die Verläufe der Zustände für die Fälle

- Regelung eines fiktiven Totzeit-freien Systems 2. Ordnung (Referenzverhalten)
- System mit Totzeit, aber Reglerentwurf ohne Berücksichtigung der Totzeit
- System mit Totzeit, Regler mit der oben beschriebenen Erweiterung

Wie zu erkennen, lässt sich die Totzeit im Führungsverhalten exakt kompensieren. Man erhält genau die gleiche Systemantwort wie beim Reglerentwurf für das Totzeit-freie System, mit dem Unterschied, dass die Antwort um die Totzeit verschoben ist. Leider ist eine derartige Vorgehensweise beim Störverhalten nicht möglich – gegen völlig unbekannte Störungen kann man erst nach Ablauf der Totzeit reagieren.   ∎

Approximation des Zustandsraummodells: Die Berechnung von Gl. (8.109) erfolgt häufig über Reihenentwicklungen. Es gilt für die Exponentialfunktion

$$A_\text{d} = \text{e}^{A T_0} = \sum_{j=0}^{\infty} \frac{1}{j!} (A T_0)^j .$$

Numerisch günstiger ist dabei die Einführung der folgenden Matrix

$$\boldsymbol{\Psi} = T_0 \sum_{j=0}^{M} \frac{1}{(j+1)!} (A T_0)^j \tag{8.113}$$

und die Approximation gemäß

$$A_\text{d} \approx I + A\boldsymbol{\Psi}, \qquad B_\text{d} \approx \boldsymbol{\Psi} B . \tag{8.114}$$

Für $M \to \infty$ konvergiert die Approximation gegen die exakte Lösung. Aber selbst für $M = 0$ und $M = 1$ erhält man meist schon gute Approximationen für die Matrizen A_d und B_d.

$$M = 0: \quad A_d = I + T_0 A \qquad \text{und} \qquad B_d = T_0 B,$$

$$M = 1: \quad A_d = I + T_0 A + \frac{1}{2} T_0^2 A^2 \qquad \text{und} \qquad B_d = T_0 \left(I + \frac{1}{2} T_0 A \right) B.$$

Ein anderer Ansatz zur Approximation gelingt mit den in Gln. (8.102) – (8.104) eingeführten Transformationsvorschriften. Man startet bei der Zustandsgleichung

$$\dot{x}(t) = A x(t) + B u(t)$$

und führt für das energiefreie System eine LAPLACE-Transformation durch,

$$s X(s) = A X(s) + B U(s).$$

Nun kommen die in den Gln. (8.102) – (8.104) eingeführten Transformationsvorschriften zur Anwendung.

Am Beispiel der Vorwärts-Regel Gl. (8.102) (Differenzenquotient) erhalten wir

$$\frac{z-1}{T_0} X(z) = A X(z) + B U(z),$$

bzw. im Zeitbereich $x(k+1) = \underbrace{(I + T_0 A)}_{A_d} x(k) + \underbrace{T_0 B}_{B_d} u(k).$

Ein Vergleich mit Gln. (8.113) und (8.114) zeigt, dass dies der Reihenentwicklung für $M = 0$ entspricht. Daraus folgt, dass man schon für $M = 1$ eine bessere Approximation für das abgetastete System erwarten kann als durch Verwendung des einfachen Differenzenquotienten.

Wahl der Abtastzeit

Die Wahl einer geeigneten Abtastzeit erfordert einige Erfahrung mit den teils konkurrierenden Anforderungen. Zum Verständnis sind nachfolgend einige Argumente aufgeführt.

Für **schnelles Abtasten**, bzw. **kleine Abtastzeiten** spricht:

- Berücksichtigung des Abtasttheorems nach NYQUIST/SHANNON als Mindestanforderung (vgl. Gl. (4.46))
- Schnelleres Erkennen von Störungen und Einleiten regulativer Maßnahmen
- Höhere Regelkreisdynamik realisierbar
- Geringer Fehler bei der Approximation zeitkontinuierlicher Regler

Für **langsames Abtasten**, bzw. **größere Abtastzeiten** spricht:

- Begrenzte Rechnerleistung
- Zu kleine Abtastzeiten führen wegen der zu „großen Ähnlichkeiten der Messsignale" zu schlecht konditionierten Datenmatrizen. Alle Pole streben im Grenzfall $T_0 \to 0$ gegen $e^{\lambda_i T_0} \to 1$, vgl. Gl. (8.105). Die zeitdiskrete Systembeschreibung enthält für $T_0 = 0$ keine Informationen mehr, es gilt dann $A_d = I$ und $B_d = 0$.
- Rechnerauflösung: Je mehr Informationen zwischen den Abtastzeitpunkten entstehen, desto geringer ist der Einfluss der Wertquantisierung.
- Im Allgemeinen bessere Konditionierung der Beobachtbarkeit (bei gegebener Varianz des Messrauschens muss das Nutzsignal in der Ausgangsgröße erkennbar sein)

In der Praxis findet man folgende **Daumenregeln**:

- Die Abtastfrequenz sollte 6–10 mal der Bandbreite des Regelkreises entsprechen.
- In der Anregelzeit des Regelkreises sollten 4–10 Abtastungen liegen (vgl. Abschnitt 8.1.1).
- Das Abtasthalteglied sollte weniger als 5–15° Phasenabsenkung bewirken bei der Durchtrittsfrequenz des zeitkontinuierlichen Systems durch die 0dB-Linie. Der Frequenzgang des H_0-Modulators selbst lautet

$$G_{H_0}(s) = \frac{1 - \mathrm{e}^{-sT_0}}{sT_0}. \tag{8.115}$$

Die dadurch bedingte zusätzliche Phasenabsenkung ist auch der Grund dafür, dass die Stabilität eines zeitkontinuierlichen Regelkreises nur eine **notwendige Voraussetzung** für die Stabilität des durch Abtastung erhaltenen diskreten Systems ist. Wie Beispiel 8.16 erläutert, erzeugt die Zeitdiskretisierung durch Abtastung plus Halteglied 0.-ter Ordnung eine zusätzliche Totzeit von $T_\mathrm{t} = \frac{1}{2}T_0$.

Beispiel 8.16 Wahl der Abtastzeit für die Regelung einer PT_2-Strecke

Betrachtet wird die PT_2-Strecke mit der Übertragungsfunktion

$$G(s) = \frac{1}{1 + \frac{2D}{\omega_\mathrm{E}}s + \frac{1}{\omega_\mathrm{E}^2}s^2} = \frac{1}{1 + 0{,}1s + 0{,}01s^2} \quad , \text{d.h. } \omega_\mathrm{E} = 10\,\mathrm{rad/s} \text{ und } D = 0{,}5.$$

Hierbei steht ω_E für die Kreisfrequenz des ungedämpften Systems und D für den Dämpfungsfaktor. Es wird eine geeignete Abtastzeit T_0 gesucht.

Lösung:

In erster Näherung tritt der Amplitudengang bei $\omega_\mathrm{E} = 10$ rad/s durch die 0dB-Linie. Nach einer Daumenregel kann man außerdem in erster Näherung Bandbreite und Durchtrittsfrequenz vom offenen Kreis als identisch ansehen. Der Frequenzgang des H_0-Modulators berechnet sich wie folgt:

$$G_{H_0}(s = j\omega) = \frac{1 - \mathrm{e}^{-j\omega T_0}}{j\omega T_0} = \mathrm{e}^{-\frac{j\omega T_0}{2}}\, \frac{\mathrm{e}^{\frac{j\omega T_0}{2}} - \mathrm{e}^{-\frac{j\omega T_0}{2}}}{j\omega T_0}$$

$$= \mathrm{e}^{-\frac{j\omega T_0}{2}}\, \frac{\sin(\frac{\omega T_0}{2})}{\frac{\omega T_0}{2}} = \mathrm{e}^{-\frac{j\omega T_0}{2}}\, \mathrm{si}\!\left(\frac{\omega T_0}{2}\right).$$

Wie man sieht, beeinflusst der H_0-Modulator neben der Phase auch den Amplitudengang über eine si-Funktion. Die Phase wird gemäß $-(\omega T_0)/2$ abgesenkt, genauso wie bei einem Totzeitglied mit $T_\mathrm{t} = T_0/2$. Mit der Forderung nach maximal 10° Phasenabsenkung bei der Durchtrittsfrequenz ω_E ergibt sich

$$\frac{\omega_\mathrm{E} T_0}{2} < 10° \frac{\pi}{180°} \Rightarrow T_0 < \frac{2 \cdot 10°}{180°}\frac{\pi}{\omega_\mathrm{E}} = \frac{\pi}{90}\mathrm{s} \approx 34{,}8\,\mathrm{ms}.$$

Eine Mindestanforderung ist die Rekonstruktion von ω_E nach der Abtastung. Aus dem Abtasttheorem in Gl. (4.46) folgt $\omega_\mathrm{s} > 2\omega_\mathrm{max} \approx 20\frac{\mathrm{rad}}{\mathrm{s}}$ und $T_0 < \frac{2\pi}{\omega_\mathrm{s}} = \frac{\pi}{10}\mathrm{s} \approx 314\,\mathrm{ms}$. Aufgrund der Forderung „Abtastfrequenz = 10 mal Bandbreite" erhält man etwa

$$T_0 < \frac{2\pi}{10\omega_\mathrm{s}} = \frac{\pi}{50}\,\mathrm{s} \approx 62{,}8\,\mathrm{ms}\,.$$

Ein Wert von $T_0 = 30\,\mathrm{ms}$ scheint hier adäquat. Bild 8.43 zeigt die Sprungantwort des offenen Kreises sowie die Antwort des über einen Regler 3. Ordnung geschlossenen Regelkreises auf einen Führungsgrößensprung. Wie zu erkennen, umfasst die Anregelzeit etwa 8 Abtastungen.

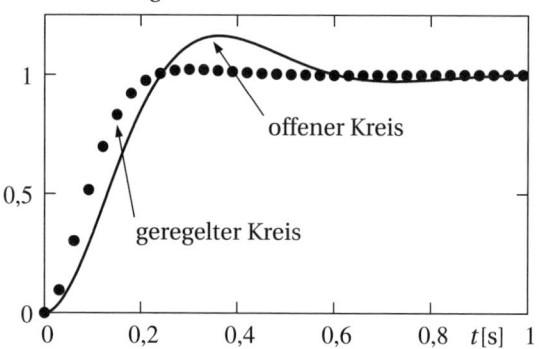

Bild 8.43
Antwort auf
Führungsgrößensprung ■

8.5.2 Entwurf und Implementierung digitaler Regelungen

Zeitdiskreter Regelungsentwurf

Wie gesehen, weisen die Beschreibungen von zeitkontinuierlichen und zeitdiskreten dynamischen Systemen große Ähnlichkeiten auf. Daraus folgt, dass sich die Strukturen digitaler Regelkreise kaum von denen der kontinuierlichen unterscheiden und sich die Analyse- und Entwurfsverfahren weitestgehend übernehmen lassen, wenn die zeitdiskrete Beschreibung erst einmal vorliegt.

Im Zustandsraum kann der Entwurf z. B. analog zu den Abschnitten 8.3.1 und 8.4.1 durch Polzuweisung oder durch Entwurf eines Optimalreglers erfolgen. Um eine Zustandsrückführung zu realisieren, benötigt man in der Regel einen Beobachterentwurf, dessen zeitdiskrete Implementierung bereits in Abschnitt 8.3.2 diskutiert wurde.

Beispiel 8.17 Abtastregelung für das inverse Pendel (vgl. Bild 8.44)

Für das inverse Pendel mit horizontal bewegtem Aufhängepunkt ist eine Abtastregelung per Polzuweisung zu entwerfen. Als Stellgröße dient die auf $(m_1 + m_2)g$ bezogene Horizontalkraft $F(t)$. Außerdem soll an der Pendelspitze eine Störkraft $S(t)$ angreifen.

1. Wie lautet die linearisierte Bewegungsgleichung für den Pendelwinkel $\theta(t)$?
2. Es ist das zeitdiskrete Zustandsraummodell unter Verwendung des einfachen Differenzenquotienten (Vorwärts-Regel) und die exakte Lösung bei Verwendung eines H_0-Modulators anzugeben und für $T_0 = 0{,}05\,\mathrm{s}$ und $T_0 = 0{,}5\,\mathrm{s}$ zu vergleichen.
3. Es ist eine lineare Zustandsrückführung so zu entwerfen, dass die $\mathcal{Z}$-Übertragungsfunktion stabile Pole bei $z_{1,2} = \delta \pm j\omega$ mit $\delta^2 + \omega^2 < 1$ aufweist.
   Welche Rückführung benötigt man für die schnellstmögliche Reglereinstellung?
4. Wie lautet die $\mathcal{Z}$-Störübertragungsfunktion (Störkraft $S(t) \rightarrow$ Pendelwinkel $\theta(t)$)?

Gegeben: m_1, m_2, l, $I_2^{(S)} = \dfrac{1}{3}\,m_2 l^2$, $I_2 = I_2^{(S)} + m_2 l^2 = \dfrac{4}{3}\,m_2 l^2$, δ, ω, $S(t)$, Reibungseinflüsse seien vernachlässigbar.

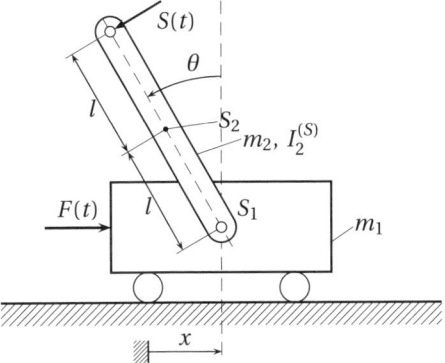

Bild 8.44
Stabilisierung des
inversen Pendels

Lösung:

1. Für das in Beispiel 7.9 eingeführte inverse Pendel lauten die in der instabilen Gleichgewichtslage $\theta^* = \pi$ linearisierten Bewegungsgleichungen (ohne Δ-Symbol):

$$
\begin{bmatrix} m_1 + m_2 & -m_2 l \\ -m_2 l & \dfrac{4}{3} m_2 l^2 \end{bmatrix} \begin{bmatrix} \ddot{x} \\ \ddot{\theta} \end{bmatrix} + \begin{bmatrix} c & 0 \\ 0 & -m_2 g l \end{bmatrix} \begin{bmatrix} x \\ \theta \end{bmatrix} = c \begin{bmatrix} u \\ 0 \end{bmatrix} .
$$

Darin ist die vorhandene Weg-Anregung durch eine Kraft-Anregung $F(t)$ zu ersetzen
und es ist ein durch die Störkraft $S(t)$ um den Drehpunkt erzeugtes Moment $2lS(t)$
einzufügen. Das Ergebnis ist

$$
\begin{bmatrix} m_1 + m_2 & -m_2 l \\ -m_2 l & \tfrac{4}{3} m_2 l^2 \end{bmatrix} \begin{bmatrix} \ddot{x} \\ \ddot{\theta} \end{bmatrix} + \begin{bmatrix} 0 & 0 \\ 0 & -m_2 g l \end{bmatrix} \begin{bmatrix} x \\ \theta \end{bmatrix} = \begin{bmatrix} F(t) \\ 2lS(t) \end{bmatrix} .
$$

Da wir nur an der Regelung des Pendels und nicht der Wagenposition interessiert
sind, erfolgt eine Elimination von x, die hier aufgrund der besonderen Struktur einfach gelingt:

$$
\ddot{\theta}(t) - \frac{3(m_1 + m_2)}{4m_1 + m_2}\frac{g}{l}\theta(t) = \frac{6(m_1 + m_2)}{(4m_1 + m_2)m_2 l}S(t) + \frac{3}{(4m_1 + m_2)l}F(t).
$$

Zur Vereinfachung der Schreibarbeit findet eine Darstellung in dimensionsloser
Form statt durch die Substitution $\tau = \omega_0 t$ mit $\omega_0^2 = \dfrac{3(m_1 + m_2)}{4m_1 + m_2}\dfrac{g}{l}$

$$
\frac{\mathrm{d}^2}{\mathrm{d}\tau^2}\theta(\tau) - \theta(\tau) = u(\tau) + n(\tau),
$$

wobei hier von den Abkürzungen $u(\tau) = F(\tau)/[(m_1 + m_2)g]$ für die Stellgröße sowie
$n(\tau) = 2S(\tau)/(m_2 g)$ für die Störgröße Gebrauch gemacht wurde. Das zeitkontinuierliche Zustandsraummodell lautet

$$
\dot{x}(\tau) = Ax(\tau) + bu(\tau) + b_n n(\tau)
$$

mit $x = \begin{bmatrix} \theta \\ \dot{\theta} \end{bmatrix}$, $A = \begin{bmatrix} 0 & 1 \\ 1 & 0 \end{bmatrix}$, $b = \begin{bmatrix} 0 \\ 1 \end{bmatrix}$, $b_n = \begin{bmatrix} 0 \\ 1 \end{bmatrix}$.

2. Bei Verwendung der Vorwärts-Regel (Gl. (8.102)) $\dot{x}(\tau) \approx \dfrac{1}{T_0}\,(x(k+1) - x(k))$ ergibt sich das zeitdiskrete Zustandsraummodell

$$x(k+1) = \underbrace{[I + T_0 A]}_{A_d}\,x(k) + \underbrace{T_0 b}_{b_d}\,u(k) + \underbrace{T_0 b_n}_{b_{nd}}\,n(k).$$

Für die exakte Lösung nach Gl. (8.109) und (8.110) berechnen wir zunächst

$$A_d = e^{A T_0} = \mathscr{L}^{-1}\left\{(sI - A)^{-1}\right\}\big|_{t=T_0}\,.$$

Die LAPLACE-Rücktransformation von

$$(sI - A)^{-1} = \frac{1}{s^2 - 1}\begin{bmatrix} s & 1 \\ 1 & s \end{bmatrix} = \begin{bmatrix} \frac{s}{(s+1)(s-1)} & \frac{1}{(s+1)(s-1)} \\ \frac{1}{(s+1)(s-1)} & \frac{s}{(s+1)(s-1)} \end{bmatrix} \quad \text{ergibt}$$

$$A_d = \begin{bmatrix} \frac{1}{2}\left(e^t + e^{-t}\right) & \frac{1}{2}\left(e^t - e^{-t}\right) \\ \frac{1}{2}\left(e^t - e^{-t}\right) & \frac{1}{2}\left(e^t + e^{-t}\right) \end{bmatrix}\Bigg|_{t=T_0} = \begin{bmatrix} \cosh(T_0) & \sinh(T_0) \\ \sinh(T_0) & \cosh(T_0) \end{bmatrix}.$$

Damit erhält man dann für b_d und $b_{nd} = b_d$

$$b_d = A^{-1}(A_d - I)b = \begin{bmatrix} 0 & 1 \\ 1 & 0 \end{bmatrix}\begin{bmatrix} \cosh(T_0) - 1 & \sinh(T_0) \\ \sinh(T_0) & \cosh(T_0) - 1 \end{bmatrix}\begin{bmatrix} 0 \\ 1 \end{bmatrix} = \begin{bmatrix} \cosh(T_0) - 1 \\ \sinh(T_0) \end{bmatrix}.$$

Der Vergleich der beiden Lösungen für $T_0 = 0,05\,\text{s}$ und $T_0 = 0,5\,\text{s}$ ergibt:

$$\text{exakt}: A_d^{0,05\,\text{s}} = \begin{bmatrix} 1,00125 & 0,05002 \\ 0,05002 & 1,00125 \end{bmatrix} \qquad b_d^{0,05\,\text{s}} = \begin{bmatrix} 0,00125 \\ 0,05002 \end{bmatrix}$$

$$A_d^{0,5\,\text{s}} = \begin{bmatrix} 1,12763 & 0,52109 \\ 0,52109 & 1,12763 \end{bmatrix} \qquad b_d^{0,5\,\text{s}} = \begin{bmatrix} 0,12763 \\ 0,52109 \end{bmatrix}$$

$$\text{approx}: A_d^{0,05\,\text{s}} = \begin{bmatrix} 1,00000 & 0,05000 \\ 0,05000 & 1,00000 \end{bmatrix} \qquad b_d^{0,05\,\text{s}} = \begin{bmatrix} 0,00000 \\ 0,05000 \end{bmatrix}$$

$$A_d^{0,5\,\text{s}} = \begin{bmatrix} 1,00000 & 0,50000 \\ 0,50000 & 1,00000 \end{bmatrix} \qquad b_d^{0,5\,\text{s}} = \begin{bmatrix} 0,00000 \\ 0,50000 \end{bmatrix}$$

Für $T_0 = 0,05\,\text{s}$ scheint die Approximation hinreichend gut, bei $T_0 = 0,5\,\text{s}$ werden die Abweichungen signifikant (Eigenwerte der zeitdiskreten Systemmatrix bei 0,5 und 1,5 anstatt bei 0,607 und 1,649).

3. Nach Gl. (8.42) wählt man die Zustandsrückführung gemäß (hier ohne Vorfilter F_R)

$$u(t) = -k^T (x(k) - x_S(k)) \quad \text{mit} \quad k = [k_1\,,\,k_2]^T.$$

Für den Sollgrößenvektor gilt hier außerdem $x_S(k) \equiv 0$ (Betrachtung des Kleinsignalverhaltens um die instabile Gleichgewichtslage). Die Regelungsparameter k_1 und k_2 lassen sich aus den Polstellen der Übertragungsfunktion berechnen. Sie ergeben sich aus der charakteristischen Gleichung

$$\det\left[zI - (I + T_0 A - T_0 b k^T)\right] = \det\begin{bmatrix} z - 1 & -T_0 \\ T_0(k_1 - 1) & z - 1 + T_0 k_2 \end{bmatrix} \overset{!}{=} 0$$

bzw. $z^2 - (2 - T_0 k_2) z + 1 - T_0 k_2 - T_0^2 + T_0^2 k_1 \overset{!}{=} 0$.

Es folgt nun ein Vergleich mit dem gewünschten Sollpolynom $z^2 - 2\delta z + \delta^2 + \omega^2 = 0$, das die Pole $z_{1,2} = \delta \pm j\omega$ besitzt. Damit ergeben sich die Regelungsparameter k_1 und k_2 in Abhängigkeit von δ und ω gemäß

$$k_1 = \frac{(\delta - 1)^2 + \omega^2 + T_0^2}{T_0^2} \quad , \quad k_2 = \frac{2(1 - \delta)}{T_0}.$$

Im Zeitdiskreten besteht die Möglichkeit, einen so genannten **Dead-Beat**-Entwurf vorzunehmen, indem man alle Pole des Systems in den Ursprung der z-Ebene verlagert. Damit wird bei einem System n-ter Ordnung mit einer Stellgröße **jede** konstante Abweichung in n Abtastschritten ausgeregelt. Im Gegensatz dazu wird bei einem zeitkontinuierlichen System, dessen Eigenbewegungen nach e-Funktionen abklingen, der stationäre Zustand streng genommen nie erreicht. Natürlich muss die für den Dead-Beat erforderliche Energie auch vom Steller aufgebracht werden können, ohne dabei die Stellgrößenbeschränkung zu erreichen. Für den Dead-Beat-Entwurf ($\delta = \omega = 0$) wären die Regelungsparameter wie folgt einzustellen

$$k_1^{\text{dead-beat}} = \frac{T_0^2 + 1}{T_0^2} \quad , \quad k_2^{\text{dead-beat}} = \frac{2}{T_0}.$$

4. Für die Wirkung der Störgröße auf die Zustände ermittelt man

$$\boldsymbol{G}_n(z) = \left(z\boldsymbol{I} - \left(\boldsymbol{A}_\mathrm{d} - \boldsymbol{b}_\mathrm{d}\boldsymbol{k}^\mathrm{T}\right)\right)^{-1} \boldsymbol{b}_{nd} = \frac{T_0}{(z - \delta)^2 + \omega^2} \begin{bmatrix} T_0 \\ z - 1 \end{bmatrix}, \quad \boldsymbol{X}_n(z) = \boldsymbol{G}_n(z) N(z).$$

Ihre Entsprechung im Zeitbereich lautet für den Pendelwinkel

$$\theta(k + 2) - 2\delta\theta(k + 1) + (\delta^2 + \omega^2)\theta(k) = T_0^2 n(k).$$

Bild 8.45 stellt die Systemantworten und Stellgrößen für die zwei Fälle dar:

- $n(k) = 1$ für $k \geq 0$ (Sprungfunktion),

- $n(k) = \begin{cases} 1 & \text{für } k = 0 \\ 0 & \text{sonst} \end{cases}$ (Einheitsimpuls)

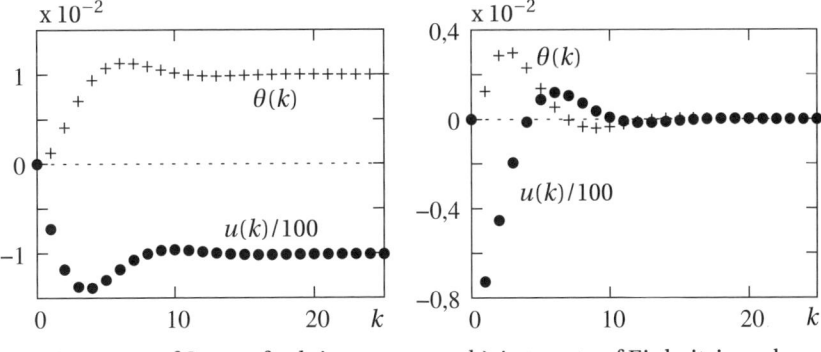

a) Antwort auf Sprungfunktion   b) Antwort auf Einheitsimpuls

Bild 8.45 Durch Abtastregelung stabilisiertes inverses Pendel: a) Antwort auf Sprungfunktion, b) Antwort auf Einheitsimpuls ($T_0 = 0,05$ s; $\delta = 0,7$; $\omega = 0,4$).

Approximation kontinuierlicher Regler

 Sieht man von den Schwierigkeiten ab, die mit sehr schneller Abtastung eintreten können (vgl. „Wahl der Abtastzeit", Seite 380) oder auch den sonst beschriebenen Eigenschaften der Abtastung, dann kann man kontinuierliche Regler in guter Approximation durch einen Abtastregler ersetzen, wenn die Abtastzeit klein gegenüber der maßgebenden Zeitkonstanten T_s des Systems ist. Als Daumenregel kann gelten

$$T_0 < \frac{1}{30} T_s.$$

Dabei geht man vorzugsweise von einem zeitkontinuierlichen Regler in Form einer Übertragungsfunktion aus und wendet dann die in den Gln. (8.102) – (8.104) eingeführten Transformationen an. Die Vorgehensweise wird nun am Beispiel des allgegenwärtigen PID-Reglers erläutert (vgl. Abschnitt 8.2.1).

PID-Regler, Ansatz 1: Ausgangspunkt ist die Form in Gl. (8.36) und man setzt die einzelnen Bestandteile des Reglers mit geeigneten Transformationen um.

P-Glied: Das P-Glied lautet bekanntermaßen

$$u_P(k) = K_P\, e(k), \quad \text{mit} \quad K_P = \text{konst.}, \tag{8.116}$$

bzw. im Bildbereich mit $\mathscr{Z}\{u_P(k)\} = U_P(z)$ und $\mathscr{Z}\{e(k)\} = E(z)$

$$U_P(z) = K_P E(z).$$

D-Glied: Das Regelgesetz lautet $u_D(t) = K_D \dot{e}(t)$ mit $K_D = K_P\, T_V = \text{konst.}$. Die Approximation von $\dot{e}(t)$ nach der Vorwärts-Regel (vgl. Gl. (8.102)) lautet

$$\dot{e}(kT_0) = \dot{e}(k) \approx \frac{1}{T_0}\,(e(k) - e(k-1)) \quad \text{und führt auf}$$

$$u_D(k) = \frac{1}{T_0} K_D\,(e(k) - e(k-1)) \quad \text{mit} \quad K_D = K_P\, T_V = \text{konst.}\,. \tag{8.117}$$

Die $\mathscr{Z}$-Übertragungsfunktion des D-Gliedes lautet somit

$$U_D(z) = \frac{1}{T_0} \frac{z-1}{z} K_D\, E(z).$$

I-Glied: Durch Approximation des Integrals nach der Trapezregel (Gl. (8.104)) kann eine rekursive Darstellung für das I-Glied angegeben werden,

$$u_I(k) = u_I(k-1) + \frac{1}{2} T_0 K_I\,[e(k-1) + e(k)] \quad \text{mit} \quad K_I = K_P/T_N = \text{konst.}\,. \tag{8.118}$$

Daraus ergibt sich die $\mathcal{Z}$-Übertragungsfunktion

$$U_I(z) = \frac{1}{2} T_0 \frac{z+1}{z-1} K_I E(z).$$

PID-Regelung

Sie erhält man durch die Kombination $U_{PID}(z) = U_P(z) + U_D(z) + U_I(z)$,

$$U_{PID}(z) = \left(K_P + \frac{1}{2} T_0 \frac{z+1}{z-1} K_I + \frac{1}{T_0} \frac{z-1}{z} K_D \right) E(z) = \frac{b_2 z^2 + b_1 z + b_0}{z(z-1)} E(z) \qquad (8.119)$$

mit den Abkürzungen

$$b_2 = K_P + \frac{1}{2} T_0 K_I + \frac{1}{T_0} K_D \; ; \; b_1 = -K_P + \frac{1}{2} T_0 K_I - \frac{2}{T_0} K_D \; ; \; b_0 = \frac{1}{T_0} K_D . \qquad (8.120)$$

Die PID-Regelung lässt sich also durch eine $\mathcal{Z}$-Übertragungsfunktion zweiter Ordnung beschreiben. Daraus folgt unmittelbar die Darstellung im Zeitbereich

$$u(k) = u(k-1) + b_2 e(k) + b_1 e(k-1) + b_0 e(k-2). \qquad (8.121)$$

Die aktuelle Stellgröße berechnet sich aus dem vorhergehenden Wert $u(k-1)$ (Integrator) sowie aus einem gleitenden Mittelwert des Regelfehlers über drei Stützstellen. Aus der Übertragungsfunktion (8.119) wird auch ersichtlich, dass der Regler einen Pol bei $z = 0$ und einen Pol bei $z = 1$ (Integrator) aufweist. Die freien Parameter b_0, b_1, b_2 stellen somit noch die 2 Nullstellen und den Gesamtverstärkungsfaktor ein.

Beispiel 8.18 PI-Regler für eine Drehzahlregelung

Betrachtet wird ein schnell drehender Antriebsmotor (bekannt aus Modellbau oder medizinischen Geräten) mit der Spannung $u(t)$ als Eingang und der Drehzahl $\omega(t)$ als Ausgang. Das Übertragungsverhalten lässt sich durch ein PT_1-System approximieren.

$$G(s) = \frac{600}{1 + 0,1 s}$$

Es kommt ein PI-Regler zum Einsatz, der die Vorgaben für den geschlossenen Regelkreis 'Bandbreite > 25 rad/s' und 'Phasenreserve > 80°' erfüllt. Der kontinuierliche Reglerentwurf ergab (hier nicht dargestellt) $T_N = 0,083$; $K_P/T_N = 0,05$ und führte zu folgendem PI-Regler

$$F_{PI}(s) = K_P \left(1 + \frac{1}{T_N s} \right) = 0,00415 \left(1 + \frac{1}{0,083 s} \right).$$

Nach der Daumenregel (Seite 381) sollte die Abtastfrequenz ca. das 6–10fache der Bandbreite des geschlossenen Kreises betragen. Damit erhalten wir die Abschätzung

$$f_0 = 6 \cdot 25 \frac{\text{rad}}{\text{s}} = 6 \cdot 25 \cdot 2 \cdot \pi \frac{1}{\text{s}} = 942\,\text{Hz}$$

und wählen $T_0 = 0,001$ s für eine Abtastfrequenz von 1 kHz.

Die Anwendung der Transformationsvorschriften in Gl. (8.120) führt auf ($b_0 = 0$, da kein D-Anteil vorliegt)

$$b_2 = K_P + \frac{1}{2} T_0 K_I = K_P + \frac{1}{2} T_0 \frac{K_P}{T_N} = 0,004175,$$

$$b_1 = -K_P + \frac{1}{2} T_0 K_I = -K_P + \frac{1}{2} T_0 \frac{K_P}{T_N} = 0,004125,$$

bzw. mit $F_{PI}(z) = (b_2 + b_1 z^{-1})/(1 - z^{-1})$ auf den zeitdiskreten PI-Regler im Zeitbereich

$$u(k) = u(k-1) + 0,004175\, e(k) + 0,004125\, e(k-1).$$

Hierbei steht $e(k) = \omega_{soll}(k) - \omega(k)$ für die Regelabweichung. Bild 8.46 zeigt das Verhalten des geschlossenen Regelkreises für den Sprung aus dem Stillstand zum Sollwert $\omega_{soll} = 4.000$ rad/s. Der Unterschied zwischen dem Verhalten bei Anwendung von kontinuierlich oder zeitdiskret implementiertem Regler ist marginal. ∎

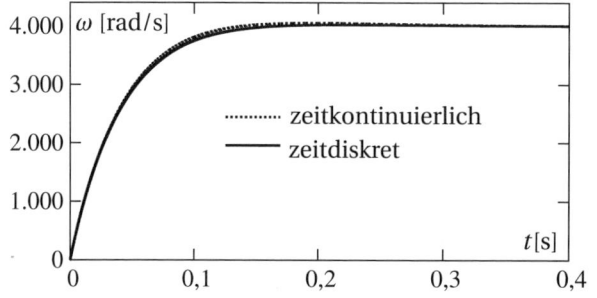

Bild 8.46
Antwort auf
Führungsgrößensprung bei
Antriebssystem und
Anwendung eines
PI-Reglers (Beispiel 8.18)

PID-Regler, Ansatz 2: Nun erfolgt die Herleitung auf Basis der Übertragungsfunktion in Gl. (8.37) und der Trapezregel (TUSTIN-Methode) gemäß Gl. (8.104). Aus

$$F_{PID}(s) = K_P \frac{(T_1 + T_V) T_N s^2 + (T_N + T_1) s + 1}{T_N s (T_1 s + 1)} \quad \text{mit} \quad T_1 = \frac{T_V}{N},\ N \in \mathbb{Z}^+ \tag{8.122}$$

leiten wir zunächst mit $a_0, a_1, a_2, b_0, b_1, b_2 \in \mathbb{R}$ als Funktionen der Parameter T_1, T_V, T_N, K_P die kompaktere Form

$$F_{PID}(s) = \frac{b_2 s^2 + b_1 s + b_0}{a_2 s^2 + a_1 s + a_0} \tag{8.123}$$

ab, für die aufgrund des I-Anteils hier $a_0 = 0$ gilt. Die Form (8.123) beschreibt ein allgemeines System 2. Ordnung, wobei man mittels einer Division durch a_2 oder b_2 einen weiteren Parameter einsparen könnte - aber dies ist hier nebensächlich, da wir nachfolgend eine Normierung vornehmen. Durch die Ersetzung nach TUSTIN $s = (2/T_0)(z-1)/(z+1)$ (Gl. (8.104)) folgt

$$F_{PID}(z) = \frac{z^2 \left(b_2 \frac{4}{T_0^2} + b_1 \frac{2}{T_0} + b_0 \right) + z \left(-b_2 \frac{8}{T_0^2} + 2b_0 \right) + \left(b_2 \frac{4}{T_0^2} - b_1 \frac{2}{T_0} + b_0 \right)}{z^2 \left(a_2 \frac{4}{T_0^2} + a_1 \frac{2}{T_0} + a_0 \right) + z \left(-a_2 \frac{8}{T_0^2} + 2a_0 \right) + \left(a_2 \frac{4}{T_0^2} - a_1 \frac{2}{T_0} + a_0 \right)}$$

$$= \frac{\beta_0' + \beta_1' z^{-1} + \beta_2' z^{-2}}{\alpha_0' + \alpha_1' z^{-1} + \alpha_2' z^{-2}} = \frac{\beta_0 + \beta_1 z^{-1} + \beta_2 z^{-2}}{1 + \alpha_1 z^{-1} + \alpha_2 z^{-2}}. \tag{8.124}$$

Im Zeitbereich schreibt sich dieser Ausdruck mit $F_{PID}(z) = U(z)/E(z)$

$$u(k) = -\alpha_1 u(k-1) - \alpha_2 u(k-2) + \beta_0 e(k) + \beta_1 e(k-1) + \beta_2 e(k-2).\tag{8.125}$$

 Man beachte die veränderte Nummerierung der Koeffizienten in Gl. (8.124), je nachdem, ob man die Polynome in z oder z^{-1} anschreibt. Um Verwechselung vorzubeugen, kommen daher die Parameter α_i, β_i anstatt a_i, b_i zur Anwendung.

Man kann bei der Implementierung zwei der vier Verzögerungsstufen und damit Speicherplatz einsparen, wenn man Gl. (8.125) mit dem Verschiebeoperator q^{-1} wie folgt anschreibt

$$u(k) = \beta_0 e(k) + q^{-1}\left(\beta_1 e(k) - \alpha_1 u(k)\right) + q^{-2}\left(\beta_2 e(k) - \alpha_2 u(k)\right).\tag{8.126}$$

Die Anzahl der Operationen (fünf Multiplikationen, vier Additionen) ist die gleiche wie bei der Implementierung von Gl. (8.125). Bild 8.47 zeigt das entsprechende Blockschaltbild mit Pseudocode. Zusätzlich ist eine Anti Wind-up Maßnahme implementiert, die bei der zeitdiskreten

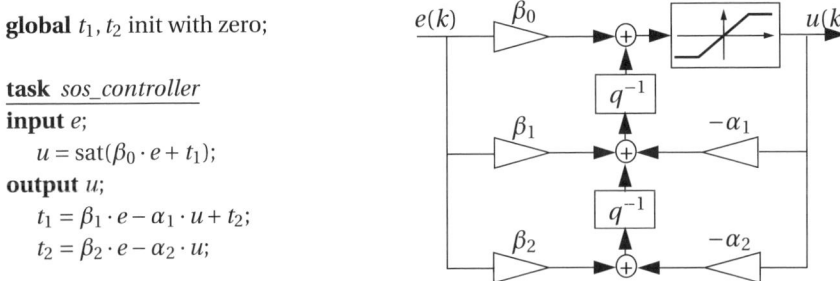

```
global t_1, t_2 init with zero;

task sos_controller
input e;
  u = sat(β_0 · e + t_1);
output u;
  t_1 = β_1 · e − α_1 · u + t_2;
  t_2 = β_2 · e − α_2 · u;
```

Bild 8.47 Blockschaltbild und Pseudocode zur Umsetzung eines Systems 2. Ordnung

Umsetzung sehr einfach gelingt. Die Altwerte der Stellgröße $u(k)$ unterliegen bereits im Regler einer Begrenzung auf einen betragsmäßig maximalen Wert. Ein internes Anwachsen der Stellgröße über die Begrenzung hinaus – z. B. infolge eines I-Anteils – wird damit verhindert.

Approximation von Reglern hoher Ordnung

Bislang wurden Quantisierungseffekte vernachlässigt, die zum Beispiel aufgrund der endlichen Auflösung bei der Datenwandlung, bei der Repräsentation von Parametern (endliche Wortlänge) und infolge von Rundungseffekten bei Rechenoperationen auftreten können (siehe auch Beispiel 4.2 für eine Abschätzung der Varianz infolge Quantisierungsrauschen). Diese Effekte erlangen bei der Implementierung von Reglern hoher Ordnung schnell Relevanz. Hohe Ordnungen entstehen häufig bei modernen Regelungsverfahren (z. B. beim **loop shaping** mittels $\mathcal{H}_\infty$-Regelung, vgl. Abschnitt 8.4.2).

Die Sachverhalte kann man sich an der Übertragungsfunktion veranschaulichen. Dazu bezeichne $p(z)$ das Nennerpolynom. Wenn sämtliche Pole nur einfach auftreten, gilt

$$p(z) = \prod_{i=1}^{n}(z - \lambda_i) = \sum_{k=0}^{n} a_{n-k} z^{n-k} \quad \text{mit} \quad a_n = 1.$$

Eine Sensitivitätsanalyse für die Eigenwerte λ_i in Abhängigkeit der Polynomkoeffizienten a_j liefert (vgl. [GL93, IW01])

$$\frac{\mathrm{d}\lambda_i}{\mathrm{d}a_j} = -\frac{\lambda_i^j}{\prod\limits_{k=1, k \neq i}^{n} (\lambda_i - \lambda_k)}. \tag{8.127}$$

Nr.	Schlussfolgerungen aus der Sensitivitätsanalyse für die Eigenwerte
1	Ein großer Betrag des Eigenwerts λ_i erhöht die Sensitivität (vgl. Zähler)
2	Eng beieinander liegende Pole erhöhen die Sensitivität (vgl. Nenner)
3	Mit zunehmender Systemordnung steigt die Sensitivität (zumindest der dominanten Pole)

Als Maßnahme für den Punkt **3** wird bei Vorgabe des Reglers als Übertragungsfunktion empfohlen, diesen als kaskadierte Schaltung von Systemen erster und zweiter Ordnung umzusetzen, die für sich eine wesentlich geringere Sensitivität aufweisen. Die Kaskadierung kann in einer Serien- oder Parallelschaltung erfolgen (vgl. dazu Bild 8.48).

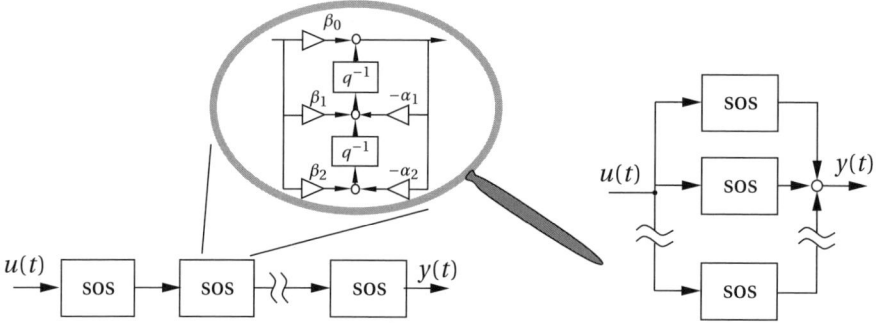

Bild 8.48 Kaskadierung von Systemen (erster und) zweiter Ordnung (**SOS** = Second Order System) in einer Serien- oder Parallelschaltung

Für die Implementierung eines Reglers in Zustandsraumdarstellung existieren unendlich viele Lösungen (Stichwort Ähnlichkeitstransformation). Eine geeignete Lösung folgt aus einer Optimierungsaufgabe im Hinblick auf die Reduzierung der Sensitivität. Details dazu werden hier nicht weiter ausgeführt und auf die Spezialliteratur verwiesen, z. B. [GL93, HCW10].

Die Punkte **1** und **2** werden insbesondere kritisch, wenn man sehr schnell abtastet, da nach Gl. (8.105) die Pole für $T_0 \to 0$ alle in den Punkt Eins abgebildet werden. Eine geeignete Abhilfemaßnahme ist der nachfolgend beschriebene δ-Operator.

δ-Operator

Der δ-Operator (nicht zu verwechseln mit dem DIRAC-Impuls)

$$\delta = \frac{z-1}{T_0} \tag{8.128}$$

lässt sich als Bindeglied zwischen der kontinuierlichen und zeitdiskreten Welt auffassen. Für $T_0 \to 0$ konvergiert er gegen den LAPLACE-Operator s [GGS01]. Dies kann man sich aus der

Reihenentwicklung der Beziehung in Gl. (8.105) ableiten

$$z = e^{sT_0} \approx 1 + sT_0 + \frac{s^2 T_0^2}{2!} + \cdots \implies \delta = \frac{z-1}{T_0} \approx s + \frac{s^2 T_0}{2!} + \cdots,$$

d. h. $\delta \to s$ für $T_0 \to 0$. Gemäß der Definition in Gl. (8.128) wird das Stabilitätsgebiet in der komplexen z-Ebene (Einheitskreis) in einen nach links verschobenen und mit $1/T_0$ skalierten Kreis abgebildet. Das Stabilitätsgebiet zeigt Bild 8.49. Für $T_0 \to 0$ konvergiert der Kreis gegen die linke Halbebene, die bekanntlich das Stabilitätsgebiet in der komplexen s-Ebene darstellt. Ist eine $\mathcal{Z}$-Übertragungsfunktion gegeben, dann erreicht man die Transformation vom z-Operator zum δ-Operator durch die Ersetzungsvorschrift

$$z \longrightarrow 1 + \delta T_0. \tag{8.129}$$

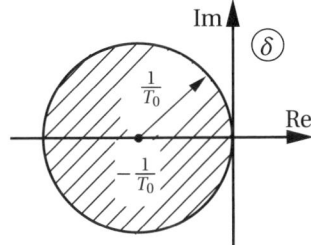

Bild 8.49
Stabilitätsgebiet in der δ-Ebene

Bei einer zeitdiskreten Zustandsraumdarstellung mit A_d und B_d ergeben sich

$$\boxed{A_\delta = \frac{A_\mathrm{d} - I}{T_0} \quad ; \quad B_\delta = \frac{B_\mathrm{d}}{T_0}.} \tag{8.130}$$

Wie auf Seite 380 ausgeführt, gilt $A_\mathrm{d} \to I$ und $B_\mathrm{d} \to \mathbf{0}$ für die Grenzwertbetrachtung $T_0 \to 0$ (die diskrete Beschreibung enthält keine Informationen mehr). Unter Anwendung der Reihenentwicklung in Gl. (8.114) erhält man bei Anwendung des δ-Operators stattdessen

$$A_\delta = \frac{A_\mathrm{d} - I}{T_0} = \frac{I + AT_0(I + \frac{AT_0}{2} + \cdots) - I}{T_0} = A\left(I + \frac{AT_0}{2} + \cdots\right) \tag{8.131}$$

und damit für die Grenzwertbetrachtung $T_0 \to 0$: $A_\delta \to A$. Einen ähnlichen Sachwert erhält man für B_δ. Es gilt

$$B_\delta = \frac{B_\mathrm{d}}{T_0} = \frac{T_0(I + \frac{AT_0}{2} + \cdots)B}{T_0} = \left(I + \frac{AT_0}{2} + \cdots\right)B \tag{8.132}$$

und damit für die Grenzwertbetrachtung $T_0 \to 0$: $B_\delta \to B$. Wie zu sehen, konvergieren A_δ und B_δ in die entsprechende kontinuierliche Beschreibung mit A und B.

Die Umsetzung im Zeitbereich ist analog zu Bild 8.47, lediglich der Verschiebeoperator q^{-1} ist zu ersetzen durch den Gamma-Operator γ^{-1}. Es gilt mit Gl. (8.128)

$$\gamma = \frac{q-1}{T_0} \implies \gamma^{-1} = \frac{T_0\, q^{-1}}{1 - q^{-1}}. \tag{8.133}$$

Bei der Implementierung sind Zwischengrößen zu berücksichtigen, wie das nachfolgende Beispiel 8.19 zeigt.

Beispiel 8.19 Robuste Implementierung des PI-Reglers für eine Drehzahlregelung

Es erfolgt eine erneute Betrachtung des Antriebs aus Beispiel 8.18 und es finden Experimente mit höheren Abtastfrequenzen statt. Um die Effekte der endlichen Wortlänge zu untersuchen, soll der zum Einsatz kommende Mikrocontroller die Reglerparameter nur als 16-Bit *fractions* verwalten können. Die Approximation der gewünschten Parameterwerte erfolgt durch „Abschneiden" (truncation).

Die Rechenoperationen selbst erfolgen hier mit einer hinreichenden Genauigkeit, so dass eine isolierte Betrachtung der Parametersensitivität möglich ist. Tabelle 8.7 zeigt die gewünschten (berechneten) Reglerparameter sowie die aufgrund der endlichen Wortlänge tatsächlich implementierten Werte.

Tabelle 8.7 Reglerparameter für PI-Regler (Verschiebeoperator)

Abtastzeit	PI-Parameter, klassische Implementierung (Verschiebeoperator)			
	b_2 berechnet	b_2 tats. implem.	b_1 berechnet	b_1 tats. implem.
$T_0 = 1\,\text{ms}$	0,004175000	0,004165649	0,004125000	0,004119873
$T_0 = 100\,\mu\text{s}$	0,004152500	0,004150391	0,004147500	0,004135132
$T_0 = 10\,\mu\text{s}$	0,004150250	0,004135132	0,004149750	0,004135132

Man beachte, dass für $T_0 = 10\mu s$ der Unterschied zwischen b_2 und b_1 nicht mehr aufgelöst werden kann – mit signifikanten Auswirkungen auf das Regelverhalten.

Bild 8.50 zeigt die Antwort des geschlossenen Regelkreises auf den Führungsgrößensprung (0 → 4.000 rad/s) für verschiedene Abtastzeiten.

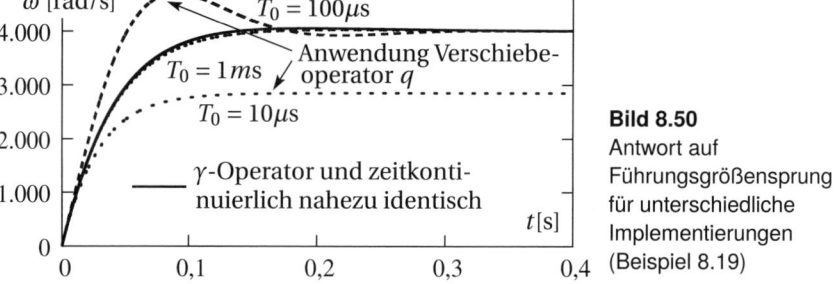

Bild 8.50
Antwort auf
Führungsgrößensprung
für unterschiedliche
Implementierungen
(Beispiel 8.19)

Die klassische Implementierung auf Basis des Verschiebeoperators q zeigt signifikante Abweichungen von der kontinuierlichen Referenzimplementierung. Bessere Ergebnisse liefert die Implementierung per γ-Operator, ebenfalls in Bild 8.50 dargestellt (für alle Abtastzeiten mit praktisch identischem Verhalten). Diese wird nachstehend erläutert.

Auf den zeitdiskreten PI-Regler aus Beispiel 8.18 (z durch q ersetzt)

$$F_{\text{PI}}(q^{-1}) = \frac{b_2 + b_1 q^{-1}}{1 - q^{-1}} \text{ wenden wir die Vorschrift aus Gl. (8.133) an und erhalten}$$

$$F_{\text{PI}}(\gamma^{-1}) = \frac{b_2 + \dfrac{b_1 \gamma^{-1}}{T_0 + \gamma^{-1}}}{1 - \dfrac{\gamma^{-1}}{T_0 + \gamma^{-1}}} = \beta_0 + \beta_1 \gamma^{-1} \quad \text{mit} \quad \beta_0 = b_2, \ \beta_1 = \frac{b_2 + b_1}{T_0}.$$

Mit der Reglergleichung $u(k) = F_{\mathrm{PI}}(\gamma^{-1})e(k) = \beta_0 e(k) + \beta_1 \gamma^{-1} e(k)$ und $\gamma^{-1} = \frac{T_0}{q-1}$ folgt, dass für die Implementierung je γ-Operator eine Zwischengröße einzuführen ist. Bild 8.51 zeigt das Blockschaltbild mit Pseudocode; die Zwischengröße heißt $u'(k)$.

global u' init with zero;

task *rPI_controller*
input e;
$\quad u = \beta_0 \cdot e + u'$;
output u;
$\quad u' = u' + T_0 \cdot (\beta_1 \cdot e - \alpha_1 \cdot u)$;

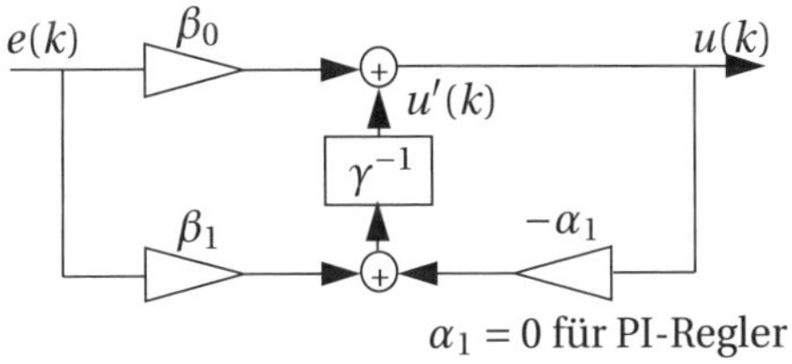

$\alpha_1 = 0$ für PI-Regler

Bild 8.51 Blockschaltbild des PI-Reglers auf Basis des γ-Operators und Pseudocode

Tabelle 8.8 zeigt die gewünschten (berechneten) Reglerparameter sowie die aufgrund der endlichen Wortlänge tatsächlich implementierten Werte.

Tabelle 8.8 Reglerparameter für PI-Regler (γ-Operator)

Abtastzeit	PI-Parameter, Implementierung mit γ-Operator			
	β_0 berechnet	β_0 tats. implem.	β_1 berechnet	β_1 tats. implem.
$T_0 = 1\,ms$	0,004175000	0,004165649	0,050000000	0,049987793
$T_0 = 100\,\mu s$	0,004152500	0,004150391	0,050000000	0,049987793
$T_0 = 10\,\mu s$	0,004150250	0,004135132	0,050000000	0,049987793

Auch für kleine Abtastzeiten lassen sich hier im Gegensatz zu Tabelle 8.7 die Regler-parameter hinreichend genau implementieren, was sich in Bild 8.50 in einem nahezu identischen Verhalten zum kontinuierlichen Regler auszeichnet. ∎

In sensiblen Anwendungen (Merkmale: Regler hoher Ordnung, sehr kleine Abtast-zeiten, geringe Prozessorauflösung) kann man damit wie folgt vorgehen:
1. Diskretisierung des Systems und Reglerentwurf im $\mathcal{Z}$-Bereich
2. Kaskadierung des Reglers mit Systemen erster und zweiter Ordnung
3. Ersetzung des Verschiebeoperators q^{-1} durch Gamma-Operator γ^{-1}

Einflussfaktoren auf den Abtastregelkreis

Die nachfolgenden Ausführungen fassen einige Einflussfaktoren und charakteristische Eigen-schaften des Abtastregelkreises zusammen.

Die Abtastung hat stets folgende Eigenschaften und Effekte, auch bei sonst idealen Bedingungen:
- Die Anzahl der Pole bleibt unverändert und die Stabilität als strukturelle Eigenschaft bleibt bei linearen Systemen durch die Abtastung erhalten. Wie gesehen, kann aber bei der Approximation durch die Vorwärts-Regel aus einem stabilen zeitkontinuierlichen System auch eine instabile zeitdiskrete Systembeschreibung resultieren.
- Im Allgemeinen besitzt das Abtastsystem einen **relativen Grad** von eins, d. h. es existiert genau eine (außer bei Totzeitsystemen, Systemen mit Durchgangsanteil und anderen sehr seltenen Fällen) Nullstelle weniger als Anzahl Pole. Man kann sich das gedanklich

an einer typischen Übergangsfunktion erklären: Egal wie klein die Abtastzeit $T_0 > 0$ ist, das System zeigt nach dem ersten Abtastschritt bereits eine Reaktion am Ausgang. Dies erklärt auch, wieso die Diskretisierung per Differenzenquotient (Vorwärts-Regel) in Beispiel 8.17 – insbesondere für größere Abtastzeiten – nicht adäquat war. Da der **b**-Vektor bei dieser Diskretisierung im obersten Element nicht besetzt ist, führt eine Veränderung der Eingangsgröße erst im übernächsten Schritt zu einer Veränderung am Pendelwinkel – bei größeren Abtastzeiten ist dies eine unzureichende Modellierung.

- Damit wird offensichtlich, dass durch die Abtastung Nullstellen entstehen können. Zu den intrinsischen Nullstellen (bereits im kontinuierlichen System vorhanden) kommen so genannte **Diskretisierungsnullstellen**.

- Die Minimalphasigkeit (weder Pole noch Nullstellen besitzen einen positiven Realteil) kann durch die Abtastung verloren gehen. Dies gilt auch für die Beobachtbarkeit und Steuerbarkeit. Bei nichtlinearen Systemen kann sie durch die Abtastung für bestimmte Arbeitspunkte aber auch erst entstehen.

Neben den zuvor beschriebenen Phänomenen treten weitere hinzu, die ihren Ursprung in Begrenzungen der technischen Realisierung haben (z. B. Rechengenauigkeit, -takt, Übertragungsraten), die sich aber mit vertretbarem Aufwand und/oder aus Kostengesichtspunkten nicht vermeiden lassen. Die Effekte führen häufig dazu, dass das Systemverhalten des geschlossenen Regelkreises vom gewünschten bzw. berechneten Verhalten abweicht. Der erfahrene Ingenieur sollte in der Lage sein, Ursachen und Wirkungen zu erkennen, zu analysieren sowie entsprechende Implementierungsmaßnahmen zur Erzielung der geforderten Regelgüte zu entwickeln. Eine Übersicht über einige Einflussfaktoren zeigt Bild 8.52.

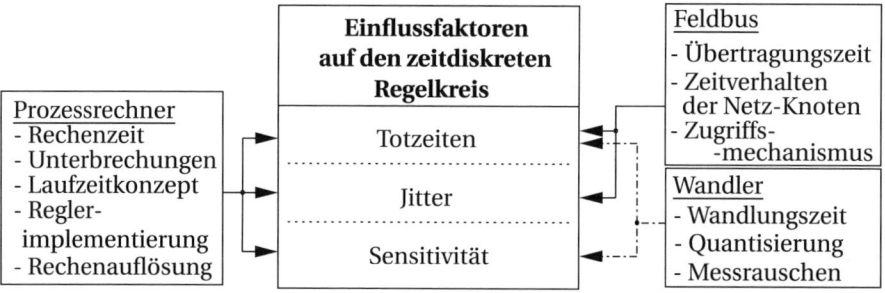

Bild 8.52 Einflussfaktoren auf den zeitdiskreten Regelkreis

- **Totzeiten** entstehen z. B. durch nicht ideale Wandler, durch den Rechenaufwand der Algorithmen sowie durch die Datenübertragung auf dem Feldbus. Nicht zu vernachlässigen ist des Weiteren das Laufzeitkonzept auf dem Prozessrechner (vgl. Kapitel 5). Liegt etwa eine einfache Programmschleife vor oder kommt ein Echtzeit-Betriebssystem zum Einsatz? Entscheidende Parameter sind dann etwa das Scheduling, die Auslastung und die Wahl der Prioritäten. Ähnliche Fragestellungen betreffen den Zuteilungsmechanismus auf dem Feldbus. Bei komplexen und/oder sich zur Laufzeit rekonfigurierbaren Systemen kann sich die Analyse des Zeitverhaltens sehr aufwändig gestalten.

- Während konstante Totzeiten zumindest im Führungsverhalten gut beherrschbar sind, ist dies für variable Totzeiten wesentlich aufwändiger oder auch nur eingeschränkt möglich. Diese Variabilität bezeichnet man als **Jitter**. Die physikalische Ursache ist die gleiche wie bei der Entstehung von Totzeiten (Prozessrechner, Vernetzung). Zusätzlich treten ggf. unzureichende Systemkonzepte dazu.

Sind z. B. in einem verteilten System zwei voneinander abhängige Prozesse mit einem jeweils eigenen Taktgeber nicht aufeinander synchronisiert und beträgt der Fehler der eingesetzten Quarzoszillatoren 50 ppm (parts per million, d. h. 0,005 % Genauigkeit), dann können sich die beiden Prozesse unter sonst perfekten Zusammenhängen innerhalb von einer Sekunde um 0, 1 ms gegeneinander verschieben. Um ein Zahlenbeispiel zu geben: Ist etwa der eine Prozess der Regler, der mit einem festen Raster von $T_0^R = 20$ ms eingeplant ist und der andere Prozess ein Sensor, der selbstständig alle $T_0^S = 20$ ms Daten liefert, dann kann die Totzeit innerhalb von ca. 3 min. für die Ankunft von neuen Sensorwerten beim Regler von null bis zu einer ganzen Abtastzeit ($T_0 = 20$ ms) variieren.

- Weitere **Unsicherheiten** entstehen durch Quantisierungseffekte, durch die Einflüsse endlicher Wortlängen, durch die Empfindlichkeit der implementierten Reglerstruktur bzgl. Parameterunsicherheiten und durch Rauschen. Einige geeignete Gegenmaßnahmen waren Bestandteil des Abschnitts 8.5.2.

Beim vorgestellten durchgängigen zeitdiskreten Reglerentwurf berücksichtigt man meist nicht das Verhalten zwischen den Abtastzeitpunkten. Dieser ist im Wesentlichen von den Eigenschaften der offenen Strecke charakterisiert.

Die Missachtung des Abtasttheorems nach NYQUIST/SHANNON (vgl. Gl. (4.46)) würde bei einem schwingfähigen System dazu führen, dass (höherfrequente) Eigenbewegungen zwischen den Abtastzeitpunkten existieren, die aber bei der stroboskopischen Betrachtung zu den Abtastzeitpunkten nicht erkennbar sind.

Aber selbst bei Erfüllung des Abtasttheorems existieren noch Fälle, in denen ähnliche Phänomene auftreten, z. B. infolge der Nullstellen. Wenn etwa der offene Regelkreis über instabile und/oder schwach gedämpfte Nullstellen verfügt und man Reglerpole in der Nähe platziert, können so genannte **Hidden Oscillation** auftreten. Wie das folgende Beispiel 8.20 zeigt, sind Hidden Oscillations in der Regelgröße zu den Abtastzeitpunkten nicht erkennbar. Sie lassen sich nur im Stellgrößenverlauf entdecken.

Beispiel 8.20 Hidden Oscillation, Beispiel aus [ÅW97]

In vielen mechatronischen Anwendungen kommen Doppelintegratorsysteme vor, z. B. bei Flugregelungen, bei Lageregelungen ohne Berücksichtigung von Dämpfungseffekten oder bei Ansätzen mit nichtlinearen Vorsteuerungen (vgl. Gl. (8.136) und Bild 8.55). Das nachfolgend betrachtete System mit der Eingangsgröße $u(t)$ und der Ausgangsgröße $y(t)$ besitzt die Übertragungsfunktion $G(s) = Y(s)/U(s) = 1/s^2$. Die Regelung erfolgt zeitdiskret unter Verwendung eines H_0-Modulators und der Abtastzeit $T_0 = 1$ s. Die zeitdiskrete Beschreibung der Strecke lautet unter Anwendung der Beziehung in Gl. (8.98) $G(z) = Y(z)/U(z) = (z+1)/(2(z-1)^2)$. Zur Anwendung kommt ein PD-Regler. Die Ableitung der Ausgangsgröße $\dot{y}(t)$ sei direkt messbar, z. B. durch einen Tachogenerator. Damit hat der Regler bei Vorgabe einer konstanten Führungsgröße die Struktur

$$u(k) = K_P(r(k) - y(k)) + K_P T_V(\dot{r}(k) - \dot{y}(k)) = K_P(r(k) - y(k)) - K_P T_V \dot{y}(k), \qquad (8.134)$$

wobei $r(k)$ die Führungsgröße und $e(k) = r(k) - y(k)$ die Regelabweichung darstellen. Für den D-Anteil wählt man $T_V = 1,5$ und erhält für den geschlossenen Regelkreis

$$\frac{Y(z)}{R(z)} = \frac{1}{2}\frac{z+1}{z^2 - (2 - 2K_P)z + 1 - K_P}. \qquad (8.135)$$

Für die Wahl $K_P = 1$ resultiert ein **Dead-Beat** Fall, die Regelabweichung wird innerhalb von zwei Schritten ausgeregelt (vgl. Bild 8.53). Vergrößert man auf $K_P = 1,25$, dann sieht die Antwort zu den Abtastzeitpunkten sehr ähnlich aus – allerdings mit „Hidden Oscillations" zwischen den Abtastzeitpunkten (vgl. Bild 8.53 rechts). In diesem Fall platziert man einen Pol bei $z = -0,81$ und somit nahe der Nullstelle $z = -1$ des Doppelintegrators. Eine Indikation für das Phänomen erhält man durch die großen Schwankungen der Stellgröße.   ▪

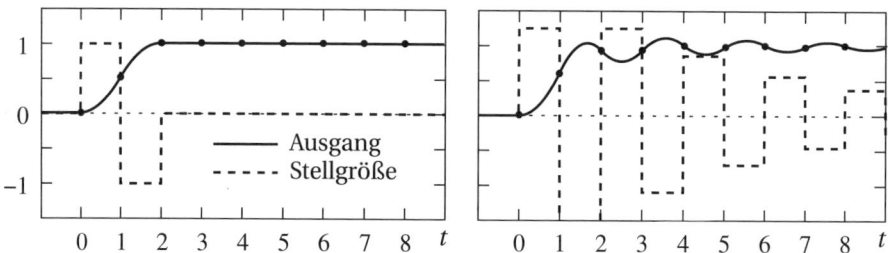

Bild 8.53 Antwort auf Führungsgrößensprung. Links: Dead-Beat mit $K_P = 1,0$; rechts: Hidden Oscillations bei $K_P = 1,25$.

■ 8.6   Ausblick: Weitere Regelungsverfahren

Den bisherigen Betrachtungen lagen lineare (vorzugsweise zeitinvariante) Modellvorstellungen für die Regelstrecke einschließlich linearer Rückführungen zugrunde. Diese Modelle lassen sich bei Mehrkörpersystemen (MKS) zum Beispiel durch die Linearisierung um eine Sollgröße aus den Bewegungsgleichungen ableiten. Auf der Grundlage dieses Konzeptes kann man eine große Klasse von mechatronischen Aufgaben behandeln.

In einer Reihe von praktischen Aufgaben sind aber Erweiterungen notwendig. Sie betreffen einerseits die Modellklasse und zum anderen die Regelungskonzepte. Erweiterungen der Modellklasse werden notwendig, wenn

- der Störvektor stochastischen Charakter hat,
- nichtlineare Einflüsse nicht vernachlässigbar sind,
- Kontinuumsprobleme zu untersuchen sind (System mit verteilten Parametern) und
- verteilte Regelungen mit vernetzten Aktoren und Sensoren vorliegen.

Verbesserte Regelungskonzepte werden erforderlich, wenn

- sich das Regelungsgesetz an Modelländerungen anpassen soll (adaptive Regler),
- Modellungenauigkeiten relevant sind (robuste Regelung, vgl. Abschnitt 8.4.2),
- zukünftige Entwicklung der Führungsgrößen zu berücksichtigen sind (prädiktive Regler).

Diese und weitere Eigenschaften sind nur realisierbar, wenn der Regler nichtlinear sein darf und genügend Zeit bzw. Rechenkapazität zu seiner Realisierung zur Verfügung steht.

Im Folgenden wird nur ein kurzer Überblick zu zwei wichtigen Erweiterungen gegeben.

Adaptive Regelung: Sie arbeitet modellgestützt, d.h. das Modell der Regelstrecke wird als bekannt vorausgesetzt, und die Modellveränderungen lassen sich durch Parameterveränderungen beschreiben. Ein eingebauter Identifikationsalgorithmus bestimmt diese Änderungen und stellt die Regelung darauf ein. Häufig nimmt man die Parameterabhängigkeit des Modells als linear an, um Methoden der linearen Parameterschätzung anwenden zu können (vgl. Abschnitt 7.3). Da diese rekursiv arbeiten, ergänzen sie sich in sehr guter Weise mit den rekursiven Methoden der digitalen Regelung (vgl. Abschnitt 8.5). Nach [ÅW95] lassen sich adaptive Regelung pragmatisch wie folgt definieren:

 Ein Regler heißt **adaptiv**, wenn der Regler einstellbare Parameter besitzt und ein Mechanismus existiert, der diese Parameter anpasst.

Bild 8.54 zeigt das allgemeine Blockschaltbild für eine adaptive Regelung. Wie man sieht, kann die Parameteradaption in Abhängigkeit der Führungsgröße $r(t)$, der Stellgröße $u(t)$ und/oder des Streckenzustandes erfolgen. Der Begriff des Streckenzustandes ist hierbei im erweiterten Sinn zu verstehen und kann etwa exogene Größen wie die Temperatur beinhalten.

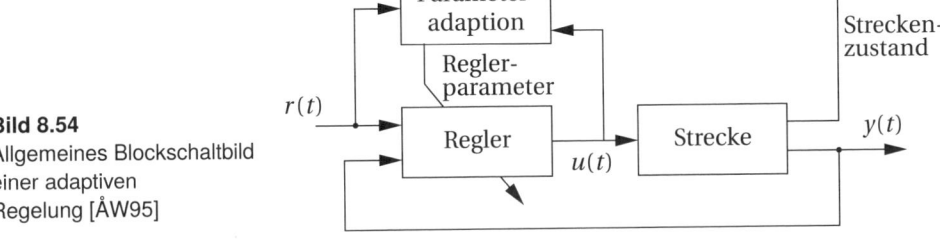

Bild 8.54
Allgemeines Blockschaltbild
einer adaptiven
Regelung [ÅW95]

Es sind viele Varianten für adaptive Regelungskonzepte bekannt. Gebräuchliche Konzepte lauten in der englischen Terminologie (Details z. B. in [ÅW95]): **G**ain **S**cheduling, **M**odel **R**eference **A**daptive **C**ontrol (MRAC), **S**elf-**T**uning **R**egulator (STR) und Reinforcement Learning.

Globale Linearisierung mittels Feedback-Linearisierung: Sind im Streckenmodell nichtlineare und verkoppelte Einflüsse nicht vernachlässigbar, kann man mit Erfolg von der Methode der **Feedback-Linearisierung** Gebrauch machen. Darunter versteht man die Kompensation der nichtlinearen Anteile mit dem Ziel, das nichtlineare Modell durch n Eingrößensysteme 2. Ordnung zu ersetzen. Zur Erläuterung dieser Idee werden die Bewegungsgleichungen (6.66) eines MKS im Konfigurationsraum betrachtet,

$$M(q)\ddot{q} + h(q, \dot{q}) = \tau(t).$$

Fasst man $\tau(t) = u(t)$ als Eingangs- bzw. Stellvektor auf und führt ferner durch $y(t) = \ddot{q}(t)$ eine neue Variable ein, dann lassen sich die Bewegungsgleichungen umschreiben,

$$\ddot{q} = y,$$
$$u = M(q)y + h(q, \dot{q}). \tag{8.136}$$

In Bild 8.55 sind die dazugehörenden Blockschaltbilder angegeben. Man erkennt, dass der Vektor $y(t)$ als Eingang in beiden Teilsystemen fungiert. Von Bedeutung für das weitere Vorgehen ist, dass das in Bild 8.55a) dargestellte System linear ist und durch einen linearen Regelungsentwurf im gewöhnlichen Sinne stabilisiert werden kann. Das Bild 8.55b) enthält die nichtlinearen Eigenschaften des Systems und stellt das typische Vorgehen bei der **inversen Dynamik** dar, das darin besteht, aus gewünschten Verläufen für $q(t)$, $\dot{q}(t)$, $\ddot{q}(t)$ die dazu notwendigen Stellgrößen zu berechnen (vgl. dazu auch Abschnitt 6.2).

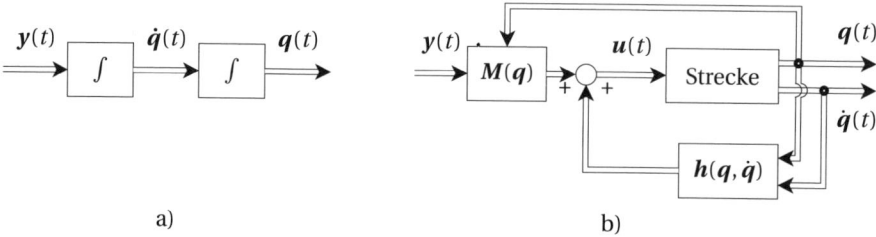

a)   b)

Bild 8.55 Zur Erläuterung der inversen Dynamik und Feedback-Linearisierung

Die Verkopplung beider Blockschaltbilder erfolgt über das lineare Regelungsgesetz

$$y(t) = K_{\mathrm{P}}\left(q_{\mathrm{soll}}(t) - q(t)\right) + K_{\mathrm{D}}\left(\dot{q}_{\mathrm{soll}}(t) - \dot{q}(t)\right) + \ddot{q}_{\mathrm{soll}}(t). \tag{8.137}$$

Die gewünschten Verläufe $q_{\mathrm{soll}}(t), \dot{q}_{\mathrm{soll}}(t), \ddot{q}_{\mathrm{soll}}(t)$ erhält man z. B. aus einer Bahnplanung. Die Diagonalmatrizen K_{P} und K_{D} enthalten die Regelparameter. Für die Abweichung von der Solltrajektorie $e(t) = q_{\mathrm{soll}}(t) - q(t)$ erhält man die einfache Beziehung

$$\ddot{e}(t) + K_{\mathrm{D}}\,\dot{e}(t) + K_{\mathrm{P}}\,e(t) = 0, \tag{8.138}$$

die ein System von n Eingrößensystemen 2. Ordnung darstellt. Mit den Regelparametern K_{P} und K_{D} stellt man die Fehlerdynamik ein, z. B. durch Polzuweisung. Bild 8.56 zeigt das Blockschaltbild für das geregelte System. Es entsteht durch Verbindung der beiden Blockschaltbilder von Bild 8.55 mithilfe der linearen Rückführung.

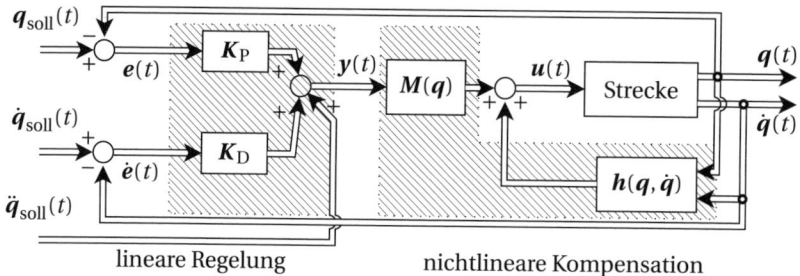

lineare Regelung   nichtlineare Kompensation

Bild 8.56 Blockschaltbild für die lineare Regelung mit Feedback-Linearisierung

- Durch die Feedback-Linearisierung erreicht man eine Linearisierung des Problems, die im Unterschied zu den Verfahren in Abschnitt 7.2.2 *global* ist.
- Voraussetzung dafür ist aber, dass eine „perfekte" Kompensation der nichtlinearen Einflüsse möglich ist. Das ist nur erreichbar, wenn das Modell „exakt" bekannt ist, eine Forderung, die schwer erfüllbar ist.
- Einfach beschreibbare nichtlineare Einflüsse lassen sich leicht kompensieren, dazu gehören z. B. die Gravitationsanteile. Im Allgemeinen ist aber nur eine unvollständige Kompensation erreichbar, so dass die Sensitivität und/oder Robustheit gegenüber Modellungenauigkeiten dann näher zu untersuchen sind [SK08].
- Die hier dargestellte Form der Feedback-Linearisierung bezeichnet man in der Roboterdynamik **Computer Torque Control**. Weitere Details finden sich z. B. in [SK08, SS00].

9 Beispiele mechatronischer Systeme

 Dieses Kapitel fasst in Form von Steckbriefen die Inhalte sechs ausgewählter Beispiele für die Behandlung mechatronischer Systeme zusammen. Die Langfassungen der Beispiele sind auf der Homepage des Buches frei zugänglich.

http://www.imes.uni-hannover.de/Mechatronik-Buch.html

Jedes dieser Beispiele ist in sich abgeschlossen und lässt sich unabhängig von den anderen lesen. Ihre Auswahl erfolgte nach folgenden Gesichtspunkten:

1. **Darstellung des interdisziplinären Charakters** bei der Untersuchung mechatronischer Systeme. Dieser besteht in der einheitlichen Betrachtung von Modellierung, Sensor- und Aktorintegration, Regelungsentwurf, Simulation und experimenteller Überprüfung.
2. **Beschränkung auf relativ einfache Modelle/Systeme**, deren Charakterisierung und Behandlung auf einigen Seiten darstellbar ist.

Auto-Tuning eines elektromechanischen Systems mittels EKF	
Autoren	M. Sc. Daniel Beckmann[1], Dr. Jochen Immel[2], [1]Institut für Mechatronische Systeme, Leibniz Universität Hannover, [2]Control Engineering R&D Servo Drives & Motors, Lenze Automation GmbH
Inhalte	• Automatische Reglerparametrierung eines Hubwerks • Online Parameteridentifikation • Extended KALMAN-Filter
Kurz-beschreibung	Das Beispiel handelt von einem Verfahren zur Online-Parameteridentifikation eines Hubwerks mit simultanem Auto-Tuning der Drehzahlkaskade. Hierzu kommt ein Erweitertes KALMAN-Filter zur Anwendung. Anhand der online geschätzten Massenträgheit wird der Proportionalitätsfaktor des PI-Drehzahlreglers zyklisch angepasst. Damit ist eine gleichbleibende Performanz auch für unterschiedliche Beladungszustände gewährleistet, ohne manuelle Adaption. Weiterhin wird exemplarisch gezeigt, dass mithilfe von Sensitivitätsmodellen eine Parameterdrift während nicht vorhandener Anregung verhindert wird. Das Nachführen der Reglerparameter führt zu einer erheblichen Verbesserung der Systemeigenschaften und erlaubt die Zuladungen in Größe des Eigengewichtes der Hubeinheit selbst, ohne manuelle Anpassungen an der Regelung vornehmen zu müssen.

In the Inhalte row, there is a diagram with:
u, y → Erweiteres Kalman Filter → θ

Sensitivitäts-modelle → $\dfrac{dy}{d\theta}$

	Funktionsentwicklung und Applikation in der MSG-Entwicklung
Autoren	*Dr.-Ing. Lars Quernheim[1], Dr.-Ing. Steffen Zemke[2],* [1]*Projekte und Systemapplikation, Powertrain Mechatronik Systeme, IAV GmbH,* [2]*Antriebsstrangmanagement, Powertrain Mechatronik Systeme, IAV GmbH*
Inhalte	• Antriebsstrangschwingungen • Antriebsstrangmodellierung und Identifikation • Modellbasierte prädiktive Regelung 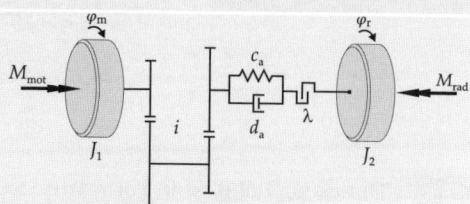
Kurz-beschrei-bung	Die Herausforderungen in der Applikation von Motorsteuergeräten sind vielfältig. Einerseits ist der Applikateur mit einer steigenden Anzahl an Anforderungen und Parametern konfrontiert, die sich aus dem gewünschten fahrzeugindividuellen Fahrverhalten, der Variantenvielfalt und den gesetzlichen Vorgaben ergeben. Andererseits kommen zum Teil subjektive Bewertungskriterien zum Einsatz, die nicht immer eine feste mathematische Vorgabe von Sollwerten zur Charakterisierung des Fahrzeugverhaltens ermöglichen. Es wird daher eine modellbasierte, prädiktive Regelung vorgeschlagen, die den zeitaufwändigen Parametrierungs- und Applikationsprozess vereinfacht. Die Vorgehensweise wird am Beispiel der Antriebsstrangmodellierung und der darauf aufbauenden Zustandsschätzer-basierten prädiktiven Regelung erläutert. Damit gelingen bei gleichbleibender Performanz eine erhebliche Vereinfachung der Reglerstruktur und eine Verringerung des Applikationsaufwandes.

	Zustandsregelung zeitvarianter Systeme am Beispiel einer Drosselklappe
Autoren	*Prof. Dr.-Ing. Martin Grotjahn[1], M. Eng. Bennet Luck[2],* [1]*Fachgebiet Mechatronik, Hochschule Hannover,* [2]*Aktoren und Sensoren, Powertrain Mechatronik Systeme, IAV GmbH*
Inhalte	• Nichtlinearer Antrieb mit Reibung • Zustands- und Parameterschätzung mit EKF • Zustandsregelung mit nichtlinearer zeitvarianter Vorsteuerung 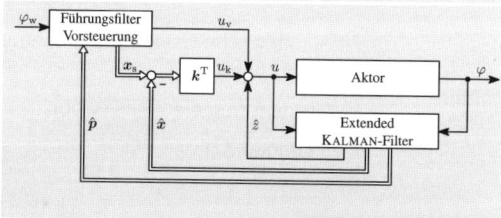
Kurz-beschrei-bung	Für die Einhaltung heutiger Abgasnormen ist insbesondere bei OTTO-Motoren ein präzises Verhältnis aus Kraft- und Sauerstoffmenge im Brennraum einzustellen. Dies wird im Wesentlichen mithilfe einer lagegeregelten Drosselklappe realisiert, die allerdings aufgrund wechselnder Betriebs- und Umgebungsbedingungen ein zeitvariantes Systemverhalten aufweist. Das Beispiel illustriert das Potential der modellbasierten adaptiven Regelung für solche Systeme. Dazu wird eine Zustandsregelung mit Störgrößenbeobachtung und adaptiver Vorsteuerung realisiert. Parameteradaption, Zustands- und Störgrößenschätzung erfolgen mittels eines Extended KALMAN-Filters. Damit wird ein nahezu zeitinvariantes Regelverhalten und eine optimale Nutzung der Dynamik des Stellers bei hoher Genauigkeit erreicht. Somit ist ein niedriger Schadstoffausstoß und Verbrauch auch unter stark wechselnden Betriebsbedingungen sichergestellt.

Deltaroboter mit PLCopen Funktionsbausteinen	
Autoren	*Dr.-Ing. Johannes Kühn[1], Dipl.-Ing. Julian Öltjen[2],* [1]*Lenze Automation GmbH,* [2]*Institut für Mechatronische Systeme, Leibniz Universität Hannover*
Inhalte	▪ Vernetzte Regelung mit Feldbus ▪ Kinematik und Dynamik eines Deltaroboters ▪ Standardisierte Technologiemodule, z. B. PLCopen 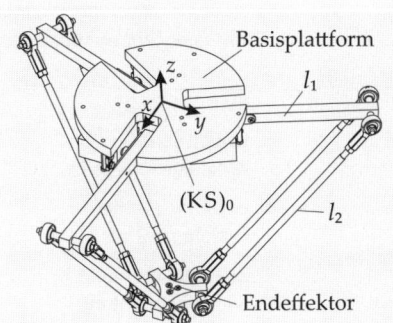
Kurz-beschrei-bung	Die moderne industrielle Automatisierung ist einerseits geprägt von hohen Zuverlässigkeitanforderungen bezüglich der eingesetzten Maschinen und der darauf laufenden Software. Andererseits verändern sich die Aufgaben aber immer häufiger und erfordern eine schnelle, sichere und komfortable Umgestaltung und Programmierung von Anlagen. Dieser Beitrag zeigt am Beispiel von PLCopen, wie die Standardisierung mit vorgefertigten Technologiemodulen (Hardware und Software) den Implementierungsaufwand minimieren kann und sich Bewegungsprofile für komplexe Roboterkinematiken mit wenigen Funktionsaufrufen programmieren lassen. Als Ausführungsbeispiel dient eine Pickerzelle mit einem Deltaroboter, dessen Kinematik und Dynamik ebenfalls beschrieben werden.

Visual Servoing zur mechanischen Unkrautregulierung mit einem Feldroboter	
Autoren	*M. Eng. (FH) A. Michaels und Prof. Dr.-Ing. A. Albert, DEEPFIELD Robotics,* *Robert Bosch Start-Up GmbH*
Inhalte	▪ Regelung per Visual Servoing ▪ Lochkameramodell ▪ Merkmalserkennung 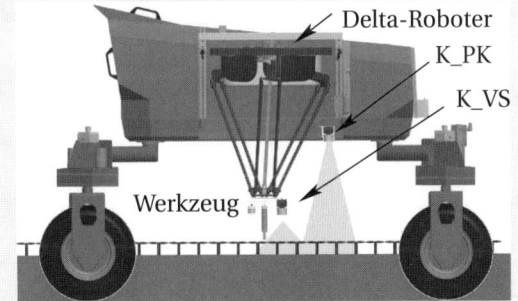
Kurz-beschrei-bung	Bildgebende Sensoren ermöglichen eine große Vielzahl von Funktionen, wie z. B. die Erkennung, Klassifikation, Vermessung und Orientierungserfassung von Objekten. Deren Einsatz nimmt daher in regelungstechnischen Aufgabenstellung stetig zu. Das vorliegende Beispiel beschäftigt sich mit dem Visual servoing, d. h. mit der kamerabasierten Führung eines Werkzeugs. Damit lassen sich komplizierte Greifaufgaben und Interaktionsschemata sowohl bei Industrie- als auch bei Servicerobotern darstellen. Die zwei gängigsten Verfahren – **P**osition **B**ased und **I**mage **B**ased **V**isual **S**ervoing – werden vorgestellt und letzteres für die mechanische Unkrautregulierung mit einem Deltaroboter auf einem Feldroboter illustriert.

	Inertiale Stabilisierung einer Lastkarre mit Momentenkreiseln
Autoren	*Prof. Dr.-Ing. A. Albert[1], B. Eng. O. Breuning[3], Dipl.-Ing. (FH) S. Petereit[1], Dr.-Ing. T. Lilge[2]* [1]*DEEPFIELD Robotics, Robert Bosch Start-Up GmbH* [2]*Institut für Regelungstechnik, Leibniz Universität Hannover* [3]*PreMaster Student bei Bosch*
Inhalte	• EULER'sche Kreiselgleichungen • LAGRANGE'sche Gleichung 2. Art • Zustandsregelung und -beobachtung • Implementierungs-aspekte
Kurz-beschrei-bung	So genannte Momentenkreisel kommen z. B. für die Lageregelung von Satelliten und auch auf der Internationalen Raumstation ISS zum Einsatz. Sie erlauben das Aufbringen korrigierender Momente zur Ausrichtung im Raum. Der vorliegende Beitrag untersucht, inwieweit sich eine solche Technologie auch für technische Assistenzsysteme einsetzen lässt. Als Beispiel dieser Machbarkeitsstudie dient eine Lastkarre, die entsprechend modifiziert wurde. Es werden drei Ansätze zur inertialen Stabilisierung beschrieben, denen eine unterschiedliche Aktuierung zugrunde liegt. Das sind die Stabilisierung mit Momentenkreiseln, die Stabilisierung mit den Antriebsrädern und eine Kombination aus beidem. Der Beitrag beschreibt die Modellierung, erläutert die entsprechenden Reglerentwürfe und zeigt die erzielten Resultate. Ferner beinhaltet der Beitrag wertvolle Aspekte bei der Implementierung auf einem eingebetteten System.

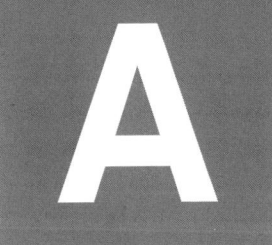

A Mathematische Grundlagen

Zum besseren Verständnis der einzelnen Buchkapitel werden im Folgenden einige wichtige mathematische Begriffe und Zusammenhänge aufgeführt.

■ A.1 Integraltransformationen

Die LAPLACE- und die FOURIER-Transformation gehören zu den Integraltransformationen. Durch sie wird einer Funktion $x(t)$ im **Originalbereich** über einen Transformationsoperator eine andere Funktion $X(s)$ im **Bildbereich** zugeordnet. Synonyme Bezeichnungen für Original- und Bildbereich sind **Zeitbereich** und **Frequenzbereich**.

A.1.1 LAPLACE-Transformation

Die Transformationsvorschrift der LAPLACE-Transformation lautet

$$\mathscr{L}\{x(t)\} = X(s) = \int_0^\infty x(t)\,\mathrm{e}^{-st}\mathrm{d}t \qquad (A.1)$$

und die der Inversen LAPLACE-Transformation

$$\mathscr{L}^{-1}\{X(s)\} = x(t) = \frac{1}{2\pi j}\int_{\delta-j\infty}^{\delta+j\infty} X(s)\,\mathrm{e}^{st}\mathrm{d}s \qquad (A.2)$$

mit der komplexen Variablen $s = \delta + j\omega \in \mathbb{C}$. Unter der Voraussetzung, dass das uneigentliche Integral in Gl. (A.1) existiert,

$$\int_0^{+\infty} \left| x(t)\mathrm{e}^{-\delta t} \right| \mathrm{d}t < \infty,$$

heißt $X(s)$ die LAPLACE-Transformierte von $x(t)$. Sie wird mit einem großen Buchstaben bezeichnet und ist eine Funktion einer komplexen Veränderlichen.

Eigenschaften/Folgerungen:

Nr.	Bezeichnung	Formel
1	**Linearitätssatz**	$\mathscr{L}\{a_1 x_1(t) + a_2 x_2(t)\} = a_1 X_1(s) + a_2 X_2(s).$ $\qquad$ (A.3) Die LAPLACE-Transformation ist eine lineare Integraltransformation.
2	**Verschiebungssatz**	$\mathscr{L}\{x(t-\tau)\} = \mathrm{e}^{-s\tau} X(s).$ $\qquad$ (A.4) Wird eine Zeitfunktion um τ ($\tau > 0$) verschoben, bedeutet das eine Multiplikation von $X(s)$ mit $\mathrm{e}^{-s\tau}$ im Bildbereich.

3	Dämpfungssatz und Modulationssatz	$\mathscr{L}\{e^{-\alpha t}x(t)\} = X(s+\alpha)$ bzw. $\qquad$ (A.5) $\mathscr{L}\{e^{\alpha t}x(t)\} = X(s-\alpha)$. $\qquad$ (A.6) Eine mit einer e-Funktion behaftete Zeitfunktion wird im Bildbereich um den Dämpfungsfaktor α verschoben.
4	Integration	$\mathscr{L}\left\{\int_0^t x(\tau)\mathrm{d}\tau\right\} = \frac{1}{s}\mathscr{L}\{x(t)\} = \frac{1}{s}X(s)$. $\qquad$ (A.7) Die LAPLACE-Transformierte eines Integrals lässt sich durch einfache Multiplikation von $X(s)$ mit $1/s$ berechnen.
5	Differentiation	$\mathscr{L}\{\dot{x}(t)\} = s\mathscr{L}\{x(t)\} - \mathscr{L}\{x(0)\} = sX(s) - x(0^+)$. $\qquad$ (A.8) Die Differentiation im Zeitbereich entspricht einer Multiplikation mit s im Bildbereich, die Anfangsbedingungen müssen berücksichtigt werden. $x(0^+)$ symbolisiert den rechtsseitigen Grenzwert. Für die zweite Ableitung gilt $\mathscr{L}\{\ddot{x}(t)\} = s^2 X(s) - sx(0^+) - \dot{x}(0^+)$. $\qquad$ (A.9)
6	Faltungssatz	Die Faltung zweier Funktionen $x(t)$ und $g(t)$ ist im Zeitbereich durch $x(t) * g(t) = \int_0^t x(\tau)g(t-\tau)\mathrm{d}\tau$ $\qquad$ (A.10) definiert. Im Bildbereich gilt der Zusammenhang $\mathscr{L}\{x(t) * g(t)\} = X(s) \cdot G(s)$, $\qquad$ (A.11) wobei $x(0) = 0$ und $g(0) = 0$ vorausgesetzt wurde.
7	Rücktransformation	Die **Inverse LAPLACE-Transformation** (Rücktransformation): stellt die eigentliche Schwierigkeit bei der Anwendung der LAPLACE-Transformation dar und kann grundsätzlich durch Benutzung der Gl. (A.2) erfolgen. Daneben gibt es elegantere Methoden, z. B. • Reihenentwicklung, • Partialbruchzerlegung und Anwendung von Korrespondenzen, • Anwendung des Residuensatzes der Funktionentheorie. Empfehlenswert ist die Benutzung von Tabellen.

A.1.2 FOURIER-Transformation

Wenn $x(t)$ im Intervall $(-\infty, \infty)$ absolut integrierbar ist, dann heißen

$$\mathscr{F}\{x(t)\} = X(j\omega) = \int_{-\infty}^{+\infty} x(t)e^{-j\omega t}\mathrm{d}t \qquad (A.12)$$

$$\mathscr{F}^{-1}\{X(j\omega)\} = x(t) = \frac{1}{2\pi}\int_{-\infty}^{+\infty} X(j\omega)e^{j\omega t}\mathrm{d}\omega \qquad (A.13)$$

die FOURIER- bzw. die inverse FOURIER-Transformierte von $x(t)$ bzw. $X(j\omega)$. Die Funktion $X(j\omega)$ wird auch FOURIER-*Spektrum* genannt.

Aus diesen Zusammenhängen ergeben sich die folgenden Eigenschaften und Folgerungen:

Nr.	Eigenschaften und Folgerungen
1	Der Definitionsbereich für die FOURIER-Transformation ist wegen

$$\int_{-\infty}^{+\infty} |x(t)|\,dt < \infty$$

deutlich kleiner als der Definitionsbereich der LAPLACE-Transformation. Streng genommen sind die meisten technisch relevanten Funktionen nicht FOURIER-transformierbar.

| 2 | Die FOURIER-Transformierte $X(j\omega)$ ist eine komplexe Funktion. Eine Darstellung ist möglich |

in kartesischen Koordinaten $X(j\omega) = C(\omega) + jS(\omega)$ (A.14)

oder in Polarkoordinaten $X(j\omega) = |X(\omega)|\,e^{j\varphi(\omega)}$.   (A.15)

Zum Einsatz kamen dabei folgende Abkürzungen

$$C(\omega) = \int_{-\infty}^{+\infty} x(t)\cos\omega t\,dt, \qquad S(\omega) = \int_{-\infty}^{+\infty} x(t)\sin\omega t\,dt \qquad (A.16)$$

$$X(\omega) = \left|X(j\omega)\right|, \qquad \varphi(\omega) = \arctan\left(\frac{S(\omega)}{C(\omega)}\right). \qquad (A.17)$$

Den Betrag $|X(\omega)|$ nennt man auch **Amplitudengang**, die Funktion $\varphi(\omega)$ heißt **Phasengang**. Beide zusammen bilden das sog. BODE-Diagramm bzw. den BODE-Plot.

| 3 | Für gerades $x(t)$, d.h. $x(t) = x(-t)$, gilt |

$$X(j\omega) = C(\omega), \qquad (A.18)$$

für ungerades $x(t)$, d.h. $x(t) = -x(-t)$, gilt

$$X(j\omega) = -jS(\omega). \qquad (A.19)$$

| 4 | Ist $x(t)$ nur für $t \geq 0$ definiert und ungleich null, erhält man die einseitige FOURIER-Transformierte, |

$$X_{\mathrm{E}}(j\omega) = \int_{0}^{\infty} x(t)e^{-j\omega t}\,dt. \qquad (A.20)$$

Durch Spiegelung an der Ordinate kann die zweiseitige FOURIER-Transformierte konstruiert werden. Wegen $x(t) = x(-t)$ gilt dann

$$X(j\omega) = 2\int_{0}^{\infty} x(t)e^{-j\omega t}\,dt = 2X_{\mathrm{E}}(j\omega). \qquad (A.21)$$

| 5 | Die einseitige FOURIER-Transformation kann man als Sonderfall der LAPLACE-Transformation auffassen. Der Zusammenhang lautet |

$$X_{\mathrm{E}}(j\omega) = \lim_{\delta \to 0} X(s) = \lim_{s \to j\omega} X(s). \qquad (A.22)$$

| 6 | Wegen der Eigenschaft **5** gelten für die FOURIER-Transformation in analoger Weise der **Linearitätssatz**, der **Verschiebungssatz**, der **Dämpfungssatz**, der **Faltungssatz** sowie die Vorschriften für die **Integration** und die **Differentiation**. |
| 7 | In technischen Anwendungen wird häufig die Frequenz f anstelle der Kreisfrequenz $\omega = 2\pi f$ benutzt. Die Gln. (A.12) und (A.13) lauten dann entsprechend |

$$X(jf) = \int_{-\infty}^{+\infty} x(t)e^{-j2\pi f t}\,dt, \qquad x(t) = \int_{-\infty}^{+\infty} X(jf)e^{j2\pi f t}\,df. \qquad (A.23)$$

A.1.3 $\mathscr{Z}$-Transformation

Die $\mathscr{Z}$-Transformation ist das geeignete Werkzeug zur Transformation zeitdiskreter Systeme in den Frequenzbereich, insbesondere kann mit ihrer Hilfe die $\mathscr{Z}$-Übertragungsfunktion für lineare Systeme gebildet werden. Im Folgenden werden deshalb einige wichtige Zusammenhänge zur $\mathscr{Z}$-*Transformation* und zur $\mathscr{Z}$-*Übertragungsfunktion* angegeben.

Die $\mathscr{Z}$-Transformation ist eine spezielle LAPLACE-Transformation. Sie entsteht bei der Anwendung der LAPLACE-Transformation auf Impulsfolgen $x(k) = x(t = kT_0)$; $k = 0, 1, 2, \ldots, N-1$. Dazu wird angenommen, dass die abgetastete Funktion durch eine Folge von DIRAC-Impulsen beschrieben wird (vgl. hierzu auch Abschnitt 4.1.6 und Bild 4.21)

$$x(t) = \sum_{k=0}^{N-1} x(k)\delta(t - kT_0).$$ (A.24)

Die Anwendung der LAPLACE-Transformation ergibt unter Anwendung der Ausblendeigenschaft der DIRAC-Funktion

$$\mathscr{L}\{x(t)\} = X(s) = \int_0^\infty x(t)e^{-st}\mathrm{d}t = \int_0^\infty \left[\sum_{k=0}^{N-1} x(k)\delta(t - kT_0)e^{-st}\right]\mathrm{d}t$$

$$= \sum_{k=0}^{N-1} x(k)\left(e^{sT_0}\right)^{-k}.$$

Substituiert man

$$\boxed{z = e^{sT_0}},$$ (A.25)

so erhält man für die $\mathscr{Z}$-Transformation

$$\boxed{\mathscr{Z}\{x(k)\} = X(z) = \sum_{k=0}^{N-1} x(k)z^{-k}}.$$ (A.26)

In Gl. (A.26) ist zu beachten, dass z eine komplexe Variable ist, d. h. durch $X(z)$ wird eine analytische Funktion beschrieben. Analog zur LAPLACE-Transformation gelten **Linearitätssatz**, **Dämpfungssatz** und **Faltungssatz**. Von besonderer Bedeutung für zeitdiskrete Systeme ist der **Verschiebungssatz**. Er lautet

$$\mathscr{Z}\{x(k-n)\} = \mathscr{Z}\{x(k)\}z^{-n} = X(z)z^{-n}$$ (A.27)

und besagt, dass eine Zeitverschiebung um nT_0 im Zeitbereich durch eine Multiplikation mit dem Verschiebungsfaktor z^{-n} im Frequenzbereich ausgedrückt werden kann. Der Verschiebungssatz kommt vor allem bei der Ableitung der $\mathscr{Z}$-Übertragungsfunktion zur Anwendung. Ist $n > 0$, erfolgt eine Verschiebung nach rechts auf der Zeitskala. Das entspricht einer Multiplikation mit z^{-n} im Bildbereich. Für $n < 0$ ist das Gegenteil der Fall.

Für die $\mathscr{Z}$-Rücktransformation gilt die Umkehrformel

$$\boxed{x(k) = \frac{1}{2\pi j}\oint X(z)z^{k-1}\mathrm{d}z}.$$ (A.28)

Dabei muss der Integrationsweg ein Kreis in der z-Ebene sein, der alle Singularitäten von $X(z)$ einschließt.

A.1.4 Korrespondenztabellen und deren Anwendung

Tabelle A.1 zeigt eine Auswahl von Funktionen $f(t)$ im Zeitbereich. Die entsprechend äquidistant zu den Zeitpunkten $t = kT_0$ mit $k = 0,1,2,\ldots$ abgetastete Funktion erhält man durch $f(kT_0)$. Zusätzlich sind die LAPLACE-Transformierte $F(s)$ und die $\mathcal{Z}$-Transformierte $F(z)$ angegeben. In der Tabelle beschreibt $\sigma(t)$ den Einheitssprung:

$$\sigma(t) := \begin{cases} 1 & \text{falls} \quad t \geq 0 \\ 0 & \text{falls} \quad t < 0 \end{cases} \quad \text{bzw. zeitdiskret} \quad \sigma(kT_0) := \begin{cases} 1 & \text{falls} \quad k \geq 0 \\ 0 & \text{falls} \quad k < 0 \end{cases}. \quad (A.29)$$

Tabelle A.1 LAPLACE-Transformierte, Funktion im Zeitbereich und $\mathcal{Z}$-Transformatierte (Auswahl)

Nr.	LAPLACE-Transformierte $F(s)$	Funktion im Zeitbereich $f(t)$	$\mathcal{Z}$-Transformierte $F(z)$
1	$\dfrac{1}{s}$	$\sigma(t)$	$\dfrac{z}{z-1}$
2	$\dfrac{1}{s^2}$	$t \cdot \sigma(t)$	$\dfrac{T_0 z}{(z-1)^2}$
3	$\dfrac{1}{s^3}$	$\dfrac{1}{2} t^2 \cdot \sigma(t)$	$\dfrac{T_0^2}{2} \dfrac{z(z+1)}{(z-1)^3}$
4	$\dfrac{1}{s^4}$	$\dfrac{1}{6} t^3 \cdot \sigma(t)$	$\dfrac{T_0^3}{6} \dfrac{z(z^2+4z+1)}{(z-1)^4}$
5	$\dfrac{1}{s+a}$	$\mathrm{e}^{-at} \cdot \sigma(t)$	$\dfrac{z}{z-\mathrm{e}^{-aT_0}}$
6	$\dfrac{a}{s(s+a)}$	$(1-\mathrm{e}^{-at}) \cdot \sigma(t)$	$\dfrac{z(1-\mathrm{e}^{-aT_0})}{(z-1)(z-\mathrm{e}^{-aT_0})}$
7	$\dfrac{a}{s^2(s+a)}$	$\dfrac{1}{a}(at-1+\mathrm{e}^{-at}) \cdot \sigma(t)$	$\dfrac{z\left((aT_0-1+\mathrm{e}^{-aT_0})z+(1-(1+aT_0)\mathrm{e}^{-aT_0})\right)}{a(z-1)^2(z-\mathrm{e}^{-aT_0})}$
8	$\dfrac{1}{(s+a)^2}$	$t\mathrm{e}^{-at} \cdot \sigma(t)$	$\dfrac{T_0 z \mathrm{e}^{-aT_0}}{(z-\mathrm{e}^{-aT_0})^2}$
9	$\dfrac{a^2}{s(s+a)^2}$	$1-\mathrm{e}^{-at}(1+at) \cdot \sigma(t)$	$\dfrac{z\left((1-(1+aT_0)\mathrm{e}^{-aT_0})z+\mathrm{e}^{-2aT_0}-(1-aT_0)\mathrm{e}^{-aT_0}\right)}{(z-1)(z-\mathrm{e}^{-aT_0})^2}$
10	$\dfrac{s}{(s+a)^2}$	$(1-at)\mathrm{e}^{-at} \cdot \sigma(t)$	$\dfrac{z(z-\mathrm{e}^{-aT_0}(1+aT_0))}{(z-\mathrm{e}^{-aT_0})^2}$
11	$\dfrac{b-a}{(s+a)(s+b)}$	$(\mathrm{e}^{-at}-\mathrm{e}^{-bt}) \cdot \sigma(t)$	$\dfrac{z(\mathrm{e}^{-aT_0}-\mathrm{e}^{-bT_0})}{(z-\mathrm{e}^{-aT_0})(z-\mathrm{e}^{-bT_0})}$
12	$\dfrac{a}{(s^2+a^2)}$	$\sin(at) \cdot \sigma(t)$	$\dfrac{z\sin(aT_0)}{z^2-2z\cos(aT_0)+1}$
13	$\dfrac{s}{(s^2+a^2)}$	$\cos(at) \cdot \sigma(t)$	$\dfrac{z(z-\cos(aT_0))}{z^2-2z\cos(aT_0)+1}$
14	$\dfrac{b}{(s+a)^2+b^2}$	$\mathrm{e}^{-at}\sin(bt) \cdot \sigma(t)$	$\dfrac{z\mathrm{e}^{-aT_0}\sin(bT_0)}{z^2-2z\mathrm{e}^{-aT_0}\cos(bT_0)+\mathrm{e}^{-2aT_0}}$
15	$\dfrac{s+a}{(s+a)^2+b^2}$	$\mathrm{e}^{-at}\cos(bt) \cdot \sigma(t)$	$\dfrac{z(z-\mathrm{e}^{-aT_0}\cos(bT_0))}{z^2-2z\mathrm{e}^{-aT_0}\cos(bT_0)+\mathrm{e}^{-2aT_0}}$

Nr.	LAPLACE-Transformierte $F(s)$	Funktion im Zeitbereich $f(t)$	$\mathcal{Z}$-Transformierte $F(z)$
16	$\dfrac{a^2+b^2}{s((s+a)^2+b^2)}$	$\left(1-\mathrm{e}^{-at}\left(\cos(bt)+\tfrac{a}{b}\sin(bt)\right)\right)\cdot\sigma(t)$	$\dfrac{z(Az+B)}{(z-1)(z^2-2z\mathrm{e}^{-aT_0}\cos(bT_0)+\mathrm{e}^{-2aT_0})}$ $A=1-\mathrm{e}^{-aT_0}\cos(bT_0)-\tfrac{a}{b}\mathrm{e}^{-aT_0}\sin(bT_0)$ $B=\mathrm{e}^{-2aT_0}-\mathrm{e}^{-aT_0}(\cos(bT_0)-\tfrac{a}{b}\sin(bT_0))$

Wichtiger Hinweis:

Man kann Tabelle A.1 auch dazu nutzen, die Übertragungsfunktion $G(z)$ eines abgetasteten Systems zu ermitteln, wenn die Übertragungsfunktion $G(s)$ vorliegt. Zu beachten ist dabei, dass die Korrespondenzen in der Tabelle aber nur für den fiktiven δ-Modulator gelten. Beim dem typischen Einsatz des H_0-Modulators (Halteglied 0.-ter Ordnung) ist folgender Zusammenhang zu verwenden (vgl. Abschnitt 8.5.1):

$$G(z)=(1-z^{-1})\,\mathcal{Z}\left\{\mathcal{L}^{-1}\left\{\tfrac{1}{s}G(s)\right\}\Big|_{t=kT_0}\right\}. \qquad (A.30)$$

Beispiel A.1 Zeitdiskrete Beschreibung einer PT_1-Strecke (H_0-Modulator)

Betrachtet werde eine PT_1-Strecke, die sich durch die Übertragungsfunktion

$$G(s)=\frac{K}{1+T_1 s}$$

beschreiben lässt. Nach Gl. (A.30) ist zunächst $G(s)/s$ zu bilden und hierfür die LAPLACE-Rücktransformierte zu bestimmen. Man erhält

$$\frac{1}{s}G(s)=\frac{K}{s(1+T_1 s)}\,.$$

In Tabelle A.1 nutzt man nun Eintrag 6 und es gilt

$$\frac{K}{s(1+T_1 s)}=K\frac{1/T_1}{s(s+1/T_1)}\;\bullet\!\!-\!\!\circ\;K(1-\mathrm{e}^{-t/T_1})\cdot\sigma(t)\,.$$

Die Auswertung für $t=kT_0$ liefert

$$K(1-\mathrm{e}^{-kT_0/T_1})\cdot\sigma(kT_0)\quad\text{und die } \mathcal{Z}\text{-Transformierte}\quad K\frac{z(1-\mathrm{e}^{-T_0/T_1})}{(z-1)(z-\mathrm{e}^{-T_0/T_1})}\,.$$

Dieses Resultat ist schließlich noch mit $(1-z^{-1})$ zu multiplizieren und man erhält

$$G(z)=(1-z^{-1})K\frac{z(1-\mathrm{e}^{-T_0/T_1})}{(z-1)(z-\mathrm{e}^{-T_0/T_1})}=\frac{z-1}{z}K\frac{z(1-\mathrm{e}^{-T_0/T_1})}{(z-1)(z-\mathrm{e}^{-T_0/T_1})}=K\frac{1-\mathrm{e}^{-T_0/T_1}}{z-\mathrm{e}^{-T_0/T_1}}\,.$$

Als Differenzengleichung heißt das für $X(z)=G(z)U(z)$

$$x(k+1)=\mathrm{e}^{-T_0/T_1}x(k)+K(1-\mathrm{e}^{-T_0/T_1})u(k)\,.$$

■ A.2 Matrizenrechnung

A.2.1 Begriffe und einfache Rechenregeln

Nr.	Zusammenhänge und Rechenregeln
1	Die Matrix $A \in \mathbb{R}^{n \times m}$ hat die Dimension (n, m), d. h. sie hat n Zeilen und m Spalten. Ihre Elemente a_{ij} können reelle oder komplexe Zahlen, aber auch Funktionen sein.
2	Haben die Matrizen A und B die Dimensionen (n, m) bzw. (m, n), dann gilt $$(AB)^{\mathrm{T}} = B^{\mathrm{T}} A^{\mathrm{T}} \quad \text{und} \quad (AB)^{\mathrm{H}} = B^{\mathrm{H}} A^{\mathrm{H}} \tag{A.31}$$ Durch A^{T} wird die transponierte Matrix, durch A^{H} die HERMITESCHE Matrix bezeichnet. Dies ist die konjugiert-komplexe Erweiterung der Transposition.
3	Eine Matrix der Dimension (n, n) heißt **quadratisch**. Durch I wird die quadratische Einheitsmatrix bezeichnet. Die Diagonale ist mit Einsen, der Rest mit Nullen besetzt. Eine quadratische Matrix A wird **regulär** genannt, wenn ihre Determinante von null verschieden ist, $$\det[A] \neq 0 \quad \Rightarrow \quad A \text{ regulär.}$$ Ist $\det[A] = 0$, heißt A singulär. Die Zeilen/Spalten von A sind dann linear abhängig.
4	Nur für eine reguläre Matrix A existiert die Inverse A^{-1} mit $A^{-1} A = A A^{-1} = I$. Für sie gilt $$A^{-1} = \frac{\mathrm{adj}[A]}{\det[A]}. \tag{A.32}$$ Die Matrix der Adjunkten $\mathrm{adj}[A] = B^{\mathrm{T}}$ wird aus B mit den Elementen $$b_{ij} = (-1)^{i+j} \det\left[A^{ij}\right] \tag{A.33}$$ berechnet. Die Matrix A^{ij} entsteht aus A durch Streichen der i-ten Zeile und der j-ten Spalte.
5	Für eine reguläre Matrix A gilt $\det\left[A^{-1}\right] = \frac{1}{\det[A]}$.
6	Wenn die Matrix $I + AB$ invertierbar ist, so ist es auch $I + BA$, und es gilt $$(I + AB)^{-1} A = A(I + BA)^{-1}. \tag{A.34}$$
7	Orthogonale Matrizen sind durch $A^{\mathrm{T}} A = A A^{\mathrm{T}} = I$ definiert. Für sie gilt folglich $A^{-1} = A^{\mathrm{T}}$. Damit ist in diesem Fall eine einfache Vorschrift für die Bildung der inversen Matrix gegeben.
8	Eine symmetrische Matrix $A = A^{\mathrm{T}}$ heißt **positiv definit**, wenn die quadratische Form $x^{\mathrm{T}} A x$ für alle $x \neq 0$ nur positive Werte annehmen kann, $$x^{\mathrm{T}} A x > 0 \quad \text{für} \quad x \neq 0. \tag{A.35}$$ Sie heißt **positiv semidefinit**, wenn $x^{\mathrm{T}} A x \geq 0$ für alle $x \neq 0$ gilt. Steht in den Ungleichungen das Zeichen „<" bzw. „≤", heißt die Matrix negativ definit bzw. negativ semidefinit. Positiv definite Matrizen besitzen nur positive Eigenwerte. Die Eigenwerte einer positiv semidefiniten Matrix dürfen auch null sein.
9	Der **Rang** $\mathrm{Rang}[A]$ einer Matrix A ist gleich der Maximalzahl der linear unabhängigen Spalten/Zeilen. Bei einer quadratischen Matrix gilt Zeilenrang = Spaltenrang.
10	Die **Spur** $\mathrm{spur}[A]$ einer quadratischen Matrix A ist die Summe der Diagonalelemente a_{ii}. Wenn A diagonalisierbar ist, dann entspricht das auch der Summe der Eigenwerte.

A.2.2   Eigenwerte, Eigenvektoren

Ausgangspunkt der folgenden Überlegungen sind die aus der (n, n)-Matrix A gebildeten homogenen Gleichungssysteme

$$(\lambda I - A) v_{\mathrm{R}} = 0 \qquad \text{und} \tag{A.36}$$

$$v_{\mathrm{L}}^{\mathrm{T}}(\lambda I - A) = 0^{\mathrm{T}} \qquad \text{bzw.} \qquad (\lambda I - A^{\mathrm{T}}) v_{\mathrm{L}} = 0. \tag{A.37}$$

Durch diese Beziehungen wird das spezielle Eigenwertproblem definiert.

Nr.	Zusammenhänge
1	Die Gln. (A.36) und (A.37) haben nichttriviale Lösungen v_{L}, $v_{\mathrm{R}} \neq 0$, wenn die Matrix $\lambda I - A$ singulär ist, d. h. wenn $\det[\lambda I - A] = 0$ erfüllt ist.
2	Die Berechnung der Determinante von $\lambda I - A$ liefert das **charakteristische Polynom** $$P(\lambda) = \det[\lambda I - A] = \lambda^n + a_{n-1}\lambda^{n-1} + \cdots + a_1\lambda + a_0.$$ Die Eigenwerte werden durch die Lösung der **charakteristischen Gleichung** $$P(\lambda) = \lambda^n + a_{n-1}\lambda^{n-1} + \cdots + a_1\lambda + a_0 = 0, \tag{A.38}$$ bzw. durch Zerlegung in Linearfaktoren $$P(\lambda) = (\lambda - \lambda_1)(\lambda - \lambda_2)\dots(\lambda - \lambda_n) = 0 \tag{A.39}$$ bestimmt. Zu jeder (n, n)-Matrix A gibt es genau n Eigenwerte $\lambda_i = \lambda_i(A)$; $i = 1, 2, \dots, n$, wobei Eigenwerte auch eine höhere algebraische Vielfachheit aufweisen können. Die Menge der Eigenwerte wird als Spektrum $$\sigma\{A\} = \{\lambda_1(A), \lambda_2(A), \dots, \lambda_n(A)\} \tag{A.40}$$ bezeichnet. Der **Spektralradius** $\varrho(A)$ wird durch den betragsmäßig größten Eigenwert $$\varrho(A) = \max_{i=1,2,\dots,n} |\lambda_i(A)| \quad \text{definiert.} \tag{A.41}$$ Zwischen der Determinante einer reellen (n, n)-Matrix A und ihren Eigenwerten $\lambda_i = \lambda_i(A)$; $i = 1, 2, \dots, n$ gilt der Zusammenhang $$\det[A] = \prod_{i=1}^{n} \lambda_i. \tag{A.42}$$
3	Zu jedem Eigenwert λ_i gibt es eine nichttriviale Lösung der Gln. (A.36) bzw. (A.37). Diese heißen **Eigenvektoren**. Dabei sind $v_{\mathrm{R}i}$ die **Rechts**- und $v_{\mathrm{L}i}$ die **Linkseigenvektoren**.
4	Die Matrizen A und A^{T} haben dieselben Eigenwerte, für unsymmetrische Matrizen aber unterschiedliche Eigenvektoren.
5	Die Eigenwerte reeller Matrizen sind entweder reell, oder sie treten konjugiert komplex auf. Das Spektrum einer symmetrischen Matrix $A = A^{\mathrm{T}}$ liegt auf der reellen Achse, d. h. die Eigenwerte sind alle reell. Das Spektrum einer schiefsymmetrischen Matrix $A = -A^{\mathrm{T}}$ liegt auf der imaginären Achse, alle Eigenwerte sind rein imaginär oder gleich null.
6	Die Matrix A genügt ihrer charakteristischen Gleichung (CAYLEY-HAMILTON-Theorem), $$P(A) = A^n + a_{n-1}A^{n-1} + \cdots + a_1 A + a_0 A^0 = 0. \tag{A.43}$$ Die Bedeutung dieser Beziehung besteht darin, dass sich die Potenz A^n und alle höheren Potenzen von A als Linearkombination der Potenzen A^0, $A^1, \dots, A^{n-1}$ darstellen lassen.

A.2.3 Ähnlichkeitstransformation (Hauptachsentransformation)

Unter einer Ähnlichkeitstransformation der quadratischen Matrix A versteht man eine Transformation mit einer regulären Matrix T nach der Form

$$\boxed{\Lambda = T^{-1}AT}\ .\tag{A.44}$$

- Die Matrix Λ hat Diagonalgestalt.
- Die Eigenwerte von Λ und A stimmen überein. Daraus folgt, dass in der Hauptdiagonale von Λ die Eigenwerte stehen,

$$\Lambda = \mathrm{diag}\{\lambda_1, \lambda_2, \ldots, \lambda_n\}\ .\tag{A.45}$$

Zur Bestimmung von T ist eine Eigenwertaufgabe zu lösen, wobei folgende Schritte und Eigenschaften zu berücksichtigen sind:

Nr.	Schritte und Eigenschaften
1	Sind alle Eigenvektoren von A linear unabhängig, können sie zu **Modalmatrizen** zusammengefasst werden. Man unterscheidet die **Rechtsmodalmatrix**: $\quad V_R = [v_{R1},\ v_{R2},\ \ldots,\ v_{Rn}]$, $\hfill$ (A.46) **Linksmodalmatrix**: $\quad V_L = [v_{L1},\ v_{L2},\ \ldots,\ v_{Ln}]$. $\hfill$ (A.47) Die lineare Unabhängigkeit der Eigenvektoren ist insbesondere dann erfüllt, wenn die Eigenwerte einfach (mit der Vielfachheit Eins) auftreten.
2	Unter Benutzung der Modalmatrizen können die Eigenwertprobleme in den Gln. (A.36) und (A.37) in der Form $AV_R = V_R\Lambda \qquad$ und $\qquad V_L^{\mathrm{T}}A = \Lambda V_L^{\mathrm{T}}$ $\hfill$ (A.48) geschrieben werden. Durch Umformung ergeben sich daraus $V_R^{-1}AV_R = \Lambda \qquad$ und $\qquad V_L^{\mathrm{T}}A\left(V_L^{\mathrm{T}}\right)^{-1} = \Lambda$. $\hfill$ (A.49)
3	Durch Vergleich mit Gl. (A.44) findet man die wichtigen Zusammenhänge $T = V_R \qquad$ und $\qquad T = \left(V_L^{\mathrm{T}}\right)^{-1}$. $\hfill$ (A.50)
4	Für unterschiedliche Eigenwerte sind die Rechts- und Linkseigenvektoren orthogonal, $v_{Li}^{\mathrm{T}}v_{Rk} = v_{Rk}^{\mathrm{T}}v_{Li} = 0 \qquad$ für $\qquad \lambda_i \neq \lambda_k$. $\hfill$ (A.51)
5	Durch eine entsprechende Normierung (Biorthonormierung) lässt sich stets erreichen, $V_L^{\mathrm{T}}V_R = V_R V_L^{\mathrm{T}} = I \quad$ bzw. $\hfill$ (A.52) $V_L^{\mathrm{T}} = V_R^{-1}$. $\hfill$ (A.53)
6	Damit kann man Gl. (A.44) wie folgt anschreiben $\Lambda = V_L^{\mathrm{T}}AV_R$. $\hfill$ (A.54)
7	Die Umkehrung von Gl. (A.54) lautet $A = V_R\Lambda V_L^{\mathrm{T}} = \displaystyle\sum_{i=1}^{n} \lambda_i(A)\, v_{Ri}\, v_{Li}^{\mathrm{T}}$ $\hfill$ (A.55) und enspricht damit der Zerlegung einer Matrix nach ihren Eigenwerten und Eigenvektoren.

8   Für symmetrische Matrizen $A = A^\mathrm{T}$ stimmen Rechts- und Linkseigenvektoren überein, ebenso die Rechts- und Linksmodalmatrizen $V_\mathrm{R} = V_\mathrm{L} = V$. In diesem Fall sind die Modalmatrizen orthogonale Matrizen, $V^\mathrm{T} V = I$ und es gilt

$$\Lambda = V^\mathrm{T} A V.$$ (A.56)

9   Für den Fall mehrfacher Eigenwerte existiert eine Transformation auf die sog. JORDAN-Form. Liegen zu einem Eigenwert mit einer algebraischen Vielfachheit ebensoviele unabhängige Eigenvektoren vor (geometrische Vielfachheit = algebraische Vielfachheit), ist die Vorgehensweise identisch zum zuvor Beschriebenen.
Andernfalls sind die sog. Hauptvektoren zu ermitteln. Am Beispiel von Gl. (A.36) ist für den Hauptvektor k-ter Stufe $(\lambda I - A)^k v_\mathrm{R} = 0$ mit $(\lambda I - A)^{k-1} v_\mathrm{R} \neq 0$ zu lösen.

Die Modalmatrizen spielen bei der Modaltransformation eine große Rolle (vgl. Abschnitt A.3).

A.2.4   Normen

Die Norm ordnet einem Vektor, einer Matrix, einem Signal oder einem System einen reelen Wert zu. Sie macht diese damit quantifizierbar.
In der Systemdynamik werden die Normen von Signalen oder von Übertragungsfunktionsmatrizen im Zeitbereich, d. h. als Funktionen von t, oder im Bildbereich bzw. Frequenzbereich untersucht, d. h. als Funktionen von s bzw. ω. Dann sind die Normen natürlich Funktionen dieser Variablen.

Nr.	Eigenschaften
1	Unter einer **Vektornorm** versteht man eine Abbildung $\|.\| : \mathbb{R}^n \mapsto \mathbb{R}$ mit den folgenden Eigenschaften

Axiom	Name/Bemerkung
$\|x\| = 0 \Leftrightarrow x = 0$	Definitheit
$\|x\| \geq 0 \quad \forall\, x \in \mathbb{R}^n$	nicht negativ
$\|\alpha x\| = |\alpha|\,\|x\| \quad \forall\, \alpha \in \mathbb{R}, x \in \mathbb{R}^n$	absolute Homogenität
$\|x + y\| \leq \|x\| + \|y\| \quad \forall\, x, y \in \mathbb{R}^n$	Dreiecksungleichung

Allgemein lautet die so genannte p-Norm mit $p \in \mathbb{R}$ und $p \geq 1$

$$\|x\|_p := \left(\sum_{i=1}^{n} |x_i|^p \right)^{1/p},$$ (A.57)

woraus sich die folgenden wichtigsten Normen in $\mathbb{R}^n$ angeben lassen:

Vektornorm	Formel
Summennorm	$\|x\|_1 := \sum_{i=1}^{n} |x_i|$
EUKLIDische Norm	$\|x\|_2 := \sqrt{\sum_{i=1}^{n} x_i^2}$
Maximumnorm	$\|x\|_\infty := \max_{i \leq i \leq n} |x_i|$

Es gilt $\|x\|_1 \geq \|x\|_2 \geq \|x\|_\infty$.

2 Unter einer **Matrixnorm** versteht man eine Abbildung $\|.\| : \mathbb{R}^{n \times n} \mapsto \mathbb{R}$ mit den folgenden Eigenschaften

Axiom	Name/Bemerkung
$\|A\| = 0 \Leftrightarrow A = 0$	Definitheit
$\|A\| \geq 0 \ \forall \ A \in \mathbb{R}^{n \times n}$	nicht negativ
$\|\alpha A\| = |\alpha| \|A\| \ \forall \ \alpha \in \mathbb{R}, A \in \mathbb{R}^{n \times n}$	absolute Homogenität
$\|A + B\| \leq \|A\| + \|B\| \ \forall \ A, B \in \mathbb{R}^{n \times n}$	Dreiecksungleichung

Für jede Vektornorm und ihre induzierte Matrixnorm

$$\|A\| := \max_{\|x\|=1} \|Ax\|$$

gilt die Ungleichung

$$\|Ax\| \leq \|A\| \, \|x\| \ \forall \ A \in \mathbb{R}^{n \times n}, x \in \mathbb{R}^n.$$

Die Matrixnorm $\|A\|$ gibt dabei die maximale 'Verlängerung' eines Vektors an, wenn die Matrix A als Operation auf den Vektor x zur Anwendung kommt.
Eine weitere häufige Forderungen an die Norm ist die **Submultiplikativität**:

$$\|AB\| \leq \|A\| \, \|B\| \qquad \qquad (A.58)$$

Zwei wichtige Normen sind die FROBENIUS-**Norm** und die **Spektralnorm**.

3 FROBENIUS-**Norm** einer reellen oder komplexen Matrix A der Dimension (m, n)

$$\|A\|_F = \sqrt{\sum_i \sum_j |a_{ij}|^2} = \sqrt{\text{spur}[A^H A]} = \sqrt{\sum_i \lambda_i \{A^H A\}} \qquad (A.59)$$

Für die Spur einer quadratischen Matrix $C \in \mathbb{C}^{n \times n}$ gilt $\text{spur}[A] = \sum_i a_{ii} = \sum_i \lambda_i$

Das hochgestellte H steht hierbei für 'hermitesch' als Erweiterung der Transposition.
Ist $R \in \mathbb{C}^{n \times m}$ eine komplexe Matrix, dann bezeichnet R^H die konjugiert-komplexe, transponierte Matrix zu R.

4 **Spektralnorm** einer reellen oder komplexen Matrix A der Dimension (m, n)

$$\|A\|_S = \sigma_{\max}(A) = \sqrt{\lambda_{\max}\{A^H A\}} \qquad \qquad (A.60)$$

Hierbei bezeichnet $\sigma_{\max}$ den maximalen **Singulärwert** von A mit $\sigma(A) = \sqrt{\lambda(A^H A)}$ (vgl. Abschnitt A.2.5).
Der maximale Singulärwert gibt dabei die maximale Verlängerung eines Vektors an, wenn die Matrix A als Operation (Drehung & Streckung) zur Anwendung kommt, d. h.

$$\sigma_{\max}(A) = \max\{\|y\| \ : \ y = Ax, \|x\| = 1\}.$$

Es werde nun die komplexe Übertragungsfunktionsmatrix $G(s) \in \mathbb{C}^{r \times m}$ betrachtet. Sie beschreibt das Übertragungsverhalten eines dynamischen Systems mit dem Eingangsvektor $U(s)$ und dem Ausgangsvektor $Y(s)$, d. h. $Y(s) = G(s)U(s)$. Die Elemente von $G(s)$ sind die den Gewichtsfunktionen/Impulsantworten entsprechenden Übertragungsfunktionen von den einzelnen Ein-/Ausgängen.

5 $\mathcal{H}_2$-**Norm**

$$\|G\|_2 := \sqrt{\frac{1}{2\pi} \int_{-\infty}^{\infty} \mathrm{spur}\left[G^{\mathrm{H}}(j\omega)G(j\omega)\right] d\omega} = \sqrt{\frac{1}{2\pi} \int_{-\infty}^{\infty} \sum_i \sum_j |G_{ij}(j\omega)|^2 d\omega} \tag{A.61}$$

Im Bildbereich lässt sich dies interpretieren als die Summe der Energien über alle Frequenzantworten und im Zeitbereich als die Summe der Energien aller Impulsantworten. Für die Existenz der $\mathcal{H}_2$-Norm ist neben Stabilität von $G(s)$ zu fordern, dass $\lim_{\omega\to\infty} G(j\omega) = 0$.

6 $\mathcal{H}_\infty$-**Norm**

$$\|G\|_\infty := \sup_\omega \sigma_{\max}\left[G(j\omega)\right] = \sup_\omega \sqrt{\lambda_{\max}\left[G^{\mathrm{H}}(j\omega)G(j\omega)\right]} \tag{A.62}$$

Das **Supremum** sup steht dabei für die „kleinste obere Schranke". Die $\mathcal{H}_\infty$-Norm betrachtet den Maximalwertes über alle Frequenzen (worst-case Systemverstärkung). Im Eingrößenfall entspricht das dem „Peak" im Frequenzgang.

A.2.5   Lineare Gleichungssysteme und Singulärwertzerlegung

Ein lineares Gleichungssystem mit n Unbekannten $x = [x_1, x_2, \ldots, x_n]^{\mathrm{T}}$ hat die Form

$$Ax = b. \tag{A.63}$$

Dabei ist A eine (m, n)-Matrix und b ein m-dimensionaler Vektor. Drei Fälle sind zu unterscheiden.

Für

- $m < n$ ist das System unterbestimmt, d. h. es gibt mehr Unbekannte als Gleichungen,
- $m = n$ stimmt die Anzahl der Gleichungen mit der Anzahl der Unbekannten überein,
- $m > n$ ist das System überbestimmt, d. h. es gibt mehr Gleichungen als Unbekannte.

Nr.	Fallunterscheidung bei der Lösung linearer Gleichungssysteme
1	Ist $m = n$ und A eine reguläre Matrix, dann lautet die Lösung von Gl. (A.63) $$x = A^{-1}b. \tag{A.64}$$
2	Ist $m \neq n$, dann existiert A^{-1} nicht und streng genommen existiert im Allgemeinen keine Lösung. Man behilft sich zur „Lösung" von Gl. (A.63) der MOORE-PENROSE-Pseudoinverse $A^\dagger$, die sich im Falle des unterbestimmten Gleichungssystems aus einer Minimierungsaufgabe (siehe Punkt 3) und für das überbestimmte Gleichungssystem aus einer Ausgleichsrechnung ergibt (siehe Punkt 4). Die MOORE-PENROSE-Pseudoinverse ist durch $A^\dagger = (A^{\mathrm{T}}A)^{-1}A^{\mathrm{T}}$ für $m > n$, (linke Pseudoinverse), (A.65) $A^\dagger = A^{\mathrm{T}}(AA^{\mathrm{T}})^{-1}$ für $m < n$, (rechte Pseudoinverse) (A.66) definiert und die Lösung erzielt man mit $x = A^\dagger b$. Die Inversionen in den Gln. (A.65) und (A.66) finden in dem jeweils kleineren Untervektorraum statt. Für die linke Pseudoinverse ist das der n-dimensionale Raum und die Matrix $A^{\mathrm{T}}A$ ist entsprechend eine (n, n)-Matrix. Damit diese Inversion möglich ist, muss $A^{\mathrm{T}}A$ regulär sein und insofern A den Rang n aufweisen. Analoges gilt für die rechte Pseudoinverse. Multipliziert man die linke Pseudoinverse von **links** an die Matrix A ergibt sich $A^\dagger A = (A^{\mathrm{T}}A)^{-1}A^{\mathrm{T}}A = I \in \mathbb{R}^{n \times n}$ und multipliziert man die rechte Pseudoinverse von **rechts** an die Matrix A ergibt sich $AA^\dagger = AA^{\mathrm{T}}(AA^{\mathrm{T}})^{-1} = I \in \mathbb{R}^{m \times m}$. So erklären sich auch die Namen „linke" und „rechte" Pseudoinverse.

3 Die Lösung eines unterbestimmten Gleichungssystems ($m < n$) ist mehrdeutig. Aus der Lösungsmenge kann durch Anwendung einer Optimierungsstrategie eine eindeutige Lösung ermittelt werden. Dazu wählt man häufig das quadratische Kriterium

$$\min_{x}\left(x^{\mathrm T}Wx\right)$$

mit einer positiv definiten Wichtungsmatrix W. Die Lösung hat dann die Form

$$x = A^{\dagger}b \quad\text{mit}\quad A^{\dagger} = W^{-1}A^{\mathrm T}(AW^{-1}A^{\mathrm T})^{-1}. \tag{A.67}$$

Für $W = I$ erhält man die rechte Pseudoinverse von Gl. (A.66).

4 Die Lösung eines überbestimmten Systems ($m > n$) wird häufig im Sinne eines kleinsten quadratischen Fehlers

$$\min_{x}\|Ax - b\|_2^2 \quad\text{gesucht und lautet}$$

$$x = A^{\dagger}b = (A^{\mathrm T}A)^{-1}A^{\mathrm T}b \quad\text{(Einsatz der linken Pseudoinversen).} \tag{A.68}$$

Aus den Zusammenhängen ist ersichtlich, dass die Produkte $A^{\mathrm T}A$ und $AA^{\mathrm T}$ eine besondere Bedeutung bei der Behandlung von linearen rechteckigen ($m \neq n$) Gleichungssystemen besitzen. Ihre Eigenwerte werden im Unterschied zu quadratischen Matrizen **Singulärwerte** genannt. Für eine rechteckige reelle (m, n)-Matrix A definiert man die Singulärwerte durch

$$\sigma_i(A) = \sqrt{\lambda_i(A^{\mathrm T}A)}. \tag{A.69}$$

Die (n, n)-Matrix $A^{\mathrm T}A$ und die (m, m)-Matrix $AA^{\mathrm T}$ sind symmetrisch. Sie haben dieselben von null verschiedenen und positiven Singulärwerte, die nach der Größe sortiert werden können. Ist r der Rang von A, d. h. Rang $A = r$, dann gilt

$$\sigma_1(A) \geq \sigma_2(A) \geq \cdots \geq \sigma_r(A) > 0.$$

Der größte Singulärwert stimmt mit der bereits eingeführten **Spektralnorm** der Matrix A überein. Analog zu Gl. (A.55) kann eine Singulärwertzerlegung für eine (m, n)-Matrix A angegeben werden. Sie lautet

$$A = V_{\mathrm R}\Sigma V_{\mathrm L}^{\mathrm T} = \sum_{i=1}^{r} \sigma_i(A)\,v_{\mathrm Ri}\,v_{\mathrm Li}^{\mathrm T}. \tag{A.70}$$

Dabei wird durch die (n, n)-Matrix $V_{\mathrm R}$ die **Modalmatrix** von $A^{\mathrm T}A$ bezeichnet (Rechtsmodalmatrix) und durch $V_{\mathrm L}$ die (m, m)-Modalmatrix von $AA^{\mathrm T}$ (Linksmodalmatrix). Die (m, n)-Matrix der Singulärwerte Σ hat die Form (links für $m \geq n = r$ und rechts für $r = m \leq n$)

$$\Sigma = \begin{bmatrix} \sigma_1 & 0 & 0 & \dots & 0 \\ 0 & \sigma_2 & 0 & \dots & 0 \\ \vdots & & & & \vdots \\ 0 & 0 & 0 & \dots & \sigma_r \\ 0 & 0 & 0 & \dots & 0 \\ \vdots & & & & \vdots \\ 0 & 0 & 0 & \dots & 0 \end{bmatrix} \quad\text{bzw.}\quad \Sigma = \begin{bmatrix} \sigma_1 & 0 & \dots & 0 & 0 & \dots & 0 \\ 0 & \sigma_2 & \dots & 0 & 0 & \dots & 0 \\ \vdots & \vdots & \ddots & 0 & 0 & \dots & 0 \\ 0 & 0 & \dots & \sigma_r & 0 & \dots & 0 \end{bmatrix}. \tag{A.71}$$

■ A.3   Lineare, zeitinvariante dynamische Systeme

Die Zustandsgleichungen eines linearen, zeitinvarianten dynamischen Systems lassen sich in der folgenden Form schreiben

$$\dot{x}(t) = A\,x(t) + B\,u(t)\,, \qquad x(0) = x_0\,,$$
$$y(t) = C\,x(t) + D\,u(t)\,. \tag{A.72}$$

Dabei sind

$x(t)$	n-dimensionaler Zustandsvektor,
$u(t)$	m-dimensionaler Eingangs-, Steuer- bzw. Störvektor,
$y(t)$	r-dimensionaler Ausgangsvektor,
A	(n,n)-dimensionale (konstante) Systemmatrix,
B	(n,m)-dimensionale (konstante) Eingangs- oder Steuermatrix,
C	(r,n)-dimensionale (konstante) Ausgangs- oder Messmatrix,
D	(r,m)-dimensionale (konstante) Durchgangsmatrix.

Die Lösung von Gl. (A.72) kann im Zeitbereich oder im Bildbereich durch Anwendung der LA-PLACE-Transformation erfolgen. Letzteres führt durch Anwendung von Gl. (A.8) auf

$$sX(s) - x(0^+) = AX(s) + BU(s) \quad ; \quad Y(s) = CX(s) + DU(s) \quad \text{bzw.}$$

$$X(s) = G(s)x(0^+) + G(s)BU(s)\,, \tag{A.73}$$
$$Y(s) = CG(s)x(0^+) + (CG(s)B + D)U(s)\,. \tag{A.74}$$

$$\text{Durch} \quad G(s) = (sI - A)^{-1} \tag{A.75}$$

wird die **Übertragungsfunktionsmatrix (Frequenzgangmatrix)** vom Eingangsvektor $U(s)$ auf den Zustand $X(s)$ bezeichnet. Die Rücktransformation kann unter Berücksichtigung des Faltungssatzes (Gln. (A.10) und (A.11)) erfolgen. Wegen

$$\mathscr{L}^{-1}\left\{ (sI - A)^{-1} \right\} = e^{At} \tag{A.76}$$

lautet die Lösung im Zeitbereich mit der homogen Lösung x_h und der partikulären Lösung x_p

$$x(t) = \underbrace{e^{At}x(0^+)}_{x_\mathrm{h}} + \underbrace{\int_0^t e^{A(t-\tau)}B\,u(\tau)\mathrm{d}\tau}_{x_\mathrm{p}}\,. \tag{A.77}$$

Die Matrixfunktion

$$\boxed{\Phi(t) = e^{At}} \tag{A.78}$$

heißt **Fundamentalmatrix** (auch Übergangsmatrix, Transitionsmatrix).

Die Gln. (A.73), (A.74) und (A.77) sind die grundlegenden Beziehungen der linearen Systemtheorie. Sie beschreiben das Eingangs-/Ausgangsverhalten im Bildbereich (Gl. (A.73), (A.74)) oder im Zeitbereich (Gl. (A.77)) und können für periodische, transiente oder stochastische Steuer- bzw. Störsignale benutzt werden.

Für asymptotisch stabile Systeme klingt die homogene Lösung exponentiell ab, d. h.

$$\lim_{t \to \infty} \|\boldsymbol{x}_\mathrm{h}(t)\|_2 = 0. \tag{A.79}$$

Für den eingeschwungenen Zustand gilt bei hinreichend großem T dann

$$\boldsymbol{x}(t) = \int_0^\infty \mathrm{e}^{A(t-\tau)} \boldsymbol{B}\boldsymbol{u}(\tau)\mathrm{d}\tau \approx \int_0^T \mathrm{e}^{A(t-\tau)} \boldsymbol{B}\boldsymbol{u}(\tau)\mathrm{d}\tau. \tag{A.80}$$

Fundamentalmatrix und ihre Eigenschaften

Die Fundamentalmatrix ist in Analogie zur Exponentialfunktion wie folgt definiert

$$\boldsymbol{\Phi}(t) = \mathrm{e}^{At} = \boldsymbol{I} + \sum_{i=1}^\infty \frac{1}{i!} (\boldsymbol{A}t)^i. \tag{A.81}$$

Mit ihr kann die Lösung der homogenen Zustandsgleichung ($\boldsymbol{u} = \boldsymbol{0}$) durch

$$\boldsymbol{x}_\mathrm{h}(t) = \boldsymbol{\Phi}(t)\boldsymbol{x}_0 \tag{A.82}$$

dargestellt werden. Mit $\boldsymbol{\Phi}(t)$ wird der Anfangszustand $\boldsymbol{x}_0$ in den Zustand $\boldsymbol{x}(t)$ überführt.

1. Die Fundamentalmatrix besitzt folgende Eigenschaften:

    - $\dot{\boldsymbol{\Phi}}(t) = \boldsymbol{A}\boldsymbol{\Phi}(t), \quad \boldsymbol{\Phi}(0) = \boldsymbol{I}$,
    - $\boldsymbol{\Phi}(t_1 + t_2) = \boldsymbol{\Phi}(t_1)\boldsymbol{\Phi}(t_2)$,
    - $\boldsymbol{\Phi}^{-1}(t) = \boldsymbol{\Phi}(-t)$,
    - $\det[\boldsymbol{\Phi}(t)] = \mathrm{e}^{t \cdot \mathrm{spur}[A]}$ (Formel von Jacobi und Lioville),
    - $\boldsymbol{\Phi}(t) = \mathscr{L}^{-1}\left\{(s\boldsymbol{I} - \boldsymbol{A})^{-1}\right\} = \mathrm{e}^{At}$. \hfill (A.83)

2. Für lineare, zeitinvariante Schwingungssysteme gilt die Beschreibung

$$\boldsymbol{M}\ddot{\boldsymbol{q}}(t) + \boldsymbol{D}\dot{\boldsymbol{q}}(t) + \boldsymbol{K}\boldsymbol{q}(t) = \boldsymbol{f}(t), \qquad \boldsymbol{q}(0) = \boldsymbol{q}_0, \quad \dot{\boldsymbol{q}}(0) = \dot{\boldsymbol{q}}_0. \tag{A.84}$$

Wird der Zustandvektor durch $\boldsymbol{x} = \begin{bmatrix} \boldsymbol{q} \\ \dot{\boldsymbol{q}} \end{bmatrix}$ definiert, hat die Systemmatrix $\boldsymbol{A}$ die Blockstruktur

$$\boldsymbol{A} = \begin{bmatrix} \boldsymbol{0} & \boldsymbol{I} \\ \boldsymbol{A}_{21} & \boldsymbol{A}_{22} \end{bmatrix} \quad \text{mit} \quad \boldsymbol{A}_{21} = -\boldsymbol{M}^{-1}\boldsymbol{K}, \quad \boldsymbol{A}_{22} = -\boldsymbol{M}^{-1}\boldsymbol{D}. \tag{A.85}$$

Die Fundamentalmatrix besitzt dann ebenfalls eine Blockstruktur

$$\boldsymbol{\Phi}(t) = \begin{bmatrix} \boldsymbol{\Phi}_{11}(t) & \boldsymbol{\Phi}_{12}(t) \\ \boldsymbol{\Phi}_{21}(t) & \boldsymbol{\Phi}_{22}(t) \end{bmatrix}.$$

Wegen der ersten unter (A.83) aufgeführten Beziehung gilt $\dot{\boldsymbol{\Phi}}_{11} = \boldsymbol{\Phi}_{21}$, $\dot{\boldsymbol{\Phi}}_{12} = \boldsymbol{\Phi}_{22}$, d. h.

$$\boldsymbol{\Phi}(t) = \begin{bmatrix} \boldsymbol{\Phi}_{11}(t) & \boldsymbol{\Phi}_{12}(t) \\ \dot{\boldsymbol{\Phi}}_{11}(t) & \dot{\boldsymbol{\Phi}}_{12}(t) \end{bmatrix}. \tag{A.86}$$

Die Lösung von Gl. (A.84) kann durch

$$\boldsymbol{q}(t) = \boldsymbol{\Phi}_{11}(t)\boldsymbol{q}_0 + \boldsymbol{\Phi}_{12}(t)\dot{\boldsymbol{q}}_0 + \int_0^t \boldsymbol{\Phi}_{12}(t-\tau)\boldsymbol{f}(\tau)\mathrm{d}\tau \tag{A.87}$$

dargestellt werden. Nur die Blockmatrizen $\boldsymbol{\Phi}_{11}(t)$ und $\boldsymbol{\Phi}_{12}(t)$ beschreiben also den Zusammenhang zwischen Erregung $\boldsymbol{f}(t)$ und Schwingweg $\boldsymbol{q}(t)$.

Modaltransformation

Die Modaltransformation ist eine spezielle Anwendung der in Abschnitt A.2.3. beschriebenen Ähnlichkeitstransformation auf dynamische Systeme der Gestalt der Gl. (A.72). Die Ein-/Ausgangsbeziehungen und damit auch die Frequenzgangmatrix sind gegenüber Ähnlichkeitstransformationen invariant. Die Eigenwerte sind gegenüber einer Ähnlichkeitstransformation ebenfalls invariant.

Durch die lineare Transformation

$$x(t) = T x_{\mathrm{H}}(t) = V_{\mathrm{R}} x_{\mathrm{H}}(t) \tag{A.88}$$

werden neue Koordinaten $x_{\mathrm{H}}(t)$ eingeführt, **Hauptkoordinaten** oder **Modalkoordinaten**. Sie spannen den **Modalraum** auf. Nach Gl. (A.50) wird für die Transformation die Rechtsmodalmatrix $T = V_{\mathrm{R}}$ gewählt. Dadurch kann nach Gl. (A.54) die Systemmatrix A im Falle n **einfacher** Eigenwerte in eine Diagonalmatrix Λ überführt werden ($V_{\mathrm{L}}^{\mathrm{T}} = V_{\mathrm{R}}^{-1}$),

$$\dot{x}_{\mathrm{H}}(t) = \Lambda x_{\mathrm{H}}(t) + V_{\mathrm{L}}^{\mathrm{T}} B u(t), \qquad x_{\mathrm{H}}(0) = V_{\mathrm{L}}^{\mathrm{T}} x(0),$$

$$y(t) = C V_{\mathrm{R}} x_{\mathrm{H}}(t). \tag{A.89}$$

1. Das Differentialgleichungssystem (A.89) ist in den Hauptkoordinaten vollständig entkoppelt und stellt ein System von n entkoppelten Differentialgleichungen 1. Ordnung dar.
2. Die Frequenzgangmatrix für die Hauptkoordinaten ist eine Diagonalmatrix,

$$G_{\mathrm{H}}(s) = (sI - \Lambda)^{-1} = \mathrm{diag}\left\{ \frac{1}{s - \lambda_1}, \frac{1}{s - \lambda_2}, \ldots, \frac{1}{s - \lambda_n} \right\}. \tag{A.90}$$

3. Durch Rücktransformation in den Zustandsraum ergibt sich daraus

$$X(s) = V_{\mathrm{R}} G_{\mathrm{H}}(s) V_{\mathrm{L}}^{\mathrm{T}} x(0) + V_{\mathrm{R}} G_{\mathrm{H}}(s) V_{\mathrm{L}}^{\mathrm{T}} B U(s). \tag{A.91}$$

Die Elemente der Frequenzgangmatrix $G(s) = V_{\mathrm{R}} G_{\mathrm{H}}(s) V_{\mathrm{L}}^{\mathrm{T}}$ haben die Form

$$G_{kl}(s) = \sum_{i=1}^{n} \frac{(v_{ki})_{\mathrm{R}} (v_{li})_{\mathrm{L}}}{s - \lambda_i}, \qquad k, l = 1, 2, \ldots, n. \tag{A.92}$$

Dabei bezeichnen $(v_{ki})_{\mathrm{R}}$ Elemente der Rechtsmodalmatrix und $(v_{li})_{\mathrm{L}}$ Elemente der Linksmodalmatrix.

Der Vorteil der Verwendung von Modalkoordinaten besteht darin, dass
- das Mehrgrößensystem in ein System entkoppelter Einzelgleichungen zerfällt und damit leicht berechenbar wird,
- bei hochdimensionalen Systemen eine Systemreduktion in der Weise vorgenommen werden kann, dass nur Moden bis zu einer bestimmten, für die Funktion wichtigen Ordnung $r < n$ betrachtet werden. Die Modellreduktion ist insbesondere bei der Behandlung von Systemen mit verteilten Parametern von großer praktischer Bedeutung (vgl. Abschnitt 7.2.3),
- der Regelungsentwurf in einfacher Weise im Modalraum ausgeführt werden kann, da er auf SISO-Systeme führt.

Im Gegensatz dazu muss als wesentlicher Nachteil die mit der Ähnlichkeitstransformation verbundene vollständige Lösung des Eigenwertproblems genannt werden.

Formelzeichen und Abkürzungen

Die Darstellung von Vektoren und Matrizen erfolgt stets in fett gedruckten kursiven Buchstaben (z. B. a oder A), wobei für Matrizen ausschließlich Großbuchstaben zur Anwendung kommen. Die Transposition eines Vektors oder einer Matrix ist charakterisiert durch ein hochgestelltes T (A^{T}). Vektoren symbolisieren stets Spaltenvektoren. Zeilenvektoren ergeben sich demnach durch die Transposition. Geschätzte oder beobachtete Größen sind durch ein Dach gekennzeichnet ($\hat{x}$ bzw. $\hat{x}$) und Zufallsvariablen mit der Tilde $\tilde{}$ ($\tilde{x}$ bzw. $\tilde{x}$). Die Norm eines Vektors x wird allgemein dargestellt durch $\|x\|$ und speziell die euklidische Norm $\|x\|_2$. Entsprechend charakterisiert $\|A\|$ die zunächst nicht weiter spezifizierte Norm der Matrix A und z. B. $\|A\|_2$ speziell die Spektralnorm. In den Bildbereich transformierte Variablen benutzen stets Großbuchstaben, z. B. symbolisiert $Y(s)$ die LAPLACE-Transformierte von $y(t)$, bzw. bei Vektorgrößen $Y(s)$ die LAPLACE-Transformierte von $y(t)$. Das Symbol ■ markiert das Ende eines Beispiels.

 Farbig hinterlegte Boxen – teilweise mit einem Pfeilsymbol versehen – dienen der Hervorhebung von Sachverhalten. Ein Ausrufezeichen weist auf besonders wichtige Zusammenhänge hin.

Allgemeine Notationen

$\mathbb{R}^n$ n-dimensionaler EUKLIDischer Raum

$z(t) = \begin{bmatrix} z_1(t), & z_2(t), & \dots & z_n(t) \end{bmatrix}^{\mathrm{T}} \in \mathbb{R}^n$ n-dimensionaler Vektor

$A = \begin{bmatrix} a_{1,1} & \dots & a_{1,n} \\ \vdots & & \vdots \\ a_{m,1} & \dots & a_{m,n} \end{bmatrix} \in \mathbb{R}^{m \times n}$ (m, n)-Matrix

$\mathscr{F}\{x(t)\} = X(j\omega)$ FOURIER-Transformation mit Kreisfrequenz ω

$\mathscr{L}\{x(t)\} = X(s)$ LAPLACE-Transformation, komplexe Variable s

$\mathscr{Z}\{x(t)\} = X(z)$ $\mathscr{Z}$-Transformation, komplexe Variable z

Kapitel 2. Sensoren und 3. Aktoren

Abkürzung	Bedeutung	Abkürzung	Bedeutung
AMR	**A**nisotropic **M**agneto **R**esistance (anisotroper magnetoresistiver Effekt)	FET	**F**eld **E**ffekt **T**ransistor
GMR	**G**iant **M**agneto **R**esistance (Riesenmagnetowiderstand)	LED	**L**icht **E**mittierende **D**iode

Abkürzung	Bedeutung	Abkürzung	Bedeutung
LRR	Long-Range Radar (Fernbereichsradar)	LVDT	Lineare Variable Differenzial Transformatoren
MEMS	Micro Electro Mechanical System - elektromechanisches Mikrosystem	MRR	Mid-Range Radar (Mittelbereichsradar)
NTC	Negative Temperature Coefficient (Widerstand)	OPV	Operationsverstärker
PLCD	Permanentmagnetic Linear Contactless Displacement	PTC	Positive Temperature Coefficient (Widerstand)
PSD	Positive Sensitive Detector (Lateraleffektdiode)	SRR	Short-Range Radar (Nahbereichsradar)

R, R_m	OHM'scher Widerstand, magnetischer Widerstand
L	Induktivität
C	Kapazität
m	Masse
J	Massenträgheitsmoment
k, c	Steifigkeit
d	(viskose) Dämpfungskonstante
ω_0	Eigenkreisfrequenz (Kreisfrequenz der ungedämpften Schwingung)
$F, \boldsymbol{F}$	Kraft (Kraftvektor)
$\boldsymbol{M}(\cdot)$	Massenmatrix (Trägheitsmatrix)
$M, \boldsymbol{M}$	Moment (Momentenvektor)
$\boldsymbol{D}(\cdot)$	Dämpfungsmatrix
$\boldsymbol{K}(\cdot)$	Steifigkeitsmatrix
P	Leistung
E	Energie
W	Arbeit
Q	Wärme
$\dot{Q}$	Wärmestrom
η	Wirkungsgrad
v, ω	Geschwindigkeit, Winkelgeschwindigkeit
n	Drehzahl
p	Polpaarzahl
s	Schlupf
$u(\cdot)$	elektrische Spannung
$i(\cdot)$	elektrischer Strom
Φ	magnetischer Fluss
$\boldsymbol{B}$	magnetischer Flussdichtevektor
$\boldsymbol{H}$	magnetischer Feldstärkevektor
θ	Durchflutung
V	magnetische Spannung
μ	Permeabilität (magnetische Leitfähigkeit)
μ_0	magnetische Feldkonstante (absolute Permeabilität)
μ_r	relative Permeabilität (Permeabilitätszahl)
ϵ_T	Permittivität
ϵ_0	elektrische Feldkonstante

ϵ_r	relative Permittivität (relative Dielektrizitätskonstante)
S	mechanischer Verzerrungstensor
T	mechanischer Spannungstensor
E, E_{el}	elektrischer Feldstärkevektor
D	elektrischer Verschiebungsdichtevektor
ϵ	mechanische Dehnung
σ	Normalspannung
τ	Schubspannung
E, E_{mech}	Elastizitätsmodul
G	Schubmodul
V	Volumen
$\dot{V}$	Volumenstrom
p	Druck

Kapitel 4. Signalverarbeitung

Abkürzung	Bedeutung	Abkürzung	Bedeutung
BNF	Beobachternormalform	DEKF	Dual Extended KALMAN-Filter
EKF	Extended KALMAN-Filter	UKF	Unscented KALMAN-Filter

$\delta(t)$	DIRAC-Funktion
sgn(.)	Signum-Funktion
$\tilde{x}(t)$	stochastisches (zufälliges) Signal
$P(\tilde{x} \leq x_0), P(x)$	Verteilungsfunktion
$p(x)$	Verteilungsdichtefunktion
$W(a \leq \tilde{x} \leq b)$	Wahrscheinlichkeit für $\tilde{x} \in [a, b]$
$E[.]$	Erwartungswertoperator
$M_1 = E[\tilde{x}], M_n$	Moment erster bzw. n-ter Ordnung
μ	Erwartungswert
σ^2, σ_x^2	Varianz, Varianz von x
σ	Standardabweichung
$\hat{x}, \check{x}$	positiver, negativer Spitzenwert
$\bar{x}$	arithmetischer (linearer) Mittelwert
$\check{x}$	quadratischer Mittelwert (Effektivwert) von x
γ_x	Schiefe von x
β_x	Kurtosiswert von x
$R_{xx}(\tau), R_{xy}(\tau)$	Autokorrelations- und Kreuzkorrelationsfunktion
$S_{xx}(\tau), S_{xy}(\tau)$	Autospektraldichte und Kreuzspektraldichte
$C_{xx}(\tau), C_{xy}(\tau)$	Autokovarianz- und Kreuzkovarianzfunktion
$\hat{x}_i$	positive Spitzenwerte (sinusverwandtes Signal i)
δ_i	Dämpfungskonstante ($\delta_i > 0$ Dämpfung, $\delta_i < 0$ Anfachung)
ω_i	Kreisfrequenz (sinusverwandtes Signal i)
φ_i	Nullphasenwinkel (sinusverwandtes Signal i)
T_0	Abtastzeit
$f_s, \omega_s = \frac{2\pi}{T_0}$	Abtastfrequenz, Abtastkreisfrequenz
f_{max}, ω_{max}	maximale Frequenz, Kreisfrequenz in Nutzsignal

$s(t), S(j\omega)$	Impulskamm und dessen Spektrum
$x_0(t), X_0(j\omega)$	reales Zeitsignal und dessen Spektrum
$X_0(k)$	$X_0(j\omega)$ abgetastet, diskrete FOURIER-Transformation
$x_s(t), X_s(j\omega)$	abgetastetes Zeitsignal und dessen Spektrum
$x(n), x(k)$	diskrete Zeitfolge
$\tilde{x}(n)$	periodisch fortgesetzte Folge
$X(e^{j\omega})$	FOURIER-Transformierte der Abtastfolge $x(n)$
r	Interpolationsgrad
$\boldsymbol{x}(k) \in \mathbb{R}^n$	Zustandsvektor
$\boldsymbol{u}(k) \in \mathbb{R}^m$	Eingangsvektor
$\boldsymbol{y}(k) \in \mathbb{R}^r$	Ausgangsvektor
$\boldsymbol{w}(k) \in \mathbb{R}^p$	Vektor, der Prozessrauschen beschreibt
$\boldsymbol{v}(k) \in \mathbb{R}^r$	Vektor des Messrauschens
$\boldsymbol{A}(k) \in \mathbb{R}^{n \times n}$	Systemmatrix
$\boldsymbol{B}(k) \in \mathbb{R}^{n \times m}$	Steuermatrix, Eingangsmatrix (MIMO-System)
$\boldsymbol{C}(k) \in \mathbb{R}^{r \times n}$	Ausgangsmatrix, Messmatrix (MIMO-System)
$\boldsymbol{W}(k) \in \mathbb{R}^{n \times p}$	Einkoppelmatrix Prozessrauschen
$\boldsymbol{K}(k) \in \mathbb{R}^{n \times r}$	KALMAN-Gain
$\boldsymbol{P}(k), \boldsymbol{P}^-(k), \dots$	Kovarianzmatrix Zustandsvektor, Index $^-$ für a priori, …
$\boldsymbol{P}^+(k) \in \mathbb{R}^{n \times n}$	Index $^+$ für a posteriori Kovarianzmatrix
$\boldsymbol{Q}(k) \in \mathbb{R}^{p \times p}$	Kovarianzmatrix Prozessrauschen
$\boldsymbol{R}(k) \in \mathbb{R}^{r \times r}$	Kovarianzmatrix Messrauschen

Kapitel 5. Prozessdatenverarbeitung

Abkürzung	Bedeutung	Abkürzung	Bedeutung
AMP	Asymmetric Multiprocessing	API	Application Programming Interface, Schnittstelle Anwendungsprogramm
BSD	Berkeley Software Distribution (Lizenzmodell)	CAN	Controller Area Network
CPS	Cyber Physical System	CPU	Central Processing Unit
CSMA/CA	Carrier-Sense Multiple Access / Collision Avoid	CSMA/CD	Carrier-Sense Multiple Access / Collision Detect
CSW	Contextswitch, auch Prozessumschaltung, Kontextwechsel	DoR	Phasenreinheit („Distinctness of Reaction")
EDF	Earliest Deadline First	EtherCAT	**Ether**net for **C**ontroller and **A**utomation **T**echnology
IRSR	Interruptserviceroutine	FPGA	Field Programmable Gate Array
LIFO	Last In First Out	OSI	Open Systems Interconnection, Referenzmodell nach ISO 7498
PU	Prozessumschalter (Dispatcher)	RMS	Rate Monotonic Scheduling
RTOS	Real-Time Operating System	Skew	Schräglauf, Reaktionsträgheit
SMP	Symmetric Multiprocessing	SOC	System-On-the-Chip
SPS	Speicherprogrammierbare Steuerung (**P**rogrammable **L**ogic **C**ontroller)	SVC	Supervisorcall, Aufruf eines Systemdiensts im supervisor mode
TDMA	Time Division Multiple Access	WCET	Worst Case Execution Time

t_R	Reaktionszeit
$t_{R_{max}}$	maximale Reaktionszeit
t_{SVmax}	maximale Verweildauer eines Supervisorprozesses außerhalb des Ruhezustands
t_{CSW}	Zeitverbrauch für Contextswitch
t_{HV}	Hardwareverzögerung durch Interrupt
T_i	Periodendauer der Task i
C_i	Ausführungszeit der Task i
η	Prozessorauslastung

Kapitel 6. Mehrkörpersysteme (MKS)

Abkürzung	Bedeutung	Abkürzung	Bedeutung
MKS	Mehrkörpersystem	EP	Effektorpunkt

S	Massenschwerpunkt
P	beliebiger Körperpunkt
dm	Massenelement
$\boldsymbol{q}, \dot{\boldsymbol{q}}, \ddot{\boldsymbol{q}}$	verallgemeinerte Koordinaten (mit Ableitungen)
$\boldsymbol{x}$	Umweltkoordinaten
$f, \boldsymbol{F}$	Kraft, Kraftvektor
τ	Moment
$\boldsymbol{\tau}, \boldsymbol{M}$	Momentenvektor
$(KS)_0$	Inertialsystem (Koordinatensystem)
$(KS)_K$	körperfestes Koordinatensystem
T	kinetische Energie
U	potentielle Energie
$\boldsymbol{L}^{(0)}$	Drehimpuls (Drall) im Inertialsystem
$\boldsymbol{L}_{rel}^{(S)}$	relativer Drehimpuls bzgl. Schwerpunkt S
$_{(K)}\boldsymbol{I}^{(S)}$	Trägheitsmatrix im $(KS)_K$ bzgl. Schwerpunkt S
$\boldsymbol{e}_x^{(0)}, \boldsymbol{e}_y^{(0)}, \boldsymbol{e}_z^{(0)}$	Einheitsvektoren von $(KS)_0$ (Inertialsystem)
$_{(0)}\boldsymbol{e}_x^{(i)}, _{(0)}\boldsymbol{e}_y^{(i)}, _{(0)}\boldsymbol{e}_z^{(i)}$	Einheitsvektoren des körperfesten $(KS)_i$ bezogen auf $(KS)_0$
$^0\boldsymbol{R}_i = \left[_{(0)}\boldsymbol{e}_x^{(i)}, \quad _{(0)}\boldsymbol{e}_y^{(i)}, \quad _{(0)}\boldsymbol{e}_z^{(i)} \right]$	Rotationsmatrix
$\boldsymbol{R}_x(\phi), \boldsymbol{R}_y(\psi), \boldsymbol{R}_z(\theta)$	Drehmatrizen um die Koordinatenachsen
$_{(0)}\boldsymbol{v}_{S_i}$	exemplarisch: Schwerpunktsgeschwindigkeit des Körpers i im Inertialkoordinatensystem
$_{(0)}\boldsymbol{\omega}_i$	exemplarisch: Drehrate des Körpers i im Inertialkoordinatensystem
$\boldsymbol{R}_{KARD}(\phi, \psi, \theta)$	Drehmatrix für KARDAN-Winkel
$\boldsymbol{R}_{EUL}(\phi, \psi, \theta)$	Drehmatrix für EULER-Winkel
$_{(0)}\boldsymbol{r}_P$	Ortsvektor im $(KS)_0$ zum Punkt P
$_{(i)}\boldsymbol{r}_P$	Ortsvektor im $(KS)_i$ zum Punkt P

$$x = \begin{bmatrix} r^T, & 1 \end{bmatrix}^T \in \mathbb{R}^4$$ homogene Koordinaten

$$T = \left[\begin{array}{c|c} R & r_0 \\ \hline 0\,0\,0 & 1 \end{array} \right]$$ homogene Transformationsmatrix

$^{j}T_i$ homogene Transformationsmatrix von $(KS)_i$ nach $(KS)_j$

$J(q) = \frac{\partial f}{\partial q} \in \mathbb{R}^{m \times n}$ JACOBI-Matrix

$\phi(x, t)$ Vektorfunktion mit holonomen Zwangsbedingungen

$\phi(x, \dot{x}, t)$ Vektorfunktion mit nichtholonomen Zwangsbeding.

Q Vektor der verallgemeinerten Kräfte/Momente

Q_k, Q_n Vektor der konservative / nichtkonservativen Kräfte

$M(q)$ Massenmatrix

Kapitel 7. Systembeschreibung und 8. Regelung

Abkürzung	Bedeutung	Abkürzung	Bedeutung
ADU	Analog-Digital-Umsetzer	AR	**A**uto-**R**egressive (Systemmodell)
ARMA	**A**uto-**R**egressive **M**oving **A**verage (Systemmodell)	ARMAX	**A**uto-**R**egressive **M**oving **A**verage with e**X**ogenous Inputs
ARX	**A**uto-**R**egressive with e**X**ogenous Inputs (Systemmodell)	BIBO	**B**ounded **I**nput **B**ounded **O**utput (Stabilitätskriterium)
BJ	**B**ox-**J**enkins (Systemmodell)	BLUE	**BLUE**-Eigenschaft: (**B**est **L**inear **U**nbiased **E**stimator
CARX	**C**ontinuous **A**uto-**R**egressive with e**X**ogenous Inputs	DAU	**D**igital-**A**nalog-**U**msetzer
FIR	**F**inite **I**mpulse **R**esponse	IV	**I**nstrumental-**V**ariablen (-Schätzer)
LFSR	**L**inear **F**eedback **S**hift **R**egister	LTI	**L**inear **T**ime **I**nvariant (System)
LTV	**L**inear **T**ime **V**ariant (System)	LS	**L**east **S**quares (Schätzer)
MA	**M**oving **A**verage (Systemmodell)	MAP	**M**aximum **A**-**P**osteriori (Schätzer)
MIMO	**M**ultiple-**I**nput **M**ultiple-**O**utput (System)	MRAC	**R**eference **A**daptive **C**ontrol
MKS	Mehrkörpersystem	ML	**M**aximum **L**ikelihood (Schätzer)
OE	**O**utput-**E**rror (Systemmodell)	PRBS	**P**seudo **R**andom **B**inary **S**ignal
RNF	Regelungsnormalform	SISO	**S**ingle-**I**nput **S**ingle-**O**utput (System)
SOS	**S**econd **O**rder **S**ystem (Teilsystem 2. Ordnung)	SNR	**S**ignal-to-**N**oise-**R**atio (Signal-Rausch-Verhältnis)
STR	**S**elf-**T**uning **R**egulator	WLS	**W**eighted **L**east **S**quares (Schätzer)

t, τ kontinuierliche Zeitvariablen

k, n diskrete Zeitvariablen (Abtastschritte)

$A(t), A(k) \in \mathbb{R}^{n \times n}$ Systemmatrix

$B(t), B(k) \in \mathbb{R}^{n \times m}$ Steuermatrix, Eingangsmatrix (MIMO-System)

$b(t), b(k) \in \mathbb{R}^{n \times 1}$ Eingangsvektor (SISO-System)

$C(t), C(k) \in \mathbb{R}^{r \times n}$ Ausgangsmatrix, Messmatrix (MIMO-System)

$c^T(t), c^T(k) \in \mathbb{R}^{1 \times n}$ Ausgangs- bzw. Messvektor (SISO-System)

$D(t), D(k) \in \mathbb{R}^{r \times m}$ Durchgangsmatrix, Durchgriffsmatrix (MIMO-System)

$d \in \mathbb{R}$	Durchgangsanteil (SISO-System)
$\boldsymbol{A}_\mathrm{G} \in \mathbb{R}^{n \times n}$	Systemmatrix des geschlossenen Regelkreises
$\boldsymbol{A}_\mathrm{d} \in \mathbb{R}^{n \times n}$	(Zeitdiskrete) Systemmatrix bei Anwendung Verschiebeoperator
$\boldsymbol{A}_\delta \in \mathbb{R}^{n \times n}$	Systemmatrix bei Anwendung δ-Operator
$\boldsymbol{B}_\mathrm{d} \in \mathbb{R}^{n \times m}$	(Zeitdiskrete) Eingangsmatrix bei Anwendung Verschiebeoperator
$\boldsymbol{B}_\delta \in \mathbb{R}^{n \times m}$	Eingangsmatrix bei Anwendung δ-Operator
$\boldsymbol{x}(t) \in \mathbb{R}^n$	Zustandsvektor
$\boldsymbol{z}(t) \in \mathbb{R}^n$	Zustandsvektor in Modal-/Diagonalform
$\boldsymbol{u}(t) \in \mathbb{R}^m$	Eingangsvektor
$\boldsymbol{y}(t) \in \mathbb{R}^r$	Ausgangsvektor
$G(s)$	Übertragungsfunktion im LAPLACE-Bereich
$\boldsymbol{G}(s)$	Übertragungsfunktionsmatrix im LAPLACE-Bereich
$G_\mathrm{o}(s), \boldsymbol{G}_\mathrm{o}(s)$	Entsprechendes mit Kennzeichnung des offenen Kreises
$\boldsymbol{Q}_\mathrm{S} \in \mathbb{R}^{n \times n m}$	Steuerbarkeitsmatrix
$\boldsymbol{Q}_\mathrm{B} \in \mathbb{R}^{r\,n \times n}$	Beobachtbarkeitsmatrix
p	Differentialoperator
q	Verschiebeoperator
$\sigma(t)$	Einheitssprungfunktion
$\delta(t)$	DIRAC'sche Deltafunktion
$\boldsymbol{\Phi}(t) = \mathrm{e}^{A(t)t}$	Fundamentalmatrix, Transitionsmatrix, Übergangsmatrix
λ	Eigenwert (EW)
$\boldsymbol{\Lambda} \in \mathbb{R}^{n \times n}$	Diagonalmatrix mit Eigenwerten
$\boldsymbol{V}$	Transformationsmatrix zur Überführung in Modalform
$\boldsymbol{x}$	Regressorenvektor
$\boldsymbol{X}$	Designmatrix
$\boldsymbol{P}^\dagger$	MOORE-PENROSE-Pseudoinverse
$\boldsymbol{P} \in \mathbb{R}^{n \times n}$	Lösung der Matrix-RICCATI-Gleichung
$\boldsymbol{\theta}$	Parametervektor
$\boldsymbol{b}$	Bias
$u(k)$	Systemidentifikation: Zeitdiskrete Eingangsgröße
$y(k)$	Systemidentifikation: Zeitdiskrete Ausgangsgröße
$v(k)$	Systemidentifikation: Zeitdiskrete Rauschgröße (farbiges Rauschen)
$y_u(k)$	Systemidentifikation: Zeitdiskreter realen Systemausgang
$\epsilon(k), \epsilon_\mathrm{OE}(k), \epsilon_\mathrm{ARX}(k), \epsilon_\mathrm{ARMAX}(k)$ Residuum (Vorhersagefehler)	
$A(q)$	SISO-Modellfamilie: Nennerpolynome in Gleichungsfehler-Modellen
$B(q), C(q)$	SISO-Modellfamilie: Zählerpolynome im deterministischen bzw. stochastischen Systemteil
$F(q), D(q)$	SISO-Modellfamilie: Nennerpolynom im deterministischen bzw. stochastischen Systemteil
$J_\mathrm{B}, J_\mathrm{V}$	Modellfehler, charakterisiert durch Verzerrung (Bias) und Varianz
σ^2	Varianz des Messrauschens v
$S_{uu}(\omega)$	spektrale Leistungsdichte der Anregungsfunktion
C_r^2	Scheitelfaktor (crest factor)
$L(p)$	lineares Filter L, angeschrieben mit dem Differentialoperator p
$\boldsymbol{x}^*$	Gleichgewichtslage
$\boldsymbol{p}$	konzentrierter Parametervektor
$r(t), \boldsymbol{r}(t), \boldsymbol{R}(s)$	Führungsgröße, bzw. Führungsgrößenvektor

$y(t), \boldsymbol{y}(t), \boldsymbol{z}(t)$	Regelgröße, bzw. Regelgrößenvektor
$e(t), \boldsymbol{e}(t), \boldsymbol{E}(s)$	Regeldifferenz, Regelfehler, bzw. Regeldifferenzvektor, aber auch Schätzfehler (Beobachter)
$u(t), \boldsymbol{u}(t), \boldsymbol{U}(s)$	Stellgröße, bzw. Stellgrößenvektor
$\boldsymbol{w}_u(t), \boldsymbol{W}_u(s)$	Störgröße(n) am Eingang, Eingangsrauschen
$\boldsymbol{n}(t), \boldsymbol{N}(s)$	Störgröße(n) am Ausgang, Ausgangs-, Messrauschen
$K(s), \boldsymbol{K}(s)$	Regler als Übertragungsfunktion bzw. -matrix
$F_{\mathrm{R}}(s), \boldsymbol{F}_{\mathrm{R}}(s)$	Vorfilterung als Übertragungsfunktion bzw. -matrix
$\boldsymbol{G}_{ry}, \boldsymbol{G}_{ru}$	Übertragungsfunktionsmatrizen vom Führungsgrößenvektor auf den Ausgangs- bzw. den Stellgrößenvektor
$\boldsymbol{G}_0$	wahre (im Allgemeinen unbekannte) Übertragungsfunktionsmatrix
$\triangle \boldsymbol{G}_{\mathrm{A}}(s)$	additive Modellunsicherheit
$\triangle \boldsymbol{G}_{\mathrm{M}}(s)$	multiplikative Modellunsicherheit
$G_{\mathrm{m}}(s)$	Modell der Strecke $G(s)$
$\boldsymbol{W}_S(j\omega), \boldsymbol{W}_T(j\omega)$	Frequenzgänge zur Wichtung der Empfindlichkeitsfunktion
$\boldsymbol{W}_u(j\omega)$	bzw. Stellgröße
$S(j\omega), \boldsymbol{S}(j\omega)$	Empfindlichkeitsfunktion bzw. Empfindlichkeitsmatrix
$S_u(j\omega), \boldsymbol{S}_u(j\omega)$	Eingangs-Empfindlichkeitsfunktion bzw. -matrix
$T(j\omega), \boldsymbol{T}(j\omega)$	komplementäre Empfindlichkeitsfunktion bzw. Empfindlichkeitsmatrix
$\boldsymbol{T}$	Transformationsmatrix
$\boldsymbol{F}_{\mathrm{i}}(j\omega), \boldsymbol{F}_{\mathrm{o}}(j\omega)$	Rückführdifferenzmatrix am Eingang/Ausgang
I, J	Gütefunktion, -funktional zu Integralkriterium
T_{V}	Vorhaltzeit (D-Glied)
T_{N}	Nachstellzeit (I-Glied)
$K_{\mathrm{P}}, K_{\mathrm{I}} = K_{\mathrm{P}}/T_{\mathrm{N}},$ $K_{\mathrm{D}} = K_{\mathrm{P}}T_{\mathrm{V}}$	Verstärkungsfaktoren (P-, I-, D-Glied)
T_1, T_2	typische Bezeichner für Zeitkonstanten
$K_{\mathrm{P,krit}}$	ZIEGLER-NICHOLS: Kritische Verstärkung
T_{krit}	ZIEGLER-NICHOLS: Periode der Dauerschwingung
$Q(s)$	Parametrisierbarer Regler bei *Internal Model Control*
$\boldsymbol{K} \in \mathbb{R}^{m \times n}$	Rückführmatrix der Zustandsregelung
$\boldsymbol{L} \in \mathbb{R}^{n \times r}$	Rückführmatrix des Beobachters
$\boldsymbol{Q}, \boldsymbol{S}_e \in \mathbb{R}^{n \times n}$	symmetrische, positiv semidefinite Gewichtungsmatrizen
$\boldsymbol{R} \in \mathbb{R}^{m \times m}$	symmetrische, positiv definite Gewichtungsmatrix
T_{t}	Totzeit
T_{sr}	Anschwingzeit, auch Anregelzeit
T_{s}	Einschwingzeit, auch Übergangszeit, Ausregelzeit
e_{m}	Überschwingweite
T_0	Abtastzeit
T_s	maßgebende Zeitkonstante des Systems
$G_{H_0}(s = j\omega)$	Frequenzgang des H_0-Modulators
$\boldsymbol{v}_{\mathrm{R}}, \boldsymbol{v}_{\mathrm{L}}$	Rechts-, Linkseigenvektor
$\boldsymbol{V}_{\mathrm{R}}, \boldsymbol{V}_{\mathrm{L}}$	Rechts-, Linksmodalmatrix
$\boldsymbol{K}_{\mathrm{P}}, \boldsymbol{K}_{\mathrm{D}}, \boldsymbol{K}_{\mathrm{I}}$	P,D,I-Regelungsmatrizen
$\gamma, \rho \in \mathbb{R}^+$	Hilfsgrößen bei Optimierungsaufgaben

Literatur

Kapitel 1

[Bis07]   BISHOP, R. H. (Hrsg.): *The Mechatronics Handbook.* CRC Press, 2007 (2. Auflage)

[BP00]   BENDAT, J. S. ; PIERSOL, A. G.: *Random Data: Analysis and Measurement Procedures.* New York London Sydney Toronto : Wiley Interscience, 2000 (3. Auflage)

[Bre88]   BREMER, H.: *Dynamik und Regelung mechanischer Systeme.* Stuttgart : B. G. Teubner, 1988 (Teubner-Studienbücher Mechanik. Band 67)

[DR87]   DAVENPORT, W. P. ; ROOT, W. L.: *Introduction to Random Signals and Noise.* New York : IEEE Press, 1987

[Föl13]   FÖLLINGER, O.: *Regelungstechnik - Einführung in die Methoden und ihre Anwendung.* Berlin : VDE VERLAG GmbH, 2013 (11. Auflage)

[Ise08]   ISERMANN, R.: *Mechatronische Systeme.* Berlin Heidelberg New York : Springer-Verlag, 2008 (2. Auflage)

[Jan10]   JANSCHEK, K.: *Systementwurf mechatronischer Systeme – Methoden - Modelle - Konzepte.* Berlin Heidelberg New York : Springer-Verlag, 2010

[KL94]   KORTÜM, W. ; LUGNER, P.: *Systemdynamik und Regelung von Fahrzeugen – Einführung und Beispiele.* Berlin Heidelberg New York : Springer-Verlag, 1994

[Lun14]   LUNZE, J.: *Regelungstechnik II. Mehrgrößensysteme - Digitale Regelung.* Berlin Heidelberg New York : Springer-Verlag, 2014 (8. Auflage)

[Nat92]   NATKE, H. G.: *Einführung in die Theorie und Praxis der Zeitreihen- und Modalanalyse.* Braunschweig/Wiesbaden : Verlag Friedr. Vieweg & Sohn, 1992 (3. Auflage)

[Onw05]   ONWUBOLU, G. C. (Hrsg.): *Mechatronics - Principles and Applications.* Elsevier, 2005

[Unb07]   UNBEHAUEN, H.: *Regelungstechnik II. Zustandsregelungen, digitale und nichtlineare Regelungssysteme.* Wiesbaden : Vieweg und Teubner, 2007 (9. Auflage)

[VDI04]   VDI GESELLSCHAFT (Hrsg.): *VDI-Richtlinie 2206, Entwicklungsmethodik für mechatronische Systeme, ICS 03.100.40; 31.220.* VDI Gesellschaft, Juni 2004

[Wal95]   WALLASCHEK, J.: *Modellierung und Simulation als Beitrag zur Verkürzung der Entwicklungszeiten mechatronischer Produkte.* VDI-Verlag, 1995 (VDI-Berichte 1215)

[WI11]   WILAMOWSKI, B. (Hrsg.) ; IRWIN, J. O. (Hrsg.): *The Industrial Electronics Handbook – Control and Mechatronics.* CRC Press, Taylor and Francis Group, 2011 (2. Auflage)

Kapitel 2

[BPW09]   BALLAS, R. ; PFEIFER, G. ; WERTHSCHÜTZKY, R.: *Elektromechanische Systeme der Mikrotechnik und Mechatronik.* Berlin : Springer-Verlag, 2009 (2. Auflage)

[DS90]   DEPPERT, W. ; STOLL, K.: *Pneumatik-Anwendungen.* Würzburg : Vogel Verlag, 1990

[Fri97]   FRISCHGESELL, T.: *Modellierung und Regelung eines elastischen Fahrweges.* Düsseldorf : VDI-Verlag, 1997 (Fortschr.-Ber., Reihe 11, Nr. 248)

[Ise08]   ISERMANN, R.: *Mechatronische Systeme.* Berlin Heidelberg New York : Springer-Verlag, 2008 (2. Auflage)

[Jan04]   JANOCHA, H.: *Actuators: Basics and Applications.* Berlin Heidelberg New York : Springer-Verlag, 2004

[JJ97]   JENDRITZA, D.J. (Hrsg.) ; JANOCHA, H. (Hrsg.): *Adaptronics and Smart Structures.* Berlin Heidelberg New York : Springer-Verlag, 1997

[Kö5]   KÜPFMÜLLER, K.: *Einführung in die theoretische Elektrotechnik.* Berlin u. a. : Springer-Verlag, 2005 (16. Auflage)

[Kal03]   KALLENBACH, E.: *Elektromagnete – Grundlagen, Berechnung, Konstruktion, Anwendung.* Stuttgart : B. G. Teubner, 2003 (2. Auflage)

[KR68]   KARNOPP, D. ; ROSENBERG, R.C.: *Analysis and Simulation of Multiport Systems.* Cambridge : MIT Press, 1968

[Nye85]   NYE, J.F.: *Physical Properties of Crystals: Their Presentation by Tensors and Matrices.* Oxford : Clarendon Press, 1957(Reprint 1985)

[PF95]   POPP, K. ; FRISCHGESELL, T.: Vibration Control of Beam Structures, Using Friction Elements and Piezoceramic Actuators. In: *J. of Computer and Systems and Sciences International,* 1995 (33 (3)), S. 65–71

[PI 91]   PI PHYSIK INSTRUMENTE (Hrsg.): *Piezo Guide, Piezostelltechnik in Theorie und Praxis.* Waldbronn: PI Physik Instrumente, 1991

[Rus95]   RUSCHMEYER, K.: *Piezokeramik.* Renningen-Malmsheim : Expert Verlag, 1995

[SB87]   STÖLTING, H.D. ; BEISSE, A.: *Elektrische Kleinmaschinen.* Stuttgart : B. G. Teubner, 1987

[SBT94]   SCHWEITZER, G. ; BLEULER, H. ; TRAXLER, A.: *Active Magnetic Bearings.* Zürich : Hochschulverlag, 1994

[Sta95]   STADLER, W.: *Analytical Robotics and Mechatronics.* New York : McGraw-Hill, 1995 (McGraw-Hill Series in Electr. and Computer Engineering)

[UWB94]   ULBRICH, H. ; WANY, Y.X. ; BORMANN, J.: Design of Actuators for Mechanism Control. In: *IUTAM-Symposium on Active Control of Vibration, Bath,* 1994, S. 215 – 223

[Val91]   VALVO BAUELEMENTE (Hrsg.): *Piezoxide (PXE) Datenbuch.* Hamburg: Valvo Bauelemente, 1991

■ Kapitel 3

[Alt13]   ALTHEN: Microtrak 3. In: *Firmenschrift* (2013)

[Ams14]   AMS, Firma: AS5048A/AS5048B Magnetic Rotary Encoder. In: *Firmenschrift* (2014)

[Bö08]   BÜRKERT, Firma: Aufbau und Funktion von MFC für Gase und LFC für Flüssigkeiten. In: *Vortrag: Bremen 4.11.2008 | Sitzung AWT-FA20* (2008)

[Bie14]   BIERMANN, K.: *Smartphone - Mächtige Sensoren @ONLINE.* http://www.zeit.de/digital/mobil/2014-05/smartphone-sensoren-iphone-samsung/komplettansicht. Version: Mai 2014

[BS92]   BERGMANN, L. ; SCHAEFER, C.: *Lehrbuch der Experimentalphysik - Festkörperphysik.* Berlin : Walter de Gruyter, 1992

[Cor11]   CORKE, P.: *Robotics, Vision and Control.* Berlin Heidelberg : Springer-Verlag, 2011

[Dar83]   DARIO, P.: *Piezoelectric Polymers: New Sensor Materials for Robotic Application.* Bd. 2. Proc. 13th ISIR, pp 14/34 - 14/49, 1983

[DLR$^+$04]   DOKUPIL, S. ; LÖHNDORF, M. ; RÜHRIG, M. ; WECKER, J ; QUANDT, E.: Magnetische Messfühler en miniature. In: *Physik Journal 3 (2004) Nr. 8/9* (2004)

[DN15]   DONGES, A. ; NOLL, R.: *Laser Measurement Technology.* Berlin : Springer-Verlag, 2015

[Elv00]   ELV: Hitzdraht-Anemometer. In: *ELVjournal 02/2000* (2000)

[Epc02]   EPCOS, Firma: General Technical Information NTC. In: *Firmenschrift* (2002)

[Ern98]   ERNST, A.: *Digital Linear and Angular Metrology.* Landsberg/Lech : Verlag Moderne Industrie, 1998

[FDNZ12]   FENNELLY, J. ; DING, S. ; NEWTON, J. ; ZHAO, Y.: Thermal MEMS Accelerometers Fit Many Applications. In: *SENSOR MAGAZIN 3/2012* (2012)

[GKV92]   GERTHSEN, C. ; KNESER, H.O. ; VOGEL, H.: *Physik.* Berlin : Springer-Verlag, 1992

[GLM84]   GUTNIKOV, V. ; LENK, A. ; MENDE, U.: *Sensorelektronik.* Berlin : Verlag Technik, 1984

[Gwr07]   GWR, Firma: GWR Observatory Superconducting Gravimeter and Support Systems Descriptions and Specifications. In: *Firmenschrift GWR July 30, 2007* (2007). *http:// catalog.gwrinstruments.com/Asset/obsspecs.pdf*

[GWR11]   GRIESBACH, T. ; WURZ, M. ; RISSING, L.: Modular Eddy Current Micro Sensor. In: *IEEE Transactions on Magnetics 11/2011; DOI: 10.1109/TMAG.2011.2155629* (2011)

[Hbm15a]   HBM, Firma: Dehnungsmessstreifen. In: *Firmenschrift* (2015)

[Hbm15b]   HBM, Firma: Dehnungsmessstreifen für Hersteller von Meßgrössenaufnehmern. In: *Firmenschrift* (2015)

[Hei14]   HEIDENHAIN, Firma: Längenmessgeräte für gesteuerte Werkzeugmaschinen. In: *Firmenschrift* (2014)

[Hil04]   HILLER, B.: Neue Entwicklungen und Anwendungen des Ferraris-Sensors. In: *Seminar Fortschritte in der Regelungs-und Antriebstechnik, Universität Stuttgart* Bd. 18, 2004

[Hof87]   HOFFMANN, K.: *Eine Einführung in die Technik des messens mit dehnungsmessstreifen.* Darmstadt : Hottinger baldwin Messtechnik GmbH, 1987

[Hof11]   HOFFMANN, J. (Hrsg.): *Taschenbuch der Messtechnik.* Leipzip : Hanser Fachbuchverlag, 2011 (6.Auflage)

[Hof12]   HOFFELDER, B. et. al.: Aktuelle technische Optionen berührungsloser magnetbasierter Sensoren im Auto. In: *Whitepaper von TE Connectivity, www.te.com* (2012)

[HZ04]   HARTLEY, R. I. ; ZISSERMAN, A.: *Multiple View Geometry in Computer Vision.* Cambridge University Press, 2004 (2.Auflage)

[iee14]   Praktikum zur Vorlesung Mess- und Sensortechnik: Optische Triangulation zur Distanzmessung. (2014). *http://tu-dresden.de/die_tu_dresden/fakultaeten/ fakultaet_elektrotechnik_und_informationstechnik/iee/mst/studium/lehre/MST/dl/ Pr/triangulation*

[Ise08]   ISERMANN, R.: *Mechatronische Systeme.* Berlin Heidelberg New York : Springer-Verlag, 2008 (2. Auflage)

[Jai10]   JAIS, S.: Widerstandsthermometer. In: *Firmenschrift ThermSys GmbH* (2010)

[Juc90]   JUCKENACK, D.: *Handbuch der Sensortechnik.* Landsberg : Verlag Moderne Industrie, 1990 (2. Auflage)

[Kab94]   KABELITZ, H.: *Entwicklung und Optimierung magnetoelastischer Sensoren und Aktuatoren.* Techn. Univ. Berlin, Diss., 1994

[Kit06] KITTEL, C.: *Einführung in die Festkörperphysik*. München : Oldenbourg Wissenschaftsverlag, 2006

[Kov98] KOVACS, G.T.A.: *Micromachined Transducers Sourcebook*. Columbus : McGraw-Hill Higher Education, 1998

[May08] MAYER, W.: *Abbildender Radarsensor mit sendeseitig geschalteter Gruppenantenne*. Göttingen : Cuvillier, 2008

[Neh03] NEHRIG, O.: *Entwurf und Realisierung eines Beschleunigungssensorsystems auf der Basis von in Silizium integrierter Mikromechanik für die besonderen Anforderungen bei Schwerlasthandhabungssystemen*. 2003 *https://books.google.de/books?id=G251ygAACAAJ*

[NH10] NIE, J. ; HOROWITZ, R.: A Tutorial on Control Design of Hard Disk Drive Self-Servo Track Writing. In: *American Control Conference* (2010)

[OYB09] OKUBO, Y ; YE, C. ; BORENSTEIN, J.: Characterization of the Hokuyo URG-04LX laser rangefinder for mobile robot obstacle negotiation. In: *SPIE Defense, Security and Sensing, Unmanned Systems Technology XI, Conference 7332: Unmanned, Robotic, and Layered Systems*, 2009

[PH12] PRESS, M ; HÄRTER, H.: Temperaturen präzise und vielseitig messen. In: *elektronikpraxis* (2012)

[Pol15] POLYTEC, Firma: *Grundlagen der Vibrometrie @ONLINE. http://www.polytec.com/de/loesungen/schwingungen-messen/grundlagen-der-vibrometrie/*. Version: Juni 2015

[Pop05] POPRAWE, R.: *Lasertechnik für die Fertigung*. Berlin : Springer-Verlag, 2005

[PPH05] PELSTER, R. ; PIEPER, R. ; HÜTTL, I.: Thermospannungen viel genutzt und fast immer falsch erklärt! In: *Physik und Didaktik in Schule und Hochschule: PhyDid 1/4 (2005) S.10-22* (2005)

[Rei10a] REIF, K. (Hrsg.): *Fahrstabilisierungssysteme und Fahrerassistenzsysteme*. Wiesbaden : Vieweg+Teubner Verlag, 2010 (Bosch Fachinformation Automobil)

[Rei10b] REIF, K. (Hrsg.): *Sensoren im Kraftfahrzeug*. Wiesbaden : Vieweg+Teubner Verlag, 2010 (Bosch Fachinformation Automobil)

[Sch92] SCHIESSLE, E.: *Sensortechnik und Meßwertaufnahme*. Würzburg : Vogel Fachbuchverlag, 1992

[SK08] SICILIANO, B. (Hrsg.) ; KHATIB, O. (Hrsg.): *Springer Handbook of Robotics*. Berlin Heidelberg : Springer-Verlag, 2008

[Sta05] STALLKAMP, J.: *Optisches 3D-Messverfahren für die Navigation in der roboterassistierten Minimal Invasiven Chirurgie*. Univ. Stuttgart, Diss., 2005

[TR15] TRÄNKLER, H.-R. (Hrsg.) ; REINDL, L. (Hrsg.): *Sensortechnik – Handbuch für Praxis und Wissenschaft*. Berlin Heidelberg : Springer-Verlag, 2015 (2. Auflage)

[Trä96] TRÄNKLER, H.-R.: *Taschenbuch der Meßtechnik*. München Wien : R. Oldenbourg Verlag, 1996 (4. Auflage)

[Vis05] VISHAY, Firma: PTC Mechanical and Electrical Properties: PTC Thermistors Document Number: 29006. In: *Firmenschrift* (2005)

[Vol13] VOLLMUTH, J.: Hochempfindlicher Dehnungsaufnehmer mit kompakten Abmessungen. In: *Konstruktionspraxis.de* (2013)

[Wen07] WENDEL, J.: *Integrierte Navigationssysteme: Sensordatenfusion, GPS und Inertiale Navigation*. München : Oldenbourg-Verlag, 2007

[Wio01] WIORA, G.: *Optische 3D-Messtechnik – Präzise Gestaltvermessung mit einem erweiterten Streifenprojektionsverfahren*. Heidelberg, Univ., Diss., 2001

■ Kapitel 4

[Bri89]   BRIGHAM, E. O.: *FFT - Schnelle Fourier-Transformation.* München Wien : R. Oldenbourg Verlag, 1989 (4. Auflage)

[KK12]   KAMMEYER, K.D. ; KROSCHEL, K.: *Digitale Signalverarbeitung – Filterung und Spektralanalyse mit MATLAB-Übungen.* Wiesbaden : Vieweg + Teubner Verlag, 2012 (8. Auflage)

[Lju79]   LJUNG, L.: Asymptotic Behavior of the Extended Kalman Filter as a Parameter Estimator for Linear Systems. In: *IEEE Transactions on Automatic Control* 24 (1979), Nr. 1, S. 36 – 50

[Mey11]   MEYER, M.: *Signalverarbeitung: Analoge und Digitale Signale, Systeme und Filter.* Wiesbaden : Vieweg + Teubner Verlag, 2011 (6. Auflage)

[Nat88]   NATKE, G. H. *Einführung in Theorie und Praxis der Zeitreihen- und Modalanalyse.* Braunschweig/Wiesbaden : Verlag Vieweg & Sohn, 1988 (2. Auflage)

[OSB04]   OPPENHEIM, A.V. ; SCHAFER, R.W. ; BUCK, J.R.: *Zeitdiskrete Signalverarbeitung.* München : Pearson Studium, 2004

[Paa03]   PAARMANN, L.D.: *Design and Analysis of Analog Filters: A Signal Processing Perspective.* New York : Kluwer Academic Publishers, 2003

[RR09]   RAJAMANI, M. R. ; RAWLINGS, J. B.: Estimation of the disturbance structure from data using semidefinite programming and optimal weighting. In: *Automatica* 45 (2009), Nr. 1, S. 142 – 148

[Sch94]   SCHÜSSLER, H.W.: *Digitale Signalverarbeitung.* Berlin Heidelberg New York : Springer-Verlag, 1994 (4.Auflage)

[SG95]   SONG, Y. ; GRIZZLE, J. W.: The Extended Kalman Filter as a Local Asymptotic Observer for Discrete-Time Nonlinear Systems. In: *Journal of Mathematical Systems, Estimation, and Control* 5 (1995), Nr. 1, S. 59–78

[TBF05]   THRUN, S. ; BURGARD, W. ; FOX, D.: *Probabilistic Robotics.* MIT Press, 2005

[WB95]   WELCH, G. ; BISHOP, G.: An Introduction to the Kalman Filter / University of North Carolina. 1995. – Forschungsbericht

[Wen93]   WEND, H.-D.: *Strukturelle Analyse linearer Regelungssysteme.* München : R. Oldenbourg Verlag, 1993

[WN01]   WAN, E.A. ; NELSON, A.T.: Dual Extended Kalman filter methods. In: HAYKIN, S. (Hrsg.): *Kalman Filtering and Neural Networks.* JohnWiley & Sons, 2001, Kapitel 5

[Wv01]   WAN, E.A. ; ; VAN DER MERWE, R.: The Unscented Kalman Filter. In: HAYKIN, S. (Hrsg.): *Kalman Filtering and Neural Networks.* NewYork : JohnWiley & Sons, 2001, Kapitel 7

[WV02]   WOLFRAM, A. ; VOGT, M.: Zeitdiskrete Filteralgorithmen zur Erzeugung zeitlicher Ableitungen. In: *at - Automatisierungstechnik* 50 (2002), S. 346–353

■ Kapitel 5

[AWG03]   ALBERT, A. ; WOLTER, B. ; GERTH, W.: Distinctness of Reaction - ein Messverfahren zur Beurteilung von Echtzeitsystemen (Teil 2). In: *at - Automatisierungstechnik* 51 (2003), Nr. 10, S. 445 ff.

[Bos12] BOSCH, Robert: *CAN with Flexible Data-Rate*. www.bosch-semiconductors.de, April 2012 (Version 1.0)

[But08] BUTTAZZO, G.C.: *Hard Real-Time Computing Systems: Predictable Scheduling Algorithms and Applications*. Kluwer Academic Publishers, 2008

[BW07] BURNS, A. ; WELLINGS, A: *Concurrent and Real-Time Programming in Ada 2005*. Cambridge, New York : Cambridge University Press, 2007

[CDKM02] COTTET, F. ; DELACROIX, J. ; KAISER, C. ; MAMMERI, Z.: *Scheduling in Real-Time Systems*. Chichester, West Sussex, England : John Wiley & Sons Ltd., 2002

[Con05] CONSORTIUM, FlexRay: *FlexRay – Protocol Specification*. www.flexray.com, 12 2005

[Dij68] DIJKSTRA, E. W.: *Co-operating Sequential Processes in Programming Languages*. (edited by F. Genuys) Academic Press, 1968. – Seiten 43 – 112

[Ger06] GERTH, W.: *Handbuch RTOS-UH*.
http://rtos.iep.de/pub/HANDBUCH/Aktuell/rtosh.pdf, 2006 (Version 5.4)

[GW00] GERTH, W. ; WOLTER, B.: *Orthogonale Walshkorrelation zur qualitativen Beurteilung der Reaktivität von Betriebssystemen*. Informatik Aktuell, Springer, 2000

[HL05] HRISTU-VARSAKELIS, D. (Hrsg.) ; LEVINE, W.S. (Hrsg.): *Handbook of Networked and Embedded Control Systems*. Birkhäuser, 2005 (Control Engineering)

[Ise08] ISERMANN, R.: *Mechatronische Systeme*. Berlin Heidelberg New York : Springer-Verlag, 2008 (2. Auflage)

[Kop97] KOPETZ, H.: *Real-Time Systems - Design Principles for Distributed Embedded Applications*. Boston, Dordrecht, London : Kluwer Academic Publishers, 1997

[Lap97] LAPLANTE, P. A.: *Real-Time Systems Design and Analysis*. New York : IEEE Press, 1997 (2. Auflage)

[LG99] LAUBER, R. ; GÖHNER, P.: *Prozeßautomatisierung*. Berlin Heidelberg New York : Springer-Verlag, 1999 (3. Auflage, Band I und II)

[Lio96] LIONS, J. L.: *Flight 501 Failure, report by the Inquiry Board*. ESA WWW-page, 1996

[LL73] LIU, C.L. ; LAYLAND, J.W.: Scheduling Algorithms for Multiprogramming in a Hard Real-Time Environment. In: *ACM* 20 (1973), Nr. 1, S. 40–61

[LLS08] LEE, I. (Hrsg.) ; LEUNG, J. Y-T. (Hrsg.) ; SON, S.H. (Hrsg.): *Handbook of Real-Time and Embedded Systems*. Chapman & Hall/CRC, Taylor & Francis Group, 2008

[Lun12] LUNZE, J.: *Automatisierungstechnik*. München : R. Oldenbourg Verlag, 2012 (3. Auflage)

[MM01] MURTHY, C.S.R. ; MANIMARAN, G.: *Resource Management in Real-Time Systems and Networks*. Cambridge, MA, USA : MIT Press, 2001

[MN08] MERZ, S. (Hrsg.) ; NAVET, N. (Hrsg.): *Modeling and Verification of Real-Time Systems*. London : John Wiley & Sons Ltd., 2008

[Nag92] NAGL, M.: *ADA, eine Einführung in die Programmiersprache der Softwaretechnik*. Braunschweig/Wiesbaden : Verlag Vieweg & Sohn, 1992 (4. Auflage)

[pea97] *Programmiersprache PEARL90.* : *Programmiersprache PEARL90*. Deutsche Norm DIN 66253-2, Beuth Verlag Berlin, 1997

[Rei95] REISSENWEBER, B.: *Prozeßdatenverarbeitung, Echtzeitprogrammierung mit PEARL, Assembler und C*. München : Oldenbourg-Verlag, 1995 (2. Auflage)

[Rze94] RZEHAK, H.: Die Echtzeitdatenverarbeitung: Grundlagen und Methoden für die Praxis. In: *Echtzeitsysteme und Fuzzy Control*. Braunschweig/Wiesbaden : Verlag Vieweg & Sohn, 1994

[Shu88] SHUMATE, K.: *Understanding Concurrency in Ada*. New York : McGraw-Hill, 1988

[Str98] STROHRMANN, G.: *Automatisierungstechnik*. München : R. Oldenbourg Verlag,

1998 (4. Auflage, Band I und II)

[SZ06]   SCHÄUFFELE, J. ; ZURAWKA, T.: *Automotive Software Engineering*. Wiesbaden : Vieweg & Sohn Verlag, 2006 (3. Auflage)

[TTC03]   *Road Vehicles - CAN.* : *Road Vehicles - CAN.* Draft ISO/DIS 11898-4, International Organization for Standardization, 2003

[WAG03]   WOLTER, B. ; ALBERT, A. ; GERTH, W.: Distinctness of Reaction - ein Messverfahren zur Beurteilung von Echtzeitsystemen (Teil 1). In: *at - Automatisierungstechnik* 51 (2003), Nr. 9, S. 396 ff.

[WB05]   WÖRN, H. ; BRINKSCHULTE, U.: *Echtzeitsysteme*. Berlin : Springer-Verlag, 2005

[Wol02]   WOLTER, B.: *Messung der Dienstgüte von Echtzeitbetriebssystemen durch Walsh-Korrelation*. Fortschritt-Berichte VDI, 2002 (Reihe 8, Nr. 964)

■ Kapitel 6

[ADA]   ADAMS: *www.adams.com.* – Proceed. European Adam's User Conferences

[ALA]   ALASKA: *www.tu-chemnitz.de/ifm/produkte-html/alaska.html*

[Bes94]   BESTLE, D.: *Analyse und Optimierung von Mehrkörpersystemen*. Berlin Heidelberg New York : Springer-Verlag, 1994

[BP92]   BREMER, H. ; PFEIFFER, F.: *Elastische Mehrkörpersysteme*. Stuttgart : B. G. Teubner, 1992

[Bre88]   BREMER, H.: *Dynamik und Regelung mechanischer Systeme*. Stuttgart : B.G. Teubner, 1988 (Teubner Studienbücher Mechanik)

[DEH⁺12]   DREYER, H.-J. (Hrsg.) ; ELLER, C. (Hrsg.) ; HOLZMANN, G. (Hrsg.) ; MEYER, H. (Hrsg.) ; SCHUMPICH, G. (Hrsg.): *Technische Mechanik Kinematik und Kinetik*. Wiesbaden : Vieweg+Teubner Verlag, 2012 (11. Auflage)

[DJ00]   DUDEK, G. ; JENKIN, M.: *Computational Principles of Mobile Robotics*. Cambridge : Cambridge University Press, 2000

[DYM]   DYMOLA: *www.3ds.com/products-services/catia/products/dymola*

[Ebe10]   EBERLY, D.: Quaternion Algebra and Calculus / Geometric Tools, LLC. Washington, USA, 2010. – Forschungsbericht

[HHS97]   HARDTKE, H.-J. ; HEIMANN, B. ; SOLLMANN, H.: *Technische Mechanik II, Kinematik/Kinetik - Systemdynamik - Mechatronik*. München Wien : Fachbuchverlag Leipzig im Carl Hanser Verlag, 1997

[Ise08]   ISERMANN, R.: *Mechatronische Systeme*. Berlin Heidelberg New York : Springer-Verlag, 2008 (2. Auflage)

[KL85]   KANE, T.R. ; LEVINSON, D.A.: *Dynamics: Theory and Applications*. New York : McGraw-Hill Inc., 1985

[Kre08]   KREMER, V.E.: Quaternions and SLERP / Department for Computer Science, University of Saarbrücken. Saarbrücken, Deutschland, 2008. – Forschungsbericht

[LWP80]   LUH, J.Y.S. ; WALKER, M.H. ; PAUL, R.P.C.: On-line Computational Scheme for Mechanical Manipulators. A.S.M.E. In: *J. Dyn. Syst. Meas. Contr. 102* (1980)

[Mit04]   MITSCHKE, M.: *Dynamik der Kraftfahrzeuge, BAND C Fahrverhalten*. New York Berlin Heidelberg u. a. : Springer-Verlag, 2004 (4. Auflage)

[MOD]   MODELICA: *www.modelica.org*

[Pfe92]   PFEIFFER, F.: *Einführung in die Dynamik.* Stuttgart : B.G. Teubner, 1992 (Teubner Studienbücher Mechanik)

[Sch90]   SCHIEHLEN, W. (Hrsg.): *Multibody Systems Handbook.* Berlin : Springer-Verlag, 1990

[SE04]   SCHIEHLEN, W. ; EBERHARD, P.: *Technische Dynamik.* Stuttgart : B.G. Teubner, 2004 (Teubner Studienbücher Mechanik)

[Sha13]   SHABANA, A. (Hrsg.): *Dynamics of Multibody Systems.* Cambridge University Press, 2013 (4. Auflage)

[SK08]   SICILIANO, B. (Hrsg.) ; KHATIB, O. (Hrsg.): *Springer Handbook of Robotics.* Berlin Heidelberg : Springer-Verlag, 2008

[SS00]   SCIAVICCO, L. ; SICILIANO, B.: *Modeling and Control of Robot Manipulators.* London u. a. : Springer-Verlag, 2000 (2. Auflage)

[Sta95]   STADLER, W.: *Analytical Robots and Mechatronics.* New York : McGraw-Hill, 1995 (McGraw-Hill Series in Electr. and Computer Engineering)

[SV89]   SPONG, M.W. ; VIDYASAGAR, M.: *Robot Dynamics and Control.* New York : John Wiley & Sons, 1989

[Wit77]   WITTENBURG, J.: *Dynamics of Systems of Rigid Bodies.* Stuttgart : B.G. Teubner, 1977

[Woe11]   WOERNLE, C. (Hrsg.): *Mehrkörpersysteme – Eine Einführung in die Kinematik und Dynamik von Systemen starrer Körper.* Berlin Heidelberg : Springer-Verlag, 2011

■ Kapitel 7

[Gar08]   GARNIER, H., Wang, L. (Hrsg.): *Identification of Continuous-time Models from Sampled Data.* Springer, 2008 (Advances in Industrial Control)

[Har02]   HARRER, H.: *Ordnungsreduktion.* München : Pflaum, 2002

[IM11]   ISERMANN, R. ; MÜNCHHOF, M.: *Identification of Dynamic Systems: An Introduction with Applications.* Berlin Heidelberg : Springer, 2011

[Ise92]   ISERMANN, R.: *Identifikation dynamischer Systeme.* Berlin Heidelberg New York : Springer-Verlag, 1992 (Band I und II. 2. Auflage)

[Lit79a]   LITZ, L.: Praktische Ergebnisse mit einem neuen modalen Verfahren zur Ordnungsreduktion. In: *Regelungstechnik 27*, 1979, S. 273 – 280

[Lit79b]   LITZ, L.: *Reduktion der Ordnung linearer Zustandsraummodelle mittels modaler Verfahren.* Hochschulverlag, 1979

[Lju97]   LJUNG, L.: *System Identification Toolbox - For Use with MATLAB.* Prime Park Way Natick, MA, USA : The MathWorks, 1997

[Lju99]   LJUNG, L.: *System Identification - Theory for the User.* Upper Saddle River, NJ, USA : Prentice Hall, 1999 (2. Auflage)

[Lun14a]   LUNZE, J.: *Regelungstechnik I – Systemtheoretische Grundlagen, Analyse und Entwurf einschleifiger Regelungen.* Berlin : Springer-Verlag, 2014 (10. Auflage)

[Lun14b]   LUNZE, J.: *Regelungstechnik II – Mehrgrößensysteme - Digitale Regelung.* Berlin : Springer-Verlag, 2014 (8. Auflage)

[Nel01]   NELLES, O.: *Nonlinear System Identification: From Classical Approaches to Neural Networks and Fuzzy Models.* Hemel Hempstead, U.K. : Springer, 2001

[OA01]   OBINATA, G. ; ANDERSON, B.D.O.: *Model Reduction for Control System Design.* London : Springer, 2001 (Communications and Control Engineering)

[SGT⁺97] SWEVERS, J. ; GANSEMANN, C. ; TÜKEL, D. ; SCHUTTER, J. d. ; BRUSSEL, H. v.: Optimal Robot Excitation and Identification. In: *IEEE Transactions on Robotics and Automation* 13 (1997), Oktober, Nr. 5, S. 730 – 740

[TBF05]   THRUN, S. ; BURGARD, W. ; FOX, D.: *Probabilistic Robotics.* MIT Press, 2005

[Unb07]   UNBEHAUEN, H.: *Regelungstechnik II – Zustandsregelungen, digitale und nichtlineare Regelungssysteme.* Wiesbaden : Vieweg und Teubner, 2007 (9. Auflage)

■ Kapitel 8

[ÅH95]   ÅSTRÖM, K.J. ; HÄGGLUND, T.: *PID Controllers: Theory, Design, and Tuning.* Instrument Society for Measurement and Control, 1995 (2. Auflage)

[AM89]   ANDERSON, B.D.O. ; MOORE, J.B.: *Optimal Control – Linear Quadratic Methods.* Upper Saddle River, New Jersey : Prentice Hall, 1989

[ÅW95]   ÅSTRÖM, K.J. ; WITTENMARK, B.: *Adaptive Control.* Addison-Wesley Publishing Company, 1995 (2. Auflage)

[ÅW97]   ÅSTRÖM, K.J. ; WITTENMARK, B.: *Computer-Controlled Systems: Theory and Design.* Upper Saddle River, New Jersey : Prentice Hall, 1997 (3. Auflage)

[CHR51]   CHIEN, K. L. ; HRONES, J. A. ; RESWICK, J.B.: On the Automatic Control of Generalized Passive Systems. In: *Industrial Instruments and Regulators Division, American Society of Mechanical Engineers* (1951), S. 175–185

[DB10]   DORF, R.C. ; BISHOP, R.H.: *Modern Control Systems.* Upper Saddle River, New Jersey : Prentice Hall, 2010 (12. Auflage)

[DKE09]   DKE: *Internationales Elektrotechnisches Wörterbuch – Teil 351: Leittechnik (IEC 60050-351:2006).* 2009

[Föl13]   FÖLLINGER, O.: *Regelungstechnik - Einführung in die Methoden und ihre Anwendung.* Berlin : VDE VERLAG GmbH, 2013 (11. Auflage)

[FPEN14] FRANKLIN, G. F. ; POWELL, J.D. ; EMAMI-NAEINI, A.: *Feedback Control of Dynamic Systems.* Upper Saddle River, New Jersey : Prentice Hall, 2014 (7. Auflage)

[FPW98]   FRANKLIN, G.F. ; POWELL, J.D. ; WORKMAN, M.L.: *Digital Control of Dynamic Systems.* Addison Wesley, 1998 (3. Auflage)

[GGS01]   GOODWIN, G.C. ; GRAEBE, S.F. ; SALGADO, M.E.: *Control System Design.* Upper Saddle River, New Jersey : Prentice Hall, 2001 (3. Auflage)

[GL93]   GEVERS, M. ; LI, G.: *Parametrization in Control, Estimation and Filtering Problems.* Berlin Heidelberg New York : Springer-Verlag, 1993

[GL00]   GLAD, T. ; LJUNG, L.: *Control Theory – Multivariable and Nonlinear Methods.* London, New York : Taylor & Francis, 2000

[HCW10]   HILAIRE, T. ; CHEVREL, P. ; WHIDBORNE, J. F.: Finite wordlength controller realisations using the specialised implicit form. In: *International Journal of Control* 83 (2010), Nr. 2, S. 330 – 346

[Ise87]   ISERMANN, R.: *Digitale Regelsysteme.* Berlin : Springer-Verlag, 1987 (2.Auflage, Band I,II)

[IW01]   ISTEPANIAN, R. S. H. (Hrsg.) ; WHIDBORNE, J. F. (Hrsg.): *Digital Controller Implementation and Fragility*. Springer-Verlag, 2001

[Kal61]   KALMAN, R.E.: When is a linear control system optimal? In: *Trans. ASME. Series D, Journal of Basic Engn* (1961), S. 95–100

[Lun14a]   LUNZE, J.: *Regelungstechnik I – Systemtheoretische Grundlagen, Analyse und Entwurf einschleifiger Regelungen*. Berlin : Springer-Verlag, 2014 (10. Auflage)

[Lun14b]   LUNZE, J.: *Regelungstechnik II – Mehrgrößensysteme - Digitale Regelung*. Berlin : Springer-Verlag, 2014 (8. Auflage)

[Oga09]   OGATA, K.: *Modern Control Engineering*. Prentice Hall, 2009 (5. Auflage)

[Sch94]   SCHMIDT, G.: *Grundlagen der Regelungstechnik*. Berlin : Springer, 1994

[Sch10]   SCHULZ, G.: *Regelungstechnik 1 – Lineare und Nichtlineare Regelung, Rechnergestützter Reglerentwurf*. München : R. Oldenbourg Wissenschaftsverlag, 2010

[SK08]   SICILIANO, B. (Hrsg.) ; KHATIB, O. (Hrsg.): *Springer Handbook of Robotics*. Berlin Heidelberg : Springer-Verlag, 2008

[SS00]   SCIAVICCO, L. ; SICILIANO, B.: *Modeling and Control of Robot Manipulators*. London u. a. : Springer-Verlag, 2000 (2. Auflage)

[Ste94]   STENGEL, R. F.: *Optimal Control and Estimation*. Portland : Dover Publications, 1994

[Unb07]   UNBEHAUEN, H.: *Regelungstechnik II – Zustandsregelungen, digitale und nichtlineare Regelungssysteme*. Wiesbaden : Vieweg und Teubner, 2007 (9. Auflage)

[Unb08]   UNBEHAUEN, H.: *Regelungstechnik I – Klassische Verfahren zur Analyse und Synthese linearer kontinuierlicher Regelsysteme, Fuzzy-Regelsysteme*. Wiesbaden : Vieweg und Teubner, 2008 (15. Auflage)

[Unb11]   UNBEHAUEN, H.: *Regelungstechnik III – Identifikation, Adaption, Optimierung*. Wiesbaden : Vieweg und Teubner, 2011 (7. Auflage)

[Zam66]   ZAMES, G.: On the input-output stability for time-varying nonlinear feedback systems, Part I, conditions derived using concepts of loop gain, conicity and positivity. In: *IEEE Trans. on Automat. Contol* 11 (1966), Nr. 2, S. 228–238

[ZD97]   ZHOU, K. ; DOYLE, J.C.: *Essentials of Robust Control*. Upper Saddle River, New Jersey : Prentice Hall, 1997

[ZN42]   ZIEGLER, J. G. ; NICHOLS, N. B.: Optimum Settings for Automatic Controllers. In: *Transactions of ASME* 64 (1942), S. 759–765

Index